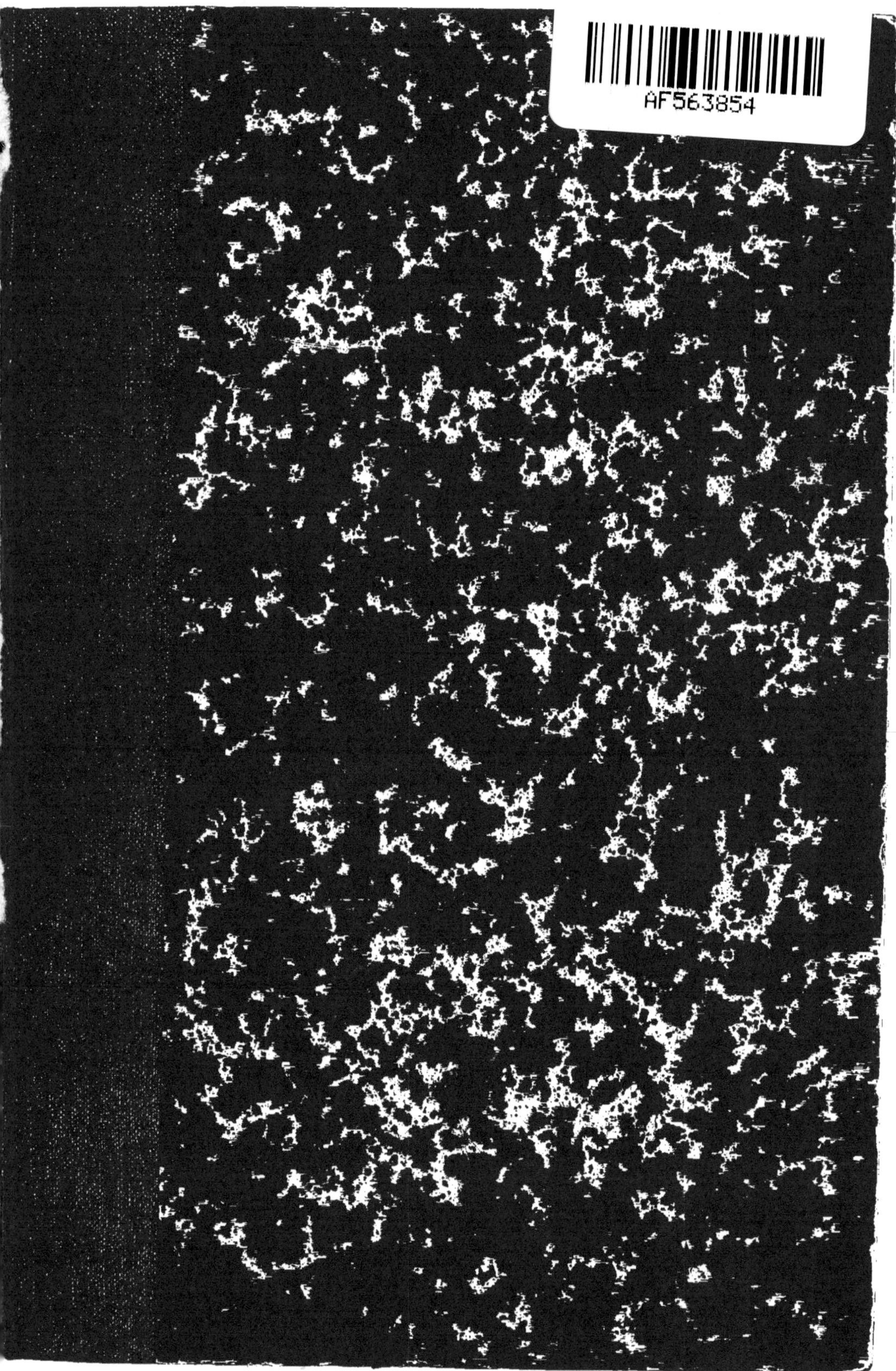

MINISTÈRE DU COMMERCE, DE L'INDUSTRIE
DES POSTES ET DES TÉLÉGRAPHES

EXPOSITION UNIVERSELLE INTERNATIONALE DE 1900
À PARIS

RAPPORTS
DU JURY INTERNATIONAL

Classe 5. — Enseignement spécial agricole

RAPPORT DE M. LÉON DABAT
DIRECTEUR AU MINISTÈRE DE L'AGRICULTURE

TOME PREMIER

PARIS
IMPRIMERIE NATIONALE

M CMIV

RAPPORTS DU JURY INTERNATIONAL

DE

L'EXPOSITION UNIVERSELLE DE 1900

MINISTÈRE DU COMMERCE, DE L'INDUSTRIE
DES POSTES ET DES TÉLÉGRAPHES

EXPOSITION UNIVERSELLE INTERNATIONALE DE 1900
À PARIS

RAPPORTS
DU JURY INTERNATIONAL

Classe 5. — Enseignement spécial agricole

RAPPORT DE M. LÉON DABAT

DIRECTEUR AU MINISTÈRE DE L'AGRICULTURE

TOME PREMIER

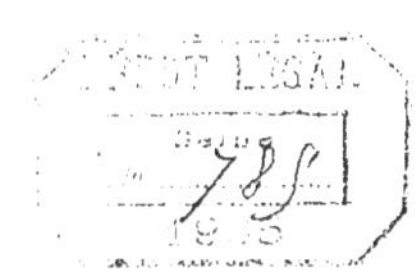

PARIS
IMPRIMERIE NATIONALE

M CMIV

CLASSE 5

Enseignement spécial agricole

RAPPORT DU JURY INTERNATIONAL

PAR

M. LÉON DABAT

DIRECTEUR AU MINISTÈRE DE L'AGRICULTURE

COMPOSITION DU JURY.

BUREAU.

MM. Risler (Eugène), directeur de l'Institut national agronomique (président des comités, Paris 1900), membre du Conseil supérieur de l'instruction publique, *président*.... France.

de Tormay (Béla), conseiller ministériel, membre de l'Académie des sciences, chef de bureau au Ministère royal hongrois de l'agriculture, président de la Société vétérinaire de Hongrie, président de la section de l'élevage, conseiller sanitaire, *vice-président*.... Hongrie.

Dabat (Léon)[1], sous-directeur de l'agriculture, secrétaire du Conseil supérieur de l'agriculture (secrétaire des comités, Paris 1900), *rapporteur*.... France.

Wéry (Georges), ingénieur-agronome, directeur des études à l'Institut national agronomique (comités, Paris 1900), *secrétaire*.... France.

JURÉS TITULAIRES FRANÇAIS.

MM. Chauveau (Jean-Baptiste), membre de l'Institut, inspecteur général des écoles vétérinaires, professeur au Muséum d'histoire naturelle (comités, Paris 1900).... France.

Dybowski (Jean), inspecteur général des cultures coloniales.... France.

Grosjean (Henry), ingénieur-agronome, inspecteur général de l'agriculture (comités, jury, Paris 1889; comités, Paris 1900).... France.

Magnien (Lucien), professeur départemental d'agriculture de la Côte-d'Or, président du Comité central de vigilance et d'études vinicoles (comité d'admission, Paris 1900).... France.

Philippar (Edmond), directeur de l'École nationale d'agriculture de Grignon (médailles d'or, Paris 1878, 1889; comités, Paris 1900).... France.

Regnard (le docteur Paul), membre de l'Académie de médecine, directeur-administrateur du laboratoire de physiologie à la Sorbonne, professeur à l'Institut agronomique (jury, Paris 1889; comités, Paris 1900).... France.

JURÉ TITULAIRE ÉTRANGER.

M. de Vuyst, inspecteur de l'agriculture, à Gand.... Belgique.

JURÉ SUPPLÉANT FRANÇAIS.

M. Trouard-Riolle (Georges), inspecteur de l'agriculture (comité d'admission, Paris 1900).... France.

JURÉ SUPPLÉANT ÉTRANGER.

M. Giglioli Italo, professeur à l'École supérieure de Portici,.... Italie.

[1] M. Dabat a été nommé directeur de l'hydraulique agricole au Ministère de l'agriculture le 7 octobre 1902.

SOMMAIRE.

[TOME PREMIER.]

[TOME II.]

PAYS ÉTRANGERS.

ENSEIGNEMENT SPÉCIAL AGRICOLE.

INTRODUCTION.

L'enseignement et l'éducation formaient le premier groupe de l'Exposition universelle; ils occupaient la place qui leur revient de droit, puisqu'on les trouve au début de la vie, dans l'enfance et dans la jeunesse, et à l'origine de toute civilisation. Par le développement de l'instruction, l'humanité peut être comparée, suivant la pensée de Pascal, «à un homme qui, ne vieillissant pas, n'oubliant rien, avancerait continuellement dans la science et dans la raison». L'exposition rétrospective de l'enseignement nous montrait cette lente évolution, l'effort constant de l'humanité cherchant à agrandir le cercle de ses connaissances.

L'histoire de l'enseignement agricole est intimement liée à cette marche ascendante du progrès. Les nations étrangères en avaient bien compris la portée et l'intérêt, et leurs Gouvernements avaient insisté sur l'utilité des recherches historiques, engageant les directeurs et professeurs d'écoles à développer avec un soin particulier la partie historique de l'enseignement agricole dans leurs études ou dans les notices sur les écoles d'agriculture présentées au Jury. Le Jury de la Classe 5 a dû, en conséquence, tenir compte, pour porter son jugement sur chaque école d'agriculture étrangère, de son histoire, de ses transformations et de sa situation actuelle; il a dû juger d'après un ensemble de faits et de documents. Il aurait été bien difficile de procéder d'une façon différente, la plupart des exposants étrangers n'ayant pu, faute de place, faire une exposition complète au point de vue matériel. Mais des publications sur l'enseignement, des monographies des principaux établissements suppléaient à l'insuffisance des objets présentés et permettaient d'apprécier l'importance des écoles, le niveau et l'orientation de leurs études.

Dans nos considérations générales, placées à la suite de chaque exposé de l'enseignement agricole dans les différents pays, nous avons eu soin d'analyser les principaux passages des monographies étrangères et de faire ressortir les points essentiels sur lesquels avait porté l'enquête du

Jury. A l'étude des méthodes d'enseignement, nous avons joint, quand les documents fournis nous en donnaient le moyen, l'examen critique des procédés pédagogiques, et nous nous sommes efforcé de dresser le bilan des résultats. Ce groupement systématique nous a permis d'établir très souvent au cours du rapport des comparaisons entre la situation de l'enseignement agricole en France et à l'étranger et de trouver dans ces rapprochements des indications instructives. Placées à la fin de notre rapport, des conclusions générales portant sur l'ensemble auraient été moins précises et auraient perdu une partie de leur intérêt.

La tâche du rapporteur se trouvait nettement délimitée à deux ordres de faits : 1° étude rétrospective ou historique des établissements d'enseignement agricole; 2° examen de l'organisation actuelle, du fonctionnement de chacune des écoles d'agriculture récompensées. Nous avons étudié l'ensemble des documents présentés par les délégués des Gouvernements étrangers et par les directeurs des écoles, consulté les commissaires et les délégués à l'Exposition et fait reproduire les photographies les plus intéressantes exposées. Nous avons ainsi réuni des éléments suffisants pour donner une idée générale de l'enseignement agricole dans les différents pays, en faisant ressortir le caractère particulier, typique, imprimé à l'enseignement par le génie de chaque race. Pour une étude plus approfondie de chaque école d'agriculture, il aurait fallu pouvoir visiter l'établissement lui-même, au lieu de se borner à l'analyse des documents présentés, à la description de ce qui avait été vu à l'Exposition. Dans quelques pays il nous a semblé que les documents qui nous étaient communiqués se rapportaient plutôt à un idéal à atteindre qu'à des faits existant réellement et nous avons eu quelquefois l'impression d'une organisation de l'enseignement un peu trop en façade. Nous n'avions ni le temps ni les moyens nécessaires pour contrôler sur place et nous avons dû enregistrer ce qui nous était officiellement communiqué. Cet aperçu général sur l'enseignement de l'agriculture pourra néanmoins donner, nous l'espérons, des indications suffisantes pour permettre d'entreprendre des études spéciales sur des points particuliers signalés comme dignes d'attention.

Pour la France, le rôle du Jury était plus facile. Comme pour l'étranger, il a dû tenir compte du passé des Écoles et de leur situation actuelle. La connaissance complète des différents établissements français a permis de procéder à une enquête détaillée sur notre enseignement agricole. Chaque École récompensée a été examinée à part et nous en avons donné une monographie; de plus nous avons fait un exposé d'ensemble au début de chaque groupe d'institutions. Après avoir rendu compte des travaux exposés par les Écoles, nous avons fait suivre chacun des groupes d'institutions de considérations générales. Nous avons procédé ainsi afin de donner à ces considérations la précision qu'elles n'auraient pu avoir si nous nous étions borné à traiter la question d'une façon générale à la fin de la section française.

*
* *

D'après le décret organique du 4 août 1897, la Classe 5 du Groupe I devait comprendre l'exposition de l'enseignement spécial agricole dans les écoles primaires et dans les écoles normales d'instituteurs. Mais le Comité du Groupe de l'éducation et de l'enseignement décida, sur la proposition de M. Gréard, vice-recteur de l'Académie de Paris, que cet enseignement devait être placé dans la Classe 1, comme faisant partie des programmes officiels du Ministère de l'Instruction publique, afin de grouper les travaux exécutés d'après un même programme d'enseignement.

Le Jury de la Classe 5 a donc dû se borner à examiner les établissements et les institutions s'occupant principalement d'enseignement agricole; il n'a pas eu à juger les efforts faits par les instituteurs en vue de l'enseignement agricole. Ce Jury a vivement regretté de ne pouvoir se rendre compte de l'œuvre de vulgarisation entreprise par les instituteurs; il lui aurait été agréable d'être à même de récompenser les services rendus à la cause de l'agriculture par ces dévoués fonctionnaires. Il aurait tenu tout au moins à les récompenser pour la partie expérimentale de leur enseignement en laissant au Ministère de l'Instruction publique le soin d'apprécier la science pédagogique des maîtres, leur enseignement didactique.

En raison de la décision du Comité de groupe, nous n'avons pas eu à présenter une étude spéciale sur l'enseignement agricole dans les établissements dépendant de l'Université ni à en donner les résultats. Nous avons tenu, néanmoins, afin de donner une idée complète de l'enseignement de l'agriculture sous toutes ses formes, à consacrer dans la partie historique un chapitre à l'enseignement agricole dans les établissements universitaires. Nous avons observé la même réserve dans notre étude sur l'étranger, mais dans beaucoup de pays la division entre les enseignements étant différente de la nôtre, nous avons dû souvent nous étendre sur les institutions donnant à la fois l'enseignement universitaire et l'enseignement agricole.

*
* *

La section française de l'enseignement spécial agricole était installée dans le palais de l'Éducation et de l'Enseignement (galeries du Champ de Mars, côté de l'avenue de Suffren). Elle se trouvait placée entre l'exposition de l'enseignement universitaire et le pavillon occupé par l'enseignement technique, commercial et industriel.

Dans les précédentes expositions universelles, l'enseignement agricole avait été considéré comme un complément de la section de l'agriculture et placé en annexe auprès d'elle. C'est donc en 1900 qu'il a figuré pour la première fois à côté de l'enseignement universitaire. L'innovation était des plus heureuses, puisque tous les enseignements se trouvaient ainsi réunis : enseignement primaire, secondaire et supérieur de l'Université, enseignement spécial agricole et enseignement technique, commercial et industriel. Cette réunion des différentes sortes d'écoles dans un même local offrait entre autres avantages celui de permettre aux visiteurs de se rendre plus facilement compte de l'importance des enseignements spéciaux.

L'Administration de l'Exposition avait accordé à la Classe 5 une surface de 1,200 mètres carrés dans les galeries du Champ de Mars, près de l'avenue de Suffren. Cet emplacement était à peine suffisant pour l'installation des écoles et des exposants. Cependant l'espace concédé à la Classe 5 par l'Administration de l'Exposition était presque le double de celui occupé en 1889 par l'exposition de l'enseignement agricole.

Le groupement de l'exposition française en rendait l'examen plus facile pour les spécialistes et en augmentait l'attrait pour les visiteurs. Les sections étrangères ressortissant à la Classe 5 étaient, au contraire, disséminées dans les différentes parties de l'Exposition, et leur examen nécessita des nombreux déplacements de la part du Jury.

L'Espagne, les États-Unis, la Grande-Bretagne, le Japon, la Norvège, les Pays-Bas, la Russie et la Suède avaient installé leurs expositions dans le palais de l'Éducatien et de l'Enseignement, près de celle de la France. L'Allemagne avait placé son exposition d'enseignement agricole dans le palais de l'Agriculture et des Aliments (ancienne Galerie des machines) sur une plate-forme établie au-dessus de l'exposition de ses produits agricoles. De même la Hongrie avait présenté non loin de l'Allemagne une exposition d'ensemble agricole qui comprenait la section de l'enseignement. L'exposition de l'Autriche était jointe à l'exposition générale de l'agriculture autrichienne dans ce même palais. La Belgique, le Danemark et le Portugal avaient également placé leurs expositions d'enseignement dans le palais de l'Agriculture et des Aliments. Les écoles d'agriculture et d'horticulture de la Bosnie-Herzégovine, de la Finlande, de la Roumanie, de la Serbie, figuraient dans les pavillons de la rue des Nations. L'Italie avait installé son exposition dans les galeries du palais italien placé à l'entrée de la rue des Nations, près du boulevard de La Tour-Maubourg. L'exposition de l'enseignement du Canada avait été placée dans la pavillon de ce pays au Trocadéro. L'Algérie, la Tunisie, Madagascar et le Tonkin avaient installé leurs expositions d'enseignement dans les pavillons que chacun de ces pays avait édifiés au Trocadéro.

En tête de la section française, ainsi qu'au début de chaque étude sur les pays étrangers, nous avons donné des détails complets sur l'installation des expositions.

PREMIÈRE PARTIE.

FRANCE.

INSTALLATION DE L'EXPOSITION FRANÇAISE[1].

L'enseignement spécial agricole occupait, dans le Palais de l'Éducation et de l'Enseignement, au premier étage des galeries du Champ de Mars, du côté de l'avenue de Suffren, un emplacement à peine suffisant pour l'installation des écoles et des exposants qui s'étaient fait inscrire. L'appropriation des galeries présentait des difficultés d'un ordre spécial, causées surtout par l'espace restreint dont il était possible de disposer par rapport aux demandes reçues. D'un autre côté, l'organisation matérielle de l'exposition était assez difficile à effectuer parce que l'Administration de l'agriculture, qui devait supporter la plus grande partie des frais de l'installation des écoles et des professeurs, n'avait à sa disposition que des crédits très limités; il était donc indispensable de faire simple. Toutes ces difficultés furent néanmoins résolues grâce au zèle intelligent de MM. Legros père et fils, architectes de la Classe 5, et leurs efforts réussirent à placer l'exposition de l'enseignement agricole dans un cadre intéressant et original.

Répartition topographique des exposants. — L'espace disponible fut divisé en quatre sections qui devaient correspondre à quatre groupes d'exposants, division qui permettait d'établir un classement méthodique:

Le premier groupe, formé par les écoles nationales vétérinaires, occupait toute la partie de la galerie de 15 mètres près de l'avenue de Suffren.

Le second groupe comprenait les grandes écoles ou écoles d'enseignement secondaire agricole; il était installé dans la seconde galerie, galerie du milieu reliant les deux autres.

Le troisième groupe était formé par les écoles pratiques d'agriculture, les fermes-écoles, les professeurs départementaux et les professeurs spéciaux d'agriculture, les

[1] Afin d'éviter à ses fonctionnaires un déplacement préjudiciable à la bonne marche du service, le Ministre de l'agriculture avait désigné M. Mesnier comme délégué spécial pour recevoir et veiller à la mise en place des objets à exposer expédiés par les directeurs d'écoles et les professeurs qui s'étaient inscrits à la Classe 5.

Le Comité d'installation accorda également aux exposants indépendants la latitude d'accréditer auprès de lui et auprès de l'Administration de l'Exposition M. Mesnier, comme leur représentant à Paris.

A M. Mesnier furent adjoints comme collaborateurs, pour la partie matérielle, M. Deny, élève diplômé de l'École d'agriculture de Grignon, et, pour la partie administrative, M. Châron, secrétaire de l'Institut agronomique.

Le Jury, pour reconnaître les importants services de ces commissaires, leur a alloué des médailles de collaborateurs : MM. Mesnier et Châron une médaille d'argent et M Deny une médaille de bronze.

IMPRIMERIE NATIONALE.

exposants indépendants. Il occupait la partie de la galerie de 6 mètres comprise entre l'exposition des grandes écoles et le chemin roulant.

Enfin le quatrième groupe comprenait l'Institut national agronomique, ses stations annexes et l'une de ses écoles d'application, celle des haras du Pin; il était placé à l'extrémité de la galerie occupée par le précédent groupe.

Le grand salon, de 23 mètres sur 15 mètres, figurant au plan sous la lettre Z, dans lequel était installée l'exposition des écoles nationales vétérinaires, avait reçu une décoration élégante. Des bibliothèques vitrées apportées de l'École vétérinaire d'Alfort étaient adossées aux murs sur toute la périphérie. Parallèlement à ces bibliothèques, étaient placées six grandes vitrines indépendantes les unes des autres. Au centre, un canapé circulaire était surmonté d'une corbeille contenant des plantes vertes. Autour de ce siège, on avait disposé symétriquement des tables sur lesquelles étaient placés des vitrines plates, des plans en relief, des appareils de recherches, etc. Derrière les vitrines et sur des cloisons recouvertes d'andrinople, se trouvaient les tableaux et les dessins.

Les pièces anatomiques, très nombreuses, les moulages coloriés, les animaux et les monstres naturalisés, tout contribuait à donner, dès l'entrée dans ce salon, l'impression éprouvée lorsqu'on visite l'un des musées scientifiques de l'École de médecine.

Les trois écoles vétérinaires s'étaient concertées sur le choix des principaux objets à exposer afin d'éviter les doubles emplois. Une commission composée de représentants des trois écoles s'était rendue successivement dans chacun des établissements et avait arrêté la liste des objets principaux à exposer, en prenant soin que les pièces de même nature ne fussent pas exposées par les chaires correspondantes des autres écoles. Il en était résulté une exposition d'ensemble des trois écoles donnant l'impression de l'homogénéité la plus complète et formant comme un répertoire de l'enseignement vétérinaire.

Faute de place ailleurs, la Direction de l'agriculture avait placé, dans le salon des Écoles vétérinaires, deux albums rotatifs contenant des vues de tous les établissements d'enseignement agricole.

Les trois autres groupes d'exposants de la Classe 5 avaient à leur disposition des tables surmontées d'épis ou sur lesquelles avaient été placées, selon les besoins, des bibliothèques vitrées. Tables et épis étaient recouverts d'andrinople. Le devant et les côtés des tables étaient drapés avec du drap caroubier garni de galon noir. Les épis étaient surmontés d'un chapiteau gris clair sur la plate-bande duquel se détachait, en lettres noir et or, la désignation des exposants qui occupaient la table et l'épi.

En ne laissant entre ces tables et comme passages latéraux que l'espace strictement indispensable pour la circulation, le Comité était parvenu à réaliser un maximum de surface utilisable. Il put mettre ainsi à la disposition des exposants 395 mètres carrés de surface horizontale et 945 mètres carrés de surface verticale.

La galerie du milieu avait été réservée aux grandes écoles. Au centre de cette galerie, on avait aménagé une salle rectangulaire formée par quatre tables à angle droit, surmontées d'épis et de bibliothèques vitrées couleur chêne. Ces tables figurent aux lettres

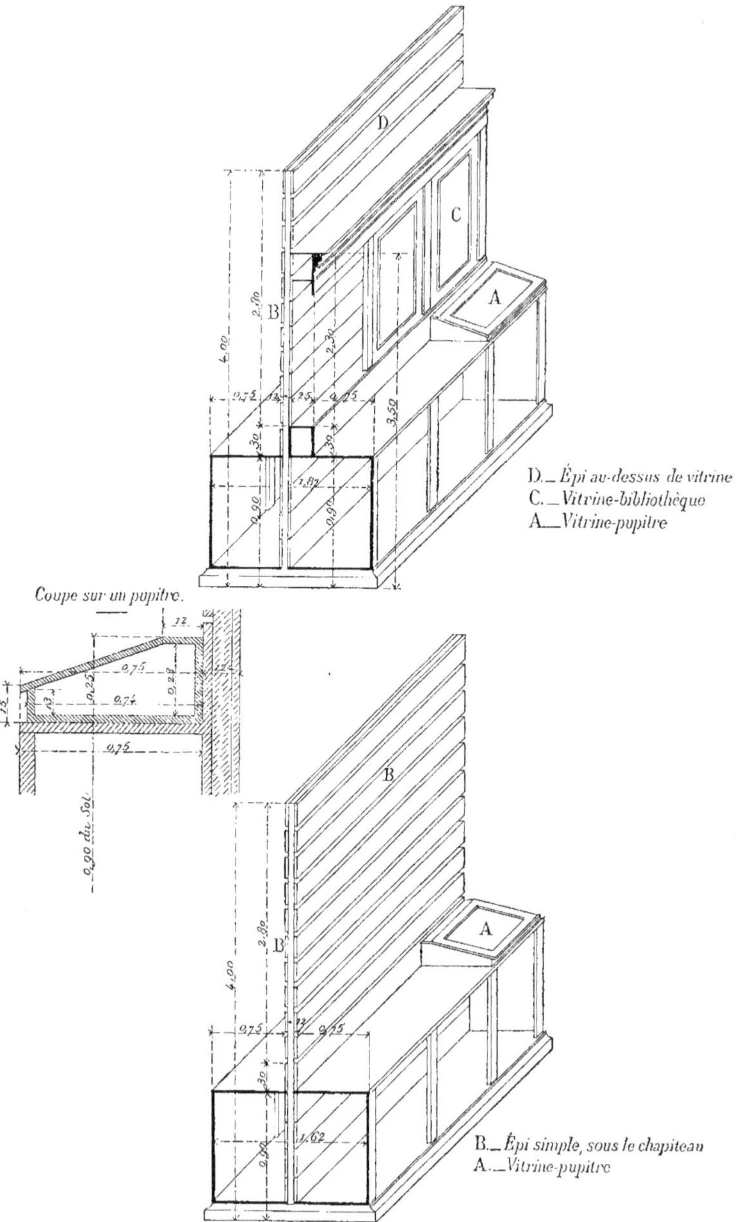

Fig. 1. — Vitrine et épi de la Classe 5

C, D, E, F du plan. Au milieu de la salle s'élevait une table à gradins spécialement destinée à recevoir une exposition collective des instruments et modèles communs pour l'enseignement dans les écoles nationales d'agriculture. Cette exposition collective était

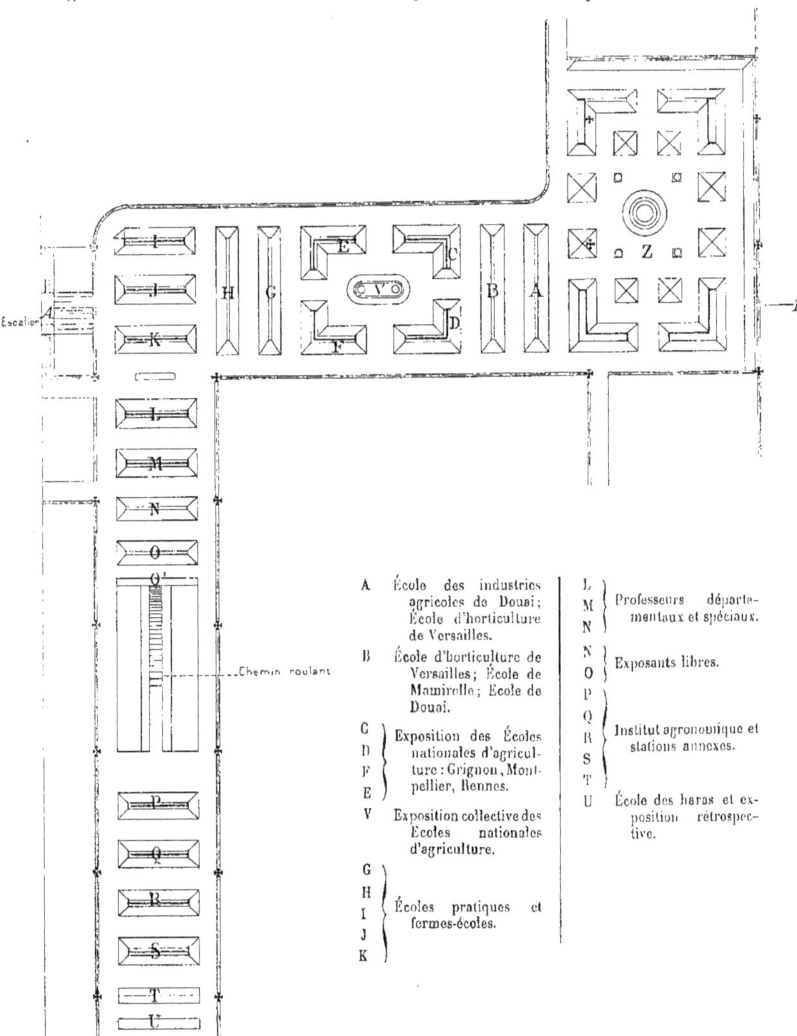

Fig. 2. — Plan de l'installation de la Classe 5.

absolument indépendante de l'exposition particulière des trois écoles nationales d'agriculture : Grignon, Montpellier et Rennes.

La table A était occupée d'un côté par l'École des industries agricoles dont le siège est à Douai; vitrines, tables et épis avaient été originalement décorés avec des guirlandes de houblon; de l'autre côté, se trouvaient les objets envoyés par l'École nationale d'horticulture de Versailles. Cette dernière école se partageait aussi la table B avec l'École des industries laitières de Mamirolle et l'École de Grignon, dont les plans en relief et les échantillons de paléontologie n'avaient pu trouver place dans la salle réservée aux Écoles nationales d'agriculture.

Les tables G, H, I, J, K étaient réservées à l'exposition de 24 écoles pratiques d'agriculture et de 4 fermes-écoles. Tous ces établissements avaient fait de grands efforts pour la bonne présentation des objets.

C'est entre les tables K et L que les visiteurs venant du rez-de-chaussée par le grand escalier pénétraient dans l'exposition de l'Enseignement agricole. On avait placé à cet endroit une table-vitrine d'une faible hauteur, sur laquelle un exposant libre, M. Bajac, avait installé des petits modèles artistiques de machines agricoles.

Les tables L, M et la moitié de la table N étaient garnies par les envois des professeurs départementaux d'agriculture et par ceux des professeurs d'arrondissement.

Les exposants libres, c'est-à-dire ne dépendant pas du Ministère de l'agriculture, avaient disposé leurs objets sur la deuxième partie de la table N et sur les tables O adossées au chemin roulant.

De chaque côté du chemin roulant, l'espace libre était occupé par des plans en relief, des appareils et des machines qui n'auraient pu tenir sur les tables sans nuire à l'harmonie générale ou à cause de leur poids.

Immédiatement après le chemin roulant, l'Institut national agronomique et ses stations annexes occupaient les tables P, Q, R, S et T, sauf toutefois l'emplacement réservé pour une carte, un plan et des ouvrages envoyés par la Direction de l'agriculture. L'Institut agronomique, unique école d'enseignement supérieur agricole, avait ainsi une place à part et son exposition pouvait constituer un tout complet.

Derrière l'emplacement occupé par l'Institut agronomique, une table U avait été réservée pour recevoir l'École des Haras et pour l'exposition centennale de la Classe 5. Cette exposition rétrospective était peu importante, attendu que la plupart de nos Écoles d'agriculture sont de création relativement récente et que celles qui auraient pu exposer dans cette section avaient groupé les documents relatifs à leur histoire dans les emplacements qui leur avaient été réservés pour leur exposition générale[1].

La Classe 5 était complètement installée pour le jour même de l'ouverture officielle de l'Exposition, le 14 avril 1900. Par son aspect général, elle pouvait soutenir la comparaison avec ses voisines, les Classes 1, 2 3 et 6. Si, pour les raisons pécu-

[1] En examinant les écoles récompensées, nous serons amené à parler des documents d'ordre rétrospectif présentés par chacune d'elles, mais nous n'en ferons pas l'objet d'une étude spéciale, les expositions rétrospectives étant comprises, d'après le règlement général de l'Exposition internationale de 1900, dans une division particulière placée en dehors du cadre des Classes.

niaires que nous avons indiquées plus haut, l'exposition de la Classe 5 n'attirait pas l'œil par un aspect luxueux, sa décoration sobre et originale, le goût qui avait présidé au choix des objets et des travaux exposés, l'agencement de ces objets, choisis parmi les plus caractéristiques, répondaient bien au but d'une exposition technique et à l'attente des visiteurs.

CHAPITRE PREMIER.

L'ENSEIGNEMENT AGRICOLE EN FRANCE.

I. — ORIGINES DE L'ENSEIGNEMENT AGRICOLE.

La France moderne a achevé avec le XIXe siècle l'œuvre d'organisation de l'enseignement agricole ébauchée par la vieille France. Impuissante, au moyen âge et sous l'ancien régime, à assurer la sécurité et le bien-être de ceux qui la cultivaient, la France ancienne ne pouvait s'occuper de l'instruction des laboureurs qui poursuivaient sans aide ni assistance de l'État leurs pénibles travaux.

Dans la lente évolution de l'agriculture, la tradition a joué un grand rôle. Pendant des siècles, des hommes doués d'un esprit observateur ont recueilli ce qu'il y avait d'utile dans les coutumes de leurs ancêtres et transmis de génération en génération les anciens usages agricoles, les procédés de culture, résumés parfois dans des dictons ou des proverbes, avant d'avoir été fixés par l'écriture et l'imprimerie. Les premiers écrivains agricoles publièrent ensuite ces préceptes ainsi que les recettes qui présentaient une certaine utilité, un intérêt quelconque pour leurs lecteurs.

L'église, restée dépositaire des débris de la civilisation gallo-romaine, avait conservé dans les monastères la tradition des procédés agricoles de l'antiquité. Jusqu'au XIIe siècle, les moines qui remplissaient l'office de chefs de culture faisaient cultiver la terre par les frères convers d'après les pratiques en usage chez les latins. Chaque couvent achetait des terres, colonisait, défrichait, plantait des arbres fruitiers. Possesseur d'immenses domaines dont il tirait de si importants revenus, le clergé aurait pu donner une puissante impulsion à l'agriculture, mais les abbés et les prieurs ne se préoccupaient que des bénéfices de leur communauté ou de leur ordre.

Malgré leur ignorance des lois économiques, plusieurs rois de France montrèrent une réelle sollicitude pour les intérêts agricoles du pays, pour l'instruction de la population rurale, et protégèrent les laboureurs par des édits ou des ordonnances contre les abus de la féodalité. Leur action bienfaisante a été reconnue par le peuple et signalée par les historiens. Après les désordres des guerres de religion et de la Ligue, un besoin d'ordre et de paix se manifesta; les mœurs s'adoucirent. Lasse de guerroyer, la noblesse s'occupa d'agriculture; les seigneurs se transformèrent en gentilshommes ruraux préoccupés de la bonne exploitation de leurs terres, leurs revenus dépendant de l'abondance des récoltes.

1600-1789.

La renaissance de l'agriculture fut favorisée par Henry IV et Sully, qui s'efforcèrent de réparer par une sage administration les désastres des guerres civiles. Dans la lente ascension de l'agriculture vers le progrès, le règne de Henri IV marque une date importante. Sur la demande du roi, Olivier de Serres, gentilhomme protestant du Languedoc, qui cultivait le domaine du Pradel, écrivit le *Théâtre d'agriculture et ménage des champs*, véritable encyclopédie agricole dont la première édition parut en 1600. Olivier de Serres s'était inspiré pour une partie de son ouvrage des curieux *Essais sur la manière de devenir riche par l'agriculture* de Bernard Palissy. Le *Théâtre d'agriculture* fut traduit par les nations étrangères qui ne possédaient, comme la France, que des recueils de préceptes agricoles ou de recettes empiriques. Praticien émérite, Olivier de Serres savait tout ce qu'on pouvait savoir de son temps, tout ce que l'observation lente et patiente des faits et la lecture des auteurs de l'antiquité avaient appris aux agronomes. Son esprit observateur et ingénieux le portait à étudier la technologie agricole; il avait en partie deviné l'avenir industriel de la betterave. Olivier de Serres n'hésitait pas à entrer dans les menus détails du ménage et à donner d'excellents conseils aux mères de famille. A la fin du XVIe siècle, les femmes étaient habituées, même celles de la noblesse, à exécuter ou à diriger les travaux du ménage; elles étaient initiées, en raison de leur résidence à la campagne, à une foule de questions rurales. La classe instruite se trouvait alors répartie à la campagne aussi bien que dans les villes. La noblesse s'attachait à la propriété de la terre qui conférait un titre dans l'échelle nobiliaire; on admettait que celui qui possédait le sol le fît exploiter. C'est ce qui rendait précieux le *Théâtre d'agriculture et ménage des champs*, bien qu'il ne s'adressât qu'à un certain nombre de privilégiés.

Dans le programme arrêté avec Sully pour la réorganisation de la France, Henri IV déclarait qu'il fallait cultiver, «non d'après la routine, mais suivant les règles de la raison et de l'expérience». En 1593, il prescrivit la création à Montpellier d'un jardin botanique pour l'étude des plantes et celle d'une chaire à la Faculté des sciences pour l'enseignement de la botanique pendant le printemps et l'été. Dans les *Économies royales* de Sully, on trouve, à la date de 1609, la mention suivante : «Plus, un plan, devis et désignation d'un lieu propre pour y eslever et entretenir toute sorte de plantes, arbustes, herbes et autres simples, avec les hommes et choses nécessaires pour y faire toute sorte d'espreuves et d'expériences de médecine et d'agriculture». Le plan d'Henri IV ne visait pas seulement les progrès de la botanique et l'amélioration des plantes par des expériences, il comportait la création d'un corps de professeurs et de démonstrateurs. La mort du roi mit à néant ce projet, et lorsque Louis XIII reprit l'idée de la création d'un jardin botanique à Paris, il ne s'occupa que de la culture des plantes médicinales. Richelieu aida Guy de Labrosse, médecin du roi, à organiser le *Jardin royal des herbes médicinales* ou Jardin des plantes dans le faubourg Saint-Victor. L'édit de 1635 y autorisait, malgré l'opposition de la Faculté de médecine de Paris, l'ouverture de cours de chimie, de thérapeutique et d'anatomie, indépendamment de l'enseignement spécial de la botanique.

On doit à Colbert de nombreuses ordonnances utiles à l'agriculture et notamment celle des eaux et forêts, l'établissement des haras, l'amélioration des moyens de transport et de communication. Colbert sut apprécier les talents de La Quintinie, célèbre horticulteur né à Poitiers en 1626, qui fut le précurseur de l'enseignement horticole. Pour étudier les méthodes et les procédés d'horticulture à l'étranger, La Quintinie fit en Angleterre et en Italie plusieurs voyages pendant lesquels il compléta son instruction horticole et transforma en une science l'art réduit jusqu'ici à un simple métier manuel. Colbert lui confia la création du potager du roi à Versailles et la direction des cultures du grand Trianon. Dès 1670, La Quintinie figure sur les comptes des bâtiments de Versailles avec le titre de directeur des jardins fruitiers et potagers du roi. Sur la demande du Ministre, il écrivit et publia, en 1680, un ouvrage dans lequel il indiquait les règles à suivre pour l'établissement et l'entretien des jardins et des vergers, ainsi que pour la culture des fleurs : *Instructions pour les jardins fruitiers et potagers, suivies de quelques réflexions sur l'agriculture.*

Malgré les enseignements contenus dans ces ouvrages spéciaux, l'agriculture était toujours dirigée d'après les méthodes empruntées à la tradition, à la routine. En agriculture, on ne connaissait ni la chimie, ni la physiologie, ni la botanique, ni la géologie. Il fallait que des principes scientifiques vinssent contrôler les méthodes en usage et réformer ce qu'elles avaient de défectueux.

Fig. 3. — Statue de La Quintinie à l'École nationale d'horticulture de Versailles.

Sous la direction de Fagon, surintendant du Jardin du roi ou Jardin des plantes de 1683 à 1718, l'enseignement scientifique commença à prendre un caractère agricole avec Tournefort, Vaillant et Antoine de Jussieu. De simple champ d'études qu'il était pour la botanique et les plantes médicinales, le Jardin des plantes se transforma en un champ d'expériences et d'études agronomiques. Buffon, nommé en 1739 intendant du Jardin royal des plantes, réunit successivement autour de lui des savants comme Daubenton, les de Jussieu, Portal, Rouelle. Chacun d'eux contribua au mouvement du progrès agricole dans celle des branches de la science dont il s'occupait. Le Jardin des plantes devint ainsi un centre de recherches et d'expériences scientifiques dans tous les ordres de la nature. Buffon publiait son histoire naturelle avec la collaboration de Daubenton, puis de Lacépède, démonstrateur d'histoire naturelle; Daubenton étudiait la zoologie et la zootechnie; les de Jussieu étendaient le cercle des connaissances en botanique; Rouelle, le moins connu de ces savants, enseignait la chimie, et il eut parmi ses élèves le célèbre Lavoisier.

Les travaux des grands naturalistes, leur étude de la nature, leurs découvertes furent comme une sorte d'introduction à l'étude des sciences agronomiques. Ces travaux commencèrent à révéler par l'étude des plantes, par la chimie et l'histoire naturelle, les véritables conditions de la production végétale et de la production animale. Les sciences qui indiquaient les moyens de régénérer le sol et de le mieux aménager accomplissaient des progrès qui, pour n'être que des préludes, n'en n'avaient pas moins une grande importance, en ce sens qu'ils permettraient d'établir ensuite les bases d'une culture rationnelle.

La création des sociétés d'agriculture qui devaient avoir une si grande part dans l'organisation de l'enseignement agricole remonte à la même époque. Gournay rassembla à Rennes des agronomes, des savants, des gentilshommes ruraux, et les détermina à former, sous le patronage des États de Bretagne et sous la présidence du gouverneur de la province, une société pour s'occuper de l'amélioration de l'agriculture, des découvertes de la science, de la recherche et de la mise en pratique de nouveaux procédés agricoles et industriels. Le succès de cet essai décida Louis XV à autoriser les généralités du royaume à fonder des sociétés d'agriculture destinées «à encourager le zèle de ceux qui se consacrent avec empressement et intelligence à l'amélioration du sort des campagnes, à remédier à la routine dont les préjugés et l'ignorance sont la cause ordinaire». Les États généraux et les économistes favorisèrent cette organisation des sociétés d'agriculture par une active propagande. De 1757 à 1760, des sociétés d'agriculture furent créées à Lyon, Toulouse, Orléans, Rouen, Soissons, Tours.

Gournay avait formé le projet de fonder à Paris une société composée des savants et des agronomes non seulement de la généralité de Paris, mais de toutes les généralités de France. Trudaine réalisa cette œuvre et fit rendre par le Conseil, le 1er mars 1761, un arrêt qui prescrivait l'établissement de la Société d'agriculture de Paris. Elle devait prendre ultérieurement le titre de Société centrale, puis de Société nationale d'agriculture. Cette société fut divisée en quatre bureaux ou sections, appelés par la suite *comices,* siégeant à Paris, Meaux, Beauvais et Sens. Le Bureau de Paris nomma comme président un agronome éminent, le marquis de Turbilly, dont les travaux sur l'agriculture et les défrichements dans l'Anjou avaient attiré l'attention de l'Académie des sciences. Épris des améliorations à réaliser dans la culture des terres, le marquis de Turbilly distribuait des graines de choix aux laboureurs de sa région et donnait à ceux qui avaient obtenu les plus belles récoltes des prix d'agriculture et des médailles. Il s'occupait avec non moins de zèle de faire instruire les enfants des paysans par les clercs. En agissant ainsi le marquis de Turbilly n'obéissait pas seulement à son goût passionné pour l'agriculture, mais cédait aussi au plaisir de servir le pays en lui montrant le bon exemple. Membre de la Société royale d'agriculture de Londres et de plusieurs autres sociétés d'agriculture et académies, Turbilly fut un de ceux qui favorisèrent le plus le mouvement agricole dans la seconde moitié du XVIIIe siècle.

L'influence des économistes commençait à se manifester. Diderot, dans l'Encyclopédie, avait consacré plusieurs articles aux questions relatives à l'industrie agricole. Sous les rubriques *grains* et *fermiers*, l'économiste Quesnay avait publié de véritables traités, dans lesquels il présentait l'agriculture comme la base de la richesse d'une nation. Les économistes firent une active propagande en faveur de l'instruction professionnelle. Les grands écrivains, Voltaire, Rousseau, faisaient l'éloge de l'agriculture comme du premier et du plus utile des arts et Rousseau déclarait, dans *Émile,* que l'éducation d'un enfant doit être complétée par l'étude de l'industrie agricole ou d'un art mécanique. Si ce mouvement n'avait pas de résultat direct sur le progrès agricole, il n'en contribuait pas moins à relever la profession d'agriculteur, et il rendait un véritable service au pays en faisant naître chez les grands seigneurs et les riches marchands le goût de diriger eux-mêmes l'exploitation de leurs domaines et de revenir à la vie rurale. Louis XV, lui-même, faisait exécuter sous ses yeux, à Trianon, par Claude Richard, son premier jardinier, des expériences sur les maladies qui attaquent les céréales et sur les moyens d'y remédier. Ce fut à cette école de botanique de Trianon que Bernard de Jussieu expérimenta sa méthode de classification des plantes.

Les publications agricoles ne tardèrent pas à prendre un caractère populaire qui indiquait la nécessité de faire pénétrer dans les masses rurales les principales notions de l'agriculture et de l'horticulture. La *Gazette d'agriculture* proposait d'organiser dans chaque village des conférences agricoles gratuites, ainsi que cela se pratiquait avec succès pendant l'hiver dans plusieurs bailliages de l'Allemagne. L'*Almanach du bon jardinier* répandit dans le public les connaissances usuelles de l'horticulture, avec l'*École du jardin potager,* ouvrage publié en 1749. Puis ce furent de nombreux mémoires sur l'agronomie, sur la maison rustique. On publia un si grand nombre de traités sur l'agriculture, qu'ils amenèrent la publication d'opuscules intitulés : *Préservatifs contre l'agromanie,* dans lesquels on critiquait la multiplicité des ouvrages de ce genre. Les classes les plus diverses s'occupaient d'agriculture; elle devenait une mode. Mais pour les cultivateurs, les laboureurs, comme on disait alors, les leçons écrites n'avaient qu'une utilité relative, par la raison péremptoire que la plupart savaient à peine lire. Le subdélégué de Montdidier écrivait à l'intendant : «Le paysan a une routine, il la suit et n'écoute pas les personnes instruites».

En résumé, si le terrain était bien préparé pour qu'on pût songer à organiser l'enseignement agricole, aucune tentative sérieuse ne fut faite, aucune institution créée, jusqu'au moment où l'agriculture eut un service particulier.

A la fin de l'année 1759, Bertin, contrôleur général des finances, organisa un Bureau spécial de l'agriculture auquel furent confiés l'étude de toutes les questions agricoles, le contrôle et la direction des affaires concernant l'agriculture. Nommé le 14 décembre 1763 ministre secrétaire d'État des affaires du dedans, Bertin avait dans son département les services de l'agriculture et des sociétés d'agriculture, les haras, les écoles de médecine vétérinaire, les services des manufactures, du commerce intérieur et du commerce des Indes. Ce fut sous son administration qu'on vit apparaître les premières écoles d'agriculture.

Moreau de la Rochette, qui avait acheté près de Melun un domaine de 200 hectares, y créa une immense pépinière d'arbres fruitiers et forestiers, et obtint, par un arrêt du Conseil en date du 9 février 1767, qu'on lui confiât des enfants trouvés pour les employer à la culture du domaine et les habituer au travail de la terre. Ce fut la première tentative de création d'un établissement charitable pour apprendre l'agriculture aux enfants. Parmi les élèves, âgés de 12 à 15 ans, Moreau de la Rochette formait des pépiniéristes chargés d'établir et de diriger des pépinières dans les différentes provinces, lorsqu'ils avaient atteint l'âge de 25 ans et obtenu le titre de maître pépiniériste. Le but philanthropique de ces véritables colonies agricoles ne les empêcha pas d'avoir une durée éphémère; Necker les supprima, en 1780, pour cause d'économie.

En 1771, Bertin, qui se rendait parfaitement compte de la nécessité d'enseigner aux jeunes gens les éléments de l'agriculture, inaugura l'école de labourage ou d'agriculture d'Annel, près de Compiègne. Soutenu par les subventions que lui accordait le Ministre, Sarcey de Suttières avait organisé, dans la ferme modèle d'Annel, une école pratique d'agriculture qui devait recevoir douze jeunes laboureurs de 20 à 30 ans, agréés par l'administration de l'agriculture. Le cours ou l'apprentissage agricole durait une année. Entretenus aux frais de l'État, les élèves recevaient, à leur sortie de l'école, un certificat d'aptitude. Le Ministre faisait donner une charrue neuve et une herse à ceux qui se distinguaient par leur conduite et leur assiduité au travail. Mais l'école protégée par Bertin fut abandonnée à elle-même par son successeur et disparut.

Si l'on trouve jusque-là quelques tentatives isolées d'organisation de l'enseignement agricole, ces premiers essais ne donnèrent que des résultats absolument insignifiants, et les écoles créées ne tardèrent pas à disparaître sous prétexte qu'elles constituaient des charges pour le Trésor public. Mais de cette même période date l'organisation de l'enseignement vétérinaire qui fit de rapides progrès.

Plus favorisées, ou répondant mieux aux besoins de l'époque, les *Écoles vétérinaires* prirent, dès les premières années de leur existence, une place qu'elles surent garder.

Des écuyers, des officiers de cavalerie, des hippiâtres et quelques grands seigneurs, comme le marquis de Newcastle, avaient publié, à la fin du XVIIe siècle et dans la première moitié du XVIIIe, des traités sur l'art vétérinaire ou l'hippiatrique, la maréchalerie et l'art équestre. Parmi les ouvrages publiés en France sur l'hippiatrique, figuraient le *Parfait maréchal* par de Solleysel et le *Nouveau parfait maréchal* par de Garsault, capitaine en survivance du haras du roi. Ce dernier ouvrage comprenait un traité des maladies des chevaux, des opérations chirurgicales et des médicaments. Lafosse, hippiâtre et maréchal des écuries du roi, commença à modifier la bizarre thérapeutique de ses devanciers. Sous le titre de *Nouveau Newcastle,* Bourgelat publia, en 1744, un traité de cavalerie. Quelques années plus tard, il fit paraître ses *Éléments d'hippiatrique* où il montrait les causes de l'infériorité de la médecine vétérinaire et indiquait les moyens à employer pour l'organiser.

Chef de l'Académie d'équitation de Lyon, Bourgelat, qui avait connu Bertin lorsqu'il était intendant de la généralité de Lyon, lui proposa de créer dans cette ville une école vétérinaire dont le programme d'enseignement comprendrait les matières suivantes : extérieur des animaux, anatomie, ferrure, bandages et appareils, botanique, hygiène, pathologie, opérations, médicaments. Bertin fit rendre, le 4 août 1761, par le Conseil, un arrêt qui autorisait l'établissement de l'*École vétérinaire de Lyon* et qui accordait à Bourgelat une subvention de 50,000 livres payable en six ans. Nommé directeur de l'école, Bourgelat recruta rapidement des élèves parmi les fils des écuyers et des maréchaux ferrants. L'utilité du nouvel enseignement fut promptement reconnue et les gouvernements étrangers envoyèrent des élèves à l'école de Lyon. Parmi les élèves étrangers sortis des écoles vétérinaires françaises de 1764 à 1790, plusieurs fondèrent des établissements d'enseignement vétérinaire dans leur pays : Abildgaard fonda l'école vétérinaire de Copenhague; Viborg, son élève, jouissait d'une grande réputation comme professeur et comme praticien; Brugnone créa l'école vétérinaire de Turin; Naumann, celle de Berlin; Vial de Saint-Bel, celle de Londres. Les élèves français n'acquirent pas une moindre réputation comme savants ou praticiens; quelques-uns devinrent membres de l'Académie de médecine ou de l'Institut. Dans les provinces où régnaient de continuelles épizooties, l'intervention des vétérinaires et leurs soins amenèrent une grande diminution dans la mortalité du bétail.

Louis XV conféra à l'école de Lyon, en 1764, le titre d'École royale et accorda aux élèves qui sortaient de cet établissement, après quatre années d'études et après avoir subi les épreuves exigées par le règlement, le privilège exclusif d'exercer la médecine vétérinaire, privilège aboli par le décret du 2 mars 1791. Leur titre était : Privilégiés du roi en l'art vétérinaire. Le Gouvernement, comprenant l'intérêt que présentait le développement de l'enseignement vétérinaire, confia à Bourgelat l'organisation et la direction supérieure d'une école vétérinaire au château d'Alfort. Créée par arrêt du 5 décembre 1765, l'*École vétérinaire d'Alfort* comptait, dès 1769, plus de 80 élèves. Le Ministre de la guerre y entretenait un certain nombre de cavaliers et, en 1781, le roi y plaça quatre élèves, pour le recrutement du professorat. Un officier de dragons commandait les élèves militaires casernés à Charenton.

Fig. 4. — Façade de l'École royale vétérinaire d'Alfort.

Les pensions des élèves fixées à 300 puis à 360 livres par an et le produit des terres dépendant du domaine couvraient en partie les dépenses de l'établissement évaluées à 60,000 livres par an jusqu'en 1782.

Bertin avait établi à l'École d'Alfort, peu après sa fondation, une ménagerie d'animaux domestiques provenant de l'étranger qu'on pouvait espérer acclimater en France, ainsi que des animaux sauvages qu'on croyait susceptibles d'être apprivoisés et croisés avec des animaux domestiques. Il y avait dans cette tentative la conception d'une station expérimentale, d'une sorte d'établissement d'acclimatation qui aurait pu donner de curieux résultats; mais les idées d'économie qui prévalurent dans le Conseil du roi, vers 1780, amenèrent la suppression de la ménagerie expérimentale.

Fig. 5. — Ecole vétérinaire de Lyon.

Le programme des cours établis par Bourgelat était devenu incomplet par suite des progrès de la science. Sous Louis XVI, deux savants, Daubenton et Vicq-d'Azyr, déterminèrent de Calonne à s'occuper activement de l'École d'Alfort. Le nombre des chaires fut porté à huit. A l'école royale vétérinaire fut annexée la ferme de Maisonville, d'une étendue de 170 hectares. Ce domaine devait servir à faire des essais de culture, notamment sur les plantes fourragères et les légumineuses propres à l'alimentation des bestiaux. On devait, en outre, y poursuivre des expériences sur l'élevage des animaux domestiques et sur l'introduction et l'acclimatation en France des espèces ou des races étrangères. Mais, après la chute de Calonne, les ministres, aux prises avec les embarras financiers, réduisirent les cadres du personnel enseignant de l'École d'Alfort. La chaire d'anatomie comparée était alors occupée par Vicq-d'Azyr, médecin de la reine Marie-Antoinette, membre de l'Académie française et de l'Académie des sciences. Fourcroy enseignait la physique et la chimie, Daubenton, membre de l'Académie des sciences, secondé par Broussonnet, professait l'économie rurale. Par des essais entrepris dans la propriété de Montbard en Bourgogne, Daubenton prouva qu'une bonne race ovine indigène peut s'améliorer assez facilement par la sélection. A la suite de ses essais d'amélioration des laines, le célèbre naturaliste publia des *Instructions pour les bergers et pour les propriétaires de troupeaux*. Tandis qu'on s'occupait en France de l'amélioration du produit laine, Bakewell s'attachait, en Angleterre, au produit viande et montrait comment on peut profiter des aptitudes des races, de leur sélection et de leur alimentation, pour développer les parties utiles.

En 1785, Louis XVI acheta du duc de Penthièvre le château, le parc et les bois de Rambouillet, à titre de domaine privé, et fit construire la ferme expérimentale qui forma la bergerie. Tessier fut appelé à diriger la ferme modèle et à y faire des expériences utiles au progrès de l'industrie agricole. Sur sa demande, appuyée par Daubenton et par le comte d'Angivilliers, gouverneur du domaine, Louis XVI demanda au roi d'Espagne un troupeau de moutons mérinos dont le gouvernement espagnol interdisait l'exportation. Charles IV lui envoya un magnifique troupeau choisi dans les bergeries royales. Ce troupeau ayant été atteint de la clavelée pendant son long voyage, Gilbert, élève de Chabert à Alfort, fut attaché comme vétérinaire à la bergerie de Rambouillet.

Turgot, lié avec les économistes et les philosophes dont il partageait les idées, se préoccupa de l'instruction de la population rurale, dont il voulut élever la condition et accroître le bien-être. Il entrevit tout le bien qu'on pouvait attendre pour l'agriculture de l'enseignement agricole et présenta à Louis XVI un plan d'organisation d'un institut agricole dans le domaine de Chambord, proposé par l'abbé Rozier, ancien directeur de l'école vétérinaire de Lyon. Membre de la Société royale d'agriculture, Rozier publia avec la collaboration de Parmentier un cours complet d'agriculture et un traité sur la culture de la vigne. D'après le plan proposé à Louis XVI, l'abbé Rozier devait, assisté de trente prêtres, donner aux élèves de l'institut des leçons d'agriculture, de botanique, de chimie et de physique. Chaque généralité devait envoyer, tous les ans, un élève, fils de laboureur, âgé de 18 à 20 ans, et participer à l'entretien de cet élève pour une somme de 50 francs par an. Cela correspondait à un recrutement annuel de 32 élèves.

La durée du séjour des élèves était fixée à trois ans, pendant lesquels ils devaient exécuter tous les travaux de culture, chacun suivant la méthode de son pays. Ils devaient passer chaque semaine et successivement, brigade par brigade, aux travaux des champs, des prés, des vignes, du jardin potager, des pépinières, des écuries, des bergeries, de la forge et de l'atelier de charronnage. A la sortie de l'école, on devait donner à chaque élève un bélier et deux brebis à laine fine, afin de renouveler l'espèce dans le royaume. Le projet était complété par l'organisation d'un orphelinat agricole.

Turgot ayant dû se retirer du gouvernement en 1776, aucune suite ne fut donnée à ce projet d'organisation d'un institut agricole; le projet fut repris, sous le Consulat, par François de Neufchâteau.

A la même époque, Lavoisier cherchait à appliquer les découvertes de la science à l'enseignement méthodique de l'agriculture. Après la publication de son célèbre ouvrage, intitulé *Richesse territoriale de la France*, le fondateur de la chimie moderne introduisit dans l'exploitation d'une de ses fermes ses méthodes scientifiques et prépara, par ses célèbres expériences, le mouvement qui devait se produire cinquante ans plus tard avec Boussingault.

1789-1848.

L'Assemblée nationale, la Législative et la Convention s'occupèrent de l'organisation de l'enseignement agricole. De nombreux projets furent élaborés. Talleyrand-Périgord soumit à la Constituante, au nom du Comité d'instruction publique, un projet d'organisation de l'enseignement, dans lequel l'agriculture avait une place marquée. Le duc de Béthune-Charost avait présenté, quelques années avant, un vaste plan d'enseignement professionnel agricole. Thibaudeau proposa la création d'une ferme expérimentale aux environs de Paris et l'abbé Grégoire publia un projet de décret pour l'établissement d'une école d'agriculture par département.

La constitution de l'an III prescrivait la création, dans chaque école centrale ou lycée, d'une chaire d'économie rurale avec musée et champ d'études. D'après la loi du 3 brumaire an IV (25 octobre 1795), une chaire d'histoire naturelle devait être établie dans chaque école centrale et des écoles spéciales d'économie rurale devaient être organisées conformément à la demande de Gilbert et Huzard, membres de la Société centrale d'agriculture de la Seine. Le plan des écoles centrales et leur programme faisaient honneur à la Convention. La création de l'École polytechnique et celle du Conservatoire des arts et métiers datent de cette époque.

Avec le changement de régime et le nouvel ordre de choses, on pouvait espérer que l'enseignement agricole allait enfin se développer avec une force d'expansion d'autant plus grande que les travaux scientifiques avaient ouvert de nombreuses voies et éclairé la pratique par des expériences concluantes dans beaucoup de branches de l'agriculture. De nombreuses discussions relatives à l'enseignement de l'agriculture eurent lieu, mais rien ne s'organisa. Les différents projets ne furent pas mis à exécution, non seulement à cause du défaut de ressources pécuniaires, mais parce qu'il manquait au pays l'ordre et la stabilité nécessaires dans les institutions. Puis les préoccupations de la défense nationale vinrent absorber le Gouvernement en lutte avec les autres États européens. L'Assemblée constituante réduisit de moitié le budget de l'école vétérinaire d'Alfort et lui enleva la ferme de Maisonville. L'école prit en l'an III le titre d'*École d'économie rurale vétérinaire d'Alfort*. En 1790, on avait supprimé les haras à cause du chiffre des dépenses jugé hors de proportion avec les résultats obtenus et aussi en raison des privilèges accordés aux employés des haras.

Le jardinier de Trianon, Richard, eut à défendre ses merveilleuses plantations, déjà menacées une première fois lorsque Louis XVI avait eu la faiblesse de mettre le Petit Trianon à la disposition de Marie-Antoinette et de supprimer l'école de botanique. Il parvint à démontrer au commissaire de la Convention la perte qui résulterait de la destruction des arbres choisis parmi les essences les plus rares. La Convention décida que le jardin botanique de l'École centrale serait installé au potager du roi. Ce ne fut cependant que trois ans plus tard que Richard put organiser son école de botanique qui renfermait une collection de plantes officinales classées suivant le système de Linné.

Sur un rapport de Lakanal à la Convention, le Jardin des Plantes, dont Bernardin de Saint-Pierre avait été nommé directeur en 1792, reçut, avec une organisation nouvelle, le nom de *Muséum d'histoire naturelle*. On y professait des cours de chimie, de minéralogie, de botanique, de culture, de zoologie et d'anatomie.

François de Neufchâteau avait repris et présenté au premier Consul l'ancien projet modifié de l'abbé Rozier, pour l'organisation de l'enseignement agricole à Chambord. Des professeurs d'histoire naturelle devaient faire des cours d'agriculture et d'horticulture aux élèves répartis dans 300 ménages, installés sur ce domaine. Ces ménages de praticiens devaient comprendre 60 ou 80 cultivateurs, 50 vignerons, 100 jardiniers, 50 gardes-forestiers et pépiniéristes. Les élèves de Chambord, nourris et logés par ces ménages, devaient être instruits, dirigés et surveillés par les professeurs et inspecteurs de l'Institut agricole. François de Neufchâteau ne demandait aucune subvention, aucun concours financier à l'État; il se chargeait de tout si on lui concédait le domaine. Mais le temps n'était pas favorable à ces entreprises et le premier Consul, qui avait d'autres préoccupations en tête, ne s'arrêta pas au projet de François de Neufchâteau.

La Société impériale d'agriculture présenta, quelques années plus tard, un autre projet où elle proposait de donner aux cultivateurs l'instruction spéciale, qui leur manquait, de la manière suivante :

Dans les écoles primaires, on suspendrait des tableaux où tout le système de l'économie rurale serait réduit en forme synoptique, et on placerait, à côté de ces tableaux, des gravures offrant l'image des meilleurs procédés de culture, des outils perfectionnés, des races pures d'animaux domestiques. Quelques lectures et les explications des maîtres devaient compléter cet enseignement élémentaire du premier degré.

Au second degré, des professeurs feraient un cours d'agriculture dans les collèges où l'on étudierait spécialement les œuvres relatives à l'agriculture des auteurs latins et grecs.

IMPRIMERIE NATIONALE.

Trois écoles spéciales devaient compléter le système en permettant de donner une instruction plus technique aux élèves qui désiraient s'adonner à l'agriculture. Des fermes expérimentales seraient annexées à ces trois écoles.

L'Administration impériale recula devant cette organisation qui ne lui paraissait pas suffisamment justifiée par les besoins des classes agricoles suivant la fausse théorie soutenue au Corps législatif, en 1802, par Fourcroy, conseiller d'État, qui répondait à l'un des orateurs du Tribunat : « L'absence d'une disposition relative à l'enseignement agricole ne provient pas d'un oubli du Gouvernement. L'agriculture, comme science, est l'application de plusieurs de celles qu'on enseigne dans les autres écoles spéciales, et, comme art, c'est aux champs, c'est en maniant et en dirigeant la charrue qu'on en prend et qu'on en donne des leçons. »

Pour répondre, dans une mesure restreinte, aux desiderata exprimés par la Société impériale d'agriculture, le Gouvernement fonda cependant, en 1806, à l'école d'Alfort, une chaire où l'agriculture théorique et pratique était enseignée par un agronome nommé Victor Yvart, qui exploitait la ferme autrefois annexée à l'école d'Alfort; cette ferme et les collections d'animaux domestiques fournissaient tous les éléments désirables pour un cours de cette nature. Cette création pouvait être le point de départ d'une organisation régulière et complète de l'enseignement agricole en France. La lutte contre les nations étrangères absorbait malheureusement l'attention de l'Empereur et des ministres.

Mais la Révolution avait fait passer entre les mains des anciens laboureurs une grande partie de la propriété rurale, et il en résulta de grandes améliorations dans la culture. A défaut de connaissances scientifiques en agronomie, les nouveaux possesseurs du sol avaient la force, l'équilibre de ceux qui ont toujours vécu dans les champs. Puis, dans les familles alors nombreuses, chacun se spécialisait : l'un des enfants s'occupait exclusivement de la culture, du labourage, de la conduite des chevaux; un autre remplissait l'office de pâtre ou de berger; l'aîné accompagnait son père dans les foires et les marchés, et s'occupait plus spécialement de la vente et de l'achat du bétail et des produits agricoles. L'association agricole existait, comme association familiale, entre parents domiciliés dans la même localité, où ils se prêtaient un mutuel appui.

Après avoir réorganisé, en 1806, les haras supprimés à la Révolution, Napoléon se préoccupa de compléter cette organisation, en préparant des hommes capables d'élever, de conduire et de dresser les chevaux. Les écoles d'équitation, fondées sur l'ordre de l'Empereur, en 1810, à Paris, Caen, Angers, Rennes, Lyon, Bordeaux, Toulouse, Strasbourg, Bruxelles, Sienne et Turin, avaient pour but de former des hommes de cheval ou des écuyers et des palefreniers pour assurer le recrutement des établissements hippiques. Pendant les guerres du règne de Louis XIV, la France avait dû recourir à l'étranger pour la remonte des régiments de cavalerie. Ce fut ce qui détermina Louis XIV à mettre à exécution le projet de Colbert en créant un haras modèle sur un domaine de la couronne, le Pin, près du bourg de Nonant. A la même époque, un certain nombre d'éleveurs recevaient une subvention de l'État et le titre de garde-étalons, pour l'approbation et la conservation de leurs chevaux. Ces gardes-étalons étaient, ainsi que les gardes-haras, exempts de toute corvée. Les mêmes causes amenant les mêmes effets, les guerres du premier Empire devaient amener la réorganisation des haras.

Sous la Restauration, le Gouvernement ne s'occupa pas de fonder des établissements d'enseignement agricole, malgré les vœux émis par la Société royale d'agriculture. On se figurait alors, suivant l'exacte appréciation de M. Tisserand, que l'agriculture mêlée à tout, existant partout et pratiquée par les intelligences les plus frustes, pouvait s'exercer sans qu'on eût besoin d'une instruction spéciale. Les grands propriétaires fonciers et les industriels qui formaient la majorité des Chambres eurent le tort de ne se préoccuper que des moyens d'élever le prix des denrées par des lois de protection douanière. Il faut remarquer, toutefois, que les campagnes n'étaient pas alors privées de la partie la plus active et la plus intelligente de la population.

L'initiative privée accomplit l'œuvre que l'Administration ne se décidait pas à entreprendre.

Mathieu de Dombasle résolut de transformer en ferme-modèle le domaine de Roville, près de Nancy, mis à sa disposition par le propriétaire qui avait eu la perspicacité de deviner la valeur de l'agronome lorrain. De concert avec le préfet de la Meurthe, il fut arrêté que Mathieu de Dombasle réunirait le capital de premier établissement et d'exploitation au moyen d'une souscription ouverte sous le patronage du duc d'Angoulême. La souscription fut rapidement couverte, le propriétaire de Roville ayant pris à son compte une assez forte quantité d'actions. Mais l'argent était rare à cette époque et les fondateurs avaient limité le montant de la souscription à 45,000 francs, somme insuffisante. Une société, dont Mathieu de Dombasle était le gérant, prit à ferme, en 1822, pour une durée de vingt ans, les 150 hectares de terres de Roville. Mathieu de Dombasle réunit autour de lui un certain nombre d'élèves et commença la publication des annales qui devaient contribuer à sa réputation. Il démontra que la culture alterne perfectionnée, avec suppression de la jachère, était aussi bien applicable en France que dans les meilleures terres de la Belgique et de l'Angleterre. L'école de Roville acquit bientôt une grande renommée. Des élèves vinrent de l'étranger, de Prusse, d'Autriche, de Suisse, de Roumanie, de Russie, suivre les leçons de l'illustre agronome. Mais une exploitation rurale consacrée à des recherches et à des expériences ne pouvant donner de gros bénéfices, l'Administration qui, jusqu'alors, n'avait accordé à Mathieu de Dombasle que son appui moral, se décida à accorder, en 1830, à l'agronome lorrain, sur la demande des députés de la Meurthe, une somme de 7,000 francs applicable au payement des constructions nouvelles de l'école et une subvention de 3,000 francs pour le prix de dix bourses, à l'Institut agricole de Roville.

Mathieu de Dombasle parvint, malgré la faiblesse de cette subvention et à travers des difficultés sans cesse renaissantes, à maintenir l'école en exercice jusqu'à la fin de son bail. Il acheva alors de rembourser les actionnaires, puis il abandonna à regret l'œuvre à laquelle il avait consacré sa vie et épuisé ses forces. L'insuccès final de son œuvre n'a rien ôté à la grandeur de l'entreprise. L'École de Roville avait formé environ 300 élèves et donné une vive impulsion à l'agriculture française.

Fig. 6. — École d'agriculture de Grignon. (Bâtiment principal.)

Cette impulsion détermina la création d'établissements analogues. Le premier en date fut celui de Grignon, fondé en 1827, par Bella et par une société d'actionnaires, à Neauphle-le-Château (Seine-et-Oise). Bella, ancien officier supérieur, qui avait suivi les leçons de Thaer en Allemagne, fut placé à la tête de la ferme modèle qui prit le titre d'*École d'agriculture de Grignon*. Sur la demande du comte de Polignac, Charles X abandonna pour quarante ans, moyennant un prix de fermage du tiers de la valeur réelle, le domaine royal de Grignon. Le prix de la location était payable en travaux d'amélioration dont la Société profitait pendant sa jouissance. Jusqu'à la révolution de Juillet, Charles X accordait, en outre, quelques fonds sur sa cassette particulière, pour payer les bourses d'élèves appartenant à des familles peu aisées. En 1832, l'Administration accorda à Grignon une première subvention de 3,000 francs, bientôt portée à 8,000, puis à 15,000 francs. En 1837, le nombre des boursiers de l'État à l'École de Grignon fut porté de 19 à 39. On y installa une fabrique d'instruments agricoles et on y publia des annales comme à Roville. La fabrique d'instruments aratoires exécutait des commandes importantes pour la France, l'Espagne et l'Amérique.

La thèse agricole de Bella consistait à prouver que l'agriculture est capable, comme l'industrie, de rémunérer de gros capitaux. Dans le volume des Annales de Grignon de 1829, le double but de l'établissement est nettement défini : «La société qui a fondé l'institution royale de Grignon s'est proposé deux buts essentiels : le premier, de montrer que l'on peut augmenter beaucoup les produits d'un domaine, en y faisant, avec les moyens et les connaissances nécessaires, l'application des principes raisonnés de la culture et des bonnes méthodes consacrées par l'expérience; le second, de répandre dans les différentes classes de la société l'instruction nécessaire pour bien cultiver ou pour diriger convenablement les travaux de la campagne.» Un traité mit ensuite à la charge du budget de l'agriculture toutes les dépenses de l'enseignement à l'École de Grignon, en vue de réduire le prix de la pension.

Les bases de l'enseignement agricole furent posées, à Grignon, avec une grande sûreté de vues et une connaissance parfaite du but à poursuivre. On y créa les chaires suivantes : agriculture, botanique et sylviculture, art vétérinaire, économie rurale, sciences physiques, mathématiques appliquées et constructions rurales.

En 1833, eut lieu la fondation de l'Institut agricole de Koëtbo dans l'arrondissement de Ploërmel (Morbihan), destiné à donner l'enseignement agricole supérieur et l'enseignement élémentaire, d'après le système allemand. Koëtbo reçut de l'Administration une somme de 20,000 francs environ et fut soutenu, au début, par des dons et par des souscriptions. Ces ressources venant à manquer, l'établissement ferma ses portes.

Un ancien élève de Roville, Rieffel, avait entrepris de défricher, comme gérant d'une société, les landes de Grandjouan, d'une étendue de 400 à 500 hectares, dans la Loire-Inférieure, entre Châteaubriant et Nantes. Dès 1830, le jeune directeur de la Société de défrichement, frappé des résultats obtenus par Fellemberg qui avait réuni à l'Institut agricole d'Hofwyl, près de Berne, un certain nombre d'enfants pauvres, se décida à suivre cet exemple et à créer la première ferme-école établie en France. A partir de 1833, le Conseil général du département lui accorda une subvention de 5,000 francs, à condition que vingt-cinq élèves pauvres, âgés de 15 à 18 ans, recevraient, à la ferme de Grandjouan, une certaine instruction. Quelques années plus tard, Rieffel, comprenant que l'indifférence des propriétaires de la région pour les questions agricoles avait pour cause leur ignorance des principes rationnels de l'agriculture, s'occupa d'élever le niveau de son enseignement et créa, à côté de la ferme-école, l'Institut agricole de l'Ouest, auquel il adjoignit une fabrique d'instruments aratoires, comme à Roville et à Grignon. L'*Institut agricole de Grandjouan* fut officiellement reconnu et doté d'un budget spécial par l'arrêté ministériel du 9 mars 1842.

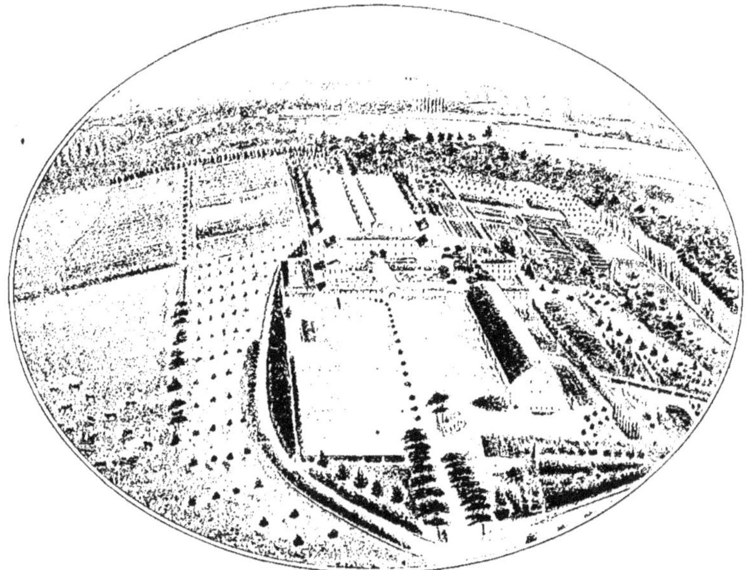

Fig. 7. — École d'agriculture de la Saulsaie. (Vue générale.)

Près de Lyon, Nivière acheta la Saulsaie, dans une région marécageuse du département de l'Ain. Le séjour de la Saulsaie étant devenu salubre après les assainissements entrepris, Nivière appela autour de lui quelques élèves. Il obtint, en 1840, la reconnaissance officielle de son école et une subvention destinée à couvrir les frais d'enseignement. L'*École d'agriculture de la Saulsaie* était ainsi constituée.

Nous avons étudié les conséquences de l'œuvre de Roville, la création successive des différents instituts agricoles; il nous faut maintenant revenir à la période antérieure pour l'historique de l'*enseignement forestier*.

Les travaux de Réaumur et de Buffon en France, de Hartig et de Cotta en Allemagne, avaient démontré la nécessité de l'enseignement forestier. L'Allemagne possédait des écoles forestières dont l'enseignement était très apprécié pour la formation du personnel de l'Administration des forêts. Baudrillart, employé de l'Administration centrale des eaux et forêts, qui avait préparé la refonte de nos lois forestières, proposa, en 1821, de créer en France une école forestière avec deux années d'études et trois professeurs principaux. Les cours devaient alterner avec les exercices pratiques dans le jardin botanique et en forêt. Le plan de Baudrillart, simple et précis, fut agréé par l'Administration des forêts et par le Gouvernement.

L'ordonnance royale du 26 août 1824, qui organisa la direction générale des forêts, contient la diposition suivante :

« Art. 8. Il sera établi, près de l'Administration des forêts et sous la surveillance du directeur général, une école dans laquelle seront enseignées toutes les parties de l'histoire naturelle, des mathématiques et de la jurisprudence qui ont plus spécialement rapport avec les bois et forêts. Le choix des professeurs, les règlements relatifs à l'organisation forestière, au nombre et à l'admission des élèves, au système et à la durée des études, seront approuvés par le Ministre sur le rapport du directeur général, et après avoir été délibérés dans le Conseil d'administration. Le Ministre déterminera également par règlement, dans quelle proportion, après avoir achevé leur cours d'études, les élèves concourront aux places vacantes de gardes généraux des forêts. »

Sous l'ancien régime, les fonctions de l'Administration des eaux et forêts constituaient des offices que le roi vendait à prix d'argent, et dont les titulaires obtinrent même au XVIIe siècle l'hérédité de leurs charges. La législation et l'usage avaient apporté des correctifs à cette transmission des offices dans les familles de forestiers. L'esprit de corps s'était développé dans les maîtrises où l'on conservait un ensemble de traditions qui concouraient à assurer l'instruction professionnelle indispensable pour la gestion des forêts. Mais les ordonnances et les nombreux édits sur les forêts, assez confus, parfois même contradictoires, favorisaient les abus.

La célèbre ordonnance de Colbert sur les eaux et forêts (août 1669) et d'autres ordonnances postérieures subordonnaient l'admission des nouveaux titulaires à une réception par la *Table de marbre* du département, après avis du grand maître sur l'honorabilité et la capacité des candidats. Plusieurs forestiers des XVIIe et XVIIIe siècles, comme de Froidour, grand maître du Languedoc, et Pecquet, grand maître de Normandie, se firent remarquer par leur valeur personnelle et leurs connaissances techniques.

Supprimées à la Révolution, les maîtrises ne furent ensuite rétablies qu'avec des attributions restreintes. Après la suppression de l'autonomie de l'Administration des forêts et sa fusion avec la régie des domaines, un certain nombre de forestiers continuèrent à se former dans le service actif. Mais, de 1804 à 1815, les fonctions forestières furent quelquefois attribuées, comme supplément de retraite, à d'anciens officiers insuffisamment préparés à l'exercice de leur nouvelle profession. Les usagers et les adjudicataires abusaient de ce laisser-aller sous l'Empire et pendant les premières années de la Restauration, époque où la valeur professionnelle des agents forestiers était très inégale. La loi du 29 septembre 1791 avait cependant inauguré un autre mode de recrutement, par les bureaux de l'Administration centrale et par ceux des chefs de service. Les articles 10 et 11 du titre II de cette loi portaient « qu'il y aurait auprès des conservateurs une ou deux places d'élèves forestiers qui travailleraient sous leurs ordres à acquérir les connaissances techniques ». L'élève qui avait effectué un stage de trois ans pouvait obtenir, à 25 ans, une commission de suppléant, le rendant apte à remplir les fonctions d'inspecteur. Si la loi de 1791 ne reçut qu'une application restreinte, l'organisation projetée étant suspendue par le décret du 11 mai 1792, le mode de recrutement par les bureaux se propagea néanmoins. Le premier directeur de l'école de Nancy, M. Lorentz, débuta comme secrétaire de l'inspecteur général de Tonnerre; M. de Salomon, son successeur, avait également commencé sa carrière en qualité d'élève forestier auprès du conservateur de Strasbourg.

L'ordonnance du 31 décembre 1824, qui organisa l'*École forestière de Nancy*, détermina en même temps la proportion des places vacantes attribuées aux élèves d'après les deux modes de recrutement, par l'école forestière et par le service actif. L'article 12 stipule que le nombre des postes que les élèves de l'école royale forestière pourront occuper ne doit pas dépasser la moitié des vacances, le surplus demeurant réservé aux gardes à cheval en activité.

Ainsi que nous venons de le voir l'œuvre générale de l'enseignement agricole commençait à prendre forme. Dans les différentes branches de cet enseignement, la marche en avant se dessinait nettement; on cherchait à former un tout complet.

Une ordonnance royale du 6 juillet 1825 décida la création d'une troisième école vétérinaire à Toulouse, à condition que les bâtiments de l'école seraient donnés par la ville ou par le département. L'*École vétérinaire de Toulouse* ouvrit ses cours le 1er avril 1828, mais l'établissement ne fut définitivement installé qu'en 1833 dans les bâtiments qu'il occupe actuellement.

L'enseignement vétérinaire, qui avait été constitué à deux degrés par le décret du 15 janvier 1813, fut réorganisé par l'ordonnance du 1er septembre 1825 qui n'a été modifiée qu'en 1866.

L'organisation de l'enseignement de l'horticulture parut à son tour nécessaire aux membres de la Société royale d'agriculture.

En 1827, le duc Decazes, le vicomte Héricart de Thury, Jean et Leclerc-Thouin fondèrent la Société d'horticulture de Paris, en tête de laquelle Charles X s'inscrivait comme fondateur. Le secrétaire de la Société, Soulange-Bodin, organisa dans sa propriété de Fromont (Seine-et-Oise) un institut horticole, qui prit le nom d'*Institut royal d'horticulture*. L'enseignement comprenait l'étude de tous les végétaux cultivés dans les jardins et l'arboriculture; cours professés : botanique et physiologie végétale appliquées à l'horticulture, culture spéciale des arbres fruitiers, forestiers et d'ornement, des plantes potagères et des plantes d'agrément indigènes et exotiques, composition des jardins paysagers et floriculture. Pour les études pratiques, indépendamment des travaux exécutés dans les jardins de Fromont, d'une superficie de 65 hectares, on forma des plantations et des carrés d'expériences. Pour être admis, les élèves devaient savoir lire, écrire, compter, être âgés de 15 ans au moins. Malgré cette excellente organisation, l'Institut horticole de Fromont ferma ses portes seize mois après sa fondation.

Un peu plus tard, on organisa au Luxembourg un cours public pour la taille des arbres fruitiers et de la vigne, puis pour la taille et le choix des rosiers. Le cours du Luxembourg, professé par Hardy et ensuite par Rivière, était destiné aux horticulteurs, aux amateurs aussi bien qu'aux professionnels. Le jardin du Luxembourg avait recueilli les collections des anciennes pépinières de Sceaux, du Roule et des Chartreux.

Vers 1830, des fermes-modèles ou fermes-écoles commencèrent à s'organiser. Ces établissements, presque tous dus à l'initiative privée, avaient pour but d'apprendre, par un apprentissage méthodique, le métier de cultivateur à des jeunes gens âgés de 17 à 20 ans. Ils exécutaient tous les travaux de la ferme comme des domestiques, touchaient un salaire ou un pécule et, à leur sortie, au bout de deux ou trois ans, ils recevaient un certificat de capacité. Rieffel créa la ferme-école de Grandjouan, ainsi que nous l'avons vu précédemment. Puis Bodin, ancien élève de Grignon, fonda la ferme-école des Trois-Croix, près de Rennes, établissement auquel fut annexée une fabrique d'instruments aratoires et de machines agricoles.

Les fermes-écoles constituaient le premier jalon de l'enseignement pratique de l'agriculture dans les campagnes. Elles contribuèrent, dans une large mesure, à l'extension des bonnes méthodes de culture, à l'usage des instruments agricoles perfectionnés et à l'amélioration des races de bétail. Le Gouvernement de Juillet leur accorda quelques subventions.

En 1836, des cours d'agriculture, de mécanique et de chimie agricoles furent créés au Conservatoire des arts et métiers. Après le décès de Leclerc-Thouin, la chaire qu'il occupait fut confiée à Boussingault, déjà membre de l'Académie des sciences, qui en resta titulaire jusqu'à sa mort. Avec ce savant, la chimie agricole fit d'immenses progrès. Les méthodes d'investigation qu'il a inaugurées ont guidé les recherches ultérieures sur la production végétale, l'alimentation et l'engraissement du bétail. Boussingault avait installé, vers 1839, à Bechelbronn (Bas-Rhin), dans une ferme qu'il possédait, un laboratoire complet de chimie. Il commença une série d'expériences et de publications sur la physiologie végétale et réalisa des découvertes importantes, en même temps que Lawes et Gilbert, à Rothamsted (Angleterre). Dans les deux établissements, de nombreux problèmes relatifs à la nutrition des plantes et des animaux furent résolus. Boussingault mena de front les recherches sur les quantités d'azote contenues dans les fourrages, sur les proportions de gluten que renferment les blés, sur la composition des engrais et des récoltes diverses, sur les assolements, sur la question de savoir si les plantes empruntent de l'azote à l'atmosphère. Dès que Lawes et Gilbert eurent fait la part du vrai dans les théories de Liebig sur les engrais minéraux, Boussingault analysa des cendres de tous les produits de Bechelbronn. Quand l'action des nitrates sur la végétation fut démontrée par la pratique, il l'étudia en savant et montra qu'effectivement l'azote des nitrates se retrouve dans la matière azotée de la plante. Il s'occupait aussi de sujets qui, tout en concernant l'agronomie, touchaient de plus près à la science pure. De cet ordre sont ses recherches sur la composition de l'atmosphère, sur l'acide carbonique, l'ammoniaque, l'acide nitrique contenus dans l'air, les eaux, le sol, sur la nitrification, sur la terre végétale.

En 1839, un ancien conseiller à la Cour royale de Paris forma une société, à la tête de laquelle se placèrent le comte de Gasparin, pair de France, des membres de l'Institut, plusieurs députés et des conseillers d'État, pour fonder, à Mettray, une colonie agricole et pénitentiaire où les jeunes détenus seraient occupés aux travaux agricoles. Le Ministre de l'agriculture et du commerce, Cunin-Gridaine, accorda une subvention de 6,000 francs à M. Demetz pour les frais de premier établissement de la colonie. Les cours royales et les tribunaux civils, les conseils généraux des départements, le conseil de l'Ordre des avocats, des chambres d'avoués, des sociétés d'agriculture contribuèrent par des dons collectifs à la fondation de Mettray.

D'après ses statuts, la société de Mettray se proposait :

« 1° D'exercer une tutelle bienveillante sur les enfants acquittés comme ayant agi sans discernement, qui lui seraient confiés par l'administration, en exécution de l'instruction ministérielle du 3 décembre 1832 ; de procurer à ces enfants, mis en état de liberté provisoire et recueillis dans une colonie agricole, l'éducation morale et religieuse, ainsi que l'instruction primaire élémentaire; de leur faire apprendre un métier; de les accoutumer aux travaux de l'agriculture, et de les placer ensuite à la campagne, chez des artisans ou des cultivateurs;

« 2° De surveiller la conduite de ces enfants et de les aider de son patronage pendant trois années après leur sortie de la colonie. »

En 1844, le nombre des colons s'élevait à 300. Le vicomte de Bretignères de Courteilles fut adjoint comme directeur au fondateur de la colonie de Mettray.

L'ordonnance du 25 octobre 1840 établit au Pin l'*École des haras* d'où sortirent plusieurs officiers de distinction. L'école du Pin, supprimée par le décret du 20 octobre 1852, puis rétablie par la loi de 1874, a pour but de former des officiers pour l'administration des haras, d'enseigner l'art hippique et d'améliorer l'espèce chevaline.

L'Administration de l'agriculture se préoccupa, dès 1840, d'établir une sorte de coordination dans l'enseignement agricole aux divers degrés.

Pour former des directeurs de grandes exploitations agricoles, des agronomes et des professeurs d'agriculture, il ne restait plus que l'école de Grignon comme centre d'enseignement; les deux fermes-modèles de Grandjouan et de la Saulsaie furent transformées en instituts agricoles, où l'on devait donner un enseignement supérieur. 21 fermes-modèles fonctionnaient, grâce aux encouragements qu'elles recevaient de l'État, et, sur ce nombre, 15 avaient un chiffre suffisant d'élèves.

Le clergé de son côté s'occupait de propager l'enseignement agricole. Les archevêques de Bordeaux, d'Aix et de Tours, les évêques d'Angers, de Bayeux, de Beauvais, de Coutances, d'Amiens, de Nancy et du Mans, instituèrent des cours d'agriculture dans les petits séminaires de leurs archevêchés et de leurs diocèses et encouragèrent la création de colonies agricoles pour les orphelins et les enfants des familles pauvres.

La Société royale et centrale d'agriculture avait ouvert un concours pour la publication de manuels d'agriculture pratique appropriés à des régions déterminées. Parmi les auteurs récompensés en 1840, se trouvaient le directeur de l'école des Trois-Croix, Bodin, et Lecouteux, anciens élèves de Grignon.

Mais il manquait à ces mesures prises en faveur de l'agriculture une organisation, un plan arrêté d'enseignement, comme cela existait déjà en Allemagne. Le Ministre de l'agriculture et du commerce, Cunin-Gridaine, chargea un ancien élève de Roville et de Grignon, Royer, d'aller étudier en Allemagne l'organisation de l'enseignement agricole, et spécialement l'organisation de l'institut de Hohenheim, fondé en 1818, dans le Wurtemberg, par Guillaume Ier.

Les conseils généraux de l'agriculture, des manufactures et du commerce, réunis ensemble à la fin de l'année 1845, eurent à examiner la question de l'enseignement agricole. Le conseil d'agriculture, en réponse à la question posée par le Gouvernement, demanda : 1° le vote d'une loi réglant l'organisation de l'enseignement spécial agricole; 2° l'introduction de cet enseignement dans le programme des cours des écoles normales primaires et dans celui des écoles primaires communales; 3° un enseignement plus complet des sciences naturelles dans les établissements d'enseignement supérieur et d'enseignement secondaire.

C'est dans l'expression de ces vœux et dans les précédents essais d'organisation d'établissements d'enseignement agricole qu'il faut chercher les antécédents et les traits caractéristiques du décret du 3 octobre 1848.

Le Conseil de l'agriculture demanda, l'année suivante, sur la proposition du duc de Caumont-Laforce et de Royer, le vote d'une loi organisant l'enseignement spécial agricole et l'introduction de cet enseignement dans les écoles normales primaires et dans les écoles primaires rurales. Le Ministre, Cunin-Gridaine, donna, l'année suivante, des ordres pour la préparation de ce projet de loi.

Les différents établissements d'enseignement étaient dispersés, absolument indépendants les uns des autres; en coordonnant les efforts déjà faits, les résultats s'accroîtraient rapidement et la marche en avant s'accentuerait. Tous les éléments nécessaires à la préparation de la loi sur l'enseignement agricole étaient réunis, lorsque la révolution de Février vint ajourner la question.

Dans le projet Cunin-Gridaine, l'enseignement devait avoir deux degrés :

Au premier degré, les instituts agricoles où des études scientifiques, théoriques et pratiques devaient initier les jeunes gens à la science et à la pratique pour en faire des chefs de grande exploitation rurale ou des professeurs d'agriculture;

Au second degré, les fermes-écoles où les élèves, formés surtout à la pratique des opérations agricoles, devaient devenir des praticiens, des maîtres-valets ou des serviteurs habiles. Des écoles de drainage et d'irrigation devaient compléter l'ensemble de cet enseignement en fournissant des praticiens spéciaux.

1848-1870.

Les institutions, comme les lois qui viennent donner satisfaction aux besoins de la société, ne naissent jamais spontanément; elles ont leurs racines dans le passé, et leur histoire nous les montre toujours sollicitées à l'avance, précédées de tentatives isolées, d'essais partiels, jusqu'au moment propice où le législateur éclairé par les expériences déjà accomplies, entraîné par le sentiment général, trouve pour ainsi dire préparés les bases et les matériaux du nouvel édifice que réclament les besoins du pays. Telle est l'histoire de toutes les grandes institutions, telle est celle de l'organisation de l'enseignement agricole en France[1].

Le 23 juin 1848, le général Cavaignac, nommé chef du pouvoir exécutif, choisissait pour diriger le département de l'agriculture et du commerce Tourret, ancien élève de l'École polytechnique, vice-président du Conseil général de l'agriculture.

Dès son arrivée au Ministère, Tourret prescrivit de reprendre les études commencées pour l'organisation de l'enseignement agricole. Le 17 juillet, le projet de loi sur l'enseignement de l'agriculture fut déposé à l'Assemblée, discuté sur le rapport de Richard (du Cantal) dans le courant de septembre et adopté le 3 octobre 1848.

L'article 1er du décret-loi du 3 octobre 1848, sur la création et l'organisation de l'enseignement professionnel de l'agriculture, établit trois catégories d'écoles :

1° Les *fermes-écoles* où l'on reçoit une instruction élémentaire pratique;

2° Les *écoles régionales d'agriculture*, établissements d'enseignement secondaire où l'instruction théorique et pratique est spécialement appropriée à la région agricole où se trouve chaque école;

3° Un *institut national agronomique*, école supérieure pour l'enseignement scientifique de l'agronomie.

Dans la pensée du législateur, la ferme-école devait être une exploitation rurale modèle, dirigée, à ses risques et périls, par le directeur de l'établissement, propriétaire ou fermier du domaine, et dans laquelle des apprentis, admis à titre gratuit, exécutaient tous les travaux, recevant, avec l'enseignement technique du métier, une rémunération de leur travail. Le prix de la pension des apprentis ainsi que les traitements et les gages du personnel enseignant étaient payés par l'État. Une allocation de 75 francs par élève et par année était mise à la disposition du directeur pour être distribuée au moment de leur sortie aux élèves méritants.

Primitivement, une ferme-modèle devait être organisée dans chaque département, puis cette organisation serait étendue à chaque arrondissement. Les 25 fermes modèles ou fermes-écoles préexistantes avaient la faculté de se faire reconnaître comme établissements officiels et de jouir des avantages attachés à cette situation. Mais ces visées si étendues ne purent pas être réalisées. Les 45 fermes créées en 1849 portèrent le nombre total de ces établissements au chiffre de 70 qui ne fut guère dépassé. En 1870,

[1] Compte rendu de l'exécution du décret du 3 octobre 1848 relatif à l'enseignement professionnel de l'agriculture.

il n'en restait plus que 52, malgré les avantages accordés aux directeurs de ces établissements.

Après avoir divisé la France en régions culturales, on devait établir dans chacune une école régionale d'agriculture administrée en régie directement par l'État et aux frais du Trésor public. Ces écoles régionales d'agriculture où les élèves recevraient une forte instruction théorique et pratique devaient comporter une exploitation agricole modèle pour la région à laquelle appartenait l'école. Des bourses seraient accordées moitié aux élèves les plus méritants des fermes-écoles, moitié aux jeunes gens qui avaient subi l'examen avec succès.

L'Institut agronomique, établissement supérieur d'enseignement scientifique agricole, qu'on avait d'abord songé à placer au château de Chambord, fut installé dans les dépendances du Palais de Versailles. On lui adjoignit les trois grandes fermes de Satory, de la Ménagerie et de Gallie, les pépinières de Trianon, le Potager du roi, l'ancien haras. Le domaine fut approprié, en 1849, pour y recevoir l'Institut agronomique. Les bâtiments des grandes écuries furent aménagés en salles de cours et en laboratoires. De riches collections de physique, de chimie, d'histoire naturelle, de produits agricoles, furent installées à Versailles ainsi qu'une bibliothèque.

Lefebvre de Sainte-Marie et Auguste Yvart avaient acheté dans les meilleurs centres d'élevage, en France, en Angleterre, en Suisse et en Hollande, plus de 800 animaux de choix offrant des spécimens des meilleures races chevalines, bovines, ovines et porcines.

L'*Institut agronomique* de Versailles commença ses cours le 2 décembre 1850 avec un personnel de 9 professeurs, 47 élèves réguliers et 160 auditeurs libres. Le personnel enseignant fut ainsi composé : Duchartre, professeur de botanique et de physiologie végétales; Doyère, professeur de zoologie; Würtz, professeur de chimie; Becquerel, professeur de physique et de météorologie; Boitel, professeur d'agriculture; Baudement, professeur de zootechnie et d'économie du bétail; Tassy, professeur de sylviculture; Barré de Saint-Venant, professeur de génie rural; de Lavergne, professeur d'économie et de législation rurales; Barge, professeur de dessin.

Les dépenses faites pour l'installation de l'Institut à Versailles étaient très élevées. La Commission du budget présenta des observations qui amenèrent le départ du directeur de l'Institut, puis ceux de Lecouteux, directeur des cultures, et de Michel, directeur des études. Le Ministre Dumas sauva avec peine l'établissement.

Les trois écoles d'agriculture de Grandjouan, de la Saulsaie et de Grignon, qui possédaient un matériel complet d'enseignement et d'exploitation, furent simplement transformées par des arrêtés ministériels des 16 décembre 1848 et 5 octobre 1849 en écoles régionales, avec Rieffel, Nivière et Bella comme directeurs. Chacune d'elles fut pourvue de six chaires d'enseignement : Économie et législation rurales; agriculture; zootechnie et économie du bétail; sylviculture et botanique; chimie, physique, géologie; génie rural. La durée des études fut fixée à trois ans et le prix de la pension pour les internes à 1,000 francs. Une quatrième école régionale fut créée, le 15 octobre 1849, sur le domaine de Saint-Angeau, dans le département du Cantal.

Le vaste programme tracé par le décret du 3 octobre 1848 rencontra bien des obstacles dans les années qui suivirent. L'enseignement théorique de l'agriculture inspirait peu de confiance; il y avait comme un antagonisme entre la science et la pratique. On savait par la méthode empirique et on enseignait que, dans telles conditions, il faut pour réussir opérer de telle façon; les raisons d'agir ainsi échappaient, et on ne cherchait pas à les découvrir.

Laisser l'agriculture en dehors des découvertes qui avaient si rapidement élargi l'étendue des connaissances humaines et modifié les conditions économiques du pays, c'était une grande faute, c'était exposer l'agriculture désarmée à la concurrence étrangère.

Le 17 septembre 1852, un décret, rédigé et signé au Cabinet de l'Élysée par le Prince Président, supprima l'Institut agronomique de Versailles et dispersa dans les écoles régionales d'agriculture les collections, les animaux et le matériel de culture. Les considérants du décret portaient : « 1° que l'Institut agronomique entraînait des dépenses supérieures aux avantages qu'il offrait; 2° que son enseignement *trop élevé* était en disproportion avec les besoins réels de l'agriculture et qu'il ne pourrait donner une plus large part à la pratique sans tomber au rang des écoles régionales et faire, par conséquent, double emploi avec elles ». Le véritable motif de la mesure paraissait être le désir d'affranchir le Palais de Versailles de la servitude de l'Institut agronomique. L'éventualité d'une dépossession à la suite d'un changement de régime ne s'était pas présentée à l'esprit des hommes de 1848, qui ne prévoyaient pas l'Empire. Dans la désaffectation du Palais de Versailles, les monarchistes et les habitants de Versailles voyaient une sorte de profanation de l'ancienne demeure royale.

L'agriculture perdit un établissement merveilleux comme organisation qui, fondé au moment opportun, eût pu rendre pendant vingt ans d'immenses services au pays en formant de savants agronomes et de grands propriétaires ruraux.

L'Empire ne modifia pas le programme des écoles régionales d'agriculture qui répondait aux besoins de l'agriculture et aux idées du jour; on se borna à les appeler Écoles impériales d'agriculture.

L'École de Grignon, favorisée par le voisinage de Paris qui facilitait le recrutement des élèves et de savants professeurs, a bien rempli sa mission. De là sortirent de nombreux agronomes et d'excellents professeurs d'agriculture qui propagèrent les bonnes méthodes agricoles en France et à l'étranger. Il n'en fut pas de même des écoles de Grandjouan et de la Saulsaie, dont la situation dans des localités isolées n'était favorable ni au recrutement des élèves ni aux travaux des professeurs.

En 1855, le baron de Tocqueville, Randouin, préfet de l'Oise, Gossin, professeur d'agriculture, fondèrent à Beauvais, avec le concours de la Société nationale d'agriculture de Compiègne, l'*Institut normal agricole*, dont la direction fut confiée aux Frères des écoles chrétiennes. Le Ministère de l'agriculture et le conseil général de l'Oise accordèrent des subventions au nouvel établissement d'enseignement libre; un emprunt de 100,000 francs fut souscrit en faveur de la création de l'Institut de Beauvais. L'enseignement technique donné par les Frères et l'origine de la plupart des élèves, fils de grands propriétaires fonciers, ont placé l'Institut agricole de Beauvais au premier rang parmi les établissements d'enseignement libre agricole. L'Institut de Beauvais recevait alors de l'État une subvention annuelle de 4,000 francs.

Si le Gouvernement impérial ne jugeait pas à propos d'organiser sur de larges bases l'enseignement agricole, il admettait que l'État devait procurer l'apprentissage agricole aux enfants abandonnés et aux orphelins.

Détenu à Ham, Napoléon avait présenté, dans les *Idées napoléoniennes*, la création des colonies agricoles comme le seul moyen pratique, à ses yeux, de parvenir à l'extinction du paupérisme. Devenu le chef de l'État, il voulut mettre son système en pratique et prescrivit une enquête sur les colonies agricoles, les orphelinats, asiles et pénitenciers de France et de l'étranger. Mais la commission chargée d'établir le projet, composée du baron Dupin et du baron de Vogué, de Wolowski et de Monny de Mornay, ne se montra pas favorable au projet, d'accord avec le ministre Buffet. Si cette œuvre régénératrice par le travail en plein air ne pouvait remédier à toutes les misères et à toutes les tares, elle offrait néanmoins un réel intérêt pour les enfants des classes laborieuses et pour les indigents; malheureusement, on mêlait à ces enfants, dans les colonies agricoles, de jeunes détenus vicieux ou d'origine viciée, impropres au travail de la terre, et qui n'avaient que la pensée de revenir dans leur milieu. Des évasions se produisaient fréquemment dans les colonies agricoles où la vie en commun empêchait le retour au bien. En 1857, le crédit affecté aux colonies agricoles s'élevait à 20,500 francs. La colonie de Mettray et celle du Mesnil-Saint-Firmin recevaient chacune 4,000 francs; la Grande-Trappe, 1,000 francs. . .

De 1830 à 1845, quelques professeurs avaient commencé à enseigner l'agriculture et la chimie agricole dans plusieurs villes de France. Ces professeurs d'agriculture n'étaient soumis à aucune condition de capacité, à aucun examen. A partir de l'année 1845, ils durent passer un examen devant une commission nommée par le Ministre dans l'un des instituts agricoles subventionnés. Le programme de l'examen comprenait quatre épreuves publiques : 1° un examen oral d'une heure trois quarts; 2° l'exécution de travaux pratiques; 3° une composition écrite sur une question d'agriculture; 4° une leçon orale d'une demi-heure sur une question d'économie rurale.

Des allocations ou traitements furent ensuite accordés aux chaires d'agriculture dans les villes suivantes : Amiens, 1,500 francs; Besançon, 3,500 francs; Bordeaux, 2,000 francs; Compiègne, 3,000 francs; Nantes, 1,500 francs; Quimper, 1,500 francs; Rodez, 1,500 francs; Rouen, 2,500 francs; Toulouse, 1,500 francs. En 1857, trois professeurs de chimie agricole recevaient chacun 1,500 francs : Baudrimont, à Bordeaux; Isidore Pierre, à Caen; Malaguti, à Rennes.

En 1860, Georges Ville installa à Vincennes, avec l'aide et sous le patronage du Ministre de la maison de l'Empereur, une station où il inaugura sa théorie de l'emploi des engrais chimiques.

M. Grandeau, de Nancy, fut chargé en 1866 par l'Administration d'étudier l'organisation et le fonctionnement des stations agronomiques allemandes fondées sur le modèle de celle de Mœckern, créée dans la Saxe par Crusius de Sahlis et Wolf, à l'instigation du professeur Stœckhardt. Au retour de sa mission, M. Grandeau proposa au Ministre de l'agriculture de fonder un établissement agronomique semblable dans un terrain qu'il possédait près de Nancy. Le Gouvernement prit à sa charge la moitié de la dépense d'installation et accorda à M. Grandeau une subvention, à condition que la station comprendrait un laboratoire de chimie et d'expériences, un champ d'essais et un amphithéâtre pour un cours public.

En 1866, le Gouvernement impérial se décida à instituer une commission composée de sénateurs, de députés, de conseillers d'État, de savants, d'agronomes et d'inspecteurs généraux de l'agriculture, pour étudier la question de l'enseignement agricole et la transformation du programme des Écoles impériales d'agriculture.

Après de nombreuses délibérations et une étude approfondie de l'état de l'instruction professionnelle, la Commission signala le vide creusé par la suppression de l'Institut agronomique. Pour combler cette lacune, elle demanda la création d'une école scientifique de premier ordre, sorte d'École polytechnique de l'agriculture, dont elle indiqua l'organisation et traça le programme. Elle pensait que l'école supérieure de l'agriculture devait être installée à Paris, au centre même des études scientifiques.

Les membres de la Société nationale d'agriculture et de la Société des agriculteurs de France adoptèrent les conclusions de la Commission et, lors de la grande enquête agricole de 1866-1868, des vœux nombreux se produisirent en faveur de la reconstitution d'un enseignement scientifique de l'agriculture.

La Commission demanda aussi la revision des programmes des écoles impériales d'agriculture dans le sens du développement des études scientifiques et le déplacement de l'école de la Saulsaie, afin de fournir au Midi, à la région méditerranéenne, un enseignement approprié aux cultures méridionales.

II. — ORGANISATION ACTUELLE DE L'ENSEIGNEMENT AGRICOLE RELEVANT DU MINISTÈRE DE L'AGRICULTURE.

Avec la troisième République, l'enseignement agricole arrive à son plein épanouissement. Les Écoles impériales d'agriculture prennent le titre d'Écoles nationales d'agriculture et leur enseignement scientifique est développé; l'Institut agronomique est reconstitué; de grandes écoles spéciales d'horticulture, de laiterie, des industries annexes de la ferme sont successivement créées; les écoles pratiques d'agriculture sont organisées, et leur enseignement adapté à la région dans laquelle elles sont établies; des cours d'agriculture sont créés dans les écoles normales, dans les collèges, sous la direction des professeurs départementaux et spéciaux d'agriculture. Les écoles vétérinaires ont leur enseignement complété; il en est de même pour les Écoles forestières et pour celle des Haras dont le recrutement est modifié.

Nous allons passer successivement en revue ces diverses institutions par ordre d'importance, en signalant à part les établissements d'enseignement général agricole et ceux relatifs aux enseignements spéciaux (forestier, haras, vétérinaire). Au lieu d'une sèche énumération, nous donnerons un aperçu sur chacune de ces institutions, de façon à en indiquer l'origine et à en faire comprendre le genre et le caractère; pour les détails complets nous renvoyons à la partie du rapport où sont étudiées les écoles récompensées. Toutefois, pour les institutions qui, ayant eu une exposition insignifiante, sont cependant intéressantes, nous donnerons des détails plus précis dans le présent chapitre réservé à l'historique, parce que nous n'aurons plus l'occasion d'y revenir plus tard et que nous avons tenu dans notre rapport à donner un ensemble complet de l'enseignement agricole en France.

1° Établissements et institutions d'enseignement agricole.

Institut national agronomique. — L'un des premiers actes de l'Assemblée nationale fut de nommer une commission chargée d'étudier la question de la réorganisation de l'enseignement supérieur de l'agriculture. Le groupe agricole de l'assemblée présenta un projet de loi basé sur les conclusions du rapport de la commission de 1866. L'Assemblée nationale se sépara avant d'avoir pu le voter; mais, dans la législature suivante, le Gouvernement reprit pour son compte le projet élaboré précédemment qui fut adopté. La loi qui créait l'Institut agronomique à Paris fut votée le 9 août 1876. La réorganisation de l'Institut agronomique et sa direction furent confiées à M. Tisserand, alors inspecteur général de l'agriculture, ancien élève de l'Institut agronomique de Versailles.

Par mesure d'économie, on installa les services dans les locaux du Conservatoire national des arts et métiers; on utilisa les amphithéâtres, les laboratoires et les collections de cet établissement et, dans les ailes des bâtiments, on fit approprier des locaux pour des salles d'études, des laboratoires de chimie et de micrographie.

Le directeur de l'Institut agronomique groupa autour de lui une élite de professeurs, parmi lesquels nous citerons : MM. Léonce de Lavergne, Edmond Becquerel, Peligot, Blanchard, Tresca, Hervé-Mangon, membres de l'Institut.

Le nombre des élèves de l'Institut ayant augmenté sous l'excellente direction de M. Risler, devenu directeur en 1879, l'installation provisoire au Conservatoire des arts et métiers devint absolument insuffisante. Le Ministre de l'agriculture obtint du Parlement, en 1888, des crédits pour construire les bâtiments nécessaires à l'École supérieure d'agriculture sur l'emplacement occupé par l'ancienne école de pharmacie, rue Claude-Bernard. Le lieu était bien choisi, à peu de distance du Muséum d'histoire naturelle et des Facultés.

La durée des études est fixée à deux ans. L'admission des élèves a lieu à la suite d'un concours. Pour le régime de l'École, on adopta l'externat, avec bourses d'entretien données au concours aux élèves dont les familles n'ont pas de ressources suffisantes pour subvenir à leurs dépenses.

IMPRIMERIE NATIONALE.

L'Institut agronomique a pour but de former des agriculteurs, des professeurs, des directeurs de stations agronomiques et d'industries annexes de la ferme, des chimistes, des ingénieurs agronomes. Le corps enseignant a la mission de faire des recherches dans les stations et les laboratoires mis à sa disposition. Une ferme située à Joinville-le-Pont est annexée à l'École pour servir de station expérimentale[1].

Un décret du 9 janvier 1888 décida qu'à partir du 1er janvier 1889 les élèves de l'École forestière se recruteraient, à l'avenir, parmi les élèves diplômés de l'Institut agronomique, suivant le mode adopté à l'École polytechnique pour les Écoles d'application des ponts et chaussées, des mines et des manufactures de l'État.

Un second décret du 20 juillet 1892 a décidé une réforme analogue en ce qui concerne l'École des haras et, chaque année, des élèves de l'Institut agronomique y sont reçus pour être préparés aux fonctions d'officier des haras.

Les élèves admis dans ces deux écoles d'application reçoivent une allocation annuelle de 1,200 francs pour leur entretien et leur équipement.

Écoles nationales d'agriculture. — En 1870, les Écoles impériales d'agriculture prirent le nom d'Écoles nationales, et on s'efforça de relever le niveau de leur enseignement.

L'agriculture avait besoin d'autre chose que d'un enseignement essentiellement pratique; il fallait propager les notions scientifiques pour utiliser, faire passer dans la pratique les découvertes de Boussingault, Dumas, Chevreul, Payen, Baudement, Pasteur et Berthelot. On fit une plus large part à l'enseignement des sciences; on dédoubla certaines chaires et on en créa de nouvelles; enfin les écoles furent mieux réparties entre les diverses régions culturales.

Les trois Écoles avaient, pour ainsi dire, la même spécialité : la production des céréales et des fourrages, en sorte que la grande région méridionale, où domine la viticulture, n'avait pas d'enseignement régional. Cette lacune avait été signalée par la commission de 1866, mais ce n'est qu'après 1870 que l'École de la Saulsaie, dont l'existence était devenue précaire, fut transférée à Montpellier.

Avant 1870, le nombre de professeurs était de six par école : professeur de physique, chimie, géologie et minéralogie appliquées à l'agriculture; professeur de botanique et de sylviculture; professeur de génie rural; professeur d'agriculture; professeur d'économie et de législation rurales; professeur de zoologie et de zootechnie.

L'Administration s'attacha à développer le caractère expérimental des cultures de chaque École nationale. On développa considérablement la pratique scientifique dans ces établissements; les travaux de laboratoire prirent une place plus importante dans les exercices des élèves; les laboratoires de chimie furent agrandis; on organisa des salles de micrographie afin de familiariser les élèves avec l'emploi du microscope; des champs d'expériences furent institués partout; une station agronomique fut installée à l'École de Grignon sous la direction d'un savant distingué, M. Dehérain.

[1] Voir modifications page 67.

A Montpellier, une station séricicole initie les élèves aux recherches séricicoles et aux méthodes perfectionnées d'élevage; des collections ampélographiques, une station viticole et des laboratoires d'œnologie fournissent tous les éléments nécessaires pour permettre aux élèves d'acquérir l'instruction scientifique indispensable pour reconstituer le vignoble, bien cultiver la vigne et améliorer les vins; une station météorologique est aussi annexée à l'école de Montpellier pour les observations et les expériences.

L'école de Grandjouan, située dans un pays isolé, ne pouvait recevoir un nombre suffisant d'élèves et les professeurs étaient obligés de résider à Nantes. En 1895, l'Administration de l'agriculture effectua le transfert de l'École nationale de Grandjouan à Rennes, dans la région de la production du cidre et des herbages.

A Grignon, on étudie la grande culture, la culture des céréales, la culture des plantes fourragères et industrielles, l'élevage des bestiaux et les industries agricoles du nord de la France. L'École possède 125 hectares de terres labourables et de prairies naturelles. Un champ d'expériences, des jardins (potager, botanique, dendrologique), une vacherie, une bergerie et une porcherie d'élevage et d'expériences complètent l'enseignement pratique.

L'enseignement de l'École de Montpellier comprend l'agriculture générale et, plus spécialement, les cultures de la région méditerranéenne (la vigne, l'olivier), l'élevage du mouton, l'éducation des vers à soie, la vinification, la fabrication de l'huile.

L'École d'agriculture de Rennes est surtout destinée à l'étude des procédés culturaux de la région de l'Ouest; elle s'occupe particulièrement de l'industrie laitière et de l'industrie du cidre. On y étudie les prairies naturelles, les cultures industrielles et fruitières et les industries agricoles de l'ouest de la France.

Les Écoles de Grignon et de Montpellier reçoivent des élèves internes, des demi-pensionnaires, des externes et des auditeurs libres; l'École de Rennes ne reçoit que des externes et des auditeurs libres. L'admission pour les trois écoles a lieu au concours; les candidats choisissent, d'après leur rang de classement, l'école dans laquelle ils désirent entrer. L'enseignement des écoles nationales d'agriculture s'adresse aux jeunes gens qui se destinent à la gestion des domaines ruraux, soit pour leur propre compte, soit pour le compte d'autrui, ou à l'enseignement agricole. La durée des études est de deux ans et demi à Grignon et à Montpellier, et de deux ans à Rennes.

Une exploitation agricole complète avec jardins et cultures diverses est annexée à ces écoles. Les diverses opérations culturales y sont faites régulièrement et constamment. Les élèves sont appelés à y assister.

École nationale d'horticulture de Versailles. — La France où l'horticulture constitue une des branches importantes de la production agricole n'avait pas en 1870 d'établissement d'enseignement horticole pour former des jardiniers, des horticulteurs et des arboriculteurs. En 1871, le Conseil général de Seine-et-Oise, de concert avec le préfet du département et sur la demande du secrétaire général de la Société d'horticulture, émit le vœu qu'une école d'horticulture fût fondée au Potager du roi, établissement qui venait de faire retour à l'État. Le Congrès de la Société des agriculteurs de

France émit le même vœu, à sa session de 1872, sur la proposition de M. Baltet, président de la Société horticole, vigneronne et forestière de l'Aube.

Joigneaux, qui jouissait d'une grande réputation comme agronome et horticulteur, déposa à l'Assemblée nationale, le 2 juillet 1872, une proposition de loi relative à la création d'une école nationale de jardinage au potager de Versailles. Le potager comprenait 12 hectares de jardins avec pépinières, des serres et de grands bâtiments.

L'Assemblée nationale décida par la loi du 16 décembre 1873 la création de l'École nationale d'horticulture de Versailles. La direction en fut confiée à un horticulteur remarquable, Hardy, qui installa au potager une école de botanique et y créa un arboretum, puis un magnifique jardin d'hiver pour l'étude des végétaux des pays chauds et des serres pour les cultures forcées et la floriculture. L'érudition technique de Hardy et ses aptitudes exceptionnelles pour le professorat horticole faisaient de ses cours d'arboriculture et de culture potagère des modèles du genre.

Le potager que la Quintinie avait divisé en 29 enclos ne comprend plus que 16 jardins : grand carré; carré des serres où se trouvent presque toutes les cultures qui se font sous des bâches et dans les serres; jardin d'hiver; jardin Saint-Louis; jardin Satory; jardin de la Grille (ancien jardin de la Prunelay); jardin d'Anjou (autrefois jardin des pêches tardives); le parc; jardin des Onze; jardin de la collection; le fleuriste; le jardin d'agrément et le petit jardin. Les cultures furent réparties en cinq catégories : cultures de primeurs, cultures fruitières, cultures ornementales de plein air, cultures ornementales de serre et cultures potagères. Les cultures de primeurs sont faites dans des serres et dans des bâches dont la surface vitrée est de 3,549 mètres carrés. On compte, au potager, 14,515 arbres fruitiers appartenant à 1,177 variétés différentes.

L'École d'horticulture de Versailles renferme tous les éléments d'instruction voulus pour que les élèves puissent connaître à fond leur métier. Les parcs de Versailles et de Trianon, l'Orangerie, la pépinière de Trianon permettent de compléter leur instruction artistique.

L'École nationale d'horticulture a pour but de former :

1° Des horticulteurs, des pépiniéristes et des marchands grainiers capables et instruits, possédant de sérieuses connaissances horticoles au double point de vue théorique et pratique; 2° des chefs de jardins botaniques, des professeurs d'horticulture, des architectes et des dessinateurs paysagistes, des entrepreneurs de jardins, des conducteurs de travaux, etc.; 3° des chefs de culture pour l'enseignement de l'horticulture pratique dans les écoles d'agriculture, dans les écoles normales; 4° des régisseurs, des chefs jardiniers et des jardiniers pour les divers services publics ou privés; 5° des agents de culture pour les jardins coloniaux et pour les exploitations coloniales.

Le régime de l'École est l'externat; l'instruction y est donnée gratuitement. Les cours sont complétés par des exercices ou des démonstrations pratiques faits par les professeurs. L'enseignement pratique est manuel et raisonné. Les élèves sont appelés à fournir la main-d'œuvre nécessaire à l'établissement et sont tenus d'exécuter tous les travaux afin d'acquérir l'habileté manuelle indispensable. Les candidats porteurs du certificat d'instruction d'une école pratique d'agriculture ou d'une ferme-école, ainsi que ceux qui possèdent le certificat d'études primaires ou un diplôme au moins équivalent sont admis sans examen. Les autres candidats doivent subir un examen d'entrée La durée des études est de trois ans.

Des ateliers ont été créés dans le but d'enseigner aux élèves la confection des bâches, châssis et paillassons, et de les initier à la pratique courante des travaux de vitrerie et de peinture, de réparation des serres et des instruments horticoles, ainsi qu'aux opérations relatives à la conservation, à l'emballage et à l'expédition des fruits, des légumes et des plantes. La culture des arbres fruitiers, celle des primeurs, celle des plantes de serre, la floriculture de plein air et la floriculture d'ornement, la culture potagère et le travail aux ateliers forment six sections par lesquelles les élèves passent successivement, sous la direction des chefs de pratique.

École nationale d'industrie laitière de Mamirolle. — Les progrès réalisés dans le traitement des produits dérivés du lait par les méthodes scientifiques rendaient nécessaire la création d'une école d'industrie laitière. Elle fut placée dans un des principaux centres de l'industrie fromagère, dans la région montagneuse de l'est de la France. L'École nationale d'industrie laitière de Mamirolle (Doubs) fut créée par un arrêté ministériel du 19 juin 1888. L'École comprend de vastes bâtiments aménagés pour faire subir au lait les transformations dont il est susceptible. Elle appartient à l'État, mais l'exploitation laitière est au compte du directeur.

L'établissement a pour but de former : 1° des ouvriers habiles pour les fruitières et les laiteries; 2° des chefs d'industrie pourvus de sérieuses connaissances techniques. A l'établissement incombe aussi la mission de fournir les renseignements dont les intéressés peuvent avoir besoin (plans, aménagement de chalets et de laiteries). L'École de Mamirolle fonctionne encore comme station expérimentale en contrôlant scientifiquement les méthodes de travail, les appareils nouveaux, de façon à dégager sûrement les lois de la fabrication et à faire progresser les diverses industries du lait.

Les manipulations comprennent la stérilisation du lait, la conduite de la machine à vapeur et des écrémeuses centrifuges, l'acidification de la crème, la préparation du beurre, la fabrication de divers fromages : gruyère, emmenthal, port-salut, camembert.

La durée des études est d'un an. Tous les élèves sont externes; ils ne payent pas de rétribution scolaire. Indépendamment des élèves réguliers l'École est ouverte aux praticiens qui veulent y rester peu de temps pour se perfectionner sur un point quelconque de la fabrication, et aux élèves des Écoles d'agriculture qui veulent y faire un stage.

École nationale des industries agricoles de Douai. — La région du Nord qui possède des industries agricoles considérables n'avait pas de grande école appropriée à ses besoins. Cette lacune fut comblée par la création de l'École nationale des industries agricoles et des cultures industrielles, créée à Douai par arrêté ministériel du 20 mars 1893.

L'École de Douai a été installée dans des locaux devenus disponibles à la suite du transfert à Lille des Facultés des lettres et de droit. La loi de finances du 23 août 1892 avait ouvert un crédit de 270,000 francs pour les travaux d'appropriation, pour construire une usine et acheter le matériel indispensable à l'établissement.

L'École des industries agricoles est destinée à répandre l'instruction professionnelle, à préparer et à former pour la conduite des sucreries, des distilleries, des brasseries et autres industries annexes de la ferme, des directeurs capables et des collaborateurs de tout ordre en état d'aider les chefs de ces diverses industries agricoles. Elle sert en outre d'école d'application aux élèves sortant de l'Institut agronomique et des écoles nationales de l'État, ainsi qu'à des agents des contributions indirectes désignés par le Ministre des finances. Ces élèves prennent le titre d'élèves stagiaires.

L'École de Douai peut recevoir dans ses laboratoires les personnes désireuses d'étudier une industrie agricole ou une question spéciale à ces industries. Des auditeurs libres sont admis à suivre un ou plusieurs cours; mais nul ne peut être admis comme élève à l'École qu'à la suite d'un concours. La durée des études est de deux ans; elle peut, toutefois, être réduite à un an pour les élèves stagiaires.

Écoles pratiques. — Le décret du 3 octobre 1848 avait laissé une lacune dans l'organisation de l'enseignement agricole en ne créant pas d'écoles spéciales pour les fils des petits et des moyens propriétaires ruraux qui constituent en France la majorité des exploitants du sol. La loi du 30 juillet 1875 sur l'enseignement élémentaire pratique de l'agriculture créa les écoles pratiques qui se placent, pour le niveau de l'enseignement, entre les écoles nationales et les fermes-écoles. Elles participent des unes et des autres, en faisant une part égale à la pratique et à la théorie par le système dit du demi-temps. Cette division du travail permet d'éviter aux jeunes gens le surmenage intellectuel et la fatigue physique.

Tandis que l'Institut agronomique et les Écoles nationales d'agriculture sont des établissements de l'État, gérés et administrés au compte du Gouvernement, les écoles pratiques appartiennent aux départements ou à de simples particuliers et sont administrées par ceux-ci à leurs risques et périls. L'État ne s'occupe que de l'enseignement agricole : il paye les frais du personnel enseignant et veille à ce que les cultures et l'exploitation soient bien conduites, sans s'immiscer dans la gestion du domaine.

Les écoles pratiques ne sont pas soumises à un règlement uniforme : leur organisation varie avec les localités et en raison des conditions particulières à la région. La durée des études n'est pas uniforme; elle varie d'ordinaire entre deux et trois ans. L'école se fait à elle-même, dans chaque localité, son horaire, son programme, ses méthodes d'enseignement, ses moyens d'action, et les accommode à l'ambiance. Toutes les écoles pratiques ont ainsi un enseignement essentiellement approprié au milieu dans lequel elles se trouvent. Dans la région du blé, l'école pratique porte son enseignement sur la culture des céréales; dans les districts herbagers et laitiers elle s'occupe surtout de l'élevage du bétail, de la production du lait, de la fabrication du beurre, du fromage; dans les régions où l'irrigation est plus utile, il en est fait une étude spéciale; dans les pays de vignobles, l'enseignement de la viticulture est plus développé; l'étude de la pisciculture est faite dans un grand nombre d'écoles pratiques.

Il existe, en outre, trois écoles d'un type spécial, mais rentrant dans la catégorie des écoles pratiques, ce sont les écoles pratiques de laiterie pour les filles et l'école d'aviculture de Gambais pour les jeunes gens et les jeunes filles.

Le développement des écoles pratiques d'agriculture a été rapide. En 1889, on en comptait déjà 29, dans les départements suivants :

DÉPARTEMENTS.	ÉCOLES PRATIQUES.	DÉPARTEMENTS.	ÉCOLES PRATIQUES.
Alger	Rouïba.	Meuse	Les Merchines.
Allier	Gennetines.	Morbihan	Grand-Resto.
Bouches-du-Rhône	Valabre.	Pas-de-Calais	Berthonval.
Côte-d'Or	Beaune.	Puy-de-Dôme	La Molière.
Doubs	Mamirolle.		Pontgibaud.
Eure	Neubourg.	Rhône	Écully.
Finistère	Lézardeau.	Saône (Haute-)	Saint-Rémy.
	Kerliver.	Seine-Inférieure	Aumale.
Gers	Auch.	Seine-et-Oise	Gambais.
Ille-et-Vilaine	Coëtlogon.	Somme	Le Paraclet.
	Trois-Croix.	Vaucluse	Avignon.
Loiret	Montargis.	Vendée	Pétré.
Manche	Coigny.	Vosges	Claude-des-Vosges.
Marne (Haute-)	Saint-Bon.	Yonne	La Brosse.
Meurthe-et-Moselle	Mathieu-de-Dombasle.		

Le nombre actuel des écoles pratiques d'agriculture est de 44, et, chaque année, il s'en crée de nouvelles.

Fermes-écoles. — Les fermes-écoles, dont l'origine remonte à 1830 et l'organisation à la loi du 3 octobre 1848, sont des établissements d'apprentissage pour les enfants des familles d'ouvriers ruraux. Elles ont pour but de former de bons cultivateurs praticiens. Les apprentis y exécutent tous les travaux de l'exploitation, recevant, avec un enseignement agricole essentiellement pratique, une rémunération de leur travail.

Le nombre des apprentis est fixé au moment de la création de l'école. Le temps de séjour à la ferme-école est de deux ou trois ans. Une somme de 270 francs par apprenti est allouée au directeur de l'établissement. Une prime de sortie, établie d'après le rang de classement, est donnée aux élèves quand ils quittent l'école; elle ne peut dépasser 300 francs. L'allocation au directeur et les primes aux apprentis sont payées par l'État. Le personnel enseignant est également payé par l'État. Les fermes-écoles ont dû élever le niveau de leur enseignement, tout en continuant à donner, comme l'exige la nature même de l'institution, la plus large part à la pratique. Elles sont pour la plupart situées dans les régions de l'Ouest, du Sud-Ouest et du Centre. On en trouve une dans chacun des départements suivants : Ariège, Aude, Charente-Inférieure, Cher, Corrèze, Haute-Garonne, Gers, Haute-Loire, Lot, Lozère, Orne, Vienne, Haute-Vienne.

Le nombre des fermes-écoles a diminué depuis la création des écoles pratiques d'agriculture qui ont une tendance à les remplacer. On en compte actuellement 13, au lieu de 16 en 1894.

Fruitières-écoles. — Parmi les écoles d'apprentissage technique ne rentrant pas dans les précédentes catégories, les fruitières-écoles méritent une étude spéciale, en raison des services qu'elles rendent à l'industrie laitière. Comme nous n'aurons pas l'occasion d'en parler en détail dans le cours du rapport, nous donnerons ici quelques renseignements supplémentaires. Ainsi que l'indique leur nom, ces établissements sont à la fois des fromageries et des écoles, c'est-à-dire des fruitières subventionnées par l'État pour recevoir des élèves.

Dans les fruitières-écoles, les élèves exécutent tous les travaux relatifs à l'utilisation du lait et reçoivent un enseignement professionnel. Les fruitières-écoles ne reçoivent que des externes; l'enseignement, qui dure une année, est gratuit. Les candidats, âgés de plus de 17 ans, sont admis après un examen permettant de constater leurs aptitudes et leur degré d'instruction. Cet examen est passé devant une commission spéciale présidée par l'inspecteur des fruitières-écoles; il porte sur l'arithmétique, le style et l'orthographe.

Une subvention est attribuée, chaque année, par l'État pour couvrir la dépense nécessitée par les frais de traitement du personnel dirigeant et enseignant et par l'entretien d'élèves boursiers. Ces bourses sont fixées au nombre de deux par école; leur valeur est de 400 francs.

L'enseignement de la fruitière-école est à la fois théorique et pratique.

L'enseignement théorique comprend l'enseignement technique et l'enseignement primaire. Le premier est confié au chef fromager et comporte l'industrie laitière, la chimie laitière et la zootechnie; il est donné à raison de trois leçons, soit six heures par semaine. Les sujets qui composent le sommaire de ces cours sont traités conformément aux cours professés dans les écoles de laiterie. La première heure est consacrée à la dictée de la leçon et la seconde à son étude détaillée.

L'enseignement primaire est donné par l'instituteur de la commune, siège de la fruitière-école. Il porte sur le français (orthographe et style), l'arithmétique et la comptabilité. Le nombre des leçons est fixé à 70 pour l'année scolaire; elles ont une durée de deux heures et ont lieu deux fois par semaine.

L'enseignement pratique comprend l'exécution de tous les travaux de la fruitière : fabrication du fromage et du beurre, soins du rucher et de la porcherie. Il est donné chaque jour, matin et soir, par le chef fromager. Des exercices sur l'analyse du lait ont lieu, en outre, une fois par semaine. Un rucher modèle, placé sous la surveillance du chef fromager, est annexé à chaque fruitière-école.

Les jours d'inspection, les élèves sont interrogés sur le programme parcouru pendant le trimestre écoulé et, à la fin de chaque année, ils subissent un examen général devant la commission d'examen. Un certificat d'apprentissage est délivré aux élèves qui en sont jugés dignes à la fin de leur année d'études.

Magnanerie-école. — Il existe à Aubenas, dans l'Ardèche, une magnanerie-école. Cet établissement n'est pas une véritable école de sériciculture, mais une magnanerie modèle créée en 1881. Le directeur de l'établissement s'occupe de l'amélioration des variétés françaises et étrangères; il visite les magnaneries des environs, examine gratuitement les lots de cocons destinés au grainage et donne aux éducateurs qui viennent le consulter les indications et renseignements nécessaires. C'est à ce point de vue surtout que cette magnanerie peut être considérée comme un établissement d'instruction, et l'on appréciera les services spéciaux qu'elle rend si l'on considère que, durant chaque campagne, 200 à 250 personnes la visitent et que 30 ou 40 sériciculteurs y suivent l'éducation et le grainage.

Bergerie-école. — La bergerie-école de Rambouillet, dont la suppression est récente, a formé des spécialistes remarquables pour l'amélioration et la conduite des troupeaux. Lorsque le prix de la laine était élevé, l'École de bergers de Rambouillet jouissait d'une grande réputation à l'étranger, et nous devons mentionner les services rendus par elle à l'agriculture française.

Professeurs départementaux d'agriculture. — Les cours de Boussingault, Baudement et Moll, au Conservatoire des arts et métiers, amenèrent la création de cours et conférences dans les départements suivants : la Gironde, le Doubs, la Seine-Inférieure, l'Oise, la Meurthe, la Loire-Inférieure.

Malaguti, Bobierre, Isidore Pierre, Houzeau, Ladrey, Beaudrimont ouvrirent des cours de chimie agricole à Rennes, Nantes, Caen, Rouen, Dijon, Bordeaux. Des conférenciers agricoles comme Heuzé, Barral, Joigneaux, faisaient aussi des conférences dans les villes et dans les campagnes.

La loi du 16 juin 1879 relative à l'enseignement départemental et communal de l'agriculture a décidé que chaque département aurait un professeur d'agriculture choisi au concours.

La mission de ces professeurs consiste à faire un cours d'agriculture en 2 années à l'école normale primaire et 26 conférences, au minimum, dans les communes rurales. Ils doivent être les conseillers des cultivateurs et procéder aux enquêtes ordonnées par l'Administration. Indépendamment de leur enseignement aux élèves-maîtres de l'école normale primaire, les professeurs départementaux sont chargés de faire des conférences aux adultes; c'est ce qu'on appelle, dans plusieurs pays étrangers, l'enseignement nomade agricole.

La mission du professeur départemental est de tenir les cultivateurs au courant des découvertes modernes et des innovations nouvelles d'une application économique et avantageuse, de façon à les entraîner dans le mouvement général du progrès auquel ils participent trop peu en raison de leur isolement. Ils doivent s'efforcer de signaler, dans chaque localité, ce que l'agriculture devrait être et, après examen, indiquer ce qu'il faut faire.

Dans chaque département, le professeur départemental d'agriculture organise, avec le concours des conseils généraux et des municipalités, des champs d'expériences et de démonstration destinés à montrer aux agriculteurs les améliorations dont leurs cultures sont susceptibles. Les professeurs départementaux d'agriculture, qui sont déjà des correspondants de l'Administration centrale pour certaines affaires déterminées, sont appelés à devenir de véritables chefs des services départementaux de l'agriculture.

Professeurs spéciaux d'agriculture. — L'institution des chaires départementales ayant donné d'excellents résultats, on demanda la création de chaires semblables dans les arrondissements. Ces chaires ont donc été créées par extension de la loi de 1879. La première création remonte à l'année 1887.

Le service des chaires spéciales d'agriculture comprend des conférences aux agriculteurs, c'est-à-dire l'enseignement nomade, et un cours régulier d'agriculture dans un établissement secondaire ou primaire supérieur. Le programme du cours dans ces établissements universitaires est établi d'après des instructions arrêtées entre les départements de l'Instruction publique et de l'Agriculture.

En dehors de l'enseignement, ces fonctionnaires doivent être des agents de renseignements et d'information, aussi bien pour les agriculteurs que pour l'Administration. Ils doivent tenir les populations rurales au courant des modifications incessantes qui se produisent dans les conditions de la production et de la vente des produits. Ils sont les conseils des agriculteurs, presque leurs collaborateurs, pour les améliorations qui peuvent concourir à augmenter la richesse des particuliers aussi bien que la richesse générale du pays. Ils doivent, d'autre part, tenir l'Administration au courant de tous les faits intéresssant l'agriculture et de tout ce qui concerne la situation économique de leur région.

Champs de démonstration. — Ces champs servent de leçons de choses qui complètent l'enseignement donné par la parole. Ils ont été institués en 1885 par M. Gomot, Ministre de l'agriculture, sur la proposition de M. Tisserand, directeur de l'agriculture. Ils sont actuellement répandus sur toutes les parties du territoire français. Ils sont organisés et dirigés par les professeurs d'agriculture comme nous l'avons indiqué ci-dessus.

Cours d'agriculture temporaires dans les écoles pratiques d'agriculture et cours d'hiver. — Certaines écoles pratiques d'agriculture, mais en nombre excessivement restreint, ont organisé un enseignement temporaire, de 3 ou 6 mois, pour les cultivateurs praticiens qui veulent se perfectionner dans leur métier ou étudier une branche spéciale de l'agriculture. Les écoles de laiterie ont organisé des cours de ce genre.

En France, nous n'avons pas de cours d'agriculture pendant l'hiver comme cela existe en Allemagne et en Autriche. Une tendance se manifeste néanmoins en faveur de l'organisation de ces cours. Dans quelques écoles pratiques, notamment à Gennetines, des cours ont été organisés pour les adultes. Il n'existe pas d'écoles d'agriculture d'hiver, mais plusieurs projets de création sont à l'étude[1].

Conférences agricoles aux soldats. — En Allemagne et en Belgique, on a organisé l'enseignement agricole dans l'armée, institution qui a rendu des services appréciables.

Les premiers essais d'enseignement agricole dans les casernes ayant donné, en France, de bons résultats, notamment au 93e régiment d'infanterie, le Ministre de l'agriculture a posé les premières bases de cet enseignement avec le concours du Ministre de la guerre. Pendant l'hiver, 40 professeurs d'agriculture pourront faire des conférences aux soldats et apporter au succès de cette œuvre utile le concours de leur savoir et de leur dévouement. Plusieurs conseils généraux ont voté des crédits pour encourager les conférences ou causeries sur l'agriculture faites aux soldats.

Stations agronomiques et laboratoires agricoles[2]. — Les stations agronomiques ne sont pas à proprement parler des établissements d'enseignement agricole. Aussi, nous ne parlerons de ces établissements qu'en raison de l'importance de leur rôle et pour compléter notre étude des différents organes qui contribuent à généraliser les connaissances agronomiques.

Les stations agronomiques entreprennent des recherches sur la physiologie végétale, sur la culture des plantes, sur l'outillage agricole, sur les machines, sur les semences, les engrais, etc. Établissements de recherches scientifiques d'intérêt général, on y fait également des analyses pour le public. Mais si les recherches sont le programme essentiel des stations, elles ne doivent pas négliger de rendre aux cultivateurs certains services consistant dans l'analyse des matières agricoles et dans leur contrôle.

Dans les laboratoires agricoles, les travaux et analyses se font sur la demande du public, moyennant un tarif arrêté à l'avance. Ces analyses portent sur la composition des terres, des plantes et de leurs produits, et sur la valeur des engrais commerciaux.

Les stations agronomiques et les laboratoires agricoles appartiennent en général aux départements; ce sont ces derniers qui font les frais de premier établissement et se chargent de leur entretien. L'État veille à leur bon fonctionnement et leur accorde des subventions ou paye le traitement de tout ou partie du personnel.

L'Administration de l'agriculture s'est préoccupée de multiplier les centres d'études

[1] M. Mougeot, Ministre de l'agriculture, a créé, en 1902, une école d'agriculture d'hiver à Langres (Haute-Marne).

[2] A l'Exposition internationale de 1900, l'exposition des stations agronomiques et des laboratoires agricoles faisait partie de la Classe 38 : « Agronomie et statistique agricole ». Nous n'avons donc pas à étudier les stations agronomiques et les laboratoires agricoles dans notre rapport; nous les citons dans l'historique pour donner un ensemble des institutions contribuant au développement des connaissances agricoles. Cependant en étudiant les grandes Écoles nous serons amené à examiner le fonctionnement et le rôle des stations qui leur sont annexées.

et de recherches agronomiques. Chaque année amène de nouvelles créations. C'est ainsi que des laboratoires de technologie, de bactériologie, de distillerie et des stations œnologiques ont été institués successivement. On s'est toujours préoccupé d'imposer aux stations un caractère de spécialité en rapport avec les besoins de l'agriculture locale. En dehors des stations agronomiques proprement dites, il existe des stations laitières, agricoles, viticoles. De plus des stations d'essais et de recherches installées aux frais de l'État sont annexées à l'Institut agronomique et aux Écoles nationales. Il existe environ 50 stations agronomiques, d'essais et de recherches et une trentaine de stations agricoles.

Inspection de l'agriculture. — Il existait il y a quelques années une inspection spéciale de l'enseignement agricole qui se composait de 2 inspecteurs généraux. Actuellement ce sont les inspecteurs de l'agriculture (4 inspecteurs généraux et 4 inspecteurs) qui sont chargés de surveiller les écoles de leur région. Chaque inspecteur a une région comprenant environ onze départements. Un inspecteur spécial est cependant chargé de l'inspection de toutes les écoles pour l'enseignement de la pisciculture.

2° Établissements d'enseignement spécial.

École nationale des eaux et forêts. — Prévue par l'ordonnance royale du 26 août 1824, organisée par une nouvelle ordonnance du 31 décembre de la même année, l'École nationale des eaux et forêts fut définitivement installée à Nancy en 1826. L'École forestière, qui occupe toujours le même emplacement qu'à l'époque de sa création, s'est considérablement agrandie par l'adjonction de bâtiments nouveaux.

Son mode de recrutement par concours direct n'avait pas changé jusqu'en 1888. Les candidats, âgés de 18 à 22 ans, devaient justifier d'études universitaires par la production de certificats ou de diplômes, suivant l'époque, et être doués d'une bonne constitution. Deux exceptions furent pourtant apportées au principe du concours, l'une en faveur de deux élèves de l'École polytechnique, l'autre, en 1882, en faveur de deux élèves de l'Institut agronomique. Le prix de la pension a varié de 1,200 à 1,500 francs par an.

Ce fut en 1888, par un décret en date du 9 janvier, que l'organisation actuelle prit naissance. Les deux années d'études, sans préparation spéciale, avaient été reconnues insuffisantes pour donner aux élèves les connaissances nécessaires à un bon administrateur forestier. Il fut décidé que le recrutement de l'École serait assuré désormais par l'Institut national agronomique, tout en maintenant l'exception établie en faveur de deux élèves de l'École polytechnique.

En conséquence, depuis 1889, ce n'est qu'après avoir obtenu le diplôme d'ingénieur agronome que les candidats à l'École forestière peuvent y entrer. Ils arrivent à Nancy ayant acquis le premier degré de leur instruction spéciale, ce qui permet à l'École d'atteindre son but qui est de former des forestiers capables d'augmenter le revenu des forêts par une culture mieux entendue, de traiter utilement tout ce qui se rattache au reboisement, à la chasse, à la pêche, aux améliorations pastorales.

Le régime de l'École est intermédiaire entre l'internat et le casernement. Avant leur entrée à l'École, les élèves contractent un engagement militaire de trois ans et sont considérés comme présents sous les drapeaux pendant leurs deux années d'études. Ils vont ensuite, pendant la troisième année, compléter leur instruction militaire dans un régiment en qualité de sous-lieutenants. Les élèves couchent à l'École et y restent pendant la plus grande partie de la journée pour les cours et les études; mais ils prennent leurs repas en ville et ont leurs soirées libres. Pendant leurs deux années d'études ils reçoivent un traitement de 1,200 francs; mais les parents doivent verser, au moment de l'entrée, une somme de 1,200 francs pour l'équipement et l'uniforme, plus une somme annuelle de 600 francs pour frais de tournées, leçons d'équitation, etc.

Des élèves libres, français et étrangers, sont admis aux cours et aux travaux pratiques.

École secondaire d'enseignement forestier et École pratique de sylviculture des Barres[1]. — Il a été fondé successivement, au domaine des Barres, dans l'arrondissement de Montargis, deux écoles distinctes : la première, d'enseignement forestier secondaire; la seconde, de sylviculture pratique.

Créée par arrêté ministériel du 14 juin 1882, l'*École secondaire d'enseignement forestier* fut organisée par le décret du 14 janvier 1888 et par les arrêtés ministériels des 10 février 1897 et 27 juin 1898.

Son but est de permettre aux brigadiers et gardes forestiers d'atteindre rapidement le grade de garde général; l'enseignement, théorique et pratique, donne aux élèves l'instruction professionnelle qui leur est nécessaire pour exercer ces fonctions.

L'École se recrute par voie de concours. Ne sont admis à concourir que les brigadiers et gardes des eaux et forêts comptant trois années de service actif; par exception, il n'est demandé que deux années aux anciens élèves de l'École de sylviculture pratique. La durée des études est de deux années.

Les candidats admis reçoivent, s'ils ne l'ont déjà, le grade de brigadier des eaux et forêts et en touchent le traitement pendant leur séjour à l'École.

Après avoir subi avec succès les examens de sortie, les brigadiers sont nommés gardes généraux stagiaires.

L'*École de sylviculture pratique* a été fondée en 1873. Son organisation actuelle est réglée par le décret du 14 janvier 1888 et les arrêtés ministériels des 27 juin et 15 décembre 1898.

Le but de l'École est de former des gardes particuliers, des régisseurs agricoles et forestiers et subsidiairement des préposés forestiers. Le recrutement a lieu par voie de concours. La durée des études est de deux ans.

L'École reçoit des élèves internes et des demi-pensionnaires.

[1] Voir page 449 les modifications apportées à cette École.

École nationale des Haras. — La création de l'École des Haras date de 1840. Elle fut installée dans les bâtiments du haras du Pin, en plein centre d'élevage, dans une des régions les plus fertiles du département de l'Orne.

Supprimée en 1852, l'École nationale des Haras fut rétablie en 1874 par la loi du 29 mai, qui lui laissa son ancien caractère d'École spéciale où, après examen, les élèves entraient directement.

Ce fut seulement à partir de 1892, par décret en date du 20 juillet, que les élèves-officiers se recrutèrent parmi les élèves diplômés de l'Institut national agronomique.

Le nombre des élèves-officiers admis chaque année ne peut être supérieur à trois. Ils sont soumis avant leur réception : 1° à un examen d'état physique; 2° à une épreuve pratique d'équitation devant une Commission spéciale.

Le but de l'École est de former des fonctionnaires pour l'Administration des haras et d'enseigner l'art hippique aux élèves libres qui désirent suivre les cours. L'École reçoit des élèves libres français et étrangers. La durée des études est de deux ans.

Les élèves-officiers sont logés et nourris gratuitement; ils reçoivent un traitement annuel de 1,200 francs. Les élèves libres, logés au haras, payent une rétribution scolaire de 1,000 francs par an.

Le personnel enseignant compte sept professeurs.

Écoles nationales vétérinaires. — Il existe trois écoles nationales vétérinaires établies à Alfort, à Lyon et à Toulouse. La première a été fondée à Lyon, en 1762. Deux ans après, était décidée la création de la deuxième qui fut installée à Alfort, près de Paris, et enfin, le 1er avril 1828, la troisième école ouvrit ses portes à Toulouse.

Le but des écoles vétérinaires est de faire de leurs élèves non seulement des médecins des animaux, mais encore des zootechniciens, des conseillers et des aides de l'Administration dans la lutte contre les maladies contagieuses dont quelques-unes sont transmissibles à l'homme, des guides de la justice dans les cas de litige soulevés par le commerce des animaux. Aussi l'enseignement, toujours développé, embrasse-t-il maintenant un grand nombre de connaissances.

L'enseignement est donné dans dix chaires. Il est complété par de nombreuses démonstrations et exercices pratiques : examen de pièces préparées ou de moulages coloriés, exercices de dissection, visites dans les concours, les expositions, les abattoirs, les grandes écuries, ainsi que dans la ferme annexée à chaque école pour servir à l'enseignement pratique de la zootechnie. L'enseignement est le même dans les trois écoles. La durée des études est de quatre années.

L'admission aux écoles nationales vétérinaires a lieu par voie de concours. Les candidats doivent être âgés de 17 ans au moins et de 25 ans au plus et être possesseurs d'un des diplômes complets du baccalauréat. Les élèves diplômés de l'Institut national agronomique sont dispensés de subir le concours et sont admis de droit. Les étrangers sont admis à concourir au même titre que les nationaux.

Le régime est l'internat, la demi-pension et l'externat.

III. — L'ENSEIGNEMENT AGRICOLE DANS LES ÉTABLISSEMENTS UNIVERSITAIRES [1].

Enseignement primaire.

Enseignement des notions élémentaires d'agriculture dans les écoles primaires rurales. — La question de l'enseignement des notions élémentaires de l'agriculture dans les écoles primaires rurales fut nettement posée sous le ministère Rouland, en 1860, à l'occasion d'un concours ouvert sur les améliorations à apporter à l'enseignement primaire. La plupart des instituteurs émirent le vœu de voir figurer dans le programme obligatoire l'enseignement de l'agriculture et de l'horticulture.

Le Corps législatif demanda alors qu'on accordât plus d'importance dans les programmes de l'Université à l'enseignement des notions agricoles. Une commission spéciale, dite *commission agricole,* fut chargée d'étudier et de proposer les mesures nécessaires «pour développer les connaissances agricoles et horticoles dans les écoles normales et les écoles communales». Le questionnaire de l'enquête agricole de 1866 comprenait notamment la question suivante : «L'instruction primaire est-elle dirigée dans un sens favorable à l'agriculture, et quelle est son influence sur le choix des professions?» L'unanimité des membres de la commission demandant la réforme de l'enseignement primaire dans le sens de l'enseignement des applications pratiques et usuelles, le Ministre de l'instruction publique, Duruy, prit un arrêté autorisant les conseils départementaux à modifier les règlements des écoles primaires, quant à la fixation des heures de travail et de l'époque des vacances.

Parmi les membres de la Commission nommés, par le décret du 12 février 1867, pour élaborer le programme de l'enseignement agricole dans les écoles primaires rurales et les écoles normales, on remarquait MM. Dumas, Monny de Mornay, directeur de l'agriculture, Josseau, Guillaumin et de Benoist, députés, de Kergorlay et Wolowsky.

Duruy adressa aux préfets une instruction détaillée sur l'organisation de l'enseignement agricole dans les écoles primaires rurales, qui se terminait par le résumé suivant :

« 1° Restreindre l'enseignement, en le spécialisant d'après les cultures dominantes dans chaque localité;

« 2° Inviter le conseil départemental à formuler un programme spécial au département ou aux principales régions agricoles qui le composent;

« 3° Faire entrer ce programme dans celui des matières qui seront enseignées à l'école normale du département et sur lesquelles devra porter l'examen pour le brevet de capacité, quand les aspirants exprimeront le désir d'être interrogés sur l'agriculture et l'horticulture;

[1] Ainsi qu'il a été dit dans l'Introduction, le Jury de la Classe 5 n'a pas eu, en raison de la décision du Comité de groupe, à statuer sur les institutions agricoles relevant de l'Université. Nous avons introduit ce chapitre dans l'historique afin de donner une idée complète de l'enseignement agricole sous toutes ses formes, car nous n'aurons plus l'occasion de traiter la même question dans le cours du rapport.

« 4° Admettre, dans la pratique, que le maître dont les aptitudes pour cet enseignement auront été constatées obtiendra un rang de priorité, et sera désigné de préférence pour la direction des meilleures écoles;

« 5° Agir sur les communes en vue d'obtenir qu'elles annexent à la maison d'école un jardin ou un champ suffisant pour que le maître puisse y donner cet enseignement;

« 6° Donner des auxiliaires efficaces aux instituteurs en introduisant l'élément agricole au sein des délégations cantonales, au moyen des lauréats des concours agricoles et notamment des concours régionaux. »

L'application des mesures prescrites dans la circulaire de Duruy ne donna pas tous les résultats qu'il y avait lieu d'en attendre. On doit cependant lui attribuer la création de quelques champs d'expériences scolaires où l'on devait procéder, comme l'avaient déjà fait les instituteurs de l'arrondissement de Thionville, à des essais réguliers et systématiques sur les engrais chimiques.

A l'Exposition universelle de 1867, M. Gaudon, dans son rapport officiel sur l'enseignement des notions d'agriculture et d'horticulture dans les écoles primaires rurales, constatait les progrès réalisés dans cet enseignement par les instituteurs des départements du Nord, du Pas-de-Calais, de la Somme, de l'Oise. Ce dernier département avait organisé une intéressante exposition collective, sous le titre d'enseignement agricole et horticole du département de l'Oise. De nombreuses cartes géologiques et agronomiques, des cahiers de cours, des programmes d'enseignement, des collections, des herbiers, des brochures et des livres classiques d'agriculture, des tableaux représentant le jardin d'études de chaque école avec légende explicative montraient le développement pris, dès l'origine, par l'enseignement des notions agricoles et horticoles.

Les départements suivants avaient également pris part, mais dans des limites plus restreintes, à l'extension de l'enseignement agricole dans les écoles communales: l'Yonne, arrondissement de Joigny, le Haut-Rhin, arrondissement de Mulhouse, le Bas-Rhin, la Moselle, la Meuse, les Vosges, la Haute-Saône, le Doubs, la Haute-Marne, l'Allier, la Drôme, l'Isère, le Loiret, la Mayenne, le Calvados, l'Ille-et-Vilaine, la Loire-Inférieure... Dans ces départements, l'organisation assez rudimentaire de l'enseignement était souvent l'œuvre de quelques hommes dévoués à l'agriculture comme le duc de Caumont, dans le Calvados, et Bodin, dans l'Ille-et-Vilaine.

On se préoccupait aussi d'étendre l'enseignement des notions agricoles dans les écoles de jeunes filles. Indépendamment des orphelinats agricoles dont c'était la mission, certains pensionnats tenus par des religieuses, comme les sœurs de la Délivrande, dans le Calvados, les sœurs de l'Ange-Gardien, à Montauban, et celles de la Sainte-Famille, à Martillac près de Bordeaux, s'occupaient d'enseigner les notions élémentaires de l'agriculture.

La guerre de 1870 paralysa ce premier essai d'organisation de l'enseignement agricole dans les écoles primaires. La question ne fut reprise au Parlement que lorsqu'on organisa les chaires départementales d'agriculture. La loi du 16 juin 1879 introduisit les notions élémentaires d'agriculture parmi les matières obligatoires de l'enseignement primaire et de l'enseignement donné aux élèves-maîtres dans les écoles normales. Un délai maximum de neuf ans était accordé aux départements pour l'application complète des nouvelles dispositions législatives. Mais comme il n'existait aucune sanction à cet enseignement, rendu, trois ans plus tard, nominalement obligatoire, les règlements ne furent pas appliqués.

A l'Exposition internationale de 1889, on put cependant constater qu'un certain nombre d'instituteurs s'étaient mis courageusement à l'œuvre, après avoir suivi, à l'école normale, les cours du professeur départemental d'agriculture. Ils avaient créé de petits musées scolaires, aménagé leur jardin pour y faire un cours d'horticulture pratique ou pris part aux expositions agricoles dans les concours régionaux et les comices agricoles. Mais le défaut de préparation des instituteurs à l'enseignement agricole rendait bien difficile l'application effective de la loi de 1879.

M. René Leblanc, inspecteur général de l'instruction publique, le véritable promoteur et organisateur de l'enseignement agricole donné actuellement dans les écoles primaires, a étudié d'une façon magistrale cette question de l'organisation de l'enseignement, dans son rapport au Congrès international de l'agriculture en 1900.

« Si les propagateurs du mouvement en faveur de l'enseignement agricole, écrit M. Leblanc, étaient d'accord sur la nature du but à poursuivre à l'école primaire, des divergences se manifestaient aussitôt qu'on agitait les questions de méthode.

« L'article 10 de la loi du 16 juin 1879 avait chargé les conseils départementaux de la rédaction des programmes; il y en eut donc un pour chaque département. La comparaison de ces documents faisait éclater des divergences considérables. La plupart avaient un commun défaut, l'exagération; bien peu étaient applicables au point de vue pédagogique. Deux courants se formèrent pour leur application : dans l'un, on se préoccupait surtout du côté professionnel; dans l'autre, du côté éducatif. Ici, on se bornait à préparer l'enfant à l'apprentissage intelligent de sa future profession, en lui donnant expérimentalement les connaissances scientifiques indispensables, en suscitant son aptitude à l'observation des faits, en éveillant dans son jeune esprit le désir de se rendre compte des principaux phénomènes de la vie journalière de l'homme des champs; là, on voulait commencer l'apprentissage agricole à l'école même, et l'enseignement essentiellement pratique consistait dans l'application de préceptes, de recettes agricoles, de formules que les enfants apprennent et retiennent plus ou moins sans les comprendre. »

Des circulaires ministérielles des 24 octobre et 30 novembre 1895 s'occupèrent de la rédaction d'un plan de cours, sommairement tracé sous la forme de guide pratique, et destiné à faciliter la tâche des instituteurs dans leur enseignement des notions élémentaires d'agriculture. Une commission mixte composée de délégués du Ministère de l'instruction publique et du Ministère de l'agriculture fut chargée de préparer ce travail qui aboutit à la rédaction de l'Instruction officielle du 4 janvier 1897, dont voici les points essentiels :

« *Directions pédagogiques.* — L'enseignement des notions d'agriculture que peut comporter le programme de l'école élémentaire doit s'adresser beaucoup moins à la mémoire

IMPRIMERIE NATIONALE.

des enfants qu'à leur intelligence; il doit s'appuyer sur l'observation des faits journaliers de la vie agricole et sur une expérimentation simple, appropriée aux ressources matérielles dont dispose l'école et destinée à mettre en évidence les notions scientifiques fondamentales des opérations culturales les plus importantes. Ce qu'il faut surtout apprendre aux enfants, à l'école rurale, c'est le pourquoi de ces opérations avec l'explication des phénomènes qui les accompagnent, et non le détail des procédés d'exécution.

« Connaître les conditions essentielles du développement des végétaux cultivés, comprendre la raison d'être des travaux habituels de la culture ordinaire et celle des règles d'hygiène de l'homme et des animaux domestiques, voilà ce qu'il faut apprendre d'abord à tout agriculteur, et l'on n'y peut parvenir que par la méthode expérimentale.

« Un maître ferait fausse route si l'enseignement consistait uniquement dans l'étude et la récitation, par l'élève, d'un manuel d'agriculture, si bien conçu que fût ce manuel; il faut nécessairement recourir à des expériences très simples et surtout à l'observation.

« C'est seulement en mettant le phénomène à observer sous les yeux des enfants qu'on pourra leur apprendre à observer, qu'on pourra établir dans leur esprit les idées fondamentales sur lesquelles repose la science agricole moderne, idées que l'écolier campagnard ne peut acquérir qu'à l'école où il ne sera jamais nécessaire de lui enseigner ce que son père sait mieux que l'instituteur et qu'il apprendra sûrement par sa propre expérience pratique.

« L'école doit se borner à préparer l'enfant à l'apprentissage intelligent du métier qui le fera vivre et à lui donner le goût de sa future profession; à cet égard, le maître ne devra jamais oublier que le meilleur moyen de faire aimer à un ouvrier son ouvrage, c'est de le lui faire comprendre.

« *Emploi du temps.* — Le but qui vient d'être indiqué serait difficilement atteint si l'on ne consacrait à l'agriculture que le temps réservé spécialement pour cet objet par le règlement. A la campagne surtout, le maître devra orienter son enseignement général dans le sens des besoins journaliers de la population qui l'entoure, en donnant souvent à ses lectures, à ses exercices de langue française, de calcul, etc., une couleur agricole; des poésies champêtres, des faits de la vie rustique, des problèmes présentés sous forme d'une comptabilité simplifiée et relatifs aux prix des denrées achetées ou vendues dans la région, aux mélanges composant les rations alimentaires du bétail, etc., apporteront fréquemment une aide précieuse à l'enseignement agricole proprement dit. »

Le but étant bien défini, l'Instruction officielle indique ensuite, dans le commentaire, les moyens de l'atteindre. En résumé, « tout ce qu'on demande à l'instituteur rural, c'est de donner à ses élèves, dans la mesure que comporte leur âge, le goût et l'intelligence des choses agricoles ». En inspirant aux enfants, dès leur jeune âge, le respect du travail agricole, cet enseignement a un double caractère, éducatif et moral.

Voici le programme des écoles primaires élémentaires pour chacun des trois cours :

Cours élémentaire (de 7 à 9 ans). Les leçons de choses dans ce cours sont la continuation de celles de la classe enfantine et de l'école maternelle. Agriculture et horticulture : premières notions dans le jardin de l'école. — *Cours moyen* (de 9 à 11 ans).

Notions sur les principales espèces de sols, sur les engrais et les instruments usuels de culture. — *Cours supérieur* (de 11 à 13 ans). Agriculture : Notions plus méthodiques sur les travaux et la comptabilité agricoles. Notions d'horticulture et d'arboriculture. Le cours supérieur proprement dit est rarement organisé dans les écoles rurales; ordinairement, les élèves les plus avancés ou les plus âgés forment une sorte de division supérieure du cours moyen.

Des promenades agricoles servent de préparation et de complément aux leçons faites en classe sur les notions d'agriculture. Les sujets suivants sont communs au cours moyen et au cours supérieur : labours, hersage et roulage, emploi des engrais, semailles, taille et greffage, menues façons du sol, assolements, récoltes. La synthèse de l'enseignement est encore réalisée par les visites faites dans les meilleures exploitations rurales de la commune[1].

Depuis 1890 des récompenses sont données chaque année aux instituteurs par une Commission spéciale composée de délégués des Ministères de l'agriculture et de l'instruction publique.

Écoles normales. — La Commission mixte qui rédigea l'Instruction destinée aux instituteurs avait été chargée de préparer une autre instruction à l'usage des professeurs de sciences et d'agriculture des écoles normales. Cette instruction, approuvée par le Ministre le 25 avril 1898, est en quelque sorte le résumé et la mise au point des instructions antérieures; sans toucher aux programmes officiels qui auraient cependant besoin d'être rajeunis, elle en précise l'interprétation, elle en fixe l'orientation et les limites : «Je ne saurais trop recommander aux professeurs d'agriculture, dit le Ministre de l'instruction publique, de se bien pénétrer des instructions qui leur sont adressées, afin d'adapter leur enseignement aux besoins régionaux, d'éliminer tout ce qui n'a pas une utilité pratique dans la contrée et de ne pas perdre de vue qu'ils ont à former des instituteurs destinés à devenir plus tard leurs plus actifs et leurs plus dévoués collaborateurs. Enfin, je rappellerai aux professeurs de sciences physiques et naturelles qu'ils doivent donner à leur enseignement une orientation franchement agricole et un caractère pratique et expérimental.»

«Dans l'année 1899, écrit M. René Leblanc, inspecteur général de l'instruction publique, des programmes détaillés furent préparés dans chaque école normale en exécution des nouvelles prescriptions et soumis à l'examen de la Commission mixte : la concordance réclamée et obtenue partout et, en général, l'orientation des cours, leur caractère pratique, les limites dans lesquelles les professeurs se renferment répondent bien aux instructions officielles. Le problème posé était donc facile à résoudre, et, du côté de l'école normale comme du côté de l'école élémentaire, un enseignement agricole rationnel sera assuré par l'application des nouvelles prescriptions, c'est-à-dire par le concours simultané et concordant des deux Administrations de l'agriculture et de l'instruction publique.»

[1] Rapport sur l'enseignement agricole dans les établissements universitaires par M. René Leblanc, inspecteur général de l'instruction publique.

Écoles primaires supérieures de garçons. — Le caractère de l'enseignement de l'agriculture dans les écoles primaires supérieures avait été nettement tracé par M. Tisserand, alors directeur de l'agriculture, au sujet de l'organisation de cet enseignement à l'école primaire supérieure de Dourdan. L'enseignement expérimental, net, précis, devait être approprié aux circonstances et aux nécessités locales et présenté de façon à produire une impression profonde et durable sur l'esprit des jeunes gens.

Une récente circulaire, du 12 mai 1898, invite les inspecteurs d'académie à saisir les conseils départementaux de la question des programmes d'enseignement agricole dans les écoles élémentaires, les cours complémentaires et les écoles primaires supérieures. Mais l'organisation d'une section agricole dans les écoles primaires supérieures, même rurales, est encore une exception.

A l'école d'Onzain (Loir-et-Cher) et à celle de Sidi-Bel-Abbès (Algérie), les élèves exécutent des travaux dits d'*intérieur* et d'*extérieur,* prévus par le programme. Ce sont à peu près les seules écoles qui se livrent à des études intéressantes d'arboriculture, d'horticulture et de viticulture.

Il existe deux écoles primaires s'occupant exclusivement d'agriculture : ce sont celles de Sartilly, dans le département de la Manche, et de Descombes à Mesnil-la-Horgue, dans le département de la Meuse.

Enseignement agricole féminin ou enseignement ménager dans les écoles primaires de filles. — Dans les programmes des écoles primaires supérieures de filles, on a laissé de côté l'enseignement de l'agriculture, de l'horticulture, l'enseignement de la laiterie et l'enseignement ménager, tout ce qui concerne, en un mot, la tâche d'une femme dans une exploitation rurale. L'enseignement ménager n'est représenté au programme que par un cours *théorique* d'économie domestique, auquel on accorde une heure par semaine en troisième année. L'esprit de la direction dans les écoles normales était autrefois également mauvais à ce point de vue, puisqu'on y laissait systématiquement de côté les occupations ménagères considérées comme inférieures au degré d'instruction et au rang social des élèves.

« Tout reste à faire pour l'enseignement agricole féminin », avoue M. Leblanc, qui insiste sur l'importance du rôle de la ménagère. Indépendamment des travaux usuels du ménage, l'enseignement devrait comprendre, comme en Belgique, des notions théoriques et pratiques d'hygiène, d'économie domestique et de cuisine.

L'école seule peut suppléer à l'absence ou à l'insuffisance de cette véritable science du ménage, qui doit être enseignée progressivement, méthodiquement. C'est ce que le Congrès d'agriculture a exprimé dans un vœu relatif à l'enseignement féminin : « Il serait urgent de créer, dans les écoles normales et primaires supérieures de filles, des cours théoriques et des travaux pratiques mettant la jeune fille à même de comprendre et d'exécuter d'une main intelligente les opérations journalières du ménage, de la basse-cour, de la ferme et du jardin. »

Depuis quelques années, on doit à l'initiative de plusieurs professeurs d'agriculture l'organisation de cours dans les écoles normales de jeunes filles. Les cultures démonstratives prescrites dans les écoles normales d'institutrices par l'instruction ministérielle du 25 avril 1896 conviendraient aussi dans les écoles primaires supérieures de jeunes filles.

Œuvres post-scolaires. — La majorité des enfants de la campagne ne fréquente que l'école élémentaire. A cette école, le maître n'a affaire qu'à de jeunes enfants, à l'esprit encore flottant et indécis, incapables d'une application soutenue. Le seul embryon d'enseignement agricole que cette partie de la population rurale peut recevoir est donc celui qui trouve sa place à l'école primaire ou dans les œuvres complémentaires de l'école, dites *post-scolaires,* dans les cours d'adultes, cours nomades, cours spéciaux.

Cours d'adultes et conférences agricoles. — L'œuvre de l'école primaire restant imparfaite si on ne lui assure pas une continuation, un lendemain, on s'est préoccupé, à différentes reprises et sous bien des formes, de la continuation de cet enseignement.

La Ligue française de l'enseignement, qui réunit un grand nombre d'adhérents, avait émis les vœux suivants :

« 1° Que des veillées instructives soient organisées pendant l'hiver, dans le but de suppléer aux lacunes de l'enseignement agricole primaire et de le compléter dans le sens des besoins locaux;

2° Que, comme complément de ces veillées instructives, des expériences de cultures démonstratives soient organisées au commencement du printemps et que tout cet enseignement élémentaire soit couronné par l'établissement de champs de démonstration. »

Enseignement secondaire.

Lycées et collèges. — L'enseignement agricole dans les établissements universitaires de l'ordre secondaire est donné par des professeurs qui dépendent du Ministère de l'agriculture. Leur origine différente de celle des autres maîtres n'a pas toujours rendu leur tâche facile. La crise de l'enseignement secondaire, qui a donné lieu à des enquêtes et à des projets de réforme intéressants, amènera peut-être des modifications au régime actuel.

Depuis la création des professeurs spéciaux d'agriculture, un cours d'agriculture a été organisé dans 15 lycées et dans 62 collèges communaux. Ce cours a une durée de deux années en général. Il est confié au professeur départemental d'agriculture ou, plus fréquemment, au professeur spécial d'agriculture qui traite, une année, de la production végétale et l'année suivante, de la production animale, d'après un programme dont les applications varient suivant les régions. Les élèves admis au cours d'agriculture appartiennent, le plus souvent, aux classes de l'enseignement moderne. Leurs connaissances en sciences physiques et naturelles sont rarement en harmonie avec les notions agricoles faisant l'objet du cours. Celui-ci n'a aucune sanction. Il est resté facultatif.

Le but de l'Université, ou plus exactement des lycées et des collèges qui ont organisé ces cours, a été de faire appel à la clientèle rurale, de recruter des élèves attirés par la nouveauté de cet enseignement. Mais il faut que les cultivateurs reçoivent une instruction générale qui les dirige vers leur profession et les prépare à en tirer le meilleur parti possible.

L'enseignement, pour être efficace, pense M. Tisserand, devrait être complété par des remaniements des programmes actuels. Les cours de sciences des lycées et collèges devraient être améliorés, étendus, et comprendre les applications de chacune d'elles à la culture du sol et à l'exploitation du bétail; les cours de sciences naturelles (zoologie, botanique et géologie) devraient avoir une importance au moins égale aux cours de mathématiques, de physique et de chimie; un cours spécial d'agriculture, coordonnant toutes les applications de l'enseignement scientifique, serait indispensable pour faire en quelque sorte la synthèse de l'enseignement. Dans chaque région, le programme des établissements universitaires, qui est actuellement le même du Nord au Sud et de l'Est à l'Ouest, devrait être adapté aux besoins de chaque localité [1].

Enseignement supérieur.

Facultés. — Des professeurs de chimie, auxquels nous sommes redevables de découvertes importantes dans la période antérieure à l'organisation de l'enseignement spécial agricole, ont enseigné la chimie agricole avec succès dans plusieurs Facultés des sciences. Malaguti, professeur à la Faculté de Rennes, a contribué à vulgariser en Bretagne l'emploi des phosphates en agriculture; son successeur, M. Lechartier, a étudié principalement la fabrication du cidre. Pendant bien des années, Isidore Pierre, doyen de la Faculté des sciences de Caen, y a professé la chimie agricole. M. Grandeau, actuellement professeur au Conservatoire des arts et métiers, ancien doyen de la Faculté des sciences de Nancy, avait fondé dans cette ville la première station agronomique de France. A la Faculté de Bordeaux, M. Gayon, qui avait succédé à Baudrimont, a exécuté des recherches sur les fermentations. Planchon, auquel on doit l'observation que les vignes américaines résistent aux atteintes du phylloxéra, était professeur à la Faculté des sciences de Montpellier. Marion s'était également attaché à l'étude du phylloxéra, à Marseille, et il avait préconisé l'emploi du sulfure de carbone.

L'Administration de l'agriculture a favorisé et encouragé les travaux de ces savants par tous les moyens en son pouvoir, et elle encourage encore les professeurs des Facultés qui travaillent, en dehors de leur cours normal, dans le même ordre d'idées et avec le même objectif. C'est là un enseignement scientifique pur, spécial, s'attachant à une ou plusieurs des branches essentielles de l'agriculture régionale et de l'industrie du pays.

Des chaires de chimie agricole existent actuellement aux Facultés de Besançon, Bordeaux, Lille, Lyon, Nancy et Toulouse; à la Faculté des sciences de Marseille, on trouve deux chaires spéciales : l'une de zoologie agricole, l'autre de botanique agricole; Tou-

[1] Rapport de M. Tisserand au Congrès international de l'enseignement agricole en 1900.

louse possède une chaire de botanique agricole et Besançon un cours complémentaire de botanique; à la Faculté des sciences de Caen, une série de douze leçons est réservée aux sciences appliquées à l'agriculture.

Des stations agronomiques sont annexées aux Facultés des sciences de Bordeaux, Caen, Dijon, Lille, Lyon, Nancy, Rennes et Toulouse.

Depuis quelques années et surtout depuis que les Universités jouissent de leur autonomie, certaines Facultés ont voulu entrer dans une voie nouvelle et élargir leur programme d'enseignement. Elles ne se contentent plus de chaires spéciales ou de stations agronomiques; elles veulent jouer un rôle actif dans l'enseignement supérieur de l'agriculture. Des créations nouvelles s'organisent avec des laboratoires spéciaux dans lesquels les étudiants seront exercés aux manipulations et aux analyses agricoles.

Dans certaines Universités, Aix, Besançon, Dijon, Lyon, l'enseignement agricole est donné. A Grenoble un laboratoire de pisciculture a été créé. A la Faculté de Marseille il existe un cours de culture coloniale. Un institut agronomique et œnologique a été créé en 1901 par l'Université de Dijon. La Faculté de Rennes a annexé à ses cours de nouveaux services de chimie agricole, de botanique et de zoologie agricoles. Des diplômes agricoles sont décernés, depuis le 7 avril 1900, à Lyon, et à Nancy, à partir du 1er avril 1901.

Un Institut agricole a été fondé à l'Université de Nancy pour donner aux étudiants une instruction supérieure agricole. Cet enseignement conduit à un diplôme d'études supérieures agronomiques, à la licence ès sciences et à divers certificats d'études délivrés par l'État ou par l'Université. L'enseignement comprend les deux parties suivantes : 1° Sciences appliquées à l'agriculture (botanique agricole, zoologie agricole et zootechnie; industries, chimie et géologie agricoles); 2° Enseignement complémentaire spécial, réparti en quatre sections : études forestières, études économiques, études physiques, agriculture pratique. La durée des études est de deux ans au moins; elle peut être prolongée. Celles-ci comprennent les sciences appliquées à l'agriculture et, en outre, au choix, l'enseignement d'une des sections d'enseignement complémentaire spécial. Pendant une troisième année, les étudiants peuvent suivre les autres sections d'études complémentaires non choisies précédemment. Aucun examen n'est exigé des candidats au diplôme d'études supérieures agronomiques qui entrent en première année. Pour pouvoir obtenir le grade de licencié ès sciences dès la fin de la deuxième année d'inscription, il faut : 1° justifier d'un baccalauréat français; 2° subir les examens des trois certificats d'études supérieures relatifs aux enseignements de botanique agricole, zoologie agricole et zootechnie; industries, chimie et géologie agricoles.

Nous n'avons pas à étudier ici, ni à critiquer l'orientation nouvelle donnée à l'enseignement supérieur dans les Universités. Toutefois nous nous permettrons de faire une remarque. Les Facultés nous paraissent dans l'impossibilité matérielle d'organiser l'enseignement technique. Des Écoles spéciales seules ayant comme professeurs des techniciens sont capables de donner un enseignement utile et ayant une portée pratique. Le rôle des Facultés doit se borner à développer l'étude des sciences qui se rattachent à l'agriculture et à orienter les jeunes gens vers les études spéciales. Le caractère pratique de la science agronomique ne peut se concilier avec l'enseignement doctrinal de l'Université.

Établissements de haut enseignement de l'État. — Parmi les établissements d'enseignement supérieur de Paris, le Muséum d'histoire naturelle et le Conservatoire des arts et métiers possèdent seuls des chaires dans lesquelles on enseigne l'agriculture.

Muséum d'histoire naturelle. — Établissement de recherches scientifiques pourvu de riches collections, le Muséum d'histoire naturelle possède dix-huit chaires d'enseignement. Le Museum relève du Ministère de l'instruction publique.

Les collections appartiennent aux trois règnes de la nature. Un jardin, des serres, une ménagerie, une bibliothèque sont adjoints au Muséum. Il existait autrefois au Jardin des plantes une école d'arboriculture aussi riche que celle du Luxembourg. L'emplacement qu'elle occupait s'est peu à peu couvert de constructions. Le jardin botanique du Muséum, jardin exclusivement réservé à l'étude, échange avec les jardins botaniques de l'étranger les graines des sujets qu'il possède, contre celles des nouvelles espèces qu'il veut acquérir. Chaque année, le Muséum distribue des sachets de graines, des plantes vivaces et de plein air, des arbres et arbustes aux établissements d'enseignement horticole et agricole pourvus de jardins botaniques.

L'enseignement du Muséum s'adresse aux étudiants avancés dans leurs études et aux spécialistes. Les cours sont publics, mais il faut se faire inscrire pour les conférences et les travaux pratiques. Les questions agricoles sont traitées dans quatre chaires différentes :

Chaire de culture. — La création remonte à l'époque où le Muséum d'histoire naturelle portait encore le nom de Jardin royal des plantes. Elle a été occupée par plusieurs professeurs remarquables : Thouin, Bosc, de Mirbel, Decaisne, Maxime Cornu.

Le cours de M. Cornu portait principalement sur les diverses maladies des végétaux, sur les végétaux cultivés dans les régions chaudes du globe et particulièrement dans les colonies, sur les modifications que subissent les plantes par la culture.

Chaire de physique végétale. — La création de cette chaire, longtemps dirigée par George Ville, remonte à 1857. G. Ville y étudiait les conditions qui déterminent, favorisent et règlent la production des végétaux, l'emploi des engrais chimiques et la production des engrais verts. Le cours était complété par des conférences au champ d'expériences de Vincennes. Le titulaire actuel, M. Maquenne, étudie les principales fonctions physiologiques des plantes.

Chaire de physique végétale appliquée à l'agriculture. — Cette chaire, créée en 1880, n'a encore eu qu'un seul titulaire, M. P. Dehérain, dont les savants et les agronomes connaissent les remarquables travaux. L'enseignement est complet dans l'espace de trois ans. Première année : Physiologie végétale proprement dite : germination; nutrition de la plante; production et migration des principes immédiats; maturation. Deuxième année : Chimie agricole : étude des terres arables, des amendements et des engrais. Troisième année : Étude des plantes de grande culture de la région septentrionale.

Chaire de pathologie comparée.. — La création de cette chaire remonte à l'année 1880. Le titulaire actuel est M. Chauveau, membre de l'Institut.

Conservatoire des arts et métiers. — Dans cet établissement, qui dépend du Ministère du commerce et de l'industrie, deux chaires seulement traitent de questions agricoles :

Chaire de chimie agricole et analyse chimique. — Cette chaire a été occupée par Boussingault. M. Schlœsing en est devenu titulaire en 1887. Suppléant : M. Schlœsing fils. Cours professé en 1898-1899 : I. Atmosphère. Étude des éléments de l'atmosphère qui concourent à la nutrition des plantes : oxygène, azote, acide carbonique, composés azotés, vapeur d'eau; poussières organisées de l'atmosphère; fermentations. Sols : constitution, propriétés physiques, phénomènes chimiques et bactériologiques s'accomplissant dans les sols; notions sur le drainage et les irrigations. II. Analyse des sols. Méthodes gazométriques.

Chaire d'agriculture. — Le premier titulaire a été Moll, auquel a succédé Lecouteux, puis M. Grandeau. Cours professé en 1898-1899 : Les végétaux de la grande culture; céréales : blé, seigle, avoine, orge, sarrasin; production du monde entier; production de la France; sol; préparation; choix des semences; procédés de culture et de récolte; conservation; consommation; commerce. Résultats et discussion des six années de cultures expérimentales au Parc des Princes (1892-1897).

IV. — ENSEIGNEMENT LIBRE AGRICOLE.

L'enseignement libre agricole doit son origine et son organisation aux sociétés d'agriculture et à divers ordres enseignants. Si l'initiative de quelques hommes de valeur, comme Mathieu de Dombasle, a puissamment contribué à l'institution de l'enseignement agricole en France, les écoles libres d'agriculture, non congréganistes, n'ont pu subsister, à défaut de l'appui de l'État, qu'avec l'aide et l'assistance des sociétés d'agriculture.

Sous les différents gouvernements, la Société royale, impériale, puis nationale d'agriculture s'est préoccupée de l'enseignement agricole, et elle a demandé, avec insistance, son organisation par l'État. Nous avons fait ressortir, dans la première partie de notre étude historique, le rôle joué par les sociétés d'agriculture dans l'œuvre de l'organisation de l'enseignement agricole, sous l'ancien régime et sous la République, depuis le marquis de Turbilly, premier président de la Société royale d'agriculture.

La fondation de l'Institut normal agricole de Beauvais, en 1854-1855, est l'œuvre de la Société d'agriculture de Compiègne, alors présidée par le vicomte de Tocqueville. La direction de cet Institut et l'enseignement furent confiés aux Frères des Écoles chrétiennes; mais, lorsque le Parlement supprima la subvention annuelle de 4,000 francs accordée par l'État à l'Institut agricole de Beauvais, la Société des agriculteurs de France prit l'établissement sous son patronage. Sur la proposition de MM. Blanchemain et de Luçay, la Société désigna un certain nombre de membres de son conseil pour procéder aux examens de sortie des élèves de Beauvais.

L'enseignement donné à l'Institut agricole de Beauvais est à peu près analogue à celui de nos Écoles nationales d'agriculture. L'établissement recrute la majorité de ses élèves parmi les fils des grands propriétaires ruraux qui se proposent d'exploiter un domaine rural. L'enseignement théorique est donné par des professeurs religieux et séculiers. L'enseignement pratique a lieu dans les fermes annexes qui offrent, par la variété de leur situation et de leurs cultures, un immense champ d'expériences et d'application. Les études sont placées sous le contrôle d'une commission nommée par les membres du bureau de la Société des agriculteurs de France. Les cours déterminés pour chaque année d'études, les examens, les exercices pratiques d'agriculture et d'horticulture sont obligatoires pour tous les élèves. Ceux de troisième année sont appelés à présenter des monographies sur des sujets variés se rapportant à l'agriculture. Les anciens élèves de Beauvais sont, pour la plupart, à la tête de domaines ruraux ou d'industries agricoles importantes.

La Société des agriculteurs de France s'est toujours occupée d'enseignement agricole, sa Commission d'enseignement, à diverses périodes, a émis des vœux pour l'amélioration des écoles dépendant de l'État et a demandé le développement des orphelinats agricoles.

Le marquis de Dampierre, président de cette Société, fit accorder, en 1887, sur les fonds de l'association, des encouragements et des subsides à l'école des hautes études agricoles de la Faculté catholique de Douai, école qui a suspendu ses cours depuis quatre ans. Les fondateurs de l'École supérieure d'agriculture d'Angers, récemment créée, ont également demandé l'appui de la Société des agriculteurs de France. A l'Institut catholique de Paris, quelques membres de cette Société font des conférences sur l'agriculture.

Les syndicats professionnels agricoles, depuis la loi de 1884, ont contribué également à la diffusion de l'enseignement agricole. Les unions de syndicats dirigèrent le mouvement, notamment en Bretagne, en Normandie et dans le sud-est de la France.

Les Sociétés d'agriculture et les comices donnaient de leur côté des récompenses, dans leurs concours, pour l'enseignement agricole.

Plusieurs ordres enseignants, les Frères des Écoles chrétiennes, les Frères Maristes, les Frères de l'Instruction chrétienne de Ploërmel, les Frères de la Doctrine chrétienne enseignent l'agriculture et l'horticulture dans un certain nombre d'établissements qui correspondent aux écoles pratiques d'agriculture ou plus exactement aux fermes-écoles, comme les écoles spéciales d'horticulture de Vaujours et d'Igny, dans le département de Seine-et-Oise.

L'établissement d'Igny, cédé en 1860 aux Frères des Écoles chrétiennes par l'œuvre de Saint-Nicolas, devint, à partir de 1864, une école d'horticulture, avec enseignement théorique et pratique. Ce dernier enseignement, manuel et raisonné, s'applique à tous les travaux du jardinage. Les élèves passent successivement et par roulement, suivant leurs aptitudes, les époques et les besoins de la culture, aux différents travaux de jardinage, d'arboriculture, de floriculture. On leur enseigne aussi à confectionner des bâches et des châssis, à réparer les instruments horticoles, à conserver les légumes et les fruits, etc. Le nombre des élèves de la section des jardiniers à l'école d'Igny est actuellement de 74.

Les Frères des Écoles chrétiennes, les Frères Maristes et les Frères de la Doctrine chrétienne ont annexé des écoles ou sections agricoles à plusieurs de leurs établissements d'enseignement secondaire moderne ou créé des écoles spéciales d'agriculture dans les départements de Meurthe-et-Moselle, du Pas-de-Calais, de l'Ardèche, du Rhône, de l'Aude, de l'Eure, du Finistère : à Longuyon, Nancy, Saint-Pol-sur-Ternoise, Aubenas, Laurac, Saint-Genis-Laval, Limonest, Limoux, les Andelys, Quimper.

L'Institut des Frères des Écoles chrétiennes, notamment, ne borne point son action, au point de vue de l'enseignement agricole, à quelques établissements spéciaux et professionnels; il s'applique à organiser des cours réguliers d'agriculture dans ses écoles primaires, dans ses écoles primaires supérieures et dans ses pensionnats d'enseignement secondaire moderne. C'est ainsi qu'il a ouvert, dans les diverses régions de la France et aussi à l'étranger, ainsi que les Frères Maristes, un certain nombre d'établissements pourvus d'une section spéciale où se donne, à la sortie des classes élémentaires et concurremment avec les cours de l'enseignement secondaire moderne, un enseignement théorique agricole.

Orphelinats agricoles. — La *Société de patronage des orphelinats agricoles,* fondée en 1866 par le marquis de Gouvello et par Drouin de Lhuys, s'occupa de la fondation et du développement des établissements charitables destinés à recueillir à la campagne les orphelins pauvres, provenant surtout des grandes villes. Elle créa, d'après l'âge des enfants, deux catégories de maisons :

1° L'asile rural pour les enfants au-dessous de 13 ans, avec des religieuses pour éducatrices;

2° L'orphelinat agricole, horticole et viticole, pour les garçons de 13 ans et au-dessus, sous la direction d'un prêtre secondé par des surveillants religieux ou laïques, souvent anciens élèves de l'orphelinat.

Depuis 1870, il s'est fondé à côté de cette Société deux nouvelles sociétés indépendantes : la *Société des orphelinats Alsaciens-Lorrains* et la *Société anonyme des orphelinats agricoles.*

Ces trois sociétés ont trouvé des appuis dans la plupart des ordres de religieux agriculteurs et de religieuses acceptant les travaux agricoles.

L'ordre agriculteur le plus connu est celui des Frères de Saint-François-Régis, dont la maison mère est au Puy. Les Frères des Écoles chrétiennes se sont chargés aussi de quelques orphelinats agricoles, ainsi que les frères de Ploërmel, les Maristes, les Frères du Saint-Esprit et de Saint-François-d'Assise.

Des subventions sont accordées annuellement par le Ministère de l'agriculture aux principales colonies et orphelinats agricoles. Nous donnons ci-dessous les subventions qui ont été accordées en 1902 :

Ardèche. — Asile agricole de Vallon	600 francs.
Ariège. — Orphelinat de Saverdun	3,000
Charente. — Orphelinat Leclerc-Chauvin, à Angoulême	500
Côte-d'Or — Orphelinat agricole de Beaune	3,000
Dordogne. — Colonie agricole de Sainte-Foy	1,500
Doubs. — Asile de vieillards de Mamirolle	1,000
Drôme. — Orphelinat agricole de Valence	1,400
Eure-et-Loir. — Asile Bordas, à Châteaudun	2,000
Gironde. — Colonie agricole de Saint-Louis	2,000
Gironde. — Orphelinat agricole de Gradignan	500
Indre-et-Loire. — Colonie agricole de Mettray	1,000
Isère. — Orphelinat agricole de Voiron	1,000
Loire-Inférieure. — Orphelinat Le Roy	1,000
Lot. — Orphelinat agricole d'Arnis	600
Lozère. — Orphelinat agricole des Choisinets	800
Marne. — Colonie agricole et viticole d'Ay	1,500
Oise. — Colonie agricole des Merles	800
Basses-Pyrénées. — Orphelinat agricole de Pau	700
Seine. — Refuge du Plessis-Piquet	600
Seine-Inférieure. — Ligue protectrice de Sanvic	1,500
Seine-et-Oise. — Asile agricole de Saint-Cyr-l'École	1,800
Seine-et-Oise. — École d'horticulture de Villepreux	3,000
Vosges. — Orphelinat agricole de Charmois-l'Orgueilleux	1,000
Vosges. — Orphelinat agricole de Remiremont	500
Vosges. — Orphelinat agricole de Biffontaine	300
TOTAL	31,600

Écoles de maréchalerie. — Nous donnerons quelques détails sur cet enseignement que nous n'aurons pas à examiner dans d'autres parties du rapport. L'enseignement de la maréchalerie s'est réduit en France, pendant des siècles, à l'apprentissage du métier; l'ouvrier maréchal n'apprenait son art que par imitation. Sous les règnes de Louis XIV et Louis XV, la corporation comprenait pourtant des maîtres qui s'occupaient spécialement de la *grande maréchalerie.* Les ouvrages publiés sous les titres de *Parfait maréchal,* de *Nouveau parfait maréchal,* précédèrent la création des écoles vétérinaires.

La distinction de maréchal ferrant et vétérinaire et de *maréchal grossier* a longtemps subsisté dans les villes. Le premier s'occupait de la ferrure des chevaux et des autres bêtes de somme, ainsi que des maladies ordinaires de ces animaux; le second, ouvrier souvent fort habile, à la fois maréchal, forgeron, serrurier, taillandier, exécutait les ouvrages de charronnage, toutes les ferrures des grosses voitures, et fabriquait des instruments agricoles et des outils. Dans les campagnes, le maréchal cumulait les deux emplois et exécutait surtout des réparations, avec les travaux de ferrure.

Après la disparition du compagnonnage, vieille institution qui permettait à l'ouvrier d'aller s'instruire dans les ateliers des grandes villes, les bons ouvriers maréchaux, les artisans qui connaissaient la structure anatomique du pied du cheval devinrent assez rares. Les directeurs des grandes compagnies de transport se plaignirent de la difficulté qu'ils éprouvaient à trouver des maréchaux experts dans leur art.

M. Lavalard, directeur de la cavalerie à la Compagnie des omnibus et maître de conférences d'hippologie à l'Institut agronomique, proposa, en 1883, au Ministre de l'agriculture de créer, pour les maréchaux, un enseignement analogue à celui donné aux autres ouvriers des corps d'état, tels que mécaniciens, charpentiers, menuisiers, serruriers, afin de leur permettre de se perfectionner dans l'exercice d'une profession utile à l'agriculture, à l'industrie, au commerce et au service de la cavalerie. Les cours de maréchalerie devaient avoir lieu de novembre à avril, soit pendant quatre mois, dans les locaux mis à la disposition de l'Institut agronomique au Conservatoire des arts et métiers. Les cours gratuits, suivis d'exercices pratiques, devaient avoir lieu le soir, à partir de 7 heures, afin d'en faciliter l'accès aux ouvriers retenus pendant la journée dans les ateliers. Un certificat de capacité serait délivré après le classement de sortie.

La délivrance de ce certificat de capacité souleva une certaine opposition de la part des vétérinaires qui craignaient que les titulaires de ce brevet n'en fissent usage pour exercer la médecine vétérinaire, et ils firent remarquer que ce certificat ne pouvait amener l'augmentation du salaire des ouvriers maréchaux, en raison de la modicité du prix de la ferrure et de la concurrence que se font les patrons.

Le projet de M. Lavalard ne reçut pas d'exécution, et l'idée ne fut reprise qu'en 1901 par la corporation des maréchaux. Avant l'Exposition de 1900, on n'enseignait la ferrure, en France, que dans les écoles nationales vétérinaires et à l'École de cavalerie de Saumur, où les maréchaux venaient de leurs régiments se perfectionner dans leur métier.

A l'étranger, au contraire, on trouvait dans beaucoup de pays des écoles de maréchalerie rattachées aux Instituts vétérinaires : en Allemagne, à Dresde, Berlin, Munich; en Autriche-Hongrie, à Vienne, Brünn, Olmütz, Prague, Lemberg, Gratz, Budapest; au Danemark, à l'Institut supérieur vétérinaire et agricole de Copenhague. Parmi ces écoles, les unes sont réservées aux maréchaux civils, d'autres aux maréchaux militaires; certaines reçoivent les deux catégories d'élèves.

En 1901, la Chambre syndicale et la Fédération des patrons maréchaux de Paris et des départements dirigée par M. Charruau, président de la Chambre syndicale, se décida à créer, avec ses propres ressources, une école professionnelle supérieure de maréchalerie, rue Saint-Jacques, à Paris,

L'enseignement professionnel donné à l'École de maréchalerie de la rue Saint-Jacques a déjà donné des résultats. Plus de 80 élèves se sont fait inscrire et ont suivi les cours.

Un Institut de maréchalerie a été également créé, à Paris, rue d'Alésia, par quelques membres qui s'étaient séparés de la Chambre syndicale.

Écoles et cours libres d'agriculture et d'horticulture. — *Jardin du Luxembourg, à Paris.* — Un cours d'arboriculture fruitière et de floriculture est professé à la pépinière du Luxembourg. Dans l'enclos qui se trouve près de la grille d'Assas, un millier d'arbres fruitiers forment une des plus belles collections d'arboriculture du monde. On y compte 400 espèces de poiriers, 200 pommiers et autant de pêchers, 40 espèces de vignes.

École municipale et départementale d'arboriculture (Paris et Seine). — Cours public et gratuit d'arboriculture, d'alignement et d'ornement, d'une durée de deux ans, organisé par la ville de Paris et professé à l'hôtel de la Société nationale d'horticulture de France. Des conférences et des cours pratiques ont lieu également dans les jardins de la municipalité à Saint-Mandé (Seine). A l'issue du cours, une commission d'examen propose au préfet de la Seine de délivrer des certificats d'aptitude aux élèves qui remplissent les conditions marquées au programme d'examen.

Écoles et cours divers. — Un cours d'arboriculture fruitière est professé à la mairie du IVe arrondissement de Paris.

Un cours de culture maraîchère a lieu un dimanche par mois à Arcueil (Seine).

Dans les environs de Paris, une école pratique ménagère agricole a été récemment organisée à Houilles (Seine-et-Oise).

En province il existe quelques cours organisés par des particuliers; nous citerons le cours d'hiver qui a été créé à Lunéville.

Associations diverses d'enseignement. — Plusieurs associations fondées pour donner l'instruction professionnelle gratuitement aux adultes, l'Union française de la jeunesse, l'Association philotechnique, l'Association polytechnique, l'Association philomathique, la chambre syndicale des ouvriers jardiniers du département de la Seine, l'Association de Saint-Fiacre, ont organisé, dans diverses sections, des cours d'agriculture, d'horticulture, de floriculture et d'arboriculture fruitière.

En province, et notamment dans les grandes villes telles que Lyon, Marseille, Bordeaux, etc., les associations d'instruction générale et des chambres syndicales ont organisé des cours d'agriculture, d'horticulture et d'arboriculture fruitière. Les œuvres post-scolaires dont nous avons parlé précédemment s'occupent également d'organiser des cours d'enseignement agricole.

CHAPITRE II.

ÉTABLISSEMENTS ET INSTITUTIONS D'ENSEIGNEMENT RÉCOMPENSÉS DÉPENDANT DU MINISTÈRE DE L'AGRICULTURE.

1° ÉTABLISSEMENTS ET INSTITUTIONS D'ENSEIGNEMENT AGRICOLE.

INSTITUT NATIONAL AGRONOMIQUE.

(Grand prix.)

I. — Historique.

Un Institut national agronomique avait été créé à Versailles par la loi du 3 octobre 1848, qui organisait l'enseignement agricole à tous les degrés. Cet établissement devait être, dans la pensée du législateur, l'École normale supérieure de l'agriculture. On avait compris la nécessité de doter l'agriculture d'un enseignement supérieur.

Ainsi que nous l'avons exposé dans l'étude d'ensemble sur l'organisation de l'enseignement agricole en France, on peut faire remonter à Lavoisier l'idée première de l'enseignement scientifique de l'agriculture, mais l'institution de l'enseignement supérieur ne date que de 1848. Les sciences alors avaient réalisé de grands progrès en France et à l'étranger, et les savants avaient commencé à les appliquer à l'agriculture. En 1845, le Conseil général de l'agriculture avait demandé la création d'une ferme expérimentale, près de Paris, et de chaires d'économie rurale dans les Facultés des sciences. Le Ministre de l'agriculture, Tourret, qui avait pris part aux délibérations de cette commission en qualité de vice-président, s'inspira des résolutions prises par cette assemblée et établit un projet sur l'enseignement agricole; ce projet devint la loi du 3 octobre 1848.

D'après cette loi, l'Institut national agronomique était destiné à être un établissement de haut enseignement agricole. Il devait en même temps avoir le caractère expérimental conféré aux écoles régionales. Il avait donc pour double mission d'instruire les élèves qui viendraient suivre les cours et d'entreprendre des recherches et des expériences en vue de faire progresser la science agricole. C'était à la fois une école et un établissement d'étude et d'expérimentation.

L'École fut installée d'une façon parfaite, à Versailles, dans les dépendances de l'ancien domaine et du château de Louis XIV. Laboratoires, amphithéâtres, galeries de collections, bibliothèque, salles d'études, furent créés dans d'excellentes conditions. Rien ne laissait à désirer.

On dota le nouvel établissement d'un domaine rural très important, qui s'étendait sur 1,500 hectares environ et qui comprenait trois fermes de l'ancien domaine royal.

Sur les fermes étaient entretenus de nombreux types des espèces bovine, ovine et chevaline, de France et quelques-uns des principaux types des races étrangères.

Le Potager du roi, créé par La Quintinie, les bois et les pépinières de Trianon dépendaient du domaine de l'Institut agronomique.

L'enseignement théorique, donné dans les amphithéâtres, était complété par l'enseignement pratique agricole, horticole et forestier.

MM. de Villeneuve et de Beaumont furent successivement chargés de l'organisation de la nouvelle École dont les cours s'ouvrirent, le 20 novembre 1850, devant un nombreux auditoire : 47 élèves réguliers et environ 160 auditeurs libres.

Le comte de Gasparin, appelé alors à la direction de l'Institut agronomique, y fit régner la plus grande activité scientifique. Il était secondé par un directeur des études, spécialement chargé de l'enseignement, et par un directeur des cultures qui avait la charge du domaine.

La durée des études fut fixée à deux années, puis portée à trois ans. Le régime de l'école était l'externat.

L'enseignement était réparti entre 9 professeurs et 2 maîtres de conférences; chacune des chaires avait un répétiteur; à plusieurs d'entre elles étaient attachés des préparateurs. La comptabilité et le dessin y étaient enseignés.

L'Institut agronomique de Versailles tenait le premier rang parmi les établissements similaires de l'étranger, tant à cause des moyens d'action dont il disposait que par les cours qu'y professaient les représentants les plus éminents de la science : Becquerel, Duchartre, Wurtz, Beaudement.

Tout faisait espérer les plus féconds résultats, lorsque l'Institut agronomique fut brusquement supprimé par décret impérial du 14 septembre 1852.

Des raisons d'économie furent invoquées pour justifier cette mesure des plus regrettables. Le Gouvernement impérial estima que les dépenses n'étaient pas en rapport avec les résultats qui pouvaient être obtenus. On fit ainsi un grand pas en arrière, revenant à cette idée fausse qu'il ne fallait pas attendre de profits importants de l'application des sciences à l'agriculture. L'évolution scientifique agricole, qui commençait à se produire dans notre pays, fut brusquement arrêtée.

L'Institut national agronomique de Versailles ne fut reconstitué à Paris qu'en 1876. Pendant cette période de vingt ans, des vœux nombreux furent adressés au Gouvernement impérial pour le rétablissement d'une école d'enseignement supérieur, mais toutes les tentatives se heurtèrent à un parti pris invincible. En 1866, une commission officielle, chargée d'étudier les modifications à apporter au régime des Écoles nationales, conclut à la création d'une école scientifique de premier ordre pour l'agriculture, mais le Gouvernement ne put se résoudre à reconnaître l'erreur qu'il avait commise en 1852 et ne donna pas suite à la proposition. C'est la troisième République qui reprit le projet et le mit à exécution.

Pendant la période où la France fut privée d'un enseignement supérieur agricole, un mouvement en faveur du haut enseignement scientifique de l'agriculture se produisit à l'étranger. Il est très probable que la création de l'Institut agronomique de Versailles n'a pas été étrangère à cet important mouvement. En Allemagne, Liebig, adoptant les idées de Schulze, s'éleva, en 1861, contre l'institution des académies agricoles qui, placées à la campagne, loin des villes, ne pouvaient profiter des études scientifiques faites dans les grands centres, et il poussa à la création d'Instituts agricoles situés au foyer même des sciences, près des Universités où se concentrait la vie intellectuelle dans ce pays. En 1859, une École supérieure d'agriculture fut fondée à Berlin. En Autriche, en

Fig. 8. — Institut national agronomique. (Façade principale.)

Danemark, en Suisse, en Italie, des Écoles supérieures furent également créées, soit dans la capitale, soit dans les grandes villes.

En 1872, au lendemain de la guerre franco-allemande, la question de la création d'un enseignement supérieur fut reprise en France par l'Assemblée nationale, qui nomma une commission chargée d'étudier le projet établi par la commission de 1866. L'Assemblée nationale se sépara sans avoir eu le temps de se prononcer, mais le Gouvernement, quelques années plus tard, établit un projet qui fut présenté au Sénat, le 21 mars 1876, par le Ministre de l'agriculture et du commerce. Le 9 août suivant, la loi réorganisant l'Institut agronomique fut promulguée.

D'après la nouvelle loi, l'Institut agronomique devait avoir son siège à Paris; c'était une École destinée à l'étude et à l'enseignement des sciences dans leurs rapports avec

IMPRIMERIE NATIONALE.

l'agriculture. Le système de l'externat était adopté; des auditeurs libres pouvaient être autorisés à suivre les cours.

Un champ d'expériences, d'une contenance maximum de 50 hectares, devait être affecté, avec les bâtiments nécessaires, au service de l'École.

Le nouvel établissement était donc destiné à l'enseignement théorique; par suite du choix de son emplacement, les élèves devaient se trouver au centre d'un mouvement intellectuel intensif, ayant à leur portée les bibliothèques, les collections, les musées dont disposait la capitale. L'idée d'enseigner en même temps et dans le même lieu la haute culture scientifique et la pratique était abandonnée; on se bornait à mettre à la disposition des élèves un champ d'expériences. Quant à l'instruction pratique, elle devait être acquise par le séjour des élèves dans des fermes, pendant les vacances annuelles et à la sortie de l'École.

Provisoirement, par mesure d'économie, l'Institut agronomique fut installé dans les bâtiments du Conservatoire des arts et métiers, situé au centre de Paris. Le champ d'expériences fut installé dans les environs de la capitale, à Joinville-le-Pont, dans l'ancienne ferme impériale de la Faisanderie.

Le plan des études, adopté pour la nouvelle école, fut celui qui est encore en vigueur aujourd'hui; on n'a fait que le compléter en y introduisant successivement les modifications rendues nécessaires par les progrès de la science agronomique.

La direction de l'École fut confiée à M. Tisserand, alors inspecteur général de l'agriculture, qui avait pris une part très active à sa reconstitution.

Les cours furent ouverts le 6 décembre 1876.

Comme à l'Institut agronomique de Versailles, les principales chaires furent occupées par des sommités scientifiques : il nous suffit de rappeler les noms de MM. Hervé-Mangon, Léonce de Lavergne, Boussingault, Ed. Becquerel, Péligot, Émile Blanchard, Tresca, tous membres de l'Institut de France, de MM. Delesse, Aimé Girard, Prillieux, Schloesing qui firent également partie par la suite de cette réunion de savants.

L'Institut agronomique fut bientôt trop à l'étroit dans les locaux qui avaient été mis à sa disposition au Conservatoire des arts et métiers, et il dut être transféré dans des bâtiments construits et aménagés spécialement par l'État pour réunir tous les services de l'école.

II. — Situation actuelle.

En 1889, l'Institut fut installé rue Claude-Bernard, au coin de la rue de l'Arbalète, sur l'ancien emplacement de l'École de pharmacie.

L'ensemble des bâtiments est simple : construit en pierre de taille et en briques rouges, il est néanmoins gai à l'œil et ne manque pas de pittoresque.

A l'intérieur, nul luxe; on n'a cherché qu'à faire pratique et confortable, lorsque cela était possible.

Les laboratoires de chimie ont été installés dans les anciens laboratoires de l'École de pharmacie, entièrement restaurés.

Des laboratoires nouveaux ont été construits : ils forment la base d'un triangle dont les deux autres côtés seraient constitués par la rue de l'Arbalète et la rue Claude-Bernard. Là, on trouve d'abord une étable dans laquelle sont logés les animaux vivants qu'on amène du dehors pour les exercices pratiques de zootechnie, faits par le professeur, dans un hangar contigu pourvu de gradins sur lesquels prennent place les élèves. Puis, la station d'essai de semences; un laboratoire de mécanique et d'hydraulique agricole, auquel fait suite un laboratoire des fermentations, créé par M. Duclaux. Enfin une station d'études viticoles, avec une serre tout récemment construite.

Au centre du triangle, on a dessiné un beau jardin dans lequel on a pu conserver un certain nombre des arbres de l'ancien jardin de l'École de pharmacie [1].

Fig. 9. — Ferme de la Faisanderie, près de Joinville.

L'ancienne ferme impériale de la Faisanderie, située au bois de Vincennes, près de la gare de Joinville-le-Pont, entre les redoutes de la Faisanderie et de Gravelle, a été mise, nous l'avons dit plus haut, à la disposition de l'Institut agronomique et a été transformée en un établissement de recherches et d'expérimentation. Propriété de la Ville de Paris, le conseil municipal la donna à bail à l'État moyennant une très faible redevance annuelle (1,700 francs). Sa contenance est de 28 hectares environ.

Les constructions de la ferme se composent de quatre corps de bâtiments principaux, disposés en rectangle. Le côté le plus important contient, au centre, le logement du

[1] Pour des détails plus précis sur l'installation et l'organisation de l'École, voir l'ouvrage très complet et très remarquable de M. Wéry sur l'Institut agronomique.

régisseur, une laiterie à côté de laquelle se trouvent la remise, le local des engrais pulvérulents, celui des menus outils et un grand hangar à outils avec un grenier à grains. A gauche du logement du régisseur sont installés : l'écurie, la sellerie, la buanderie et un logement pour l'un des gardes forestiers en service au bois de Vincennes.

Parallèlement à ce corps de bâtiments sont installés les différents laboratoires se prêtant facilement à toutes les expériences de chimie agricole, de physiologie végétale et de zootechnie.

Leurs dispositions ont été étudiées avec grand soin par MM. Schloesing, Prillieux, Müntz et Vesque.

Derrière ces laboratoires se trouve le grand hangar du matériel d'exploitation.

Dans l'un des petits côtés du rectangle, une galerie pour les travaux du génie rural et les essais de machines a été aménagée sous la surveillance de MM. Hervé-Mangon et Vuaillet.

L'autre côté contient la bergerie garnie de râteliers circulaires.

En arrière, on trouve la porcherie dont chaque stalle correspond à une cour pavée dans laquelle est installé un bassin d'eau courante.

La cour centrale forme un carré de 60 mètres de côté.

A proximité de la ferme sont installés divers appareils fixes de mécanique et d'hydraulique agricole. Immédiatement après cette installation se trouve le champ de démonstration d'agriculture générale.

Enfin la surface demeurée libre est occupée par les pacages et le champ d'expériences proprement dit.

La ferme de la Faisanderie ne constitue donc pas une exploitation agricole complète, une sorte de ferme-modèle, mais, conformément à la volonté du législateur de 1876, c'est «une étendue de terrain strictement suffisante pour faire des essais sérieux de culture et la démonstration des cours professés et où se trouvent aussi des animaux, un grand laboratoire agricole, en un mot».

But de l'Institut. — L'Institut agronomique par son enseignement a pour but de former :

1° Des agriculteurs et des propriétaires possédant les connaissances scientifiques nécessaires pour la meilleure exploitation du sol;

2° Des professeurs pour l'enseignement agricole dans les écoles nationales, les écoles pratiques d'agriculture, dans les départements, dans les écoles normales, etc.;

3° Des administrateurs instruits et capables pour les divers services, publics ou privés, dans lesquels les intérêts de l'agriculture sont engagés;

4° Des agents pour l'Administration des forêts, conformément au décret du 9 janvier 1888, modifié par les décrets du 2 juillet 1894 et du 11 novembre 1899;

5° Des agents pour l'Administration des haras, conformément au décret du 20 juillet 1892, modifié par le décret du 26 septembre 1899;

6° Des directeurs de stations agronomiques;

7° Des chimistes ou directeurs pour les industries agricoles (sucreries, féculeries, distilleries, brasseries, fabriques d'engrais, etc.);

8° Des ingénieurs agricoles (drainages, irrigations, construction de machines);

9° Le diplôme d'ingénieur agronome est considéré comme équivalent à une licence pour les anciens élèves de l'Institut agronomique possesseurs d'un baccalauréat et désirant se faire inscrire au stage provisoire prescrit par le décret du 20 novembre 1894 (art. 3) pour être autorisés à prendre part au concours ouvert pour les emplois vacants d'attachés d'ambassade, d'élèves consuls et d'attachés payés à la direction politique et aux sous-directions des affaires commerciales de la direction des consulats.

Organisation. — L'Institut agronomique est administré par un directeur nommé par le Ministre de l'agriculture. Le directeur est M. Risler.

L'autorité du directeur s'étend sur toutes les parties du service. Il dispose d'un personnel administratif composé d'un directeur des études[1], d'un secrétaire, d'un agent-comptable et d'un bibliothécaire-conservateur des collections. Le directeur des études a sous ses ordres directs deux inspecteurs des études chargés de maintenir l'ordre et la discipline à l'intérieur de l'École.

Le personnel enseignant payé sur les fonds de l'État se compose de 23 professeurs, 7 maîtres de conférences, 5 chefs des travaux, 18 répétiteurs ou préparateurs. Les professeurs sont nommés par le Ministre, après un concours dont les conditions sont déterminées par un arrêté ministériel. Toutefois, lorsqu'il y a création de nouvelles chaires, la nomination des titulaires peut être faite par le Ministre sans concours. Les autres fonctionnaires sont à la désignation du Ministre. Les maîtres de conférences font des cours comme les professeurs; les chefs de travaux dirigent les études pratiques des élèves, les répétiteurs ont pour fonctions de préparer les leçons des cours auxquels ils sont attachés, de diriger les exercices que ces cours comportent et de faire subir aux élèves des examens périodiques.

Trois conseils sont placés auprès de l'Institut agronomique, ce sont : le Conseil de perfectionnement, le Conseil de l'École et le Conseil d'ordre. Le premier, nommé par le Ministre, a pour mission de donner son avis sur le fonctionnement de l'établissement au point de vue de l'enseignement et connaît les réformes de nature à améliorer ce dernier.

Le Conseil de l'école, composé de tous les professeurs titulaires, du directeur et du directeur des études, est appelé à se prononcer sur toutes les modifications à introduire soit dans l'enseignement, soit dans le règlement intérieur de l'École; il est également saisi des questions de discipline.

Le Conseil d'ordre, composé du directeur, du directeur des études et de deux professeurs, délégués chaque mois par le Conseil de l'école, a pour mission de statuer sur les questions urgentes de discipline.

[1] Le directeur des études est M. Wéry, nommé sous-directeur de l'Institut national agronomique, le 3 juillet 1901.

Le régime de l'École est l'externat. Les élèves entrent à 8 heures du matin et sortent à midi pour prendre leur déjeuner hors de l'établissement. Ils rentrent à 1 heure et demie pour ne sortir qu'à 4 heures, sauf les jours où ils ont examen. Le matin, ils assistent à deux leçons faites dans les amphithéâtres; le soir, ils prennent part aux exercices pratiques soit dans les salles d'étude, soit dans les laboratoires, soit à la ferme expérimentale de la Faisanderie. La durée des cours est ordinairement d'une heure et demie. Des excursions agricoles (visites de fermes, de marchés de bestiaux), industrielles (visites de distilleries, sucreries, raffineries, brasseries, laiteries, etc.), ont lieu le jeudi de chaque semaine.

Fig. 10. — Institut national agronomique. (La bibliothèque.)

Les élèves sont admis à la bibliothèque de 4 heures à 7 heures du soir. La bibliothèque contient environ 24,000 volumes. C'est l'une des plus riches bibliothèques agricoles.

En dehors de l'école, l'élève doit tous les soirs compléter ses notes et étudier ses cours.

Le directeur des études arrête, le vendredi de chaque semaine, l'emploi du temps pour la semaine qui suit. Le tableau en est immédiatement affiché.

Quatre spécimens de ces tableaux, deux semaines du semestre d'hiver, deux du semestre d'été, avaient été exposés. Ils donnent une idée nette de la vie scolaire de l'établissement. Nous les reproduisons aux pages 72 à 79.

L'admission à l'École a lieu par voie de concours; les conditions de ce concours sont les mêmes pour tous les candidats, quelle que soit leur nationalité.

Les candidats doivent être âgés de 17 ans révolus au 1er janvier de l'année où ils se présentent; mais l'âge moyen des candidats est, en réalité, de 19 à 20 ans.

Aucun diplôme n'est exigé des candidats; cependant il est tenu compte, mais à l'examen oral seulement, de la possession d'un des diplômes ci-après qui assurent un certain nombre de points :

Diplôme des Écoles nationales d'agriculture ou des Écoles nationales vétérinaires	20 points.
Diplôme de licencié ès sciences	20
Certificat d'études physiques, chimiques et naturelles	20
Diplôme des écoles pratiques d'agriculture	12
Diplôme de bachelier ès sciences (ancien)	10
Diplôme de bachelier ès lettres (ancien)	10
Diplôme de bachelier de l'enseignement classique ou de l'enseignement moderne	10

Il ne peut pas y avoir cumul de ces différents diplômes.

Le concours comprend des épreuves écrites et des épreuves orales; les épreuves écrites sont éliminatoires. Les compositions écrites et les réponses orales sont notées de 0 à 20 et leur importance relative est déterminée par les coefficients suivants :

EXAMEN ÉCRIT.

Mathématiques (comprenant l'arithmétique, l'algèbre, la géométrie, la mécanique, le calcul logarithmique, la trigonométrie)	3
Composition française	3
Sciences naturelles	3
Physique et chimie	3
Épure de géométrie descriptive	2
TOTAL	14

EXAMEN ORAL.

Mathématiques	*1er examinateur :* Arithmétique, algèbre, trigonométrie, mécanique	3
	2e examinateur : Géométrie, géométrie descriptive, cosmographie	3
Physique		3
Chimie		3
Sciences naturelles		3
Géographie		1
Langues vivantes		2
Épreuve facultative :		
Connaissances en agriculture		1
TOTAL		19

Le nombre des candidats admis chaque année est tel que la promotion entrant effectivement à l'école ne dépasse pas 80 élèves.

TABLEAU DE L'EMP

DU LUNDI 6 AU SAMEDI 11 FÉVRIER 18

JOURS.	1re ANNÉE.			
	COURS.		CONFÉRENCES, EXERCICES PRATIQUES, EXAMENS.	
	DÉSIGNATION.	HEURES et amphithéâtres.	DÉSIGNATION.	HEURES.
Lundi 6 février.	Chimie générale .... M. GRIMAUX.	8 h. 1/2. P. A[1].	Dessin............... Conférence de géologie ..	1 h. 1/2 à 3 heures. 3 heures à 4 heures. P.
	Physiologie... ...... M. REGNARD.	10 h. 1/2. G. A[2].	Examen de chimie générale.	1 h. 1/2 (4 élèves) 79-8
Mardi 7......	Chimie agricole....... M. ANDRÉ.	8 h. 1/2. P. A.	Dessin..............	1 h. 1/2 à 4 heures.
	Zoologie .... M. MARCHAL.	10 h. 1/2. P. A.	Examen général de physique.	3 heures (11 élèves) 42-
Mercredi 8...	Chimie générale....... M. GRIMAUX.	8 h. 1/2. P. A.	Exercice de zoologie	1 h. 30 à 2 h. 20. 42-55. 2 h. 20 à 3 h. 10. 56-69. 3 h. 10 à 4 heures. 70-82. } 2
	Agriculture générale..... M. SCHRIBAUX.	10 h. 1/2. P. A.	Examen général de physiologie.	2 heures (14 élèves) 1-
Jeudi 9......	Économie politique..... M. CHEVALLIER.	8 h. 1/2. P. A.	Exercice de zoologie.....	1 h. 30 à 2 h. 20. 15-28. 2 h. 20 à 3 h. 10. 29-41. 3 h. 10 à 4 heures. 1-14.
	Agriculture générale.... M. SCHRIBAUX.	10 h. 1/2. P. A.	Exa^{men} gén^{ral} de physiolo^{gie}. Exa^{men} gén^{ral} de physique.	2 h. 1/2 (14 élèves) 15- 2 heures (15 élèves) 53-
Vendredi 10..	Chimie agricole........ M. ANDRÉ.	8 h. 1/2. G. A.	Conférence de mathématiques.	1 h. 1/2 à 2 h. 1/2. P.
	Géologie............ M. CARNOT.	10 h. 1/2. P. A.	Dessin..............	2 h. 1/2 à 4 heures.
Samedi 11....	Agriculture générale .... M. SCHRIBAUX.	8 h. 1/2. G. A.	Dessin.............. Exercice de zoologie	1 h. 1/2 à 4 heures. 1 h. 30 à 2 h. 20. 29-41. 2 h. 20 à 3 h. 10. 1-14. 3 h. 10 à 4 heures. 15-28.
	Zoologie............ M. MARCHAL.	10 h. 1/2. P. A.	Exa^{men} gén^{ral} de physiolo^{gie}. Exa^{men} géné^{ral} de physique.	2 h. 1/2 (13 élèves) 29- 2 h. 1/2 (15 élèves) 68

(1) P. A. = Petit amphithéâtre. — (2) G. A. = Grand amphithéâtre.

MPS.
OLAIRE 1898-1899.

2e ANNÉE.			
COURS.		CONFÉRENCES, EXERCICES PRATIQUES, EXAMENS.	
ÉSIGNATION.	HEURES et amphithéâtres.	DÉSIGNATION.	HEURES.
gie.......... DET.	8 h. 1/2. G. A.	Dessin.................... Exercice de machines agricoles à l'école.	1 h. 1/2 à 4 heures. 1 h. 1/2 à 2 h. 1/2 32-47. } 2e série. 2 h. 1/2 à 3 h. 1/2 48-63. }
coloniales...... BOWSKI.	10 h. 1/2. P. A.	Exercice de zoologie, prépartion à l'épreuve pratique générale de sortie.	1 h. 1/2 à 2 h. 20 1-10. } 2 h. 20 à 3 h. 10 11-21. } 1re série. 3 h. 10 à 4 heures. 22-31. }
gie.......... NDET.	8 h. 1/2. G. A.	Dessin.................... Exercices de machines agricoles à l'école.	1 h. 1/2 à 4 heures. 1 h. 1/2 à 2 h. 1/2 1-15. } 1re série. 2 h. 1/2 à 3 h. 1/2 16-31. }
agricoles...... GELMANN.	10 h. 1/2. G. A.	Exercices de zoologie; préparation à l'épreuve pratique générale de sortie.	1 h. 30 à 2 h. 20 32-41. } 2 h. 20 à 3 h. 10 42-52. } 2e série. 3 h. 10 à 4 heures 53-63. }
coloniales...... BOWSKI.	8 h. 1/2. G. A.	Exercice de zootechnie aux abattoirs de la Villette. Étable de M. Tainturier à l'angle de la rue du Centre et de la Quatrième-Rue.	1 h. 1/2 (16 élèves) 32-47.
et démonstra-imiques. Ch. GIRARD.	10 h. 1/2. G. A.	Examen général d'économie rurale.	
gie.......... NDET.	8 h. 1/2. G. A.	Visite à la fabrique d'engrais de M. Tancrède, rue de la Haie-Coq, à Aubervilliers. MM. LINDET, PORTIER, FORESTIER.	Départ à 1 h. 55 par le train-tramway, gare du Nord. Descendre à la station de la Plaine-Saint-Denis.
coloniales...... BOWSKI.	10 h. 1/2. G. A.		
n........... UWAIN.	8 h. 1/2. P. A.	Manipulation.............. Examen d'arboriculture.......	1 h. 1/2 à 4 heures. 4 heures (9 élèves) 15-23.
t démonstrations es. Ch. GIRARD.	10 h. 1/2. G. A.	Examen général d'économie rurale.	4 heures (8 élèves) 48-55.
n........... UWAIN.	8 h. 1/2. P. A.	Manipulation.............. Examen d'arboriculture.......	1 h. 1/2 à 4 heures. 4 heures (8 élèves) 24-31.
agricoles...... GELMANN.	10 h. 1/2. G. A.	Examen général d'économie rurale.	4 heures (8 élèves) 56-63.

TABLEAU DE L'E

DU LUNDI 27 FÉVRIER AU SAMEDI 4 MAR

JOURS.	1re ANNÉE.			
	COURS.		CONFÉRENCES, EXERCICES PRATIQUES, EXAMEN	
	DÉSIGNATION.	HEURES et amphithéâtres.	DÉSIGNATION.	HEURES.
Lundi 27......	Agriculture générale.... M. Schribaux. Chimie générale....... M. Grimaux.	8 h. 1/2. P. A. 10 h. 1/2. P. A.	Conférences de mathématiques. Dessin.............. Examen de mathématiques.	1 h. 1/2 à 2 h. 1/2. 2 h. 1/2 à 4 heures. 2 h. 1/2 (14 élèves)
Mardi 28....	Chimie agricole....... M. André. Zoologie............ M. Marchal.	8 h. 1/2. P. A. 10 h. 1/2. P. A.	Dessin.............. Exercice de zoologie....	1 h. 1/2 à 4 heures. 1 h. 30 à 2 h. 20. 42-55. 2 h. 20 à 3 h. 10. 56-69. 3 h. 10 à 4 heures. 70-82.
Mercredi 1er mars.	Chimie générale....... M. Grimaux. Conférence de géologie..	8 h. 1/2. P. A. 10 h. 1/2. P. A.	Visite au concours agricole (machines). MM. Boitel, Favre. Exercice de zootechnie.	Rendez-vous à 2 h. porte principale, a La Bourdonnais (2 1 h. 30 à 2 h. 10. 29-41. 2 h. 10 à 2 h. 50. 1-14. 2 h. 50 à 3 h. 30. 15-28.
Jeudi 2 mars..	Économie politique..... M. Chevallier. Chimie générale....... M. Grimaux.	8 h. 1/2. P. A. 10 h. 1/2. P. A.	Visite au concours agricole (machines). MM. Boitel, Favre. Examen de mathématiques.	Rendez-vous à 2 h. porte principale, La Bourdonnais (1 1 h. 1/2 (16 élèves)
Vendredi 3...	Chimie agricole........ M. André. Géologie............ M. Carnot.	8 h. 1/2. G. A. 10 h. 1/2. P. A.	Conférences de mathématiques. Dessin.............. Examen de mathématiques.	1 h. 1/2 à 2 h. 1/2 2 h. 1/2 à 4 heures. 2 h. 1/2 (14 élèves)
Samedi 4.....	Mécanique........... M. Hérisson. Zoologie............ M. Marchal.	8 h. 1/2. G. A. 10 h. 1/2. P. A.	Visite au concours agricole (animaux). MM. Boitel, Hitier. Visite au concours agricole (produits). MM. Blanchard, Favre.	Rendez-vous à 2 h porte principale, La Bourdonnais (1 Rendez-vous à 2 h. porte principale, La Bourdonnais (2

MPS.

OLAIRE 1898-1899.

2e ANNÉE.			
COURS.		CONFÉRENCES, EXERCICES PRATIQUES, EXAMENS.	
SIGNATION.	HEURES et amphithéâtres.	DÉSIGNATION.	HEURES.
e .... ALARD. forestière..... ET.	8 h. 1/2. G. A. 10 h. 1/2. G. A.	Dessin .... Examen de zootechnie .... Examen de législation. Examen d'arboriculture	1 h. 1/2 à 4 heures. 1 h. 1/2 (15 élèves) 1-15. 1 h. 1/2 et 4 h. 1/4 (10 élèves) 32-41. 1 h. 3/4 (12 élèves) 52-63.
e comparée.... IER.	8 h. 1/2. G. A.	Visite à la laiterie des Fermiers réunis, aux Mureaux. MM. LINDET, PORTIER, FORESTIER.	Départ à 11 h. 37, gare Saint-Lazare. Retour à Paris à 3 h. 55.
e comparée ... IER. forestière..... ET.	8 h. 1/2. G. A. 10 h. 1/2. G. A.	Exercice de zoologie; préparation à l'épreuve générale de sortie. Visite au concours agricole (machines). MM. RINGELMANN, COUPAN.	1 h. 30 à 2 h. 20 22-31. } 1re série. 2 h. 20 à 3 h. 10 1-10. 3 h. 10 à 4 heures. 11-21. Rendez-vous à 2 h. 1/4 à la porte principale, avenue de La Bourdonnais (2e série).
.... ALARD. e comparée.... IER.	8 h. 1/2. Hangar. 10 h. 1/2. G. A.	Exercice de zoologie; préparation à l'épreuve pratique générale de sortie. Visite au concours agricole (machines). MM. RINGELMANN, COUPAN.	1 h. 30 à 2 h. 20 53-63. } 2e série. 2 h. 20 à 3 h. 10 32-41. 3 h. 10 à 4 heures. 42-52. Rendez-vous à 2 h. 1/4 à la porte principale, avenue de La Bourdonnais (1re série).
.... WAIN. ne .... ISSON.	8 h. 1/2. P. A. 10 h. 1/2. G. A.	Visite au concours agricole (produits). MM. Hitier, Blanchard. Visite au concours agricole (machines). MM. RINGELMANN, COUPAN.	Rendez-vous à 2 h. 1/4 à la porte principale, avenue de La Bourdonnais (1re série). Rendez-vous à 2 h. 1/4 à la porte principale, avenue de La Bourdonnais (2e série).
.... WAIN. e comparée ... IER.	8 h. 1/2. P. A. 10 h. 1/2. G. A.	Visite au concours agricole (animaux). MM. MALLÈVRE, BAUDOIN. Examen de législation........ Fin de l'examen de législation, lundi 6 mars.	Rendez-vous à 2 h. 1/4 à la porte principale, avenue de La Bourdonnais, 19-40. 1 h. 1/2 (19 élèves) 42-60. 61, 63 et 16-31 (19 élèves).

TABLEAU DE L'

DU LUNDI 1er MAI AU SAMEDI 6 M

JOURS.	1re ANNÉE.			
	COURS.		CONFÉRENCES, EXERCICES PRATIQUES, EXAME	
	DÉSIGNATION.	HEURES ET AMPHITHÉÂTRES.	DÉSIGNATION.	HEURES.
Lundi 1er mai.	Biologie végétale... ... M. VAN TIEGHEM.	8 h. 1/2. — P. A.	Dessin............... Excursion de géologie à Argenteuil. Départ à 2 heures, gare Saint-Lazare.	1 h. 1/2 à 4 heures (1re série).
	Économie rurale....... M. CONVERT.	10 h. 1/2. — P. A.	Examen de chimie générale pour les retardataires.	1 h. 1/2 (8 élèves). 10, 11, 27, 52,
Mardi 2.....	Viticulture........... M. VIALA.	8 h. 1/2. — P. A.	Exercice de topographie à Joinville. Train de 1 h. 35 à la Bastille. MM. MURET, VUAILLET, FAVRE.	2 h. 1/4 (1re série). 3 h. 1/4 (2e série).
	Zootechnie........... M. MALLÈVRE.	10 h. 1/2. — P. A.	Exercice d'agriculture à Joinville. Train de 1 h. 35 à la Bastille. M. BOITEL, HITIER.	2 h. 1/4 (2e série). 3 h. 1/4 (1re série).
Mercredi 3...	Viticulture........... M. VIALA.	8 h. 1/2. — P. A.	Examen de mécanique..	2 h. 1/2 (12 élèves
	Mécanique........... M. HÉRISSON.	10 h. 1/2. — P. A.	Examen d'agriculture générale.	1 h. 1/2 (16 élèves
Jeudi 4.....	Biologie végétale ...... M. VAN TIEGHEM.	8 h. 1/2. — P. A.	Exercice de zootechnie...	1 h. 30 à 2 h. 10. 2 h. 10 à 2 h. 50. 2 h. 50 à 3 h. 30.
	Économie rurale....... M. CONVERT.	10 h. 1/2. — P. A.	Examen d'agriculture générale.	1 h. 1/2 (16 élèves
Vendredi 5...	Mécanique........... M. HÉRISSON.	8 h. 1/2. — G. A.	Dessin............... Examen de mécanique...	1 h. 1/2 à 4 heure 3 heures (16 élève
	Géologie............. M. CARNOT.	10 h. 1/2. — P. A.	Excursion de géologie à Argenteuil. Départ à 2 heures, gare St-Lazare.	(2e série). .....
	....	....	....	....
Samedi 6....	Zootechnie........... M. MALLÈVRE.	8 h. 1/2. — G. A.	Manipulation.......... Examen de mécanique...	1 h. 1/2 à 4 heure 3 h. 3/4 (13 élève
	Analyses et démonstrations chimiques. M. A.-Ch. GIRARD.	10 h. 1/2. — P. A.	Examen d'agriculture générale.	4 heures (9 élèves

(1) Fin de l'examen de législation, lundi 3 mai à 1 h. 1/2 (11 élèves). 21-31.

MPS.

OLAIRE 1898-1899.

2ᵉ ANNÉE.			
COURS.		CONFÉRENCES, EXERCICES PRATIQUES, EXAMENS.	
SIGNATION.	HEURES ET AMPHITHÉÂTRES.	DÉSIGNATION.	HEURES.
e végétale..... LACROIX.	8 h. 1/2. — G. A...	Dessin..................	1 h. 1/2 à 4 heures (2ᵉ série).
e comparée.... TIER.	10 h. 1/2. — G. A..	Micrographie.............	1 h. 1/2 (1ʳᵉ série).
iques........ RENT.	4 heures. — P. A...	Examen d'hippologie........	1 h. 1/2 (16 élèves). 32-47.
ue.......... BISSON.	8 h. 1/2. — G. A...	Dessin....................	1 h. 1/2 à 4 heures.
agricoles..... GELMANN.	10 h. 1/2. — G. A..	Examen d'hippologie........	1 h. 1/2 (16 élèves). 48-63.
e comparée.... TIER. forestière..... ET.	8 h. 1/2. — G. A... 10 h. 1/2. — G. A..	Exercice d'agriculture à 2 h. 1/4 à Joinville. Train de 1 h. 35 à la Bastille. MM. Schribaux, Hitier.	(2ᵉ série).
e végétale..... LACROIX. ue.......... BISSON.	8 h. 1/2. — G. A... 10 h. 1/2. — G. A..	Excursion d'agriculture chez M. Petit à Champagne, près Juvisy. Départ à 1 h. 25, gare d'Orléans. Retour à Paris à 5 h. 19. M. Hitier.	
.... WAIN. agricoles.. ... GELMANN. iques........ RENT.	8 h. 1/2. — P. A... 10 h. 1/2. — G. A.. 4 heures. — P. A...	Micrographie............ Exercice d'agriculture à 2 h. 1/4 à Joinville. Train à 1 h. 35 à la Bastille. MM. Schribaux, Hitier.	1 h. 1/2 (2ᵉ série). (1ʳᵉ série).
.... WAIN. forestière..... ET.	8 h. 1/2. — P. A... 10 h. 1/2. — G. A..	Dessin..................... Micrographie............... Examen de législation [1].....	1 h. 1/2 à 4 heures (1ʳᵉ série). 1 h. 1/2 (2ᵉ série). 1 h. 1/2 (20 élèves). 1-20.

TABLEAU DE

DU LUNDI 19 JUIN AU SAMEDI 24

JOURS.	1re ANNÉE.			
	COURS.		CONFÉRENCES, EXERCICES PRATIQUES, EXA	
	DÉSIGNATION.	HEURES ET AMPHITHÉÂTRES.	DÉSIGNATION.	HEURES.
Lundi 19....	Biologie végétale....... M. VAN TIEGHEM.	8 h. 1/2. — P. A.	Examen de biologie végétale.	1 h. 1/2 (14 élève
	....	....	....	....
	Viticulture............ M. VIALA.	10 h. 1/2. — P. A.	Examen général de mécanique.	1 h. 1/2 (14 élève
Mardi 20....	Microbiologie.... ..... M. DUCLAUX.	8 h. 1/2. — G. A.	Examen de biologie végétale.	1 h. 1/2 (14 élève
	Zootechnie........... M. MALLÈVRE.	10 h. 1/2. — P. A.	Examen général de mécanique.	1 h. 1/2 (14 élève
Mercredi 21..	Viticulture............ M. VIALA.	8 h. 1/2. — P. A.	....	....
	Excursion de géologie à Villiers-Neauphle. Départ à 12 h. 30, gare Montparnasse. Retour à Paris, soit à 5 h. 25 ou à 7 heures.	....	....	....
Jeudi 22....	Biologie végétale....... M. VAN TIEGHEM.	8 h. 1/2. — P. A.	Excursion d'agriculture chez M. Autheaume à Fontenay-les-Louvres (station de Goussainville). Départ à 1 h. 57, gare du Nord. Retour à Paris à 6 h. 40. MM. SCHRIBAUX, BOITEL.	....
	Conférence d'aviculture..	10 h. 1/2. — P. A.		
Vendredi 23..	Microbiologie......... M. DUCLAUX.	8 h. 1/2. — G. A.	Exercice de viticulture..	1 h. 1/2 (1re séri
	Viticulture............ M. VIALA.	10 h. 1/2. — P. A.	Examen général de mécanique.	1 h. 1/2 (13 élève
Samedi 24...	Biologie végétale....... M. VAN TIEGHEM.	8 h. 1/2. — P. A.	Exercice de viticulture...	1 h. 1/2 (2e série
	Viticulture............ M. VIALA.	10 h. 1/2. — P. A.	Examen de biologie végétale.	1 h. 1/2 (13 élè

EMPS.

SCOLAIRE 1898-1899.

2ᵉ ANNÉE.			
COURS.		CONFÉRENCES, EXERCICES PRATIQUES, EXAMENS.	
DÉSIGNATION.	HEURES ET AMPHITHÉÂTRES.	DÉSIGNATION.	HEURES.
...gie végétale..... Delacroix.	8 h. 1/2. — G. A...	Micrographie.............	1 h. 1/2 (1ʳᵉ série).
...bilité.......... de Sauvage.	10 h. 1/2. — G. A..	Examen général d'agriculture comparée.	1 h. 1/2 (16 élèves). 48-63.
...atiques........ Laurent.	4 heures. — P. A...		
....	....	Exercice de mécanique et d'hydraulique. M. Vuaillet.	1 h. 1/2. 32-47. } (2ᵉ série). 2 h. 1/2. 48-63. }
...bilité.......... de Sauvage.	10 h. 1/2. — G. A..		
...gie végétale..... Delacroix.	8 h. 1/2. — G. A...	Examen général de cultures coloniales.	1 h. 1/2 (16 élèves). 32-47.
...ie forestière..... ...ivet.	10 h. 1/2. — G. A..	Exercice de mécanique et d'hydraulique.	1 h. 1/2. 1-16. } (1ʳᵉ série). 2 h. 1/2. 17-31. }
...n de sylviculture ...ers-Cotterets. Dé... 8 h. 10, gare du ... Retour à Paris à ...45 du soir. ...ivet.			
....	....	Micrographie.............	1 h. 1/2 (2ᵉ série).
...atiques........ ...aurent.	4 heures. — P. A...	Examen général d'hydraulique. Épreuve pratique générale de sortie de mécanique et d'hydraulique.	9 heures (9 élèves). 1-9.
...gie végétale..... ...elacroix.	8 h. 1/2. — G. A...	Examen général de cultures coloniales.	1 h. 1/2 (16 élèves). 48-63.
...e forestière..... ...ivet.	10 h. 1/2. — G. A..	Examen général d'hydraulique. Épreuve pratique générale de sortie de mécanique et d'hydraulique.	1 h. 1/2 (9 élèves). 10-18.

A l'origine, le nombre des candidats inscrits variait entre 30 et 50; ces dernières années il s'est élevé à 348 pour être de 274 en 1899. La statistique complète montrera d'ailleurs excellemment le développement progressif de l'Institut agronomique. Nous la donnons ci-dessous :

	NOMBRE	
	DE CANDIDATS inscrits.	DE CANDIDATS reçus.
1876	32	26
1877	33	27
1878	32	28
1879	35	30
1880	51	43
1881	58	47
1882	72	57
1883	80	70
1884	70	54
1885	46	38
1886	55	41
1887	105	80
1888	78	63
1889	78	66
1890	125	80
1891	122	80
1892	250	80
1893	348	78
1894	339	94
1895	285	88
1896	312	74
1897	291	85
1898	255	78
1899	274	83

Nous ne pouvons pas reproduire ici le programme des connaissances exigées pour l'admission; nous devons nous borner à une indication générale. Ce programme comprend, pour les mathématiques et la physique, les matières enseignées dans les classes de mathématiques élémentaires; pour la chimie et les sciences naturelles (zoologie et botanique), on exige des connaissances plus étendues.

La rétribution scolaire est fixée à 500 francs par an; les élèves ont à leur charge les livres et objets qui servent à leur usage personnel. Un crédit de 16,000 francs est inscrit au budget de l'État pour subventionner les élèves français qui se recommandent à la fois par l'insuffisance de leurs ressources et par leur rang de classement à la suite des examens d'admission.

Les bourses ne sont accordées que pour un an; mais elles peuvent être continuées et même augmentées pour les élèves qui s'en sont rendus dignes. Elles varient de 250 francs à 1,000 francs.

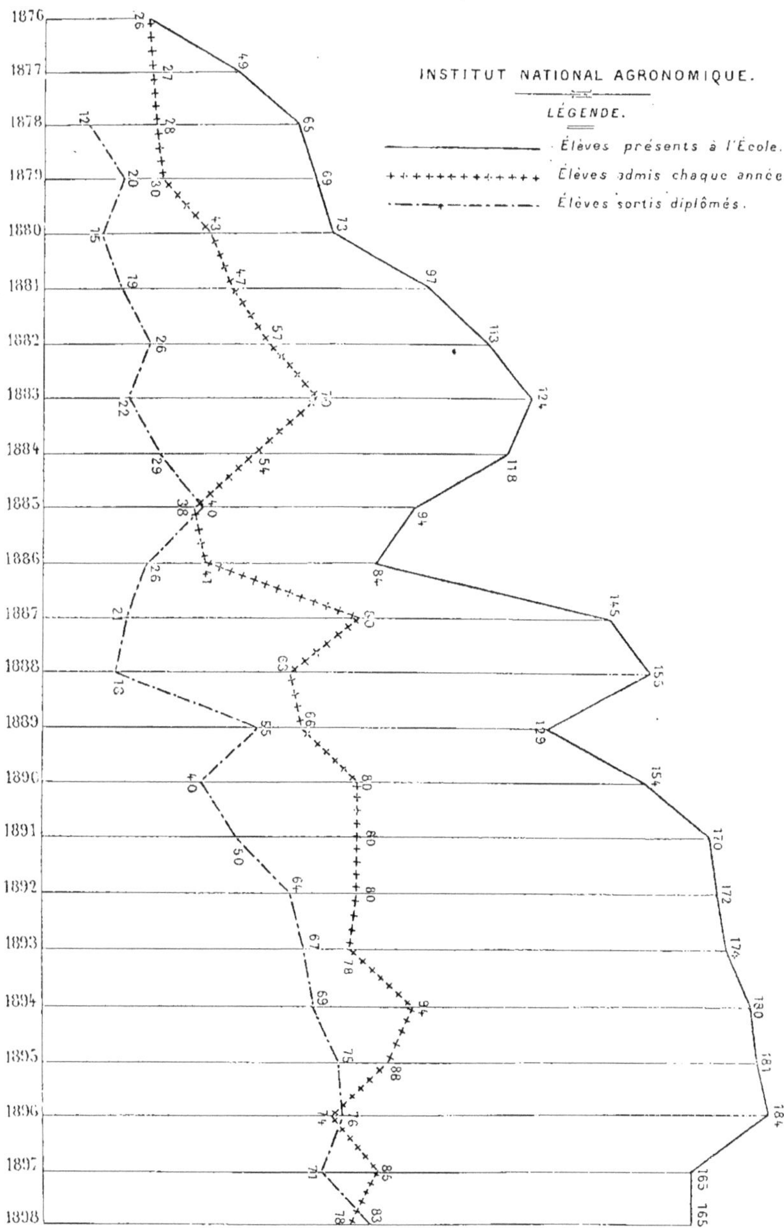

Fig. 11. — Mouvement des élèves de l'Institut national agronomique.

IMPRIMERIE NATIONALE.

Tous les élèves boursiers de l'État sont dispensés du payement de la rétribution scolaire.

En outre, plusieurs départements accordent, sous certaines conditions, des bourses ou des allocations à des jeunes gens pauvres afin de leur permettre de suivre les cours de l'Institut agronomique. Citons :

Le département de la Seine, deux bourses de 1,500 francs;

La ville de Paris, deux bourses de 1,500 francs;

Le département des Bouches-du-Rhône, deux bourses de 1,000 francs.

Les Ardennes, la Nièvre, la Gironde, la Sarthe, le Var, le Maine-et-Loire, l'Aude, l'Aisne, le Calvados ont accordé des subventions variant avec les circonstances.

Un décret du 17 septembre 1892 a attribué à l'Institut agronomique, sur les fonds du legs fait à l'État par M. Henri Giffard, une rente de 1,000 francs affectée à la fondation d'une bourse désignée sous le nom de «bourse Henri Giffard». Elle est réservée à un élève de deuxième année. Enfin, un ancien professeur de l'école a laissé à la Société nationale d'agriculture une somme de 30,000 francs à la charge par ladite société de créer avec la rente de cette somme une bourse «Amédée Boitel», qui est attribuée successivement, par période de trois ans, tantôt à un élève de l'Institut agronomique, tantôt à un élève de l'École d'agriculture de Grignon[1]. Indépendamment des élèves réguliers, l'Institut agronomique reçoit des auditeurs libres qui ne sont soumis à aucune condition d'âge et sont dispensés de tout examen d'admission, mais qui n'ont d'accès ni aux salles d'études, ni aux laboratoires. Les auditeurs libres payent une rétribution fixée à 100 francs par an. Leur nombre varie de 30 à 60.

Pour compléter les indications relatives à l'organisation de l'Institut agronomique, nous dirons un mot du recrutement des élèves de l'École forestière de Nancy et de l'École des haras du Pin. Avant 1889, les élèves de l'École forestière se recrutaient par voie de concours direct; dès 1882, l'école réserva trois places aux diplômés de l'Institut agronomique qui avaient de bonnes notes; mais, à partir de 1889, un décret décida que tous les élèves de l'École forestière seraient pris désormais parmi les diplômés de l'Institut suivant le mode adopté à l'École polytechnique pour le recrutement de ses écoles d'application; actuellement les diplômés de l'Institut candidats à l'École forestière n'y sont admis que s'ils passent avec succès un examen complémentaire portant sur les mathématiques et l'allemand ou l'anglais. En 1894, il fut décidé que les élèves de l'École des Haras seraient choisis parmi les diplômés de l'Institut; les candidats ne sont admis qu'après avoir subi un examen d'équitation.

Enseignement. — Les cours de l'Institut agronomique comprennent deux années; ceux de la première année, et plus particulièrement ceux du premier semestre, se rapportent aux sciences générales; ils constituent la base de l'enseignement de l'agronome.

[1] L'Institut national agronomique a obtenu la capacité civile, en vertu de l'article 57 de la loi de finances du 25 février 1901.

En voici la liste :

	LEÇONS.		LEÇONS.
Botanique	40	Économie politique	20
Chimie générale	40	Agriculture générale	30
Physique et météorologie	30	Zootechnie générale	25
Minéralogie et géologie	30	Chimie agricole	20
Zoologie	40	Chimie analytique	8
Physiologie générale	30	Microbiologie	10
Mathématiques	20	Viticulture	25
Mécanique	20		

Pendant les vacances, qui durent trois mois, les élèves doivent séjourner deux mois au moins dans des exploitations agricoles remarquables par leur bonne tenue, y participer à toutes les opérations culturales, et en rapporter des travaux écrits. Ces travaux peuvent être de nature différente, la plus grande latitude est laissée aux élèves à cet égard ; mais tous doivent tenir un journal sur lequel ils indiquent l'emploi de leur temps, les observations qu'ils ont faites, les travaux agricoles auxquels ils ont pris part. Une note est attribuée au travail de vacances ; elle entre pour 1/10 dans l'établissement de la note de sortie.

Les cours professés en deuxième année appartiennent plus essentiellement à l'enseignement technique ; ils sont de nature plus positive et moins abstraite.

Voici quels sont les cours de deuxième année :

	LEÇONS.		LEÇONS.
Chimie agricole	20	Cultures coloniales	30
Chimie analytique	12	Pathologie végétale	20
Technologie agricole	37	Zootechnie spéciale	25
Économie rurale	30	Hydraulique agricole	23
Droit administratif et législation rurale	30	Économie forestière	35
Machines agricoles	30	Arboriculture	12
Agriculture spéciale	20	Pisciculture	10
Agriculture comparée	30	Hippologie	10
		Comptabilité agricole	6

Aussi bien en première qu'en deuxième année, les cours sont complétés par des conférences et des exercices ou démonstrations pratiques de chimie, de micrographie, de minéralogie, de géologie, de génie rural, d'arboriculture, de viticulture, de mathématiques, de topographie, de zootechnie, de zoologie, etc. Des travaux graphiques sont exécutés plusieurs fois par semaine ; ils ont pour objet des levés topographiques, des projets d'architecture rurale, des reproductions de machines agricoles, etc.

A partir du mois de mai de la deuxième année, les élèves sont appelés à prendre part à des épreuves pratiques de sortie, qui sont en réalité la revision et la sanction de tous les exercices pratiques auxquels ils se sont livrés pendant les deux années d'études.

L'élève à l'Institut agronomique subit pendant toute la période d'instruction une série d'interrogations et d'examens dont les notes sont comptées dans l'établissement des moyennes. Il y a deux sortes d'examens : les examens particuliers et les examens généraux. Les examens particuliers, qui sont passés devant les répétiteurs, portent sur des séries successives de dix à quinze leçons de chacun des cours; la moyenne des notes données détermine le classement des élèves dans chaque concours. Les examens généraux, subis devant les professeurs, portent sur les cours tout entiers. Il y a également deux catégories d'épreuves pratiques, les épreuves ordinaires, notées par les chefs de travaux ou les répétiteurs; les épreuves pratiques de sortie, notées par les professeurs. A la fin de chaque année, on calcule pour chaque élève les moyennes de toutes les notes qu'il a obtenues. Ces moyennes de fin d'année servent à établir les classements de fin de première et de deuxième année, puis la moyenne de sortie et le classement définitif de sortie.

Le classement définitif est établi d'après les bases suivantes :

Moyenne	de la 1re année, coefficient	3
	de la 2e année, coefficient	5
Épreuves pratiques de sortie		1
Travail de vacances		1
	Total	10

Si, à l'Institut agronomique, il n'y a pas de concours spécial à la sortie, on peut dire qu'en réalité la vie scolaire y est un concours continu et que ce concours commence avec la première note de la première année pour ne finir qu'avec la dernière de la deuxième année.

A la suite du classement de sortie, les élèves reçoivent, suivant leur moyenne, un diplôme d'ingénieur agronome ou un certificat d'études, signé par le Ministre de l'agriculture.

En 1899, il a été délivré 58 diplômes, avec la note minima 14. Aux élèves ayant obtenu une moyenne inférieure à 14, mais supérieure à 13, il a été délivré un certificat d'études.

Tous les ans, les deux élèves placés les premiers sur la liste de sortie peuvent recevoir, aux frais de l'État, une mission complémentaire d'études, soit en France, soit à l'étranger; 12 élèves ont droit d'entrer à l'École nationale des eaux et forêts, et trois à l'École des haras. Ces deux écoles sont actuellement des écoles d'application de l'Institut agronomique; nous étudierons séparément leur mode de recrutement et leur organisation.

Le diplôme d'ingénieur agronome ne donne droit à aucune fonction de l'État. Mais ceux qui le possèdent ont certains avantages dans les concours ouverts pour l'attribution de fonctions relevant du Ministère de l'agriculture. Les ingénieurs agronomes trouvent d'ailleurs facilement à se placer, et il suffit de consulter l'Annuaire des anciens élèves pour constater que, dans toutes les branches de l'industrie agricole, soit en France, soit à l'étranger, un grand nombre d'entre eux occupent des situations importantes.

Un graphique, exposé par la direction de l'Institut agronomique, permettait d'ailleurs au visiteur de se rendre compte des carrières embrassées par les 1,021 anciens élèves de l'École, de l'origine de l'établissement au 1er janvier 1900.

De cette statistique, il résulte qu'il y a eu :

Agriculteurs	416
Industries agricoles	79
Enseignement agricole	168
Stations agronomiques et laboratoires	68
Administration des Forêts	145
Administration des Haras	18
Fonctionnaires du Ministère de l'agriculture, inspecteur, etc.	15
Situations diverses (commerce, industrie, sciences et arts)	87
Situations inconnues	25
TOTAL	1,021

L'administration de l'Institut agronomique, grâce au zèle désintéressé du personnel enseignant, a pu, avec le budget ordinaire de l'école, organiser une troisième année d'études, dite *année de perfectionnement.*

Dès 1878, les meilleurs élèves diplômés étaient reçus dans les laboratoires de la ferme de Joinville et y étaient associés aux travaux de leurs professeurs; chacun d'eux se dirigeait vers le laboratoire de son choix et se livrait à des travaux personnels; il pouvait donc s'y spécialiser suivant ses désirs et ses aptitudes. Mais, lorsque la création des chaires départementales et spéciales, des écoles pratiques d'agriculture et aussi des stations agronomiques, vint ouvrir un très vaste débouché dans l'enseignement agricole, la troisième année fut tout naturellement orientée vers la préparation des concours donnant accès à ces emplois.

Chaque semaine deux conférences furent faites par les élèves, sous la direction du chef des travaux agricoles.

A ces conférences vinrent s'ajouter des conférences libres, faites par des spécialistes : irrigations, drainage, électricité, etc.

Voici d'ailleurs quel fut l'emploi du temps des élèves de troisième année pendant l'année scolaire 1898-1899 (de novembre à juillet) :

Manipulations	de chimie	65 jours
	de microbiologie	35
	de micrographie	15
Exercices	de botanique	5 séances
	de génie rural	8
	d'agriculture	20
	d'arboriculture	5
	d'agriculture et de zootechnie	20
Conférences	par les élèves	48
	par des spécialistes	15

Les résultats obtenus sont excellents et les succès obtenus par les élèves de troisième année aux concours pour les chaires d'agriculture et les stations agronomiques sont nombreux et brillants.

Le nombre des candidats à la troisième année est parfois hors de proportion avec le nombre des places vacantes (18 à 20). Ainsi, en 1897, il y a eu 44 candidats; en 1898, 47 et en 1899, 51.

La liste des élèves de troisième année est arrêtée en tenant compte du rang obtenu dans le classement de sortie, des notes de chimie (une moyenne de 15.5 est exigée) et du travail de vacances fait entre la deuxième et la troisième année.

Une subvention de stage de 100 francs par mois est accordée aux neuf premiers

Fig. 12. — Institut national agronomique. (Laboratoire.)

comme récompense au travail. Un classement bi-mensuel détermine l'attribution de ces allocations.

La loi militaire du 15 juillet 1889 a assuré aux élèves de l'Institut agronomique des avantages importants: d'après l'article 23 de cette loi et l'article 2 du décret du 23 novembre 1889, sont renvoyés dans leurs foyers, après un an de présence sous les drapeaux, les 60 élèves français classés à la sortie en tête de la liste de mérite, pourvu qu'ils aient obtenu durant le cours de leur scolarité 70 p. 100 (soit 14 sur 20 points) au moins du total des points que l'on peut obtenir d'après le règlement de l'École.

La loi militaire ne comporte pas de sursis d'appel et tout Français est appelé sous les drapeaux avec la classe à laquelle il appartient. Le jeune homme admis à l'école doit donc partir au régiment faire une année de service même pendant le cours de ses études; au bout de cette année, il est libéré provisoirement des deux autres années de service militaire, mais il doit, sous peine d'être astreint aux deux années de service qu'il n'a pas faites, obtenir avant l'âge de 26 ans son diplôme dans les conditions déterminées ci-dessus. Afin d'éviter une interruption dans leurs travaux scolaires, les élèves sont autorisés à devancer l'appel et dès qu'ils sont admis à l'école, ils peuvent contracter un engagement conditionnel d'un an et partir immédiatement faire leur année de service militaire avant de commencer leurs études; pour être admis dans ces conditions au régiment, il leur suffit de produire à l'autorité militaire une demande appuyée d'un certificat signé du directeur de l'École et du Ministre de l'agriculture établissant leur qualité d'élève.

Stations annexées. — Nous avons examiné jusqu'à présent l'Institut agronomique au point de vue de l'enseignement. Disons quelques mots de ce qu'il est comme établissement de recherches.

Une activité scientifique très intense n'a jamais cessé de régner, aussi bien à Joinville que dans les nouveaux laboratoires mis, rue Claude-Bernard, en 1892, à la disposition du personnel enseignant. Un grand nombre de travaux et de recherches y ont été effectués par les professeurs et de nombreuses publications et ouvrages en sont sortis; pour être complet, il faudrait consacrer à leur énumération seule une place dont nous ne pouvons disposer. Nous nous bornerons à indiquer les principaux travaux lorsque nous examinerons chacune des chaires récompensées. Ce que nous pouvons dire dès maintenant, c'est qu'on trouve des traces nombreuses des études effectuées dans les comptes rendus de l'Académie des sciences, dans ceux des sociétés scientifiques de la France et de l'étranger, dans le *Bulletin du Ministère de l'Agriculture,* dans les périodiques agricoles et surtout dans la publication spéciale de l'école, qui a pour titre : *Les Annales de l'Institut national agronomique.*

Indépendamment des laboratoires particuliers des professeurs, des stations spéciales ont été annexées à l'Institut agronomique. Ce sont, par ordre de création :

1° *La station d'essais de semences,* créée en 1884, avec la mission de contrôler le commerce des grains et de faire des recherches de physiologie végétale sur la culture des diverses plantes.

2° *Le laboratoire de fermentation,* fondé en 1888, pour étudier les fermentations dans leurs rapports avec les industries agricoles.

3° *La station d'essais de machines,* créée en 1888, afin de soumettre les machines et les instruments présentés par les constructeurs à des expériences qui puissent éclairer et guider les agriculteurs dans leurs achats.

4° *La station de pathologie végétale,* organisée en 1888, et qui poursuit l'étude des maladies des plantes et les recherches des moyens propres à combattre ces maladies.

5° *La station d'entomologie agricole,* créée en 1895, en vue de l'étude et de la vulgarisation des moyens propres à combattre les animaux et les insectes nuisibles qui s'attaquent aux récoltes.

6° *Le laboratoire de recherches viticoles,* transféré, en 1896, de Montpellier à l'Institut agronomique, et où se poursuit l'étude de tout ce qui a rapport à la culture de la vigne et à la vinification.

Nous n'étudierons pas à part chacune de ces stations, car elles relèvent de la Classe 38 (Stations agronomiques et laboratoires); nous nous bornerons à indiquer sommairement leur organisation et leur rôle lorsque nous examinerons les chaires de l'Institut agronomique auxquelles elles sont annexées.

Association amicale des anciens élèves de l'Institut national agronomique. — Dès 1879, les élèves des deux premières promotions de l'Institut agronomique jetèrent les bases d'une association amicale des anciens élèves, qui fut constituée définitivement le 25 juillet 1882; elle a été reconnue comme établissement d'utilité publique par décret du 23 janvier 1897.

L'Association amicale des anciens élèves de l'Institut agronomique a pour but :

De venir en aide aux anciens élèves malheureux, qu'ils soient ou non membres de l'Association, ainsi qu'à leur famille; de créer des bourses en faveur de élèves et anciens élèves; de fournir aux élèves et anciens élèves tous les renseignements et indications qui pourraient leur être utiles, notamment pour le choix d'une carrière; de concourir au développement des sciences appliquées à l'agriculture, en aidant à publier les travaux de ses membres.

Les principaux moyens d'action qu'elle emploie pour atteindre le but qu'elle se propose sont les suivants : la publication d'un Bulletin périodique et d'un Annuaire; la distribution de secours et de bourses; l'organisation de groupes régionaux de propagande rattachés à l'Association.

Le total des membres de l'Association s'est élevé progressivement et a atteint 769 en 1899, ce qui représente environ 71 p. 100 des élèves sortis de l'Institut agronomique, après deux années d'études. Sa situation est donc des plus prospères.

La partie la plus importante de la tâche qu'elle s'est proposée, celle qui s'est imposée avant toute autre à la constante attention des bureaux successifs qui l'ont administrée, est aussi celle qui a amené son rapide développement : elle consiste à assurer aux anciens élèves des situations satisfaisantes, à leur ouvrir des débouchés nouveaux, à les guider dans le choix d'une carrière qui réponde à leurs aptitudes en même temps qu'à leurs aspirations.

III. — Objets et travaux exposés par la Direction.

La Direction de l'Institut agronomique avait groupé toute une série de documents permettant aux visiteurs de se rendre compte de l'organisation et du fonctionnement de l'école, ainsi que de son rôle et de son importance. C'est dans ces documents que nous avons puisé la plus grande partie des renseignements qui nous ont permis de faire l'exposé qui précède.

Cette exposition, très bien présentée, avait été préparée avec le plus grand soin par M. Chãron, secrétaire de l'école, sous l'habile direction de MM. Risler[1], directeur de l'Institut agronomique, et Wéry, directeur des études[2].

Elle comprenait : le plan de l'école; l'emploi du temps, pour les deux années, pendant l'année scolaire 1898-1899; les 15 volumes actuellement publiés des *Annales de l'Institut agronomique;* la collection complète des travaux d'un même élève; une collection des ouvrages et des mémoires publiés par le personnel enseignant et les anciens élèves; un graphique indiquant les situations occupées par les anciens élèves sortis depuis l'origine jusqu'au 1er janvier 1899; une carte montrant la répartition des anciens élèves dans le monde entier.

De ces deux derniers documents, il résulte que les anciens élèves de l'Institut agronomique sont répandus sur tous les points du globe et que presque la moitié d'entre eux, 45 p. 100 environ, se dirigent vers l'exploitation directe du sol.

La collection des ouvrages et des mémoires exposés était contenue dans une grande bibliothèque qui ne comprenait pas moins de 710 volumes et brochures.

Dans la section rétrospective de la Classe 5 étaient exposés : 1° un plan des fermes de la Ménagerie, de Gallie, de Satory et du Potager, dont l'ensemble constituait le domaine rural de l'Institut agronomique de Versailles; 2° le tableau du personnel de l'établissement : directeurs, professeurs, répétiteurs et préparateurs; 3° le programme manuscrit, leçon par leçon, des matières enseignées; 4° le tome unique des *Annales,* recueil de notices, d'observations et de recherches sur l'enseignement et la culture de l'Institut agronomique, de 1849 à 1852.

VI. — Exposition des chaires.

Toutes les chaires de l'Institut national agronomique n'avaient pas organisé une exposition spéciale. Celles qui, par leur caractère, se prêtaient le mieux à l'exhibition avaient seules exposé leurs travaux à part, de façon à faire ressortir la caractéristique de leur enseignement. Les autres avaient présenté leurs travaux dans l'ensemble de l'exposition de l'école.

1° EXPOSITIONS SPÉCIALES.

Chaire d'agriculture et station d'essais de semences;
Chaire d'agriculture comparée;
Chaire d'analyse et de démonstration chimique. Laboratoires de chimie;
Chaire de comptabilité agricole (conférences);
Chaire de cultures coloniales;

[1] M. Risler a quitté la direction de l'Institut et a été nommé directeur honoraire, par arrêté du 21 novembre 1900; il a été remplacé par M. Regnard, professeur de physiologie générale.

[2] M. Wéry a été nommé sous-directeur de l'Institut, par arrêté ministériel du 3 juillet 1901; il a conservé dans ses nouvelles attributions la direction des études.

Chaire de dessin graphique et de topographie;
Chaire de machines agricoles et station d'essai de machines;
Chaire de mécanique et d'hydraulique agricole;
Chaire de microbiologie et laboratoire des fermentations;
Chaire (conférences) de pathologie végétale;
Chaire de physiologie générale;
Chaire de physique et de météorologie;
Chaire de technologie agricole;
Chaire de viticulture et laboratoire de recherches viticoles;
Chaire de zoologie agricole et station d'entomologie;
Chaire de zootechnie.

Nous allons étudier maintenant chacune de ces différentes expositions.

Chaire d'agriculture et station d'essais de semences. (M. Schribaux, professeur, médaille d'or; M. Bussard, chef des travaux, médaille d'argent; M. Étienne, préparateur, médaille de bronze.) — La chaire d'agriculture de l'Institut agronomique fut occupée de 1876 à 1880 par M. Moll[1]; à la mort de ce professeur elle fut divisée en deux : l'agriculture générale professée par M. Boitel (1881-1890) et l'agriculture spéciale, par M. Heuzé (1881-1890). En 1891, les deux chaires furent de nouveau réunies et données au concours à M. Schribaux, le professeur actuel. En 1876, le cours avait été créé avec 50 leçons; réduit à 40 leçons en 1890, il comprend actuellement 46 leçons d'une heure et demie chacune.

Le cours d'agriculture est réparti sur les deux années d'études. En première année, pendant le deuxième semestre, le professeur traite de l'agriculture générale; dès le commencement de la seconde année, il enseigne l'agriculture spéciale.

Le cours d'agriculture générale, 26 leçons, sert d'introduction à la production végétale tout entière; il comprend l'étude des agents naturels de la production, limitée aux notions dont la pratique peut tirer un profit immédiat. Ces connaissances fondamentales acquises, le professeur suit l'agriculteur dans les travaux qui se succèdent depuis la mise en valeur de la terre jusqu'au moment où la récolte est livrée au consommateur.

Voici d'ailleurs le programme sommaire des matières traitées en première année :

La plante : La plante envisagée à l'état de semence. — Caractères généraux, propriétés et conservation des semences. — Fraudes dont les semences du commerce sont l'objet. — Développement du système radiculaire; son importance. — Exigences de la plante en éléments fertilisants. — Fécondation. — Création de variétés nouvelles. — Progrès à réaliser.

Le sol : Sol et sous-sol. — Rapports avec leur productivité. Classification des terres agricoles. — Caractères d'une terre parfaite. — Améliorations physiques, chimiques et physiologiques.

Opérations culturales : Défrichements, labours, défoncements, hersages, roulages. — Préparation des terres destinées à l'ensemencement. — Semailles. — Façons d'entretien. — Opérations de récolte.

(1) M. Philippar suppléa M. Moll de 1880 à 1881.

Le cours d'agriculture spéciale, 20 leçons, est professé en seconde année. Il comporte l'étude particulière des plantes de grande culture communes aux différentes régions de la France, à l'exception des plantes essentiellement méridionales (maïs, sorgho, etc.), dont l'étude est faite dans un autre cours.

Les grandes divisions du programme de ces cours sont les suivantes :

Plantes fourragères : légumineuses, graminées de différentes familles. – Plantes alimentaires : céréales, légumineuses et espèces diverses. – Plantes industrielles. – Assolements.

Aussi bien en première qu'en seconde année, le cours théorique est complété par des exercices pratiques et des démonstrations faites soit au laboratoire, soit à la ferme de la Faisanderie; un chef de travaux agricoles dans chaque promotion est chargé de

Fig. 13. — Institut national agronomique. (Station d'essai de semences.)

cette partie de l'enseignement. Mais l'emploi du temps, extrêmement chargé, s'est opposé, jusqu'à présent, à la création de ces exercices en nombre convenable; il n'y a que 11 exercices en première année et 3 en seconde.

Cependant, nous devons ajouter que, chaque année, le chef de travaux conduit les élèves dans trois ou quatre exploitations agricoles remarquables des environs de Paris.

Le personnel attaché à la chaire d'agriculture comprend, en plus du professeur, MM. Boitel et Hitier, chefs de travaux.

Un crédit annuel de 1,600 francs est attribué à la chaire pour les frais de cours et l'entretien du champ de collection à la ferme expérimentale. Ce crédit est très minime par rapport à ceux dont disposent les professeurs de chaires similaires à l'étranger. A Berlin, le professeur a à sa disposition 2,687 francs; à Vienne, 2,500 francs; à Copenhague, 5,000 francs.

Le professeur d'agriculture est en même temps directeur de la station d'essais de semences. Cette station, installée dans les locaux de l'Institut agronomique, a été instituée le 15 avril 1884 dans le but de poursuivre des recherches en vue du perfectionnement des semences et du contrôle du commerce des graines, comme les stations agronomiques ou les laboratoires d'analyse contrôlent celui des engrais. Elle est ouverte au public. Le tarif des analyses est excessivement modeste ; les agriculteurs, comme les marchands de graines, ont donc un intérêt sérieux à s'adresser à elle. La station a un budget particulier; le directeur est aidé dans ses travaux par un chef de travaux, M. Bussard, et un préparateur, M. Étienne.

Objets et travaux exposés. — L'exposition du cours d'agriculture et de la station d'essais de semences se composait de graphiques, de photographies, d'échantillons de semences, d'instruments et des publications scientifiques du professeur et des chefs de travaux.

Presque tous les graphiques dont le professeur fait usage comme moyen d'enseignement se rapportaient à ses travaux personnels et à ceux de ses collaborateurs ; ils peuvent être classés en deux groupes : le premier comprenant ceux qui se rapportent à des recherches de laboratoire ; le second, ceux qui ont trait à des recherches culturales.

Parmi les premiers, citons d'abord les graphiques donnant l'amélioration du commerce des semences fourragères; la décroissance dans la proportion des lots cuscutés depuis la création de la station d'essais de semences; l'abaissement des prix des principales espèces fourragères; les falsifications principales dont les semences fourragères sont l'objet; les recherches sur les trèfles des prés d'origine américaine et les trèfles indigènes : supériorité de production de ces derniers; enfin, des photographies de la grosse cuscute d'Amérique.

De l'ensemble des documents exposés se dégage cette conclusion encourageante que la qualité des semences n'est plus, comme autrefois, un obstacle à la création de bonnes prairies. Il en ressort également que la station d'essais de semences, grâce aux recherches de son directeur et de ses collaborateurs et au contrôle exercé sur les semences du commerce, a obtenu le résultat désiré, savoir : meilleures semences employées par l'agriculteur et à des prix moins élevés.

Des tableaux consacrés à l'analyse physiologique des terres ont attiré tout particulièrement l'attention du Jury. Ce genre d'analyse a pour but de se rendre compte de l'état de propreté des terres par la détermination de leur teneur en semences d'espèces nuisibles. Dans d'autres tableaux, le professeur étudiait la biologie de quelques plantes d'espèces nuisibles, en indiquant les causes de leur longévité extraordinaire et de la difficulté extrême d'en purger les terres, même en recourant aux cultures les plus soignées.

M. Schribaux exposait aussi des tubercules de pomme de terre récoltés depuis plus d'un an et dont il avait détruit les germes en les trempant dans de l'eau aiguisée d'une légère quantité d'acide sulfurique. La destruction des germes permet de conserver plusieurs années les tubercules ; on sait, en effet, que la pomme de terre perd rapidement ses qualités lorsqu'elle commence à germer.

Au nombre des travaux de laboratoire exposés, citons encore les recherches sur les tourteaux de graines oléagineuses poursuivies par MM. Bussard, chef de travaux à la station d'essais de semences, et Fron, répétiteur de botanique.

Les résultats des expériences culturales étaient présentés dans un certain nombre de tableaux dont voici les principaux : Recherches sur la production des semences de graminées fourragères. C'est un résumé d'observations faites sur l'époque à laquelle il convient de les récolter, sur les conditions de leur culture. — Trèfles de sélection et luzernes de sélection. Ces deux tableaux traitent de la nécessité de la sélection pour refaire les vieilles variétés françaises compromises par l'importation des semences américaines mal adaptées à notre climat; ils donnent les résultats déjà obtenus. – Sélection des plantes de grande culture. – Variétés nouvelles introduites ou propagées en France par la station.

Cette exposition était complétée par des photographies intéressantes ; nous citerons celles relatives à la minette franche et la fausse minette; des racines de lupin poussées en terre dépourvue de bactéries s'établissant sur les racines; la cuscute d'Amérique. Enfin, M. Schribaux avait exposé un modèle d'une étuve de germination qui porte son nom et qui est employée à la station pour la détermination des facultés germinatives des semences.

Les ouvrages et les publications très nombreuses (100 environ) de tous les professeurs ayant occupé la chaire d'agriculture, ceux de leurs chefs de travaux et de leurs répétiteurs avaient été exposés. Nous nous bornerons à signaler leur existence, les limites du rapport ne nous permettant pas de donner les titres de chacun d'eux.

Chaire d'agriculture comparée. (M. Rigler, professeur, directeur de l'Institut agronomique, membre du Jury, hors concours; M. Hitier, répétiteur, médaille d'or; M. Cayeux, répétiteur, médaille d'argent.) — Un enseignement de l'agriculture comparée a été créé par M. Risler, directeur de l'Institut agronomique, et il n'existe, en Europe, croyons-nous, que dans cet établissement.

Il a pour objet l'étude agricole approfondie de différentes régions naturelles de la France et des principaux pays étrangers. Non seulement cet enseignement fait ressortir que les méthodes de culture varient avec le sol, le climat et les conditions économiques, mais il étudie suivant quelles lois elles varient.

M. Risler a pris la géologie comme base de son enseignement ; il s'attache à démontrer que la constitution géologique est le facteur principal déterminant, dans chaque région, le système de culture qui y est suivi.

Partant de ce principe que la composition chimique de la terre arable n'est le plus souvent que le reflet de son origine géologique, M. Risler a pu, non seulement préciser les relations qui doivent exister entre la composition géologique du sol et les système de culture, mais aussi en dégager des faits d'une utilité pratique incontestable : la détermination certaine, à la seule inspection de la carte géologique, de la richesse ou de la pauvreté des terres dans les différents éléments de fertilité, et par conséquent les engrais qu'elles réclament et le genre de culture qui leur convient; les bases rationnelles de l'établissement des cartes agronomiques, etc.

Le cours comporte 30 leçons : 20 sont consacrées à la France, les 10 autres aux pays étrangers. Pour la France, sont successivement étudiées : les régions formées par le granit et les roches primitives (Plateau central, Morvan, Vosges, etc.); puis les régions formées par les roches dites *de transition* (Vendée, Anjou, Maine, Ardennes, etc.); enfin, les régions formées par les terrains jurassiques, crétacés, etc.

Fig. 14. — Institut national agronomique. (Galerie de minéralogie et de géologie.)

Pour chacune de ces formations géologiques principales, le professeur étudie la composition des principales roches qui s'y trouvent et la manière dont, en se décomposant, elles ont formé les divers terrains agricoles; il passe ensuite à l'examen des terrains au point de vue physique et chimique. L'étude du sol et du sous-sol est complétée par celle du régime des eaux dans la région d'après la formation géologique, et par celle du climat. Le professeur aborde alors la description des systèmes de culture suivis dans la région étudiée et compare les systèmes actuels avec ceux qui étaient employés autrefois. Pour l'étranger, il étudie dans le même ordre d'idées, mais d'une façon plus succincte, l'agriculture des principaux pays.

Le professeur emploie autant que possible la méthode objective : par de nombreuses projections à la lumière électrique, il montre à ses élèves, pour chaque région étudiée, l'aspect général du pays, la coupe des terrains formant le sol et le sous-sol, la ferme type de la région, le bétail du pays, les machines agricoles en usage, etc.

A chaque leçon, il fait apporter à l'amphithéâtre une collection des roches et des terres se rapportant à la région étudiée, ainsi qu'une série de tableaux, afin que les auditeurs aient sous les yeux un résumé des renseignements statistiques agricoles de cette région.

Le cours est complété non seulement par des excursions aux environs de Paris, mais aussi par des excursions de plusieurs jours, choisies de façon à bien mettre en relief comment varient les systèmes de culture avec les conditions naturelles du sol et du climat.

Le personnel de la chaire d'agriculture comparée se compose de M. Risler, professeur, et de M. Hitier, répétiteur-préparateur.

Un crédit annuel de 500 francs forme le budget de la chaire. Il doit suffire aux recherches du professeur et du répétiteur, à l'entretien de leurs laboratoires et aux dépenses nécessitées par l'enseignement à l'amphithéâtre.

Objets et travaux exposés. — L'exposition présentée par la chaire d'agriculture comparée résumait la méthode suivie par le professeur. M. Risler avait choisi trois régions naturelles de la France, différentes par leur formation zoologique : le Pays de Caux, le Limousin et les Causses. Pour chacune de ces régions, il avait placé sous les yeux des visiteurs : la carte zoologique détaillée, une série de photographies donnant l'aspect de la contrée, des vallées, des fermes et faisant voir les instruments de culture en usage; au-dessous étaient placés des échantillons de roche constituant le sous-sol de cette roche en décomposition et de la terre arable qui en provient; enfin, une coupe générale du pays permettant de voir immédiatement la topographie générale de la région, la superposition des couches, le régime des eaux, etc.

Parmi les nombreux ouvrages et mémoires exposés, citons, de M. Risler, son *Traité de géologie agricole,* en 4 volumes; ses *Études sur le sol arable;* sa *Physiologie et culture du blé;* de M. Hitier, une *Étude sur les gisements phosphatés de chaux du terrain crétacé du Nord de la France.*

Chaire d'analyse et de démonstration chimiques. — Laboratoires de chimie. Station de recherches. (M. A. Müntz, professeur-directeur, membre du Jury, hors concours; M. A.-Ch. Girard, professeur, médaille d'or; Coudon, chef adjoint des travaux, médaille d'argent; Rousseaux, préparateur, médaille d'argent; Joliot, garçon de laboratoire, médaille de bronze.) — L'enseignement théorique et pratique de l'analyse chimique est placé sous la haute direction de M. A. Müntz, membre de l'Institut, qui a titre de professeur-directeur des laboratoires. M. A. Müntz a remplacé Boussingault dans ces fonctions, le 1er juillet 1887.

Cet enseignement est réparti sur les deux années d'études.

Il comprend :

1° Un cours d'analyse et de démonstration chimiques professé par M. A.-Ch. Girard;

2° Des manipulations exécutées par les élèves dans les laboratoires.

Chargé, sous la haute direction de M. A. Müntz, de la conduite des manipulations chimiques, le professeur d'analyse et de démonstration chimiques fait marcher parallèlement l'enseignement à l'amphithéâtre avec l'enseignement pratique du laboratoire. Le cours précède toujours les manipulations; les élèves peuvent donc, dans leur travaux pratiques, mettre à profit les explications et les démonstrations données au cours.

Le cours d'analyse et de démonstration chimiques comprend deux parties distinctes bien qu'intimement liées.

Fig. 15. — Institut national agronomique. (Laboratoire de chimie agricole.)

Dans la première, le professeur s'efforce d'indiquer les détails du mode opératoire; à cet effet, il multiplie les expériences et fait succéder, sous les yeux des élèves, les diverses phases des manipulations qu'ils auront à effectuer : c'est la partie démonstrative du cours.

Dans la seconde, la partie théorique, le professeur donne tous les développements nécessaires à la théorie de chaque opération; il discute les diverses méthodes, indique les causes d'erreurs qui se présentent, les vérifications à faire pour contrôler les résultats, etc. Il complète les données qui ne peuvent trouver place dans les manipulations et envisage, à côté des cas généraux étudiés au laboratoire, les cas particuliers, si nombreux en analyse. Enfin, il passe en revue les principales substances intéressant l'agriculture ou l'industrie agricole, dont l'analyse, faute de temps, ne peut être faite au laboratoire.

Réparti sur les deux années d'études, l'enseignement de l'analyse chimique donne lieu, en première année, à 8 leçons à l'amphithéâtre et à 12 manipulations de quatre heures chacune.

Les élèves se livrent tout d'abord à une série de préparations dans le but de se familiariser graduellement avec l'outillage et le matériel des laboratoires, puis à l'étude des caractères spécifiques des acides et des bases et enfin à la recherche qualitative des sels solubles et insolubles.

En seconde année, il y a 12 leçons à l'amphithéâtre et 32 manipulations de quatre heures. Ces manipulations sont exclusivement consacrées à des analyses quantitatives qui comprennent : les engrais et les matières fertilisantes en général, les terres, les eaux, les gaz; les principaux produits animaux et végétaux, leurs dérivés industriels, et la recherche de leurs falsifications.

Les échantillons donnés à chaque élève ont été au préalable soigneusement analysés au laboratoire et, pour chaque dosage, il y a une série de produits de composition différente. Les échantillons ne sont donc pas identiques pour tous les élèves. Les notes sont données d'après le degré d'exactitude des résultats. Il faut remarquer qu'indépendamment des deux années obligatoires il y a une troisième année facultative pour les élèves diplômés; elle comprend un séjour ininterrompu de quatre mois au laboratoire, pendant lequel les élèves revoient avec plus de détails les sujets qu'ils avaient traités en première et en deuxième année; ils sont initiés, en outre, à un grand nombre de méthodes d'analyse qu'ils n'avaient pas pu aborder auparavant. Ils ne passent d'un sujet à un autre que lorsqu'ils possèdent les procédés au point d'obtenir toujours des résultats exacts. Puis ils sont mis au courant de la préparation des réactifs, des liqueurs titrées, etc., et passent en revue toutes les substances qui peuvent intéresser la chimie agricole. Les élèves qui ont suivi le cycle complet de cet enseignement de troisième année sont aptes à diriger une station agronomique, un laboratoire d'enseignement ou des laboratoires de recherches dans l'industrie.

L'organisation du travail dans les deux années réglementaires est très bien comprise; la méthode employée donne d'excellents résultats.

Au commencement de chaque séance, une feuille autographiée donnant la description et les explications sommaires des opérations à effectuer est distribuée à chaque élève en même temps que les flacons contenant les matières à analyser dont la composition, rigoureusement déterminée, leur est inconnue.

Chaque élève travaille individuellement; à la fin de chaque mois, il remet les résultats de son analyse et reçoit une note en rapport avec la précision de ceux-ci. De plus, dans l'attribution des notes entrent aussi comme facteurs, dans le but d'inculquer aux élèves des principes d'ordre et d'économie : la manière de travailler de l'élève et la façon dont est tenu son matériel. L'élève est responsable de la perte et de la détérioration des objets qui lui sont confiés; cette mesure a été adoptée pour l'habituer aux soins du matériel.

L'enseignement, tel que nous venons de l'exposer, et l'administration des laboratoires où travaillent annuellement près de 200 élèves sont assurés par le personnel suivant : 1 professeur-directeur, M. A. Müntz; 1 professeur chef des travaux chimiques, M. A.-Ch. Girard; 1 chef adjoint des travaux, M. Coudon; 1 préparateur, M. Rousseaux; 3 garçons de laboratoire, dont l'un d'eux, M. Joliot, sert d'aide aux préparateurs.

Le budget du laboratoire est de 10,000 francs. Il doit suffire à payer les frais d'eau, de gaz, l'achat des produits chimiques, du matériel, de la verrerie, etc. Il doit également servir à assurer le service des recherches. Toutefois, pour ce service, des crédits spéciaux sont parfois accordés par l'Administration.

Le service des recherches a une grande importance, et M. A. Müntz l'a développé dans de très grandes proportions, malgré le travail qu'imposent au personnel la surveillance du grand nombre d'élèves qui fréquentent les laboratoires, la préparation des manipulations (certaines mettent en œuvre plus de 2,000 flacons), la préparation du cours d'analyse, la correction mensuelle des cahiers d'élèves, la comptabilité, le service du matériel et des produits, la correspondance avec les anciens élèves, les renseignements demandés par le public agricole ou scientifique, les études et rapports demandés par l'Administration, etc.

Les laboratoires de chimie de l'Institut agronomique ont tenu à honneur de ne pas oublier le double but de l'école supérieure d'agriculture, recherches et enseignement, et ils ont poursuivi des expériences agronomiques et des recherches scientifiques.

Depuis la fondation de l'école, en 1876, plus de 150 mémoires originaux et volumes ont été publiés, sans compter les articles parus dans les journaux et revues agricoles et scientifiques. Pour accomplir cette tâche, le directeur des laboratoires a eu souvent recours à la collaboration de son personnel qui s'est ainsi trouvé intimement associé à ses expériences.

Ces travaux ont successivement porté sur les branches les plus diverses de la science agronomique : l'économie rurale, la physiologie végétale, le sol, les eaux, l'atmosphère, etc.

Le travail fourni a été très considérable et les fonctionnaires de ces laboratoires doivent être d'autant plus loués qu'ils sont peu nombreux et disposent de ressources minimes peu comparables avec les crédits importants et le personnel dont disposent les laboratoires similaires en Allemagne et surtout en Amérique.

Objets et travaux exposés. — Le directeur des laboratoires a pensé qu'il n'y avait pas lieu d'exposer les appareils classiques en usage dans l'enseignement, qui sont partout à peu près semblables et qui n'offrent aucun intérêt puisqu'ils manquent d'originalité. Il a exposé sa méthode d'enseignement. Ainsi que nous l'avons constaté en examinant la façon dont est donné l'enseignement dans les laboratoires, elle mérite de retenir l'attention. On avait réuni dans un volume la collection des feuilles autographiées distribuées aux élèves au début de chaque séance. Ces feuilles, souvent accompagnées de tableaux et de dessins, comprennent, pour chaque séance de recherches de sels ou d'analyses, un exposé succinct, à la fois théorique et pratique, des opérations que les élèves ont à effectuer. Le même volume contenait la liste du matériel confié à chaque élève ou à chaque groupe d'élèves; la composition des boîtes à réactifs; les règlements du laboratoire et les fiches individuelles sur lesquelles sont inscrits régulièrement, à côté des résultats exacts de l'analyse, les résultats trouvés par l'élève et la note qui lui a été attribuée.

A côté de cette exposition relative à l'enseignement, M. Müntz avait constitué une exposition très importante qui comprenait des spécimens des principaux travaux scientifiques et des recherches effectués aux laboratoires de chimie de l'Institut agronomique.

Une vitrine contenait les titres des 150 mémoires originaux et volumes qui ont été publiés depuis la fondation de l'école par les laboratoires. Il ne nous est pas possible d'en donner l'énumération complète, ni d'en faire un choix.

Un grand tableau carré de 3 mètres résumait une partie des recherches de M. Müntz sur les *exigences de la vigne en principes fertilisants*, recherches effectuées sur les principaux vignobles de France.

Il ressort de ces recherches qu'il n'y a pas de proportionnalité entre l'abondance de la récolte et l'épuisement du sol.

Un second tableau résumait, en quelques chiffres, l'*influence de la température sur la vinification,* recherches poursuivies par MM. A. Müntz et Rousseaux; il montrait l'importance qu'il y a, pour les régions chaudes, à empêcher l'échauffement excessif des moûts au cours de la fermentation.

De ce travail découle l'utilité des appareils réfrigérants, et les expérimentateurs ont été conduits à construire un appareil de ce genre. La réduction à un dixième d'un appareil à réfrigération pour les moûts, construit par M. Deroy, avait été exposée.

Dans un court tableau, MM. A. Müntz et A.-Ch. Girard avaient résumé leurs recherches sur la *valeur alimentaire de la luzerne et la comparaison entre le foin et la luzerne.* Ce tableau faisait ressortir la supériorité très grande, au point de vue des principes bruts digestifs, des parties feuillues de la luzerne et l'importance que l'agriculteur doit attacher à leur parfaite conservation. Il montrait également la supériorité, comme fourrage, de la luzerne sur le foin en ce qui concerne la matière azotée totale et digestible et son infériorité en ce qui concerne les matières hydrocarbonées totalisées.

Les recherches sur l'*emploi des aliments sucrés dans l'alimentation du bétail,* par MM. A. Müntz et A.-Ch. Girard, bien que n'ayant pas encore été publiées, figuraient à l'Exposition.

Ces professeurs ont émis l'opinion que ce n'était pas au sucre extrait industriellement à grands frais, ni même aux sous-produits de la fabrication qu'il fallait s'adresser pour introduire le sucre dans l'alimentation des animaux, mais que la manière la plus rationnelle de présenter cet aliment de premier ordre consistait à le donner sous forme concentrée, à l'état de betteraves à sucre desséchées. Ils ont fait ressortir qu'il était facile, d'une part, d'obtenir économiquement un produit d'une grande richesse, de conservation et de transport faciles, et, d'autre part, de le faire entrer dans la consommation sur une grande échelle.

Ils avaient exposé deux échantillons de betteraves desséchées; l'un obtenu par dessiccation dans le vide, à l'aide de l'appareil Douard, se présentait sous forme de granules gris, allongés, de la grosseur et de la forme d'un gros grain de seigle. Ces deux échantillons, contenant de 70 à 75 p. 100 de sucre, excellents au goût, sont, croyons-nous, les premiers qui aient encore été présentés au public.

M. A.-Ch. Girard avait exposé un tableau résumant ses recherches sur la *valeur alimentaire des fourrages feuillus.*

L'ensemble des recherches de M. A. Müntz sur l'*analyse des corps gras* était présenté au public dans une série de brochures et par les appareils de laboratoire et les dispositifs mis en usage pour ces analyses. Ces études méritent d'attirer l'attention des spécialistes, car elles ont eu pour résultat de fixer les méthodes analytiques propres à caractériser les différents corps gras d'origine végétale ou animale et à découvrir les falsifications sans nombre auxquelles on les soumet.

Ces méthodes sont d'autant plus intéressantes qu'elles sont devenues officielles en France pour l'expertise des corps gras : huiles, beurres, margarines, suifs et saindoux.

Les recherches de MM. A. Müntz, Milliau et Durand sur la *falsification des huiles d'olive, des saindoux et autres corps gras* ont fait l'objet d'une exposition intéressante.

L'ensemble des données analytiques a été représenté, en même temps que la collection des huiles étudiées, par des dessins d'après nature représentant, avec leurs teintes vraies, les diverses réactions coloriées et par la mise en place, prêts à fonctionner, des appareils spéciaux employés pour chacune des opérations.

Dans le même ordre d'idées, M. Müntz avait présenté le résultat de ses recherches sur la *falsification des beurres par la margarine.* Le tableau à bandes coloriées exposé montrait, avec une netteté frappante, que l'introduction de la margarine dans le beurre est immédiatement révélée par l'abaissement du taux des acides gras volatils, abaissement qui est proportionnel à l'importance du mélange.

Mais la détermination de ces acides gras volatils est très délicate; pour obtenir des chiffres constants et comparables d'un laboratoire à l'autre, il importe de suivre exactement le mode opératoire déterminé par le savant professeur. Aussi les principales phases du dosage étaient-elles représentées avec tout le matériel, les liqueurs et les appareils qu'il convient d'employer.

Le dosage des acides gras fixes est une vérification du dosage précédent; comme lui, il est très délicat. Le mode opératoire de ce dosage a été également représenté : saponification, filtration des acides gras fixes, lavage, pesée.

La *recherche des agents de conservation des beurres* marche de pair avec la recherche des falsifications. MM. A. Müntz et Coudon exposaient, dans un tableau spécial, les procédés permettant de reconnaître la présence de ces substances étrangères. Ils avaient également présenté des *appareils pour le dosage de l'acide carbonique de l'air.*

Ces appareils ont été imaginés pour l'analyse de l'air pris en divers points du globe, et particulièrement dans des stations d'un accès difficile. Ils ont servi à l'analyse de l'air du mont Blanc et aussi à celle d'un échantillon prélevé à l'aide d'un ballon-sonde, à plus de 16,000 mètres d'altitude. C'est la première et la seule fois qu'on a pu ainsi étudier l'air des très hautes régions de l'atmosphère.

MM. A.-Ch. Girard et Rousseaux avaient résumé, dans un tableau à bandes coloriées, leurs *recherches sur les exigences du tabac en principes fertilisants*. Ce travail a été fait pour le tabac à fumer et pour le tabac à priser dans 12 départements représentant les régions les plus diverses.

Chaire de comptabilité agricole (conférences). — L'enseignement de la comptabilité agricole est donné par un maître de conférences, M. de Sauvage, en 6 leçons d'une heure et demie chacune.

Le professeur, en raison du peu de temps dont il dispose, doit se borner à donner des indications générales concernant la tenue des livres. Il est l'auteur d'un système particulier de comptabilité sur lequel il se base pour développer ses leçons.

M. de Sauvage met entre les mains de ses élèves sa méthode de comptabilité imprimée, qui leur servira de modèle, un cahier-journal et un cahier-grand-livre. Sur ces cahiers sont autographiés la pagination, les titres des comptes et tout ce qui peut permettre une économie de temps, sans nuire à l'enseignement. Les élèves y inscrivent, d'abord, le total de chacun des comptes résumant les opérations des onze premiers mois de l'année. Puis ils relèvent les inscriptions complètes et détaillées du douzième mois, et terminent la comptabilité par la clôture définitive des comptes. Ils voient ainsi comment on procède pour savoir là où l'on a gagné, là où l'on a perdu.

Voici, en peu de mots, le système de M. de Sauvage :

Chaque récolte a son compte spécial. Tous les jours on relève, en répartissant à chaque compte, le temps des bœufs, des chevaux, des hommes à gages et des journaliers.

A la fin de chaque mois, on reporte sur le journal tous ces différents comptes, ainsi que sur le livre de caisse. On se trouve donc avoir sur le grand-livre, d'un côté toutes les dépenses, de l'autre toutes les recettes. On fait la balance et l'on voit si le compte perd ou gagne.

Cette comptabilité en partie double donne, d'après l'auteur, des résultats exacts sur toutes les cultures que fait l'agriculteur. Elle permet l'établissement du prix de revient, élément qu'il est si important de connaître.

Objets et travaux exposés. — M. de Sauvage avait exposé sa méthode de comptabilité agricole; une série de tableaux indiquant le prix de revient pour différentes cultures, l'étable et la basse-cour; enfin, des modèles de livres employés avec son système de comptabilité agricole.

Chaire de cultures coloniales. (M. Dybowsky, professeur, membre du Jury, hors concours; M. Fron, répétiteur, médaille d'argent.) — La chaire de cultures coloniales a été créée par arrêté ministériel du 11 avril 1893. M. Dybowsky en fut chargé.

Le cours comprend 15 leçons ; il est suivi par les élèves de deuxième année.

En un aussi petit nombre de leçons le professeur ne peut pas traiter à fond toutes les questions de cultures coloniales. Il est dans la nécessité de ne parler que d'une manière générale de toutes ces questions, et de n'insister spécialement que sur certaines d'entre elles, en variant d'une année à l'autre.

Le programme du cours est le suivant :

Nécessité de développer l'agriculture dans nos colonies. — Ce que nous empruntons actuellement aux colonies étrangères. — Étude des colonies françaises au point de vue du climat, des productions naturelles, des productions que peut donner la culture, des conditions économiques agricoles : Algérie, Tunisie, Sénégal, Soudan, Guinée française, Côte d'Ivoire, Dahomey, Congo, Madagascar, la Réunion, colonies d'Asie et d'Amérique. — Culture du café, du cacaotier, de la canne à sucre, du coton, du thé, de la vanille, du dattier, de l'olivier, de l'arachide; pays où ces cultures sont faites et où on pourrait les introduire.

Le personnel attaché à cette chaire se compose de MM. Dybowski, professeur, et Fron, répétiteur. La chaire dispose d'un crédit annuel de 100 francs pour ses frais de cours.

Objets exposés. — Dans l'exposition du cours de cultures coloniales, le professeur s'était attaché à montrer l'orientation pratique donnée à son enseignement. Un tableau d'ensemble résumait le programme du cours. Dans une série de cartons exposés, cartons analogues à ceux dont on se sert pour les collections d'insectes, M. Dybowski avait réuni des échantillons montrant, pour un certain nombre de cultures coloniales, la plante à ses différents états de développement et les produits industriels qu'on en tire.

Nous signalerons particulièrement, parmi les cartons ayant trait au caféier, celui qui contenait les diverses sortes commerciales de café et celui dans lequel étaient groupées les principales formes des grains de café de Libéria, quand on opère un triage méthodique de la récolte.

Plusieurs cartons contenaient les échantillons botaniques des principales espèces de plantes à caoutchouc, ainsi que les produits correspondant à chaque espèce. L'un de ces cartons présentait un intérêt tout spécial : il montrait les différentes phases d'un nouveau système préconisé par M. Dybowski pour extraire de plus grandes quantités de caoutchouc des arbres et des lianes.

A côté de ces échantillons botaniques et industriels se trouvaient exposés quelques instruments servant à la culture en usage parmi les naturels et aussi parmi les colons de la colonie du Congo.

Chaire de dessin graphique et de topographie. (M. Muret, professeur, médaille d'argent.) — En principe, les élèves de l'Institut agronomique doivent consacrer au dessin graphique, quatre jours par semaine, de 1 h. 1/2 à 4 heures de l'après-midi; pendant l'année scolaire 1898-1899, il était prévu 96 séances représentant 226 heures. Ces travaux tiennent donc une grande place dans les horaires hebdomadaires.

Mais les exigences de l'emploi du temps obligent à prélever sur le temps qui devrait être consacré au dessin les conférences et exercices pratiques faits par section de promotion, de sorte que le professeur est seul tenu pendant les 226 heures, chaque élève n'assistant en réalité qu'à 75 séances, représentant environ 120 heures, en moyenne une heure et demie par séance. Ce nombre de séances serait suffisant si la durée de chacune d'elles était plus longue; pour le dessin, en effet, il est nécessaire d'avoir des séances d'une assez longue durée.

Les connaissances élémentaires de dessin graphique ne sont pas comprises dans les programmes d'admission à l'école : il en résulte que certains élèves n'ont jamais dessiné. Dans ces conditions, le programme de première année est nécessairement très simple. Le voici, dans ses grandes lignes :

Exécution de croquis à vue et à main levée d'après des tableaux muraux et des modèles. — Rapports à une échelle donnée et d'après des croquis cotés des divers détails d'un bâtiment agricole, en plan, en élévation et en coupe. — Dessins de machines agricoles simples. — Tracé d'une épure d'une surface réglée susceptible d'application à une machine agricole. — Notions de topographie et description des instruments employés à cet usage. — Construction d'un plan topographique complet, à une échelle donnée. — Exercices pratiques de topographie.

Les explications nécessaires à l'exécution des croquis et des dessins sont données par le professeur, dans les salles d'études. Chacune de ces salles contient 10 élèves. Pour en faciliter l'interprétation, des modèles en relief sont placés sous les yeux des jeunes gens. Le professeur emploie donc la méthode d'enseignement par l'aspect, ainsi que le faisait M. Bardin à l'École centrale et à l'École polytechnique. Avec les croquis, des notions très sommaires sous forme de notes autographiées sont distribuées aux élèves.

Le dessin topographique reçoit des développements particuliers : les élèves reçoivent des notions succinctes en présence d'un relief disposé pour cet usage. De plus, les élèves doivent assister à quelques exercices pratiques de topographie qui ont lieu sur le terrain ; ces exercices comprennent, pour chaque élève, 3 séances d'une heure et demie environ.

En deuxième année, les exercices de dessin graphique sont, théoriquement, répartis en 70 séances de deux heures et demie, soit environ 175 heures par an. Mais, là encore, ce nombre n'est exact que pour le professeur; il se réduit pour les élèves qui sont appelés, pendant le dessin, à prendre part à divers autres exercices. En réalité, les élèves ne peuvent consacrer, en deuxième année, que 100 heures aux travaux graphiques qui comprennent les calculs et le dessin; il n'est consacré que 50 heures pour le dessin proprement dit.

Les exercices de deuxième année sont dirigés par le chef de travaux de génie rural, M. Vuaillet. Ils constituent des applications directes des cours de mécanique et d'hydraulique agricole, de machines agricoles et de constructions rurales.

Les exercices pratiques de topographie sont plus nombreux qu'en première année; ils sont dirigés par le maître de conférences de mathématiques et de topographie, M. Pélissier.

Le budget de la chaire pour frais de cours est de 300 francs. Il doit suffire à l'entretien des instruments de topographie et des modèles, aux impressions, aux exercices sur le terrain, etc.

Objets et travaux exposés. — Le professeur de dessin graphique, M. Muret, avait exposé un relief de la commune de Fontenay-aux-Roses et de ses abords au $\frac{1}{5000}$, avec courbes de niveau apparentes et tracé des lignes trigonométriques et topographiques nécessaires au levé.

Dans son projet d'exposition il avait disposé, en regard du relief, la carte murale du terrain, les instruments mis entre les mains des élèves pour les levés topographiques et quelques travaux d'élèves, d'après ce relief; sa méthode était ainsi nettement caractérisée.

Chaire de machines agricoles et station d'essais de machines. (M. Ringelmann, professeur, médaille d'or; M. Coupan, répétiteur, médaille d'argent.) — L'étude des machines agricoles, lors de la création de l'Institut agronomique, était comprise dans le cours de génie rural; les professeurs qui occupèrent cette chaire furent, successivement, MM. Hervé-Mangon (de 1876 à 1880) et Grandvoinnet (de 1880 à 1890). A la suite du décès de ce dernier, la chaire de génie rural fut supprimée et le cours de machines agricoles fut institué et confié à M. Tresca. Mise au concours en 1897, la chaire fut attribuée au professeur actuel, M. Ringelmann.

Le cours comprend 30 leçons pour les élèves de 2e année.

Introduction générale dans laquelle est indiquée l'importance du rôle des machines en agriculture. – Exposé relatif à l'invention, à la construction, à la vente et à l'emploi des machines agricoles en France et à l'étranger. – Des causes du développement obligatoire des machines en agriculture. – Des concours et des essais spéciaux de machines. – Du travail effectué; frais de fonctionnement. – Du jugement des machines. – Étude des instruments servant aux travaux de préparation du sol, aux travaux d'ensemencement et d'entretien, aux travaux des récoltes. – Appareils de transport. – Machines et instruments servant à la préparation des récoltes. – Accidents occasionnés par les machines.

Ce cours ne comprend pas l'enseignement des constructions rurales. Il y a là une lacune qu'il appartient au Ministre de l'agriculture de combler. Cet enseignement spécial est très important; il pourrait rendre de grands services aux ingénieurs agronomes en les mettant à même de diriger eux-mêmes la construction de leurs bâtiments ruraux et il permettrait aux professeurs de guider les agriculteurs dans les constructions qu'ils ont à entreprendre. Le cours de machines agricoles comprend des leçons à l'amphithéâtre et des exercices pratiques. Le professeur s'étend sur l'exposé et la discussion des principes plutôt que sur la description détaillée de quelques machines : il fait un rapide aperçu historique de la question, expose d'une façon complète les principes généraux et procède à la description des machines. Il traite ensuite la dynamique de la machine et les résultats d'expériences; en dernier lieu, il fait connaître le travail pratique effectué. Pendant la durée du cours à l'amphithéâtre, les élèves ont sous les yeux quelques petits modèles en réduction des machines étudiées, des modèles établis spécialement en vue de certaines démonstrations, des pièces détachées de machines employées couramment dans la pratique et des tableaux divers tels que : dessins de machines, résultats généraux des essais, graphiques d'expériences. Chaque élève reçoit gratuitement des dessins de diverses machines afin de faciliter son étude et d'éviter la perte de temps qui résulterait de la copie des tableaux ou appareils.

Les exercices pratiques, au nombre de huit environ, sont conduits par le répétiteur et souvent aussi par le professeur. Pour ces exercices, les élèves sont réunis par groupes de 10 à 15; ils ont lieu, soit à l'école même (examen des modèles de la collection), soit à la station d'essais de machines (simulacre d'essais de diverses machines et examen des appareils d'expérience), soit à la ferme de Joinville (examen des machines en travail).

Le professeur dirige 6 ou 7 excursions dans lesquelles il fait visiter à ses élèves des fonderies, des forges, des ateliers de construction de machines, des usines d'électricité, des concours agricoles, des exploitations agricoles. L'excursion de fin d'études a lieu ordinairement à l'étranger; elle ne comprend qu'un nombre limité de diplômés (10 à 15), choisis suivant leur ordre de classement; cette excursion est facultative.

Le personnel attaché à la chaire de machines agricoles comprend : un professeur, M. Ringelmann; un répétiteur, M. Coupan.

Le budget du cours s'élève à 800 francs, sur lesquels doivent être prélevés les frais d'impression des documents distribués aux élèves et les frais d'entretien des machines composant la collection.

Le professeur est directeur de la station d'essais de machines créée en 1888. Cette station, indépendante de l'Institut agronomique, est située rue Jenner, 47, à Paris. Le but de cette station est triple : 1° elle doit faciliter les perfectionnements à apporter au matériel agricole, sous ses différentes formes, en faisant des expériences sur les modèles proposés par les constructeurs; 2° elle soumet les machines et les instruments qui lui sont présentés à des épreuves nombreuses, de manière à établir des bulletins d'expériences qui, en éclairant les agriculteurs, les guident dans leurs achats; 3° elle fait des recherches scientifiques sur tous les sujets de mécanique générale ou appliquée.

La station d'essais de machines est établie sur un terrain d'une contenance de 3,309 mètres carrés, appartenant à la ville de Paris. Elle comprend un hall de 15 mètres de longueur sur 10 mètres de largeur. Ce hall principal est destiné aux essais des diverses machines mues à bras ou actionnées par des courroies. Il renferme à l'une des extrémités le bureau du directeur; un moteur à gaz de 6 à 7 chevaux, actionnant un arbre de couche de 12 mètres de longueur; les vitrines dans lesquelles sont placés un grand nombre d'appareils de précision, dont la plupart ont été imaginés par M. Ringelmann pour ses essais; un atelier d'outillage de précision : forge, tour parallèle, machine à percer, etc.; une chambre noire; des machines destinées aux essais de résistance des matériaux, etc. Dans le fond du hall un étage, limité par un balcon, sert de salle de dessin, de remise aux archives et au petit matériel.

Perpendiculairement et se raccordant à ce hall principal s'en trouve un second de mêmes dimensions, qui sert de remise au gros matériel et où sont faites certaines expériences et aussi les essais des moteurs des automobiles, des générateurs et des pompes.

Un appentis de 12 mètres sur 4 mètres permet d'abriter les machines dont le fonctionnement occasionne des poussières. Ces machines sont alors actionnées par l'arbre de couche du grand hall qui, à cet effet, fait saillie du bâtiment d'une longueur de 3 mètres.

Une piste circulaire, macadamisée, est disposée à l'effet des manèges et des machines actionnées par un manège direct.

Au centre du terrain se dresse un pylône de 18 mètres de hauteur, pouvant recevoir des planchers espacés de 3 en 3 mètres. Il est utilisé pour les essais de pompes et de moulins à vent.

Le fond du terrain (40 mètres sur 20 mètres environ) est aménagé en prairie permanente. Cet emplacement est destiné aux essais et aux concours spéciaux organisés par le Ministre de l'agriculture, ou sous ses auspices.

A droite du portail se trouve la maison d'habitation du directeur de la station, à gauche le pavillon du mécanicien-concierge.

Les essais sont faits moyennant une légère indemnité versée directement au Trésor contre la délivrance du bulletin d'essai délivré par le directeur.

Objets et travaux exposés. — M. Ringelmann avait cherché à montrer, dans son exposition à la Classe 5, la méthode qu'il suit dans son enseignement. A cet effet, il avait fait exécuter un certain nombre de tableaux : programmes de cours; photographies des salles dans lesquelles sont placées ses collections de modèles; photographies de spécimens de modèles spécialement construits par lui pour ses démonstrations (le manque de place n'a pas permis l'exposition des modèles eux-mêmes); photographie de l'amphithéâtre préparé pour une leçon; quelques spécimens des tableaux graphiques dressés par lui sur le travail des faneuses, des batteuses, des rateaux à cheval, des moissonneuses et des moissonneuses-lieuses, sur les presses à fourrages; des spécimens de planches distribuées aux élèves; une carte indiquant les excursions qu'il a dirigées depuis son entrée en fonctions.

Les rapports, mémoires et ouvrages que M. Ringelmann a publiés avaient été réunis au nombre de plus de cent. Nous citerons seulement : *Traité de mécanique expérimentale; Les machines agricoles* (3 volumes); *Les constructions rurales* (2 volumes); *Les machines employées en agriculture pour l'élévation des eaux; Revue des perfectionnements apportés aux machines agricoles; Traité de machines agricoles*, en 4 fascicules.

Chaire de mécanique et d'hydraulique agricole. (M. Hérisson, professeur, médaille d'or.) — La chaire de mécanique et d'hydraulique agricole a été créée en 1890, lorsque fut supprimée la chaire de génie rural, après la mort de M. Grandvoinnet. Elle fut attribuée à M. Hérisson.

L'enseignement comprend 43 leçons, réparties sur les deux années d'études : 20 de mécanique, professées en première année; 23 d'hydraulique agricole, faites en deuxième année.

Le cours de mécanique professé en première année est presque un cours de mécanique pure dans lequel le professeur fait seulement quelques applications des principes généraux de la mécanique à un petit nombre de machines agricoles. C'est, en réalité, un cours préparatoire qui permet d'aborder en deuxième année l'étude mécanique des lois de l'hydraulique. Il a pour but, non d'apprendre aux élèves toutes les lois de cette science, mais seulement de leur donner des idées parfaitement nettes sur les principes généraux de la mécanique, de manière qu'ils puissent se rendre compte des faits mécaniques qui se passent autour d'eux et comprendre le fonctionnement d'une machine.

Quant aux méthodes de démonstration employées, ce sont celles de la mécanique rationnelle, basées sur la connaissance du calcul différentiel et du calcul intégral dont l'étude sommaire est faite préalablement dans des conférences de mathématiques par le répétiteur du cours. En s'appuyant sur ces notions, le professeur peut donner à son enseignement le caractère d'exactitude qu'il comporte.

Voici les grandes divisions du programme de ce cours :

Cinématique : Mouvement d'un point. – Mouvement d'un solide ou système invariable.

Dynamique : Équilibre et mouvement d'un point matériel. — Équilibre des systèmes matériels. – Mouvements des systèmes matériels. – Équivalent mécanique de la chaleur. – Machines. – Dynamomètres.

Le cours d'hydraulique agricole professé aux élèves de deuxième année se divise en deux parties, l'une purement mécanique se rattachant aux leçons faites en première année, l'autre de nature descriptive.

La partie mécanique comprend : l'hydrostatique, l'hydrodynamique, les moteurs hydrauliques, les machines élévatoires et les moulins à vent.

La seconde partie est consacrée aux irrigations, au drainage et aux desséchements.

Le petit nombre de leçons que comprend ce cours ne permet pas au professeur d'étudier à fond toutes les questions qu'il comporte, mais il traite avec quelques détails les questions de mécanique qui servent de base à l'hydraulique, car ce sont là des théories mathématiques que les élèves n'auraient plus le courage d'aborder une fois sortis de l'école et qui, pourtant, ont une portée pratique. Ces développements imposent des réductions sur d'autres parties du cours. Elles portent principalement sur le drainage et les grands travaux de desséchement.

Des expériences aussi nombreuses que possible ont lieu pendant le cours, dans le but de faire comprendre aux auditeurs les faits exposés, d'en démontrer le côté pratique et de les fixer dans la mémoire des élèves par le souvenir d'une chose vue.

Un laboratoire, spécialement aménagé pour les recherches de mécanique et d'hydraulique, est mis à la disposition du professeur et permet à ce dernier de compléter son enseignement oral par des exercices pratiques. Au commencement de la deuxième année d'études, les élèves sont amenés par groupes de 5 dans le laboratoire, et une séance d'une heure et demie est consacrée par M. Vuaillet, chef des travaux pratiques, à chacun des appareils suivants, que chaque élève doit manœuvrer individuellement : frein de Prony, indicateur de Watt, installés sur une locomobile en pression; dynamomètre de rotation actionnant une pompe dont on calcule le rendement; moulinet de Woltmann et tube de Darcy installés sur une canalisation en tôle où circule un courant liquide. Le chef des travaux leur montre aussi une machine à gaz démontée et leur apprend à la conduire.

Un ou deux élèves de troisième année peuvent faire leur stage de spécialisation dans le laboratoire.

La chaire de mécanique et d'hydraulique agricole a pour personnel : un professeur, M. Hérisson ; un répétiteur de mécanique, M. Thévenin ; un répétiteur d'hydraulique, M. Pélissier, et un mécanicien.

Le crédit annuel dont peut disposer le professeur pour l'entretien de son laboratoire et pour ses frais de cours s'élève à 1,000 francs. Il est insuffisant pour faire face aux dépenses d'entretien et pour assurer l'achat de nouveaux appareils. En Allemagne, les crédits dont disposent les professeurs de mécanique agricole sont plus élevés.

Fig. 16. — Institut national agronomique. (Laboratoire de mécanique et d'hydraulique agricole.)

Objets et travaux exposés. — M. le professeur Hérisson avait envoyé à l'Exposition les objets et travaux suivants :

1° Deux dynamomètres de rotation, de White, modifiés et perfectionnés sur ses indications par M. Vuaillet, chef des travaux de génie rural. L'un, d'une force de 15 chevaux, est le seul dynamomètre de cette puissance basé sur le principe du dynamomètre de White ; de plus, il est enregistreur. Ce dynamomètre est très supérieur aux systèmes existants.

Dans les dynamomètres de rotation construits jusqu'ici, le flottement produit des oscillations du ressort du dynamomètre qui se transmettent au crayon de l'enregistreur ; il en résulte que celui-ci, pour un effort constant, au lieu de tracer une ligne à peu près horizontale, décrit une série de zigzags très rapprochés et de 7 à 8 centimètres d'amplitude. Il devient ainsi difficile de tracer l'ordonnée moyenne; il faut le faire à la main, car on ne peut planimétrer la courbe tracée par le crayon. On n'obtient pas cette ordonnée moyenne avec précision. M. Hérisson a réduit tout d'abord de plus de moitié ces oscillations du crayon en remplaçant les poulies du dynamomètre par des poulies volantes très lourdes, dont l'inertie contrarie les oscillations indiquées; il est arrivé à les supprimer presque complètement en bloquant la tige qui commande le ressort entre deux pots à huile qui s'opposent à ces mouvements brusques.

2° Un compteur d'eau de l'invention de M. Hérisson. — Ce compteur est d'un type nouveau. M. Hérisson l'appelle un *jaugeur mécanique*. Cet appareil sert à mesurer commodément le débit des pompes. Il se compose d'une caisse dont le fond porte un tuyau évasé de 200 millimètres de diamètre et de 0 m. 30 de longueur. Une chaîne simplex, portant des tampons espacés de 0 m. 25, descend dans ce tuyau, remonte et vient passer sur une roue qui présente des dents dans lesquelles s'engagent les maillons de la chaîne et des encoches où se logent les tampons; c'est un chapelet tournant en sens inverse. Un flotteur placé dans la caisse commande, par une tige verticale, un levier qui, en s'abaissant, vient appuyer deux courroies sur deux poulies calées sur l'arbre de la roue; ces courroies arrêtent ainsi le mouvement de la chaîne lorsque la hauteur de l'eau dans la caisse devient inférieure à 0 m. 15. Les tampons, constitués par une collerette en caoutchouc emboutie par le serrage d'une bague en cuivre, forment avec les parois du tuyau un joint parfaitement étanche.

On comprend que si le volume compris entre deux tampons est de 10 litres, par exemple, autant il passera de tampons, autant il passera de dizaines de litres, il suffit donc de compter les tours de roue. Un engrenage fait la correction nécessaire et donne directement, sur un compteur, le débit en litres.

Le flotteur n'a pas seulement pour effet d'arrêter la roue; il la met en marche, lorsque le niveau monte, au moyen d'une crémaillère suspendue au levier, agissant sur une roue dentée, folle sur l'arbre, mais qui peut l'entraîner dans le sens du mouvement par un cliquet et une roue à rochet. Sans ce dispositif, la roue est trop paresseuse pour se mettre en marche; il faut que l'eau s'élève beaucoup dans la bâche pour qu'elle démarre, et dès lors le mouvement est trop discontinu. On peut faire plonger le tuyau dans le récipient où l'eau s'écoule, si l'on veut avoir peu de chute et si l'on ne tient pas à contrôler à chaque instant l'étanchéité des joints.

Les dispositifs employés par le professeur Hérisson ont eu pour but de remédier aux inconvénients que présentent les compteurs employés jusqu'ici et de lui permettre de poursuivre des recherches qu'il a entreprises. Les compteurs actuellement en usage sont à turbines ou à piston; les premiers ne sont pas fidèles, les seconds laissent aussi à désirer en plusieurs points : les fuites sont à craindre; la lecture des compteurs est incommode; ils ne marchent pas avec moins de 1 mètre de pression, et enfin ce sont des instruments de grandes dimensions et d'un fort poids (2,700 kilog.). L'appareil construit par M. Hérisson fonctionne avec une différence de niveau de 0 m. 30 entre l'entrée et la sortie de l'eau; il peut débiter jusqu'à 30 litres par seconde quand on élève cette différence jusqu'à 1 mètre; il ne pèse que 130 kilogrammes. C'est à cause de son grand débit qu'il l'a appelé un *jaugeur*.

3° Un appareil inventé par M. Hérisson, permettant de donner de l'avance à l'allumage dans les moteurs à explosion qui fonctionnent par tubes à incandescence. Cet appareil, appliqué à la machine à gaz du laboratoire, a augmenté la puissance de 50 p. 100.

4° M. Hérisson poursuit, depuis plusieurs années, des recherches sur l'étude du rendement dynamique des pompes. Il avait fait figurer, dans son exposition, deux graphiques donnant les résultats de ses recherches sur une pompe à piston et sur une pompe centrifuge. Ces graphiques donnaient la variation du rendement suivant la vitesse de la pompe et la hauteur d'élévation. Ils permettaient de déterminer quelle est, pour une hauteur d'élévation donnée, la vitesse donnant le rendement maximum de l'instrument. Ce sont là des recherches nouvelles, dont les résultats sont d'une utilité incontestable et qui, lorsqu'elles seront complètes, combleront une lacune de la science hydraulique.

5° Parmi les ouvrages publiés par le professeur nous citerons : *Machines élévatoires appliquées à l'irrigation des vignes*; — *Pasteurisation*; — *Soufreuses*; — *Irrigations de la vallée du Pô*; — *Nouveau projet des canaux du Rhône*.

Chaire de microbiologie et laboratoire des fermentations. (M. Duclaux, professeur, membre du Jury, hors concours; M. Kayser, répétiteur, chef de travaux, médaille d'or.)[1] — Le cours de microbiologie, créé par arrêté du 27 août 1891, est professé à l'Institut agronomique par M. Duclaux, membre de l'Institut, directeur de l'Institut Pasteur. Il ne compte que dix leçons. Les sujets traités par le professeur sont les suivants :

Notions générales sur la morphologie et la classification des microbes. – Influence des agents physiques et chimiques. – Mode de culture des microbes. – Étude des microbes de l'air, des eaux et du sol. – Décomposition microbienne des matières hydrocarbonées. – Notions sur les ferments alcooliques. – Maladies des vins, bières et cidres. – Décomposition des matières azotées et récupération de l'azote. – Diastase. – Microbes pathogènes.

Ce cours est absolument théorique. Toutefois, un certain nombre d'élèves stagiaires de troisième année travaillent chaque année au laboratoire des fermentations. Ils y exécutent diverses manipulations et peuvent se livrer à des recherches personnelles.

Le professeur de microbiologie est directeur du laboratoire des fermentations. Ce laboratoire est spécialement destiné à l'étude des ferments, de leur action et de leur application aux industries agricoles : brasserie, distillerie, laiterie, etc. Le personnel du laboratoire est le même que celui du cours de microbiologie. Il comprend un professeur-directeur, M. Duclaux, ainsi qu'un chef des travaux, répétiteur, M. Kayser.

Le budget mis à la disposition de M. Duclaux, pour les besoins du cours et pour ceux

[1] M. Duclaux a été remplacé par M. Kayser qui a été nommé maître de conférences de microbiologie et directeur du laboratoire des fermentations.

de son laboratoire, est de 4,150 francs, dont 150 francs pour les frais de cours et 4,000 francs pour ceux de laboratoire.

Objets et travaux exposés. — L'exposition présentée par la chaire de microbiologie et le laboratoire des fermentations comprenait des cultures de microbes et les travaux scientifiques de MM. Duclaux et Kayser.

Les cultures de microbes étaient divisées en trois groupes :

1° Microbes de l'air, de l'eau et du sol ;

2° Ferments alcooliques et maladies du vin et du cidre ;

3° Ferments de la laiterie.

Fig. 17. — Institut national agronomique. (Laboratoire de microbiologie.)

Ces microbes se trouvaient soit en milieux liquides, soit en milieux solides (milieux gélosés, gélatinés, tranches de pommes de terre). Les plus intéressants d'entre eux étaient accompagnés de dessins.

Au nombre des travaux scientifiques de MM. Duclaux et Kayser, travaux très nombreux, signalons le *Traité de microbiologie*, en trois volumes, de M. Duclaux ; son *Cours de météorologie*, sa *Vie de Pasteur* ; divers mémoires de M. Kayser sur la fermentation du cidre, les levures de vin, les ferments de l'ananas, l'alimentation des levures, la fermentation lactique, l'action de la chaleur sur les levures, l'étude des malts de brasserie, etc.

Chaire [*conférences*]. — **Station de pathologie végétale.** (M. le docteur Delacroix, maître de conférences, médaille d'or ; Mme Delacroix, médaille d'argent.) — L'enseignement de la pathologie végétale a été donné à l'Institut agronomique, jusqu'en 1899, par M. Prillieux, membre de l'Institut; il faisait partie du cours de botanique générale.

Lorsque M. Prillieux se retira, la pathologie végétale fut détachée de la chaire de botanique générale, et son enseignement fut confié à M. le docteur Delacroix, qui eut le titre de maître de conférences.

Ce cours est professé en seconde année d'études; il comporte 20 leçons d'une heure et demie chacune.

Voici, dans ses grandes divisions, le programme suivi par le professeur :

Maladies non parasitaires : blessures et cicatrisations, action du froid sur les cellules vivantes, formation de la gomme, chlorose, etc. – Maladies parasitaires : *a.* produites par les bactéries; *b.* produites par les algues; *c.* produites par les champignons; *d.* produites par les phanérogames; *e.* produites par des animaux.

Ce cours exige un nombre considérable de figures. Pour être vraiment utiles à l'élève, ces figures doivent être dessinées avec soin. Il ne fallait donc pas songer à les faire au tableau noir au cours de la leçon, cela aurait absorbé beaucoup trop de temps. C'est ce qui a décidé le docteur Delacroix à dessiner d'avance ces figures sur des tableaux en carton ardoisé à l'aide de craies de différentes couleurs. La craie fixée, les tableaux peuvent servir quatre ou cinq ans sans avoir besoin d'être retouchés. De plus, M. Delacroix a reproduit ces tableaux par des dessins soignés, enluminés, qu'il a fait imprimer; chaque planche est accompagnée d'une légende qui en facilite la lecture. La collection de ces planches forme un *Atlas de pathologie végétale,* dont la plupart des figures sont inédites, le professeur les ayant faites d'après ses propres préparations microscopiques, et les organes des plantes malades ayant été dessinés d'après nature par Mme Delacroix.

Les élèves n'ont donc pas à copier les figures placées sous leurs yeux à l'amphithéâtre, ce qu'ils seraient obligés de faire très rapidement et par conséquent très imparfaitement : ils n'ont qu'à se reporter aux planches qui leur sont distribuées.

L'enseignement théorique est complété par des exercices de micrographie, au nombre de 22, d'une durée de deux heures et demie chacun, et par trois ou quatre herborisations permettant aux élèves de se familiariser avec l'apparence extérieure de diverses maladies de plantes à l'état naturel.

L'ordre suivi dans les exercices est naturellement le même que celui des conférences et toujours, lorsque cela est possible, l'exercice suit de près la leçon orale à laquelle il correspond.

Dans chaque séance, les élèves ont à leur disposition plusieurs échantillons de plantes malades qu'ils étudient, soit directement, soit à la loupe, soit par l'usage de coupes fines ou autres préparations destinées à l'observation au microscope et traitées par les réactifs appropriés.

Une grosse difficulté que doit surmonter le professeur réside dans la nécessité où il se trouve de fournir à 80 élèves un échantillon suffisant d'une même plante malade. Il ne peut la surmonter qu'au prix d'actives recherches ou, dans quelques cas, en provoquant artificiellement des cas pathologiques sur les plantes cultivées dans le jardin de la station de pathologie végétale.

La salle dans laquelle sont faits les exercices de micrographie est orientée au Nord et très bien éclairée. Il y a 45 places dans cette salle. Les élèves y travaillent donc nécessairement en deux séries alternatives. Chacun d'eux a à sa disposition un microscope et une loupe montée, ainsi que les réactifs appropriés à l'observation des coupes fines au microscope. Il est tenu de faire des croquis d'ensemble des objets à observer et d'exécuter des dessins d'après la structure vue au microscope du parasite et de la lésion qu'il cause.

Fig. 18. — Institut national agronomique. (Station de pathologie végétale.)

Les élèves sont aidés dans leurs travaux par une collection considérable et à peu près complète d'échantillons de maladies de plantes exposée dans les armoires vitrées de la salle de micrographie.

Le maître de conférences doit suffire seul à tout l'enseignement de la pathologie végétale; il n'a ni répétiteur, ni préparateur.

Pour frais de laboratoire (entretien de la collection, des instruments d'optique; achat de réactifs, de porte-objets, de couvre-objets; recherches des échantillons destinés aux manipulations, etc.), le professeur ne dispose que d'un crédit de 200 francs. Encore doit-il prélever sur ce crédit les dépenses nécessitées par son cours à l'amphithéâtre.

La station de pathologie végétale, fondée en 1888, est placée sous la direction de M. le sénateur Prillieux. Elle est restée installée, jusqu'à la fin de 1898, dans les locaux

IMPRIMERIE NATIONALE.

de l'Institut agronomique. A cette date, elle a été transférée dans un terrain appartenant au département de la Seine, situé rue d'Alésia, n° 11, que le Conseil général lui a conféré gratuitement. Un pavillon a été élevé sur ce terrain aux frais du Ministère de l'agriculture.

Ce pavillon se compose d'un rez-de-chaussée et de deux étages. Le rez-de-chaussée, divisé en deux parties par un vestibule, comprend d'un côté deux pièces : la première renferme les bocaux de la collection de pathologie végétale et reçoit les colis de plantes malades à leur arrivée; la seconde sert d'atelier, de laverie, et on y stérilise à l'autoclave les milieux nutritifs utilisés pour les recherches du laboratoire. La seconde partie du rez-de-chaussée est réservée au logement du gardien-jardinier, qui fait également le service de garçon de laboratoire.

Au premier étage ont été aménagés : le laboratoire du directeur et celui du chef des travaux; une grande pièce renfermant l'herbier des champignons et les collections de plantes malades desséchées. Cette pièce sert aussi de laboratoire pour le préparateur de la station et les personnes qui viennent y étudier. Une salle de photographie et une petite salle de microbiologie, exclusivement réservée pour l'ensemencement des parasites en milieu stérile, sont attenantes à cette dernière pièce. Enfin, sur le même étage se trouve la bibliothèque de la station, riche en ouvrages de mycologie et de pathologie végétale. Le second étage sert de magasin de débarras.

La superficie totale occupée par la station est d'environ 1,800 mètres carrés. Une grande partie du terrain est prise par le jardin, lequel sert à la culture des plantes nécessaires aux recherches de laboratoire ou utilisées pour l'infection par des parasites d'étude. Une petite serre abrite les plantes délicates; elle est utilisée pour des recherches en hiver. La station de pathologie végétale, créée dans le but d'étudier les maladies des plantes cultivées et de renseigner le public, répond gratuitement à toutes les demandes de consultation qui lui sont adressées. De nombreux et importants sujets, concernant les maladies des plantes, y ont été étudiés.

Objets et travaux exposés. — L'exposition présentée à la Classe 5 par la chaire et la station de pathologie végétale comprenait quelques numéros de la collection dont nous avons parlé plus haut, ainsi que des échantillons conservés à sec ou dans l'alcool. Les échantillons conservés à sec peuvent être rangés en deux groupes :

1° Les plantes malades desséchées d'après la méthode employée pour les herbiers. Ces plantes sont placées dans des boîtes vitrées d'un format uniforme, celles dont on se sert généralement pour les insectes. Chaque boîte est accompagnée d'un dessin représentant les principaux détails de la structure du parasite et de la lésion qu'il produit sur la plante hospitalière.

2° Quelques types de gros champignons parasites des arbres, présentés sur leur support naturel et préparés de manière à montrer, en même temps que le parasite, la lésion qu'il cause.

A ces spécimens de maladies parasitaires étaient joints un certain nombre de types de monstruosités ou d'altérations de nature non parasitaire.

Le Jury a remarqué une belle série d'aquarelles exécutées par Mme Delacroix, relatives à certaines maladies étudiées à la station de pathologie végétale : gommose bacillaire; maladies des mûriers; rameau de vigne avec raisins, atteint par le mildiou, et, dans trois grands tableaux, un certain nombre de planches enluminées, tirées de l'*Atlas de pathologie végétale* mis à la disposition des élèves. C'est pour ces travaux que Mme Delacroix a reçu une médaille d'argent.

MM. Prillieux et Delacroix avaient réuni la collection complète de leurs travaux scientifiques publiés soit individuellement, soit en collaboration. L'énumération seule de ces travaux, qui sont nombreux, nous entraînerait trop loin; signalons toutefois, parmi les plus récents, le traité si estimé des *Maladies des plantes*, en 2 volumes, par M. Prillieux; *Maladies et Ennemis du caféier*, par M. Delacroix.

Chaire de physiologie générale. (M. le docteur Regnard[1], professeur, membre du Jury, hors concours.) — La chaire de physiologie générale a été créée en 1878, un an et demi, par conséquent, après la reconstitution de l'Institut agronomique. On avait remarqué une lacune dans les connaissances des jeunes gens qui se présentaient, lacune qui ne leur permettait pas de suivre avec fruit l'enseignement de la zootechnie. La nouvelle chaire fut confiée à M. le docteur Regnard, qui fait son cours pendant le premier semestre et le commencement du second de la première année.

Le professeur n'enseigne plus actuellement la physiologie tout entière, que les élèves connaissent assez bien, car elle fait partie à présent du programme d'admission. Il ne le pourrait pas, d'ailleurs, puisqu'il ne peut disposer que de 30 leçons. Il développe ce qui a rapport à la constitution de la matière vivante, à ses fonctions primordiales, à sa reproduction et à sa destruction par les phénomènes d'oxydation. En un mot, il s'étend sur les phénomènes de nutrition intime.

Comme appendice à son enseignement, il s'occupe en détail des fonctions de reproduction, dont il n'est pas question dans les programmes de l'enseignement secondaire, et de l'énergétique animale, dont l'étude dérive naturellement de celle de la dénutrition.

Sa méthode est l'enseignement objectif par excellence. Tout ce qu'il est possible de montrer au cours y est apporté; le reste fait l'objet de projections à la lumière électrique très nombreuses (plus de 500). Une installation spéciale de microscope de projection permet de faire passer sous les yeux des élèves plus de 300 préparations microscopiques qu'ils voient tous ensemble pendant que le professeur explique.

Le personnel de la chaire de physiologie générale se compose d'un professeur, M. le docteur Regnard, et d'un répétiteur-préparateur, M. le docteur Portier.

Le budget des frais de cours de la chaire est de 500 francs. Il doit suffire à l'achat des appareils, à leur entretien, à l'achat des animaux, à la dépense en lumière électrique et en produits chimiques.

[1] M. le docteur Regnard a été nommé directeur de l'Institut agronomique par arrêté du 21 novembre 1900; il a pris possession de son poste le 1er janvier 1901.

Il suffit de comparer ce budget avec celui des chaires congénères de l'étranger pour juger à quel degré il est insuffisant.

Objets et travaux exposés. — L'exposition présentée par M. le docteur Regnard se composait d'appareils et de travaux scientifiques, au nombre de 140 environ.

Les appareils exposés étaient de deux sortes :

1° Deux balances enregistrantes, à la fois puissantes et sensibles, pouvant peser 20 kilogrammes avec une sensibilité de 1 à 5 centigrammes. Ces instruments avaient été construits, sur les indications du savant professeur, par l'ingénieur Rédier.

2° Un appareil à mesurer l'acide carbonique produit par les animaux pendant une longue durée. Cet appareil est basé sur ce principe que l'animal restant dans un espace complètement clos voit néanmoins l'atmosphère qui lui est fournie sans cesse renouvelée; on évite, par conséquent, de cette manière, le confinement qui n'a jamais permis à Regnault et Reiset de faire des expériences de longue durée. Le principe a été mis à exécution par M. le docteur Regnard d'une façon fort ingénieuse, ne demandant que des appareils d'une grande simplicité et pourtant d'une grande précision :

Dans une grande cloche en verre, reposant sur une table, l'animal est introduit et tenu, par une cage, éloigné des parois de telle sorte qu'il ne puisse les souiller. La dimension des cloches que l'on peut mouler aujourd'hui est telle qu'il est possible d'y renfermer un chien de petite taille. La cloche repose dans une rainure profonde que l'on remplit de glycérine : on évite ainsi les fuites si faciles dans le lutage au suif. L'air extérieur peut pénétrer dans la cloche après avoir barboté dans de l'eau de baryte et s'être, par conséquent, dépouillé de son acide carbonique. Il y est appelé par l'aspiration de deux cloches d'assez grandes dimensions, environ 5 litres, qui sont chacune suspendues à l'extrémité d'un long balancier.

Ce balancier est mû lui-même par un moteur d'une grande simplicité : un faible courant d'eau amené par un tuyau de caoutchouc se déverse dans une auge munie d'un siphon de Tantale. Suivant que cette auge est vide ou pleine, le balancier est tiré dans un sens ou dans l'autre, et chaque cloche est successivement soulevée et enfoncée dans le liquide.

L'air de la cloche dans laquelle se trouve l'animal se trouve donc ainsi amené à l'appareil d'analyse. Celui-ci consiste en un long tube rempli de billes de verre mouillées d'une solution concentrée de potasse qui retient la totalité de l'acide carbonique excrété par l'animal. Un vase terminal contenant de l'eau de baryte démontre que l'air qui s'échappe a totalement abandonné son acide carbonique. C'est donc, finalement, de l'air toujours neuf qui arrive à l'animal, et la totalité de cet air est analysée en changeant de six heures en six heures le tube d'absorption. L'auteur a pu faire durer ses expériences pendant une semaine avec un chien; avec des oiseaux ne mangeant que la graine en réserve dans la cloche, l'expérience a pu durer un mois sans arrêt.

Les physiologistes et les zootechniciens qui s'occupent d'alimentation comprendront facilement l'intérêt d'une méthode qui permet d'opérer sur de longs espaces de temps sans l'intervention de l'expérimentateur.

Au nombre des ouvrages que M. le docteur Regnard avait exposés, citons : *Recherches expérimentales de la vie dans les eaux; Recherches expérimentales sur les combustions respiratoires; Cures d'altitude*, etc.

Chaire de physique et de météorologie. — Le premier professeur de physique et de météorologie à l'Institut agronomique fut Edmond Becquerel, membre de l'Institut. Démissionnaire en 1878, sa chaire fut mise au concours et donnée à M. Duclaux. Lorsque, en 1896, M. Duclaux fut appelé à la direction de l'Institut Pasteur, il eut pour successeur, après concours, M. Angot, le professeur actuel.

La chaire comporte 30 leçons, professées aux élèves de première année. Voici, dans ses grandes lignes, le programme du cours :

Exposé rapide des principes d'optique physique (interférence, double réfraction, polarisation).

Historique de la météorologie. – Chaleur solaire. – Température du sol, des eaux et de l'air. – Appareils et procédés de mesure de la température. – Variations. – Climats et températures extrêmes. – Influence de la température sur la végétation. – Pression atmosphérique. – Appareils et procédés de mesure de la pression atmosphérique. – Variations. – Vent : mesure de la direction et de la vitesse. – Causes de production du vent. – Vents réguliers. – Évaporation. – Humidité atmosphérique nuages, brouillards, nébulosités, rosée, gelée blanche, givre, verglas, pluie, neige. – Inondations. – Tempêtes, cyclones. – Orages, trombes. – Prévision du temps. – Discussion des influences cosmiques.

Les cinq premières leçons sont consacrées à l'exposé rapide des principes de l'optique physique. Le professeur traite seulement les matières qui ne sont pas comprises dans l'enseignement des lycées et dont la connaissance est indispensable pour aborder l'étude de la cristallographie et pour comprendre certaines applications, la saccharimétrie, par exemple.

A l'amphithéâtre, sont effectuées les expériences fondamentales sur les interférences, sur la double réfraction, sur la polarisation de la lumière et les couleurs des lames minces cristallisées. Des projections sont faites dans les différentes leçons; elles se rapportent aux installations diverses employées en météorologie ou représentant les différents types de nuages, classés suivant une règle internationale. Au cours de son enseignement, le professeur fait passer sous les yeux des élèves les appareils de météorologie les plus essentiels et les plus généralement adoptés.

Comme complément du cours, les élèves participent à quatre exercices pratiques, dirigés par le répétiteur, et pendant lesquels ils répètent les principales expériences de l'optique physique et se familiarisent avec la manipulation du microscope polarisant, des polarimètres et des instruments de météorologie.

La chaire de physique et de météorologie comprend, en dehors du professeur, M. Angot, un répétiteur-préparateur, M. Dongier, qui fait, en outre de son service de répétiteur, des conférences sur l'électricité (courants, applications industrielles, influence de l'électricité sur la végétation).

Le budget de la chaire pour ses frais de cours s'élève à 500 francs. Il doit suffire à l'entretien des appareils du cabinet de physique, à l'achat de nouveaux modèles et à la confection des cartes et graphiques distribués aux élèves par le professeur.

Objets et travaux exposés. — M. Angot avait envoyé à l'Exposition universelle quatre cartes donnant, par saison, la distribution de la pluie sur toute l'Europe occidentale; son traité de météorologie, et la collection de ses mémoires et ouvrages sur la climatologie, sur les phénomènes de végétation, sur la migration des oiseaux.

A côté des travaux du professeur, figuraient aussi les travaux du répétiteur, M. Dongier, sur le pouvoir rotatif du quartz dans l'infra rouge et sur la variation de la biréfringence du quartz avec la direction de la composition.

Fig. 19. — Institut national agronomique. (L'amphithéâtre.)

Chaire de technologie agricole. (M. Lindet, professeur, membre du Jury, hors concours.) — Lors de la reconstitution de l'Institut agronomique, en 1876, le cours de technologie agricole fut confié à M. Aimé Girard. Le professeur actuel, M. Lindet, docteur ès sciences, lui succéda après concours, en 1891. Il a cherché à conserver dans son enseignement les idées et les procédés d'Aimé Girard. Les modifications survenues dans l'allure générale de l'industrie, dans les exigences du marché, ont apporté seules quelques changements dans la façon d'exposer aux élèves les faits de la technologie agricole; les progrès incessants accomplis dans ces dernières années ont obligé le professeur à développer certains chapitres au détriment d'autres sujets moins touchés par le progrès.

Le cours de technologie agricole comprend l'étude des industries que le cultivateur a intérêt à annexer à sa ferme, ou qui, exercées à côté de lui, concourent au développement de son exploitation en ouvrant un débouché aux produits de son sol et en assurant, par leurs résidus, la nourriture des animaux. Il est professé en deuxième année et comprend 37 leçons réparties sur les sujets suivants :

Féculerie et amidonnerie. – Sucrerie. – Œnologie. – Distillerie. – Meunerie. – Boulangerie. – Fabrication des engrais. – Huilerie. – Essences de fleurs. – Essence de térébenthine. – Fabrication du charbon. – Laiterie. – Beurrerie. – Fromagerie.

Le professeur résume brièvement la situation économique de l'industrie considérée, son histoire et son avenir, les emplois du produit que l'on désire obtenir. Puis, prenant la matière première au point de vue physique, chimique et même en certain cas biologique, il montre les transformations que les différents éléments subissent au cours du travail. Il examine ensuite comment les principes théoriques sont appliqués dans la pratique industrielle et suit les différentes opérations qui aboutissent à l'élaboration du produit manufacturé.

Le cours est complété par une série annuelle de douze excursions dans les usines agricoles situées aux environs de Paris. Ces excursions sont dirigées par le professeur assisté de son répétiteur et de son préparateur. Avant l'excursion, le répétiteur, dans une conférence, explique aux élèves les points principaux sur lesquels leur attention devra se porter à l'usine, les chiffres de rendement obtenus; il leur fait aussi le plan de l'usine, en un mot, il prépare la visite de la façon la plus favorable à leur instruction.

Le personnel attaché à la chaire de technologie agricole comprend : un professeur, M. Lindet; un répétiteur, M. Portier; un préparateur, M. Ammann.

Le budget pour les frais de cours et pour les frais de recherches du professeur est de 1,200 francs, somme modeste, si on la compare à celles dont les laboratoires similaires de l'étranger peuvent disposer.

Objets et travaux exposés — M. Lindet, tenant à honorer et à rappeler la mémoire d'Aimé Girard qui fut son maître et le créateur du cours de technologie agricole, avait exposé un portrait de ce savant. Il y avait joint une légende relatant les conditions dans lesquelles le cours avait été créé, indiquant les travaux de son prédécesseur sur le grain de blé, les betteraves et les pommes de terre. Il y a lieu de remarquer que ces travaux, qui avaient conduit Aimé Girard à l'Institut de France, avaient été entrepris pour répondre à la préoccupation intime de ce savant de ne présenter à son cours que des documents authentiques.

M. Lindet avait exposé un certain nombre de modèles et appareils de démonstration (chaudière à triple effet, couteaux de coupe-racines, plateau de filtre-presse, colonne à distiller, schéma d'un broyeur à cylindre, d'une bluterie plane, appareils de laiterie, etc.) dont il se sert à son cours et qui lui permettent de faire comprendre les principes sur lesquels les appareils reposent. Ces appareils sont dessinés à la peinture blanche sur toile noire et les autographies en sont distribuées aux élèves. Des spécimens de ces tableaux et de ces autographies étaient exposés.

M. Lindet avait également présenté un certain nombre de clichés à projection dont il se sert pour son cours et sur lesquels on pouvait voir des photographies de coupes de végétaux, betteraves, pommes de terre, grains, amidon, farine, ainsi que des vues permettant de montrer aux élèves des cultures de cannes, de fleurs odoriférantes, et des ateliers dans lesquels il n'est pas possible de les conduire, tels que sucrerie de canne, fabrique d'essence de térébenthine, distillerie de cidre, etc.

Ce professeur avait exposé également ses publications scientifiques au nombre desquelles nous pouvons mentionner ses mémoires sur les alcools, sur la saccharification, sur le dosage de l'amidon, sur le dosage de l'alumine et du fer par les phosphates, sur le dosage du beurre.

Chaire de viticulture et laboratoire de recherches viticoles. (M. Viala, professeur, membre du Jury, hors concours. M. Pacottet, préparateur, médaille de bronze.) — La chaire de viticulture à l'Institut agronomique a été créée en 1883. Précédemment l'enseignement de la viticulture était donné dans le cours général d'arboriculture, professé par M. Dubreuil.

Mise au concours en 1884, cette chaire eut pour premier titulaire M. Pulliat; elle ne comprenait que 15 leçons. A M. Pulliat succéda, en 1890, M. P. Viala, le professeur actuel.

Le cours comprit à cette époque 25 leçons, mais ce n'est qu'en 1896 que l'organisation complète de l'enseignement de la viticulture eut lieu, par suite du transfert à Paris du laboratoire de recherches viticoles que M. Viala dirigeait à l'École nationale d'agriculture de Montpellier. L'enseignement a lieu en première année.

Programme du cours :

Importance de la viticulture en France et à l'étranger. – Influence du climat sur la culture de la vigne. – Distribution géographique de la vigne. – Histoire du vignoble français. – Ampélographie. – Culture. – Vendanges. – Création et reconstitution du vignoble. – Le phylloxéra. – Valeur comparée des divers procédés de lutte contre le phylloxéra. – Les vignes américaines. – Hybridation. – Semis, greffage, bouturage, provignage. – Comparaison des frais de culture dans les divers vignobles. – Conditions sociales des vignerons dans les divers vignobles.

Ce programme est trop vaste pour être traité complètement dans l'année en vingt-cinq leçons. Le professeur se borne à exposer chaque année toutes les questions, en insistant plus spécialement sur l'une des grandes divisions du cours (reconstitution, culture, ampélographie, géographie viticole, maladies); le répétiteur, dans les applications pratiques, au nombre de douze, ou dans des conférences complémentaires, traite les parties (côté pratique seulement) sur lesquelles le professeur n'a pas insisté cette année-là.

Les applications pratiques, greffages, bouturages, taille, etc., ont lieu au laboratoire de recherches viticoles sur des documents existant dans les collections ou envoyés de diverses régions viticoles de France par les viticulteurs correspondants du laboratoire.

L'enseignement est complété, en outre, par des excursions aux environs de Paris et par une grande excursion qui a lieu chaque année dans un vignoble important. Enfin, pendant les grandes vacances, les élèves qui se destinent plus spécialement à la viticulture accomplissent une grande excursion de dix à quinze jours dans les vignobles français ou étrangers sous la conduite du professeur et du répétiteur.

Deux ou trois élèves, parmi ceux qui font une troisième année à l'École, sont autorisés annuellement à compléter leur instruction dans le laboratoire de recherches viticoles ; ils suivent les travaux de recherches du professeur et du préparateur et y collaborent ; ils prennent part aux excursions et aux applications des élèves de première année.

A l'Institut agronomique, le personnel du cours de viticulture est le même que celui du laboratoire de recherches viticoles. Il comprend : un professeur-directeur, M. Viala, et un répétiteur-préparateur, M. Pacottet.

Fig. 20. — Institut national agronomique. (Laboratoire de viticulture.)

Le budget du laboratoire n'est que de 1,200 francs : 400 francs pour les frais de cours ; 800 francs pour les frais de laboratoire.

Si nous comparons ce budget avec celui des établissements étrangers du même genre, nous trouvons en faveur des ressources dont disposent ces derniers une différence très notable.

C'est ainsi que chacune des stations viticoles hongroises a un budget d'environ 50,000 francs, que le laboratoire spécial de viticulture de Colombia-College (Californie) a un budget annuel de 75,000 francs.

Ce désavantage est un peu atténué par les champs d'expériences mis gratuitement à la disposition de l'Institut agronomique par un certain nombre de viticulteurs des diverses régions de la France. Quatre des principaux champs d'expériences dépendant du laboratoire de recherches viticoles comprennent : 1° à Fangouse (Hérault), 6 hectares de collections et 12 hectares de cultures; 2° à Lavérune (Hérault), 7 hectares de cultures; 3° à Orléans (Loiret), 3 hectares de cultures et une collection ampélographique; 4° à Nuits-Saint-Georges (Côte-d'Or), 4 hectares de terre.

Objets et travaux exposés. — L'exposition de la chaire de viticulture et du laboratoire de recherches viticoles comprenait les publications du professeur, au nombre de 140 : éditions françaises diverses, traductions étrangères, etc. Elle était complétée par les planches en peinture de ces travaux. Il y avait lieu de remarquer surtout une collection de cépages très bien présentés, extraits de l'ouvrage d'ampélographie en cours de publication. Le professeur avait également exposé un album d'ampélographie, ainsi que la collection de la *Revue de viticulture*, journal hebdomadaire dont il est le directeur.

Chaire de zoologie agricole et station d'entomologie. (M. le docteur Marchal, professeur, médaille d'or.) — La chaire de zoologie agricole de l'Institut agronomique a eu successivement pour titulaires M. Émile Blanchard, membre de l'Institut, de 1876 à 1890, M. le docteur Brocchi, de 1890 à 1898, et M. le docteur Marchal, le professeur actuel.

Le cours est professé en première année; il comprend 30 leçons.

Deux éléments doivent se trouver constamment associés dans ce cours : l'élément zoologique et l'élément agricole. Toutes les questions de zoologie n'ayant pas d'application à la culture des terres ou des eaux en sont donc exclues. Il est toutefois indispensable, pour l'intelligence de l'ensemble, que les faits présentés se trouvent reliés entre eux par l'enchaînement de la classification naturelle. Le professeur fait une très large part à l'étude de la biologie et des mœurs, car c'est sur cette étude que reposent à la fois la science des cultures zoologiques et les méthodes employées dans la lutte contre les espèces nuisibles.

Programme suivi par le professeur :

Généralités. – Classification du règne animal. – Protozoaires. – Vers. – Crustacés (maladies et élevage des espèces comestibles). – Arachnides. – Myriapodes. – Insectes nuisibles aux cultures, aux animaux domestiques, aux produits alimentaires. – Méthodes techniques de préservation ou de destruction. – Insectes inutiles. – Apiculture, sériciculture. – Mollusques. – Ostréiculture. – Myticulture. – Poissons (la pisciculture est traitée par un maître de conférences). – Batraciens. – Reptiles. – Oiseaux : espèces utiles, espèces nuisibles. – Mammifères : espèces utiles, espèces nuisibles.

A chaque leçon, le professeur fait apporter à l'amphithéâtre des tableaux dessinés sur toile noire, avec des craies de différentes couleurs, par le répétiteur-préparateur. Ces tableaux sont relatifs à l'organisation et à la classification, d'une part; aux méthodes techniques, d'autre part.

Les élèves groupés en six séries prennent part à des travaux pratiques et assistent à des démonstrations faites sur le sujet du cours par le répétiteur. Il y a en tout 40 séances, chacune durant environ deux heures et demie; le programme comporte 20 démonstrations de nature différente. Les exercices pratiques sont faits particulièrement en vue de la détermination des espèces et des démonstrations anatomiques. Mais ni le temps, ni les crédits ne permettent au professeur d'initier les élèves aux pratiques générales de la dissection.

Le personnel attaché à la chaire de zoologie agricole comprend : un professeur, M. le docteur Marchal, et un répétiteur, M. Parisot.

Le crédit mis à la disposition du professeur pour ses frais de cours est de 500 francs. Il est à peine suffisant pour l'achat des animaux et des instruments nécessaires aux exercices pratiques. Il ne permet pas de constituer une collection zoologique cependant indispensable à l'enseignement.

Fig. 21. — Institut national agronomique. (Laboratoire de zoologie.)

Le professeur de zoologie de l'Institut agronomique est en même temps directeur de la station entomologique. Cette station a été créée en 1894. Elle a pour but : 1° l'étude complète de la biologie de tous les insectes signalés comme dangereux pour l'agriculture et des autres animaux réputés nuisibles ; 2° la recherche des destructions les plus efficaces ; 3° la recherche des moyens propres à protéger les animaux et les insectes utiles. Un préparateur et un garçon de laboratoire sont attachés à la station.

Objets et travaux exposés. — L'exposition présentée par la chaire de zoologie agricole et la station entomologique consistait en une collection d'insectes nuisibles aux cultures. Cette collection était rangée dans une vingtaine de grands cartons où les insectes étaient groupés d'après les dégâts qu'ils exercent dans les différentes cultures. A côté de l'insecte, se trouvaient placés des échantillons des dégâts qu'il cause.

Dans cette collection se trouvaient trois cartons consacrés à l'étude biologique d'insectes sur lesquels ont plus spécialement porté les études du professeur et qui ont été l'objet de mémoires originaux, savoir : les cécidomyies des céréales et leurs parasites; la reproduction et l'évolution des guêpes sociales, etc.

Deux cartons renfermaient les insectes nuisibles de l'Algérie et de la Tunisie; un autre était destiné à mettre en parallèle les principales cochenilles vivant sur les arbres fruitiers, en Europe, et celles vivant sur les arbres fruitiers en Amérique.

Enfin, une série de bocaux renfermaient des échantillons des dégâts exercés par les insectes, conservés dans l'alcool ou le formol.

Toutes ces collections retraçaient aussi complètement que possible l'histoire des insectes considérés à toutes leurs phases de développement. Des dessins ou des photographies complétaient les données fournies par l'examen des échantillons naturels. Elles différaient donc absolument des collections habituelles où l'on range les insectes d'après l'ordre de la classification, en ne faisant figurer que des animaux arrivés au terme de leur développement, sans échantillons relatifs à leur biologie.

Chaire de zootechnie. — Le premier titulaire de la chaire de zootechnie à l'Institut agronomique de Paris fut M. Sanson. Lorsqu'il prit sa retraite, la chaire fut donnée, après concours, à M. Mallèvre, le professeur actuel.

Le cours de zootechnie comprend 50 leçons : 25 de zootechnie générale professées en première année d'études et 25 de zootechnie spéciale faites en seconde année.

Programme du cours. — Première année, zootechnie générale :

Alimentation : Nutrition. – Nutrition organique et inorganique. – Étude des aliments. – Rationnement des animaux domestiques. – Distribution des aliments et des boissons.

Modification du caractère et du développement des aptitudes zootechniques chez les animaux domestiques : Méthodes et gymnastique fonctionnelle. – Suppression des glandes génitales. – Influence de l'habitat géographique, du sol et du climat. – Variations sans causes connues. – Notion de l'individualité.

Hérédité et méthodes de reproduction : Hérédité. – Des groupes formés par les animaux domestiques. – Méthodes de reproduction.

La défense contre la maladie.

Deuxième année, zootechnie spéciale :

Zootechnie spéciale des bovidés, des ovidés, des porcs, des équidés.

Chaque espèce est étudiée à part, et le professeur, pour chacune d'elles, examine les questions suivantes : Produits fournis par les animaux; conditions économiques de la production et des débouchés. — Étude des principales populations. — Description des races. — Production et exploitation : production des jeunes, âge, accouplement ou monte, gestation, parturition, élevage, travail, production de la viande ou du lait.

Chaque race est examinée au point de vue de ses caractères distinctifs, des aptitudes zootechniques, de l'habitat géographique et des modes d'exploitation, de l'histoire de son amélioration et des procédés mis en œuvre pour réaliser cette dernière, de sa valeur au point de vue zootechnique pour la France ou éventuellement pour les colonies.

Une partie de la zootechnie spéciale des équidés est traitée dans le cours d'hippologie : extérieur, harnachement, ferrure, alimentation et utilisation du cheval de service.

L'enseignement de l'aviculture est donné par le chef de travaux de zootechnie en cinq conférences dans lesquelles il étudie les questions suivantes :

Conditions économiques de la production et de l'exploitation des animaux de basse-cour. – Classification. – Gallinacés : production des jeunes et production des œufs; production de la viande. – Palmipèdes (oies et canards). – Maladies des volailles

L'enseignement pratique de la zootechnie est donné dans 24 exercices de démonstration, 12 par année, dirigés par le professeur et le chef de travaux.

En première année, ces exercices pratiques commencent dès le premier semestre ; ils portent principalement sur la détermination de l'âge des animaux domestiques et sur des démonstrations anatomiques. Ils précèdent les leçons théoriques de zootechnie générale qui n'ont lieu que pendant le deuxième semestre. Leur but est de faire acquérir aux élèves les données indispensables pour suivre avec fruit les leçons à l'amphithéâtre et pour parvenir à une connaissance raisonnée de la diagnose des races, de l'âge des animaux, des signes de santé et de maladie, de la conformation générale des animaux et de chacune des régions de leur corps, des beautés, des défectuosités et des tares de ces diverses régions.

Tous les exercices de première année sont faits en utilisant des pièces anatomiques comme moyen de démonstration. Ce sont de véritables leçons de choses qui exercent à la fois la vue et le toucher de l'élève.

En seconde année, les exercices consistent tous en démonstrations sur des animaux vivants. Dirigés de concert par le professeur et le chef de travaux, ils ont lieu soit à l'Institut agronomique, dans un amphithéâtre spécial disposé à cet effet, soit dans les étables des abattoirs de la Villette, grâce au bienveillant concours de plusieurs membres du commerce en gros de la boucherie, soit au marché de la Villette ou au Concours général annuel, soit enfin dans les fermes des environs de Paris.

Aussi bien en première qu'en deuxième année les élèves assistent aux exercices pratiques par groupes peu nombreux. Chaque promotion est divisée par groupes de 12 à 15 élèves, et chacun des exercices pratiques est répété pour chaque groupe.

En plus du professeur, la chaire de zootechnie comprend un chef de travaux répétiteur, M. Baudoin.

Le crédit pour les frais de cours s'élève à 600 francs. Il doit pourvoir à toutes les dépenses : frais résultant des exercices pratiques sur les animaux vivants, achat de pièces anatomiques, confection de tableaux et de dessins pour le cours, etc.

Dans les établissements agricoles d'enseignement supérieur de l'étranger, notamment en Allemagne et au Danemark, l'enseignement de la zootechnie est pourvu de moyens matériels beaucoup plus puissants. Aux chaires de zootechnie se trouvent presque toujours annexés un laboratoire de recherches zootechniques et une étable expérimentale.

Objets exposés. — M. Mallèvre avait exposé, à la Classe 5, un tableau dans lequel il montrait comment il applique la cinématographie à son enseignement. Le spécimen choisi pour être exposé était relatif à l'exploration des maniements du bœuf de boucherie.

Les nombreux travaux de M. Sanson, professeur honoraire, notamment son traité classique de zootechnie en cinq volumes, avaient été réunis et complétaient l'exposition de la chaire de zootechnie.

2° CHAIRES AYANT PRÉSENTÉ LEURS TRAVAUX DANS L'ENSEMBLE DE L'EXPOSITION DE L'INSTITUT NATIONAL AGRONOMIQUE.

Nous avons dit plus haut que l'emplacement mis à la disposition de l'Institut agronomique par le comité d'installation de la Classe 5 était insuffisant pour permettre à chacune des chaires de cet établissement de présenter une exposition qui lui fut propre et qu'un certain nombre d'entre elles avaient dû présenter leurs travaux dans l'exposition d'ensemble de l'école. Ce sont les chaires de : biologie des végétaux cultivés en France et aux colonies; chimie agricole; chimie générale; économie forestière; économie rurale; législation et droit administratif; mathématiques; arboriculture et horticulture (conférences); économie politique (conférences); hippologie (conférences).

Bien que les titulaires de ces chaires n'aient pas obtenu personnellement une récompense, nous dirons un mot de chacune d'elles afin que notre étude sur l'Institut agronomique soit complète.

Chaire de biologie des végétaux cultivés en France et aux colonies. — La chaire de biologie végétale est de création récente (arrêté du 30 mars 1899); elle provient de la division en deux chaires distinctes du cours de botanique professé jusqu'à cette date par M. Prillieux, membre de l'Institut.

Son titulaire est M. van Tieghem, membre de l'Institut.

Elle comporte 40 leçons faites aux élèves de première année.

En voici le programme succinct :

Aperçu de biologie générale : Morphologie générale et physiologie générale externes et internes.

Résumé de botanique générale : Membrane cellulosique. – Hydrolémites. – Amylolémites. – Chlorolémites et fonctions chlorophylliennes.

Botanique spéciale : Division du règne végétal : sous-règnes, embranchements, classes, ordres et familles. – Caractères généraux des différents ordres. – Reproduction. – Étude spéciale des phanérogames : étude des principales familles.

Formation de l'œuf et son développement. – Graine et germination.

Distribution actuelle et ancienne des plantes à la surface de la terre.

Sous la direction du professeur, le répétiteur du cours fait exécuter aux élèves des travaux pratiques de botanique consistant soit en manipulations au laboratoire, soit en excursions botaniques aux environs de Paris.

Il y a vingt manipulations correspondant chacune à deux leçons du cours dont elles sont l'application pratique. Elles comprennent l'étude des champignons, algues, mousses, fougères, et des principales familles phanérogames. Pour cette étude, les élèves se servent de loupes montées et de microscopes. Au cours des manipulations et dans les excursions botaniques les élèves sont exercés à la détermination de plantes fraîches de la flore parisienne.

Chaire de chimie agricole. (M. André, professeur, membre du Jury, hors concours.) — De 1876 à 1897, la chaire de chimie agricole a été occupée par M. Schlœsing, membre de l'Institut. M. André lui a succédé.

Voici l'analyse très succincte du programme suivi par le professeur :

Étude chimique de la plante : Germination. Chlorophylle et fonctions chlorophylliennes. Échanges gazeux : respiration, transpiration et assimilation. – Fixation de l'azote gazeux. – Matières minérales dans la plante; leur assimilation. – Maturation.

Étude chimique du sol : Rôle de la matière minérale. – Formation mécanique des sols. – Atmosphère. – Constitution physique du sol. – Éléments organiques du sol. – Rôle de l'ammoniaque. – Nitrification – Drainage.

Étude chimique des engrais. Engrais en général. – Exigences des principales cultures en matières fertilisantes. – Fumier de ferme. – Autres engrais organiques. – Engrais chimiques. – Engrais calcaires ou amendements.

Chaire de chimie générale. — Le professeur, M. Ed. Grimaux, membre de l'Institut, est titulaire de la chaire depuis 1876. Son cours comprend 40 leçons professées en première année.

Vingt leçons sont consacrées à la revision très rapide de la chimie inorganique et à l'étude approfondie des métaux, des alliages métalliques, des oxydes et des sulfures métalliques, des sels métalliques.

Les vingt dernières leçons sont réservées à l'étude de la chimie organique :

Composés organiques. – Atomicité. – Homologie. – Analyse organique. – Isométrie.

Hydrocarbures saturés. – Alcools monobasiques. – Produits d'oxydation des alcools monobasiques : acides monobasiques. – Composés du cyanogène. – Hydrocarbures diatomiques. – Glycols et acides dérivés des glycols. – Alcool triatomique. – Glycérique. – Acides polybasiques. – Alcools hexatomiques. – Hydrates de carbone. – Composés aromatiques. – Corps à séries : alcaloïdes; matières albuminoïdes; acides de la bile; acide urique et dérivés.

Chaire d'économie forestière. — De 1876 à 1884, la chaire d'économie forestière fut occupée par M. Tassy. Il eut pour successeur le professeur actuel, M. Rivet.

Trente-cinq leçons sont consacrées à l'étude de l'économie forestière. Elles sont suivies par les élèves de deuxième année.

Le professeur indique d'abord les rapports et les différences entre la sylviculture et l'arboriculture, entre la sylviculture et l'agriculture; l'importance de la sylviculture en France; la composition de la flore ligneuse indigène; ce qu'on entend par essences; la division en feuillés et résineux.

Puis il traite des rapports des forêts avec le sol, avec le climat, avec les besoins de l'homme ou de la société. Il fait ensuite l'étude et la description des moyens d'utiliser ou d'améliorer ces rapports et expose le choix et l'application des moyens dans le plus grand intérêt du propriétaire. Ses dernières leçons sont consacrées à l'économie politique appliquée aux questions forestières. Comme applications de son cours, le professeur conduit une ou deux fois ses élèves en forêt : soit à Fontainebleau, soit à Villers-Cotterets.

Chaire d'économie rurale. (M. Convert, professeur. membre du Jury, hors concours.) — La chaire d'économie rurale a été occupée de 1876 à 1879 par M. Léonce de Lavergne; de 1879 à 1890, par M. Lecouteux; depuis 1890, par M. Convert, le titulaire actuel.

Le cours comporte 30 leçons, professées en deuxième année.

Après avoir défini l'économie rurale, le professeur traite du rôle de l'État dans la production agricole; de l'impôt; de la propriété foncière. Puis il étudie les modes d'exploitation, le capital d'exploitation, le crédit agricole, les assurances agricoles. Il examine ensuite les productions agricoles au point de vue national et international, les systèmes de culture et le contrôle des opérations par la comptabilité et le profit.

Chaire de législation rurale et de droit administratif. — De 1876 à 1883, cette chaire a été occupée par M. Victor Lefranc. Il eut pour successeur le titulaire actuel de la chaire, M. Gauwain, qui est assisté d'un maître de conférences, M. Chapsal, maître des requêtes au Conseil d'État.

Ce cours, professé en deuxième année, comporte 30 leçons. Le professeur divise son enseignement en trois parties bien distinctes. Dans la première partie, il étudie les droits qui portent sur les choses et le régime du sol. Dans la seconde, il expose les droits personnels. Enfin, dans la troisième, il examine les rapports juridiques de l'agriculteur avec les organes de l'Administration et étudie ces organes.

Aux trente leçons du cours, il faut ajouter trois conférences dans lesquelles le répétiteur du cours traite des impôts directs et indirects, des lois sur les boissons, sur les sucres, etc., des tribunaux judiciaires et administratifs, des lois militaires.

Chaire de mathématiques. — La chaire de mathématiques a été instituée par arrêté du 29 octobre 1889; elle est la conséquence du décret du 8 février 1888 qui établit le recrutement de l'École nationale forestière par l'Institut agronomique. Il est nécessaire que les futurs élèves de l'École forestière ne restent pas deux années sans faire de mathématiques avant leur entrée à l'École et aussi qu'ils connaissent les notions de mathématiques spéciales qui leur sont indispensables pour suivre avec fruit l'enseignement de l'École.

La chaire fut confiée, dès sa création, à M. Laurent, le titulaire actuel.

Elle comporte 20 leçons faites aux élèves de deuxième année.

Après avoir revisé rapidement les points les plus importants du programme d'entrée, mathématiques élémentaires, le professeur aborde l'étude des mathématiques spéciales en se bornant à traiter les questions d'algèbre, de géométrie analytique, de calcul différentiel et de mathématiques appliquées. Un maître de conférences, M. Pélissier, en plus de son cours, interroge les élèves et leur fait faire de nombreux exercices.

Chaire de minéralogie et géologie. — M. Delesse, membre de l'Institut, professeur à l'École des mines, occupa la chaire de géologie de 1876 à 1881; une chaire de minéralogie qui lui était adjointe était occupée par M. Adolphe Carnot, membre de l'Institut. A partir de cette époque M. Carnot réunit les deux chaires.

Actuellement la chaire de minéralogie est supprimée et celle de géologie a été transformée en chaire de géologie appliquée à l'agriculture; elle a pour titulaire M. Cayeux.

Ce cours, qui comprend 25 leçons, porte sur l'étude des phénomènes actuels (action de l'atmosphère, action de l'eau, action de l'eau et des organismes, phénomènes volcaniques), sur des notions de pétrographie (composition de l'écorce terrestre; roches éruptives, roches cristallophylliennes et roches sédimentaires) et l'étude de la stratigraphie : principe de la classification des terrains stratifiés; principaux accidents des terrains stratifiés. Concordance, discordance et transgression.

Le cours est complété par des excursions géologiques et par des exercices pratiques de pétrographie et de géologie.

Chaire d'arboriculture et d'horticulture. — (*Conférences.*) — [M. Nanot, maître de conférences, membre du Jury, hors concours.] — Le cours d'arboriculture comprend 12 conférences théoriques professées par un maître de conférences, M. Nanot, directeur de l'École d'horticulture de Versailles.

Après avoir défini l'arboriculture fruitière, le maître de conférences montre l'importance de la production des fruits en France et celle de leur importation et de leur exportation. Puis il étudie la multiplication des arbres fruitiers par semis et la multiplication artificielle. Il passe ensuite à l'étude du jardin fruitier : sa création, son aménagement et les soins à donner. Enfin il étudie les cultures spéciales dans le verger et en plein champ.

Le cours est complété par six applications faites dans les jardins de l'École nationale d'horticulture de Versailles et au cours desquelles les élèves sont initiés à la pratique du greffage, de la plantation et de la taille des arbres fruitiers; à la forme à leur donner; l'emploi des insecticides et au traitement des maladies. Les élèves y suivent également les travaux horticoles effectués au moment de leur présence au potager de Versailles.

Chaire d'économie politique. — (*Conférences.*) — La chaire d'économie politique a été créée en 1882 pour servir de préparation au cours d'économie rurale et afin de dégager ce cours de tout ce qui concerne les grandes lois de la science économique.

IMPRIMERIE NATIONALE.

Elle comporte 20 leçons professées en première année par un maître de conférences.

M. Chevallier, qui l'occupe actuellement, en fut chargé dès sa création.

Après les prolégomènes, le maître de conférences traite successivement les questions se rapportant à la production de la richesse : nature, travail, capital, industrie, population; puis celles se rattachant à la répartition de la richesse : profit, rente, salaire, intérêt, propriétés, institutions ouvrières; enfin, dans ses dernières leçons, il étudie la circulation de la richesse : échange, valeur, consommations publiques et ressources de l'État.

Chaire d'hippologie. — La chaire d'hippologie a été créée par arrêté du 10 décembre 1883 afin d'alléger le programme de la chaire de zootechnie.

Elle fut confiée au titulaire actuel, M. Lavalard, qui a le titre de maître de conférences.

Dix leçons y sont consacrées; elles sont faites aux élèves de deuxième année.

Le maître de conférences fait exclusivement l'étude du cheval comme moteur : après en avoir esquissé rapidement l'historique, il étudie l'extérieur du cheval, puis le squelette et les muscles. Viennent ensuite les signalements et leur importance, la ferrure. M. Lavalard termine par l'étude de l'alimentation et du logement des chevaux.

Dans des visites aux dépôts de la Compagnie générale des omnibus et au marché aux chevaux, l'attention des élèves est particulièrement appelée sur les questions pratiques du cours d'hippologie.

Chaire d'aquiculture. — (*Conférences.*) — Cet enseignement, autrefois joint au cours de zoologie agricole, en a été distrait par arrêté ministériel du 21 octobre 1899, pour être érigé en maîtrise de conférences. Il fut confié à M. Ch. Deloncle, inspecteur général de l'enseignement de la pisciculture.

Le cours d'aquiculture comprend 15 leçons

Après avoir traité de l'importance du poisson dans l'alimentation humaine, le maître de conférences donne aux élèves quelques notions générales sur l'organisme des poissons; les mœurs, migration, classification des principales espèces piscicoles. Il les met au courant des tentatives de pisciculture naturelle dans différents lacs d'Auvergne, d'Italie, etc., et aborde ensuite l'étude des échelles à poissons, des causes du dépeuplement des rivières, des essais de repeuplement. Il complète son cours par l'étude des diverses méthodes de fécondation artificielle, l'alevinage et, enfin, dans ses dernières leçons il traite des maladies et ennemis des poissons.

V. — Considérations générales sur l'Institut agronomique.

Une grande École scientifique pour l'agriculture doit faire participer la science agronomique aux progrès des autres sciences et lui constituer un centre, un foyer où la lumière vienne de partout se réfléchir, se concentrer, pour se répandre ensuite sur toute la surface du pays. L'Institut agronomique n'a donc pas seulement pour but de former des élèves, mais aussi de produire des découvertes qui fassent avancer la science agronomique. C'est ce qu'avaient bien compris les hommes de 1848 et notamment le rapporteur du projet de loi sur l'enseignement professionnel de l'agriculture, Richard, du Cantal, qui s'exprimait ainsi : « Au-dessus des écoles régionales d'agriculture, un établissement de haut enseignement agronomique doit avoir pour mission de suivre la marche des sciences pour leur emprunter les applications qui peuvent être faites avec avantage à l'agriculture, de diriger les investigations de la science sur chacune des branches de cet art si compliqué pour introduire dans chacune d'elles les améliorations et les perfectionnements qu'elles attendent, de se tenir au courant de toutes les découvertes agronomiques pour en expérimenter la réalité avant de les propager et de les répandre. . . L'expérience a démontré que toutes les industries qui ont un enseignement professionnel supérieur ont progressé dans des proportions incalculables, dans un temps très court, avec l'aide de la science. »

L'Institut national agronomique, destiné à exercer une grande influence sur le développement de l'agriculture et à embrasser dans un cadre systématique toutes les branches de l'instruction supérieure agricole, s'était présenté à la pensée du Ministre de l'agriculture et du commerce, Tourret, sous le triple aspect d'un haut Institut complémentaire d'enseignement, d'une École normale supérieure pour l'agriculture, d'une Faculté des sciences agronomiques. Il avait donc pour but de préparer des administrateurs pour les grands domaines ruraux et de permettre aux fils des grands propriétaires terriens de compléter leur instruction agricole par de hautes études spéciales; il avait également pour mission de former les professeurs dont les écoles nationales d'agriculture et les fermes-écoles allaient avoir besoin; il devait être, en un mot, la pépinière des professeurs d'agriculture. Le nouvel établissement était, en outre, destiné à remplir le rôle d'une véritable Faculté des sciences agricoles, puisqu'il constituait un foyer d'études scientifiques spéciales à l'agriculture.

Tourret pensa que l'Institut agronomique, pour donner de bons résultats, devait remplir le triple rôle que nous venons d'indiquer. Un enseignement de Faculté aurait été incomplet et insuffisant. Les professeurs devaient avoir à leur disposition, dans le nouvel établissement, un domaine rural, des champs d'expérimentation pouvant leur permettre de tenter les essais et les expériences indispensables pour leurs recherches et leurs études; ils auraient tout en main pour diriger leurs travaux vers l'application de la science à l'industrie rurale. Les élèves devaient, grâce à l'école professionnelle organisée avec méthode, être guidés sûrement et avec précision dans l'enseignement agricole si spécial et si vaste à la fois parce qu'il touche à toutes les sciences. L'expérience a prouvé que la conception de l'ancien Ministre de la République de 1848 était excellente. L'enseignement dans une Faculté, même spéciale, n'aurait certainement pas donné de semblables résultats.

La Faculté laisse aux maîtres et aux étudiants une liberté plus grande que l'école professionnelle : pour les professeurs, liberté assez large dans l'établissement de leurs programmes, et, pour les étudiants, liberté de choisir leurs études, parfois leurs professeurs pour obtenir les mêmes diplômes. L'école professionnelle, au contraire, doit donner aux élèves une instruction bien déterminée, lors même qu'elle est supérieure. Les professeurs ne sont pas maîtres de leurs programmes, et ils ne sont pas indépendants les uns des autres. Aussi, ces écoles sont-elles toujours placées sous le contrôle d'un « Conseil de perfectionnement », dont le rôle principal consiste à veiller à la bonne organisation des programmes d'enseignement, à leur coordination. L'Institut agronomique forme non seulement des agriculteurs, mais encore des professeurs d'agriculture, des chefs de laboratoire, des fonctionnaires pour l'Administration des forêts et pour celle des haras. Les professeurs ne sont donc pas libres d'organiser à leur guise leurs programmes, et les élèves, astreints également à une discipline, doivent trouver un enseignement complet et spécial répondant à leurs besoins. Aux écoles spéciales agricoles, à celles dont la direction appartient à l'Administration de l'agriculture qui a comme devoir de recevoir les réclamations des agriculteurs, de surveiller, de prévenir leurs besoins, de mettre en œuvre toutes les ressources capables de les aider, à ces écoles de former des agriculteurs instruits, des professeurs d'agriculture et des fonctionnaires pour les besoins de l'État. C'est pour atteindre ce but qu'elles ont des programmes assez souples pour répondre aux nécessités culturales, mais uniformes et gradués, depuis l'école élémentaire jusqu'à l'Institut agronomique; c'est dans le même but qu'elles soumettent les élèves à une discipline et à un entraînement pédagogique que l'on ne peut trouver dans les Universités.

L'enseignement même supérieur de l'agriculture comprend la technique du métier, une certaine dose de notions pratiques. Un enseignement agricole sans applications resterait forcément incomplet et insuffisant; il laisserait les professeurs s'aventurer dans le domaine illimité de la théorie et il exposerait les élèves à des illusions dangereuses, puis, plus tard, à des mécomptes. Comment, du reste, inspirer le goût de la vie rurale, sinon en appuyant les déductions de la science sur les faits de la pratique? C'est ce qui détermina les organisateurs de l'Institut agronomique de Versailles à faire marcher de pair l'enseignement pratique avec l'enseignement théorique et expérimental. Suivant l'exemple donné en Allemagne par Thaer, qui avait jugé indispensable d'adjoindre une grande exploitation rurale aux Académies d'agriculture, on dota l'Institut de Versailles d'un magnifique domaine comprenant trois fermes, d'un important matériel de culture et de bestiaux appartenant aux races les plus renommées. Maîtres et élèves s'y trouvaient ainsi en contact permanent avec la pratique agricole, à même d'observer, de suivre toutes les opérations culturales et de profiter des fortes leçons de l'expérience. Il ne fallait cependant pas aller trop loin dans l'enseignement de la pratique sous peine de ramener l'enseignement à celui des écoles nationales d'agriculture.

Les fondateurs de l'Institut agronomique se rendirent compte de la nécessité d'indiquer une limite à la pratique. Cette préoccupation se manifeste dans la définition de *l'instruction appliquée* donnée à l'Institut : « Ce n'est pas en deux années qu'il serait possible de donner une instruction agricole pratique, surtout dans un établissement où la majeure partie du temps est réclamée, à juste titre, par les leçons des amphithéâtres et les manipulations des laboratoires. Ce que les élèves viendront chercher à l'Institut, et ce qui leur importe d'y trouver, ce n'est pas l'obligation de passer le temps à soigner des bestiaux, à exécuter tous les travaux manuels d'une exploitation rurale, mais bien l'occasion d'apprendre, par les leçons d'un professeur expérimenté et par l'enseignement des faits accomplis sous leurs yeux, comment les opérations doivent s'exécuter. Ce dont ils ont surtout besoin est de savoir discerner quand les opérations culturales sont bien ou mal faites, et d'être en état d'expliquer, et au besoin de démontrer, comment il faut s'y prendre pour les bien faire. »

Constitué sur la double base d'une école scientifique établie près d'une grande ville et d'un établissement possédant un magnifique domaine rural, l'Institut national agronomique devait être le principe et le centre du mouvement agricole de l'époque. Par l'application incessante des sciences à l'agriculture, grâce à la collaboration des professeurs spéciaux et des savants dont la proximité de Paris lui assurait le concours, l'Institut pouvait être tenu au courant de toutes les découvertes, de toutes les améliorations qui constituent le progrès agricole. Il appelait le concours des savants de la France et du monde entier, et devait provoquer cet échange réciproque de communications et d'idées qui est le plus puissant élément du progrès en tout genre.

L'organisation si remarquable de l'Institut de Versailles et la valeur exceptionnelle des professeurs auraient dû assurer au nouvel établissement la protection des pouvoirs publics. Il n'en fut rien. Le Gouvernement de 1852 supprima brusquement l'Institut en invoquant des raisons assez peu fondées, ainsi que nous l'avons précédemment exposé dans l'historique de l'Institut. Peu de temps après, un mouvement, dont le point de départ paraît remonter à la création de l'Institut de Versailles, se dessina à l'étranger en faveur du haut enseignement de l'agriculture. Liebig réclama, en Allemagne, l'organisation d'Instituts agricoles dans les grandes villes universitaires pour remplacer les Académies agricoles qui, placées à la campagne, ne pouvaient profiter des études scientifiques faites dans les grands centres où se concentre la vie intellectuelle d'une nation. Les autres pays suivirent cet exemple, et des écoles supérieures furent installées soit dans les capitales, soit dans les grandes villes. Aussi, lorsqu'il fut question, dès 1871, de reconstituer l'enseignement supérieur en France, on eut l'idée de l'installer dans une grande ville.

L'enseignement supérieur de l'agriculture ne peut, en effet, vivre et prospérer que dans les centres scientifiques. Il lui faut des professeurs de premier ordre qui soient à la tête du mouvement scientifique, des laboratoires, des collections, des bibliothèques, et cette atmosphère spéciale faite d'idées échangées et d'émulation active, qui semble féconder le travail [1].

Des considérations de cet ordre déterminèrent les organisateurs de l'Institut agronomique, en 1876, à placer cet établissement à Paris où les élèves et les professeurs se

[1] Rapport de M. Wéry au Congrès international de l'enseignement agricole.

recruteraient avec facilité et auraient à leur portée tous les éléments nécessaires à leurs études. L'idée d'enseigner dans un même lieu la haute culture scientifique et la pratique culturale fut abandonnée, on se contenta de demander pour le nouvel établissement un champ d'expériences dont la superficie ne devait pas dépasser 50 hectares. L'ancienne ferme impériale de la Faisanderie, à Joinville, fournit le terrain nécessaire pour les expériences des maîtres et des élèves de l'Institut. A l'expiration du bail de la ferme de la Faisanderie, en 1900, l'Administration de l'agriculture a pris la détermination d'abandonner le domaine de Joinville, un peu délaissé dans les dernières années, et elle a fait une nouvelle convention avec un ancien élève de l'Institut agronomique qui exploite une ferme de 300 hectares aux environs de Paris, à Noisy-le-Roi. Cet agronome loue à l'Institut 5 hectares sur lesquels sont installés le champ d'études et le champ d'expériences. Les élèves de l'Institut agronomique peuvent, en outre, suivre sous la direction de leurs professeurs certains travaux de la ferme. Cette ferme est donc exploitée aux risques et périls d'un propriétaire particulier, l'État ne se charge que des frais de culture des champs d'expériences. La ferme de Noisy-le-Roi pourvoit à la nécessité de donner aux élèves quelques leçons de pratique culturale, en même temps qu'elle fournit au personnel enseignant de l'Institut les moyens d'observation et de recherches.

Dans la nouvelle combinaison que nous venons d'exposer, on voit que la fréquentation d'une ferme a été facilitée aux élèves, mais ils n'y séjournent pas comme à l'ancien Institut de Versailles; ils s'y rendent surtout avec leurs professeurs pour les applications. Dans les Écoles nationales d'agriculture, les élèves vivent au milieu du domaine que possède chacune d'elles. De ce fait, il résulte une notable différence des études dans ces derniers établissements et l'Institut agronomique. L'Institut est un établissement scientifique qui complète son enseignement par des applications pratiques; les écoles nationales, tout en donnant un enseignement scientifique très élevé, consacrent plus de temps aux applications et se préoccupent davantage de la pratique; les élèves suivent constamment les opérations culturales du domaine et ils prennent même, à tour de rôle, la direction des services de culture.

Cette question importante de l'installation des écoles supérieures d'enseignement agricole dans les grands centres a fait l'objet d'une discussion approfondie à l'une des séances du Congrès international de l'agriculture de 1900. Plusieurs orateurs soutenaient qu'il serait préférable que les écoles supérieures fussent installées à la campagne. Le vœu suivant, proposé et soutenu par le rapporteur, M. Wéry, a été finalement adopté :

«Les établissements d'enseignement supérieur de l'agriculture seront placés dans les villes ou, de préférence, tout à côté. Mais cette situation même les oblige à se créer et à garder des relations très étroites avec le monde agricole. Il convient donc de développer tous les moyens qui sont de nature à protéger et à augmenter ces relations, en particulier les laboratoires d'essais et de recherches qui sont fréquentés par les cultivateurs.»

Les écoles supérieures d'agriculture qui ne sont pas entourées d'un grand domaine agricole doivent avoir la faculté d'envoyer fréquemment leurs élèves sur la ferme qui leur est annexée ou dans les fermes du voisinage; elles doivent vivre sous le régime des excursions fréquentes dans les exploitations agricoles, des visites dans les usines, les marchés, les concours. Il est facile d'utiliser, aujourd'hui, ces précieux moyens d'enseignement. Les chemins de fer, les tramways les mettent à notre portée. On en use largement à l'Institut agronomique. Pendant l'année scolaire 1898-1899, les élèves ont fait des excursions d'agriculture, de viticulture, d'économie forestière, de génie rural, de technologie, de zootechnie, qui représentent, en bloc, plus de soixante demi-journées, sans compter les visites hebdomadaires des élèves de première année à la ferme d'application de l'école.

L'Institut agronomique utilise avec fruit les vacances scolaires pour mettre ses élèves en contact intime avec le métier. Les vacances ont une durée de trois mois. Aux termes du règlement de l'Institut, les élèves doivent passer au moins deux de ces mois dans une exploitation rurale. Ils rapportent de ce stage obligatoire un journal où ils relatent l'emploi de leur temps, les observations qu'ils ont faites, les travaux agricoles auxquels ils ont participé. Ils rédigent aussi soit une monographie de la ferme, soit un travail sur un sujet particulier. Ils réunissent des herbiers, des collections de roches, d'insectes... Ces différents travaux de vacances sont consignés, notés, et entrent dans le calcul des moyennes. Les stages de vacances ont donné d'excellents résultats. A l'origine, il était assez difficile de trouver de bonnes exploitations agricoles pour recevoir les élèves. Mais le directeur de l'Institut agronomique, M. Risler, s'en est occupé avec l'énergie et le dévouement qu'il apportait à l'accomplissement de sa mission, et le succès couronna ses efforts. Actuellement, les relations de l'Institut agronomique avec le monde agricole sont assez nombreuses pour que la Direction de l'École puisse indiquer, chaque année, aux élèves, d'excellentes fermes où ils peuvent accomplir leur stage. Les meilleurs agriculteurs des environs de Paris sont devenus les collaborateurs dévoués de M. Risler dans l'application de cette mesure féconde en résultats. Au contact de la vie réelle de l'agriculteur, les élèves, guidés d'ailleurs par des praticiens émérites, ont vite fait d'apprendre la technique du métier.

Les moyens d'enseignement et de recherches dont disposent les établissements d'enseignement supérieur agricole sont : 1° des laboratoires de chimie et de physique, de botanique, de zoologie, de microbiologie et de mécanique, dans lesquels les élèves apprennent la technique scientifique; 2° des laboratoires d'essais et de recherches, appelés aussi stations d'essais, nécessaires en même temps à l'activité d'une école supérieure d'agriculture et à son influence sur le monde agricole; 3° un champ d'expériences et de démonstrations, et, chaque fois que cette annexion est possible, une ferme expérimentale où les élèves sont à même de suivre les applications des cours s'ils ne participent pas eux-mêmes aux travaux agricoles; 4° des étables où sont entretenus des spécimens de différentes espèces d'animaux domestiques en vue de permettre les démonstrations pratiques et les recherches; 5° un jardin botanique; 6° des collections d'insectes, de minéraux, etc.

Ainsi, chacune des leçons donnée à l'Institut peut être suivie d'une application dans laquelle l'élève vérifie, voit ou exécute ce qu'il vient d'entendre. L'enseignement supérieur apporte aux applications des cours ses marques caractéristiques : « méthode scientifique, rigueur dans les démonstrations, observation des faits énoncés dans les leçons ». Une large part est réservée aux applications. C'est la seule pratique que l'Institut donne directement à ses élèves; elle doit donc être aussi complète que possible.

En Allemagne et en Autriche, les élèves font ordinairement un stage dans une ferme avant de suivre les cours d'une école. Les établissements d'enseignement supérieur font du stage de deux ans qui précède l'admission à l'école une obligation stricte pour les élèves qui veulent obtenir le certificat d'aptitude à l'enseignement des sciences agricoles dans les écoles secondaires ou pour ceux qui cherchent à devenir *privat-docent* dans les Universités. Ce système peut être appliqué dans ces deux pays parce que les écoles d'agriculture sont largement ouvertes, sans concours à l'entrée. En Allemagne, un grand nombre d'Instituts agricoles sont rattachés aux Universités et ils participent au régime qui est appliqué à ces dernières. On sait quel est le rôle des Universités allemandes où l'agriculteur trouve un enseignement élevé, mais très général. A côté des cours techniques, on y donne des leçons sur l'histoire, l'économie politique, les questions sociales, la philosophie et les arts. Il faut un caractère singulièrement réfléchi aux étudiants pour s'assimiler les matières de cet enseignement et pour que ce dernier ne reste pas superficiel. Bien que l'enseignement agricole ainsi donné, d'une manière plus ou moins facultative, ait quelque chose de nécessairement incomplet, il donne, paraît-il, d'assez bons résultats en Allemagne. En France, il en serait autrement. D'où il faut conclure que les institutions doivent répondre au génie des races et que chaque peuple doit suivre la voie que lui trace sa mentalité.

Il n'est guère possible de faire précéder, en France, les études théoriques de sérieuses études pratiques, si avantageux que puisse paraître ce système pour la préparation à l'enseignement agricole. Aucun stage préparatoire n'est exigé des candidats à l'Institut. Les épreuves du concours d'admission comportent seulement un examen facultatif sur la connaissance pratique de l'agriculture, et le jury du concours accorde un nombre de points déterminé aux candidats qui justifient de connaissances agricoles.

L'Institut agronomique a un programme tellement vaste à remplir, proportionnellement à la durée des études, qu'il doit exiger des candidats une culture générale étendue. Plus la préparation a été complète avant l'entrée à l'école spéciale, plus l'intelligence mûrie des élèves se trouve apte à comprendre les phénomènes et les lois complexes qui constituent l'encyclopédie agricole. La rigueur des conditions d'admission à l'Institut, qui n'existe pas dans les autres pays, permet de gagner du temps et d'élever le niveau des études. Les professeurs peuvent considérer comme acquises des connaissances qui rentrent dans le programme des autres écoles supérieures à l'étranger. C'est là un des avantages des épreuves sévères pour l'admission. L'enseignement de l'agriculture peut être ainsi nettement professionnel, c'est-à-dire réservé aux sciences appliquées. Si l'on trouve que le nombre des élèves admis à suivre les cours est trop restreint par rapport au nombre considérable des candidats, il faut remarquer que nos Écoles nationales d'agriculture qui sont également des écoles d'enseignement supérieur sont là pour recevoir la masse des candidats qui se destinent à l'agriculture. L'Institut agronomique doit rester, ainsi qu'on l'a dit autrefois, l'École polytechnique de l'agriculture. Il est désirable de voir agrandir l'établissement pour que la question matérielle de l'emplacement ne s'oppose pas à l'admission des élèves instruits; il n'y a pas lieu d'abaisser le niveau de l'examen, car il convient de maintenir la sélection à l'entrée. Le stage que les élèves de l'Institut ne font pas avant leur entrée à l'école peut avoir lieu à la sortie; d'autre part, il a été institué un stage pendant les vacances dont nous avons parlé en détail plus haut. Nous ne pensons pas d'ailleurs qu'il y ait lieu de désirer le stage avant l'École, car il ne peut guère donner de bons résultats. Les élèves, en effet, ignorant les principes scientifiques, ne sont pas à même de comprendre les véritables bases sur lesquelles repose la pratique et ils peuvent de plus ressentir des impressions fausses qui les suivront dans le cours de leurs études. A la sortie des Écoles nationales d'agriculture, malgré l'enseignement pratique qui y est donné, nous estimons qu'un stage de deux ans au moins doit être fait dans une ferme par les élèves. A plus forte raison, pour les jeunes gens sortant de l'Institut, est-il indispensable qu'avant de prendre la direction d'une exploitation, ils fassent un stage prolongé dans les bonnes fermes exploitées par des cultivateurs travaillant à leurs risques et périls. C'est là, au contact de la vie réelle de l'agriculteur, qu'ils apprendront le métier d'agriculteur.

Le régime des élèves de l'Institut agronomique de Paris est celui de l'externat. Il avait été en vigueur à Versailles où il avait donné de bons résultats. Le régime de l'internat est préférable pour les élèves des lycées ou des écoles d'agriculture situées loin d'une grande ville, et il est généralement préféré dans ces établissements par les familles françaises. Il n'en est pas de même pour les jeunes gens qui suivent les cours d'une école supérieure placée dans un grand centre. Ils ont déjà une maturité d'esprit développée par de fortes études, qui permet de leur laisser, sans inconvénient, une certaine indépendance. C'est le cas des élèves de l'Institut agronomique. Ils n'ont pas, d'ailleurs, une liberté complète : ils sont astreints à suivre tous les cours et exercices pratiques, ils subissent des examens répétés et sont classés à leur sortie d'après leur instruction; ils ne sont donc pas abandonnés à eux-mêmes comme les étudiants des Facultés, libres de ne suivre que certains cours, voire de se présenter aux examens de fin d'année sans en avoir suivi aucun. Avec des jeunes gens sérieux et instruits comme les élèves de l'École centrale, des Ponts et chaussées, de l'École des mines, les résultats de l'externat sont excellents. A Paris, les élèves de l'Institut agronomique trouvent facilement à se loger dans des conditions en rapport avec leurs ressources. La direction se tient en rapport avec des personnes susceptibles de recevoir comme pensionnaires les élèves de l'Institut agronomique et d'exercer, sur la demande de leurs parents, une certaine surveillance sur les plus jeunes. Bien des jeunes gens que leur situation de fils de grands propriétaires ou d'industriels, que leur situation de fortune, en un mot, éloignerait de la vie en commun, du réfectoire et du dortoir des lycées, n'hésitent pas à suivre, comme élèves réguliers, l'enseignement de l'Institut agronomique parce qu'ils trouvent, à côté des leçons dont ils ont besoin, l'existence qui leur plaît.

La division de l'enseignement constitue un des caractères de l'enseignement supérieur. L'Institut agronomique possède un grand nombre de chaires. La spécialisation des chaires a permis de confier chacune d'elles à un spécialiste autorisé, et cet état-major d'hommes de premier ordre est l'une des forces de l'établissement. La chaire d'agriculture comparée créée par M. Risler, directeur de l'Institut agronomique, qui n'existe guère qu'à l'Institut de Paris, a attiré l'attention des agronomes étrangers, ainsi que la chaire de cultures coloniales qui n'a guère son équivalent qu'à l'École supérieure de Wageningen, en Hollande.

Lorsqu'on compare les divers établissements d'enseignement supérieur agricole, on retrouve chez les différentes nations à peu près le même programme. Il y a cependant quelques divergences. En Allemagne, en Autriche, en Suisse, on fait une place plus large aux questions économiques et commerciales, ainsi qu'à la comptabilité. En France, on a trop négligé ces questions. L'agriculteur produit sans s'occuper des débouchés qui pourront être réservés à ses produits. Les industriels et les fabricants n'agissent pas de même; ils se préoccupent tout d'abord de l'écoulement de leurs produits ainsi que du prix de revient, et ne fabriquent qu'à bon escient. L'industrie agricole doit être guidée par les mêmes préoccupations, et rechercher tous les moyens susceptibles d'augmenter ses débouchés, de diminuer ses prix de revient et de réaliser une plus-value par la vente directe aux consommateurs.

En Allemagne, nous trouvons aussi un cours spécial sur l'alimentation des animaux, base essentielle d'un bon élevage, qui ne forme chez nous qu'une partie du cours de zootechnie. Par contre, le cours de chimie agricole, qui tient une large place à l'Institut, ne constitue pas toujours un chapitre spécial de l'enseignement en Allemagne où les matières du cours sont réparties entre différentes chaires.

Le programme de l'Institut agronomique est, d'après quelques spécialistes, trop vaste, trop chargé. Cette critique, fondée pour des jeunes gens insuffisamment préparés, l'est moins pour des élèves qui possèdent une excellente préparation aux hautes études agronomiques. C'est la justification de la difficulté du concours d'admission. Le Conseil de perfectionnement de l'Institut agronomique, réorganisé récemment, étudie la question en vue d'opérer quelques réductions dans le nombre des cours et d'alléger les programmes. Une question très importante à étudier serait celle de la spécialisation. Il semble bien qu'on doive accorder aux élèves la facilité de se spécialiser à un moment déterminé; dans les Facultés des lettres ou de droit, les étudiants se spécialisent aujourd'hui pour le doctorat, contrairement à ce qui avait lieu autrefois. Les élèves qui se destinent à l'École forestière ou à l'École des haras auraient tout avantage à suivre des cours spéciaux.

Le Congrès international de l'agriculture et le Congrès international de l'enseignement agricole ont émis le vœu suivant, à propos de la spécialisation des élèves après un temps déterminé :

« Considérant que l'enseignement supérieur de l'agriculture représente le plus complexe de tous les genres d'enseignement agricole, qu'il constitue une véritable encyclopédie de toutes les branches de l'agriculture, il conviendrait de spécialiser les élèves à un moment déterminé en vue du but final qu'ils poursuivent. A partir de cette époque, les élèves ne suivraient plus indistinctement les mêmes cours, ni les mêmes exercices. Ils pourraient donc approfondir les matières qui les intéressent davantage. Il conviendrait alors d'ajouter une troisième année d'études, dite de spécialisation, aux établissements qui ne gardent, jusqu'ici, leurs élèves que deux ans. »

Actuellement, un certain nombre d'élèves accomplissent une troisième année d'études et se spécialisent dans certaines questions. La mesure gagnerait à être généralisée. Dans la troisième année d'études, la spécialisation pourrait être complétée au moyen de sections qui formeraient en quelque sorte des Écoles d'application. L'une d'elles pourrait être destinée à former des ingénieurs agronomes, chargés des améliorations foncières, comme à l'École supérieure d'agriculture de Vienne, et des ingénieurs agricoles et des géomètres, comme aux Instituts agronomiques de Bonn-Poppelsdorf et de Berlin. Les uns et les autres rendraient de grands services à l'agriculture en s'occupant de la réfection du cadastre, des réunions territoriales, de la création de chemins d'exploitation, et en exécutant des travaux d'améliorations agricoles : drainages, irrigations, desséchements. Le cours de génie rural, très développé à l'ancien Institut agronomique de Versailles, comprenait tous les travaux de nivellement et de préparation du terrain pour les irrigations, les opérations de drainage, les levers de plans.

L'Institut agronomique reste hors de pair, ainsi qu'on a pu s'en rendre compte dans l'exposé que nous avons fait sur son fonctionnement, en ce qui concerne l'organisation de l'emploi du temps des élèves et du contrôle de leur travail. De ce côté, il se distingue des sections agricoles des Universités où la même discipline ne peut exister. Utiliser le temps le mieux possible, établir entre les différents cours une ordonnance conforme à la logique, tel est le but que doit atteindre un emploi du temps bien conçu. C'est ce qu'on s'est efforcé de faire à l'Institut. Les divers cours se succèdent, suivant un ordre rigoureusement établi : les sciences pures d'abord, puis leur application. Ainsi, chaque professeur appuie son enseignement sur celui qui l'a précédé.

Toutes les parties de l'enseignement sont rigoureusement obligatoires : leçons, exercices, excursions. Les élèves sont soumis, chaque semaine, à un examen au moins. Les examens particuliers portent sur des tranches de 10 à 15 leçons; les examens généraux, sur le cours tout entier. En outre, des épreuves pratiques sanctionnent les exercices de chimie, de micrographie, de mécanique, etc. Ce système d'examens périodiques, emprunté à l'École centrale des arts et manufactures, tient l'élève en haleine et l'oblige à travailler régulièrement. Le seul reproche que l'on peut faire à ce système, c'est qu'il pousse l'élève à abandonner complètement les matières sur lesquelles il a été interrogé pour préparer les examens suivants. Il serait facile d'y remédier en instituant des épreuves d'ensemble à des époques déterminées. On pourrait même instituer, lorsqu'il y aura une troisième année d'études pour la spécialisation, des épreuves d'ensemble avant la délivrance du diplôme. Les examens périodiques fréquents et par conséquent rapides présentent encore l'inconvénient de ne pas laisser assez longtemps l'élève en contact avec le répétiteur chargé de ces examens. Le répétiteur ne devrait pas se borner, comme c'est le cas le plus fréquent, à interroger l'élève pour lui donner une note, mais à provoquer les questions de l'élève et à lui répondre en lui donnant tous les éclaircissements désirables, ce qui constituerait de véritables répétitions. Ces causeries entre maîtres et élèves auraient pour ces derniers de bons résultats en permettant à l'élève la libre discussion exclue par l'examen actuel. C'est, au surplus, une réforme facile à accomplir. Le système actuel des examens périodiques à l'Institut, avec l'entraînement systématique auquel il soumet les élèves, grave dans leur esprit le programme des connaissances enseignées, et cette préparation hebdomadaire constitue une excellente méthode pédagogique.

Les stations annexées à l'Institut agronomique complètent d'une manière remarquable son enseignement et caractérisent la direction nouvelle où est entrée l'agriculture moderne. Les directeurs de ces stations font passer les résultats de leurs recherches dans le domaine de l'enseignement et donnent ainsi à leurs travaux une publicité qui en assure le succès. Les divers laboratoires et stations de l'Institut agronomique constituent des centres de recherches et d'études dont l'influence bienfaisante a été reconnue par l'Académie des sciences et par les sociétés similaires de l'étranger, ainsi que par les grandes associations agricoles. Ces stations trouvent dans le voisinage de l'Institut l'atmosphère scientifique qui convient le mieux à leur développement, et elles apportent à l'École un précieux concours. Les spécialistes qui les dirigent sont presque tous des professeurs de l'Institut agronomique. On peut ainsi soumettre, à chaque instant, au contrôle rigoureux de la méthode scientifique les phénomènes qui interviennent en agriculture.

La station d'essais de semences, créée en 1884, a rendu d'importants services au commerce des semences et à l'agriculture par des analyses et par des essais de germination, ainsi que par la recherche des falsifications des semences et des produits dérivés. Dans le laboratoire spécial pour l'étude des fermentations, de nombreuses recherches ont été effectuées sur les industries de la brasserie, de la distillerie, de la vinification et de la laiterie. D'importantes études ampélographiques ont été faites dans la station des recherches viticoles. La station d'essais de machines s'est occupée avec la plus grande activité de tous les perfectionnements à apporter au matériel agricole en faisant des expériences sur les modèles proposés par les constructeurs de façon à guider ces derniers et à vulgariser l'usage des meilleures machines agricoles. Le laboratoire de pathologie végétale, créé en 1888, étudie les maladies des plantes et recherche les moyens les plus pratiques de les combattre. Enfin, le laboratoire d'entomologie agricole, fondé en 1894, rend à l'agriculture, en ce qui concerne les insectes et les animaux nuisibles qui s'attaquent aux récoltes, les mêmes services que le laboratoire de pathologie végétale en ce qui concerne les parasites d'origine végétale.

Depuis la dernière Exposition universelle de 1889, l'Institut agronomique a suivi une marche ascendante et réalisé de grands progrès dans son organisation et dans son enseignement. Le transfert de l'Institut agronomique dans les locaux actuels de la rue Claude-Bernard a été, au point de vue de l'installation matérielle, la principale amélioration apportée à l'état de choses depuis 1889. L'inauguration de l'Institut agronomique date du 27 novembre 1890. L'année précédente, les bâtiments de la rue Claude-Bernard n'étant pas encore achevés, une partie des élèves devait rester au Conservatoire des arts et métiers où les mêmes amphithéâtres servaient aux cours des élèves de l'Institut et aux cours spéciaux organisés pour les travailleurs populaires. L'insuffisance matérielle de l'installation ne permettait d'accepter, au Conservatoire des arts et métiers, qu'un nombre limité d'élèves, et ils n'y trouvaient ni les vastes salles d'études convenables, ni les collections spéciales, ni les laboratoires nécessaires. L'installation nouvelle de l'Institut répondait bien aux besoins d'une École supérieure d'enseignement agricole; elle ne laisse plus rien à désirer.

En ce qui concerne l'enseignement de l'Institut, plusieurs réformes heureuses ont été réalisées dans la dernière décade. Une chaire de mathématiques a d'abord été créée par arrêté du 1er novembre 1889. La chaire de génie rural et la chaire de mécanique, supprimées après le décès de M. Grandvoinet, furent remplacées par une chaire de machines agricoles et par une chaire de mécanique et d'hydraulique agricole. Un arrêté du 27 août 1891 créa une chaire de microbiologie comportant dix leçons. La chaire de viticulture et de cultures coloniales et méridionales fut scindée en deux chaires distinctes : viticulture d'un côté; de l'autre, cultures coloniales et méridionales. Une chaire d'analyses et de démonstrations chimiques fut créée deux ans plus tard, en 1895. Les conférences de pisciculture et d'aquiculture, confiées autrefois au Dr Brocchi, puis au Dr Marchal, chargé du cours de zoologie, furent confiées à M. Delonclc, inspecteur général de l'enseignement de la pisciculture.

La composition du Conseil de perfectionnement de l'Institut agronomique, réorganisé par un arrêté du 20 décembre 1898, a été élargie de manière qu'il comprenne les représentants des divers services du Ministère de l'agriculture, des savants, des professeurs et des anciens élèves de l'Institut agronomique. Le Conseil, sous la direction de M. Vassillière, directeur de l'agriculture, et avec le concours actif, dévoué et éclairé, du nouveau directeur de l'Institut agronomique, M. le Dr Regnard, a étudié les principales améliorations à apporter dans l'organisation et le programme des cours. Quelques modifications ont été faites aux cours professés en vue d'en éliminer les détails inutiles et de condenser les leçons. Un arrêté du 30 mars 1899 a institué deux nouvelles chaires en remplacement de la chaire de botanique supprimée : la chaire de biologie des végétaux cultivés en France et aux colonies, donnée à un professeur, et celle de pathologie végétale, confiée à un maître de conférences. Un arrêté du 30 avril 1899 a créé l'emploi de maître de conférences de mathématiques et de topographie. Cette dernière maîtrise a été instituée afin de renforcer l'enseignement des mathématiques en vue des candidats à l'École forestière. Il y a lieu de signaler à ce propos une innovation importante qui a été faite et qui est un acheminement vers la spécialisation dont nous avons parlé plus haut : En sortant de l'Institut agronomique, les élèves candidats à l'École forestière doivent subir devant une Commission spéciale un examen qui porte sur les mathématiques et les langues étrangères; le cours de mathématiques présentait donc une grande importance pour ces élèves, tandis qu'il était beaucoup moins utile aux futurs agriculteurs.

Le directeur de l'École a, par ce fait, été amené à n'astreindre à suivre les cours complets de mathématiques que les jeunes gens qui se destinaient à l'École forestière. Cette mesure a donné de très bons résultats en déchargeant certains élèves d'un cours qui n'est pas pour eux indispensable et en rendant plus fructueuses les conférences par la réduction du nombre des auditeurs.

Depuis 1889, l'emploi du temps a fait une part beaucoup plus large aux travaux pratiques. Les exercices de micrographie ont été notablement augmentés. Chaque élève assiste, en première année, à 20 séances de micrographie, durant chacune deux heures et demie. En deuxième année, il y a encore 12 exercices qui roulent sur la détermination et l'examen au microscope des maladies des plantes. La zoologie comporte 20 exercices en première année; la zootechnie 14 exercices en première année et 6 en seconde. Ces exercices ont lieu devant 10 à 15 élèves à la fois, afin que chacun d'eux puisse suivre le professeur. Celui-ci fait amener, lorsque le sujet le comporte, des animaux de l'extérieur. Les exercices ont lieu dans un amphithéâtre spécialement affecté à cet objet.

Par l'élévation de son enseignement, par le milieu social auquel appartiennent ses élèves et par sa situation à Paris, l'Institut agronomique attire un grand nombre de fils de propriétaires ruraux, d'industriels ou de capitalistes, qui suivaient autrefois les cours des Facultés de droit ou de médecine. Malheureusement, les salles d'études et les laboratoires ne peuvent contenir, pour chaque année, que 80 élèves. On ne peut donc admettre des promotions plus nombreuses. Avec les 20 élèves de troisième année et une quarantaine d'auditeurs libres, l'effectif qui profite de l'enseignement atteint le nombre de 220. La possession du diplôme de bachelier ès sciences suffisait autrefois pour entrer à l'Institut agronomique. Les Écoles supérieures d'agriculture et les Instituts agronomiques étrangers n'exigent pas de connaissances plus étendues. Mais, en présence de l'augmentation du nombre des candidats, il a fallu imposer le concours en raison de la limitation du nombre des places et du régime particulier à l'Institut agronomique. A l'origine, le nombre des candidats variait de 30 à 50; ces dernières années, 250 à 300 jeunes gens ont pris part au concours. C'est surtout à partir de 1889 que le nombre des candidats a augmenté. Il faut y voir l'influence de la loi sur le service militaire promulguée cette même année et qui donnait des avantages à un certain nombre d'élèves diplômés en ne les astreignant à ne passer qu'une année sous les drapeaux. Il n'est pas possible de dire dans quelle proportion cette influence s'est fait sentir, on ne peut que la constater. Il convient également de retenir comme cause d'augmentation des concurrents l'obligation pour l'École forestière de Nancy de recruter, à partir de 1889, ses élèves parmi les diplômés de l'Institut agronomique. Les candidats qui se présentaient antérieurement à l'École forestière, pour les 12 places disponibles chaque année, vinrent grossir le nombre des concurrents à l'Institut.

L'Institut agronomique sous la direction tout à fait remarquable de M. Risler a rempli au delà de toute espérance le rôle que ses auteurs lui avaient assigné de former des agriculteurs, des professeurs d'agriculture et de faire progresser la science agricole. Il a même ouvert à ses élèves de nouvelles voies qui n'avaient pas été entrevues à l'origine. Le plus grand nombre d'entre eux s'est adonné à l'agriculture (45 p. 100 environ de l'effectif des promotions). L'enseignement agricole a été ensuite le principal débouché; on peut compter 20 p. 100 de l'effectif total pour le professorat. Les autres débouchés ont été, par ordre d'importance : l'Administration des forêts, les industries agricoles, le commerce, les stations agronomiques et laboratoires agricoles, les haras. L'État, les grandes administrations, les grands établissements industriels où des intérêts agricoles sont engagés recherchent les ingénieurs agronomes qui apportent, dans leurs fonctions, la méthode scientifique acquise à l'Institut. Quelques-uns ont prêté leur concours à cette force moderne, qui s'appelle la presse. Des journaux d'agriculture créés par eux ont vulgarisé, dans les campagnes, les bonnes méthodes de culture et les découvertes intéresssantes. Les missions d'études confiées aux meilleurs élèves ont permis à une élite de compléter l'instruction donnée à l'Institut et ont, en même temps, rendu de grands services au pays, par des mémoires fort importants et fort intéressants établis par les missionnaires au cours de leurs voyages à l'étranger.

C'est l'Institut qui a donné asile le premier à une chaire de cultures coloniales. L'enseignement colonial donné à l'Institut a porté ses fruits. Un ancien élève de l'Institut, M. Prud'homme, inspecteur de l'agriculture à Madagascar, a rendu de grands services au général Galliéni pour la mise en exploitation de la grande île. D'anciens élèves ont été chargés de diriger les services agricoles dans l'Indo-Chine et en Afrique. Beaucoup d'anciens élèves de l'Institut occupent aux colonies des situations officielles. En 1902, on compte 62 anciens élèves de l'Institut établis en Algérie, comme agriculteurs et viticulteurs, 1 en Annam, 5 en Cochinchine, 2 au Congo, 1 au Dahomey, 2 au Soudan, 3 en Égypte, 1 aux Indes hollandaises, 7 à Madagascar, 3 à l'île Maurice, 2 à la Nouvelle-Calédonie, 1 en Perse, 1 à la Réunion. La Roumanie, la Turquie, l'Amérique du Nord et l'Amérique du Sud comptent parmi leurs agriculteurs un certain nombre d'anciens élèves de l'Institut.

On doit aux professeurs de l'Institut agronomique des travaux remarquables appréciés dans le monde entier; un volume ne suffirait pas pour les analyser. Le directeur de l'Institut agronomique, M. Risler, par son célèbre traité de géologie agricole, fruit de trente années de pratique, d'études et d'observations, a jeté une vive lumière sur les questions autrefois si obscures qui se rattachent à l'étude des terrains et à l'application des engrais chimiques. MM. Schlœsing et Müntz, par la découverte du ferment nitrique, ont fait entrer la chimie agricole dans une voie que l'illustre Pasteur avait ouverte, mais où ils firent les premiers pas, et avec un tel bonheur qu'ils furent suivis par une foule de savants. Il faudrait encore citer les travaux de MM. Müntz et Girard sur l'alimentation des animaux, de M. Duclaux sur le lait, d'Aimé Girard sur la betterave et la pomme de terre, de M. Prillieux sur les maladies des plantes, de M. Schribaux sur l'amélioration des espèces végétales, etc. Mais cette énumération serait trop longue. On trouvera, d'ailleurs, des renseignements plus complets dans l'étude consacrée à chaque chaire récompensée.

L'estime du monde savant et la reconnaissance des agriculteurs indiquent les services rendus à la science et à l'agriculture par le corps enseignant de l'Institut agronomique. Les travaux des professeurs et les objets exposés par eux en étaient la démonstration indiscutable. Les professeurs doivent être d'autant plus loués qu'ils ont obtenu de très beaux résultats malgré les faibles ressources dont ils disposent pour leurs travaux. Nous devons signaler, en effet, une insuffisance de crédit qui a été constatée par le Jury au cours de son examen : les chaires de l'Institut agronomique ne sont pas suffisamment dotées en frais de cours, si l'on compare les crédits qui sont alloués aux chaires correspondantes dans les établissements similaires d'enseignement supérieur à l'étranger.

Son activité scientifique et ses services ont fait attribuer un grand prix par le Jury à l'Institut agronomique, qui l'a doublement mérité comme École d'enseignement supérieur agricole et comme Établissement de recherches scientifiques.

Depuis dix ans, bien des maîtres, attachés à l'Institut depuis son origine, se sont retirés, atteints par la maladie ou par la limite d'âge. L'École a conservé un reconnaissant souvenir à ceux qui l'ont entourée de l'auréole de leurs grands noms. Des hommes jeunes ont succédé aux anciens maîtres. Le mérite de ces jeunes savants fait augurer que l'avenir de l'Institut agronomique sera digne de son passé.

ÉCOLES NATIONALES D'AGRICULTURE.

(GRIGNON, MONTPELLIER, RENNES.)

I. — Historique.

La loi du 3 octobre 1848, qui a organisé en France l'enseignement officiel de l'agriculture, décida que l'enseignement du deuxième degré serait donné dans des écoles régionales d'agriculture. L'idée du Gouvernement était d'établir une école dans chacune des régions culturales. Le législateur ne voulut pas engager l'avenir et fixer le nombre des écoles à créer en déterminant le nombre des régions culturales; il décida que les écoles seraient créées suivant les besoins et il se borna à poser le principe. L'école régionale devait, d'après les articles 7 et 11 de la loi, être une exploitation en même temps expérimentale et modèle pour la région à laquelle elle appartenait; les expériences et les résultats devaient recevoir la plus grande publicité. Ces établissements n'étaient donc pas de simples écoles, ils devaient encore remplir le rôle de stations d'études et de recherches. La loi prévoyait également un stage pour les élèves; les meilleurs d'entre eux avaient la faculté de faire un stage de deux ans dans les fermes-écoles ou les établissements particuliers afin d'apprendre la pratique agricole.

Trois écoles d'agriculture, créées par l'initiative privée, existaient déjà au moment de la promulgation de la loi de 1848; elles étaient dotées d'une organisation à peu près semblable à celle que fixait cette loi : c'étaient l'école de Grignon, située dans les environs de Paris, près de Versailles, l'école de Grand-Jouan, établie en Bretagne, et celle de la Saulsaie, qui avait été placée dans la région des Dombes, sur le plateau qui aboutit à la ville de Lyon. Elles furent transformées en écoles régionales et placées sous la gestion directe de l'État. Une quatrième école, celle de Saint-Angeau, fut créée sur le même modèle par arrêté du 15 octobre 1849. Elle était placée en plein Plateau central, dans le département du Cantal, sur un domaine de 900 hectares.

Fig. 22. — École de la Saulsaie. (Vue des bâtiments.)

La création de nouvelles écoles régionales était à l'étude lorsque le Gouvernement impérial supprima, par décret du 14 septembre 1852, l'Institut agronomique. L'Empire estimait que la profession agricole n'avait nullement besoin du concours de la science et que la pratique suffisait à l'éducation du cultivateur. Les écoles régionales n'eurent pas le même sort que l'Institut de Versailles parce qu'elles donnaient à la fois l'enseignement théorique et pratique. On les conserva en changeant leur nom; elles devinrent des écoles impériales. Leur nombre n'en fut pas augmenté; bien au contraire, il fut diminué. L'école de Saint-Angeau, qui avait été instituée par l'Administration, fut supprimée en décembre 1852. Les trois autres écoles continuèrent à vivre pendant toute la durée du régime impérial, mais sans grand éclat; en 1870, l'école de la Saulsaie était en pleine décadence, et on dut la fermer deux années après et la transporter dans une autre région. L'école de Grignon, seule, conserva quelque vitalité et ne parut pas trop souffrir du coup qui avait abattu la tête de l'enseignement agricole; elle devint même, grâce à cette circonstance, le principal établissement d'enseignement agricole.

D'après le plan de la loi de 1848, une école devait être placée dans chaque région

IMPRIMERIE NATIONALE.

culturale de la France. L'Empire n'ayant pas voulu de nouvelles créations d'établissements agricoles de cet ordre, le projet élaboré par la deuxième République tomba tout entier, car les établissements qui survivaient n'avaient pas été placés dans des régions choisies en vue d'une organisation d'ensemble; ils avaient été créés dans les régions où des particuliers avaient trouvé des facilités pour les y installer, avant que le Gouvernement tentât d'organiser un enseignement officiel de l'agriculture. Les pays de grande culture furent donc dotés d'écoles et la région méridionale de la France en fut dépourvue.

Dans la pensée des législateurs de 1848, les écoles régionales avaient pour but de préparer leurs élèves en vue de la gestion des domaines ruraux, d'en faire par conséquent les chefs mêmes de l'industrie agricole. D'où la nécessité de donner un enseignement où la pratique se joignît à la théorie.

Les jeunes gens devaient y suivre les travaux de l'exploitation et y prendre une large part. Ils devaient également y être accoutumés à la responsabilité de la gestion de l'exploitation, et, dans ce but, chacun d'eux était chargé, à tour de rôle, de la direction des différents services.

Dès 1860, les études théoriques et scientifiques commencèrent à prendre une certaine importance dans l'enseignement de Grignon et elles vinrent heureusement compléter l'enseignement pratique qui avait été depuis 1852 un peu trop exclusivement développé.

Le recrutement des écoles était pénible et les candidats généralement mal préparés; Grignon avait de 30 à 35 élèves par promotion; les deux autres écoles ensemble en réunissaient à peine 20 à 25.

Les chaires étaient au nombre de six seulement par école. Il y avait :

Un professeur de physique, chimie, géologie et minéralogie appliquées à l'agriculture;

Un professeur de botanique et de sylviculture;

Un professeur de génie rural;

Un professeur d'agriculture;

Un professeur d'économie et de législation rurales;

Un professeur de zoologie et de zootechnie.

Un répétiteur-préparateur était attaché à chaque chaire.

Les élèves restaient trois années à l'école et payaient un prix de pension annuel de 750 francs.

Avec la troisième République, les écoles impériales devinrent écoles nationales d'agriculture et elles furent améliorées d'une très notable façon. L'école de la Saulsaie, qui était située dans la région des Dombes, loin de tout centre scientifique, avait périclité à tel point qu'elle dut être fermée; en 1872, le Gouvernement la transféra dans la région méridionale, aux abords d'une grande ville, à Montpellier, où elle ne tarda pas à prospérer.

Dans toutes les écoles un certain nombre de chaires furent dédoublées et des chaires nouvelles furent créées; l'enseignement fut mieux approprié aux cultures de la région siège de l'école et l'on fournit aux professeurs les moyens matériels nécessaires pour se livrer à des recherches culturales et scientifiques.

Dans les programmes d'enseignement, il fut fait une place beaucoup plus large à la partie théorique et à la science.

En 1894, M. Tisserand, directeur de l'agriculture, définissait ainsi le rôle de l'École nationale dans son remarquable rapport sur l'enseignement agricole :

«Le but des écoles nationales d'agriculture doit être d'élever le niveau de l'instruction de la classe des propriétaires ruraux et des fermiers, de façon que ceux-ci puissent devenir des agriculteurs éclairés, habiles et capables de gérer une ferme avec profit, de lutter avec succès contre cette concurrence redoutable qui nous étreint de toutes parts, et contre ces parasites de toutes sortes qui viennent compromettre les travaux de la veille et anéantir trop souvent les espérances du lendemain; il doit être, en un mot, d'initier les cultivateurs du sol national aux grandes découvertes de la science moderne.»

II. — Situation actuelle.

Les écoles nationales d'agriculture ont actuellement leur siège à Grignon, à Montpellier et à Rennes [1]. L'État supporte tous les frais occasionnés par le fonctionnement de ces écoles et paye tout le personnel. D'après le programme officiel, aujourd'hui en vigueur, l'enseignement dans les écoles nationales d'agriculture doit être à la fois théorique et pratique, s'adresser aux jeunes gens qui se destinent à la gestion des domaines ruraux, soit pour leur propre compte, soit pour autrui, ou à l'enseignement agricole.

Les conditions dans lesquelles les jeunes gens sont admis, celles qu'ils ont à remplir pour être diplômés à leur sortie sont actuellement les mêmes dans les trois écoles nationales.

Elles se recrutent par la voie du concours. Le concours est commun pour les trois écoles.

A la suite des épreuves, le Ministère de l'agriculture établit une seule liste de classement et les élèves ne peuvent choisir l'école dans laquelle ils désirent poursuivre leurs études que d'après leur ordre de classement. La distribution des élèves est faite en trois parts à peu près égales; le premier tiers est envoyé à Grignon, le deuxième à Montpellier et le troisième à Rennes. On tient compte dans cette répartition du choix de l'école fait par les élèves; toutefois, un élève qui aurait désiré venir à l'école de Grignon sera envoyé à Montpellier ou à Rennes si son classement ne lui permet pas d'entrer dans l'école de son choix.

Les candidats doivent être âgés de 17 ans accomplis le 1er avril de l'année où ils se présentent au concours.

[1] L'école de Grand-Jouan, qui était située loin d'un centre scientifique, en pleine campagne, avait un recrutement difficile et on dut la transférer dans une grande ville; en 1895, elle fut installée à Rennes.

Aucun diplôme n'est exigé, mais ceux qui possèdent des titres universitaires ou agricoles bénéficient d'une avance de points fixée comme suit :

Diplôme des Écoles nationales vétérinaires	15 points
Diplôme de licencié ès sciences ou ès lettres	15
Certificat d'études physiques, chimiques et naturelles (P. C. N.)	15
Diplôme de bachelier (classique ou moderne)	10
Diplôme de l'École nationale d'horticulture de Versailles ou de l'École nationale des industries agricoles de Douai	8
Diplôme des Écoles pratiques d'agriculture	8
Brevet supérieur de l'enseignement primaire	7
Certificat relatif à la 1re partie d'un baccalauréat	5
Certificat des fermes-écoles	5
Brevet élémentaire de l'enseignement primaire	3

Le cumul de ces différents titres est admis jusqu'à concurrence de 15 points. Toutefois, le baccalauréat ne peut cumuler ses points avec la licence du même ordre ou avec le brevet supérieur, ni les baccalauréats anciens avec les nouveaux.

Le concours pour les sciences porte sur les matières suivantes : arithmétique complète; algèbre, équations du premier degré et du deuxième degré; géométrie plane, dans l'espace, courbes usuelles; trigonométrie; physique; chimie générale; histoire naturelle; zoologie; botanique; géologie.

Le concours comprend des épreuves écrites et des épreuves orales.

Les épreuves écrites sont au nombre de quatre :

1° Une composition en mathématiques;

2° Une composition française;

3° Une composition en physique et chimie;

4° Une composition de sciences naturelles.

Ces épreuves sont éliminatoires; elles ont lieu le premier lundi de juillet et le jour suivant dans une salle de la préfecture des principales villes de France (15 environ) désignées à l'avance par l'Administration.

Les épreuves orales sont subies par les candidats reconnus admissibles. Le jury, composé de trois membres, est nommé par le Ministre; il se transporte successivement dans quatre grandes villes.

Les candidats choisissent dans ces villes celle qui leur convient le mieux pour y être interrogés. Il y a trois interrogations orales :

Une épreuve de mathématiques;

Une épreuve de physique et de chimie;

Une épreuve de sciences naturelles.

Épreuves écrites et épreuves orales sont notées de 0 à 20. Les notes obtenues par un même candidat sont totalisées; on y ajoute, s'il y a lieu, les points accordés aux diplômes universitaires ou agricoles; le nombre des points ainsi obtenu sert à établir la liste par ordre de mérite des candidats.

Les écoles de Grignon et de Montpellier reçoivent des élèves internes, des demi-pensionnaires et des externes. La durée des études y est de deux années et demie. L'école de Rennes ne reçoit que des externes; la durée des études y est de deux années seulement.

Le prix de la pension est de 1,200 francs pour les internes, à Grignon, et de 1,000 francs, à Montpellier; les demi-pensionnaires payent 600 francs dans les deux écoles ci-dessus; les externes payent 400 francs dans les trois écoles; les auditeurs libres doivent payer une rétribution de 200 francs.

Les trois écoles reçoivent, sans examen, des auditeurs libres assistant aux cours qui sont à leur convenance, mais n'ayant entrée ni aux salles d'études, ni aux laboratoires. Exceptionnellement et moyennant un droit mensuel de 25 francs, ils peuvent être autorisés à suivre certains exercices pratiques.

Les étrangers sont admis comme élèves internes et externes ou comme auditeurs libres; dans les deux cas, ils sont soumis aux mêmes formalités que les nationaux.

Des bourses ou fractions de bourse sont accordées par l'État aux élèves internes, demi-pensionnaires ou externes au moment de leur entrée à l'école. Le nombre total des bourses ou fractions de bourse est tel que, pour chaque année d'études et pour chaque école, la dépense soit égale au montant de dix bourses entières d'internat. En principe, ces bourses ne sont accordées que pour une année scolaire et elles peuvent toujours être retirées par mesure disciplinaire, mais elles sont continuées aux élèves qui s'en sont montrés dignes par leur progrès et leur conduite.

Indépendamment des boursiers, dix élèves, dans chacune des écoles, par année d'études, peuvent être dispensés du payement de la rétribution scolaire si l'élève est externe, ou d'une somme équivalente à la rétribution de l'externat, soit 400 francs, si l'élève est interne ou demi-pensionnaire. Mais cette exemption est réservée de préférence aux élèves externes. A ces avantages accordés par l'État s'ajoutent quelques bourses, en nombre très limité, il est vrai, qui sont données par des particuliers et par le département où se trouve le siège de l'école.

L'enseignement des écoles nationales d'agriculture est à la fois théorique et pratique.

L'enseignement théorique est donné dans des cours ou des conférences faits à l'amphithéâtre.

L'enseignement pratique revêt les formes les plus diverses : manipulations dans les laboratoires de chimie, herborisations, exercices d'anatomie et de physiologie végétales, montage et démontage de machines agricoles, maniements d'animaux dans les étables, excursions dans les établissements industriels ou agricoles de la région, etc. Cette partie pratique, destinée à compléter l'enseignement oral, le suit de façon à ce qu'un exercice soit toujours aussi rapproché que possible de la leçon à laquelle il se rapporte. Pour la culture, il est fait des travaux pratiques tels que labours, conduite d'attelages, semailles, fauchages, ainsi que les diverses opérations culturales.

Chaque école est administrée par un directeur nommé par le Ministre de l'agriculture. Il dispose de surveillants pour assurer la discipline; il est aidé dans son travail administratif par un économe, un agent comptable et des commis de comptabilité, un bibliothécaire. Le service médical est fait par un médecin qui, en même temps, fait des conférences d'hygiène. Le corps enseignant comprend plusieurs professeurs dont le nombre varie avec chaque école, un jardinier-chef et un chef de culture.

Les professeurs des écoles nationales d'agriculture sont nommés au concours. Ils choisissent leurs répétiteurs et les proposent à l'agrément du Ministre de l'agriculture. Les professeurs touchent des traitements qui vont de 4,000 à 6,000 francs; les traitements des répétiteurs vont de 1,300 à 1,800 francs. Les directeurs reçoivent des traitements de 7,000 et 8,000 francs.

Un règlement intérieur est établi dans chaque école pour assurer la discipline; les punitions y sont prévues; elles consistent en réprimandes, privations de sortie le dimanche, renvoi de l'école. Les réprimandes graves sont infligées sur l'avis d'un conseil d'ordre qui est composé du directeur, de deux professeurs et du surveillant général. Le règlement prévoit également les congés qui sont accordés en cours d'études. En dehors des grandes vacances, qui ont lieu entre deux années d'études, les congés suivants sont donnés : 11 jours dans la période du 1er janvier; 11 jours à Pâques; les dimanches et jours de fête; ces derniers sont au nombre de sept. Le règlement fixe l'ordre des examens et des travaux pratiques. Chaque semestre, un bulletin est envoyé par le directeur de l'école aux parents des élèves; ce bulletin contient les notes obtenues par les élèves pendant le semestre qui vient de s'écouler ainsi que l'appréciation du directeur sur son travail et sa conduite.

L'enseignement des écoles nationales d'agriculture comprend : la zoologie, la botanique, la minéralogie et la géologie agricoles, la physique et la météorologie, la chimie générale, la chimie agricole, l'agriculture, l'horticulture, l'arboriculture, la viticulture, la sylviculture, le génie rural, la zootechnie, l'entomologie, la technologie agricole, la séricicultura, l'apiculture, l'économie et la législation rurales, la comptabilité agricole, l'hygiène et les exercices militaires.

Une exploitation agricole complète, avec jardins, cultures diverses et champ d'expériences est annexée à ces écoles. Cette exploitation, d'après les prescriptions de la loi du 3 octobre 1848, doit, en même temps qu'elle est mise à profit pour l'instruction des élèves, servir de modèle pour la région où elle se trouve. Les opérations de culture y sont faites régulièrement et en temps voulu. Les élèves sont appelés à y assister et à y prendre part. Ils acquièrent ainsi l'éducation agricole en s'habituant à l'observation et aux prévisions que les diverses opérations culturales exigent sans cesse des agriculteurs. Les élèves sont à tour de rôle et pendant une certaine période chargés des divers services de l'exploitation de façon à être habitués à la direction des travaux d'un domaine.

Le travail et les progrès des élèves sont constatés par des interrogations hebdomadaires faites par les répétiteurs sur un certain nombre de leçons, par l'appréciation de tous les exercices pratiques et par des examens généraux effectués par les professeurs à la fin de chaque cours.

La méthode est à peu près analogue à celle adoptée par l'Institut agronomique. A la fin de chaque année scolaire il est établi un classement résultant des notes obtenues par les élèves dans les diverses épreuves. Ce classement détermine l'ordre de passage des élèves dans une division supérieure et, pour la dernière année, l'obtention du diplôme.

Le diplôme des écoles nationales d'agriculture est délivré, à la fin de leurs études, à tous les élèves qui ont obtenu une moyenne générale déterminée à l'avance. L'Administration de l'agriculture n'assure aucun emploi aux élèves qui sortent diplômés de ses établissements d'enseignement. Le diplôme ne donne aucun droit, par conséquent, à une place ou à un emploi dépendant de l'Administration, cependant il réserve certains avantages, notamment en ce qui concerne les concours qui sont institués par le Ministère de l'agriculture pour le recrutement de ses fonctionnaires.

Les élèves dont la moyenne est inférieure à la moyenne générale fixée par l'Administration peuvent obtenir un certificat d'études.

Les auditeurs libres ne peuvent obtenir ni le diplôme, ni le certificat d'études.

Chaque année, les trois élèves sortis les premiers peuvent recevoir, le premier, une médaille d'or; le deuxième, une médaille d'argent; le troisième, une médaille de bronze. De plus, le premier et le deuxième peuvent obtenir, aux frais de l'État, une indemnité pour accomplir un stage de deux années dans des exploitations publiques ou privées dans le but de compléter leur instruction pratique.

Aux termes du décret du 23 novembre 1889, rendu pour l'exécution de la loi du 15 juillet 1889 sur le recrutement de l'armée, les jeunes gens diplômés des écoles nationales d'agriculture compris dans les quatre premiers cinquièmes de la liste de mérite de ceux des élèves français qui ont obtenu, pour tout le cours de leur scolarité, 65 p. 100 au moins du total des points que l'on peut obtenir d'après les règlements desdites écoles, ne sont astreints, en temps de paix, qu'à un an de présence sous les drapeaux, au lieu de trois années auxquelles sont soumis tous les Français ne rentrant pas dans les catégories d'exception prévues par la loi. Le bénéfice de cette dispense est définitivement acquis à ceux qui, remplissant les conditions de classement et de notation ci-dessus indiquées, produisent le diplôme des écoles nationales d'agriculture au moment de leur appel au service.

En ce qui concerne l'époque d'appel sous les drapeaux, elle est la même que pour l'Institut agronomique.

Exposition collective des trois écoles nationales d'agriculture. — Indépendamment de leurs expositions spéciales que nous examinerons à part, les trois écoles nationales d'agriculture s'étaient concertées pour organiser une exposition collective des instruments et modèles qui leur sont communs pour l'enseignement.

Cette exposition collective était placée au milieu du salon réservé à l'exposition des trois écoles, sur une table surmontée de gradins. On y voyait des instruments en réduction tels que tarares, nettoyeurs de racines, pulvérisateurs, charrues ordinaires, brabant double, charrue polysoc, dynamomètres, etc.; des collections de fruits, de graines, etc. Cette façon de procéder avait permis d'écarter de l'exposition particulière organisée par les trois écoles tout ce qui n'avait pas un caractère propre à chacune d'elles.

III. Considérations générales sur les trois écoles nationales d'agriculture.

Depuis leur fondation, les écoles nationales d'agriculture n'ont cessé de développer leur enseignement et de prendre de l'extension. En 1848, époque à laquelle elles sont devenues des écoles du Gouvernement, elles étaient simplement régionales; elles possédaient toutefois un enseignement répondant à une nécessité réelle, établi sur une base solide alliant la théorie à la pratique, qui leur a permis de se maintenir malgré les difficultés rencontrées au cours de leur existence. En 1852, l'enseignement de la pratique était prédominant au détriment des études théoriques et scientifiques, mais dès 1860 ces études commencèrent à prendre du développemeut.

A partir de 1870, les études scientifiques sont remises tout à fait en honneur. Les écoles deviennent alors nationales et leur enseignement porte sur l'ensemble des connaissances agricoles au lieu d'être limité aux cultures d'une région. Il convient toutefois de remarquer que chacune des écoles nationales a conservé à son enseignement une orientation particulière. L'école de Grignon étudie la grande culture et les industries agricoles du Nord de la France; celle de Montpellier est orientée vers la viticulture, et l'école de Rennes s'occupe de préférence de l'étude des procédés culturaux de la région de l'Ouest, de l'industrie laitière et de celle du cidre. Ce ne sont pas là, à proprement parler, des spécialisations, mais simplement des orientations spéciales.

L'école de La Saulsaie, dont le siège était en pleine Dombes, dans une localité éloignée de tout centre important, avait périclité à tel point que le Gouvernement dut fermer ses portes et la transporter dans une autre région. On l'établit dans le Midi, région où aucune école du deuxième degré n'existait encore, et l'on eut soin de l'installer aux portes d'une grande ville universitaire, à Montpellier. L'école de Grand-Jouan, qui était située en pleine campagne, dans un ancien pays de landes, et dont le recrutement laissait à désirer, dut également être transportée dans une grande ville, à Rennes. Depuis leur établissement dans des centres importants, ces écoles ont prospéré d'une façon remarquable. Il faut en conclure que les écoles d'enseignement d'un ordre élevé doivent se trouver aux abords d'une grande ville, sinon dans la ville même.

L'installation dans les grands centres offre, en effet, des avantages aux professeurs et aux élèves. Les professeurs de sciences ont besoin d'avoir à leur disposition les ressources que possèdent seules les grandes villes afin de poursuivre leurs travaux et leurs recherches; ils y trouvent également plus de facilité pour faire instruire leurs enfants. Les élèves sont plus portés à venir dans les agglomérations nombreuses où, pour les externes, les logements et les pensions ne font pas défaut et où l'entretien y est plus facile; de plus, ils prennent contact avec les étudiants de l'Université et vivent dans une atmosphère d'étude très propice à l'émulation. D'autre part, les étudiants, ainsi que leurs professeurs, ont leur attention attirée sur l'école d'agriculture et ils apprennent à la connaître et à apprécier l'importance et l'utilité des études agronomiques; il en résulte pour l'école un renom qui facilite son recrutement.

Depuis 1870, le niveau scientifique des trois écoles a été élevé dans de notables proportions. Toutefois, la pratique n'a pas été négligée; on s'est efforcé, au contraire, dans ces dernières années, de rapprocher la théorie et la pratique de façon à former un ensemble complet.

Les domaines au milieu desquels les écoles nationales sont situées permettent facilement cette combinaison des deux enseignements. La pratique enseignée n'est cependant pas suffisante pour permettre aux élèves de se mettre à la tête d'un domaine dès leur sortie de l'école.

Fig. 23. — École de Grignon. (Rû de Gally.)

Il leur est nécessaire de faire un stage dans une ferme afin de s'initier aux détails de la conduite d'une exploitation. M. Philippar, directeur de Grignon, a reconnu, au Congrès de l'enseignement qui a eu lieu pendant l'Exposition universelle de 1900, qu'un stage pratique d'au moins une année était nécessaire; il pense que les élèves peuvent le faire très avantageusement soit comme chefs de culture ou de main-d'œuvre, soit comme surveillants de travaux agricoles. Ils acquièrent ainsi l'habitude de la responsabilité et sont tout à fait aptes à prendre la direction d'une exploitation.

Dans les écoles nationales d'agriculture, comme dans tous les établissements appartenant à l'État ou gérés par ses soins, l'exploitation est soumise aux règles générales de la comptabilité publique. L'école possède un budget qui lui permet d'acheter les produits ou les animaux dont elle a besoin pour son exploitation et de payer la main-d'œuvre nécessaire, mais elle ne peut vendre quoi que ce soit à son profit; la vente se fait par l'intermédiaire du Service des domaines et l'argent en provenant est versé dans la caisse du Trésor. Il en résulte que l'école ne profite pas des bénéfices qu'elle pourrait retirer de ses transactions et qu'elle se trouve gênée dans sa gestion. Dans la pratique, les exploitations n'étant pas gérées de cette façon, les élèves ne trouvent pas à l'école l'exemple de la gestion directe d'un domaine. Il y a là, au point de vue de l'enseignement, un inconvénient auquel l'Administration désirerait vivement remédier en obtenant l'autonomie[1] du service de l'exploitation dans les écoles nationales.

L'enseignement actuellement donné dans les écoles nationales ne permet plus de les classer dans la catégorie des établissements d'enseignement secondaire. Les élèves qui s'y présentent sortent pour la plupart des lycées ou collèges, et ils abordent à l'école d'agriculture des études qui ne sont pas le prolongement de l'enseignement universitaire; ce sont des études nouvelles d'un ordre scientifique élevé se rapportant plutôt à l'enseignement spécial réservé aux Facultés. Ces écoles, d'ailleurs, ont avec les Facultés certains points communs, tels que la spécialisation de l'enseignement et les travaux de recherches effectués par les professeurs. Les écoles nationales d'agriculture sont donc placées entre l'enseignement secondaire et l'enseignement supérieur; on peut les appeler écoles du second degré si l'on veut adopter la classification en usage dans l'Université, mais avec cette remarque que les degrés ne se correspondraient pas dans les deux enseignements, puisque le deuxième degré dans l'Université correspond à l'enseignement secondaire. Cette distinction est nécessaire afin d'éviter une confusion qui donnerait une fausse idée de l'enseignement des écoles nationales d'agriculture. Elle est d'autant plus importante que dans les pays étrangers la situation n'est pas la même qu'en France; ainsi, en Allemagne, l'enseignement secondaire agricole prend la suite de l'enseignement secondaire universitaire; les écoles d'agriculture continuent l'instruction générale des élèves.

Le haut enseignement donné dans les écoles de Grignon, de Montpellier et de Rennes a facilité aux anciens élèves de ces écoles l'accession au professorat. Le programme officiel d'entrée prévoit actuellement l'enseignement agricole comme l'une des voies que les élèves diplômés peuvent légitimement suivre en quittant l'école. Ce n'est donc pas seulement dans les rangs des anciens élèves de l'Institut national agronomique, mais encore parmi les jeunes gens sortant des écoles nationales que sont recrutés les professeurs d'agriculture nomades et les professeurs des écoles pratiques. Il y a là une orientation qu'il était intéressant de signaler.

La partie pédagogique de l'enseignement n'a pas été négligée dans les écoles nationales. Les cours sont réservés aux matières principales et les conférences, aux matières annexes. La première partie des études est consacrée aux sciences pures, puis le professeur passe à l'examen des sciences appliquées et enfin à la technique agricole; il s'avance

[1] Cette autonomie a été accordée en 1902 par le Parlement.

ainsi progressivement, ne s'appuyant que sur les démonstrations déjà faites et sur les choses acquises. Chaque professeur est assisté par un répétiteur-préparateur dont la mission est de préparer les cours et les exercices d'application, ainsi que d'interroger les élèves; il aide également le professeur dans les travaux spéciaux de son cours et dans ses recherches. Les cours et conférences qui constituent l'enseignement théorique sont complétés par des exercices pratiques dont nous avons donné l'énumération dans l'exposé général. Les applications suivent, autant que possible, les leçons auxquelles elles se rapportent afin que l'exercice soit le complément du cours théorique. Nous devons relever que depuis quelques années une notable amélioration a été apportée dans les travaux d'application par suite de la création de laboratoires spéciaux pour chaque cours et de

Fig. 24. — École de Montpellier. (La Direction.)

champs d'expériences et d'essais. Les élèves ont profité de ces améliorations et les professeurs en ont largement tiré parti pour leur enseignement, qui en a été très heureusement influencé. En dehors de ces applications, les élèves suivent les opérations culturales dans le domaine de l'école et les travaux de la ferme. A Grignon, notamment, ils prennent une part effective à la direction de ces opérations; ils sont à tour de rôle chargés d'un des services de l'exploitation pendant une période de dix jours, afin de prendre l'habitude de la responsabilité et de la direction des travaux. A la suite de ces exercices, ils doivent établir des rapports écrits contenant leurs remarques et leurs observations; des notes sont données pour ces travaux. Comme à l'Institut agronomique, les élèves sont tenus en haleine par des examens périodiques, qui portent à la fois sur la théorie et la pratique. Une fois par semaine, les élèves doivent répondre aux interrogations faites par les répétiteurs et portant sur les quatre à cinq dernières leçons professées; ils doivent également, pour la pratique, exécuter des opérations spéciales qui donnent lieu à des notes; enfin des examens généraux sont subis à l'issue de chaque cours. La seule critique qu'on puisse faire à ce système c'est que les élèves, une fois qu'ils ont passé leurs examens de fin de cours, ne reviennent plus sur ces travaux, car il n'y a pas à la fin de chaque année un examen récapitulatif; mais c'est là un léger défaut auquel il est facile de remédier. A la fin de l'année scolaire, un élève doit, pour être admis à passer dans la division supérieure, avoir obtenu une moyenne déterminée. Si l'ensemble de ses notes ne lui permet pas d'atteindre la moyenne exigée, il est obligé de recommencer la même année d'études.

Les élèves sont astreints, pendant les cours, à prendre des notes sur des cahiers de modèle uniforme. Ces notes doivent être ensuite complétées par des annotations puisées dans les livres et par des croquis et dessins explicatifs. Le cahier est présenté à chaque examen et donne lieu à une note qui entre en ligne de compte dans la note générale. Indépendamment des travaux exécutés au cours de l'année scolaire, les élèves ont encore à exécuter des devoirs de vacances exigés par certains professeurs. Cette institution est excellente, car elle permet aux jeunes gens d'utiliser leurs congés; ceux qui peuvent les passer dans une ferme y puisent d'importantes connaissances dans l'observation des faits qui se passent sous leurs yeux, ils entrent en contact avec les cultivateurs et prennent l'habitude, pour établir le rapport qui leur est demandé, de noter leurs impressions; c'est une sorte de stage des plus profitables. A Grignon, le conseil de l'école établit un programme d'études que les élèves ont à suivre pendant les vacances.

Le régime auquel sont soumis les élèves dans les trois écoles nationales d'agriculture n'est pas uniforme. Nous avons vu que l'école de Rennes ne prend que des externes, tandis que les deux autres, celles de Grignon et de Montpellier, reçoivent à la fois des internes, des demi-pensionnaires et des externes. L'internat donne d'excellents résultats et est le plus demandé par les familles; en France on est habitué à ce dernier régime et les parents le préfèrent parce que, tout en étant plus tranquilles sur la conduite de leurs enfants, ils ont à supporter des dépenses moins élevées. L'internat évite les distractions et permet plus de régularité dans le travail; il a été constaté que dans les écoles recevant des internes et des externes, les élèves internes sont généralement les mieux classés. Aussi la tendance de l'Administration de l'agriculture est-elle de développer l'internat autant que cela lui sera possible; dès que les crédits budgétaires le permettront, un plus grand nombre d'internes seront admis à Grignon où l'externat présente des difficultés d'un ordre spécial par suite de la situation de l'école : elle est placée en effet dans un village de minime importance et se trouve trop éloignée de Versailles pour que les élèves puissent y habiter et venir chaque jour à l'école sans fatigue et sans perte de temps. L'internat n'a pu être établi à Rennes à cause de l'exiguïté des locaux dont l'État pouvait disposer dans cette ville.

La durée des études a varié dans les écoles d'agriculture. A Grignon elle était d'un an en 1828; elle fut portée à deux ans en 1831, puis, deux années après, à deux ans et demi et enfin à trois ans en 1840; de 1841 à 1844 la durée fut ramenée à deux ans et demi. En 1845, on revient à trois ans jusqu'en 1868; entre 1868 et 1871, il y eut des variations entre deux ans et deux ans et demi. En 1872 la durée fut fixée à deux ans et demi et n'a pas été modifiée jusqu'à ce jour. Montpellier, après quelques variations, arriva également à deux ans et demi d'études. Rennes fait exception pour la durée des études, car les élèves ne séjournent que deux ans à l'école. Les modifications successives apportées dans la durée des études indiquent la difficulté de trancher cette question qui donne lieu encore aujourd'hui à des controverses. M. Philippar, le directeur de Grignon, a, dans son rapport au Congrès de 1900, émis l'avis que trois années seraient préférables à cause de l'augmentation croissante des programmes et parce que la troisième année permettrait la récapitulation des matières enseignées qui sont si nombreuses et si complexes. M. Tisserand, l'ancien directeur si éminent de l'agriculture, estimait au contraire, dans son rapport général sur l'enseignement agricole en 1894, que la durée des études pourrait être réduite à deux ans; il regardait comme suffisant ce laps de temps pour l'enseignement théorique, la pratique devant s'apprendre non dans une école, mais dans une ferme bien conduite et bien tenue. Malgré les raisons qui militent en faveur de l'extension de la durée des études, on hésite à entrer dans cette voie, car on ne peut retenir trop longtemps les élèves à l'école dans la crainte de les empêcher d'aller faire un stage dans une ferme pour apprendre la pratique.

L'âge auquel les élèves sont admis est le même dans les trois écoles. Il était autrefois de 16 ans; il a été porté à 17. Certains professeurs préféreraient que les élèves ne fussent admis qu'à 18 ans afin d'avoir des jeunes gens à l'esprit plus mûr et plus attentif. Cette modification est difficile à appliquer à cause du service militaire auquel sont astreints tous les élèves et qui enlève une année d'études, et aussi parce qu'elle retarderait d'une année l'entrée des jeunes gens dans la vie pratique.

La durée des cours est fixée, dans les écoles de Grignon et de Montpellier, à une heure et demie. Autrefois elle était d'une heure. Sur la durée à donner aux cours, les avis sont partagés. Quelques professeurs estiment qu'une heure est suffisante, qu'un plus long laps de temps exige une attention trop soutenue et fatigue à la fois l'élève et le professeur. D'autres, en reconnaissant l'inconvénient de longues séances, les trouvent plus commodes pour la division des cours et les regardent comme indispensables en raison de la grande quantité de matières à enseigner. Ce qu'on peut dire, c'est que l'état de choses actuel n'a pas donné de mauvais résultats. L'école de Rennes a adopté une heure parce que les cours spéciaux sont moins nombreux et moins chargés qu'à Grignon et à Montpellier; le nombre des leçons a pu par conséquent être augmenté pour chaque professeur.

Le recrutement des écoles nationales d'agriculture se fait actuellement dans d'excellentes conditions. L'école de la Saulsaie a, dans certaines périodes, laissé à désirer sous ce rapport, mais, depuis son transfert à Montpellier en 1872, le recrutement des élèves a été des plus satisfaisants. Il en a été de même pour l'école de Grand-Jouan qui a gagné beaucoup par son installation à Rennes. Quant à l'école de Grignon, son recrutement a toujours été facile, dès 1833 elle comptait 44 élèves admis. Les trois écoles reçoivent, chaque année, autant d'élèves que les locaux et les crédits le permettent. Réunies, elles comptent annuellement environ 180 à 200 élèves admis à la suite de l'examen d'entrée. Il faut remarquer que le nombre des candidats qui se présentent augmente d'année en année. Pour 180 élèves reçus on compte 450 candidats environ prenant part au concours. Avant 1889, le diplôme du baccalauréat dispensait de passer l'examen, mais à partir de cette époque où fut promulguée la loi accordant le bénéfice de l'exemption de deux années de service militaire aux diplômés des écoles nationales, tous les candidats durent subir l'examen. Le nombre des concurrents augmentant,

Fig. 25. — École de Rennes. (Vue intérieure.)

pendant que le nombre des élèves à admettre restait limité par les locaux dont on pouvait disposer, l'examen d'entrée devint un véritable concours.

Les élèves se recrutent dans les familles d'agriculteurs dont les membres gèrent eux-mêmes leurs domaines ou dans celles qui ont des intérêts agricoles à faire valoir. Les familles veulent trouver dans leurs enfants des hommes capables de prendre la succession du père ou de défendre les intérêts qu'elles ont dans les exploitations agricoles. Un certain contingent, mais assez faible relativement, est fourni par les anciens élèves des écoles pratiques ou des fermes-écoles. Des agriculteurs, des industriels, des commerçants, des employés dirigent volontiers aujourd'hui leurs enfants vers les écoles nationales d'agriculture alors qu'il y a quelques années ils leur faisaient faire leurs études de droit ou de médecine; le nombre assez important de bacheliers qui se présentent à ces écoles en est une preuve manifeste. Pour l'année 1900, les bacheliers (baccalauréat complet ou première partie du baccalauréat) figuraient pour un quart dans le nombre des candidats. Les parents trouvent là l'enseignement qu'ils désirent donner à leurs enfants tout en les faisant bénéficier de la dispense d'une partie du service militaire qui est concédée aux élèves des écoles nationales d'agriculture par la loi de 1889. Il faut reconnaître que cette loi a déterminé beaucoup de parents à diriger leurs enfants vers les écoles d'agriculture; elle a favorisé d'une façon notable le recrutement de ces écoles; car depuis l'époque de sa mise en vigueur, l'augmentation des effectifs a été nettement constatée. Une conséquence de ce développement du recrutement a été l'élévation du niveau intellectuel des élèves et de leur degré d'instruction; le grand nombre des concurrents a rendu, en effet, le concours très difficile et il se forme à l'examen d'entrée une importante sélection.

Les élèves sortis des écoles nationales d'agriculture ont fourni à l'agriculture française et étrangère des agronomes connus et des praticiens appréciés.

Un certain nombre se sont dirigés vers l'enseignement agricole où ils occupent soit des chaires de professeurs, soit des postes de directeurs d'établissements divers.

Depuis leur création, les trois écoles ont reçu un grand nombre d'élèves. Voici le relevé des élèves admis et diplômés depuis l'origine jusqu'à l'année 1901 comprise :

Élèves admis	5,426
Élèves diplômés	2,484

Si nous considérons les trois écoles depuis qu'elles sont placées sous le contrôle direct de l'État, les totaux sont les suivants :

Nombre d'élèves admis	4,636
Nombre d'élèves diplômés	2,484

De 1889 à 1900 (ces deux années comprises), on comptait :

Élèves admis	2,312
Élèves diplômés	1,336

La répartition se fait à peu près comme suit :

Sur 1,000 élèves diplômés, on relève environ :

Agriculteurs : propriétaires, exploitants, régisseurs	480
Enseignement : directeurs d'école, professeurs, etc	150
Carrières diverses : fabricants, industriels, etc	370
Total	1,000

Ces chiffres font voir que la plupart des élèves deviennent des agriculteurs ou occupent des situations dans les industries annexes de la ferme.

Depuis la dernière Exposition universelle qui a eu lieu à Paris en 1889, les écoles nationales d'agriculture ont reçu d'importantes améliorations matérielles. Les anciens laboratoires ont été mieux aménagés, de nouveaux laboratoires ont été créés de façon à développer la partie expérimentale de l'enseignement et à faciliter les recherches des professeurs; des salles de micrographie ont été installées; des champs d'expériences ont été créés et des stations annexées à certaines chaires. Nous devons constater cependant que l'école de Grignon n'a pas reçu les améliorations matérielles en rapport avec le développement de son enseignement; l'installation de plusieurs laboratoires laisse, en effet, à désirer. Nous nous bornons à donner ces indications générales, les modifications apportées aux écoles étant relevées dans l'étude spéciale consacrée à chacune d'elles et à chaque chaire récompensée.

De la courte étude que nous venons de faire, il ressort qu'au point de vue de l'enseignement les progrès faits par les écoles nationales d'agriculture sont des plus notables. Le nombre des jeunes gens qui se dirigent vers ces établissements tend sans cesse à augmenter et l'Administration de l'agriculture se voit dans l'obligation, à cause des crédits restreints dont elle dispose, de refuser de nombreux candidats. On peut dire qu'aujourd'hui les écoles nationales d'agriculture sont arrivées à leur période d'épanouissement.

La loi de 1848 qui, ainsi que nous l'avons dit dans l'historique relatif aux écoles nationales d'agriculture, est la loi organique de l'enseignement officiel de l'agriculture, avait prévu que chacun de ces établissements devait non seulement servir à l'enseignement des élèves, mais encore être une exploitation expérimentale et modèle pour la région à laquelle il appartenait; le législateur avait spécifié que les expériences entreprises et les résultats obtenus devaient recevoir la plus grande publicité. Les écoles, pendant toute la période où elles furent régionales, se conformèrent au double but qui leur avait été assigné. La renommée universelle de l'exploitation modèle du domaine de Grignon en est le meilleur témoignage. Depuis leur transformation en écoles nationales, les expériences et les études, loin d'être abandonnées par les professeurs, furent poursuivies par eux avec la plus grande activité et sur une plus vaste échelle. L'amélioration des laboratoires, la création de stations annexées à certaines chaires ont permis le développement des recherches scientifiques ou expérimentales, telles que les études de M. Dehérain à Grignon, en chimie agricole, celles de Pasteur à Montpellier sur la sériciculture, les travaux de la station viticole à Montpellier pendant la crise phylloxérique. En nous bornant à examiner la période de dix ans qui s'est écoulée depuis la dernière Exposition universelle, nous trouvons toute une série de travaux remarquables des professeurs de chacune de ces écoles. En 1900, tous les professeurs avaient exposé et la plupart avaient organisé une exposition spéciale de leur chaire. Le Jury a été amené à récompenser chacun de ces derniers comme collaborateurs de l'école. Les travaux qu'ils ont présentés étaient des plus nombreux et les publications exposées comprenaient deux bibliothèques. En étudiant à part chaque chaire récompensée, nous signalons les principaux travaux des professeurs dont le nombre est considérable.

Le Jury a pu constater que les écoles nationales d'agriculture ont continué à remplir avec éclat le double rôle qui leur a été assigné à l'origine.

L'excellent enseignement donné aux élèves est en effet heureusement complété par les travaux exécutés dans les stations d'études et de recherches annexées aux écoles, stations qui, tout en facilitant l'enseignement, permettent aux professeurs d'entreprendre les études les plus utiles pour la science et pour l'agriculture.

Le Jury a accordé un grand prix aux deux écoles de Grignon et de Montpellier et une médaille d'or à celle de Rennes. Cette dernière, récemment déplacée, n'a pas encore atteint le niveau des deux autres, mais elle est en bonne voie et il faut espérer qu'elle pourra bientôt les égaler.

ÉCOLE NATIONALE D'AGRICULTURE DE GRIGNON.

(Grand prix.)

I. Historique.

En 1826, un groupe de grands propriétaires et de savants, pénétrés de l'idée que l'agriculture nationale ne pouvait se relever que par l'exploitation scientifique et raisonnée du sol, fondèrent, sous la désignation de Société royale agronomique, une association dans le but de propager les connaissances scientifiques et de provoquer des recherches culturales.

Un des premiers actes de cette société fut d'étudier les moyens d'arriver à créer, près de Paris, un grand établissement d'enseignement agricole auquel serait annexé un très vaste domaine rural.

L'ingénieur Polonceau, l'un des promoteurs de cette idée, fut chargé de faire les recherches nécessaires. Son choix se fixa sur le domaine de Grignon, situé dans un petit hameau dépendant de la commune de Thiverval, département de Seine-et-Oise. La situation de ce domaine répondait bien aux desiderata de la Société royale agronomique : à 32 kilomètres de Paris, il était assez rapproché de la grande ville pour profiter très largement de la vie scientifique dont elle est le foyer; il possédait des locaux assez vastes pour permettre d'y réunir un nombre important d'élèves; les bâtiments de l'exploitation étaient plus que suffisants, et l'étendue des terres et des bois était d'environ 600 hectares.

Ce domaine, acheté par le roi Charles X au prix de 700,000 francs, fut donné à bail, pour une période de quarante années, à la Société royale agronomique.

Une souscription par actions fut ouverte pour couvrir les frais d'organisation et d'entretien de la nouvelle école qui, placée sous la direction d'Auguste Bella, recevait des élèves dès 1828.

Mais, bien que les souscriptions fussent nombreuses, l'affaire périclita bientôt, et l'établissement ne put se maintenir que grâce à une subvention annuelle de 60,000 fr. que lui fournit l'État à partir de 1837.

La loi du 3 octobre 1848 organisant l'enseignement agricole en France fit passer l'école de Grignon sous le contrôle de l'État, et lui donna le titre d'école régionale. Mais ce ne fut cependant qu'en 1866, à l'expiration du bail consenti à la Société agronomique et après que cette société eût remboursé ses actionnaires et liquidé son exploitation, que l'État eut la direction complète de l'établissement.

IMPRIMERIE NATIONALE.

II. Situation actuelle.

L'école de Grignon est le plus ancien de nos établissements d'enseignement agricole. Son directeur actuel est M. Philippar. Elle est installée dans un ancien château dont le bâtiment le plus important date du commencement du XVIIe siècle et offre un échantillon très pur du style Louis XIII.

A l'intérieur, ont été aménagés les réfectoires, les dortoirs, les salles d'études, la bibliothèque et quelques laboratoires. En avant, perpendiculairement à ce bâtiment principal, s'élèvent deux corps de bâtiments parallèles enfermant la cour d'honneur

Fig. 26. — École de Grignon. (Vue générale.)

dans laquelle sont dessinés deux jardins français avec pelouses et plates-bandes. L'une de ces constructions, celle située du côté Est, renferme la vacherie; les locaux de la ferme sont immédiatement derrière. Ils forment deux rectangles juxtaposés encadrant chacun une vaste cour; ils comprennent, indépendamment des hangars, magasins et écuries, une vacherie, une bergerie et une porcherie.

L'autre, en bordure du parc, est occupée par l'infirmerie, par différents laboratoires et par des logements de fonctionnaires. Un peu plus loin et à l'Ouest, ont été construits les laboratoires de chimie. Derrière le château, on vient d'élever un amphithéâtre spécialement aménagé pour l'enseignement de la zootechnie.

En face le château, au sommet d'une petite éminence, se trouve un gracieux pavillon Louis XIII qui contient les appartements du directeur de l'école et les services de l'administration. Immédiatement derrière, on a aménagé un vaste hall d'une surface totale d'environ 1,100 mètres carrés, avec galeries intérieures formant premier étage. C'est dans ce local spacieux que sont rangées les collections du cours de génie rural, de technologie agricole, etc.

Le domaine est entouré de murs. Il a une étendue de 292 hectares se décomposant comme suit :

Terres arables, 95 hectares; prairies et pâturages, 35 hectares; jardins, 5 h. 66; verger, 2 h. 63; bois, 120 h. 24; champs d'expériences, 1 h. 63; chemins, pelouses, bâtiments, etc., 32 hectares.

Fig. 27. — Ecole de Grignon. (Cour de la ferme.)

Sur les 95 hectares de terres arables, 7 h. 10 sont employés comme champs d'expériences; les cultures principales sont : le froment, l'avoine, l'orge, le seigle, les racines et tubercules.

Le cheptel comprend environ 15 chevaux et juments, 6 bœufs de travail, 1 taureau et 24 vaches laitières normandes ou schwytz, un troupeau de 450 têtes (Dishley, Southdown et Dishley-mérinos), une porcherie de 70 têtes (Yorkshire et Berkshire), et une nombreuse basse-cour.

L'exploitation, ainsi que l'indique le relevé ci-dessus, est donc dirigée en vue de l'étude de la grande culture, de la culture des céréales, des plantes fourragères et industrielles et des industries agricoles du Nord de la France.

Le personnel enseignant de Grignon se compose de : huit professeurs; trois maîtres de conférences; sept répétiteurs-préparateurs, chargés de conférences spéciales; un chef de culture; un chef de pratique agricole; un jardinier chef.

Les cours de chaque professeur sont au nombre de 80 environ; ils ont une durée d'une heure et demie et ont lieu à raison de deux par jour, en moyenne. Des conférences sont faites, dans des conditions identiques, sur les parties secondaires de l'enseignement; leur nombre varie de 25 à 35 selon l'importance de la matière enseignée.

L'enseignement comporte actuellement : une chaire d'agriculture; une chaire de botanique; une chaire de chimie générale et agricole; une chaire d'économie et de législation rurales; une chaire de génie rural; une chaire de physique, météorologie, bactériologie et technologie; une chaire de sylviculture, viticulture et pomologie; une chaire de zoologie et de zootechnie.

Fig. 28. — L'Ecole de Grignon. (Vue du parc.)

Il y a en outre : un maître de conférences de géologie et minéralogie; un maître de conférences d'horticulture et arboriculture; un maître de conférences d'entomologie.

En outre, des conférences sont faites par les répétiteurs sur l'économie commerciale, l'électricité, l'extérieur des animaux domestiques, la pathologie végétale et la comptabilité; le médecin de l'école fait des conférences sur l'hygiène.

Dans le but de préparer les élèves aux réalités de la vie rurale, on les fait passer, à tour de rôle, dans les divers services de l'exploitation, au nombre de six : 1° service des cultures; 2° service des animaux et de la basse-cour; 3° service du génie rural et du fonctionnement des machines; 4° service du champ d'études et des jardins;

5e service du jardin botanique et des collections; 6e service des observations météorologiques et divers autres suivant les besoins. Ces services ont une durée de quinze jours pour la plupart, et de cinq jours pour le service général et le service de l'économat.

Les élèves doivent relever soigneusement dans un rapport de service tous les faits observés par eux; ce rapport est noté par le fonctionnaire chargé du service auquel il a trait et la note entre en ligne de compte dans le classement des élèves.

Fig. 29. — Le parc de l'École de Grignon.

Cette partie pratique de l'enseignement donné à l'école de Grignon est complétée par des excursions dans les fermes environnantes. De plus, chaque année, aux vacances de Pâques ou à la fin de l'année scolaire, en juillet, a lieu une grande excursion en France ou à l'étranger; au cours de cette excursion, les élèves visitent les grandes exploitations agricoles, et leur attention est appelée tout particulièrement sur la variation des systèmes culturaux avec les conditions naturelles de la région et du climat.

III. — Objets et travaux exposés par la Direction.

L'esquisse rapide que nous venons de tracer de l'école de Grignon nous a été fournie par les nombreux documents exposés par la direction de cet établissement.

L'exposition de l'école avait été très bien présentée par M. Philippar[1], directeur de

[1] M. Philippar a été remplacé à la tête de l'École de Grignon par M. Trouard-Riolle, inspecteur de l'agriculture, le 1er octobre 1901.

EMPLOI DU TEMPS.

1er SEMESTRE. — DU 14 OCTOBRE AU 15 MARS.

Dispositions générales. — Lever à 5 h. 1/2. — Entrée aux études à 6 heures. — Premier déjeuner de 7 h. 8 heures. — Second déjeuner de 11 heures à 11 h. 1/2. — Dîner de 6 heures à 6 h. 1/2. — Rentrée aux ét[u] soir à 7 h. 1/2. — Coucher à 9 heures. — Visite aux animaux par les élèves de service le samedi à l'arrivée [du vé]térinaire.

JOURS.	HEURES.	1re ANNÉE.	2e ANNÉE.	3e ANNÉE.
Lundi.....	De 6h à 7h 1/2.....	Étude obligatoire.	Étude obligatoire.	Étude obligatoire.
	8 1/2 9 1/2.....	Travaux pratiques.	Travaux pratiques.	Visite aux cultures.
	9 1/2 11	//	Conférence de chimie.	Cours supplémentaire.
	1 1/2 3	Dessin et travaux pratiques.	Travaux pratiques.	//
	3 4 1/2.....	Application de botanique.	Dessin et application de zootechnie.	Application d'agriculture
	4 1/2 6	Cours de zootechnie.	//	Cours de botanique.
	7 1/2 9	Étude obligatoire.	Étude obligatoire.	Etude obligatoire.
Mardi.....	De 6h à 7h 1/2.....	Étude obligatoire.	Étude obligatoire.	Étude obligatoire.
	8 9 1/2.....	Application de zootechnie et d'agriculture.	Application de génie rural.	Application de botanique.
	9 1/2 11	Cours de botanique.	Cours de zootechnie.	Exercice de zootechnie.
	1 1/2 3	Cours de génie rural.	Cours de botanique.	Cours de zootechnie.
	3 4 1/2.....	Application de génie rural.	Application d'économie.	Application de zootechni[e]
	4 1/2 6	//	Cours de génie rural.	Conférence de Génie ru[ral] de comptabilité.
	7 1/2 9	Étude obligatoire.	Étude obligatoire.	Étude obligatoire.
Mercredi....	De 6h à 7h 1/2.....	Étude obligatoire.	Étude obligatoire.	Étude obligatoire.
	8 9 1/2.....	Travaux pratiques.	Application de botanique.	Application de génie rur[al]
	9 1/2 11	Conférence de chimie.	Pathologie végétale.	Cours de génie rural.
	2 4	Exercices militaires.	Exercices militaires.	De 2 h. à 3 h. 1/2. Conf[érence] pratique d'arboricultur[e]
	4 1/2 6	Conférence d'extérieur des animaux domestiques.	Conférence de chimie.	Cours supplémentaire.
	7 1/2 9	Étude obligatoire.	Étude obligatoire.	Étude obligatoire.
Jeudi......	De 6h à 7h 1/2.....	Étude obligatoire.	Étude obligatoire.	Étude obligatoire.
	8 9 1/2.....	Conférence d'hygiène.	Dessin et travaux pratiques.	De 8 heures à 11 heure[s] plication de chimie.
	9 1/2 11	Cours d'agriculture.	Pathologie végétale.	De 2 heures à 3 h. 1/2. d'économie.
	1 1/2 3	Application de chimie et d'économie.	De 2 heures à 3 h. 1/2. Conférence d'entomologie.	Application d'économie
	3 4 1/2.....			elte aux cultures.
	4 1/2 6	Cours d'économie.	De 3 h. 1/2 à 6 heures. Application de technologie.	Cours de chimie.
	7 1/2 9	Étude obligatoire.	Étude obligatoire.	Étude obligatoire.
Vendredi...	De 6h à 7h 1/2.....	Étude obligatoire.	Étude obligatoire.	Étude obligatoire.
	9 9 1/2.....	Dessin et application de physique.	Travaux pratiques.	//
	9 1/2 11	Conférence de mathématiques.	Cours d'agriculture.	Cours de chimie.
	2 3 1/2.....	Cours de géologie	1 h. 1/2 à 3 heures : Conférence d'horticulture.	De 1 h. 1/2 à 3 heures : d'agriculture.
	3 1/2 4 1/2.....	Travaux pratiques.	3 heures à 4 h. 1/2 : Application d'agriculture.	De 3 heures à 4 h. 1/2 plication de technologi[e]
	4 1/2 6	Cours de chimie.	Cours de technologie.	Cours de viticulture.
	7 1/2 9	Étude obligatoire.	Etude obligatoire.	Etude obligatoire.
Samedi....	De 6h à 7h 1/2.....	Étude obligatoire.	Étude obligatoire.	Étude obligatoire.
	8 9 1/2.....	Conférence d'hygiène.	De 8 h. 1/2 à 9 h. 1/2. Application de sylviculture.	Exercice de zootechnie mier samedi de chaque
	9 1/2 11	Cours de physique.	Cours de sylviculture.	Visite aux cultures.
	1 1/2 3	Cours de sylviculture.	Travaux pratiques.	//
	2 3 1/2.....	//	Cours d'économie.	Cours de technologie.
	7 1/2 9	Étude obligatoire.	Étude obligatoire.	Étude obligatoire.

EMPLOI DU TEMPS.

2e SEMESTRE. — DU 7 AVRIL AU 26 JUILLET.

ositions générales. — Lever à 5 heures. — Entrée aux études à 5 h. 1/2 — Premier déjeuner de 7 heures à h. 1/4. — Second déjeuner de 11 h. 1/2 à midi. — Dîner de 6 heures à 6 h. 1/2. — Rentrée aux études le soir 7 h. 1/2. — Coucher à 9 heures.

tudes sont obligatoires. Elles ont lieu de 5 h. 1/2 à 7 heures, le matin, et de 7 h. 1/2 à 9 heures, le soir.

ortoirs sont fermés très exactement tous les jours, *le dimanche compris*, de 8 heures du matin à midi et de di et demi à 9 heures du soir.

OURS.	HEURES.	1re ANNÉE.	HEURES.	2e ANNÉE.
di......	De 7h 1/2 à 10h ...	Travaux pratiques.	De 7h 1/2 à 10h ...	Travaux pratiques.
	10 11 1/2 ...	Conférence de chimie.	10 11 1/2 ...	Conférence d'entomologie.
	2 3 1/2 ...	Application de botanique et de dessin.	2 4 ...	Application d'économie et travaux pratiques.
	4 5 1/2 ...	Cours de botanique.	4 6 ...	Exercice de nivellement.
di......	De 7h 1/2 à 10h ...	Applic tion de zootechnie, d'économie et travaux pratiques.	De 7h 1/2 à 10h ...	Application de zootechnie, de botanique et dessin.
	10 11 1/2 ...	Cours de zootechnie.	10 11 1/2 ...	Cours de botanique.
	2 4 ...	Exercices militaires.	1 2 ...	Application de zootechnie.
	4 5 1/2 ...	Conférence d'électricité.	2 4 ...	Exercices militaires.
	//	//	4 5 1/2 ...	Cours de zootechnie.
credi....	De 7h 1/2 à 10h ...	Application de génie rural, de géologie et travaux pratiques.	De 7h 1/2 à 10h ...	Application de botanique et d'arboriculture fruitière.
	10 11 1/2 ...	Cours de génie rural.	10 11 1/2 ...	Conférence d'horticulture.
	2 3 1/2 ...	Conférence de chimie.	2 3 1/2 ...	Cours de génie rural.
	4 5 1/2 ...	Cours de génie rural.	4 5 1/2 ...	Conférence de pathologie.
i......	De 7h 1/2 à 10h ...	Application de chimie et travaux pratiques.	De 7h 1/2 à 10h ...	Application de génie rural et travaux pratiques.
	10 11 1/2 ...	Cours de géologie.	10 11 1/2 ...	Cours de géologie, puis de pathologie.
	2 3 1/2 ...	Cours de géologie.	2 3 1/2 ...	Cours d'économie.
	4 5 1/2 ...	Cours d'économie.	4 5 1/2 ...	Cours de chimie.
dredi....	De 7h 1/2 à 10h ...	Application de physique et travaux pratiques.	De 7h 1/2 à 10h ...	Application d'agriculture et de chimie.
	10 11 1/2 ...	Cours d'agriculture.	10 11 1/2 ...	Cours de chimie.
	1 1/2 3 ...	Conférence d'extérieur.	1 1/2 3 ...	Cours d'agriculture.
	3 4 ...	Application d'agriculture.	3 6 ...	Travaux pratiques.
	4 5 1/2 ...	Conférence de chimie.	//	//
edi.....	De 7h 1/2 à 10h ...	Application de sylviculture et travaux pratiques.	De 7h 1/2 à 9h ...	Application de technologie et d'arboriculture fruitière.
	10 11 1/2 ...	Cours de sylviculture.	10 11 1/2 ...	Cours de technologie.
	1 1/2 3 ...	Cours de technologie.	1 1/2 3 ...	Cours de sylviculture ou de viticulture.
	3 6 ...	Application de physique et travaux pratiques.	3 6 ...	Application de sylviculture et de viticulture.

l'école, qui l'avait organisée avec la collaboration de M. Nithard, secrétaire de la direction. Elle comprenait les objets suivants : vue générale de l'école, un relief du domaine qui permettait aux visiteurs de se rendre compte de la situation pittoresque du parc et des aspects variés qu'il présente; des photographies, etc.

Des tableaux et des graphiques donnaient, en outre, le relevé des résultats obtenus par l'exploitation pendant les années culturales de 1890 à 1899.

Dans la section rétrospective de la classe 5 étaient exposés :

Une vue de l'école et une carte agricole de l'établissement et de la commune de Thiverval en 1848; les portraits des anciens directeurs; un tableau représentant les maladies cryptogamiques des céréales dont les figures servaient en 1827 à Philippar dans les leçons de botanique qu'il professait à Grignon; un certain nombre d'anciens ouvrages, entre autres les Annales de l'École (1828-1829), et deux volumes sur les maladies des plantes, publiés par F. Philippar en 1837.

IV. — Exposition des chaires.

Chacune des chaires de l'école de Grignon ayant un professeur comme titulaire avait constitué une exposition spéciale mise sous les yeux du public. Nous allons passer en revue ces différentes expositions.

Chaire d'agriculture. (M. Berthault, professeur, médaille d'or; M. Bretignières, répétiteur, médaille de bronze.) — Le titulaire de la chaire d'agriculture est M. Berthault. Son cours est réparti sur les trois années d'études. En voici le programme dans ses grandes lignes :

Notions générales.

A. Agrologie. – Sol, sous-sol, terre végétale, origine et constitution des sols. – Propriétés physiques et chimiques des sols. – Les sols dans leurs rapports avec les climats. – Classification des terres. – Du sous-sol et de son influence sur le sol.

B. Étude des moyens employés pour modifier les propriétés physiques et la composition chimique des sols. – Amendements. – Engrais : engrais végétaux, engrais animaux, engrais mixtes, engrais minéraux et chimiques. – Procédés culturaux : défrichements, drainage, irrigation, colmatage, écobuage, labours et quasi-labours, hersage, roulage. – Semis, binages et sarclages, buttages. – Travaux de la récolte.

C. Étude des diverses plantes agricoles. – 1° plantes alimentaires; – 2° plantes fourragères; – 3° plantes industrielles.

D. Des assolements.

C. Agriculture coloniale – Rôle des colonies et milieu colonial. – Culture des plantes que l'on rencontre le plus habituellement dans les colonies françaises.

Les cours à l'amphithéâtre sont complétés par des applications aussi nombreuses que le comportent les matières enseignées. Des visites aux cultures du domaine et des excursions dans les exploitations à sols et à productions variés permettent d'initier les élèves aux détails de la vie agricole, de même que la ferme annexée à l'école leur permet de se familiariser avec les exigences de l'administration d'une exploitation rurale.

Dans cet enseignement, qui dispose de 100 leçons environ, le professeur ne perd pas de vue que les élèves sont appelés à faire de la culture dans des milieux différents. Pour répondre à cet objectif, il s'attache à établir d'abord les bases scientifiques qui peuvent guider les études ou les recherches à entreprendre et il prend soin de préciser, pour les sols ou pour les cultures, les conditions d'exploitation à réaliser dans des milieux variés. Des exemples pris dans les diverses parties de la France lui permettent de mettre sous les yeux des élèves des faits acquis constituant des indications précieuses pour ceux qui se trouvent dans des conditions similaires.

Fig. 30. — École de Grignon. (Vue de la côte aux buis et des cultures.)

Le professeur procède à des expériences personnelles. Il soumet les multiples questions que soulève la culture des plantes à la vérification expérimentale d'abord dans le laboratoire, puis dans un champ d'essais sur de petites surfaces où les circonstances relatives à la semence et au sol peuvent être facilement déterminées ou même réalisées. Enfin les faits ainsi mis en lumière dans les parcelles d'expériences sont alors appliqués sur de grandes parcelles, c'est-à-dire contrôlés dans les conditions ordinaires de la culture.

Le crédit mis à la disposition du professeur d'agriculture pour ses frais de cours et de recherches s'élève à 1,000 francs.

Objets et travaux exposés. — M. le professeur Berthault avait exposé une série de graphiques résumant les résultats qu'il a obtenus dans les expériences et les essais tentés par lui à l'école même, d'après la méthode si rationnelle que nous avons rappelée ci-dessus.

Ces expériences et ces essais ont porté sur les sujets suivants :

1° *Les betteraves fourragères.* — Un tableau donne le résumé des résultats obtenus en 1899 sur trois variétés mises en comparaison (Brabant à collet vert, géante blanche demi-sucrière, ovoïde des Barres) et cultivées à des écartements variés. Des essais entrepris sur cette question depuis 1890, il résulte que le cultivateur aurait tout intérêt à obtenir non d'énormes poids de matières brutes à l'hectare, mais un rendement élevé en *matières sèches*. Pour atteindre ce but, deux moyens ont une importance capitale : le choix des variétés et la réduction des écartements.

Les variétés de distillerie ou intermédiaires, ou demi-sucrières, seraient préférables aux anciennes variétés fourragères. L'écartement, qui doit être inférieur à celui adopté jusqu'ici dans la culture des betteraves fourragères, doit être variable d'une variété à une autre et d'un sol à un autre sol.

Fig. 31. — École de Grignon. (Les étables.)

2° *Le froment : variétés et écartements.* — Le graphique exposé fait ressortir les résultats obtenus dans des expériences faites avec quatre variétés de blé (Bordeaux, Browick, Kiss-England, golden drop) semées en lignes écartées de 15, 18 et 22 centimètres. Il en résulte que l'écartement à adopter doit être différent suivant les variétés adoptées : avec des variétés à faible tallage (Bordeaux, Browick, Kiss-England) les rendements diminuent à mesure que l'on augmente l'écartement entre les lignes; avec des variétés tallant énergiquement (golden drop), l'écartement peut être augmenté sans inconvénient.

3° *Influence qu'exerce l'époque du semis sur la quantité de semence d'avoine à employer.* — L'expérience a porté sur l'avoine de Ligovo; le graphique mis sous les yeux des visiteurs montrait qu'il est avantageux d'augmenter la quantité de semence à employer dans les semis tardifs, alors qu'on doit se contenter de semer clair au début du temps normal des semences.

4° *Sectionnement des gros tubercules de pommes de terre.* — Peut-on sectionner les gros tubercules de pommes de terre dans le but de diminuer la dépense en semence, sans nuire à la récolte? Prohibé par certains agronomes, le procédé est regardé comme avantageux par d'autres.

M. Berthault a présenté dans un graphique les résultats des recherches qu'il a entreprises sur cette intéressante question; deux courbes montrent que la levée des tubercules sectionnés, quelles que soient les variétés, est plus rapide et les récoltes sont mieux constituées. Quant au rendement, les autres courbes indiquent que le sectionnement produit des effets variables, avantageux souvent, mais non dans tous les cas.

Fig. 32. — École de Grignon. (Seconde cour de la ferme.)

5° *Ensemencement avec des plants de pommes de terre en germination.* — Le tableau exposé porte sur une série d'expériences relatives à cette question; il faisait voir: 1° que la levée a commencé plus tôt avec les plants germés, qu'elle a été plus rapide et qu'enfin elle était terminée quand celle des tubercules non germés a commencé; 2° que les pieds issus de tubercules germés ont toujours eu une végétation plus vigoureuse; 3° que le rendement a été plus considérable. L'application de ce procédé, fait remarquer le professeur, entraîne des dépenses supplémentaires pour la mise en germination et pour la plantation, mais ces dépenses sont largement compensées par les suppléments de produits obtenus.

Des photographies permettaient de se rendre compte de l'aspect des carrés aux époques les plus intéressantes de l'expérience.

6° *Production des graines de betteraves.* — Une série de photographies montrent la pratique de l'opération du greffage et du bouturage; d'autres représentent les boutures obtenues et la betterave mère.

Les recherches de M. Berthault, non encore terminées, tendent à déterminer si la qualité des graines obtenues par les nouveaux procédés est au moins égale à celle des graines provenant de la production ordinaire.

M. Berthault possède un collaborateur actif dans la personne de M. Bretignière, qui est attaché à sa chaire en qualité de répétiteur-préparateur; ce dernier lui a donné un concours précieux pour l'organisation de l'exposition spéciale de la chaire d'agriculture.

Chaire de botanique. — (M. Mussat, professeur, membre du Jury, hors concours; M. Julien, répétiteur, médaille d'argent.) — L'enseignement de la botanique est donné, à l'école de Grignon, par M. le professeur Mussat. M. Julien, répétiteur-préparateur, est chargé des conférences de pathologie végétale. Le cours du professeur commence dès l'arrivée des élèves et est réparti sur les six semestres.

Voici, brièvement résumé, le programme qui est suivi :

A. *Botanique générale.* — 1° *Organographie :* racines, tiges, rameaux, bourgeonnement, inflorescences, fruits, graines; — 2° *Histologie générale :* éléments anatomiques, cellules, principales variétés des cellules; vaisseaux; contenu des cellules; groupement des éléments en tissus; multiplication des cellules; accroissement; – 3° *Histologie spéciale :* structure anatomique des différentes parties d'un végétal; — 4° *Physiologie :* fécondation, formation et développement de l'embryon, dissémination des graines; germination, absorption, mouvement de la sève.

B. *Botanique descriptive et technologie végétale.* — De la classification. – Étude des familles végétales considérées surtout dans leurs rapports avec la production agricole. – Notions de géographie botanique générale.

Étude comparative des farines et fécules alimentaires ou industrielles, mélanges et sophistications. – Étude comparative des fibres textiles d'origine végétale. – Étude comparative des principaux bois employés en industrie.

C. *Mycologie et pathologie végétale.* (Cette partie du cours fait l'objet de conférences spéciales faites par le répétiteur, M. Julien.) — Importance de la mycologie dans ses rapports avec l'alimentation de l'homme et avec les plantes cultivées. – Notions sur l'histoire naturelle des champignons, base de leur classification. – Étude des principaux types de champignons comestibles ou vénéneux; champignons parasites; algues parasites. – Généralités sur les bactéries; bactéries communes à l'homme et aux animaux supérieurs; bactéries plus spéciales aux animaux domestiques; bactéries plus spéciales à l'homme.

Maladies des plantes causées par le sol; par des influences nuisibles de l'atmosphère; par des blessures. – Maladies dont les causes sont multiples et souvent mal déterminées. – Maladies causées par des parasites phanérogames: par des parasites cryptogames. – Généralités sur les moyens préventifs et sur les moyens curatifs.

L'enseignement oral est complété par des manipulations et par des travaux pratiques au cours desquels les élèves sont exercés aux dissections, à l'emploi du microscope, au dessin des plantes d'après nature, etc. Ils trouvent au laboratoire de nombreuses représentations photographiques à l'aide desquelles il leur est facile de se faire une idée exacte de l'aspect qu'offrent les différents tissus végétaux vus à tel ou tel grossissement et dans telle ou telle direction. Pour chaque exercice, ils ont ainsi un modèle de ce qu'ils doivent chercher à obtenir. En outre, des herborisations les initient à la détermination des plantes. Chaque élève est d'ailleurs tenu de présenter, à la fin des études, un herbier préparé par lui. Ce travail est l'objet d'une note qui compte dans le classement définitif.

Le budget mis à la disposition du professeur, tant pour ses recherches que pour l'entretien de son laboratoire et les travaux pratiques, s'élève à 800 francs.

Fig. 33. — École de Grignon. (Jardin botanique.)

Objets et travaux exposés. — L'exposition de la chaire de botanique comprenait une collection d'environ deux cents épreuves photographiques représentant des détails anatomiques de plantes diverses. Les clichés ont été exécutés par le professeur avec la collaboration de son répétiteur, M. Julien, au moyen d'un microscope photographique; ils fournissent de bonnes épreuves diapositives pouvant être utilisées pour des projections.

Les épreuves photographiques exposées comprenaient des types appartenant aux trois grandes divisions du règne végétal : dycotylédones, monocotylédones et acotylédones (vasculaires). Elles se rapportaient principalement aux racines et aux tiges, quelques-unes seulement aux feuilles.

Le professeur a établi ces épreuves dans le but de faciliter les travaux des élèves.

M. Mussat avait remarqué qu'après chaque séance d'amphithéâtre les élèves, qui n'ont eu qu'un aperçu schématique à l'appui des descriptions orales, se trouvent très embarrassés lorsqu'ils se trouvent en face de la nature et qu'ils ont eux-mêmes à faire ou à étudier des préparations microscopiques. Il a pensé que le meilleur moyen d'épargner aux élèves des hésitations et des pertes de temps toujours regrettables était de mettre sous leurs yeux des représentations photographiques, à l'aide desquelles il est facile de leur donner au préalable une idée exacte de l'aspect des différents tissus vus à des grossissements différents et dans des directions variées, de leur faire vite comprendre ce qui est essentiel dans chaque préparation, tout en leur fournissant un modèle certain de ce qu'ils doivent chercher à obtenir.

Fig. 34. — École de Grignon. (Ancien laboratoire de chimie.)

Pour faire juger sa méthode, ce professeur avait exposé un certain nombre de dessins exécutés par les élèves au laboratoire. Ces dessins, fort bien exécutés, faisaient honneur aux élèves et au professeur. M. Mussat avait envoyé, indépendamment des travaux que nous venons d'énumérer, des échantillons en herbier de plantes atteintes de maladies parasitaires, et, enfin, un certain nombre d'exemplaires des travaux de botanique systématique exécutés par les élèves : herbiers, dessins, travaux de vacances, etc.

Chaire de chimie et station agronomique. (M. Dehérain, professeur, membre du Jury, hors concours.) — La chaire de chimie à l'école de Grignon a été créée en 1865. M. P.-P. Dehérain, membre de l'Institut, en a été le premier titulaire, et il l'occupe encore aujourd'hui[1].

L'enseignement de la chimie est réparti sur les trois années. En première année, le professeur traite en soixante-cinq leçons la chimie minérale et la chimie organique. Il

[1] M. Dehérain, décédé, a été remplacé par M. Dumont le 1er février 1903.

rappelle les notions de chimie générale. Il étudie les métaux et leurs composés en envisageant le point de vue pratique; il examine les composés organiques en donnant les éléments nécessaires pour la compréhension des cours de chimie agricole et de technologie. Les leçons orales sont complétées et fortifiées par des exercices pratiques au labotoire qui ont lieu une fois par semaine.

Pendant la seconde année, les leçons au nombre de vingt portent dans le premier semestre sur la chimie analytique : caractères et recherches des bases et acides, dosages des éléments et des composés chimiques, analyses des substances agricoles. Dans le deuxième semestre (vingt leçons) a lieu l'enseignement de la physiologie végétale.

Dans le premier semestre de la troisième année, le professeur étudie la terre arable, les amendements et les engrais.

Fig. 35. — École de Grignon. (Nouveau laboratoire de chimie.)

Les élèves sont exercés pendant la seconde et troisième année aux analyses chimiques et ils acquièrent assez d'habileté et des connaissances assez étendues pour être utiles dans les laboratoires des stations agronomiques et dans ceux des sucreries ou des distilleries.

M. Dehérain est également directeur de la station agronomique annexée à l'école de Grignon. Cette station comprend actuellement un laboratoire d'analyse et un champ d'expériences. Un chimiste y est attaché.

Le laboratoire d'analyse doit fournir aux cultivateurs tous les renseignements de nature à les éclairer sur la composition de leurs terres, des engrais et des produits de la culture.

Le champ d'expériences sert à l'essai des différents engrais commerciaux. On y exécute, en outre, des expériences de culture sur l'influence qu'exercent les engrais et le choix des semences sur l'abondance des récoltes et sur la composition des plantes qui les constituent. Les résultats obtenus sont mis sous les yeux des élèves.

Les crédits mis à la disposition de M. Dehérain pour le cours de chimie et pour la station agronomique sont de 12,000 francs.

Objets et travaux exposés. — L'éminent professeur avait envoyé à l'Exposition des instruments, des graphiques représentant les résultats constatés sur le champ d'expériences de la station agronomique, et enfin ses ouvrages, notamment les vingt-six volumes des *Annales agronomiques* qu'il a fondées et qu'il dirige toujours, son important *Traité de chimie agricole*, et un certain nombre de livres de vulgarisation où ont été réunis des articles qui ont paru d'abord dans la *Revue des Deux-Mondes*.

Fig. 36. — École de Grignon. (Station agronomique et champ d'expériences.)

Parmi les objets exposés, citons : les *cadres* qui ont permis à M. Dehérain d'étudier la porosité et l'aération des sols en place. Cette méthode l'a conduit aux résultats suivants : une terre bien travaillée est très poreuse et très aérée, mais une terre de bois ou de prairie, non ouverte par les instruments, renferme encore une quantité d'air suffisante pour subvenir à la respiration des racines et à la vie des bactéries; la conclusion en est que ce n'est pas pour aérer le sol qu'on l'ameublit; les *cloches tubulées* à l'aide desquelles il a reconnu qu'une terre bien travaillée emmagasine plus d'eau et enrichit son sous-sol en humidité infiniment plus qu'une terre tassée et que c'est précisément pour assurer l'approvisionnement d'eau nécessaire à la vie végétale que le cultivateur ameublit sa terre. Signalons aussi divers appareils de chimie servant à déterminer le degré d'humidité de la terre à des profondeurs diverses.

Les graphiques envoyés par le savant professeur représentaient les résultats de ses expériences ayant trait à la *fixation de l'azote dans le sol* et à la *nitrification*. Il en résulte qu'une terre maintenue humide et poreuse, lorsqu'elle est à l'abri des grands froids, s'enrichit en azote aux dépens de l'atmosphère et forme des quantités considérables de nitrates. D'autres graphiques indiquant la composition des eaux de drainage écoulées des cases de végétation de Grignon complétaient la démonstration en faisant ressortir combien la *nitrification est active* dans les terres quand elles sont humides. Enfin, un certain nombre de graphiques étaient relatifs *aux influences de la couche arable* sur les rendements de blé et de betteraves (arrosées et non arrosées).

Chaire d'économie et de législation rurales. — Le cours d'économie et de législation rurales est professé à l'école de Grignon, depuis 1891, par M. Daniel Zolla, qui a comme répétiteur-préparateur M. Bretignière. Le cours a lieu pendant les trois années d'études.

En première année, le professeur expose les principes généraux de l'économie politique : production, circulation, répartition et consommation des richesses. Il consacre 22 à 25 leçons à cette partie de son enseignement.

En deuxième année est abordée l'étude de l'économie rurale proprement dite, c'est-à-dire l'étude de la production, de la circulation, de la répartition et de la consommation des richesses agricoles. Cet enseignement est donné en 25 leçons, sur lesquelles deux sont réservées à l'examen de la comptabilité agricole et des principaux systèmes de comptabilité proposés.

Enfin, en 20 leçons faites aux élèves de troisième année, M. Zolla expose les principes de la législation rurale et du droit administratif.

Dans son ensemble, le cours d'économie et de législation rurales ne comporte pas d'applications proprement dites. Les leçons sont complétées par des lectures et des études de monographies de quelques exploitations rurales, notamment en ce qui touche la comptabilité de domaines bien dirigés et soumis à des systèmes de cultures différents dans plusieurs régions de la France. Le professeur fait rédiger par ses élèves certains actes courants : baux à ferme, à métayage, à loyer, statuts de sociétés coopératives, d'assurances, etc.

Le budget du cours d'économie et de législation rurales est de 2,500 francs.

Objets et travaux exposés. — M. Zolla, de concert avec M. Bretignière, avait exposé : 1° un graphique relatif aux *variations simultanées des récoltes de froment et du prix de l'hectolitre en France*; ce document met en évidence l'influence de la production intérieure sur la variation des cours; 2° les ouvrages suivants : *Guide manuel du propriétaire; Questions agricoles d'hier et aujourd'hui; Questions d'économie rurale; Album agricole; Histoire de la propriété foncière en France, depuis 1610 jusqu'à nos jours; L'Agriculture américaine; La Colonisation en Tunisie; Étude sur les variations du prix des terres en France, depuis 1789; La Crise agricole;*

Chaire de génie rural. (M. Charvet, professeur, médaille d'argent; M. Danguy, répétiteur, médaille de bronze.) — La chaire de génie rural, à Grignon, est actuellement occupée par M. Charvet.

IMPRIMERIE NATIONALE.

Elle comporte environ 80 leçons réparties sur les trois années d'études.

Voici le programme suivi :

A. *Mécanique.* — 1° *Mécanique rationnelle :* statique, cinématique, dynamique; – 2° *Mécanique appliquée :* résistances passives, résistance des matériaux, machines simples, transmissions, régulateurs; – 3° *Hydraulique :* hydrostatique, hydrodynamique; – 4° *Moteurs :* moteurs hydrauliques, à vent, à gaz tonnant, à vapeur, moteurs animés.

B. *Machinerie agricole.* — Machines d'extérieur de ferme servant à la préparation des terres, à l'ensemencement, aux cultures d'entretien, à la récolte et aux transports. Machines d'intérieur de ferme servant à la préparation et au nettoyage des récoltes, à leur division et concassage, à la compression des fourrages, au traitement des raisins et des pommes.

C. *Aménagement des eaux.* — Pompes. – Dessèchements, drainages, irrigations, colmatage et limonage. – Hydraulique agricole.

D. *Constructions rurales.* — 1° *Gros œuvre :* terrassements, maçonnerie, charpente, couverture; – 2° *Petit œuvre :* menuiserie, serrurerie, peinture, vitrerie, pavage, plafonnage; – 3° *Bâtiments :* logement des hommes, des animaux, des récoltes, des fumiers, citernes; celliers et caves; – 4° *Clôtures :* haies, palissades, murs; – 5° *Chemins et Ponts.*

Dans la première partie du cours sont établies et discutées les formules appliquées par la suite aux autres parties du cours. Toutes les formules sont accompagnées d'exemples numériques destinés à guider les élèves dans leur emploi et à leur montrer quelles sont les unités particulières qu'il faut figurer dans certaines formules usuelles. Ces exemples numériques indiquent également l'usage des coefficients et des tables que l'on trouve dans les aide-mémoire.

Dans la description des machines, il est fait une étude complète d'une machine type; quant aux autres appareils similaires, on indique seulement les organes spéciaux qui les différencient du type. Toutes les parties de l'enseignement sont accompagnées d'exemples numériques ou de constructions graphiques qui montrent aux élèves le but et l'utilité de l'étude théorique de chaque appareil.

Les leçons théoriques sont complétées par des applications dans les collections de l'école, au cours desquelles les élèves voient les organes des machines décrites, étudient les détails qui n'ont pu leur être indiqués, et se familiarisent avec le montage et la manœuvre des machines et le réglage des diverses pièces. Dans d'autres applications sur le terrain, ils sont initiés à la conduite des machines d'extérieur de ferme.

Il est fait un certain nombre d'applications avec les instruments de précision : dynamomètres, compteurs, planimètres, freins, etc. Ces applications constituent, dans chaque cas, une étude complète : réglage de la machine à essayer, mise en place du dynamomètre, réglage de ce dernier, conduite d'un essai, étude d'un diagramme, calcul de l'effort moyen, des efforts accidentels, calcul du travail mécanique, etc.

En outre, les élèves ont à faire l'étude de projets de machines, de constructions, d'aménagement des eaux, et à procéder à l'exécution des plans et profils.

Le répétiteur du cours de génie rural, M. Danguy, est chargé de faire exécuter aux élèves des exercices d'arpentage et de nivellement.

Les frais de cours s'élèvent à 800 francs.

Objets et travaux exposés. — M. Charvet avait, avec l'aide de M. Danguy, son répétiteur, organisé une exposition assez complète; elle comprenait : les photographies de la collection de machines agricoles que possède l'école de Grignon; une série de photographies des applications du cours faites aux élèves dans la galerie de collections et sur le terrain; des photographies d'essais de machines; une collection de tableaux sur fond noir, dont il se sert dans ses leçons à l'amphithéâtre, représentant des machines et des organes de machines; des maquettes et des modèles divers établis pour le cours; des travaux d'élèves consistant en rapports annuels sur l'étude des bâtiments d'une ferme, en plans d'exploitations rurales, en rapports sur l'étude des machines agricoles employées dans différentes régions, dessins de machines. Le professeur avait également

Fig. 37. — École de Grignon. (Hangar des machines.)

exposé la collection de ses travaux personnels et de ses publications : *Étude sur les fouloirs et les fouloirs-égrappoirs;* frein Prony à compensateur donnant l'équilibre constant; appareil de jaugeage des pompes à vin; *Étude des charrues vigneronnes; Étude des pulvérisateurs et des soufreuses;* appareil de refroidissement des moûts en fermentation.

Chaire de géologie et de minéralogie. (M. Stanislas Meunier, professeur, médaille d'or; M. Mamelle, répétiteur, médaille d'argent.) — L'enseignement de la géologie et de la minéralogie fut longtemps confié au professeur de sciences physiques et de technologie. Depuis le 4 novembre 1889, il est l'objet de conférences spéciales faites par M. Stanislas Meunier, professeur au Muséum d'histoire naturelle.

Ces conférences sont au nombre de 45; elles sont données en deux années. Voici l'analyse rapide du programme suivi :

A. *Géologie.* — La terre. - Chaleur intérieure et phénomènes en provenant. - Dénudation et sédimentation. - Âge relatif des terrains. - Métamorphisme. - Tailles. - Origine des chaînes de montagnes. - Époques géologiques. - Description des formations successives. - Fossiles.

B. *Minéralogie.* — Corps cristallins. - Systèmes cristallins. - Propriétés physiques et propriétés optiques. - Essais des minéraux. - Classification minéralogique et description des principales espèces. - Composition, structure et texture des roches. - Classification et description des principales roches.

Dans des applications au laboratoire, les élèves sont exercés à des essais minéralogiques, à l'analyse physico-chimique des sols, à la détermination d'échantillons de roches, de minéraux et de fossiles.

Le maître de conférences dispose d'un crédit de 350 francs pour faire face à ses frais de cours.

Objets et travaux exposés. — M. Stanislas Meunier avait exposé à la Classe 5 des travaux d'élèves consistant en rapports de vacances relatifs à la géologie; une importante collection de coquilles tertiaires extraites de la «falunière» du parc de Grignon et préparées par des élèves, sous la direction de M. Mamelle, répétiteur du cours; quelques photographies de fossiles dont le professeur fait usage dans ses leçons orales; un plan géologique en relief du domaine, à l'échelle de 1/1250; des échantillons de terrains prélevés sur les divers affleurements du domaine; des instruments de sondage; et, enfin, les ouvrages suivants : *Nos terrains; Géologie expérimentale.*

Les travaux exposés par les élèves indiquent l'intérêt que ces derniers portent à la géologie; leur collaboration aux travaux de laboratoire en est également un témoignage.

Le plan géologique du domaine, parfaitement exécuté, a été très remarqué. Il fait voir la situation relative d'affleurements, appartenant les uns à l'époque secondaire et les autres à l'époque tertiaire. La collection de fossiles a également attiré l'attention des spécialistes, car les gisements de Grignon sont très connus en géologie.

Chaire de physique, météorologie et technologie. (M. Lézé, professeur, médaille d'or.) — L'enseignement de la physique, de la météorologie et de la technologie est réparti sur les trois années d'études. Le cours est professé par M. Lézé, ingénieur des arts et manufactures; il est complété par des conférences d'électricité, au nombre de 10; pour l'ensemble de la physique, électricité comprise, il y a 22 leçons; 5 leçons de météorologie et 76 leçons de technologie. Le cours de première année commence par la météorologie agricole, puis se continue par la physique. Au milieu de la deuxième année et jusqu'à la fin de la troisième année, a lieu le cours de technologie agricole et de bactériologie.

Voici, dans ses grandes divisions, le programme suivi par le professeur :

A. *Physique.* — Le cours a pour but de compléter, en vue des applications spéciales à l'agriculture, les connaissances exigées des candidats au moment du concours d'admission. Il porte sur : l'énergie électrique, les générateurs d'électricité, la lumière électrique, le transport de la force, le télégraphe et le téléphone; la description du microscope, du spectroscope, du saccharimètre; l'étude détaillée de la combustion, les moteurs à vapeur et à pétrole, la chaleur solaire, les machines à glace.

B. *Météorologie.* — La terre. - Circulation des eaux à sa surface; courants marins et aériens. - Le soleil et sa chaleur. - Les vents et météores aqueux. - Prévision du temps. - Appareils d'observation météorologique. - Climat. — Étude de l'air, sa composition, poussière et microorganismes.

C. *Bactériologie.* — Rôles et cultures des microbes. - Levures. - Fermentation. - Ferments non figurés. - Présures et diastases diverses.

D. *Technologie.* — L'eau en industrie. - Chaux, briques, tuiles. - Sucrerie de betteraves et sucrerie de cannes; raffinage des sucres bruts. - Conservation des blés; nettoyage des grains, mouture, panification. - Féculerie et amidonnerie. - Industrie du lait; lait, beurre, fromage. - Extraction de l'huile, purification des huiles. - Café, cacao, thé, manioc. - Conservation des aliments.

Fabrication de la bière, du vin, du cidre, des vinaigres. - Distillation de l'alcool.

Industries des produits végétaux provenant du bois. - Plantes textiles. - Buanderie et blanchisseries. - Résines et cires. - Tabacs.

Utilisation des débris d'animaux.

Préparation des engrais phosphatés, à base de potasse, azotés.

Indépendamment des leçons faites à l'amphithéâtre, les élèves s'exercent, au laboratoire, à analyser les matières premières et les produits de l'industrie; ils examinent et font fonctionner, lorsque c'est possible, les appareils des collections. En outre, sous la conduite du professeur, ils visitent quelques usines agricoles, brasseries, minoteries, etc.

Ils doivent présenter, comme épreuve de sortie, la monographie d'une fabrication qu'ils ont étudiée pendant le temps des vacances et dont le sujet est laissé à leur choix.

Le crédit mis à la disposition du professeur, pour ses frais de cours et de laboratoire, s'élève à 1,500 francs.

Objets et travaux exposés. — L'exposition présentée par M. le professeur Lézé consistait presque uniquement en appareils de recherches originaux, dont quelques-uns construits par lui-même. En voici l'énumération, avec quelques indications sur les principaux : Machine à changer la vitesse d'un appareil pendant la marche. Le problème que résout cette machine est celui de la modification de la vitesse d'un arbre de transmission animé d'une vitesse constante. - Aréomètre immergé. Cet appareil est destiné à fonctionner immergé dans deux liquides non miscibles, il a deux réservoirs séparés par la tige et il est lesté dans le liquide le plus dense. C'est un appareil extrêmement sensible servant à la mesure des dilatations comparées de deux liquides; il peut servir également, indique M. Lézé, à la mesure des pressions élevées et devenir, par conséquent, un véritable manomètre. - Appareil pour l'étude de la chaleur dégagée pendant les fermentations, sorte de calorimètre à eau destiné à être maintenu dans une étuve à température constante. - Une colonne de distillation, appareil de laboratoire servant à opérer des distillations fractionnées pour la séparation des liquides dont les points d'ébullition sont très rapprochés; cette colonne a servi pendant plus d'une année au professeur dans son laboratoire. Elle consiste en un tube métallique de 0 m. 012 à 0 m. 015 de diamètre, de 1 mètre environ de longueur et sans aucune cloison à l'intérieur; le tube est droit et complètement libre, mais au dehors il est entouré d'une série de portions de tubes de verre qui communiquent entre eux par des tubes plus petits et sont disposés de façon à pouvoir recevoir un courant d'eau arrivant de la partie supérieure; le tube de cuivre vertical ainsi disposé est emmanché dans le col du ballon destiné à être distillé et en haut il est raccordé avec le condenseur; un thermomètre est disposé à la sortie, dans le tube même; la délicatesse de cet appareil est très grande et il est plus maniable et moins fragile que la colonne à boules des laboratoires. — Baromètre à eau d'une très grande sensibilité. — Filtre rotatif centrifuge à nettoyage automatique. — Touraille de laboratoire destinée à expliquer aux élèves le fonctionnement de la touraille de brasserie, mais de plus l'appareil est complet et permet le touraillage effectif de malt préparé dans la proportion de quelques kilogrammes. — Appareil à enregistrer la lumière du jour aux

Fig. 38. — Ecole de Grignon. (Intérieur de laboratoire.)

diagrammes et photographies. — Deux appareils qui ont servi au professeur à étudier la compression de solides pulvérulents et notamment du bronze: ce dernier appareil est d'une construction toute nouvelle.

Chaire de sylviculture, viticulture et pomologie. (M. Mouillefert, professeur, médaille d'or.) — L'enseignement de la sylviculture, de la viticulture et de la pomologie est donné, à l'école de Grignon, par M. le professeur Mouillefert. L'enseignement de la sylviculture date de 1874; M. Mouillefert a été chargé de ce cours jusqu'en 1876; à cette époque il a été nommé professeur et a commencé à enseigner la viticulture. La sylviculture est enseignée en 50 leçons pendant la première année d'études et le premier semestre de la seconde année. La viticulture est faite en 20 leçons, pendant le second semestre de la deuxième année et pendant la troisième année. La pomologie est traitée en 14 leçons. Le professeur a l'intention de diminuer les leçons de sylviculture et de donner plus d'importance aux grandes cultures fruitières.

Voici le programme du cours dans ses grandes divisions :

A. *Sylviculture.* — Statistique forestière. — Influence des forêts. — Éléments de la production forestière. — Étude des principales plantes forestières, ornementales, de grandes cultures et coloniales. — Exploitation des bois. — Aménagement des bois. — Cubage et estimation des bois. — Technologie forestière. — Repeuplements artificiels. — Boisement et reboisement. — Mise en valeur des terrains pauvres.

B. *Viticulture.* — Aperçu sur le groupe des ampélidées; genre *vitis*. — Multiplication de la vigne. — Établissement du vignoble. — Reconstitution des vignobles détruits par le phylloxéra. — Travaux et façons culturales. — Vendange. — Maladies et ennemis de la vigne. Principaux vignobles de France et de l'étranger.

C. *Pomologie.* — Importance de la production du cidre en France. — Pommiers et poiriers à cidre. — Leur culture. — Leurs maladies et leurs ennemis. — Récolte et conservation des fruits. — Fabrication du cidre.

Le budget du cours s'élève à 700 francs. Il doit suffire à faire face aux frais de cours et aux recherches du professeur.

Fig. 39. — École de Grignon. (Bergerie.)

Objets et travaux exposés. — M. le professeur Mouillefert avait exposé un échantillon des principales essences qui peuplent les bois de Grignon (chêne, hêtre, charme, érable, orme); cette exposition était complétée par une étude de ces essences; des graphiques montraient comment se fait l'accroissement de la tige de ces arbres. De l'examen de ces graphiques, il résulte que les chênes pédonculés, qui dominent dans les bonnes parties de la forêt, atteignent, en dix ans, de 2 m. c. 344 à 3 m. c. 880; si l'on tient compte du couvert de ces arbres, on arrive à la conclusion que le chêne est la meilleure essence à propager à Grignon. Le professeur avait exposé également un catalogue de l'arboriculture à Grignon; des photographies relatives à la culture de la vigne en serre; des graphiques résumant les conditions météorologiques les plus essentielles de la station viticole ou champ d'expériences de viticulture de Neauphle-le-Château; un certain nombre d'échantillons de vins provenant des cépages cultivés à cette station. La station de Neauphle-le-Château, qui comprend environ 1 hectare, a été créée par M. Mouillefert sans l'aide de subvention; il se proposait de réunir dans ce champ d'études les éléments nécessaires pour l'examen des questions viticoles intéressant la région et pour le complément de son enseignement à l'école. Dans le tableau qui accompagnait les divers échantillons exposés, le professeur a indiqué les cépages à vin blanc et à vin rouge qui, à son avis, sont les meilleurs pour la région des environs de Paris. Enfin le professeur avait également présenté ses ouvrages : *Traité des arbres et arbrisseaux forestiers, ornementaux et industriels;* l'*Atlas* complétant ce traité; *Traité des vignobles et des vins de France et de l'étranger; Traité de la culture des vignes en serres.*

Chaire de zoologie et de zootechnie. — La chaire de zoologie et de zootechnie de l'école de Grignon est actuellement occupée par M. Dechambre, qui a succédé à M. Sanson, en 1897. Elle comporte 75 leçons qui sont réparties sur les trois années d'études.

Programme développé par le professeur :

A. *Anatomie et physiologie* (15 leçons). — Notions d'anatomie et de physiologie animales complétant les connaissances que les élèves doivent posséder en arrivant à l'école et portant sur la cellule, les tissus, les organes et les appareils.

B. *Hygiène* (10 leçons). — Influence des milieux naturels et artificiels sur l'homme et les animaux; influences climatologiques; acclimatement. – Conditions hygiéniques des habitations. – Vêtements, harnachements, ferrures. – Aliments. – Rationnement (bases scientifiques et méthodes). – Substitutions alimentaires.

C. *Zootechnie générale* (10 leçons). — Production des jeunes. – Méthodes de reproduction. – Production du lait, de la viande, du travail. – Zooéconomie. – Méthodes d'encouragement.

D. *Zootechnie spéciale* (40 leçons). — Étude des races et des procédés d'exploitation. – Ethnologie générale. – Étude des équidés (chevaux, ânes et mulets), des bovidés, des ovidés, des chèvres, des porcs, des races canines et des animaux de basse-cour. – Caractères fondamentaux et caractères superficiels de chaque race, distribution géographique, aptitudes, régime, reproduction, résultats économiques de l'exploitation.

Vices rédhibitoires et police sanitaire des animaux domestiques. – Premiers soins à donner aux animaux malades. – Maladies contagieuses; mesures prophylactiques.

Les cours théoriques sont complétés par des applications nombreuses. En anatomie, le professeur présente aux élèves des pièces anatomiques fraîches et disséquées; en zootechnie spéciale, les applications sont faites sur les animaux de la ferme de l'école : étude d'extérieur d'animaux; appréciation des bœufs de travail, des bœufs de boucherie, de la vache laitière et beurrière, des équidés moteurs, du mouton à laine, du mouton à viande, des porcs. Dans des excursions au marché et aux abattoirs de la Villette, le professeur appelle l'attention des élèves sur les caractères distinctifs des races et sur les transactions auxquelles elles donnent lieu. Il conduit également ses élèves dans les établissements de Paris qui possèdent une nombreuse cavalerie composée de types différents : Compagnie des omnibus, Compagnie des petites voitures.

Le répétiteur fait, en outre, des conférences sur l'extérieur des animaux domestiques : défauts et défectuosités, proportions, aplomb, allure, signalement, tares, vices rédhibitoires.

Fig. 40. — École de Grignon. (Porcherie.)

Le professeur dispose d'un crédit de 700 francs pour faire face à ses frais de cours.

Objets et travaux exposés. — M. Dechambre avait exposé à la Classe 5 un tableau indiquant les ventes annuelles, par adjudication publique, de béliers southdown, dishley et dishley mérinos de la bergerie de Grignon ; trois albums contenant environ 125 photographies des principaux types des races chevaline, bovine, ovine et caprine françaises et étrangères (cette collection, très importante, est d'un haut intérêt pour les élèves); trois cartes de France, indiquant la répartition actuelle des races chevaline, bovine et ovine; chaque carte est spéciale à une espèce et contient les principaux centres d'élevage et de commerce, les populations métisses résultant du mélange des races originaires des contrées avoisinantes; quelques oiseaux naturalisés, provenant de la collection du laboratoire; un moulage colorié de la coupe longitudinale des phalanges du sabot du cheval; des travaux d'élèves : cahiers de cours, travaux de vacances, collections entomologiques, etc.; enfin, un exemplaire des deux ouvrages publiés par le professeur : *Éléments d'hygiène et de zootechnie à l'usage des écoles pratiques d'agriculture; Zootechnie générale.*

Chaire d'arboriculture et d'horticulture. (Conférences.) — Les conférences d'horticulture et d'arboriculture commencent avec la seconde année d'études. Elles sont au

Fig. 41. — École de Grignon. (Exercice pratique)

nombre de 20 à 25. Chaque conférence est suivie d'exercices ou d'applications faites dans les jardins de l'école, sous la direction du maître de conférences.

Nous donnons ci-dessous l'analyse très rapide du programme de ces conférences :

I. *Principes généraux communs à l'horticulture et à l'agriculture.* — Importance de l'arboriculture et de l'horticulture au point de vue agricole. – Emploi de l'eau. – Emploi des abris. – Construction des couches et des réchauds. — Semis. – Marcottes. – Boutures. – Greffes.

II. *Arboriculture.* — Étude des divers arbres fruitiers cultivés dans les jardins, ainsi que des conditions qui régissent cette production faite au point de vue spéculatif. – Plantation : choix des sujets et du sol; préparation du sol; époque de la mise en place, de la taille : étude des formes à donner aux arbres, de la récolte et de la conservation des fruits.

III. *Horticulture proprement dite ou culture potagère.* — Étude des principaux légumes, tant au point de vue de leur culture dans le potager que de la production en grande culture. Chaque légume est examiné sous le rapport de ses principales variétés, des combinaisons diverses auxquelles il se prête, de la culture des primeurs et de la production de la graine.

Chaire d'entomologie. (Conférences.) — L'enseignement de l'entomologie est donné, à l'école de Grignon, par M. Henneguy, en 15 conférences qui ont lieu soit en première, soit en deuxième année, selon les exigences de l'emploi du temps.

Voici succinctement le programme suivi par le maître de conférences :

I. Importance des préjudices causés à l'agriculture par les insectes. – Insectes nuisibles; leur multiplicité; conditions favorisant leur multiplication. – Insectes utiles.

II. Défense contre les insectes nuisibles : 1° moyens préventifs; 2° moyens dérivatifs; 3° moyens destructeurs.

III. Notions zoologiques. — Notions générales sur l'histoire naturelle des insectes : anatomie, physiologie, reproduction, métamorphoses. – Bases de la classification.

IV. Étude des divers ordres en ne considérant que les espèces utiles et nuisibles : 1° aux céréales; 2° aux fourrages; 3° aux plantes potagères; 4° aux plantes industrielles; 5° à la vigne; 6° aux arbres fruitiers; 7° aux arbres forestiers; 8° aux cultures coloniales.

Parasites intérieurs et extérieurs des animaux domestiques.

Les élèves sont, en outre, exercés à la détermination des principales espèces d'insectes utiles et nuisibles.

Les deux dernières chaires d'arboriculture, d'horticulture, et d'entomologie qui sont occupées par des maîtres de conférence, n'avaient pas fait d'exposition spéciale; les titulaires ont participé à l'exposition d'ensemble et il n'y a pas de particularité à signaler dans leur enseignement. Nous donnons les programmes et des renseignements relatifs à ces chaires afin de compléter notre étude sur l'enseignement de l'école de Grignon.

V. — Considérations générales.

L'école de Grignon a conservé son caractère d'école d'agriculture destinée plus spécialement à former des agriculteurs de la région du Nord et du Centre de la France.

Elle se trouve actuellement très bien aménagée pour obliger les élèves à prendre l'habitude du grand faire valoir.

Au point de vue de l'enseignement théorique, de nombreuses conférences ont été créées afin de compléter les connaissances que doivent posséder les élèves d'un établissement de cette nature.

Depuis 1889, les conférences ont été augmentées considérablement : en géologie, il y en a quarante-cinq au lieu de vingt-cinq; en entomologie, trente au lieu de seize; en chimie analytique, trente conférences ont été créées; de même en pathologie végétale, trente conférences ont été instituées; en extérieur des animaux domestiques, dix; en électricité industrielle, dix; en comptabilité agricole, dix. Outre ces conférences, il est fait encore comme autrefois vingt conférences d'horticulture, vingt conférences de trigonométrie et de constructions rurales.

Très prochainement des conférences d'économie commerciale compléteront avantageusement l'enseignement agricole. A notre époque où l'on pousse le cultivateur français à s'organiser commercialement, afin de supprimer les intermédiaires inutiles dans bien des cas, ce cours rendra de très grands services aux élèves. C'est une innovation très importante qu'il convient de signaler.

Les laboratoires de chimie et de physique ont été récemment reconstruits. Ils sont vastes, commodes et permettent d'y faire constamment des applications instructives.

La station agronomique de Grignon, annexée au cours de chimie agricole, possède des laboratoires qui sont attenants au groupe des laboratoires cités plus haut.

Il n'est pas nécessaire de revenir sur les services rendus par cette station d'études qui a été la cause de nombreux progrès dans toutes les régions agricoles. Il suffit de prononcer le nom du savant qui la dirige pour mesurer de suite l'étendue des services rendus. Non seulement M. Dehérain a étudié scientifiquement toutes les phases de la végétation des plantes agricoles, non seulement il a expliqué certaines habitudes et donné des règles précises et sûres aux cultivateurs; mais il a fait paraître dans de nombreuses publications les résultats de ses remarquables recherches. On ne doit pas oublier de mentionner les *Annales agronomiques* publiées sous la direction de ce savant; cette revue contient des travaux d'une grande valeur sur l'agriculture, qui sont très appréciés à l'étranger.

Les autres chaires de l'école de Grignon seront bientôt dotées de vastes laboratoires où les professeurs pourront alors donner rapidement une idée réelle et apparente de la valeur de leur enseignement.

Annexée à l'école, une grande exploitation, dont l'éloge n'est plus à faire, sert tous les jours d'exemple aux élèves. Elle permet d'initier chacun d'eux aux travaux journaliers et les prépare aussi au faire valoir direct.

Depuis longtemps le troupeau d'élevage de Grignon est à la tête des troupeaux similaires. Tous les ans une vente de reproducteurs sélectionnés, faite au mois de mai, attire de nombreux éleveurs de toute la France. Des southdown, des dishley, des dishley-mérinos sont vendus bien souvent à des prix élevés, atteignant jusqu'à 1,800 à 2,000 francs. Sous ce rapport encore Grignon a servi, sans conteste, à l'amélioration des troupeaux français.

Fig. 42. — École de Grignon. (Un cours.)

Nous avons déjà indiqué l'excellente organisation qui existait à Grignon pour familiariser les élèves avec la pratique des choses agricoles. Nous donnerons quelques indications complémentaires à ce sujet.

Chaque élève, avons-nous dit, passe à tour de rôle dans les divers services de l'exploitation au nombre de six; ces services ont une durée de quinze jours pour la plupart et cinq jours pour le service général et l'économat.

Chacun des services est confié à un élève de seconde année, chef de service, et à deux élèves de première année. Les élèves de service doivent venir prendre tous les soirs, à une heure déterminée, auprès du directeur de l'école, l'ordre des travaux du lendemain. En présence du chef de culture, du chef de pratique et du répétiteur d'agriculture, le directeur questionne l'élève de deuxième année de service devant ses camarades de première année et devant ceux qui sont chargés d'un service particulier. L'élève doit ensuite indiquer les ordres qu'il donnera lui-même le lendemain matin à tous les ouvriers sous la direction du chef de culture. Pendant cinq jours un élève de deuxième année et deux de première année doivent surveiller les travaux. Le soir, il discute les travaux et consigne à quel compte ils doivent être inscrits sur les livres de comptabilité. Cette méthode initie tous les élèves à la direction d'une grande exploitation tout en leur donnant l'habitude du commandement et les oblige à suivre dans ses moindres détails la culture de l'école. L'organisation si complète de ce service a été très précieuse aux anciens élèves de Grignon et a contribué pour une large part à la renommée de l'enseignement donné à cette école.

Nous donnons ci-contre, page 191, le type de la feuille de service qui est en usage à Grignon.

Tous les professeurs de Grignon ont contribué puissamment aux progrès agricoles. Ils ne se sont pas confinés dans leur enseignement; ils ont, par leurs travaux, concouru aux nouvelles découvertes et à la propagation de la science agronomique. Cette constatation a pu être faite par tous les spécialistes qui ont visité l'exposition des chaires de l'école de Grignon à la Classe 5.

L'énumération des noms des professeurs suffirait pour démontrer d'une façon irréfutable combien ils ont contribué à la prospérité de l'agriculture française : M. Dehérain, par ses savantes découvertes, ses nombreuses publications dans tous les journaux, a toujours été à la tête du mouvement agricole; M. Mussat, par ses patientes recherches de botanique, ses ouvrages spéciaux, sa coopération aux sociétés savantes, a contribué puissamment à la vulgarisation des découvertes botaniques; M. Lézé, bien connu dans l'industrie laitière, a publié avec un grand succès, dû à ses travaux et à ses recherches, des ouvrages spéciaux de technologie et de laiterie qui ont eu une répercussion sur l'amélioration de l'exploitation du lait; M. Stanislas Meunier, le savant professeur du Muséum, dont les nombreux travaux sont si connus, a été le promoteur des excursions géologiques de 1900; il a dirigé les étrangers à travers le parc de Grignon, leur montrant les richesses de ses falunières; M. Mouillefert, le distingué sylviculteur, s'est consacré à l'étude de la vigne; ses ouvrages spéciaux, ses voyages, ses articles publiés dans toutes les revues

FEUILLE DE SERVICE.

NUMÉROS DE SÉRIE.	ÉLÈVES DE 2me ANNÉE.	SERVICES DIVERS.	ÉLÈVES DE 1re ANNÉE.
1		Service général du au inclus.....	
2		Service général du au inclus.....	
3		Service général du au inclus.....	
4		Céréales d'automne et de printemps; plantes sarclées................................. Prairies naturelles, artificielles et temporaires..... Fourrages annuels divers : pois, maïs, vesces, trèfles, etc...........................	
5		Sylviculture : bois, plantations, coupes, élagages..	
6		Culture maraîchère et potagère dans les divers jardins...............................	
7		Arboriculture et culture fruitière : arbres à fruits dans les jardins et vergers.................	
8		Jardins botanique et dendrologique............	
9		Écurie.. du au inclus........	
10		Bouverie.	
11		Bergerie. du au inclus........	
12		Porcherie	
13		Vacherie et laiterie. du au inclus.	
14		Volailles et abeilles.	
15		Machines des magasins, moteurs et instruments..	
16		Machines et instruments employés pour la culture..	
17		Travaux d'art : forge et charronnage...........	
18		Météorologie...............................	
19		Meules, fenil, grenier, silos; battages, grains, graines, farines, tourteaux et divers; compost; engrais et fumiers.......................	
20		Cultures expérimentales du cours d'agriculture....	
21		Station agronomique......................	
22		Économat du au inclus.......	
23		Économat du au inclus.......	
24		Économat du au inclus.......	
25		Comptabilité.............................	
26		....	

Nota. MM. les élèves du service général viendront prendre tous les matins avant 8 heures, à la Direction, copie des travaux de la ferme; l'élève de seconde année, assisté de ses camarades de première année, sera chargé de commander les travaux, le matin à , le soir à , sous la direction du chef de culture.

Les élèves de service aux animaux, par série de deux services, suivront la visite sanitaire qui aura lieu tous les jours à midi 1/2 sous la conduite du répétiteur vétérinaire.

Les élèves du service météorologique remettront tous les matins, avant 8 heures, leurs observations au secrétariat de la Direction.

viticoles ont aidé à la reconstitution des vignobles français; M. Berthault, agriculteur émérite, professeur d'agriculture, dont la compétence est renommée et dont les consultations journalières sont recherchées, a publié des ouvrages agricoles très appréciés; M. Dechambre, le digne successeur du zootechnicien Sanson, a, lui aussi, quoique récemment nommé à Grignon, contribué à la vulgarisation de l'alimentation rationnelle; ses nombreuses publications à la Société de l'alimentation du bétail, à la Société de médecine vétérinaire, à la Société nationale de France et dans les journaux spéciaux, ont déjà attiré sur lui l'attention du monde agricole; M. Charvet, professeur de génie rural, a publié, seul ou avec M. Ferrouillat, de nombreux ouvrages techniques; non seulement il a enseigné, mais il a été aussi le propagateur de son enseignement, en dirigeant les

Fig. 43. — École de Grignon. (Falunière en exploitation.)

constructions de grandes exploitations; M. Zolla, très connu comme économiste à l'occasion de ses études et de ses voyages, a écrit et publié de nombreux ouvrages sur l'économie rurale, politique, etc.; M. le docteur Henneguy, le savant entomologiste, professeur au Collège de France, a publié de nombreuses études scientifiques.

Plusieurs répétiteurs de Grignon ont également effectué d'importants travaux dont nous parlons dans l'étude réservée à chaque chaire récompensée.

Les anciens élèves de l'école de Grignon ont fondé depuis longtemps (1854) une association amicale destinée à venir en aide aux anciens élèves malheureux.

Cette association, comprenant 700 membres environ, a rendu déjà de grands services; elle entretient, entre les anciens élèves, des relations qui sont souvent mises à profit. Au moyen d'une feuille d'information, publiée mensuellement, elle offre des situations aux uns, elle procure aux autres les moyens de faire connaître leurs desiderata; en un mot, elle facilite les échanges de renseignements et vient en aide à tous ses membres.

Tous les ans, elle publie un annuaire qui contient la liste des anciens élèves, de tous les élèves diplômés, des récompenses accordées à ses membres et de nombreux renseignements sur la marche de l'école. Dans ce bulletin sont publiés aussi, *in extenso,* les comptes rendus des excursions qui sont faites par les élèves.

Des publications spéciales sur les excursions faites à l'étranger ont été tirées et répandues à profusion dans les pays visités. Ces visites ont facilité les rapports des savants étrangers avec ceux de Grignon et ont continué d'entretenir à l'étranger la réputation de l'école.

Le recrutement de l'école de Grignon a toujours été excellent. Depuis l'origine, le nombre des élèves n'a cessé d'augmenter. On peut s'en rendre compte par le relevé suivant : l'école a commencé avec 5 élèves, mais, dès 1833, on comptait 44 élèves admis, et, en 1848, il y en eut 55. Depuis cette époque, jusqu'en 1872, le chiffre moyen fut de 30 à 35 par promotion. A partir de cette date, le nombre des admis a été constamment en augmentant.

En 1889, il y eut 57 candidats reçus, 133 élèves furent présents à l'école et il sortit 22 élèves diplômés.

En 1898, on compta 63 candidats admis, 213 présents à l'école et 58 élèves obtinrent le diplôme.

De 1828 à 1900, 72 promotions se sont succédé à Grignon et la statistique exposée à la Classe 5 nous apprend qu'il y a eu :

Élèves admis	2,911
Élèves diplômés	1,202

La répartition des élèves diplômés est la suivante :

1° Dans les professions agricoles	975
2° Dans diverses autres professions	227
TOTAL	1,202

Dans le chiffre de 975 cité ci-dessus sont compris 150 élèves qui sont devenus professeurs dans l'enseignement agricole.

Les documents envoyés à l'Exposition universelle nous ont permis de constater qu'on trouvait des Grignonnais dans presque toutes les contrées de l'Europe, dans la plupart des colonies françaises, en Asie, en Amérique et en Afrique.

On peut dire que Grignon, la plus ancienne des écoles d'agriculture, a été la pépinière d'agriculteurs éminents du monde entier.

IMPRIMERIE NATIONALE.

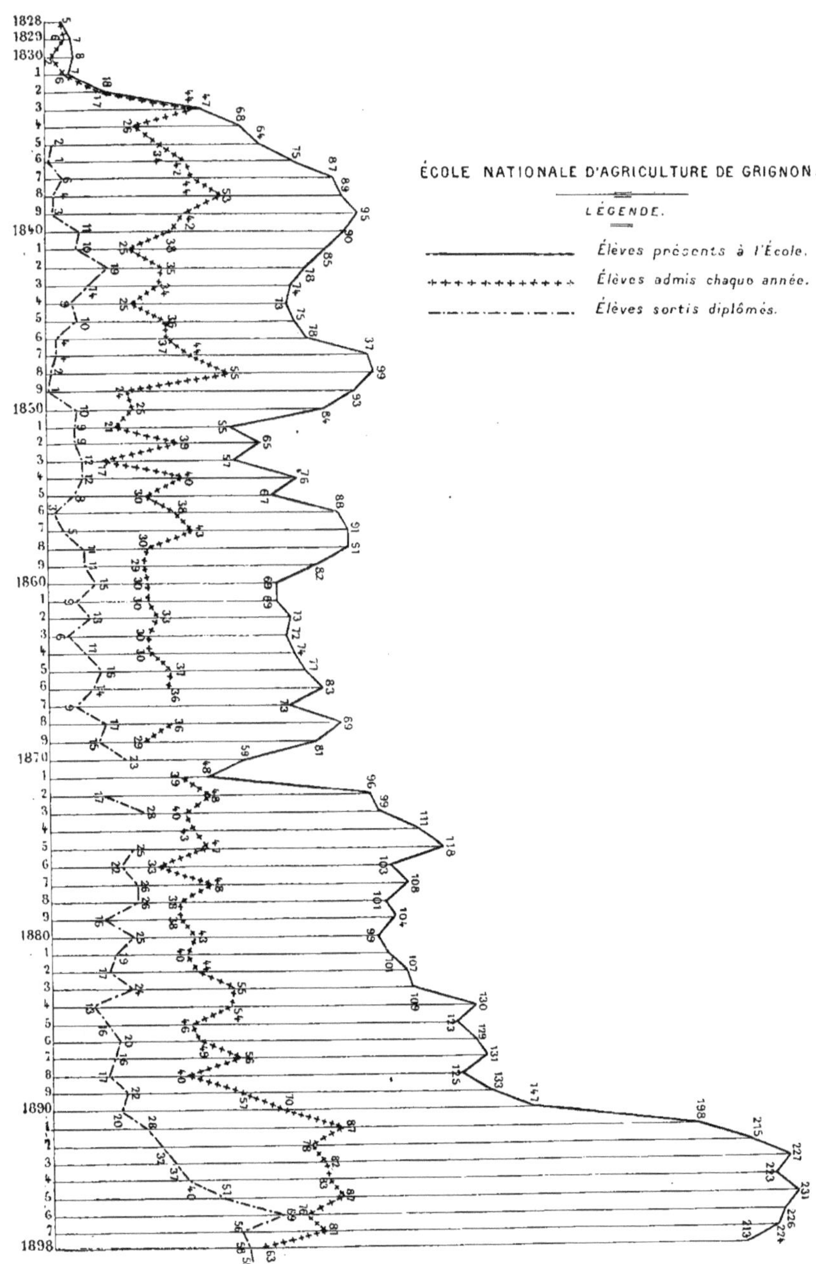

Fig. 44. — Mouvement des élèves.

ÉCOLE NATIONALE D'AGRICULTURE DE MONTPELLIER.

(Grand prix.)

I. — Historique.

L'école nationale d'agriculture de Montpellier fut fondée le 18 janvier 1872 et ouverte le 3 novembre de la même année. Comme nous l'avons vu dans la notice générale sur les écoles nationales, ce nouvel établissement remplaçait l'école de la Saulsaie (Ain), qui avait été créée, en 1842, sur le plateau couvert d'étangs des Dombes, par un des élèves de Mathieu de Dombasle.

Devenue école du Gouvernement, en 1848, sous le titre d'école régionale, la Saulsaie continua à vivre mais sans éclat et, dès 1869, son recrutement laissant tout à fait à désirer, le Gouvernement décida son transfert dans la région méridionale.

Le corps enseignant, le matériel scientifique et les collections de l'école de la Saulsaie constituèrent les bases essentielles de l'école de Montpellier, dont les débuts furent difficiles : la région au centre de laquelle elle était placée obtenait alors, grâce à l'initiative intelligente des exploitants, une production viticole inconnue jusqu'alors et qui atteignait, en 1875, dans le département de l'Hérault, le chiffre élevé de 15 millions d'hectolitres. Le besoin d'un enseignement professionnel spécial ne se faisait donc pas très vivement sentir et les viticulteurs du bas Languedoc estimaient n'avoir rien à gagner à la fréquentation de la nouvelle école. Aussi les élèves ne vinrent d'abord qu'en très petit nombre, et nous avons pu constater, sur le graphique exposé à la Classe 5, que de 1873 à 1876, 11 à 13 élèves figuraient seulement, au 1er janvier de chaque année, sur les contrôles officiels de l'école.

Mais, dès 1877, l'invasion du phylloxéra, dont la marche fut si rapide et si terrifiante, vint modifier la façon de voir des viticulteurs de la région et fit apprécier à leur juste valeur les services rendus par la nouvelle institution. De nombreux travaux furent entrepris à l'école sur les questions relatives à la lutte contre le redoutable insecte et à la reconstitution des vignobles. On y expérimenta d'abord les insecticides; puis des essais furent entrepris sur la diffusion du sulfure de carbone dans le sol, tandis que dans les laboratoires on étudiait les causes de la résistance des vignes françaises dans les terrains sableux. De fréquentes relations s'établirent entre les membres du corps enseignant de l'école de Montpellier et les agriculteurs de la région qui suivaient avec anxiété les essais tentés. Mais bientôt le mouvement de défense du vignoble s'étant orienté vers les vignes américaines, des collections de vignes étrangères furent créées sur le domaine de l'école. Le public agricole des différentes régions de la France et plus tard les étrangers vinrent fréquemment les visiter. L'école de Montpellier devint rapidement le centre où les viticulteurs français et étrangers prirent l'habitude de se renseigner sur les progrès de la viticulture et de l'œnologie.

Dès lors la prospérité de l'école était assurée et les élèves affluèrent, non seulement des diverses régions de France et d'Europe, mais du monde entier.

Pour expliquer d'une façon complète le rapide et important développement de l'école de Montpellier, il convient de faire connaître les rapports qu'elle a eus dès l'origine avec la Société centrale d'agriculture de l'Hérault et avec l'Université de Montpellier, rapports qui lui ont été très profitables.

Fig. 45. — École de Montpellier. (Vue d'ensemble.)

La Société d'agriculture, fondée en 1799, avait, depuis trois quarts de siècle, créé à Montpellier un centre d'études scientifiques appliquées à l'agriculture de la région méridionale. Elle donna son concours à l'école à ses débuts et les deux institutions ne tardèrent pas à se prêter un mutuel appui. Ainsi que le fait remarquer M. le professeur Houdaille dans sa notice sur l'école de Montpellier : «Par la Société d'agriculture, l'école pénétrait plus facilement dans le monde de l'agriculture pratique; par l'école d'agriculture, la Société d'agriculture de l'Hérault obtenait, pour ses observations pratiques, le concours et le contrôle toujours utile des laboratoires et des champs d'expériences de l'école.»

Pendant la crise viticole due au phylloxéra, la Société organisa d'importantes séances qui furent tenues à l'école et à plusieurs reprises des expositions d'instruments agricoles dues à son initiative eurent lieu à l'école même, au grand profit de l'enseignement.

D'excellentes relations se sont établies dès l'origine entre les professeurs de l'école et ceux de l'Université. Cette dernière, d'ailleurs, lors de la création, fournit à l'École d'agriculture deux professeurs pour les chaires de chimie, de physique et de géologie. Les professeurs puisèrent au contact de la Faculté des sciences le goût des études et des recherches scientifiques. Des échanges d'idées eurent lieu entre les laboratoires de l'école et ceux de la Faculté des sciences et de la Faculté de médecine. Des travaux importants ont été poursuivis par la collaboration de ces divers ordres d'enseignement, et de fréquents échanges temporaires de matériel scientifique ont permis la réalisation d'expériences qui n'auraient pu être utilement poursuivies sans le concours des deux établissements. C'est à cette collaboration de l'école et de l'Université qu'est dû en grande partie le développement du service météorologique de l'école.

II. — Situation actuelle.

L'école nationale d'agriculture de Montpellier est actuellement dirigée par M. Ferrouillat, ingénieur agronome; c'est un établissement de l'État, bien que le domaine de «la Gaillarde», sur lequel elle est située, appartienne en commun au département de l'Hérault et à la ville de Montpellier. Ce domaine est situé à 1,800 mètres environ de la ville; il a une étendue de 25 hectares 63 ares, se décomposant ainsi :

		hectares.
Vignes		8 75
Terres labourables, prairies		5 50
Collections ampélographiques		2 90
Champ d'expériences viticoles		1 30
École de taille		0 20
Champ d'études agricoles		0 70
Jardin	fruitier	0 50
	potager	0 43
	botanique et horticole	0 33
	d'agrément et dendrologique	2 20
Verger		0 60
Bâtiments, cours, chemins, etc.		3 22
Total		26 63

Comme il ne serait pas possible, même dans un domaine d'une étendue beaucoup plus considérable, de cultiver dans des conditions normales toutes les plantes étudiées dans le cours d'agriculture, et comme il importe, cependant, qu'à leur sortie de l'école les élèves connaissent à peu près toutes les plantes cultivées, on les a réunies dans un champ d'études agricoles, où elles n'occupent chacune qu'une petite surface.

L'école a une importante collection de vignes; cette collection et les champs d'expériences viticoles couvrent une superficie de 4 hectares et demi environ. L'école distribue gratuitement aux viticulteurs des plants pour la reconstitution des vignobles.

Les bâtiments de l'école forment un groupe de constructions indépendantes les unes des autres et un peu disparates. Ce défaut d'harmonie provient du développement aussi rapide qu'imprévu de l'école et des transformations successives que l'on a dû faire subir

Fig. 46. — École de Montpellier. (Façade principale.)

à tous les locaux pour les mettre en état de recevoir un plus grand nombre d'élèves et de satisfaire aux exigences croissantes de chaque service. Construite en 1871 pour recevoir 40 élèves externes, l'école en avait, en 1895, 192, dont 100 internes.

Le bâtiment principal renferme les dortoirs, le réfectoire, les salles d'études, le grand amphithéâtre, la bibliothèque, les salles des collections et les dépendances de l'économat. Les laboratoires de chimie, de physique et de technologie forment un groupe; ceux d'agriculture, de génie rural et de micrographie, un autre groupe; la botanique et la viticulture se partagent un pavillon; un bâtiment séparé est occupé par l'entomologie et la station séricicole; enfin, la zootechnie et la bactériologie ont été récemment installées dans un nouveau local.

La ferme est isolée à 150 mètres environ des bâtiments de l'enseignement. Elle comprend une écurie, une vacherie, une bergerie et une porcherie, un hangar pour les voitures et le matériel de culture, des greniers et des plates-formes à fumier. Un cellier, destiné à loger la récolte de vin, a été bâti au nord d'un escarpement, de telle sorte que toute sa partie inférieure, où sont logés les foudres, est enterrée et ainsi placée dans les meilleures conditions de température. Le reste du bâtiment est occupé par le mobilier et le matériel servant à la fois aux manutentions de la cave et aux applications du cours.

Les jardins comprennent une section botanique et une section potagère et fruitière; ils comprennent une serre contenant une collection de plantes d'ornement. Les végétaux ligneux indigènes et exotiques, arbres, arbrisseaux, sont groupés sur un terrain d'un peu plus de 2 hectares, disposé en jardin anglais. Les jardins sont cultivés et entretenus par des apprentis jardiniers.

Une école annexée au service des jardins reçoit 5 apprentis jardiniers que l'on prépare à devenir des ouvriers ou des contremaîtres capables. A leur entrée, on exige d'eux qu'ils soient munis du certificat d'études primaires. Sous la direction d'un chef jardinier, les apprentis cultivent et entretiennent les jardins; ils sont astreints à suivre des conférences spéciales d'horticulture et de mathématiques appliquées et ils sont exercés au dessin. Les places disponibles à l'école des apprentis jardiniers sont très recherchées; les jeunes gens y entrent de 14 à 16 ans et y restent deux ans.

Chaque chaire possède une collection particulière formée pour les travaux de recherches, pour l'enseignement et les applications des élèves. Indépendamment de ces collections spéciales, deux vastes salles renferment d'importantes collections d'ensemble d'appareils et d'instruments, d'animaux et de produits constituées par des dons ou par des achats. Ces collections sont constamment placées sous les yeux des élèves et peuvent être étudiées par les nombreux visiteurs de l'école.

L'enseignement donné à l'école de Montpellier, bien que comprenant l'agriculture générale, est plus spécialement dirigé en vue des cultures de la région méditerranéenne (vigne et olivier), de l'élevage des moutons, de l'éducation des vers à soie, de la vinification et de la fabrication de l'huile. La durée des études est de deux ans et demi.

Le personnel enseignant se compose de :

10 professeurs;

1 chargé de cours;

9 répétiteurs;

1 chef des cultures;

1 jardinier-chef.

Chaque professeur fait environ 80 leçons d'une heure et demie chacune. Il y a deux leçons par jour, une le matin, l'autre l'après-midi. Des conférences et des travaux pratiques effectués sur le domaine et dans les laboratoires de l'école complètent l'enseignement des professeurs. Des excursions ont également lieu dans ce but; elles permettent de visiter les établissements agricoles et industriels du voisinage et de la région. Tous les ans, une grande excursion est organisée en dehors de la région immédiate de l'école, en France ou à l'étranger.

L'enseignement comporte actuellement :

Une chaire d'agriculture et d'arboriculture;

Une chaire de botanique et de sylviculture;

Une chaire de chimie;

Une chaire d'économie et de législation rurales;

Une chaire de génie rural;

Une chaire de physique, météorologie, géologie et minéralogie;

Une chaire de technologie;

Une chaire de viticulture;

Une chaire de zoologie générale et d'entomologie;

Une chaire de zoologie et de zootechnie;

Des conférences de sériciculture.

Un certain nombre de stations et de laboratoires ont été annexés aux services des chaires, savoir : station séricicole, laboratoire d'analyses agricoles, laboratoire d'œnologie, observatoire météorologique, station d'essais de semences.

Afin d'obliger les élèves à pénétrer dans les détails de la surveillance, de l'exécution et de la direction des travaux de la ferme, on leur fait prendre une part active aux divers travaux et services de l'exploitation du domaine.

Ces travaux forment cinq groupes ou services :

1° La culture et le cellier;

2° Les jardins;

3° Les animaux;

4° Le génie rural;

5° La viticulture et la météorologie.

A tour de rôle, six élèves par service sont chargés de suivre de près les opérations qui sont effectuées dans chaque groupe pendant une période de deux semaines, et ils doivent fournir un rapport sur ces travaux. Ils y consignent leurs observations personnelles. Ces rapports sont corrigés et notés par les chefs de service.

Comme dans toutes les écoles nationales d'agriculture, les deux élèves sortis les premiers peuvent obtenir, aux frais de l'État, un stage de deux ans dans des exploitations agricoles. De même, les trois élèves sortis les premiers de leur promotion peuvent recevoir des médailles de l'État. A l'école de Montpellier, quelques avantages ont été accordés par la municipalité et des associations. La municipalité de Montpellier a fondé, en 1871, un prix de 200 francs qui est décerné chaque année, au mois de juillet, à l'élève classé le premier à la fin de sa deuxième année; la Chambre syndicale des constructeurs de machines et instruments d'agriculture et d'horticulture de France a attribué à l'école une médaille d'argent pour être décernée chaque année à l'élève qui a obtenu les meilleures notes dans la branche spéciale du génie rural et des industries agricoles. Enfin, l'Association amicale des anciens élèves de l'école a, en 1896, créé un prix annuel de 100 francs, qui est destiné à récompenser l'élève qui, de la fin de la première année à son entrée en troisième année, a fait le plus d'efforts pour améliorer son classement.

Le tableau ci-après donne l'emploi du temps des élèves.

HEURES.	EMPLOI DU TEMPS.
5 h. 1/2	Réveil et lever.
6 heures.	Étude obligatoire. Examens particuliers.
7 h. 1/2	Déjeuner. Repos.
8 heures.	Arrivée des externes et des demi-pensionnaires. (Des affiches spéciales peuvent changer cette heure, quand les besoins de l'enseignement le rendent nécessaire.)
8 h. à 9 h. 1/4	Étude libre. Travaux pratiques. Conférences. Services de quinzaine, etc.
9 heures.	Visite du médecin (tous les samedis).
9 h. 1/4 à 9 h. 1/2	Repos.
9 h. 1/2 à 11 heures.	Cours.
11 h. à 12 h. 1/2	Déjeuner. Repos.
12 h. 1/2 à 2 heures.	Étude obligatoire. Examens particuliers. Exercices militaires.
2 heures à 2 h. 1/2	Repos.
2 h. 1/2 à 4 heures.	Cours. Travaux pratiques.
4 heures.	Départ des externes et des demi-pensionnaires. (Des affiches spéciales peuvent changer cette heure, quand les besoins de l'enseignement le rendent nécessaire.)
4 heures à 5 heures.	Repos. Examens particuliers.
5 heures à 6 heures.	Étude obligatoire. Examens particuliers. Conférences.
6 heures à 7 h. 1/2	Dîner. Repos.
7 h. 1/2 à 8 h. 3/4	Étude obligatoire. Examens particuliers.
8 h. 3/4 à 9 heures.	Repos.
9 heures.	Entrée dans les dortoirs. Coucher.
9 h. 1/2	Couvre-feu.

III. — Objets et travaux exposés par la Direction.

Indépendamment des graphiques, tableaux, monographies et programmes dans lesquels nous avons trouvé les éléments de l'étude que nous venons de tracer de l'école de Montpellier, la direction de cet établissement avait exposé le plan de l'école et celui du domaine et une bibliothèque contenant les *Annales de l'école* ainsi que tous les ouvrages et brochures publiés par les professeurs. Cette exposition a été très bien présentée par le directeur de l'école et installée d'une façon parfaite par l'un des professeurs, M. Houdaille.

Une vitrine-bibliothèque toute entière a été employée pour contenir les nombreux ouvrages exposés par les professeurs de l'École.

IV. — Exposition des chaires.

La plupart des chaires avaient organisé une exposition spéciale, faisant bien ressortir le caractère propre de chacune d'elles et la méthode suivie par le titulaire.

Fig. 47. — École de Montpellier. (Laboratoire de chimie.)

Chaire de chimie. — De 1872 à 1880, l'enseignement de la chimie à l'école de Montpellier était compris dans le programme de la chaire des sciences physiques; le premier professeur de cette chaire fut M. Chancel, doyen de la Faculté des sciences. Il eut comme successeur en 1873 M. Audoynaud qui consacrait trois semestres à l'enseignement des sciences chimiques et les deux autres à la physique, la météorologie et la géologie. C'est ce professeur qui installa les collections de minéralogie et de géologie provenant de l'école de la Saulsaie et qui organisa le service d'observations météorologiques.

En 1880, la chaire, qui avait pris beaucoup d'importance, fut dédoublée; M. Audoynaud conserva toute la partie relative à la chimie. A la mort de ce professeur, en 1890, la chaire de chimie fut occupée par M. Lagatu, ingénieur agronome, qui en est le titulaire actuel. L'enseignement de la chimie est réparti sur les deux premières années d'études.

A. *Chimie générale.* — L'explication scientifique. – L'espèce chimique. – Chimie rationnelle. – Notions d'énergétique chimique. – Les types des réactions chimiques. – Nomenclature basée sur les fonctions chimiques; nomenclature basée sur les groupements caractéristiques des fonctions dans les formules de constitution. – Molécules.

Métalloïdes. – Métaux et leurs sels. – Composés organiques. – On traite, dans cette partie du cours, les questions de chimie appliquée qui ne trouvent point place dans les cours de chimie agricole, dans le cours de technologie ou dans les exercices pratiques.

B. *Chimie agricole.* — Étude chimique du milieu naturel : atmosphère, sol; eau; milieu biologique. – Statistique chimique du milieu naturel. – Chimie appliquée à la production des végétaux : composition chimique des végétaux; phénomènes chimiques de la nutrition des végétaux; conditions de fertilité d'un milieu destiné à la production des végétaux; améliorations portant sur les éléments constituant la masse principale du sol; améliorations portant sur certains éléments nutritifs; améliorations portant sur le milieu biologique, études chimiques sur un certain nombre de cultures spéciales (vignes, prairies, céréales, pommes de terre, betteraves, etc.). – Chimie appliquée à la production des animaux : composition chimique des animaux; phénomènes chimiques de la nutrition et de la dénutrition des animaux; améliorations apportées au milieu nutritif des animaux; statique chimique d'une exploitation agricole produisant et exportant les végétaux et les animaux.

Les cours théoriques de chimie sont complétés par des travaux pratiques exécutés au laboratoire sous la surveillance du professeur et du répétiteur.

Les exercices ordinairement choisis dans les laboratoires d'enseignement de la chimie générale (préparation de gaz, etc.) ont été réduits à leur strict minimum. Il a paru plus avantageux au professeur de consacrer le temps qu'ils auraient nécessité à des exercices plus utiles à des étudiants en agriculture. Les réactions dans le tube à essais qui comprennent à peu près toutes les réactions intéressantes de la chimie occupent les élèves de première année, avec quelques dosages par des liqueurs titrées toutes prêtes. En seconde année, les élèves sont habitués à la préparation des liqueurs titrées, au dosage de l'azote ammoniacal, nitrique, organique, et à celui de la potasse dans un engrais; au dosage de l'acide phosphorique insoluble, soluble dans le citrate d'ammoniaque, soluble dans l'eau. Les élèves de troisième année n'ont plus de cours théoriques, mais on leur fait exécuter au laboratoire un certain nombre d'applications de plus longue durée que celles des années précédentes; ils s'exercent à l'analyse des terres, des engrais et des fourrages.

Des instructions relatives aux travaux pratiques ont été rédigées par M. Lagatu avec l'aide de M. Sicard, du laboratoire d'analyses agricoles de l'école, et imprimées par le Cercle des élèves. Chaque fois que les élèves ont à exécuter une manipulation nouvelle, il leur est remis une feuille autographiée contenant les instructions relatives à ce travail.

Le budget alloué à la chaire de chimie est le suivant :

Budget de cours et frais de manipulations	1.800 francs
Budget de recherches scientifiques	800
TOTAL	2,600

Au cours de chimie se trouve annexé un laboratoire d'analyses agricoles dont s'occupe spécialement M. Sicard, ancien élève de l'école. Ce laboratoire s'occupe des analyses de terres pour le public ou, plus exactement, de l'étude agrologique des vignobles que les propriétaires soumettent à son appréciation. Ce laboratoire a été réorganisé en 1897 et donne de très bons résultats; en 1899 il a effectué 2,648 dosages; il est soutenu par le département et par la Société départementale d'encouragement à l'agriculture de l'Hérault qui, tous deux, lui accordent des subventions. En dehors des analyses demandées par le public, le laboratoire a effectué de nombreuses analyses en vue de dresser une carte agronomique communale.

Fig. 48. — École de Montpellier. (Hangar des machines.)

L'installation matérielle du laboratoire était suffisante au début, mais avec l'extension qui a été donnée aux travaux il a fallu songer à demander la construction de nouveaux locaux; actuellement le laboratoire comprend neuf pièces, dont une très vaste réservée aux élèves.

Objets et travaux exposés. — M. le professeur Lagatu avait exposé une série de graphiques relatifs à l'analyse physique et chimique des sols; des études analytiques et des albums, ainsi que de nombreux ouvrages publiés par ses prédécesseurs et par lui-même.

Nous citerons une *Étude des terres du département de l'Hérault*, de MM. Lagatu et Sémichon, publiée en 1892; *Études sur la chlorose*, des mêmes auteurs; *Guide pratique et élémentaire pour l'analyse des terres*, de MM. Lagatu et Sicard.

Chaire de génie rural. (M. Ferrouillat, professeur et directeur de l'École.) — La chaire de génie rural existait déjà à l'école de la Saulsaie où elle fut organisée en 1869. A Montpellier, elle fut d'abord confiée à M. Jeannenot, puis, en 1887, à M. Ferrouillat, le titulaire actuel. M. Ferrouillat, qui est le directeur de l'école, a néanmoins tenu à conserver l'enseignement du génie rural.

Les matières de l'enseignement du génie rural sont groupées dans quatre parties distinctes : la mécanique, les machines agricoles, l'aménagement des eaux et les constructions rurales. Pendant le semestre d'hiver, deux promotions (deuxième et troisième années) sont réunies dans le même amphithéâtre deux fois par semaine. Une année, le cours porte sur les machines agricoles; l'année suivante, sur l'aménagement des eaux et les constructions rurales. En même temps les élèves de première année entendent les cours de mécanique à raison d'une leçon par semaine. Grâce à cette combinaison, le professeur, qui s'adresse à deux promotions, peut étendre son enseignement sans augmenter en fait le nombre de ses leçons. Le nombre des leçons est de 85 par an, mais en réalité chaque promotion assiste à 120 leçons pendant la scolarité. Pendant le semestre d'été, le cours est fait à raison de deux leçons par semaine à la première année, et consacré à la mécanique appliquée, aux moteurs et à l'hydraulique.

Voici, dans ses grandes divisions, le programme suivi pour cet enseignement :

A. *Mécanique.* — Mécanique rationnelle et mécanique appliquée : cinématique, statique, dynamique; résistances passives, résistance des matériaux. – Hydraulique : hydrostatique, hydrodynamique. – Machines d'un intérêt général; machines simples, machines composées; transformation de mouvement, transmission; régulateurs du mouvement. – Moteurs : moteurs hydrauliques; moteurs à vapeur; moteurs à air chaud, à gaz, à pétrole; moteurs à vent; moteurs animés.

B. *Travaux et machines agricoles.* — Travaux et machines d'extérieur de ferme : labours; hersages et roulages; quasi-labours; ensemencements; épandage des engrais; cultures d'entretien; récoltes, transport. – Travaux et machines d'intérieur de ferme : égrenage des récoltes; nettoyage et triage des grains; préparation des grains; préparation des fourrages, des racines, des engrais; vinification; élévation des liquides.

C. *Aménagement des eaux.* — Desséchements et drainages : desséchement des marais; curage des cours d'eau; défense des rives; drainages. – Irrigations; les eaux au point de vue de l'irrigation; moyens de se procurer les eaux; distribution de l'eau; systèmes d'irrigation; limonage, colmatage, dessalage; submersion des vignes.

D. *Constructions rurales.* — Travaux du bâtiment : travaux de gros œuvre, travaux de petit œuvre. – Bâtiments ruraux : logements des hommes, des animaux, des récoltes; conservation des engrais, disposition d'ensemble des bâtiments d'une ferme; construction de citernes, abreuvoirs, glacières, ateliers, etc. – Chemins ruraux : forme générale des chemins; tracé et exécution des chemins; entretien des chemins; annexes des chemins. – Clôtures : clôtures fixes; clôtures mobiles.

Les leçons de génie rural sont suivies d'applications, en nombre égal. Ces applications sont consacrées à l'examen, au montage, au réglage et à la manœuvre, dans les champs et dans la galerie de collections, des machines et instruments; à l'emploi des instruments de précision (dynamomètres, indicateurs, etc.); à l'étude de projets divers; au dessin; au lever des plans; à l'exécution des plans; au nivellement; au cubage. Des excursions complètent l'enseignement pratique. Avant de quitter l'école, les élèves de troisième année font, en outre, l'étude d'un ou de plusieurs projets d'instruments, ou d'aménagement d'eau, ou de construction rurale. Ces projets, donnés avant les grandes vacances qui séparent la deuxième année de la troisième, sont l'objet de rapports détaillés, avec planches et album de croquis. Des notions de dessin linéaire et de dessin à main levée sont données dans ce cours, l'enseignement du dessin n'étant pas donné dans un cours spécial. Le professeur a à sa disposition une salle pourvue d'un outillage pour les réparations et destinée aux essais des machines, un cabinet de travail, une salle pour le moteur, une salle de collections et un hangar. Le budget de l'ensemble des cours est de 900 francs. Ce budget est bien restreint pour permettre au professeur de faire des expériences. M. Ferrouillat a dû construire dans son laboratoire, avec l'aide de son préparateur, M. Charvet, les appareils nouveaux qu'il a exposés. Le Jury de classe avait accordé à M Ferrouillat une médaille d'or comme professeur et le Jury supérieur a confondu cette récompense avec celle accordée à l'école de Montpellier, dont il est le directeur.

Objets et travaux exposés. — M. Ferrouillat avait envoyé à l'Exposition un certain nombre d'appareils et d'objets dont il se sert pour son enseignement soit au laboratoire, soit à l'amphithéâtre. Citons : Un frein dynamométrique compensateur (ou à serrage automatique) destiné à simplifier les essais au frein des moteurs, le serrage ayant lieu automatiquement dès que le frein a été réglé pour un travail donné. Ce frein, qui a été construit par M. Charvet alors préparateur du cours, a été imaginé pour faciliter les expériences sur les moteurs à pétrole. – Des modèles d'instruments avec brisures permettant de voir l'intérieur, pour l'enseignement; un pal injecteur; un soufflet Lagleyze; le robinet du pulvérisateur à bât Hérisson. – Quelques spécimens des instruments et objets formant les collections du laboratoire de génie rural.

M. Ferrouillat avait également exposé des spécimens des dessins schématiques dont il se sert à l'amphithéâtre. Ces dessins sont tracés à la craie blanche ou de couleur sur du papier bulle que l'on a préalablement recouvert d'une couche de couleur noire à la colle. Chaque dessin revient ainsi à un prix presque insignifiant. – Un modèle de cubage de terrassement démontable permettant de faire saisir le principe des cubages et le calcul des déblais et des remblais. – Un modèle destiné à expliquer le fonctionnement du noueur de la moissonneuse-lieuse Wood imaginé et exécuté par le répétiteur, M. Charvet. – Des travaux d'élèves : dessins, plans, projets, etc. – Un tableau contenant une collection de planches, extraites d'un ouvrage très important de MM. Ferrouillat et Charvet, intitulé *Les Celliers*, et représentant les divers modes d'élévation de la vendange dans les caves ou dans les foudres. – Enfin une collection complète des ouvrages (livres, brochures, mémoires) publiés par le professeur et les répétiteurs de la chaire. A citer notamment, en outre du volume *Les Celliers : Traitement des maladies de la vigne; Les machines à l'Exposition universelle de 1889; Les appareils pulvérisateurs; Les treuils de défoncement; Les soufreuses mécaniques; Les broyeurs de sarments; Les pressoirs continus; Les pulvérisateurs; Le soufrage des moûts.*

Chaire de physique, météorologie, minéralogie et géologie. (M. Houdaille, professeur, médaille d'or.) — L'enseignement des sciences physiques était autrefois donné dans la chaire de chimie; il en fut séparé en 1885 et confié à M. Crova. Ce professeur commença à développer la partie relative à la météorologie. Son successeur, en 1887, fut M. Houdaille, qui fut nommé à la suite d'un concours.

Programme du cours :

A. *Physique.* — Le professeur résume rapidement les connaissances exigées des candidats et développe tout particulièrement les phénomènes physiques qui intéressent l'agriculteur : capillarité, diffusion, endosmose, mesure des températures, barométrie, hygrométrie, calorimétrie, réfraction, chaleur, électricité statique, dynamique et d'induction. – Description et théorie des appareils de précision en usage dans le domaine de l'agriculture : balances de précision, appareils pour le dosage de l'alcool, microscope, saccharimètre, densimètres, appareils pour les mesures et les applications de l'électricité.

Dans le but de familiariser les élèves avec la manipulation de ces appareils, des exercices ont lieu deux fois par semaine en première année dans une salle spéciale du laboratoire de physique.

B. *Météorologie.* — La météorologie est considérée comme une annexe du cours de physique. plusieurs notions exposées dans ce dernier cours relatives à la chaleur, à la lumière ou à l'électricité servant de base à l'interprétation des phénomènes météorologiques étudiés plus spécialement au point de vue agricole. Le professeur traite néanmoins avec certains développements les questions relatives à la chaleur solaire, son rôle dans la croissance des plantes, dans l'échauffement des sols, le rayonnement nocturne, les gelées d'hiver et de printemps, la prévision des gelées, les moyens de défense, la répartition de la vapeur d'eau dans l'atmosphère, de l'humidité dans le sol, la condensation des vapeurs, la circulation des vents, leur action sur les récoltes, la chute des pluies, le problème de la prévision des temps. Les grandes divisions du cours sont les suivantes : la terre, le soleil, l'actinométrie, la température du sol, la distribution de la température à la surface du globe, l'humidité de l'air, les vents, les courants marins, les perturbations atmosphériques, la condensation de la vapeur d'eau, les climats.

Une station météorologique a été installée dans les jardins de l'école. Elle comprend un parc météorologique muni de divers appareils. De plus, dans une des salles du laboratoire de physique, est réunie une série d'automates enregistreurs écrivant les fluctuations du baromètre, la marche de la température, les changements de l'humidité atmosphérique, les variations observées dans la vitesse et la variation des vents. Sur une terrasse supérieure annexée au même laboratoire se trouvent des appareils pour la mesure de l'intensité calorifique de la radiation solaire. Les observations météorologiques sont effectuées chaque jour dans le vestibule de l'école et mises sous les yeux des élèves qui, au cours des manipulations de physique, sont exercés au maniement des divers appareils d'observation météorologique.

Deux élèves sont chargés, chaque quinzaine, de faire un rapport sur les conditions météorologiques de la période écoulée; ils sont ainsi mis plus complètement au courant de l'organisation et du fonctionnement de la station météorologique.

Le professeur s'est particulièrement appliqué à mettre en évidence l'utilité de la mesure des conditions climatériques pour les applications agricoles. Les observations météorologiques de l'école sont affichées chaque jour sur plusieurs points de Montpellier : elles sont communiquées chaque jour aux journaux de la ville. La création du service des informations météorologiques et agricoles a eu lieu en 1898 ; il a fait comprendre aux agriculteurs de la région l'intérêt des études météorologiques. Le service d'information est subventionné par la Société centrale d'agriculture de l'Hérault, le conseil général du département et le conseil municipal de Montpellier.

Fig. 49. — École de Montpellier. (Parc météorologique.)

La station est reliée à l'observatoire de l'Aigoual qui est situé au nord-ouest de Montpellier, à 1,567 mètres d'altitude, par l'intermédiaire du bureau central des postes et télégraphes de Montpellier ; il peut ainsi faire connaître rapidement les prévisions de l'observatoire, ainsi que celles du bureau central de Paris, à tous ses abonnés des communes voisines.

C. *Minéralogie et géologie.* — L'enseignement de la minéralogie porte sur la description des principales espèces minérales dont la connaissance est utile à l'agriculture. Un exposé rapide des notions générales de minéralogie met l'élève en possession des connaissances théoriques indispensables à la lecture des traités spéciaux concernant l'étude des minerais. L'exposé de la méthode d'analyse au chalumeau est assez développé à cause des services que cette méthode simple peut rendre aux agriculteurs pour l'analyse qualitative des minéraux ou des produits chimiques de la ferme.

Dans la description des minéraux sont successivement passées en revue les substances naturelles utilisables comme engrais ou amendement. La description de chaque minéral est suivie de l'exposé de ses utilisations agricoles.

Les minéraux qui ont concouru à la formation de la terre arable, les feldspaths et leurs produits de décomposition, la silice et les silicates, l'argile et le calcaire sont l'objet d'une étude particulièrement détaillée, au cours de laquelle sont exposés leur rôle dans la perméabilité ou l'imperméabilité des sols, leur pouvoir conservateur ou destructeur des engrais confiés au sol.

Dans les applications, les élèves sont exercés à la pratique de l'analyse qualitative des minéraux à l'aide du chalumeau de minéralogiste, et ils sont mis en présence de nombreux échantillons de minéraux qu'ils s'habituent à reconnaître par l'examen de leurs caractères physiques extérieurs.

L'enseignement de la géologie comprend le rappel des notions de géologie générale relatives à la stratigraphie et à la paléontologie des formations géologiques. L'étude de chaque terrain est suivie de l'examen de sa répartition géographique à la surface de la France et de ses principales particularités agricoles. Les divers terrains : primitifs, primaires, secondaires, tertiaires, quaternaires sont successivement étudiés.

Pour les applications, une collection de fossiles de cent pièces environ est mise à la disposition des élèves pour leur donner quelques points de repère en vue de la détermination des âges géologiques. Quelques excursions aux environs de l'école sur les terrains tertiaires, jurassiques et infracrétacés permettent d'initier les élèves à la pratique des explorations géologiques.

Le budget de cette chaire est de 1,000 francs.

Les laboratoires de physique et de chimie sont situés dans un même bâtiment; ceux de chimie occupent le rez-de-chaussée et ceux de physique, le premier; ces derniers comprennent plusieurs pièces servant pour les collections de la chaire; les élèves ont une salle de manipulation.

Objets et travaux exposés. — M. le professeur Houdaille avait placé sous les yeux des visiteurs de l'Exposition un certain nombre de graphiques relatifs à ses principales recherches sur la constitution physique et minéralogique des sols, sur la mesure des conditions climatériques et sur l'utilisation des résultats d'observations météorologiques pour la pratique agricole. Il avait exposé plusieurs instruments inventés et le plus souvent construits par lui dont il fait usage soit dans son laboratoire, soit à la station météorologique. Nous citerons : un appareil pour la mesure de la perméabilité des sols, qui est destiné à faire connaître l'état de division et la perméabilité des terres arables pour les gaz et les liquides; le même appareil permet également d'apprécier l'état de division plus ou moins avancé, la finesse de diverses matières dont la valeur industrielle dépend de leur degré de trituration : phosphates minéraux, scories phosphatées, etc.; calcimètre-acidimètre, qui a été établi pour répondre au désir exprimé par beaucoup d'agriculteurs de posséder un appareil de mesure donnant directement et sans tableau de corrections le dosage du calcaire d'un sol ou la mesure de l'acidité d'un vin ou d'un moût; par la disposition adoptée dans l'appareil la correction de température s'effectue automatiquement; la simple substitution de la graduation d'acidité à la graduation du calcaire permet de transformer instantanément le calcimètre en acidimètre.

IMPRIMERIE NATIONALE.

Nous citerons encore les appareils suivants : pluviomètre enregistreur pour la mesure du régime des pluies; rosiomètre; évaporomètre enregistreur; anémomètre à maxima; thermomètre enregistreur, établi avec la collaboration de M. Roos, directeur de la station œnologique de l'Hérault; cet appareil permet de suivre la marche de la température dans un foudre en fermentation et donne, à l'aide d'une sonnerie, l'avertissement des températures nuisibles; calcimètre enregistreur, et enfin baromètre-balance enregistreur de Croix avec compensateur à billes Houdaille; cet appareil sert à signaler, par les perturbations très apparentes de son tracé, le développement des orages locaux.

M. Houdaille a également exposé des spécimens du bulletin quotidien télégraphique d'informations destiné notamment à renseigner les cultivateurs sur l'imminence des gelées. Enfin, son exposition était complétée par les nombreuses publications dont il est l'auteur. Voici les plus récentes : *Influence de la radiation solaire sur la vitesse de l'évaporation; Marche annuelle de l'humidité du sol à diverses profondeurs; Mesure de l'évaporation diurne; Recherches expérimentales sur l'influence de la vitesse du vent, de la radiation solaire et de l'état électrique de l'air sur le phénomène de l'évaporation; Marche diurne de l'évaporation à Montpellier; Mesure de la rosée; Étude de l'état physique du calcaire considéré comme cause de la chlorose* (en collaboration avec M. Sémichon); *Mesure du coefficient de frottement et du coefficient de diffusion de la vapeur d'eau dans l'atmosphère* (thèse de doctorat soutenue devant la Faculté des sciences de Paris); *Le soleil et l'agriculteur; Météorologie agricole; Minéralogie agricole.*

Chaire de technologie. (M. Bouffard, professeur, médaille d'or.) — La première chaire de technologie de l'enseignement agricole fut créée, en 1872, à l'école nationale d'agriculture de Montpellier, par C. Saintpierre, professeur à l'école et ensuite directeur.

A. *Œnologie.* — Généralités. - Étude du raisin considéré comme matière première. - Étude physico-chimique de la maturation. - Analyse pratique du moût de raisin. - Étude des fermentations qui intéressent l'œnologie et principalement de la fermentation alcoolique. - Bâtiments et vaisselle vinaire; outillage divers.

Préparation du vin rouge : vendange; amélioration des moûts; cuvage; décuvage et pressurage. - Étude du vin : modifications physiques et chimiques du vin pendant sa garde et son vieillissement; altérations et défauts des vins; manutention du vin en cave; outillage; clarification (soutirage, collage, filtrage); conservation et consommation du vin; traitement particulier des vins; améliorations des vins défectueux.

Préparations des vins divers : vins blancs; vins moelleux; vins dits *de liqueur;* vins mousseux; vins de raisins secs; utilisation des résidus de la vinification; tartre et lies. - Étude analytique des vins.

B. *Industries agricoles diverses.* — Cidre et poiré. - Vinaigrerie. - Industrie des matières amylacées : mouture, panification. - Industrie des alcools : distillation, rectification, etc. - Fabrication de la bière. - Féculerie et amidonnerie. - Sucrerie. - Huilerie. - Industries laitières. - Matières textiles. - Essences odorantes. - Conserves alimentaires. - Fabrication des engrais.

Dans ce programme sont comprises les grandes industries agricoles ainsi que celles plus modestes de la mouture et de la panification qui intéressent plus spécialement le personnel de la ferme.

Des travaux pratiques complètent l'enseignement oral. Ces travaux ont lieu au laboratoire de technologie ou dans les locaux spéciaux de l'exploitation agricole de l'école. L'élève y apprend à connaître les matières premières et les produits fabriqués dont il fait l'analyse. Il reproduit sur une échelle réduite les opérations industrielles des principales fabrications dont il est question dans le cours de technologie. M. Bouffard attache une grande importance à ce genre de travail qu'il signale comme des plus instructifs parce qu'il met l'élève en contact avec le professeur, et qu'il permet, par la libre discussion, d'éclaircir les points obscurs ou mal compris. Ce genre d'enseignement pratique est, en effet, des plus importants, et son extension donnerait d'excellents résultats.

En dehors des manipulations et des travaux pratiques, les élèves sont conduits dans les principales industries agricoles de la région. Le professeur résume d'abord aux élèves ce qu'ils auront à observer, puis donne des explications complémentaires en visitant l'usine ou l'exploitation agricole. Les élèves sont tenus de prendre des notes et des croquis.

Un laboratoire de chimie organisé tout spécialement est annexé à la chaire de technologie. Sous la direction du professeur, des recherches scientifiques y sont entreprises en vue de résoudre les problèmes que posent chaque jour l'enseignement ou l'industrie agricole. Le laboratoire est ouvert au public agricole qui peut s'y adresser pour tous les renseignements concernant la fabrication du vin ou les autres industries : c'est donc, en réalité, une véritable station de recherches et d'analyses dans laquelle il s'établit entre la pratique et la théorie un échange d'idées dont l'enseignement ne peut que profiter.

Le budget de la chaire de technologie s'élève à 1,500 francs.

Les services du laboratoire de technologie sont voisins de ceux de la chimie: ils disposent de plusieurs pièces, d'un cellier et d'une cave.

Objets et travaux exposés. — Dans son exposition, M. le professeur Bouffard s'est attaché à mettre en relief un certain nombre de faits et d'expériences permettant d'y faire figurer les travaux originaux de son laboratoire.

Il avait présenté un certain nombre de travaux sur le rôle de l'oxygène de l'air dans la vinification : 1° action de l'oxygène pendant la maturation; 2° décoloration des moûts rosés pendant la double influence de l'oxygène de l'air et de l'oxydase; 3° fabrication des vins blancs par les raisins rouges en appliquant le principe précédent; 4° action de l'oxygène sur les vins : vieillissement pasteurien, casse bleue, casse jaune ou diastasique; 5° traitement de la casse des vins par le procédé Bouffard, sulfimètre Bouffard. L'exposition de ces travaux contenait plus de 52 objets accompagnés de textes et d'étiquettes explicatives.

Le professeur avait en outre exposé ses recherches sur l'influence des cuves en ciment et du ciment en général sur le vin et l'étude des procédés pour rendre les parois en ciment inattaquables par le vin; une étude de la chaleur dégagée par la fermentation alcoolique.

Au point de vue de son enseignement proprement dit, M. Bouffard avait envoyé un stéréoscope qu'il met habituellement à la disposition de ses élèves; il contient les vues de diverses industries agricoles méridionales; le relief de ces photographies permet de saisir complètement la disposition et le fonctionnement des appareils, ainsi que le groupement de l'outillage. Ce mode de procéder, ainsi que les dessins et schémas faits au cours, constituent la partie objective de son enseignement.

Parmi les publications et les ouvrages les plus récents exposés par M. Bouffard, citons : *Études comparatives des procédés de vinification conseillés pour remplacer le plâtrage; Rôle de la chaleur et du froid dans la vinification; Étude sur la vinification par les levures; Étude sur le cassage des vins; Vinification en blanc des raisins rouges; Les microbes de la vinification.*

Fig. 50. — École de Montpellier. (Laboratoire de viticulture et de botanique.)

Chaire de viticulture. (M. Ravaz, professeur, médaille d'or.) — La chaire de viticulture est de création récente; elle ne date que de 1882; le premier titulaire fut M. Foëx, directeur de l'école, qui est devenu inspecteur général de la viticulture et de la sériciculture, puis ensuite de l'agriculture. De 1886 à 1890, l'enseignement de la viticulture fut donné simultanément par MM. Foëx et Viala. La chaire a actuellement comme titulaire M. Ravaz. L'enseignement de la viticulture, l'un des plus importants donnés à l'école, est réparti sur les trois années d'études.

En première année, les élèves apprennent à connaître les espèces, variétés et hybrides de vignes. Cette partie du cours est l'objet de leçons orales qui portent sur les méthodes descriptives et d'études applicables aux cépages; sur les caractères internes et externes, sur les aptitudes, les qualités et les défauts, sur la valeur culturale de chacun d'eux, ou plutôt des groupes naturels auxquels ils appartiennent.

En deuxième année, l'enseignement porte sur la structure, la composition, les fonctions de la vigne; sur les moyens de la multiplier; sur les circonstances qui influent sur sa végétation et sa fructification : le climat, le sol et surtout les parasites. L'étude des maladies et de leur traitement dure un semestre; elle est faite pendant l'été, alors que les maladies sont le plus fréquentes et le plus nettement caractérisées.

En troisième année, l'enseignement a trait aux méthodes de culture spéciales à la vigne.

Le professeur tient beaucoup aux applications. Il s'arrange de façon à faire voir aux élèves tout ce qui leur a été exposé dans les leçons orales faites à l'amphithéâtre. Les applications sont aussi très nombreuses; elles ont lieu dans les vignobles de la région, dans les champs d'expériences ou au laboratoire de micrographie.

La chaire de viticulture dispose d'ailleurs, pour son enseignement, de collections ampélographiques très importantes et de champs de recherches viticoles.

Dans les collections ampélographiques ont été réunies, indépendamment des variétés de vignes cultivées dans le Midi de la France, les variétés sauvages ou cultivées de vignes de l'Amérique, de l'Afrique, de l'Asie aussi bien que de l'Europe; il existe 600 variétés françaises types, représentant la presque totalité des cépages pour le vin et la table qui peuplent les vignobles français.

Toutes les variétés types étant répandues dans les vignobles sous des noms très divers, il a été créé un champ de synonymie annexé aux collections, où sont placées côte à côte, sous les noms qu'elles portent dans les diverses localités, toutes les variétés françaises. Pour montrer aux élèves les différentes espèces de taille et de culture de la vigne, on a placé côte à côte des types des vignobles français les plus importants; les vignobles sont groupés d'après la taille qui y est pratiquée.

La chaire de viticulture s'occupe de toutes les recherches à faire intéressant la culture de la vigne. Elle dispose : 1° d'un vaste laboratoire situé dans un pavillon spécial, qui comprend une salle de travail utilisée par les élèves et les étudiants étrangers, une salle de chimie, une salle de collections (herbiers, raisins, maladies de la vigne), un cabinet pour le professeur, une salle de culture, une salle de photographie et un cabinet de micrographie; 2° d'une serre annexée au laboratoire qui renferme des vignes en végétation où sont étudiées les maladies qui attaquent la vigne; 3° de champs de recherches où sont étudiés les porte-greffes nouveaux, les producteurs directs nouveaux, les variétés et hybrides obtenus à l'école; 4° d'autres champs établis en dehors de l'école ayant pour objet la solution des questions relatives à l'adaptation du sol, à la résistance au phylloxéra, etc. Les travaux de la chaire de viticulture sont vulgarisés soit par des publications, soit par des conférences, soit par des communications aux congrès.

Voici le budget de cette chaire :

Frais de cours	1,000 francs.
Frais de recherches viticoles	3,500
Un chef vigneron	1,140
Entretien des collections et du champ de recherches	2,500
TOTAL	8,140

Objets et travaux exposés. — L'exposition présentée par M. le professeur Ravaz se composait de spécimens des collections de cours : collection de racines de vignes avec les lésions faites par le phylloxéra; instruments servant au greffage; tableau montrant les principales maladies de la vigne; herbier viticole. Étaient également exposées les principales publications de M. Ravaz et celles auxquelles il a collaboré; citons : *Ampélographie italienne* (traduction); *Monographie du portugais bleu et du Saint-Sauveur; Les vignes américaines dans les terrains calcaires; Adaptation et chlorose; Reconstitution du vignoble; Contribution à l'étude de la résistance phylloxérique; Le pays du cognac; Étude sur l'invasion du « Coniothyrium diplodiella »*, de MM. Foëx et Ravaz; *Recherches expérimentales sur les maladies de la vigne*, de MM. Ravaz et Viala, etc.

Chaire de zoologie et de zootechnie. (M. Duclert, professeur, médaille d'or; M. Sénéquier, répétiteur, médaille d'argent.) — Lors de l'ouverture de l'école, M. Gobin fut chargé du cours de zootechnie; il fut remplacé, en 1878, par M. Tayon, ancien élève de l'École d'Alfort et docteur en médecine, qui organisa le laboratoire et en perfectionna l'outillage; le docteur Duclert, qui occupe actuellement la chaire de zoologie et de zootechnie, le remplaça en 1888.

Le cours comprend 70 leçons environ; il est divisé en deux parties.

Dans la première, le professeur traite de l'anatomie, de la physiologie et de l'histologie des animaux domestiques, afin de faire connaître aux auditeurs, d'une manière aussi complète que possible, la structure et le fonctionnement des machines animées qu'ils auront à exploiter ultérieurement. Il insiste cependant surtout sur les organes de la locomotion, de la digestion et de la reproduction qui offrent un intérêt tout particulier pour de futurs agronomes. L'alimentation pour le même motif est traitée avec tous les détails qu'elle comporte.

La zootechnie fait l'objet de la seconde partie du cours; le professeur traite de l'hérédité et de ses lois, de la classification, de la reproduction, des règles de la gymnastique fonctionnelle des organes plus spécialement utilisés par l'éleveur, des encouragements donnés à l'élevage par l'État, le département et les sociétés agricoles : cette partie de son enseignement constitue la zootechnie générale. En zootechnie spéciale, le professeur étudie les races, leur exploitation, leur alimentation : équidés, bovidés, ovidés, suidés, oiseaux et animaux de basse-cour.

Chaque leçon est l'objet d'une application pratique qui est exécutée, pour l'anatomie, dans la salle du laboratoire spécialement affectée à cet effet, pour la zootechnie, auprès des animaux de la ferme, dans les exploitations du voisinage ou au marché de la ville de Montpellier. Des excursions sont également effectuées dans les départements voisins afin de montrer aux étudiants les différences qui existent dans l'élevage des diverses races domestiques.

Le laboratoire, qui est assez vaste, est disposé de façon à permettre aux élèves de se livrer aux travaux pratiques et aux préparations, d'effectuer des recherches personnelles. Une pièce sert de salle d'anatomie et permet aux étudiants de disséquer les animaux d'études; une autre pièce contient les collections et plusieurs pièces sont réservées pour les laboratoires proprement dits. Des cages en ciment placées derrière le laboratoire sont destinées à loger des animaux d'expériences.

Il est alloué une somme de 800 francs pour les frais de cours et pour l'entretien du laboratoire.

Fig. 51. — École de Montpellier. (Laboratoire d'anatomie.)

Objets et travaux exposés. — M. le professeur Duclert avait fait figurer à l'Exposition un tableau colorié représentant les divers accidents obtenus par l'inoculation du virus claveleux actif et du virus claveleux atténué. Ce tableau était accompagné d'une brochure intitulée : *Recherches sur le virus claveleux.* M. Duclert a entrepris depuis plusieurs années des études sur le virus claveleux; il s'est surtout attaché à obtenir une atténuation de ce virus afin de pouvoir traiter les animaux d'un troupeau dont quelques sujets sont déjà atteints par la clavelée. L'atténuation de la maladie qu'il a obtenue par son procédé est mise en relief dans les tableaux exposés. Une grande planche en chromolithographie, exécutée par M. Duclert d'après nature, représentait les faits histologiques de la sécrétion du lait; cette planche était accompagnée d'une brochure intitulée : *Histologie de la sécrétion du lait.* Quelques spécimens de la collection du laboratoire de zoologie et de zootechnie montraient les objets dont le professeur se sert dans ses démonstrations à l'amphithéâtre : photographies de grand format pour le bétail, de mâchoires d'ovidés d'âges divers, montées sur planchettes pour faciliter l'étude des élèves. Indépendamment des deux brochures que nous avons citées plus haut, M. le docteur Duclert avait réuni ses diverses publications : articles de journaux, brochures, etc., citons : *Recherches sur l'influence de la dessiccation et de la chaleur sur le virus claveleux; Importance de l'ostéologie en ethnographie; De l'évolution de l'abcès; Du passage des microbes à travers le placenta; De l'influence des causes secondes sur la genèse de l'infection*, etc.

M. Duclert est aidé dans son enseignement par un préparateur, M. Senequier, qui a participé aux travaux de recherches du professeur. M. Senequier est l'auteur d'études parmi lesquelles nous citerons celles relatives au croisement continu et au développement corporel des ovidés qui ont été publiées dans les *Annales agronomiques.*

Chaire de sériciculture et station séricicole. (M. Lambert, professeur, médaille d'or; M. Lafon, répétiteur, médaille d'argent.) — Le cours de sériciculture est fait par le directeur de la station séricicole; cette station a été créée à l'école de Montpellier en 1873 dans le but de vulgariser dans les campagnes de la vallée du Rhône le système Pasteur de grainage et de répandre les meilleures méthodes d'élevage des vers à soie. Elle est à la fois une école de sériciculture et un laboratoire de recherches sur les vers à soie et les végétaux dont ils se nourrissent. Son premier directeur fut M. Maillot, ancien élève de l'École normale supérieure, qui étudia avec Pasteur les maladies des vers à soie et fut son collaborateur pendant plusieurs années. Il eut comme successeur M. Lambert, qui fut chargé de la station dès 1890 et nommé directeur en 1897.

L'enseignement de la sériciculture est lié à tel point avec le fonctionnement de la station, qui est une véritable école, que nous sommes amené à décrire l'installation et le fonctionnement de la station avant de parler du cours de sériciculture fait aux élèves.

La station séricicole est très bien installée. Elle comprend une partie principale où se trouvent les vers et une magnanerie. Le bâtiment principal est composé de trois corps de bâtiments qui comprennent de nombreuses pièces au rez-de-chaussée et au premier. Dans les pièces du bas sont installés une grande salle de collections et de micrographie, un laboratoire de microbiologie appliquée aux maladies des vers à soie domestiques; dans d'autres pièces se trouvent des ustensiles pour la conservation des graines, l'encabanage des vers, le grainage; une salle est réservée pour la préparation des feuilles de mûrier; enfin, il existe une serre dans laquelle sont cultivés une cinquantaine de mûriers nains de diverses variétés. Au premier étage, on trouve trois salles : l'une très vaste réservée à l'élevage, qui renferme les claies d'élevage, des cadres, etc.; la deuxième contient une magnanerie expérimentale et la troisième contient les collections nécessaires pour l'enseignement de l'entomologie.

La magnanerie proprement dite est installée dans un pavillon qui est situé près de l'entrée de l'école. L'alimentation des vers à soie est assurée par quatre champs de mûriers à haute et à basse tige.

L'enseignement de la sériciculture est donné par M. Lambert en 20 conférences d'une heure et demie chacune, faites en deuxième année, du mois de mars au mois de juillet inclusivement.

Fig. 52. — École de Montpellier. (La station séricicole.)

. Dans ces conférences, le professeur traite de l'anatomie et de la physiologie du ver à soie, du mûrier, de ses maladies, de la production et de la conservation des œufs, de l'élevage industriel de la larve, de l'étude sommaire de la soie, des notions sur les vers à soie sauvages.

L'enseignement théorique est complété par des leçons pratiques de micrographie et d'élevage; elles sont également données pendant le semestre d'été, dans les locaux de la station. Les élèves s'exercent à disséquer les vers à soie, à reconnaître les maladies, à sélectionner les papillons au microscope. Ils peuvent visiter les élevages pratiqués à cette époque et même y collaborer dans une certaine mesure.

En dehors des élèves de l'école d'agriculture, la station admet, à titre d'élève libre, toute personne désirant se livrer spécialement à l'étude de l'industrie séricicole. Parmi ces élèves spéciaux, on remarque un certain nombre de jeunes gens venus d'Italie, de

Fig. 53. — École de Montpellier. (La magnanerie.)

Grèce, de Turquie, de Russie, de Roumanie, de Bulgarie, du Japon, de la Chine, de l'Amérique et de l'Angleterre. Quelques-uns d'entre eux dirigent actuellement dans leurs pays des écoles de sériciculture ou des laboratoires de recherches séricicoles.

Les crédits alloués à l'enseignement de la sériciculture sont de 1,300 francs, dont 300 francs pour frais de cours et 1,000 francs pour l'entretien de la station et les recherches.

Objets et travaux exposés. — La partie la plus importante et la plus intéressante de l'exposition présentée par M. Lambert consistait en des échantillons de vers, de cocons, de chrysalides et de papillons. Ces échantillons, au nombre de 1,028, étaient enfermés dans des cartons vitrés qui avaient été très habilement groupés par l'exposant. On y trouvait des spécimens des races de la Chine, du Japon, du Levant et des races indigènes, ainsi qu'un petit nombre provenant de croisements; il y avait en tout 35 sortes représentées chacune par des échantillons de plusieurs récoltes successives. En outre, étaient aussi exposés un herbier séricicole; des photographies relatives à la culture du mûrier et à l'élevage des vers à soie; une collection de cocons provenant de divers départements séricicoles français; trois modèles de couveuses ou incubatrices en fer-blanc; le matériel pour l'application du système Pasteur au grainage; des échantillons de vers malades; des collections d'insectes destructeurs de cocons; des cartes de la production séricicole en France.

Le directeur de la station avait exposé des notes et des ouvrages qui comprenaient ses principaux travaux. On y relevait des études et des recherches sur les caractères zoologiques, la durée d'évolution de la larve, le poids des glandes soyeuses, le cocon et le papillon, l'alimentation des vers à soie. Dans ses travaux, il avait été aidé par M. Lafont auquel le Jury a décerné une médaille de collaborateur. Parmi les principaux ouvrages exposés par M. Lambert, nous citerons : *Recherches sur le poids et la couleur des glandes de vers à soie; Essais d'alimentation des vers à soie avec le mûrier du Tonkin; La production séricicole en France; Désinfection des magnaneries et de leur mobilier*, etc. M. Lafont avait encore présenté une étude sur les effets du *Sporotrichum globuliferum* sur le ver à soie.

* * *

Les chaires d'agriculture, de botanique et de sylviculture, d'économie et législation rurales, de zoologie générale et entomologie ont participé à l'exposition d'ensemble de l'école de Montpellier, mais sans faire d'exposition spéciale. Pour compléter notre étude sur l'enseignement de cette école, nous indiquons le programme de ces différents cours, ainsi que les travaux pratiques et les appréciations qui les complètent.

Chaire d'agriculture. — L'enseignement de la chaire d'agriculture comprend des cours, des applications de cours et des excursions au dehors. Le professeur, M. Degrully, étudie successivement les matières suivantes :

Agrologie, culture, amendements et engrais, cultures des plantes et des arbustes, assolements.

Les travaux pratiques comprennent : la détermination des maladies des plantes et l'application des traitements proposés pour les combattre; la détermination des variétés de céréales et de racines; la reconnaissance des variétés d'olives, des fruits divers, des graines des plantes cultivées et adventices; la détermination de la pureté, de la faculté germinative et de la valeur culturale des semences; l'installation des champs d'expériences et des pépinières, avec les soins à donner aux greffes pendant leur végétation; les divers procédés de sélection des plantes destinées à la reproduction.

Les élèves sont exercés, pendant les applications du cours, à l'appréciation des sols et des engrais, à la reconnaissance des diverses variétés de plantes cultivées et de leurs graines, à l'étude des maladies qui attaquent ces plantes et à leur traitement.

La chaire d'agriculture est dotée d'un laboratoire destiné à l'étude pratique des terres, des engrais et surtout des semences. Par décision ministérielle du 5 septembre 1898, il a été adjoint au laboratoire d'agriculture une station d'essais de semences, qui a pour mission de renseigner les cultivateurs sur la valeur des semences qu'ils emploient et de rechercher la présence des graines nuisibles.

Le laboratoire d'agriculture a son complément dans le champ d'études. Une collection d'oliviers comprenant 20 variétés est adjointe au champ d'études. Pour compléter les plantations de l'école de Montpellier, un verger contenant les principales variétés de fruits cultivées en grande culture serait nécessaire. Le développement des différents services et l'importance des collections de vignes n'ont pas permis de l'établir en raison de la surface restreinte dont l'école dispose.

Chaire de botanique et de sylviculture. (M. Ducomet, préparateur, médaille d'argent.) — L'enseignement de la botanique et de la sylviculture comprend l'exposé des connaissances théoriques de ces sciences, complété par des applications au dehors et dans les collections de l'école.

Un préparateur, M. Ducomet, est adjoint au titulaire de la chaire. Le cours de botanique est divisé de la manière suivante :

Anatomie ou histologie. – Organographie : organes de nutrition, organes de nutrition dérivés. – Modes de reproduction, fécondation, germination. – Nomenclature et classification. – Botanique appliquée. – Géographie botanique. – Physiologie.

Le cours de botanique est complété chaque semaine par deux applications de micrographie, une herborisation ou bien une analyse de fleurs à la loupe montée, au laboratoire. L'étude attentive de la morphologie et de la physiologie végétales fournit aux élèves des bases solides pour l'étude de la sylviculture, de la viticulture, de l'horticulture, de l'arboriculture et de la pathologie végétale.

Le cours de sylviculture comprend les matières suivantes : Définition, but et principes de la sylviculture. – Statistique forestière générale et spéciale de la France. – Rapports de la sylviculture avec l'agriculture. – Législation forestière. – Éléments de production. – Essences feuillues indigènes. – Essences résineuses indigènes. – Principaux morts-bois de la région du Midi. – Arbres exotiques. – Arbrisseaux et arbres à planter pour retenir et fixer les sols mouvants sur les terrains en pente et sur les bords des cours d'eau. – Estimation des bois. – Dendrométrie, cubage des arbres. – Technologie forestière. — Conservation et exploitation des bois : aménagement, repeuplements, reboisement des montagnes et des garigues. — Fixation des dunes par le boisement. — Moyens préventifs et moyens destructifs employés dans les forêts contre les insectes nuisibles.

Le cours de sylviculture, complété chaque semaine par une application, montre aux élèves quel résultat on peut tirer, par l'exploitation sylvicole, de régions aujourd'hui incultes. Les élèves sont exercés à la reconnaissance des diverses espèces de bois utilisées dans l'industrie, ainsi qu'à l'estimation des arbres sur pied. Des visites au jardin dendrologique de l'école, dans les parcs et dans les pépinières, des excursions dans les bois permettent aux élèves de se familiariser avec les essences et avec les modes de traitement et d'exploitation des bois usités dans la région.

Fig. 54. — École de Montpellier.
(Laboratoire de micrographie.)

Dans la salle des travaux de micrographie, les élèves sont exercés au montage, à la mise au point des microscopes et font les préparations qu'ils doivent examiner et dessiner. Ils acquièrent progressivement la connaissance de la structure des végétaux dans leurs divers organes. Après avoir reconnu les caractères des tissus végétaux, les élèves se rendent compte de l'action des principaux réactifs.

Le jardin botanique comprend environ 1,200 plantes choisies parmi celles qui expriment le mieux le caractère de la flore indigène. Ces plantes appartiennent à la région de l'olivier, à la zone littorale de la Méditerranée et aux basses montagnes des Cévennes méridionales. Le jardin botanique fut d'abord planté suivant l'ordre de la classification de de Candolle, puis sa disposition fut modifiée, quelques années après, en raison des progrès réalisés par la morphologie florale. Dans le jardin dendrologique, se trouvent plusieurs espèces de palmiers et d'autres arbres ou arbustes exotiques. A la chaire de botanique et de sylviculture appartenaient aussi des collections importantes, réunies dès l'installation de l'école de Montpellier, collections de graines, de fruits, de fleurs, de bois, d'écorces.

Chaire d'économie et législation rurales. — La législation et l'économie rurales appartiennent, dans les écoles d'agriculture, au même ordre d'enseignement. A Montpellier la chaire est occupée par M. François Bernard. Si les études que comportent ces deux sciences sont distinctes, elles conservent néanmoins entre elles d'étroites relations.

L'enseignement de la législation rurale comprend l'ensemble des règles de droit qui concernent plus spécialement l'exercice de l'industrie agricole. Le professeur étudie d'abord le livre deuxième du Code civil (la propriété, les servitudes), les principaux contrats intéressant l'agriculture (la vente, le louage, etc.), les privilèges et hypothèques. Le Code rural fait ensuite l'objet d'un examen spécial. L'étude d'un grand nombre de lois d'application usuelle en agriculture, relatives aux syndicats agricoles, au crédit agricole, complète les notions de droit civil comprises dans le cours. A Montpellier, on insiste particulièrement, en raison des intérêts régionaux, sur le régime des boissons et sur les associations syndicales.

Le programme du cours d'économie rurale n'est pas aussi étroitement délimité que celui de la législation. Il comprend une série assez étendue de leçons d'économie politique générale, dont l'économie rurale n'est que l'application à l'industrie agricole. Les leçons d'économie rurale professées à Montpellier se distinguent par le développement donné aux questions d'un intérêt spécial pour l'agriculture méridionale et coloniale. Le professeur, M. Bernard, fait une large place dans cet enseignement aux questions d'association agricole : organisation et fonctionnement des syndicats agricoles, caisses de crédit agricole, assurances mutuelles, sociétés coopératives.

Au point de vue pratique, les élèves sont initiés aux opérations de banque, de crédit agricole, de warrantage.

Chaire de zoologie générale et entomologie. (M. Lafont, répétiteur, médaille d'argent.) — De 1890 à 1897, époque à laquelle M. Lambert fut nommé directeur de la station séricicole et chargé de l'enseignement de la sériciculture, la chaire comprenait avec l'enseignement de la zoologie générale et de l'entomologie celui de la sériciculture. Le répétiteur-préparateur du cours de zoologie générale, M. Lafont, remplit les mêmes fonctions auprès du professeur de sériciculture.

Le matériel d'enseignement de la chaire de zoologie générale et entomologie se compose : d'un miscroscope de Zeiss avec tous les accessoires nécessaires, spécialement affecté aux préparations microscopiques servant à l'enseignement; de microscopes Nachet servant aux manipulations des élèves ; de divers modèles démontables du docteur Auzoux : insectes, gâteaux de cire, etc.; d'un petit matériel de pisciculture; de ruches de divers modèles pour l'enseignement théorique de l'apiculture et d'autres ustensiles apicoles; d'un petit parc d'expériences zoologiques annexé au laboratoire.

Un aquarium d'eau douce renferme quelques poissons, des types de batraciens, de mollusques, de crustacés et d'insectes aquatiques.

La chaire de zoologie générale et entomologie possède cinq collections importantes provenant de dons et d'acquisitions. Ces collections constituent un ensemble précieux pour l'enseignement zoologique agricole.

Le laboratoire de zoologie générale et entomologie est en grande partie occupé par ces diverses collections, et la place manque un peu pour le travail. Les consultations entomologiques, les expériences et les recherches que ces consultations nécessitent sont devenues si nombreuses que le professeur se trouve obligé, en raison de l'insuffisance du local, d'effectuer en dehors de l'école une partie de ces recherches.

Lorsque le temps le permet, des applications de zoologie et surtout d'entomologie, destinées à compléter les leçons, se font sur les terres de l'école ou dans les environs de Montpellier. Ces applications consistent dans la recherche des diverses formes du phylloxéra, des parasites des plantes et des animaux, ainsi que de tous les animaux utiles et nuisibles. Des excursions sont organisées par le professeur pour faire visiter aux élèves les localités des environs intéressantes au point de vue zoologique, les divers établissements scientifiques de l'Université et la station de zoologie établie à Cette. Un certain nombre d'applications sont utilisées pour la visite des collections de l'école, les dissections, les préparations microscopiques, l'étude au microscope des infusoires, vers intestinaux, acariens, phylloxéra et autres insectes.

V. — Considérations générales.

Dans l'étude d'ensemble que nous avons faite précédemment sur les écoles nationales d'agriculture, nous avons examiné les conditions dans lesquelles ont lieu les examens au cours de l'année scolaire, la réglementation des études et des examens pratiques, les règles de la discipline ainsi que les questions de pédagogie, en un mot tout ce qui est relatif à l'enseignement. Les considérations présentées s'appliquant aux trois écoles nationales, nous n'avons pas à y revenir pour Montpellier. Nous nous bornerons à relever une critique qui a été adressée à cette école par les partisans de l'enseignement pratique.

La théorie, dit-on, l'emporte sur la pratique, qui est trop négligée. Cette critique ne nous paraît pas fondée. Les exercices pratiques tiennent la même place à Montpellier que dans les autres écoles nationales; on apprend aux élèves à tailler la vigne, mais on ne cherche pas, il est vrai, à en faire des praticiens; on leur apprend surtout comment il faut tailler et quelle taille il faut employer. Le même esprit règne dans les autres parties de l'enseignement de la pratique; le but n'est pas de faire des élèves de bons laboureurs, mais de bons directeurs d'exploitations, sachant comme il convient de labourer et dans quelles conditions.

Ce qui pourrait être développé chez les élèves, ce serait l'habitude de l'organisation et de la direction du travail dans une propriété. Déjà les élèves prennent une part active aux travaux d'exploitation du domaine de l'école, car ils sont constitués en groupes ou services chargés de suivre les opérations pratiques, ainsi que nous l'avons indiqué dans l'exposé relatif à l'organisation des travaux intérieurs de l'école; cette participation aux travaux pourrait être accentuée, mais la pratique ne peut s'apprendre d'une façon complète que si les élèves s'astreignent à aller faire un stage, au sortir de l'école, dans une exploitation agricole.

Ce qui peut avoir donné lieu à la critique que nous signalons, c'est qu'il est arrivé fréquemment à des professeurs de faire part à leurs élèves, dans leurs cours, des préoccupations scientifiques que leur ont suggérées leurs recherches personnelles faites dans l'intérêt et à la demande des agriculteurs. Peut-être ces incursions dans le domaine de la science pure présentent-elles un léger inconvénient parce qu'elles enlèvent un peu de temps au cours officiel du professeur, mais cet inconvénient est compensé par quelques avantages. L'élève qui est tenu au courant des recherches de son professeur, qui voit les efforts qu'il fait pour résoudre les problèmes scientifiques dont la solution est recherchée le plus souvent pour trancher une difficulté née de la pratique agricole, comprend l'utilité de la théorie scientifique en voyant le profit qu'elle peut présenter dans ses applications à l'agriculture; il apprend, en même temps, à estimer son professeur, à le regarder comme un guide auquel il pourra avoir recours plus tard, lorsqu'il se trouvera en présence de problèmes difficiles à résoudre avec ses propres connaissances scientifiques.

On en peut conclure que, pour les élèves, les avantages de ces incursions dans le domaine scientifique dépassent les inconvénients si le professeur sait se tenir dans de justes limites. Au point de vue scientifique et agricole, les expériences et les recherches des professeurs sont de la plus haute utilité. Les importants services rendus à la cause de la viticulture par les travaux des professeurs de l'école de Montpellier pendant la crise phylloxérique en sont une preuve frappante.

L'installation des services et des laboratoires de l'école de Montpellier a été améliorée dans de notables proportions. Dans l'étude spéciale faite de chaque chaire récompensée, sont indiquées en détail les créations nouvelles qui ont été effectuées; nous nous bornons à indiquer sommairement les modifications apportées à l'école depuis 1889.

La ferme a été transportée, en 1891, dans de nouveaux bâtiments, laissant une partie des locaux libres pour l'installation des laboratoires. A la suite de ce changement, une salle spéciale a été aménagée d'une façon parfaite pour la micrographie; elle peut recevoir de 25 à 30 élèves disposant chacun d'un microscope et de son matériel de micrographe. Les laboratoires de botanique, d'agriculture, de génie rural, de physique et de zootechnie ont été agrandis et ont reçu des aménagements nouveaux. Les professeurs ont transformé et amélioré les jardins potager, fruitier, botanique et dendrologique, et ont augmenté les collections de vignes cultivées à l'école. Nous citerons la création, en 1898, d'une station d'essais de semences et d'un service d'informations météorologiques et agricoles; la réorganisation, en 1897, sur de nouvelles bases, d'un laboratoire d'analyses agricoles, annexé à la chaire de chimie; l'institution, en 1896, de conférences de bactériologie, et, en 1898, de conférences de cultures coloniales.

Le développement donné aux collections cultivées des différentes variétés de vignes a permis à l'école d'élargir la distribution qu'elle fait de plants pour la reconstitution des vignobles.

L'agrandissement et le nouvel aménagement des laboratoires ont donné le moyen aux professeurs d'effectuer dans de meilleures conditions leurs travaux et leurs recherches

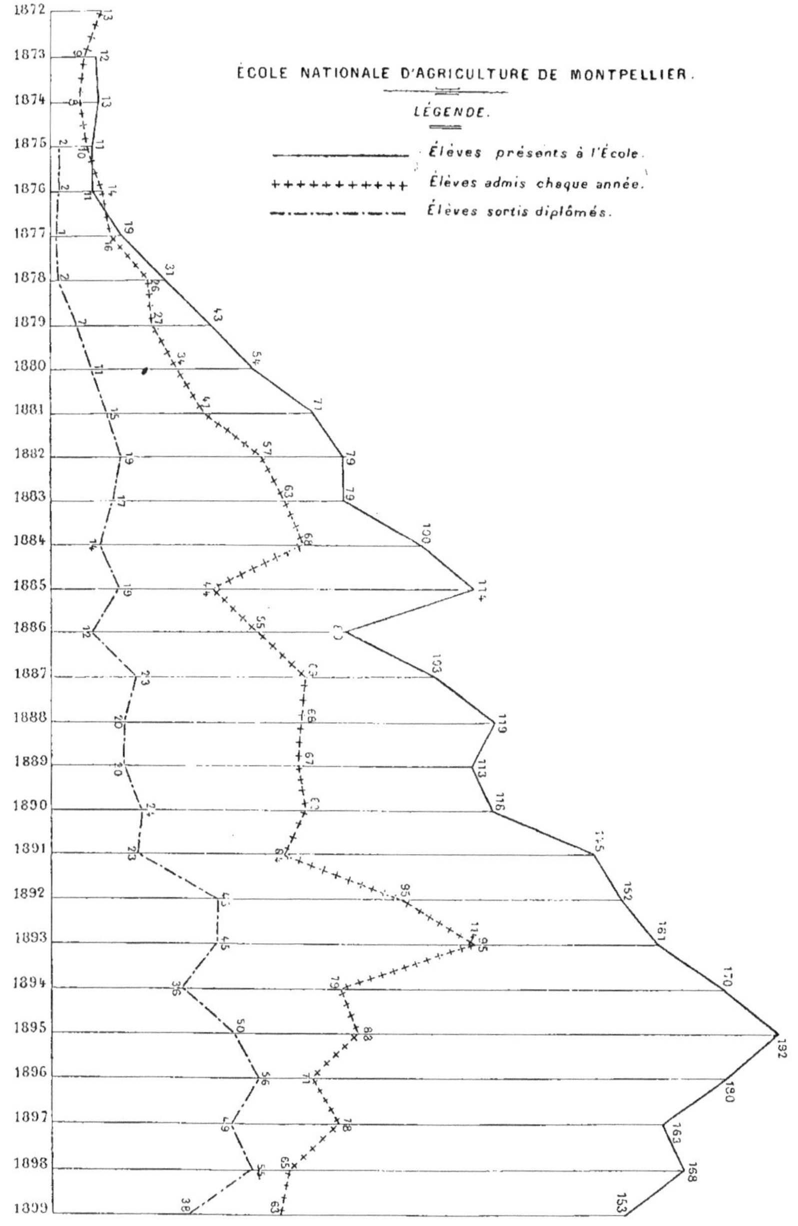

Fig. 55. — Mouvement des élèves.

tout en facilitant leur enseignement; les élèves ont largement profité de ces améliorations tant pour leurs études théoriques que pour leurs travaux pratiques, et ils se trouvent actuellement dans d'excellentes conditions pour poursuivre leurs études.

L'école de Montpellier a rempli d'une façon parfaite le rôle qui a été dévolu aux écoles nationales d'agriculture d'effectuer des recherches profitables à la science agricole. Elle a rempli sa mission avec tant de soin qu'elle s'est signalée comme un véritable établissement de recherches et d'expériences.

Dans l'historique de l'école de Montpellier, nous avons relevé les grands services rendus par cet établissement à la viticulture au début de la crise phylloxérique. Nous n'y reviendrons pas, mais il convient de constater que depuis lors l'école a continué à prêter son concours le plus actif et le plus dévoué au monde viticole par les nombreuses et importantes études qui ont été faites dans ses champs d'expériences et ses laboratoires.

Ces études ont porté sur les questions suivantes :

Examen de divers procédés de défense contre le phylloxéra. — Résistance de la vigne française dans les sables. — Résistance des divers cépages américains; leur adaptation aux sols; leurs divers procédés de multiplication ou de greffage. — Recherches et application de remèdes contre le mildiou, l'anthracnose et l'oïdium. — Recherche du pouvoir chlorosant des sols. — Constitution des vins américains ou des vins de greffes sur américains. — Altération des vins. — Guérison de leurs maladies et de la casse des vins.

En ce qui concerne la sériciculture, l'œuvre n'a pas été moins importante; la station annexée à l'école a permis la continuation des études entreprises par Pasteur sur les maladies des vers à soie, l'examen des meilleures méthodes d'élevage et les recherches des races et espèces nouvelles.

D'une façon générale, l'école a traité tous les sujets de quelque importance pour la pratique agricole qui peuvent intéresser la région méridionale. En dehors des questions viticoles et séricicoles, nous citerons les travaux suivants entrepris par les professeurs : Recherche du virus vaccin pour la clavelée. — Pratique de la vaccination charbonneuse. — Examen de la constitution physique et chimique des sols. — Analyse des conditions climatériques de la région. — Organisation d'un service météorologique.

L'école a donc fait les plus sérieux efforts pour le développement de la science appliquée à l'agriculture et elle a contribué dans une large mesure à l'instruction des populations méridionales; elle a extériorisé son enseignement, rendant, par ce fait, les plus grands services aux agriculteurs de sa région. En dehors des travaux effectués dans leurs laboratoires, les professeurs ont prêté leur concours aux sociétés d'agriculture de la région; ils ont assisté aux réunions importantes des associations agricoles en relations avec l'école et ont pris une part active aux travaux des congrès de viticulture et d'œnologie qui ont eu lieu dans le pays. Par ses rapports avec la Société centrale d'agriculture de l'Hérault, l'école s'est tenue en contact permanent avec les viticulteurs; elle a prêté son aide à cette association pour l'organisation des cours publics dans la ville de Montpellier. L'école a été choisie pour siège même de réunions et d'expositions importantes.

C'est à l'école de Montpellier que s'est réuni, en 1893, le grand congrès international viticole organisé par cette société.

L'activité des professeurs de l'école est révélée par leurs nombreuses publications relatives aux questions agricoles et viticoles ou se rapportant à la science pure; elles remplissaient toute une bibliothèque exposée à la Classe 5; nous citons les principaux ouvrages en étudiant chacune des chaires récompensées. En plus des brochures spéciales, l'école publie chaque année un volume d'annales intitulé *Annales de l'École de Montpellier*; elles contiennent les travaux originaux faits par les professeurs au cours de l'année dans leurs laboratoires. Un des professeurs de l'école, M. Degrully, a créé, depuis de longues années, un journal hebdomadaire, *le Progrès viticole et agricole*, qu'il publie avec la collaboration de ses collègues de l'école.

Avec un corps enseignant aussi dévoué aux intérêts de la science agricole, l'enseignement ne pouvait que donner de bons résultats. Le nombre des élèves de l'école nationale a toujours été très important. D'un graphique exposé par la direction de l'école de Montpellier, il ressort que de 1872 à 1900 il y a eu 1,562 élèves admis et 605 qui sont sortis diplômés. De 1872 à 1889, le nombre des élèves admis a été de 619, et celui des diplômés, de 184; depuis 1889 jusqu'à 1900, on comptait 781 admis et 421 diplômés. Il en résulte que depuis dix ans le nombre des élèves admis et diplômés a été plus considérable que dans la période de dix-sept années qui a précédé; on voit que depuis la dernière Exposition universelle de Paris, l'effectif de l'école s'est augmenté dans de notables proportions. Un tableau statistique, également placé sous les yeux des visiteurs, montrait la répartition dans les différentes carrières des 407 élèves sortis diplômés pour la période de 1873 à 1895; on trouvait les chiffres suivants :

1° Dans les professions agricoles.	Propriétaires	216	293
	Gérants	77	
2° Dans l'enseignement agricole ou l'administration de l'agriculture			92
3 Dans les diverses autres professions			22
Total			407

On voit par ce relevé que les trois quarts des élèves embrassent la carrière de la pratique agricole; un quart environ seulement va dans le professorat, et une partie infime se dirige vers des professions qui n'ont pas un rapport direct avec l'agriculture.

Les étrangers sont venus en assez grand nombre profiter de l'enseignement de l'école. Parmi les pays étrangers, nous pouvons citer la Russie, la Turquie, la Grèce et l'Espagne, qui ont eu 70 de leurs nationaux sortis depuis 1873 avec le diplôme de fin d'études. Dans ces dernières années, le nombre des étudiants étrangers tend toutefois à diminuer, mais cela tient à la création d'écoles d'agriculture dans les pays qui envoyaient des élèves. L'école contient un nombre assez important d'étudiants libres. Aux 1,470 élèves admis depuis l'origine de l'école, il faut ajouter 635 auditeurs libres. La proportion des élèves diplômés par rapport aux élèves admis est de 48 p. 100; le nombre des élèves étrangers représente 15 p. 100 du nombre total des élèves inscrits; le nombre des auditeurs étrangers atteint 57 p. 100 du nombre total des auditeurs qui ont fréquenté les cours de l'école.

L'école de Montpellier s'est acquis un grand renom dans le monde viticole, tant en France qu'à l'étranger. Elle a reçu dès 1873 une médaille à l'Exposition universelle de Vienne (Autriche) et dans les concours et expositions internationales elle a obtenu plusieurs récompenses. En 1889, à l'Exposition universelle de Paris, un grand prix lui a été accordé. Depuis cette époque, elle a été récompensée aux expositions de Vienne et de Chicago, ainsi que dans plusieurs expositions nationales. A l'Exposition de 1900, le Jury de la Classe 5 a été unanime pour lui accorder un grand prix, la plus haute récompense dont il pouvait disposer.

Les anciens élèves de l'école de Montpellier ont formé entre eux une association amicale en 1881; le total des membres, qui était de 58 à l'origine, s'est élevé, en 1899, à 374. Cette association a pour but d'établir et de conserver les bons rapports de camaraderie qui existaient à l'école, de faciliter les échanges de renseignements, de venir en aide à ceux de ses membres qui auraient besoin de son assistance. Elle publie chaque année un annuaire contenant la liste de ses membres et de tous les anciens élèves diplômés; cet annuaire donne des renseignements sur le fonctionnement de l'école, sur les améliorations qui y sont apportées, et fait connaître les situations occupées par les anciens élèves; il renferme aussi des renseignements relatifs à l'organisation ou à la conduite des exploitations agricoles de la région méridionale de la France.

ÉCOLE NATIONALE D'AGRICULTURE DE RENNES.

(Médaille d'or.)

I. — Historique.

L'école nationale d'agriculture de Grand-Jouan fut transférée à Rennes, le 1er novembre 1895.

Rieffel, l'un des meilleurs élèves de Mathieu de Dombasle, fut mis, en 1829, à la tête d'une société fondée pour le défrichement et l'exploitation du domaine de Grand-Jouan, situé près de Nozay, département de la Loire-Inférieure, qui se composait de 500 hectares d'un seul tenant de terres incultes et de landes presque sans valeur. Quelques années plus tard, la famille Rieffel achetait le domaine.

Mais, dès 1830, Rieffel, à l'imitation de ce qu'il avait vu faire à l'Institut agricole d'Hofuyl, près Berne, réunissait sur son exploitation un certain nombre d'enfants pauvres dans l'intention de faire servir l'agriculture à leur éducation, de baser cette éducation sur le travail de la terre. Ce fut l'origine de la création d'une ferme-école à Grand-Jouan. (Voir tableaux, p. 230 et 231.)

Quelques années plus tard, en 1842, le directeur, frappé des résultats obtenus à Grignon et décidé à vaincre l'indifférence des propriétaires de la région pour les questions agricoles, indifférence résultant de leur ignorance absolue des principes culturaux, ouvrait à Grand-Jouan, à côté de la ferme-école, l'Institut agricole de l'Ouest et organisait ce nouvel établissement sur le modèle de ceux de Roville et de Grignon. Le Gouvernement vint en aide au directeur pour l'organisation de cette école. Par arrêté ministériel du 9 mars 1842, elle fut dotée d'un budget spécial. Elle comprenait cinq professeurs et des répétiteurs; la durée des études était de trois ans; les élèves, à leur sortie, pouvaient obtenir des diplômes.

Les deux établissements, ferme-école et institut agricole, fonctionnèrent simultanément jusqu'en 1876, date à laquelle la ferme-école fut supprimée. En 1848, l'institut devint école régionale et dépendit complètement du Gouvernement. La circonscription comprenait les départements de la Loire-Inférieure, du Finistère, d'Ille-et-Vilaine, des Côtes-du-Nord.

De 1848 à 1895, la région bretonne sut profiter de l'exemple donné par l'école de Grand-Jouan, car près de 250,000 hectares de landes furent mis en valeur et le loyer de la terre s'y éleva progressivement de 10 francs l'hectare à 50 francs; l'enseignement donna également de bons résultats, mais inférieurs à ceux de Grignon. Cela tenait à ce que le recrutement des élèves se faisait difficilement à cause de la situation de l'école et à ce que les professeurs, obligés de résider loin de l'école, ne pouvaient fréquenter avec l'assiduité désirable leurs cabinets ou leurs laboratoires.

TABLEAU DE L'

ÉCOLE NATIONA

JOURS.	PREMIÈRE ANNÉE.			
	COURS.	CONFÉRENCES.	EXERCICES PRATIQUES.	EXAMENS. OBSE
Lundi........	Physique ou météorologie, de 8 h. 1/2 à 9 h. 1/2. .... Zootechnie de 10 heures à 11 heures.	.... Physique de 2 h. 45 à 3 h. 45. Botanique de 4 à 5 heures.	.... Étude et bibliothèque de 9 h. 1/2 à 10 heures. Exercice militaire. - Culture. de 1 heure à 2 h. 1/2.	Les élèves dis exercices mili la culture.
Mardi........	Botanique de 8 heures à 9 h. 1/2. Génie rural de 10 heures à 11 heures. Agriculture de 1 heure à 2 heures.	.... Mathématiques de 4 heures à 5 heures.	.... Étude et bibliothèque de 9 h. 1/2 à 10 heures. .... Dessin-Physique-Horticulture	De 2 heures à 1/3 de la promoti 1/3 à la physiqu 1/3 à l'horticultu
Mercredi......	Physique de 8 h. 1/2 à 9 1/2. .... Zootechnie de 10 heures à 11 heures.	.... Zoologie de 4 heures à 5 heures.	.... Étude et bibliothèque de 9 h. 1/2 à 10 heures. Chimie - Botanique - Culture.	De 1 heure à moitié de la pro chimie. 1/4 à la botaniq 1/4 à la culture.
Jeudi.........	Chimie de 8 h. 1/2 à 9 h. 1/2. .... Économie rurale de 10 heures à 11 heures.	....	Étude et bibliothèque de 9 h. 1/2 à 10 heures. .... Exercice militaire de 1 heure à 2 h. 1/2.	Examens particu de 1 heure ou
Vendredi......	Botanique de 8 h. 1/2 à 9 h. 1/2. Génie rural de 10 heures à 11 heures. Agriculture de 1 heure à 2 heures.	.... Chimie de 4 heures à 5 heures.	.... Étude et bibliothèque de 9 h. 1/2 à 10 heures. Génie rural - Zootechnie Agriculture.	De 2 heures à 1/3 de la promo rural. 1/3 à la zootech 1/3 à l'agricultu
Samedi.......	Chimie de 8 h. 1/2 à 9 h. 1/2. Économie rurale de 10 heures à 11 heures.	.... Horticulture de 4 heures à 5 heures.	.... Étude et bibliothèque de 9 h. 1/2 à 10 heures. Chimie - Botanique - Zootechnie..............	De 1 heure à moitié de la pr chimie. 1/4 à De 1 heure à 1/4 à la zootec De 2 h. 1/2 à 1/4 à la culture

PS. (TYPE).

E RENNES.

DEUXIÈME ANNÉE.			
COURS.	CONFÉRENCES.	EXERCICES PRATIQUES.	EXAMENS, OBSERVATIONS.
ootechnie 1/2 à 9 h. 1/2.	....	Étude et bibliothèque de 9 h. 1/2 à 10 heures.	La moitié de la promotion à chacun des exercices,
....	....	....	
gie ou Géologie. res à 11 heures.	Botanique de 1 heure à 2 heures.	....	
....	Pomologie ou comptabilité agricole de 4 à 5 heures.	Agriculture. Dessin. de 2 heures à 4 heures,	
nie rural 1/2 à 9 h. 1/2.	....	Étude et bibliothèque de 9 h. 1/2 à 10 heures. Chimie - Botanique - Culture.	Moitié de la promotion : à la chimie de 1 h. à 4 h. à la botanique de 1 heure à 2 h. 1/2. à la culture de 2 h. 1/2 à 4 h.
lviculture res à 11 heures.	....		
griculture res à 5 heures.	....	....	
otechnie 1/2 à 9 h. 1/2.	....	....	La moitié de la promotion à chacun des exercices.
....	....	Étude et bibliothèque de 9 h. 1/2 à 10 heures.	
gie ou Géologie res à 11 heures.	Zoologie de 1 heure à 2 heures.	....	
....	Hygiène de 4 à 5 heures.	Génie rural et Zootechnie de 2 heures à 4 heures.	
omie rurale 1/2 à 9 h. 1/2.	....	Étude et bibliothèque de 9 h. 1/2 à 10 heures.	Examens particuliers à partir de 1 heure ou excursions.
chnologie res à 11 heures.	....	Exercices militaires de 1 heure à 2 h. 1/2.	
....	....	....	
nie rural /2 à 9 h. 1/2.	....	Étude et bibliothèque de 9 h. 1/2 à 10 heures.	Moitié de la promotion : chimie de 1 heure à 4 heures, botanique de 1 heure à 2 h. 1/2. culture de 2 heures à 4 heures.
otanique res à 11 heures.	....	Chimie-Botanique-Culture.	
riculture res à 5 heures.	....	....	
législation rurale 1/2 à 9 h. 1/2.	....	Étude et bibliothèque de 9 h. 1/2 à 10 heures.	La moitié de la promotion à chacun des exercices.
chnologie res à 11 heures.	....	Minéralogie - Technologie de 1 heure à 2 h. 1/2.	
....	....	Étude et bibliothèque de 2 h. 1/2 à 4 heures.	
....	Chimie de 4 heures à 5 heures.	....	

L'Administration de l'agriculture, dès 1891, s'occupa de transférer l'école à Rennes, ville d'université où professeurs et élèves devaient trouver toutes facilités pour leurs études et pour leur installation. Le conseil général du département avait d'ailleurs émis un vœu en faveur de ce projet et proposé de faire d'importants sacrifices pour sa réalisation. Le bail consenti à l'État par la famille Rieffel, qui devait expirer le 1er novembre 1895, ne fut pas renouvelé.

Le transfert demandé par l'assemblée départementale d'Ille-et-Vilaine fut immédiatement mis à l'étude, et une convention entre l'État et le conseil général était signée le 20 mai 1893. Immédiatement on commença à édifier les bâtiments nécessaires à l'école; ils furent prêts en 1896, et l'école ouvrit ses portes au mois d'octobre de cette même année. Pendant que l'école s'édifiait, les cours, en 1895, eurent lieu à l'école normale des instituteurs de Rennes.

II. — Situation actuelle.

L'école nationale d'agriculture de Rennes est établie sur le domaine de la Croix-Guincheu, aux portes mêmes de Rennes. Elle n'est distante que de 2 kilomètres du centre de la ville. Le domaine a une superficie de 32 hectares; immédiatement autour des bâtiments de l'école, on a établi les jardins botaniques et les champs d'expériences (agriculture, chimie agricole, génie rural); le reste est occupé par les diverses cultures intéressant la région Ouest de la France.

L'entrée principale de l'école se trouve située sur la route nationale de Paris à Brest. Un bâtiment principal et ses deux ailes qui s'avancent perpendiculairement circonscrivent une cour d'honneur donnant accès à l'école. Il existe un deuxième corps de bâtiment parallèle au premier, auquel il est relié par un autre bâtiment qui contient le grand amphithéâtre établi pour recevoir 180 élèves. Des galeries vitrées latérales conduisent du bâtiment principal aux ailes; le bâtiment principal est long de 115 mètres. Indépendamment de la cour d'honneur, il existe d'autres cours ornées de pelouses et plantées d'arbres.

Des galeries ouvertes, supportées par des colonnes, font le tour des bâtiments encadrant la cour d'honneur et relient tous les services. Des ornements de faïence décorent la surface extérieure et s'harmonisent avec la couleur des granits bleu et rose employés pour la construction. Ces décorations sont d'un très gracieux effet et l'ensemble de l'école est agréable à l'œil.

Par suite de la disposition du sol, le rez-de-chaussée du bâtiment principal, de plain-pied avec la cour d'entrée, est surélevé de quelques mètres au-dessus de la cour arrière. Cette inclinaison du sol a été mise à profit pour rendre accessibles, par la partie arrière, les sous-sols des bâtiments dans lesquels sont installés les services du génie rural, les collections de technologie, les calorifères, les moteurs à gaz, une dynamo, etc. Les principaux services de l'enseignement et ceux de l'administration occupent le rez-de-chaussée.

Fig. 56. — École de Rennes. (Façade principale.)

Au premier étage se trouvent une vaste salle de réunion, quelques cabinets de professeurs, des salles d'études et des galeries, encore inachevées, dans lesquelles seront réunies les collections scientifiques.

Des laboratoires et des collections sont à la disposition des professeurs et des élèves et ne laissent rien à désirer. Chaque service a été installé de façon à fonctionner régulièrement, avec des locaux suffisants et convenablement appropriés à ses besoins.

L'école d'agriculture de Rennes est surtout destinée à l'étude des procédés culturaux de la région de l'Ouest; elle s'occupe donc particulièrement de l'industrie laitière et de l'industrie du cidre. On y étudie les prairies naturelles, les cultures fourragères et, d'une façon générale, les industries agricoles de l'Ouest de la France.

Le régime est l'externat; la durée des études est de deux années.

Le directeur actuel est M. Séguin, qui a succédé dans le courant de l'année à M. Godefroy qui était resté de longues années à la tête de l'école et qui a présidé au transfert de l'établissement de Grand-Jouan à Rennes.

Le personnel enseignant se compose de :

7 professeurs;

7 répétiteurs-préparateurs;

1 chef de pratique agricole;

1 jardinier-chef.

Chaque professeur est secondé par un répétiteur.

Les professeurs font deux cours d'une heure seulement par semaine à chaque promotion. L'enseignement général est complété par des conférences d'hygiène humaine faites par le médecin de l'école, par des conférences d'horticulture et des exercices pratiques au jardin, par des manipulations de chimie, de physique, de micrographie, par des dessins, des excursions, etc. Ces exercices ont lieu l'après-midi; ils ont une durée de trois heures Ainsi réglé, l'emploi du temps permet de retenir les élèves à l'école de 8 heures à 11 heures et de 1 heure à 5 heures.

L'enseignement comporte actuellement :

Une chaire d'agriculture;

Une chaire de botanique et de sylviculture;

Une chaire de chimie et de technologie;

Une chaire d'économie et de législation rurales;

Une chaire de génie rural;

Une chaire de physique, météorologie, géologie et minéralogie;

Une chaire de zoologie et de zootechnie.

III. — Objets et travaux présentés par la Direction.

La direction de l'école de Rennes avait envoyé à l'exposition rétrospective de la Classe 5 les plans, statistiques et documents se rapportant à l'école de Grand-Jouan.

A l'exposition contemporaine, elle avait fait figurer un plan montrant la situation de la nouvelle école par rapport à la ville de Rennes; un plan en relief du domaine de la Croix-Guincheu au 1/1000; un album de photographies montrant la disposition générale des bâtiments et leur aménagement intérieur; une vue panoramique de l'établissement et, enfin, un graphique donnant la statistique des élèves ayant suivi les cours et ayant obtenu le diplôme depuis 1896.

IV. — Exposition des chaires.

Toutes les chaires, à l'exception de celle d'agriculture, avaient organisé une exposition spéciale permettant de juger la méthode d'enseignement suivie par le professeur, le programme des matières enseignées et le résultat de l'enseignement.

Nous allons passer en revue ces différentes expositions.

Fig. 57. — École de Rennes. Travaux pratiques (micrographie).

Chaire de botanique et de sylviculture. (M. Saint-Gal, professeur, médaille d'or.) — L'enseignement de la botanique et de la sylviculture est donné à l'école de Rennes par M. le professeur Saint-Gal, qui traite la botanique en première année et la sylviculture en seconde année.

Voici, dans ses grandes divisions, le programme suivi :

A. *Botanique.* — Anatomie des organes élémentaires. - Organographie : tige, racine, feuille. - Physiologie : fonctions de nutrition; fonctions de reproduction. - Taxinomie. - Étude des familles dicotylédones et monocotylédones pouvant intéresser le cultivateur soit comme plante utile, soit comme plante d'ornement; famille des acotylédones et spécialement champignons comestibles ou vivant en parasites sur les plantes cultivées. - Géographie botanique.

B. *Sylviculture.* — Étude de la mise en valeur du sol par le boisement et règle à suivre pour aménager convenablement une forêt. - Essences forestières, fruitières et ornementales : chaque espèce est appréciée dans ses exigences particulières et dans ses produits spéciaux. - Repeuplements artificiels. - Élagage des arbres. - Rôle des forêts, leur exploitation. - Économie forestière. - Aménagement des forêts.

Fig. 58. — École de Rennes. Travaux pratiques (chimie).

L'emploi du microscope, les dissections végétales, la détermination des plantes sur le terrain, l'exécution d'herbiers, l'étude des principales maladies qui attaquent les plantes cultivées complètent, dans des applications au laboratoire ou dans des excursions aux environs de Rennes, l'enseignement théorique de la botanique. Les applications et les excursions auxquelles donne lieu le cours de sylviculture se rapportent à l'exécution d'herbiers forestiers, à l'étude des bois en grume et débités, à celle des fruits et des graines des arbres, à la pratique de l'élagage et des méthodes de reproduction des végétaux ligneux, à la détermination des volumes et des rendements des bois.

Un crédit de 1,000 francs est alloué au professeur pour faire face à ses frais de cours et de laboratoire.

Objets et travaux exposés. — M. Saint-Gal avait placé sous les yeux des visiteurs : 1° une collection de champignons de la région, conservés dans une solution antiseptique d'aldéhyde formique. Les spécimens exposés étaient d'une conservation parfaite; les teintes seules étaient atténuées; 2° des spécimens d'une collection générale de champignons de la famille des polyporées. Ces échantillons, traités au bichlorure de mercure pour les rendre imputrescibles, puis desséchés, étaient montés sur des plateaux en bois. Chaque fois que la chose était possible, on avait joint à l'échantillon un fragment des végétaux attaqués par les espèces parasitaires; 3° le catalogue raisonné des végétaux spontanés ou cultivés en Ille-et-Vilaine, établi par M. Saint-Gal en collaboration avec son répétiteur, M. Demarquet.

Cet ouvrage est le résultat des nombreuses herborisations effectuées de 1895 à 1900; il comprend la liste méthodique des végétaux vasculaires spontanés ou cultivés en Ille-et-Vilaine, l'indication de quelques familles ou de végétaux exotiques dont les produits sont utilisés dans le pays; enfin, l'énumération des champignons récoltés dans les environs de Rennes.

Chaire de chimie et de technologie. (M. Séguin, professeur et directeur de l'école, médaille d'or.) — Le professeur de chimie et de technologie est M. Séguin, directeur de l'école.

En première année, le professeur traite la chimie générale et la chimie agricole; en seconde année, la technologie.

Voici, dans ses grandes lignes, le programme suivi par M. Séguin :

A. *Chimie.* — Étude des métalloïdes, des métaux et des sels : leurs principales propriétés et leur dosage. – Analyses qualitative et quantitative : appareils usités.

Chimie organique : Principes immédiats, leur séparation. – Carbures d'hydrogène; alcools; éthers; corps gras; phénols; acides organiques; essences. – Principaux alcaloïdes.

Chimie agricole : Germination. – Assimilation du carbone, de l'azote, des matières hydrocarbonées et minérales, par les végétaux. – Fonctions des feuilles et des racines. – Étude des produits végétaux. – Terre arable. – Air. – Amendements et engrais.

Chimie animale : Étude du sang, des liquides organiques des os et des tissus.

B. *Technologie.* — Industries agricoles : fabrication des produits retirés des végétaux et des animaux. – Tannerie. – Conserves alimentaires. – Fabrication des engrais à la ferme.

L'enseignement théorique du cours de chimie et de technologie est complété par des manipulations, des analyses, la détermination des falsifications des produits alimentaires d'origine végétale et enfin par la visite des établissements industriels s'occupant particulièrement de la transformation et de la mise en valeur des matières agricoles.

Les crédits dont dispose le professeur pour ses frais de cours et de recherches, pour les travaux de laboratoire, s'élèvent à 3,200 francs.

Objets et travaux exposés. — L'exposition de la chaire de chimie et de technologie consistait en : 1° une collection de pommes à cidre moulées, comprenant 300 variétés cultivées dans les départements d'Ille-et-Vilaine, du Morbihan, du Finistère et de l'Orne; l'analyse de ces variétés de pommes, faite sous la direction de M. Séguin, était consignée dans des cahiers figurant à l'Exposition; 2° une collection des produits fournis par l'in-

Fig. 59. — École de Rennes. (Laboratoire de technologie.)

dustrie cidrière : moûts et cidres de pression et de diffusion; pulpes; marcs; cossettes neuves et épuisées; alcool, vinaigre, poiré; extraits et cendres; 3° des albums contenant des graphiques relatifs à la marche de l'enrichissement des moûts de diffusion dans le diffuseur Briet n° 1, et des photographies recueillies au cours d'une excursion technologique en Bretagne; 4° une brochure, *Étude sur le cidre,* de M. Séguin, en collaboration avec son répétiteur, M. Pailheret, réunissant les travaux effectués au laboratoire de technologie de l'école de Rennes pendant les années 1898 et 1899. Ces travaux se composent de trois parties bien distinctes : *a.* Recherches sur les moûts et les cidres de diffusion; *b.* Recherches sur le cuvage ou la macération des pulpes; *c.* Analyses de poires et de pommes.

La médaille d'or attribuée par le Jury à M. Séguin ne s'est pas confondue avec la récompense accordée à l'école, parce que la demande d'admission à l'Exposition avait été faite par son prédécesseur, M. Godefroy.

Chaire de législation et d'économie rurales. — Le cours de législation et d'économie rurales est actuellement professé à l'école de Rennes par M. Jouzier. Le professeur aborde l'étude de la science économique dès l'arrivée des élèves à l'école. Cette partie de son enseignement est répartie sur toute la première année et sur le premier semestre de la seconde. Pendant le second semestre, il donne des notions de législation rurale.

Programme suivi par le professeur :

I. *Économie rurale.* — A. *Notions générales d'économie politique :* Les richesses; le travail; la propriété; le capital : son origine dans le travail et son rôle dans la production. - Machines. - Rapports du capital et du travail. - L'échange; la valeur; le prix; la monnaie; le crédit, les banques. - Les débouchés; commerce intérieur et extérieur; libre échange; protection. - Le salaire. - Le loyer des capitaux. - L'impôt. - La population.

B. *Économie rurale proprement dite :* Application à l'agriculture des principes généraux de la science économique en insistant d'une façon toute particulière sur les questions qui intéressent plus spécialement les pays d'élevage et d'exploitation forestière. - Étude des divers systèmes de culture. - Organisation et administration d'une entreprise agricole. - Géographie agricole et économique de la France. - Éléments de comptabilité agricole.

II. *Législation rurale.* — Organisation politique, administrative et judiciaire de la France. - Les droits civils. - La propriété. - L'usufruit. - Des servitudes et services fonciers. - Des contrats et de leurs effets : vente, échange, louage; contrat de société, contrat d'assurance. - Délits ruraux et peines édictées. - Police de roulage. - Police sanitaire du bétail. - Encouragements à l'agriculture.

Le cours de législation et d'économie rurales ne comporte pas d'applications manuelles. Toutefois, dans les excursions servant d'applications aux autres cours, le professeur ou le répétiteur appelle l'attention des élèves sur les différentes conditions économiques dans lesquelles s'exerce l'industrie agricole.

Le professeur peut disposer d'un crédit de 150 francs pour faire face à ses frais de cours.

Objets et travaux exposés. — M. le professeur Jouzier avait exposé une série de statistiques graphiques comprenant 50 cartes se rapportant aux animaux de la ferme; ils donnaient les poids et le nombre des animaux, ainsi que les comparaisons de poids pour l'ensemble du bétail, les espèces chevaline, mulassière, asine et bovine; 4 cartes étaient spéciales à l'étude de production du lait. — Un très intéressant graphique indiquant la variation du prix du fermage de 1510 à nos jours. — Enfin, un graphique montrant la variation du prix des beurres de diverses provenances et de diverses fabrications.

Chaire de génie rural. (M. Abadie, professeur, médaille d'argent.) — La chaire de génie rural est actuellement occupée par M. Abadie. Elle comprend l'enseignement de la mécanique générale, des machines agricoles et des constructions rurales et de l'hydraulique agricole.

Le cours de mécanique générale est professé en première année; celui de machines agricoles, en seconde année, jusqu'au 1er avril : le cours de constructions rurales, du 1er avril à la fin de l'année scolaire.

Programme du cours :

A. *Mécanique générale.* — Mouvements, forces, travail, équilibre. – Mécaniques des solides, des liquides et des gaz à l'état absolu ou relatif. – Dynamométrie. – Machines simples. Machines composées d'un intérêt général. – Moteurs inanimés. – Moteurs animés.

B. *Machines agricoles.* — *a.* Machines agricoles pour le travail des champs : charrues, scarificateurs, herses, rouleaux. Semoirs à graines, à engrais, mixtes et combinés. – Houes. – Appareils pour protéger les jeunes plantes de tous les insectes. – Faucheuses, moissonneuses, faneuses, râteaux, arracheurs, véhicules pour les récoltes.

b. Machines agricoles pour le travail des champs : égreneurs, nettoyeurs de graines, ébarbeurs, décortiqueurs, aplatisseurs, concasseurs, hache-paille, coupe-feuilles, laveurs, coupe-racines, rapes. – Barattes. – Presses à fourrage. – Cuiseurs.

C. *Constructions rurales et hydraulique agricole.* — Travaux du bâtiment. – Bâtiments ruraux : habitation de l'homme et ses dépendances. – Logement des animaux. – Logement des récoltes et produits, bâtiments de préparation. – Conservation du matériel. – Fromageries, laiteries, caves, celliers, chais. – Cours et chemins.

Dessèchements, drainages, irrigations.

Fig. 60. — Travaux pratiques. (Arpentage et nivellement.)

Les leçons à l'amphithéâtre sont complétées par de nombreuses applications consistant dans l'essai, aux champs ou dans le laboratoire, de diverses machines avec ou sans dynamomètres spéciaux; des exercices d'arpentage et de nivellement; des rapports de plans, des dessins de machines et des projets de bâtiments ruraux, de drainage ou d'irrigation.

Les crédits de frais de cours et de laboratoire s'élèvent à 800 francs.

Objets et travaux exposés. — M. le professeur Abadie avait envoyé à l'Exposition un certain nombre de modèles de démonstration construits entièrement par lui dans son laboratoire de l'école : 1° Un modèle articulé de moteur à pétrole. Ce modèle est démontable et les élèves peuvent voir les caractéristiques des moteurs à gaz, les différentes phases du cycle à quatre temps et les particularités du mécanisme des soupapes; 2° un appareil de démonstration pour le réglage des semoirs dont le dispositif a été imaginé par le professeur. Il a pour but d'éviter la difficulté de la mise en marche des semoirs, qui est de calculer l'écartement des roues d'avant-train par rapport à celles d'arrière, afin d'assurer des *reprises* convenables. L'appareil exposé constitue une réduction de semoir où les socs sont remplacés par des crayons; d'autres crayons de couleurs différentes indiquent la trace des roues avant et arrière, de sorte qu'en faisant fonctionner l'appareil sur une feuille de papier, on voit distinctement les lignes semées, la trace des roues; il est alors facile, en déplaçant les roues d'avant et les tiges porte-socs, de régler leur écart, de façon que dans chaque reprise la roue d'avant vienne passer sur la trace de la roue d'arrière dans le *train* précédent; 3° deux reliefs d'un même terrain destinés à comparer la disposition des drains et des collecteurs dans l'ancienne méthode de drainage avec celle préconisée par MM. Risler et Wery et mettant bien en relief les avantages de cette nouvelle méthode; 4° un relief représentant un modèle d'irrigation par déversement (système d'ados).

Fig. 61. — École de Rennes. Travaux pratiques. (Dessin.)

Chaire des sciences physiques. (M. Johannel, professeur, médaille d'argent.) — Cette chaire comprend l'enseignement de la physique, de la météorologie, de la minéralogie et de la géologie. Le professeur est M. Johannel.

Le cours de physique commence dès l'entrée des élèves à l'école et il se poursuit jusqu'en avril; la météorologie lui succède et est terminée à la fin de l'année scolaire. Le premier semestre de seconde année est consacré à l'étude de la minéralogie; celle de la géologie est faite pendant le second semestre. Programme suivi par le professeur :

A. *Physique.* — Revision rapide des connaissances exigées des candidats en développant tout particulièrement les parties susceptibles de trouver une application immédiate en agriculture : influence de la chaleur et de la lumière sur la végétation; pompes; électricité, etc.

B. *Météorologie.* — But et objet des cours. – Détermination de la température, de l'humidité, de la pression atmosphérique, de la direction et de l'intensité du vent, de la quantité de pluie. – Instruments usités; leur emploi.

C. *Minéralogie.* — Cristallographie. – Caractères physiques, chimiques, organoleptiques des minéraux. – Oxydes, sulfures, silicates et autres composés. – Minéraux métalliques servant de minerais. – Houille et combustibles. – Fossiles. – Étude des roches.

D. *Géologie.* — Configuration des terrains. – Fleuves, sources. – Action sur les roches de l'air et de l'eau dans ses différents états. – Terrains primitifs. – Étude détaillée des terrains primaires. – Terrains secondaires, tertiaires et quaternaires.

IMPRIMERIE NATIONALE.

Pour ses frais de cours, pour ses recherches et pour l'entretien de son laboratoire, le professeur dispose d'un crédit de 500 francs.

Objets et travaux exposés. — M. Johannel avait placé sous les yeux des visiteurs 12 graphiques correspondant à chacun des douze mois de l'année et donnant les résultats des observations météorologiques faites à l'école de Rennes pendant l'année 1899 : courbe barométrique, orientation des vents à différentes heures de la journée, indiquée à l'aide de flèches disposées très ingénieusement; courbe thermométrique, hauteur des pluies.

Une brochure explicative accompagnait ces graphiques.

Fig. 62. — École de Rennes. (Laboratoire de physique et de minéralogie.)

Chaire de zoologie et de zootechnie. — M. Ledoux occupe actuellement la chaire de zoologie et de zootechnie de l'école d'agriculture de Rennes. Son cours est réparti sur les deux années d'études.

En voici, dans ses grandes lignes, le programme :

Notions générales d'anatomie et de physiologie. – Alimentation rationnelle du bétail. – Conformation extérieure des animaux domestiques. – Notions générales sur l'espèce en zootechnie. – De la race : amélioration dont sont susceptibles les races; hérédité, atavisme, consanguinité, entraînement, antagonisme entre les diverses aptitudes. – Spécialisation des animaux, sélection, croisement, métissage, hybridation.

Zootechnie spéciale du cheval, de l'âne, du mulet, du bœuf, du porc, du mouton, de la chèvre, des lapins et des oiseaux de basse-cour : pour chaque race, étude zoologique des caractères et des procédés d'exploitation; distribution géographique, aptitudes, régime, reproduction, résultats économiques de l'exploitation.

Dans des applications, le professeur complète son enseignement théorique par des dissections ou au moyen des pièces anatomiques que possède l'École dans ses collections. Il exerce les élèves au maniement des animaux et cherche à leur faire acquérir le

Fig. 63. — École de Rennes. (Laboratoire de zootechnie.)

coup d'œil qui permet d'apprécier à peu près instantanément les qualités et surtout les défauts d'un animal.

Il appelle leur attention sur les détails de service dans les écuries, les bouveries, les vacheries, les bergeries, les porcheries. Au cours d'excursions dans la région, il insiste sur les études d'extérieurs d'animaux, donne des appréciations sur les différentes races, etc.

Fig. 64. — École de Rennes. (Intérieur de l'étable.)

Le budget du cours s'élève à 500 francs.

Objets et travaux exposés. — M. le professeur Ledoux avait exposé une collection de laines en flacons provenant de la toison de différentes races de moutons; des spécimens de tares osseuses, préparés et montés par les élèves dans son laboratoire; un squelette céphalique désarticulé; une collection d'insectes nuisibles au pommier, chaque insecte accompagné de sa larve et de sa nymphe; enfin, une tête osseuse d'une vache normande de quatre ans.

Chaire d'agriculture. — Le cours d'agriculture, dont le titulaire est M. Parisot, est réparti sur les deux années d'études.

En première année, le professeur, après les généralités, commence par l'étude de la climatologie agricole. Il passe ensuite à l'étude du sol ainsi divisée : origine et formation de la terre végétale, éléments constitutifs; propriétés physiques et classification des sols; productivité des sols et leur amélioration. Il poursuit par l'étude des engrais : engrais minéraux, commerciaux et industriels; fertilisation du sol; fumier de ferme. Les dernières leçons de première année sont consacrées aux façons culturales et aux défrichements.

En seconde année, le professeur étudie les ensemencements, les récoltes, puis l'agriculture générale : prairies et pâturages permanents; prairies annuelles et bisannuelles; plantes sarclées; céréales, légumineuses alimentaires; plantes industrielles; culture de la vigne.

Le répétiteur du cours initie en douze conférences les élèves à la culture du pommier, si importante dans la région.

Comme applications du cours, le professeur et le répétiteur conduisent les élèves dans les champs de la ferme, afin de leur faire suivre les travaux agricoles de la saison, de leur montrer l'état des cultures; ils leur font également visiter les exploitations les plus importantes et les mieux tenues de la région.

V. — Considérations générales.

Grand-Jouan. — Le transfert récent de l'école nationale d'agriculture à Rennes nous oblige, pour faire connaître complètement le rôle de cette école, à indiquer les efforts faits à Grand-Jouan, dans les dernières années de son existence, pour améliorer le domaine et imprimer à l'enseignement une direction plus en rapport avec les exigences actuelles de l'agriculture.

L'étendue du domaine, sa situation, l'esprit même de son fondateur avaient fait de Grand-Jouan pendant cinquante ans surtout une école de pratique agricole. Grand-Jouan s'acquit à ce point de vue une juste et universelle renommée. Mais l'école, faute de laboratoires, de matériel, d'entraînement, éloignée de tout centre scientifique, n'était pas en état de donner un enseignement aussi élevé, aussi complet que celui que distribuaient les deux autres écoles nationales. Elle ne pouvait pas non plus permettre à ses professeurs d'accroître les connaissances agricoles par des recherches originales. Une transformation complète de Grand-Jouan s'imposait. Ce fut surtout à partir de 1880 qu'on vît Grand-Jouan se développer, le nombre des élèves augmenter, en même temps que se manifesta une certaine préoccupation d'élever le niveau de l'enseignement.

En 1883, grâce aux crédits accordés par l'administration, M. Godefroy put procéder à la réorganisation du domaine, acquérir des engrais et des semences, faire même de la culture intensive sur quelques terres soigneusement choisies. Les rendements de toutes les terres ne tardèrent pas à s'élever dans de notables proportions. Le troupeau, composé d'animaux trop âgés, avait été entièrement renouvelé en 1884, et s'était enrichi, en 1891, d'animaux de la race jersiaise dus à la générosité d'un grand éleveur d'Ille-et-Vilaine.

Toutes ces transformations furent, pour les élèves, d'excellents sujets d'étude, qui les intéressèrent vivement et contribuèrent avec d'autres améliorations à parfaire leur instruction.

On créa un champ d'expériences agricoles, qui rendit de grands services pour l'étude des amendements, des engrais et des mélanges de plantes de prairies les mieux appropriées au sol et au climat de Grand-Jouan. On devait se guider sur les résultats acquis pour renouveler les prairies permanentes du domaine qui étaient, depuis plusieurs années, en mauvais état.

Les jardins d'agriculture, de botanique et de sylviculture furent non seulement bien entretenus, mais on augmenta leurs collections à diverses reprises. La collection de vignes, surtout s'accrut de nombreux spécimens à l'époque où l'on s'occupa, dans la Loire-Inférieure, de former des syndicats contre le phylloxéra et le mildiou. Tous les professeurs firent alors preuve d'activité et de zèle, en s'instituant conférenciers, et unirent leurs efforts à ceux du directeur de la station agronomique de Nantes.

On profitait, avec beaucoup d'ingéniosité, de toutes les occasions qui s'offraient d'éveiller la curiosité des élèves. En 1893, la sécheresse obligea à couper, broyer et faire consommer des brindilles, à peu près dans toute la France; Grand-Jouan fut des premiers à poursuivre des essais d'alimentation de ce genre. L'école suivit attentivement les recherches faites sur le traitement de la tuberculose par l'injection de sang de chèvre. Au moment du déplacement de l'École, toutes les vaches furent soumises à l'épreuve de la tuberculine. Les élèves firent, sous la direction du professeur de zootechnie, les nombreuses observations que comportaient ces expériences.

L'enseignement théorique et pratique reçut aussi une assez vive impulsion. La chaire de sciences physiques fut dédoublée en 1891. La nouvelle chaire créée, qui comprenait la physique, la météorologie, la minéralogie et la géologie, eut la possibilité de donner plus d'extension aux matières enseignées. Par des excursions nombreuses, elle put augmenter les collections à l'aide d'échantillons recueillis dans les environs de Grand-Jouan, Châteaubriant et Nantes. D'autre part, la chaire de chimie et de technologie eut plus de temps pour étudier convenablement les industries agricoles. On confia les conférences de chimie générale et analytique au répétiteur. Ce dédoublement fut d'autant plus profitable aux élèves que la création d'un amphithéâtre permit d'appuyer les leçons orales de démonstrations faites au cours.

La botanique et la zootechnie eurent leurs laboratoires où les élèves trouvèrent quinze microscopes et le matériel indispensable aux recherches d'anatomie et de physiologie.

Une beurrerie centrifuge et une fromagerie furent installées en 1889 à Grand-Jouan. Les élèves, divisés par sections, s'y livrèrent à toutes les opérations que comportent ces deux intéressantes industries, sous la direction du professeur de technologie. La beurrerie et la fromagerie suffirent dès lors aux besoins de l'internat. En cidrerie, on était moins bien outillé : un broyeur et un pressoir Garnier, de Redon, constituaient tout le matériel.

Au moment du départ de Grand-Jouan, on commençait à avoir des laboratoires et le matériel indispensable pour l'instruction théorique et pratique des élèves. Il était plus difficile de faire des recherches originales, le matériel des laboratoires étant encore incomplet; on possédait des appareils de démonstration plutôt que des appareils de précision; en outre, les professeurs obligés d'habiter loin de l'école, soumis à des allées et venues, ne pouvaient stationner longtemps dans leurs laboratoires; du reste, à cette époque, les chaires changèrent souvent de titulaires. Aussi, n'avons-nous que peu de travaux originaux à signaler. Notons rapidement les recherches de M. Godefroy sur la pomme de terre Richter's imperator, sur l'action du sulfate de fer sur la végétation, sur les effets des bouillies cupriques sur les maladies de la pomme de terre et de la tomate, sur l'action et le mode d'emploi de divers insecticides, sur l'utilisation des brindilles dans l'alimentation des animaux. M. Saint-Gal mit beaucoup de ténacité et d'habileté à étudier le bouturage du pommier à cidre dont il montra la possibilité et les avantages. Le laboratoire de chimie soumit à l'analyse plusieurs centaines de fruits à cidre de différentes provenances, fit dessiner et mouler de nombreux fruits à cidre de la Loire-Inférieure; il fournit ainsi d'utiles renseignements pour la plantation de deux vergers d'étude qui furent installés aux champs Perrière et Beauvais. Le professeur de chimie, après des explorations nombreuses du sol et du sous-sol, établit des cartes géologiques et agronomiques du domaine; l'ensemble de ses recherches a fait l'objet d'un mémoire assez étendu publié en 1890 sous ce titre : *Études sur la constitution des terres du domaine de Grand-Jouan.*

Les publications faites par les autres professeurs montrent qu'ils ne restaient pas inactifs. Nous trouvons les livres, brochures et articles suivants : de M. Saint-Gal : les

Variations qui se sont produites dans la flore de l'école nationale d'agriculture de Grand-Jouan depuis les premiers défrichements jusqu'à nos jours; La protection des récoltes; La culture des arbres à cidre dans la Loire-Inférieure; de M. C. Bouscasse : *Sarclages et binages;* de M. Debains : *Les machines agricoles sur le terrain; Le concours d'instruments agricoles au Mans;* de M. E. Jouzier : *Nouvelle méthode de traitement de la greffe-bouture; La sécheresse et les fourrages; La luzerne et le sainfoin dans le crétacé de la Charente;* de M. Paradis : *L'anthonome et ses mœurs;* de M. Demarquet : *La serradelle, Les chênes d'Amérique;* de M. Drouhault : *Comparaison de deux hache-paille;* de M. Pérot : *La culture des pommes de terre à Grand-Jouan.*

L'école de Grand-Jouan a reçu de nombreux élèves de nationalité étrangère attirés par la réputation de l'école et de son fondateur; aussi, trouve-t-on des élèves de Grand-Jouan dans les différentes parties du monde, ainsi que le relate l'*Annuaire de la Société amicale des anciens élèves de Grand-Jouan-Rennes.* Cette publication a pris récemment une grande importance. Elle est devenue un recueil bibliographique qui relate et résume avec soin les publications des anciens élèves de l'école.

En dehors des anciens élèves qui dirigent leurs exploitations en France ou à l'étranger et de ceux qui ont trouvé des situations avantageuses comme régisseurs, le personnel de l'enseignement agricole s'est largement recruté parmi les diplômés de Grand-Jouan :

3 professeurs dans les écoles nationales;
25 professeurs départementaux;
23 professeurs spéciaux;
17 professeurs dans les écoles pratiques.

Un certain nombre d'anciens élèves sont chimistes dans les laboratoires ou stations agricoles.

Depuis la fondation jusqu'en 1895, il est passé par l'école 997 élèves et il a été accordé 450 diplômes. La proportion des élèves diplômés par rapport aux élèves admis a été de 45.23 p. 100.

Rennes. — Transférée de Grand-Jouan à Rennes en 1895 et obligée pendant un an d'accepter l'hospitalité de l'Université avant de prendre possession de ses nouveaux bâtiments, l'école avait à peine organisé ses champs d'expériences et ses laboratoires quand fut décidée sa participation à l'Exposition internationale de 1900. L'école de Rennes se trouvait encore dans la période d'organisation.

Le domaine de la Croix-Guincheu, d'une contenance de 32 hectares, était composé de terres anciennement cultivées et en bon état de fertilité, mais qui se prêtaient mal à leur nouvelle destination. Dès sa prise de possession, en septembre 1895, la direction, en dehors des travaux courants de culture, eut à procéder à une réorganisation complète des terres. Il y eut là tout un travail d'appropriation et d'amélioration foncière qui contribua à l'instruction des premières promotions de l'école de Rennes.

La partie *ouest* du domaine, la plus rapprochée de la ville, fut réservée au service de l'enseignement : la partie *est*, 25 hectares, environnant la ferme, fut consacrée à la grande culture. Quant à la ferme, composée d'une vacherie, d'une bouverie, d'une écurie, d'une grange et de quelques dépendances, en assez mauvais état, elle dut être réparée à peu de frais. Ces bâtiments sont, en effet, destinés à disparaître quand on construira une ferme mieux appropriée aux exigences d'une exploitation moderne. On se borna donc à y effectuer les réparations et les transformations indispensables.

Dès les premiers mois de l'année 1896, on se mit à l'œuvre pour délimiter et organiser les services culturaux de l'enseignement (jardins botanique, dendrologique, agricole, potager, fruitier, champs d'expériences divers).

Le jardin botanique, réservé aux plantes herbacées, annuelles ou vivaces, s'étend sur deux bandes de terrain de 105 mètres de long. Chacune comprend 36 planches. Il possède environ 1,000 espèces indigènes, spontanées ou cultivées, communes, et qui, toutes, doivent être parfaitement connues des élèves. On y a adjoint quelques plantes exotiques intéressantes au point de vue botanique ou technologique. La plupart furent rapportées de Grand-Jouan, d'autres données par le Muséum de Paris et par le Jardin de la ville de Rennes. Dès 1896, ces collections étaient assez complètes pour être fréquentées fructueusement par les élèves. Du reste, ceux-ci trouvaient facilement, dans les herborisations, de quoi parfaire leur instruction pratique à ce point de vue.

Le jardin dendrologique ou *arboretum* fut commencé à la fin de 1896, son installation fut continuée en 1897. Il occupe une superficie un peu supérieure à 1 hectare et comprend les principales essences forestières françaises ainsi qu'un certain nombre de végétaux ligneux d'ornement, environ 650 espèces. Les forêts voisines de Rennes et de Paimpont suppléent à l'insuffisance actuelle de cette partie des collections pour l'enseignement pratique de la sylviculture.

Le jardin d'études de la chaire d'agriculture s'étend sur une superficie de 73 ares 50, divisée en sept bandes comportant chacune 61 planches. Chaque planche est affectée à une plante ou à une variété spéciale de grande culture. On y trouve 61 variétés de pommes de terre, 50 de froments d'automne, etc. Des plantes fourragères, des plantes industrielles et un certain nombre de cépages de vignes françaises et américaines sont cultivés dans cette partie du domaine.

Le jardin potager, d'une superficie de 38 ares, a nécessité d'importants travaux de terrassement et l'établissement d'une tranchée pour l'écoulement des eaux. 700 mètres carrés sont réservés aux pépinières; 12 ares sont plantés en poiriers et pommiers de variétés diverses. En 1898, on construisit une maison de jardinier et une serre divisée en deux parties, dont une forme serre de multiplication.

Quatre bandes de 105 mètres de long, divisées en planches de 1 are, constituent un champ d'expériences pour la chaire d'économie rurale. Depuis 1899, le professeur y pratique des cultures variées pour se rendre compte de l'influence qu'exercent les combinaisons de culture sur les rendements.

Des douves creusées pendant la construction ont été comblées en 1898. Le terrain obtenu, assez hétérogène, divisé en bandes, a été mis à la disposition de la chaire

Fig. 65. — École de Rennes. (Les bâtiments vus des jardins.)

de chimie agricole et de technologie. Les meilleures de ces bandes ont servi à établir des pépinières de pommiers et poiriers à cidre. D'autres ont été ensemencées en cultures variées et particulièrement avec de l'astragale en faulx dont l'étude est poursuivie à l'école depuis quelques années.

Sans entrer dans le détail d'installation de chaque chaire, nous indiquerons sommairement comment elles ont été installées à la suite du transfert de l'école.

La chaire d'agriculture fut reconstituée avec ses apports de Grand-Jouan, ses collections de plantes sèches et de graines. Elle y ajouta de nombreux tableaux de statistique, des dessins d'appareils divers, une étuve Schribaux et les ustensiles indispensables pour l'établissement d'une *station d'essai de semences*.

La chaire de botanique avait apporté de Grand-Jouan son herbier, ses collections de sylviculture, son matériel de micrographie. Elle augmenta ses collections par la récolte et la conservation de nombreuses espèces de champignons qui ont paru à l'Exposition. Le laboratoire de micrographie est aujourd'hui assez riche en matériel pour que 30 élèves y puissent manipuler à l'aise.

Le laboratoire de chimie des élèves, placé à l'arrière des bâtiments principaux, est vaste, bien éclairé et bien aménagé. 35 élèves peuvent y effectuer ensemble tous les travaux de recherches que comportent la technologie et la chimie agricole. Il est pourvu de tout le matériel nécessaire (boîtes à réactifs, bains de sable, bains-marie, appareils Schlœsing pour le dosage de l'ammoniaque et de l'acide azotique, grilles d'analyse, verrerie graduée, etc.).

Un amphithéâtre, pouvant contenir 200 élèves, disposé pour qu'on y puisse faire des projections à toute heure, est très utile pour les leçons orales.

En 1899, une salle en sous-sol, spacieuse et bien éclairée, a été aménagée, en face du laboratoire de chimie, comme galerie de technologie. Outre le diffuseur Briet, le pressoir Cassan, le baratteur Wahlin, cette salle contient toute une série de barattes, d'écrémeuses et d'appareils distillatoires. Des instruments de recherches : polarimètre, colorimètre, four à flamber, autoclave, etc., forment un outillage indispensable aux recherches du professeur. Ce sont là toutes acquisitions nouvelles que le service a obtenues soit par achat, soit par dons gracieux.

Les pommiers de l'école fournissent de 7,000 à 8,000 kilogrammes de fruits. Aussi, l'on a pu fabriquer depuis trois ans de 60 à 110 hectolitres de cidre. Une cave a été aménagée, dans les sous-sols de l'école, à la portée de la technologie, où les élèves sont initiés aux soins à donner aux cidres aux différentes périodes de la fabrication et de la conservation. On a donc, à Rennes, *une véritable station cidricole*. Quelques installations peu coûteuses pourraient parfaire l'œuvre si bien commencée.

La chaire de génie rural possède le sous-sol adjacent à celui de la technologie. Comme le précédent, ce service n'a été définitivement aménagé qu'en 1899. Aux collections d'instruments de culture, d'arpentage, de modèles divers provenant de Grand-Jouan, sont venus s'adjoindre un moteur à pétrole, un tour, une machine à percer, une forge, un dynamomètre de rotation. De nombreux dessins de démonstration, des modèles d'appareils et des plans en relief, faits sous la direction du professeur, ont été exposés à la Classe 5.

La chaire de physique, météorologie, géologie et minéralogie ne put prendre possession du laboratoire qui lui était réservé qu'en 1898. Il fallut installer, à l'aide de crédits spéciaux, un laboratoire d'élèves, faire réparer et agrandir toutes les vitrines. Le laboratoire est suffisant pour faire manipuler 32 élèves. Chacun d'eux possède une collection de minéraux et tous les réactifs et ustensiles nécessaires pour les analyses par la voie sèche.

Un achat important et de nombreux échantillons rapportés des excursions aux environs de Rennes ont enrichi les collections de géologie et de minéralogie.

Des dessins, des graphiques, des appareils de démonstration construits à l'école complètent l'organisation de ce service.

Une *station météorologique* a été établie dans le champ d'études; des observations journalières y sont faites par le professeur. Une brochure explicative et des graphiques se trouvaient parmi les objets exposés.

La chaire de zootechnie, outre sa salle de collections et ses cabinets de professeur et répétiteur, a obtenu une salle de dissection, pourvue d'une chaudière, d'une cuve à macération et d'autres objets. On peut y préparer des pièces anatomiques (collections de mâchoires de cheval, bœuf, mouton, pour l'étude de l'âge; collection d'insectes nuisibles et utiles de la région, helminthes divers, etc.).

Des tableaux muraux représentant les principales races d'animaux de basse-cour, les périodes d'incubation; des sujets de pisciculture et d'apiculture facilitent l'exposé des conférences de zoologie.

Une bascule, installée en 1899 à la ferme, a permis quelques études sur l'engraissement et l'alimentation des vaches laitières.

La chaire d'économie rurale a profité des crédits alloués en vue de l'Exposition pour faire confectionner un volumineux atlas de graphiques exposé à la Classe 5.

L'organisation des différents services est aujourd'hui très avancée : élèves et professeurs ont beaucoup gagné au transfert de l'école à Rennes. Les élèves trouvent à Rennes des laboratoires pourvus d'un matériel qui leur permet d'acquérir des connaissances précises en botanique, en chimie et en zootechnie. Le corps enseignant, jeune, travailleur, tout dévoué à la science, a la possibilité de se livrer aux recherches originales qui constituent un des côtés les plus attrayants de sa mission. Il n'est pas douteux, en outre, que le milieu scientifique de Rennes ne soit un excitant salutaire au travail.

Le transfert de l'école à Rennes n'a pas diminué le temps donné à la pratique agricole. Le corps enseignant tient à honneur de conserver à l'enseignement son caractère pratique et fait tous ses efforts pour maintenir la réputation qu'avait acquise à ce point de vue l'école de Grand-Jouan. L'étendue du domaine et son organisation permettent de donner aux élèves une instruction pratique suffisante. L'externat lui-même n'empêche pas les élèves de suivre toutes les opérations culturales; divisés en sections, ils doivent, chaque semaine, rendre compte dans des rapports écrits de tous les faits saillants qui se passent dans les différents services de la ferme : vacherie, bergerie, bouverie, etc. Ils doivent noter toutes les façons données aux terres, les époques de semailles, de levée, de floraison. Les rapports, remis tous les lundis, sont corrigés et annotés. On arrive ainsi à initier les élèves à la surveillance et à la direction des services d'une exploitation. En outre, les élèves, divisés par groupes, prennent part à tous les travaux de culture et s'habituent, sous la direction du chef de pratique, au maniement des instruments agricoles. Répétiteurs et chefs de culture renseignent les élèves, les encouragent au travail et leur inspirent le goût des choses de l'agriculture.

Le voisinage des écoles de Coetlogon et des Trois-Croix est une utile ressource pour l'enseignement pratique. Les élèves peuvent encore, à peu de frais, se rendre dans des exploitations importantes du pays. Des beurreries sont établies au Theil, à Vitré, à Argentré, à Montreuil; Rennes lui-même est un des grands centres d'exportation des volailles, des œufs et du beurre. On trouve des fromageries à Feins, à Saint-Grégoire, à Noyal, à Rennes. Toutes les fermes fabriquent du cidre, et de nombreuses cidreries industrielles sont installées à Rennes ou à quelques kilomètres de la ville. Les foires mensuelles de Rennes rassemblent de nombreux animaux des espèces chevaline, bovine et porcine.

Il est donc facile pour les élèves de compléter à l'extérieur l'instruction théorique et pratique qu'ils reçoivent dans l'école.

A Grand-Jouan, l'ensemble des cours, conférences et travaux divers ne formait qu'un total de 1,802 heures pour une durée de deux ans et demi d'études. A Rennes, le total est de 2,305 heures.

On est donc arrivé, par une modification convenable de l'emploi du temps, à donner aux professeurs la possibilité de développer leurs programmes de cours et de les mettre plus en rapport avec les exigences actuelles de l'agriculture et des industries agricoles. Les professeurs s'efforcent de faire des cours complets, qui forment un tout, où l'élève diplômé pourra se reporter plus tard quand il sera en présence de quelque difficulté. Les professeurs insistent sur les applications des sciences à l'agriculture, tâchent de conserver aux cours un caractère pratique et se dispensent habituellement d'aborder les sujets d'ordre purement scientifique, considérant que le but à atteindre est de faire, non pas des savants, mais des agriculteurs instruits.

Six années d'essai montrent que le régime de l'externat a pleinement réussi. Les élèves viennent en grand nombre à l'école et la liberté qui leur est laissée de travailler sans contrainte n'a pas diminué le niveau des études. Les élèves, occupés toute la journée à l'école, de 8 heures du matin à 11 heures et demie et de 1 heure à 5 heures du soir, maintenus en haleine par des examens fréquents, sont obligés de travailler le soir pour étudier les leçons et pour mettre leurs notes en ordre. Tous les professeurs constatent que les élèves ont fait de réels efforts pour assimiler en deux ans un programme de matières plus chargé que celui qui était professé autrefois en deux ans et demi à Grand-Jouan.

La discipline n'a pas eu à souffrir de ce régime de liberté. En se groupant suivant

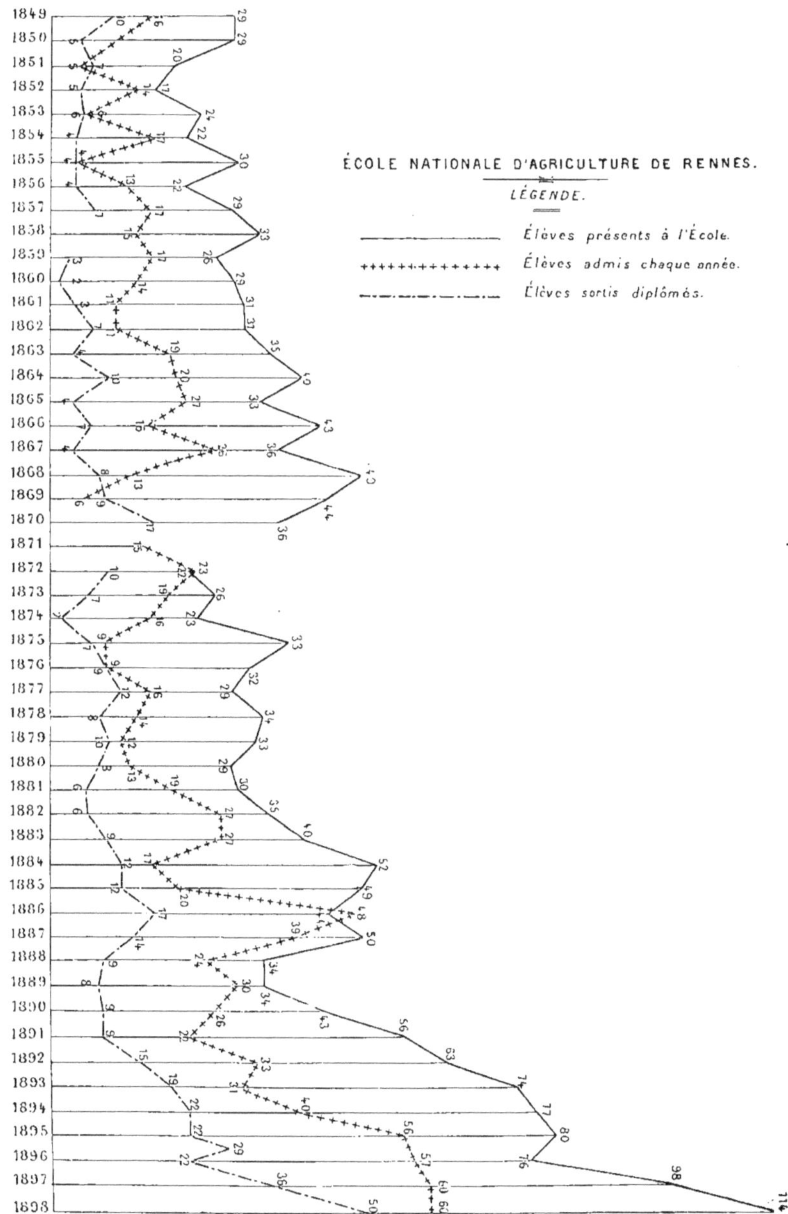

Fig. 66. — École de Grandjouan (1849-1894). École de Rennes, à partir de 1895.
(Mouvement des élèves.)

leurs goûts, leur condition de fortune, leurs sympathies personnelles, les élèves peuvent vivre dans des conditions de réelle économie.

Depuis qu'ils ont trouvé à l'école de Rennes des laboratoires convenables, un matériel important d'instruments de précision et toutes sortes de facilités de travail qui leur manquaient à Grand-Jouan, les professeurs se sont empressés d'entreprendre des recherches sur les différents sujets qui intéressent l'agriculture en général ou les industries agricoles de l'Ouest. De ces études, certaines sont terminées et les résultats ont pu en être publiés au moment de l'Exposition; d'autres ne pourront être livrées à la publicité que dans quelques années. Voici les principaux sujets qui ont fait l'objet des recherches des professeurs et des répétiteurs :

Influence qu'exercent divers agents sur la germination du blé;

Baratteur Wahlin; — Analyses de fruits à cidre;

Moûts et cidres de diffusion et de pression; macération des pulpes;

Observations météorologiques; influence des binages sur la conservation de l'humidité dans les terres; la production des gros œufs; la production des œufs en hiver; reproduction, croissance et engraissement des volailles; rendement en viande des animaux de boucherie suivant la race, l'âge, l'état d'engraissement, etc.; alimentation des vaches laitières avec différents tourteaux; amélioration des terres humifères.

De nombreuses publications dans les journaux agricoles, des livres, des brochures montrent l'activité scientifique déployée par un corps enseignant qui a dû, en même temps, organiser ses laboratoires, modifier ses programmes de cours, ses exercices pratiques, faire subir enfin à l'enseignement de l'école une transformation complète : *Les machines agricoles sur le terrain; Catalogue raisonné des plantes qui croissent en Ille-et-Vilaine; Le maïs de Székély; Succès et revers en agriculture; Assurances contre la mortalité du bétail; Le développement de l'aptitude laitière; Le chancre des pommiers; Les cultures fourragères de printemps; Araires et charrues à support; Charançon du blé; Alucite et teigne du blé.*

L'activité des professeurs de Rennes et la diversité des recherches entreprises par eux étaient établies par les travaux présentés à l'Exposition de l'enseignement agricole.

Dès leur arrivée à Rennes, les professeurs et les répétiteurs sont devenus les collaborateurs assidus de la Société départementale d'agriculture et de la Société d'horticulture. Des conférences sur l'aptitude laitière, sur les écrémeuses, des articles nombreux de vulgarisation dans les journaux de ces sociétés ont contribué à faire connaître et estimer l'École dans tous les départements bretons.

Le directeur de l'école a été l'organisateur de la partie agricole de l'exposition de la ville de Rennes, en 1897. Tous les professeurs lui ont prêté un concours dévoué. Les agriculteurs de la région se sont rendus à l'école pour y assister aux essais des instruments exposés, ainsi que les années suivantes pour y suivre les expériences faites à la galerie de technologie à l'aide du baratteur Wahlin et du diffuseur Briet. La galerie du génie rural est visitée, chaque dimanche, par de nombreux agriculteurs des environs. L'école vend des graines de semence et des animaux d'élevage. Les champs du domaine, enclos seulement d'une toile métallique, constituent, d'autre part, pour les cultivateurs, un vaste champ de démonstration.

L'école de Rennes exerce déjà son influence sur la culture et l'élevage de la région de l'Ouest, et elle continue ainsi, en lui donnant plus d'extension, l'œuvre commencée par Grand-Jouan.

Depuis le transfert jusqu'en 1900, l'école a reçu cinq promotions d'entrée de 56, 57, 60, 60, 61 élèves qui, avec ceux de deuxième année, formaient un contingent annuel de 80, 76, 98, 114, 114 élèves. L'école a atteint le nombre maximum d'élèves qu'elle peut contenir pour que l'enseignement pratique puisse y être donné sans gêne.

Les auditeurs libres qui ont fréquenté l'école sont surtout des fils de propriétaires désireux d'apprendre la pratique agricole. Peu de jeunes gens sont venus dans le but de préparer leur examen d'entrée. De 1895 à 1900, leur nombre a été de 37.

Il y a eu une proportion de 201 élèves diplômés sur 324 élèves, si on y comprend ceux qui avaient passé une année à Grand-Jouan, c'est-à-dire 62 p. 100, tandis qu'à Grand-Jouan la proportion était de 45.23 p. 100.

ÉCOLE NATIONALE D'HORTICULTURE DE VERSAILLES.

(Grand prix.)

I. — Historique.

L'École nationale d'horticulture de Versailles a été instituée par l'Assemblée nationale, sur la proposition de Pierre Joigneaux, dans la séance du 16 décembre 1873; un an après le vote de l'Assemblée, le 1er décembre 1874, elle recevait sa première promotion d'élèves.

Depuis longtemps les sociétés d'horticulture, les sociétés d'agriculture et plusieurs conseils généraux demandaient la fondation d'une école qui pût former des jardiniers instruits. Ce n'était qu'à l'aide d'un corps enseignant spécial qu'on pouvait atteindre le but désiré et contribuer au développement d'un art qui constitue un des éléments de la richesse territoriale du pays.

L'École nationale d'horticulture fut établie au Potager de Versailles, dans le jardin créé par La Quintinie sous Louis XIV et appelé *Potager royal* jusqu'à la Révolution. Après La Quintinie, le Potager fut confié aux Le Normand qui, pendant trois générations, dirigèrent les cultures, s'adonnant spécialement à la culture des primeurs. En 1793, la Convention, estimant que le Potager occasionnait une dépense qui n'était pas en rapport avec les services qu'il était possible d'en retirer, divisa le terrain en plusieurs lots qu'elle loua par adjudication pour plusieurs années, à l'exception d'une pépinière confiée au jardinier-botaniste Richard. Cette situation se prolongea jusqu'en 1798. La Convention ayant décidé qu'une école centrale serait créée à Versailles et que le jardin de cette école serait placé au Potager, tous les locataires furent dépossédés de leurs terrains. Sous l'Empire, dès 1805, le Potager fut rendu à sa destination primitive et complètement restauré par le comte Lelieur. Ses successeurs, Massey, puis Hardy, continuèrent l'œuvre commencée et la perfectionnèrent.

La loi du 3 octobre 1848 transforma le Potager en Jardin d'application de l'Institut agronomique de Versailles, et sa direction, ainsi que celle des autres jardins annexés à cette école, fut donnée à Hardy.

Après la suppression de l'Institut agronomique en 1852, le Potager reprit la destination qu'il avait précédemment, la direction en restant confiée à Hardy.

En 1870, l'enseignement public de l'horticulture était réduit en France à un certain nombre de cours subventionnés par l'État, les départements, les villes ou les sociétés horticoles; ces cours portaient uniquement sur l'arboriculture fruitière, c'est-à-dire sur une seule des différentes spécialités de la culture des jardins. Des établissements privés, en nombre très restreint, ne visaient qu'à l'enseignement élémentaire, insuffisant pour exercer une réelle influence sur l'évolution de l'horticulture.

La troisième République, dès le début, s'occupa de l'organisation d'un enseignement horticole complet; elle réserva une place importante à cette spécialité dans le programme général d'enseignement agricole qu'elle proposa d'établir. L'installation d'une grande école d'horticulture fut, en effet, décidée en principe; elle devait être installée à Versailles en même temps que l'Institut agronomique. La discussion des projets de loi ayant pour but de réorganiser cette École supérieure d'agriculture ayant été ajournée par le Parlement, Pierre Joigneaux parvint à convaincre un grand nombre de ses collègues de l'utilité de séparer le sort de l'École d'horticulture de celui de l'organisation générale de l'enseignement agricole, et il fit voter, le 16 décembre 1873, le projet de loi présenté par lui à l'Assemblée nationale. Ce fut un des titres de Joigneaux à la reconnaissance de l'horticulture française.

Aussitôt après le vote de la loi, Hardy, nommé directeur de la nouvelle école, s'efforça de lui donner une organisation modèle, et il rassembla les éléments nécessaires pour l'étude des sciences horticoles que l'établissement était destiné à vulgariser.

L'éminent directeur conserva ses fonctions jusqu'à sa mort, en 1891.

II. — Situation actuelle.

Hardy, le premier directeur de l'École d'horticulture de Versailles, fut remplacé par M. Nanot, ingénieur agronome, maître de conférences à l'Institut agronomique.

L'École de Versailles appartient à l'État qui assure tous les crédits nécessaires à son fonctionnement. Elle occupe l'emplacement du Potager, près de la pièce d'eau des Suisses. Lorsqu'on pénètre dans l'école par la porte principale, on traverse un bâtiment en façade sur la rue, occupé par les cinq jardiniers et le concierge, puis on arrive dans la cour d'honneur, grand rectangle entouré des divers bâtiments. Au fond se dresse la façade d'une maison plus haute que celles qui l'avoisinent : c'est l'ancienne maison de La Quintinie, dans laquelle ont été aménagés les appartements du directeur et les divers services de la Direction. Dans le bâtiment de gauche se trouvent les salles d'étude et les classes. Au delà s'étendent les jardins et les serres.

Le domaine, dont la superficie est de 9 hectares 28 ares, est entouré de murs élevés et épais percés de six portes. Les 29 enclos que renfermait le Potager sous Louis XIV ne forment plus, par suite de la démolition de quelques murs, que 16 jardins, savoir[1] : le grand Carré, qui peut être considéré comme le type du jardin potager fruitier; il est entouré par quatre terrasses de 2 mètres de hauteur et son centre est occupé par un grand bassin circulaire de 100 mètres de circonférence contenant une collection de plantes aquatiques; le Carré des serres, où se trouvent presque toutes les cultures qui se font dans les bâches et serres; le jardin d'hiver, qui est vitré et qui mesure 50 mètres de longueur sur 9 mètres de largeur; le jardin Saint-Louis ou carré des couches; le jardin Satory, consacré exclusivement à la culture des arbres fruitiers; le jardin de la Grille et le jardin d'Anjou, également réservés aux arbres fruitiers; le Parc qui contient l'arboretum destiné à faire connaître aux élèves les essences d'ornement, les plantations d'asperges et le jardin botanique; le jardin des Onze qui comprend l'observatoire météorologique, une pépinière d'arbres et d'arbustes d'ornement, des rosiers, des arbres fruitiers de forme de fantaisie; le jardin de la Collection qui contient une série de poiriers, pommiers et pêchers; le Fleuriste, le jardin d'Agrément, le Petit jardin.

Fig. 67. — École nationale d'horticulture de Versailles. (Entrée principale.)

Les cultures sont réparties en cinq catégories : cultures de primeurs, cultures fruitières, cultures ornementales de plein air, cultures ornementales de serres, cultures potagères. Les cultures de primeurs sont faites dans des serres et dans des bâches dont la surface vitrée est de 3,549 mètres carrés. On compte au Potager 14,515 arbres fruitiers appartenant à 1,177 variétés différentes. Ce sont les cultures de primeurs et les cultures fruitières qui sont principalement développées et qui constituent les cultures les plus remarquables du potager.

L'École d'horticulture de Versailles renferme tous les éléments d'instruction nécessaires pour que les élèves puissent connaître à fond leur métier.

Les parcs de Versailles et de Trianon, l'orangerie, la pépinière de Trianon permettent de compléter leur instruction au point de vue de l'art.

L'École nationale d'horticulture de Versailles, dit le programme officiel, a pour but de former :

1° Des horticulteurs, des pépiniéristes et des marchands grainiers capables et instruits, possédant de sérieuses connaissances horticoles au point de vue théorique et pratique;

[1] *Histoire et description de l'École nationale d'horticulture de Versailles*, par MM. Nanot et Deloncle.

IMPRIMERIE NATIONALE.

2° Des chefs de jardins botaniques, des professeurs d'horticulture, des architectes et des dessinateurs paysagistes, des entrepreneurs de jardins, des conducteurs de travaux, etc;

3° Des chefs de culture pour l'enseignement de l'horticulture pratique dans les écoles d'agriculture, dans les écoles normales;

4° Des régisseurs, des chefs jardiniers et des jardiniers pour les divers services publics ou privés;

5° Des agents de culture pour les jardins coloniaux et pour les exploitations coloniales.

Fig. 68. — École d'horticulture de Versailles. (Bâtiment de la Direction.)

L'admission a lieu exclusivement par voie de concours. Les candidats doivent être âgés de 16 ans au moins et de 26 ans au plus au 1er octobre de l'année de leur entrée à l'école. Le degré d'instruction nécessaire est à peu près celui exigé pour le brevet simple de l'instruction primaire.

Pour passer avec succès l'examen d'admission à l'École de Versailles, les candidats doivent avoir un degré d'instruction à peu près égal à celui des candidats au brevet simple de l'enseignement primaire et posséder, de plus, quelques connaissances élémentaires en agriculture et en horticulture. Mais il ne faut pas oublier qu'il s'agit d'un concours et que, par suite, le nombre des candidats peut modifier les résultats des épreuves et rendre plus ou moins grandes les chances d'admission. Les jeunes gens entrés à l'école avec une solide instruction primaire font d'excellents élèves, mais la meilleure voie à suivre pour profiter de l'enseignement est d'entrer antérieurement dans une école pratique d'agriculture à l'âge de 13 ou 14 ans, après l'obtention du certificat d'études primaires. Le concours a lieu au siège même de l'école devant un jury nommé par le Ministre de l'agriculture. Il comprend des épreuves écrites et des épreuves orales. Les épreuves écrites sont : une composition d'orthographe, une rédaction (récit, lettre, etc.), une composition de mathématiques (arithmétique ou géométrie appliquée). L'épreuve orale consiste en interrogations sur les connaissances techniques suivantes : notions d'histoire naturelle, d'agriculture et d'horticulture.

L'école ne reçoit que des élèves. Nul n'est donc admis à en suivre les exercices en qualité d'auditeur libre. La durée des études est de trois ans. Le régime de l'école est l'externat. Les élèves entrent à l'école le matin à 5 heures en été et à 6 heures en hiver; ils en sortent à 9 heures le soir. Tout leur temps est consacré aux leçons, aux études et aux travaux pratiques, sauf deux repos d'une heure et demie chacun, pendant lesquels ils vont au dehors prendre leurs repas.

L'instruction est donnée gratuitement. L'État accorde chaque année 10 bourses de 1,000 francs par promotion aux élèves méritants dont les ressources sont insuffisantes pour leur entretien à Versailles. Un certain nombre de départements, de villes, de sociétés horticoles, allouent également des bourses d'entretien.

L'enseignement est à la fois théorique et pratique.

L'enseignement théorique est technique et professionnel; il est surtout consacré aux sciences appliquées et à l'étude des procédés spéciaux à la culture des jardins.

L'enseignement pratique est destiné à donner aux élèves une habileté manuelle suffisante pour leur permettre d'exécuter toutes les opérations culturales sans la connaissance desquelles leur instruction technique et professionnelle serait forcément incomplète. Chaque élève doit savoir travailler au moins aussi bien que les jardiniers qu'il pourra être appelé à commander plus tard.

Le programme de l'enseignement théorique comprend les 18 cours suivants :

1° Arboriculture fruitière de plein air et de primeur; pomologie. — Ce cours, professé par M. Nanot, directeur de l'école, comprend 30 leçons, 15 exercices pomologiques et 4 examens par année, avec un examen écrit, dit *de fin d'études*, portant sur tout le cours.

2° Pépinière et multiplication des plantes ligneuses, professé par M. Henry, chef des cultures de plein air au Muséum d'histoire naturelle. — Le cours comprend 32 leçons, 4 applications et 4 examens.

3° Arboriculture d'ornement. — Le cours, professé également par M. Henry, comprend 32 leçons, 4 applications et 4 examens, plus un examen de fin d'études.

4° Culture potagère de plein air et de primeur. — La culture potagère comprend 52 leçons et 2 examens; elle est professée par M. Bussard, chef des travaux de la Station d'essais et de semences de l'Institut agronomique.

5° Floriculture de plein air et de serre. — Le cours du professeur, M. Gérôme, comprend 80 leçons et 4 examens par an, avec 1 examen écrit, de fin d'études, portant sur tout le cours.

6° Cultures coloniales. — M. Cornu, professeur administrateur au Muséum d'histoire naturelle, donne 7 leçons et fait passer 1 examen.

7° Architecture des jardins et des serres. — L'architecture des jardins et des serres, enseignée par MM. Édouard et René André, comprend 20 leçons, 4 applications et 1 examen.

8° Dessin. — Le dessin est enseigné par M. Mangeant, ancien élève de l'École des beaux-arts.

9° Lever de plans et nivellement. — Professeur, M. Lafosse, agent comptable de l'École de Versailles, 35 leçons, 20 applications et 2 examens.

10° Horticulture industrielle et commerciale. — Le professeur, M. Martinet, architecte-paysagiste, développe son enseignement dans 26 leçons et 4 applications.

11° Physique et météorologie.

12° Chimie et géologie. — Professeur de ces deux cours, M. Petit qui a 40 leçons à faire pour chacun et 2 examens à faire passer aux élèves.

13° Botanique. — La botanique est enseignée par M. Mussat, professeur à l'École nationale d'agriculture de Grignon : 60 leçons et 4 examens par année, plus 1 examen de fin d'études.

14° Zoologie et entomologie. — Ce cours est professé par le docteur Henneguy, professeur au Collège de France : nombre de leçons, 36 et 2 examens.

15° Géométrie. — Professeur, M. Lafosse : 35 leçons, 5 applications et 2 examens.

16° Langue française;

17° Arithmétique;

18° Comptabilité.

Le professeur de ces trois cours, qui comportent chacun 30 leçons et 2 examens, est M. Lafosse agent-comptable de l'École de Versailles, auquel le jury de la Classe 5 a accordé une médaille de bronze.

Fig. 69. — École d'horticulture de Versailles. (Carré des serres.)

La dernière série des cours a pour objet de compléter l'instruction préparatoire des élèves. Ces cours sont professés surtout dans le sens de leurs applications à l'horticulture.

Indépendamment des cours et conférences faits à l'école, des visites aux principaux établissements d'horticulture permettent de mettre sous les yeux des élèves les meilleurs exemples de la pratique horticole et arboricole.

TABLEAU DE L'EMPLOI DU TEMPS (1900)

(SERVICE D'ÉTÉ).

JOURS ET HEURES.		1re ANNÉE.	2e ANNÉE.	3e ANNÉE.
Lundi	8 h. à 10 h.	Étude.	"	"
	10 à 11	Physique.	"	Lever de plans.
	12 1/2 à 2 1/2	"	Étude.	"
	2 1/2 à 3 1/2	"	Botanique.	Botanique.
	3 1/2 à 6	"	"	Étude.
Mardi	8 h. à 9 h.	Étude.	"	"
	9 à 10	Floriculture.	Floriculture.	"
	10 à 11	Culture potagère.	Géométrie.	"
	2 à 3	"	"	Architecture des jardins.
Mercredi	8 h. à 9 h.	Étude.	"	"
	9 à 10	Français.	Chimie.	"
	10 à 11	Arboriculture fruitière.	Arboriculture fruitière.	"
	12 1/2 à 2 1/2	"	Étude.	"
	2 1/2 à 3 1/2	"	Botanique.	Botanique.
	3 1/2 à 6	"	"	Étude.
Jeudi	10 h. à 11 h.	Floriculture.	Floriculture.	"
Vendredi	8 h. à 10 h.	Étude.	Étude.	"
	10 à 11	Arithmétique.	Zoologie.	"
	2 à 3	"	"	Architecture des jardins.
	4 à 6	"	"	Étude.
Samedi	10 h. à 11 h.	"	Chimie.	Comptabilité.

Dimanches et fêtes. — Les élèves sont de garde au jardin à tour de rôle.

Tous les jours.
- Travaux pratiques, à partir de 6 heures du matin, excepté pendant les heures d'études et de cours.
- Études. . Matin, de 5 heures à 6 heures. Soir, de 7 heures 1/2 à 9 heures.
- Repos de 11 heures à midi 1/2 et de 6 heures à 7 heures 1/2.

OBSERVATIONS. — *Les applications, sur le terrain, de lever de plans et nivellement, ont lieu, suivant le temps, à des jours et des heures désignés au fur et à mesure.*

TABLEAU DE L'EMPLOI DU TEMPS (1900)
(SERVICE D'HIVER).

JOURS ET HEURES.		1re ANNÉE.	2e ANNÉE.	3e ANNÉE.
Lundi	10 h. à 11 h.	Physique.	//	Lever de plans.
	12 1/2 à 2	//	Étude.	//
	2 à 3	//	Botanique.	Botanique.
	3 à 4	//	Arboriculture d'ornement.	Arboriculture d'ornement.
	4 à 5	//	//	Étude.
Mardi	7 h. à 9 h.	Étude.	//	//
	9 à 10	Floriculture.	Floriculture.	//
	10 à 11	Culture potagère.	Géométrie.	//
	3 à 4	//	//	Étude.
	4 à 5	//	//	Horticulture industrielle et commerciale.
Mercredi	7 h. à 9 h.	Étude.	//	//
	9 à 10	Français.	//	//
	10 à 11	Arboriculture fruitière.	Arboriculture fruitière.	//
	12 1/2 à 2	//	Étude.	Étude.
	2 à 3	//	Botanique.	Botanique.
	3 à 4	//	Pépinières.	Pépinières.
	4 à 5	//	//	Étude.
Jeudi	7 h à 8 h. 1/2	Étude.	//	//
	8 1/2 à 9 1/2	Floriculture.	Floriculture.	//
	9 1/2 à 11	//	Dessin	Dessin.
Vendredi	7 h. à 9 h.	Étude.	Étude.	//
	9 à 10	Arithmétique.	Chimie.	//
	10 à 11	Culture potagère.	Zoologie.	//
	12 1/2 à 2	//	//	Pomologie.
	2 à 3	//	//	Étude.
	3 à 4	//	//	Horticulture industrielle et commerciale.
	4 à 5	//	//	Étude.
Samedi	7 h. à 8 1/2	//	Étude.	//
	8 1/2 à 9 1/2	Physique.	//	Comptabilité.
	9 1/2 à 11	Dessin.	//	Dessin.

Dimanches et fêtes. — Les élèves sont de garde au jardin à tour de rôle.

Tous les jours.
- Travaux pratiques, à partir de 7 heures du matin, excepté pendant les heures d'études et de cours.
- Études : Matin, de 6 heures à 7 heures. Soir, de 5 heures à 6 heures et de 7 heures 1/2 à 9 heures.
- Repos de 11 heures à midi 1/2 et de 6 heures à 7 heures 1/2.

Les cours sont complétés par des exercices ou des démonstrations pratiques sous la direction des professeurs. Un laboratoire spécial est attaché à l'établissement pour l'étude des questions relatives à l'horticulture.

Le personnel enseignant comprend :

11 professeurs;

5 jardiniers principaux;

2 chefs d'atelier.

L'enseignement pratique est manuel et raisonné. Il s'applique à tous les travaux de jardinage sans exception. Il est donné par les chefs de culture dans les jardins de l'école. Les élèves sont divisés en six sections dans lesquelles ils passent successivement, à tour de rôle, une quinzaine de jours. Les élèves de 3e année remplissent le rôle de moniteurs vis-à-vis de leurs camarades de 2e et de 1re année.

Les sections sont ainsi réparties :

1° Culture de primeurs. — Les cultures de primeurs sont faites dans des serres et dans des bâches; des arbres, des plantes fruitières et légumières y sont soumis au forçage.

2° Arboriculture fruitière. — Les cultures fruitières occupent une place importante à l'école. Les espaliers couvrent 11,352 mètres carrés de murs et les contre-espaliers présentent une surface de 13,550 mètres; les cordons horizontaux se développent sur une longueur de 16,662 mètres, et on compte 1,483 arbres plantés en plein air. Les élèves s'occupent du greffage, du bouturage de espèces les plus usuelles.

3° Cultures ornementales de plein air. — L'*arboretum* a 3,000 mètres carrés. Le jardin botanique, d'une contenance de 35 ares, possède 150 familles, 784 genres et 1,593 espèces.

4° Floriculture de serre. — Les cultures ornementales de serre comprennent 297 genres et 941 espèces ou variétés; les serres et les bâches consacrées à cette culture ont une surface vitrée de 3,057 mètres carrés. Le grand jardin d'hiver, d'une superficie de 1,000 mètres, renferme de beaux spécimens de palmiers, de fougères, etc.

5° Culture potagère. — Les cultures potagères occupent près de 2 hectares et se composent de plus de 300 espèces ou variétés de légumes. Des caves voûtées sont aménagées pour la culture des champignons de couche et le forçage des racines de chicorée.

6° Ateliers. — Dans les ateliers, les élèves sont exercés à divers travaux de menuiserie, à la confection des bâches, châssis et paillassons; ils sont également initiés à la pratique des opérations d vitrerie et de peinture, à la réparation des chauffages de serre et des instruments horticoles. On y fabrique des étiquettes métalliques fondues, avec des lettres en relief. Une dépendance des ateliers renferme des modèles d'évaporateurs utilisés pour la dessiccation des fruits et légumes, appareils très employés en Amérique et en Allemagne.

Dans ces différents services, les élèves sont considérés comme des garçons jardiniers chargés d'exécuter tous les travaux sans exception. Mais les travaux horticoles n'ont rien de commun avec les gros travaux d'une ferme; ils réclament surtout de l'attention et de l'adresse. L'école n'a pas d'autres ouvriers; ils sont donc appelés à fournir la main-d'œuvre nécessaire à l'établissement. Les chefs jardiniers ne sont que des instructeurs chargés d'apprendre aux élèves de l'école l'exécution des travaux horticoles.

Les ateliers ont été créés dans le but d'initier les élèves à divers travaux de menuiserie, de charronnage, de peinture, de vitrerie, afin de leur apprendre à réparer, à entretenir en bon état et au besoin à construire la plus grande partie du matériel nécessaire pour l'exercice de leur profession.

Pour compléter les indications sur l'enseignement de l'École nationale d'horticulture de Versailles, nous reproduisons deux *emplois du temps,* l'un du service d'été, l'autre du service d'hiver, en faisant observer que pendant la mauvaise saison ou, au contraire, pendant les fortes chaleurs, l'étude du matin et celle du soir peuvent ne pas avoir lieu sur l'avis du médecin. Ces emplois du temps, qui sont modifiés suivant les besoins de l'enseignement et les saisons, montrent qu'il y a toujours des élèves occupés aux travaux du jardin. (Voir tableaux, p. 261 et 262.)

Fig. 70. — École d'horticulture de Versailles. (Serres de la terrasse du Midi.)

Deux sortes de titres peuvent être délivrés par le Ministre aux élèves de l'École nationale d'horticulture de Versailles : le diplôme et le certificat d'études. Le premier est donné aux élèves qui ont eu des notes satisfaisantes. Le second permet de donner une sanction aux études de toute une catégorie de jeunes gens qui, sans avoir été de brillants élèves, ont une instruction suffisante pour faire de bons praticiens. Les deux élèves classés premier et second sur la liste de sortie peuvent effectuer un stage d'une année dans de grands établissements horticoles de la France ou de l'étranger. Une allocation de 1,200 francs est affectée à chacun de ces stages.

Le travail et les progrès des élèves sont constatés : 1° par des examens partiels et par l'appréciation de tous les travaux et exercices pratiques; 2° par des examens généraux qui ont lieu à la fin de chaque année d'études. Les notes ainsi obtenues servent à établir le classement des élèves à la fin de chaque année scolaire. Tous les élèves sont tenus de prendre des notes sur un cahier spécial pour chaque cours. Les cahiers contenant les notes prises aux différents cours sont examinés fréquemment : 1° par les professeurs qui, à la fin de chaque leçon, peuvent désigner un certain nombre d'élèves dont les cahiers doivent leur être remis; 2° par les professeurs lors des examens partiels et généraux.

A la fin de l'année scolaire et après les examens généraux, l'administration de l'école fait connaître aux parents les notes obtenues par les élèves et leur rang de classement.

Pendant l'année, pour stimuler le zèle des élèves, les notes obtenues sont affichées, pour les examens, dès que chacun d'eux est terminé, et, pour les travaux pratiques, tous les quinze jours.

Fig. 71. — École d'horticulture de Versailles. (Vue intérieure du jardin d'hiver.)

III. — Travaux et objets exposés par la Direction.

L'exposition de l'École nationale d'horticulture avait été installée avec le goût et avec l'art qui caractérisent l'horticulteur français. De jolies aquarelles, aux couleurs chatoyantes, représentaient l'ancien Potager du roi, l'intérieur des serres de forçage, la taille des arbres fruitiers. On y retrouvait le coup d'œil, la façon d'arranger qui fait du jardinier français un artiste décorateur.

La Direction de l'École avait exposé ses programmes d'enseignement, le règlement de l'École, une affiche portant le programme des cours, la collection du *Bulletin* de l'Association des anciens élèves, une grande vue à vol d'oiseau de l'établissement, une aquarelle représentant le carré des serres, le plan d'ensemble des jardins, des serres et des bâtiments, une série de vues représentant surtout les différentes cultures sur lesquelles les élèves sont exercés pendant leurs trois années d'études, les salles de cours, les ateliers, les serres, enfin un tableau contenant les spécimens d'étiquettes fabriquées par les élèves. Ces étiquettes sont de trois genres : gravées, imprimées ou fondues avec lettres en relief.

IV. — Exposition des chaires.

Cours d'arboriculture fruitière. (M. Nanot, professeur, membre du Jury, hors concours). — M. Nanot, directeur de l'École, professe le cours d'arboriculture fruitière. C'était aussi la partie de l'enseignement dont s'était chargé Hardy, le premier directeur de l'École de Versailles.

Ce cours, qui comprend 30 leçons et 15 exercices pomologiques, est fait en deux années et suivi par deux promotions réunies.

Fig. 72. — Pyramide de poiriers.

Fig. 73. — Poirier Cadillac, planté par La Quintinie.

M. Nanot avait exposé : 1° une série d'aquarelles exécutées d'après nature, représentant les diverses formes auxquelles sont soumis les arbres de l'École : espalier, contre-espalier de Versailles, losanges et cordons horizontaux, pyramides, gobelets. Une aquarelle offrait aux regards le spécimen d'un verger en formation ; 2° deux tableaux de la taille des arbres résumaient, sous une forme absolument concrète, bien que simple et méthodique, toutes les opérations de la taille du poirier, du pommier et du pêcher. Dans chacun d'eux, chaque organe était dessiné un peu plus grand que nature; la définition de cet organe et la manière de le traiter étaient indiquées en regard, sur le côté. L'auteur a voulu que l'arboriculteur qui ne possède que des notions insuffisantes sur la taille des arbres soit, après un examen attentif, en état de conduire des arbres fruitiers; 3° une collection d'environ 500 fruits moulés : poires, pommes, abricots, pêches, brugnons, cerises, prunes et figues. Chaque fruit avait l'aspect, le coloris et le poids exact du fruit véritable. Les meilleures variétés figuraient seules dans chaque catégorie et, pour permettre à l'amateur de faire un choix judicieux, les poires et les pommes avaient été partagées en trois classes : poires ou pommes d'été, d'automne ou d'hiver. En avant de chaque fruit, une étiquette portait le nom, les synonymes, la qualité, l'époque de maturité de ce fruit, et les observations sur la vigueur et la fertilité de l'arbre;

4° la collection de ses ouvrages, parmi lesquels nous citerons : *Histoire et description de l'École nationale d'horticulture de Versailles*, en collaboration avec M. Ch. Deloncle, ingénieur agronome; *Botanique agricole*, en collaboration avec M. Schribaux; *Culture du pommier à cidre; Fabrication du cidre et modes divers d'utilisation des pommes et des marcs; Traité du séchage des fruits et des légumes*, en collaboration avec M. Tritschler; *Plantations d'alignement*.

Fig. 74.
Poirier en forme de gobelet évasé.

Fig. 75.
Poirier en forme de gobelet simple.

Cours d'architecture des jardins et des serres. (M. André, professeur, membre du Jury, hors concours.) — Ce cours, professé par M. André, comporte 20 leçons et 4 applications. Il a pour but d'enseigner aux élèves l'art de composer et de planter, d'orner et d'entretenir les parcs et les jardins publics ou privés.

Le cours est divisé en trois parties principales : 1° l'historique sommaire de l'art des jardins dans tous les temps et dans tous les pays; 2° la théorie ou esthétique des jardins; les principes de la composition; la division et la classification des jardins; 3° la pratique ou application comprenant les travaux préparatoires ou la rédaction et le dessin des plans et les travaux d'exécution concernant les tracés, terrassements, constructions, plantations, travaux divers des jardins d'utilité ou d'agrément sous tous les climats.

La façon de procéder du professeur consiste à appuyer la leçon parlée de dessins aussi simples que possible et de nombreux croquis au tableau. Il s'agit moins de fournir aux élèves des documents qu'ils copieront que de les habituer à traduire par des esquisses rapides l'idée qui vient d'être exprimée. En art, il faut chercher d'abord l'inspiration et non le procédé.

Exception est faite cependant pour les travaux de drainage et d'hydraulique, les constructions d'utilité et d'ornement, pour tout ce qui réclame une précision absolue et des calculs exacts.

Le professeur attache une importance plus grande aux dessins des cahiers qu'à la rédaction du texte même, dont ils doivent être l'interprétation graphique et l'application intelligente. Il doit en être ainsi dans tous les arts du dessin. Un intérêt de même valeur s'attache aux plantations qui sont étudiées d'abord à un point de vue ornemental et qui sont ensuite l'objet d'une nomenclature scientifique.

On évite ainsi les erreurs dans l'emploi des espèces végétales pour la création des jardins.

M. le professeur André avait présenté une série de plans et croquis de parcs et de jardins, ainsi que des aquarelles résumant, par une représentation artistique, les leçons qu'il professe à l'École.

Fig. 76. — École d'horticulture de Versailles. (Façade du jardin d'hiver.)

Les aquarelles donnaient l'histoire des jardins aux différentes époques : la première représentait le Jardin romain de Pline l'Ancien en Toscane, origine de tous les jardins à tracés géométriques; la deuxième, le Parterre de la Renaissance française, transition entre le jardin italien, inspiré par l'antiquité, et le jardin français ou parterre du XVIIe siècle, dont Versailles offre un si bel exemple; la troisième avait trait au Jardin paysager anglais du XVIIIe siècle; à côté une quatrième aquarelle représentait le parc d'Ermenonville, premier parc paysager en France. Les aquarelles 5, 6, 7 et 8 donnaient des exemples de jardins paysagers dans la seconde moitié du XIXe siècle (1850-1875), tracés allemand, anglais ou français. La neuvième aquarelle représentait le parc moderne, de style composite, tel que paraît le caractériser la tendance particulière de l'art du jardinier à la fin du XIXe; c'est le dessin d'un parc créé récemment en Russie par M. André; enfin, la dixième donnait le plan d'une canalisation d'eau, établie d'après des principes rationnels.

Parmi les travaux personnels du professeur, exposés, nous avons remarqué : Le *Traité général de la composition des parcs et jardins; Traité des plantes de terre de bruyère; Traité des plantes à feuillage ornemental; les Fougères; Mission scientifique dans l'Amérique du Sud; l'Illustration horticole; les Broméliacées; le Mouvement horticole.*

Fig. 77. — École d'horticulture de Versailles. (Vue intérieure de la grande serre chaude.)

Cours de sciences physiques et chimiques et laboratoire de recherches horticoles. (M. Petit, professeur, médaille d'argent.) — Les cours de sciences physiques et chimiques professés à l'École d'horticulture par M. Petit, ingénieur agronome, comprennent chacun 40 leçons et sont divisés en trois parties :

1° Physique et météorologie, enseignées en 1re année;

2° Chimie minérale, enseignée en 2e année;

3° Chimie organique, enseignée en 3e année.

Le professeur s'attache particulièrement à diriger son enseignement dans le sens des applications à l'horticulture. Il accorde une large place à la physiologie végétale, aux propriétés physiques et chimiques du sol, au rôle et à l'emploi des engrais et amendements, au chauffage et à la construction des serres et abris. L'enseignement est objectif : tout ce qui peut être montré aux élèves passe sous leurs yeux à l'amphithéâtre. De plus, ils sont exercés au maniement des instruments : baromètres, thermomètres, hygromètres, loupe, microscope, etc., dont ils peuvent avoir à se servir plus tard.

M. le professeur Petit est chef des travaux du Laboratoire de recherches horticoles. A ce double titre, il avait exposé, sous forme de tableaux, les résultats de quelques-unes de ses expériences horticoles. Ces tableaux, au nombre de dix, constituaient une des parties les plus intéressantes de l'exposition de l'École.

Cinq se rapportaient à l'emploi des engrais minéraux dans les cultures horticoles en pots. Ils étaient composés de nombreuses photographies de plantes prises en cours d'expériences, accompagnées d'indications précises sur la composition des mélanges terreux employés et sur le mode d'utilisation des engrais, ainsi que des conclusions pratiques sur les essais. Il résulte des expériences de M. Petit, formant la matière de ces cinq tableaux que, dans les cultures en pots telles qu'elles sont pratiquées en horticulture, les engrais azotés sont d'une absolue nécessité. Un sixième tableau, analogue aux précédents, était relatif à l'influence de l'addition de la chaux à la terre de bruyère et au rôle des divers engrais dans la fertilisation de cette même terre. Le tableau n° 7 faisait ressortir l'influence de la profondeur d'une nappe souterraine d'eau sur la végétation. Dans les 8e, 9e et 10e tableaux, M. Petit avait montré les résultats de ses expériences sur l'arrosage, sur l'influence de la couverture du sol par rapport à sa fertilité et sur l'influence du terreau sur la fertilité d'un sol. Le Jury de la Classe V lui a attribué une médaille d'argent pour sa participation à l'exposition de l'enseignement agricole.

Fig. 78. — École d'horticulture de Versailles. (Culture forcée de la vigne.)

Cours d'arboriculture d'ornement et d'alignement. — Le cours d'arboriculture d'ornement et d'alignement est professé par M. L. Henry. Il est suivi en même temps par deux promotions, comprend 32 leçons théoriques et 4 applications sur le terrain.

Le professeur expose successivement l'origine des plantes ligneuses d'ornement, l'étude des principales espèces rustiques arborescentes et arbustives d'ornement et d'alignement; les plantations dans les jardins et les parcs paysagers; les plantations d'alignement: les ennemis et les maladies des végétaux ligneux d'ornement.

M. L. Henry n'avait envoyé à l'Exposition que deux de ses ouvrages : *Traité élémentaire d'arboriculture; Agenda horticole.*

Cours de cultures industrielles. (M. Martinet, professeur, membre du Jury, hors concours.) — La chaire de cultures industrielles a été créée en 1897, et M. Martinet, architecte-paysagiste, diplômé de l'École nationale d'horticulture, en a été nommé titulaire. Le cours, suivi par les élèves de 3e année, a 26 leçons théoriques et 4 applications.

L'objet du cours est de mettre les élèves au courant des principales questions économiques intéressant l'horticulture, de les former aux conceptions et aux initiatives de la production commerciale. Il est divisé en plusieurs parties bien distinctes : histoire, économie; horticulture comparée, c'est-à-dire revue de l'horticulture en France et à l'étranger; législation.

Le professeur s'attache à l'étude des sujets d'ordre économique qui ne sont pas traités dans les autres cours; il s'efforce de former des horticulteurs qui ne soient pas seulement des cultivateurs expérimentés, mais de véritables industriels, capables de suivre l'évolution économique provoquée par le perfectionnement des méthodes, la spécialisation du travail et l'ouverture de nouveaux débouchés.

Fig. 79. — École d'horticulture de Versailles. (Culture potagère sous châssis.)

Les travaux exposés par M. Martinet comprenaient trois cartes et trois graphiques se rapportant à la statistique agricole.

Les trois graphiques représentaient le mouvement d'importation et d'exportation des principaux produits horticoles de 1839 à 1899 : légumes frais; plantes vivantes de pépinière; plantes vivantes de serre; graines à ensemencer; fruits frais de plein air; fruits frais forcés. Ces graphiques ont été établis d'après les tableaux publiés chaque année par le Ministère de l'agriculture. Il en résulte que, sauf pour les plantes de serre, les exportations des principaux produits horticoles français sont supérieures aux importations.

Des trois cartes exposées, la première indiquait, pour chaque département et par 1,000 kilomètres carrés de territoire, la superficie proportionnelle des jardins de rapport; les deux autres donnaient, pour chaque département et par 1,000 kilomètres carrés de territoire : 1° le nombre des établissements d'horticulture commerciale; 2° le nombre proportionnel des parcs d'agrément.

Chaire de floriculture de plein air et de serres. — Depuis la création de l'École jusqu'au mois de janvier 1897, cet enseignement a été donné par M. Verlot, qui eut pour successeur M. Gérôme, chef du Service des serres du Muséum d'histoire naturelle, ancien élève de l'École nationale d'horticulture. Le cours comporte 80 leçons : 40 sur la floriculture de plein air et 40 sur la floriculture des serres. Il dure deux ans, et est suivi par deux promotions.

Fig. 80. — École d'horticulture de Versailles. (Culture des melons sous cloches et sous châssis.)

M. le professeur Gérôme avait exposé diverses brochures sur l'asperge, les semailles, les noms des plantes. Les cultures ornementales de serres, à l'École de Versailles, comprennent surtout des orchidées, des broméliacées, des amaryllidées, des fougères, des palmiers, des liliacées et des cactées. L'ensemble de ces plantes cultivées dans les serres de l'École correspond à 297 genres et 941 espèces ou variétés. Les serres et les bâches consacrées à leur culture ont une surface vitrée de plus de 3,000 mètres carrés.

Association amicale des élèves de l'École de Versailles. — L'Association amicale des anciens élèves de l'École nationale d'horticulture de Versailles avait présenté à l'Exposition une collection complète de ses Bulletins annuels et une publication, faite spécialement en vue de l'Exposition, intitulée : *Liste des membres de l'Association : situations, titres, travaux, récompenses.* Dans cette publication, chaque sociétaire avait indiqué les différentes situations occupées par lui, ses travaux, ses distinctions honorifiques et les récompenses obtenues.

L'Association des anciens élèves de Versailles a pour but d'aider au placement des anciens élèves et de venir en aide à ceux qui se trouveraient momentanément dans la gêne. Son succès tient, en grande partie, à l'entente qui a toujours existé entre le directeur de l'École de Versailles, les membres de l'Association amicale et les professeurs de l'École. La plupart des membres de l'Association occupent des situations honorables et indépendantes.

V. — Considérations générales.

L'École nationale d'horticulture est admirablement située à Versailles. Les parcs du château, les importants établissements horticoles du pays, les pépinières, les jardins maraîchers et les jardins fleuristes, si nombreux et si réputés dans les départements de Seine-et-Oise et de la Seine, constituent un ensemble unique de conditions favorables à l'enseignement de l'horticulture. Paris, avec ses grands jardins scientifiques et d'agrément, complète le cadre. Les jeunes gens qui suivent les cours de l'École d'horticulture pendant trois ans ont un remarquable champ d'études à leur disposition, et ils deviennent, avec un peu de travail, d'habiles horticulteurs, ayant acquis des connaissances scientifiques sérieuses et approfondies, sur la conduite des jardins de toute sorte, sur les cultures potagères, les cultures fruitières et forcées, sur l'arboriculture d'ornement, la floriculture, l'installation et l'entretien des pépinières et des serres, sur le dessin des parcs et des jardins.

L'horticulture, plus encore que l'agriculture, est un art compliqué que l'on ne peut exercer sans posséder des connaissances étendues. Le but de l'École de Versailles est de produire des jardiniers instruits et des hommes assez éclairés pour concourir, comme professeurs, au progrès horticole. L'enseignement donné à l'École doit donc avoir un caractère suffisamment scientifique, sans négliger toutefois l'enseignement pratique. L'instruction pratique y est manuelle et raisonnée; elle s'applique, sans exception, à tous les travaux de jardinage, afin que les élèves puissent acquérir les connaissances techniques et l'habileté manuelle indispensables. Indépendamment des conférences et des cours faits à l'École, des visites aux principaux établissements d'horticulture permettent de mettre sous les yeux des élèves les meilleurs exemples de la pratique horticole et arboricole. Chaque année, un voyage est entrepris dans les régions de France qui présentent un intérêt particulier, comme le littoral méditerranéen. Quelquefois même, les élèves de Versailles vont à l'étranger.

C'est en poursuivant ce programme que l'École d'horticulture est arrivée à faire des élèves recherchés partout, aussi bien à l'étranger qu'en France. Sur les 77 candidats qui se sont présentés au concours en 1900, on comptait un certain nombre d'étrangers, originaires de Belgique, de Bulgarie, de Russie et d'Italie, qui venaient suivre les cours de Versailles, attirés par la renommée de l'École. L'École d'horticulture se trouve en ce moment au complet, comme les années précédentes. Avec le nombre actuel des

IMPRIMERIE NATIONALE.

élèves, les salles de cours et d'étude deviennent même insuffisantes et de nouvelles pépinières vont être créées pour occuper l'activité des élèves. Le succès de l'École de Versailles fait le plus grand honneur à son directeur, M. Nanot.

De toutes les branches de l'agriculture, l'horticulture est celle qui a pris la plus grande extension depuis dix ans; ses progrès incessants dans les pays voisins de la France font de la marche en avant une nécessité. Depuis l'Exposition de 1889, l'architecture des jardins, ainsi que leur ornementation, ont réalisé des progrès. Les grandes villes rivalisent pour l'embellissement de leurs promenades publiques. L'extension donnée aux parcs et aux jardins publics dans les cités n'a pas eu pour seule conséquence d'améliorer les conditions hygiéniques des centres populeux dont elles constituent, a-t-on dit, les poumons; elle a aussi développé le goût des plantes par l'utilisation de nombreuses espèces aux formes élégantes, au feuillage attrayant et aux floraisons brillantes. Au

Fig. 81. — École d'horticulture de Versailles. (Taille des poiriers.)

Congrès international d'horticulture, M. Viger, président, rappelait les conditions hygiéniques que doivent remplir les jardins publics : «grandes allées, grands espaces, pas d'effets d'eau ou de rivière si l'on ne peut avoir de l'eau courante, car, autrement, on crée un foyer de microbes; plantations d'arbres à feuillage persistant, balsamique de préférence, surtout des eucalyptus quand le climat le permet».

La Société nationale d'horticulture de France, qui a largement contribué à la diffusion de la science horticole et répandu le goût des fleurs par ses expositions et ses concours, avait également proposé au Congrès international d'horticulture l'étude de l'art du fleuriste décorateur. L'art du fleuriste tient une grande place en horticulture. Les décorations florales ont des formes esthétiques; on ne s'attache pas à la quantité des fleurs employées, mais à l'effet produit par certaines associations de fleurs. Le commerce des fleurs a pris un énorme développement puisque, d'après la statistique, 480 fleuristes de Paris achètent annuellement pour 10 millions de fleurs et de plantes. Il y a une quinzaine d'années, il n'existait à Paris que quelques boutiques de fleuristes dans les quartiers riches; aujourd'hui, on en trouve dans tous les quartiers en nombre considérable. Le goût des fleurs s'est développé d'une façon prodigieuse. A l'École de Versailles, on s'occupe moins de la culture florale que de la production fruitière et légumière. L'horticulture florale sera plus spécialement enseignée à la nouvelle école d'horticulture d'Hyères, qui n'est pourtant qu'une école d'horticulture pratique, mais elle a l'avantage de se trouver sur le littoral méditerranéen où l'horticulture florale et le commerce des fleurs coupées ont une grande importance. Le département des Alpes-Maritimes est le fournisseur attitré des grands pays du nord de l'Europe où l'on considère la France comme le pays des roses.

L'arboriculture fruitière, spécialement enseignée par M. Nanot, a aussi une importance exceptionnelle en France où la connaissance des meilleurs fruits et du mode de végétation particulier à chaque arbre est indispensable pour propager dans les campagnes les variétés qu'il y a intérêt à cultiver. Les fruits du potager de Versailles sont renommés, très recherchés par les consommateurs pour la supériorité de leur choix.

Fig. 82. École d'horticulture de Versailles. (Pêchers ondulés.)

D'après les mercuriales des Halles de Paris et de Versailles, leur valeur est souvent supérieure à celle des produits similaires. Les fruits et les primeurs du potager sont vendus au profit du Trésor, ce qui permet d'alléger les charges que crée à l'État l'ensemble des divers services de l'école d'horticulture. Mais le directeur n'oublie pas que l'École est, avant tout, un établissement d'instruction horticole et que rien ne doit y être négligé pour accroître le revenu au préjudice de l'enseignement. Il sait donc se maintenir dans un juste milieu, en conciliant dans la mesure du possible les intérêts de l'enseignement et ceux des finances de l'État. Par la vente directe au public faite par les élèves de l'École, sous la surveillance et le contrôle d'un chef jardinier, les élèves font l'apprentissage de leur futur métier et se familiarisent avec les opérations si importantes de l'emballage et de la conservation des fruits à expédier.

L'horticulture a pris un caractère commercial et industriel qu'on ne perd pas de vue à l'École. Dans tous les pays, on cherche à produire avec un minimum de temps une quantité de plantes bien venues, se vendant à bas prix, mais dont la vente est rapide et certaine. Dans le nord de la France, comme en Belgique, on a créé de grands établissements horticoles pourvus d'un matériel propre à assurer les conditions les plus avantageuses et les plus économiques de lumière, de chaleur et d'humidité. Après avoir visité les grandes serres des établissements horticoles dont nous venons de parler, on est frappé de l'insuffisance du groupe des serres de primeurs à l'École de Versailles. Construites en 1830, ces serres, enfoncées dans le sol, ne répondent plus à leur destination. Il y aurait lieu de les reconstruire et d'y placer des chauffages modernes. La construction d'un fruitier-modèle, c'est-à-dire d'un local spécialement aménagé pour la conservation des fruits, s'impose également.

L'École nationale d'horticulture a déjà rendu de grands services à la culture potagère française. Le cultivateur de profession ne peut passer son temps, en effet, à faire des essais, il lui faut suivre un chemin tracé et n'engager ses capitaux qu'à bon escient. L'enseignement horticole doit remplir le rôle de chercheur, d'introducteur des plantes nouvelles que le cultivateur exploitera ensuite. Versailles a soutenu la vieille réputation du potager. On y a étudié beaucoup de plantes légumières, sous le rapport de leur fertilité et de leur rusticité, de manière à pouvoir distinguer parmi elles les variétés qu'il y a avantage à répandre dans les jardins et dans les champs. Ces cultures légumières ont servi encore de démonstration pour le choix des porte-graines pris exclusivement parmi les meilleures variétés et les sujets les plus francs.

Fig. 83. — École d'horticulture de Versailles. (Nivelage des couches.)

A côté de la culture potagère proprement dite, qui comprend dans son ensemble toutes les productions légumières rendant l'alimentation agréable, saine, variée et abondante, se place la culture maraîchère. Les maraîchers des environs de Paris produisent de merveilleux légumes dont l'exportation produit plusieurs millions de francs. L'attention des étrangers est fréquemment attirée dans la grande banlieue de Paris par l'immense quantité de cloches et de châssis des maraîchers qui arrivent à faire produire au sol par la chaleur emmagasinée, la fermentation et les arrosages, jusqu'à dix récoltes dans le courant d'une année. C'est au maraîcher que revient de droit la culture des primeurs, mais c'est au cultivateur que revient la production des gros légumes. Dans l'état actuel de l'agriculture, on peut regretter que nos agriculteurs se contentent le plus souvent de cultiver des légumes pour leurs besoins personnels, dans un potager plus ou moins étendu. Il y aurait tout avantage à étendre cette culture en dehors du rayon des grandes villes. En propageant la culture légumière en France, l'école d'horticulture rendra de nouveaux services à notre agriculture.

En 1899, on a créé à l'École de Versailles un cours spécial de cultures coloniales, confié à un spécialiste éminent. Cet enseignement a pour but de donner aux jeunes gens qui se destinent aux colonies l'instruction nécessaire pour la direction des exploitations et des jardins coloniaux. Avec le développement de nos possessions coloniales, on a compris que la principale richesse de ces immenses territoires se composait des produits de la culture du sol. Les élèves de Versailles réussissent très bien aux colonies, où leurs connaissances techniques sur la multiplication et l'emploi des végétaux les font rechercher par le Gouvernement et par les sociétés industrielles.

Fig. 84. — École d'horticulture de Versailles. (Vue intérieure d'une serre à pêchers.)

Les cours professés à l'École d'horticulture portent, comme nous l'avons dit, sur les diverses branches de la production horticole, sur les sciences physiques et naturelles dont la connaissance est nécessaire pour des horticulteurs et enfin sur la langue française, l'arithmétique et la géométrie, l'arpentage et le nivellement, le dessin et la comptabilité, ces derniers cours ayant pour objet de compléter l'instruction générale des jeunes gens.

L'enseignement pratique donné à l'École porte sur tous les travaux : les élèves effectuent sous la conduite du directeur et des jardiniers principaux toutes les opérations que réclame la conduite des différentes cultures du potager. Ils exécutent, en outre, divers travaux de menuiserie, de charronnage, de peinture et de vitrerie. Les élèves s'exercent notamment à la confection des bâches, des châssis et paillassons; à préparer les pièces nécessaires pour les contre-espaliers et les abris; à appliquer les peintures, à couper et à poser le verre; à réparer les instruments horticoles et les serres; à emballer et expédier les fruits, légumes et plantes.

La culture des primeurs, l'arboriculture fruitière, la floriculture de plein air et la floriculture de serres, la culture potagère de plein air et le travail des ateliers constituent autant de services distincts dans lesquels les élèves, partagés en un nombre égal de sections, passent successivement chaque quinzaine. Cette organisation offre de multiples avantages qu'il est facile d'apprécier. En demeurant pendant une période de jours occupés aux travaux nécessités par la conduite de cultures analogues, au lieu de changer constamment d'occupation, ces jeunes gens montrent plus de goût au travail, apportent une attention plus soutenue à leur besogne et profitent mieux de l'enseignement.

Le régime de l'École est l'externat; mais il existe, dans le voisinage de l'École d'horticulture, des établissements d'instruction et des maisons particulières où les élèves peuvent prendre pension, tout en restant soumis à une certaine surveillance. On a demandé, à différentes reprises, une modification du régime de l'École. Mais l'internat ne pourrait exister sans une augmentation sensible des charges de l'État, puisqu'il faudrait construire de nombreux bâtiments. L'internat offrirait évidemment plus de garanties

Fig. 85. — École d'horticulture de Versailles. (Atelier de menuiserie.)

aux parents, les élèves étant moins âgés et moins instruits que les élèves de l'Institut agronomique où règne le même régime; mais les inconvénients de l'externat sont atténués pour les jeunes gens qui suivent les cours de l'école d'horticulture par les pensionnats et les maisons particulières où les élèves sont surveillés. depuis le moment où ils sortent de l'école jusqu'au moment où ils y rentrent. Si les parents désirent que leurs enfants soient pensionnaires, au lieu d'habiter dans des hôtels meublés et d'être livrés à eux-mêmes, ils trouvent facilement dans quelques établissements d'instruction à réaliser ces desiderata. Sans exercer une surveillance spéciale sur les élèves en dehors de l'école, la direction ne les perd jamais de vue.

Les dimanches et fêtes, un certain nombre d'élèves sont de garde au jardin à tour de rôle. En hiver, les élèves de garde arrivent pendant toute la semaine à 5 heures du matin pour le service des serres. L'élève de garde ne peut s'absenter de l'École, en dehors des heures ordinaires de repos. sans en avoir obtenu la permission.

Chaque année, les élèves de l'école d'horticulture subissent sur les matières enseignées dans chacun des cours : 1° un examen partiel oral vers le milieu du cours; 2° un examen général à la fin du cours.

A la fin de la troisième année, les élèves subissent un examen général dit de fin d'études, sur chacun des cinq cours techniques suivants : arboriculture fruitière et pomologie, arboriculture d'ornement et pépinière; botanique; culture potagère; floriculture de plein air et de serre.

En passant un examen partiel, l'élève remet son cahier de cours à l'examinateur, qui le date et le signe. Ce cahier reçoit une note qui entre pour un quart dans le calcul de la moyenne de l'examen.

Depuis 1897, deux sortes de titres peuvent être délivrés par le Ministre de l'agriculture aux élèves, à leur sortie de l'école : le diplôme et le certificat d'études. Cette modification constitue une heureuse réforme, car elle permet de donner une sanction aux études d'une nombreuse catégorie de jeunes gens qui, sans avoir été de brillants élèves, ont une instruction suffisante pour être plus tard de bons praticiens. L'élève qui part de l'établissement avant la fin des trois années d'études ou sans avoir subi tous les examens ne reçoit aucun certificat.

Fig. 86. — École d'horticulture de Versailles. (Atelier de réparation et de séchage.)

L'obligation d'accomplir trois années de service militaire a forcé bien des jeunes gens à quitter l'École d'une façon prématurée, ce qui est très regrettable. Le diplôme de l'École nationale d'horticulture de Versailles ne confère aucune dispense aux jeunes gens qui en sont porteurs.

Depuis sa création, l'École d'horticulture de Versailles a reçu 1,096 élèves, en y comprenant la promotion entrée en 1899, appartenant à 85 départements et à 16 pays étrangers.

Cette constatation montre que le recrutement de l'École a été facile et que, par suite, sa création répondait à un besoin. Le succès de l'École tient aussi à la facilité avec laquelle les élèves trouvent un emploi dès leur sortie de l'École, alors que tant de jeunes gens sortant d'autres établissements professionnels éprouvent de grandes difficultés pour trouver une place ou sont obligés d'accepter des appointements minimes. Les élèves diplômés de l'École d'horticulture de Versailles, plus favorisés, trouvent des positions avantageuses dans les établissements d'intérêt public et d'enseignement technique, dans les établissements horticoles privés, ainsi que dans les propriétés particulières; d'autres s'établissent pour leur propre compte comme horticulteurs, pépiniéristes, marchands grainiers ou même architectes paysagistes; un certain nombre sont devenus des chefs de culture au Muséum d'histoire naturelle et des chefs de pratique horticole dans les écoles d'agriculture.

22 anciens élèves occupent en Algérie, en Tunisie, au Sénégal, à la Guinée, au

Soudan, au Congo, à Madagascar, en Annam, à la Martinique, des postes d'agents de culture, directeurs de jardins d'essais ou cultivent pour leur propre compte.

Situations occupées à l'étranger par les anciens élèves de l'École d'horticulture de Versailles. — Allemagne : Horticulteurs ou stagiaires en mission d'études. – Angleterre : jardiniers ou stagiaires en mission d'études. – Autriche : directeur d'école d'horticulture, architectes-paysagistes et jardiniers-chefs. – Belgique : jardiniers. – Italie : directeurs d'écoles d'horticulture et professeurs. – Luxembourg : rosiéristes. – Portugal : jardinier-chef du Jardin botanique de Lisbonne. — Roumanie : inspecteurs régionaux,

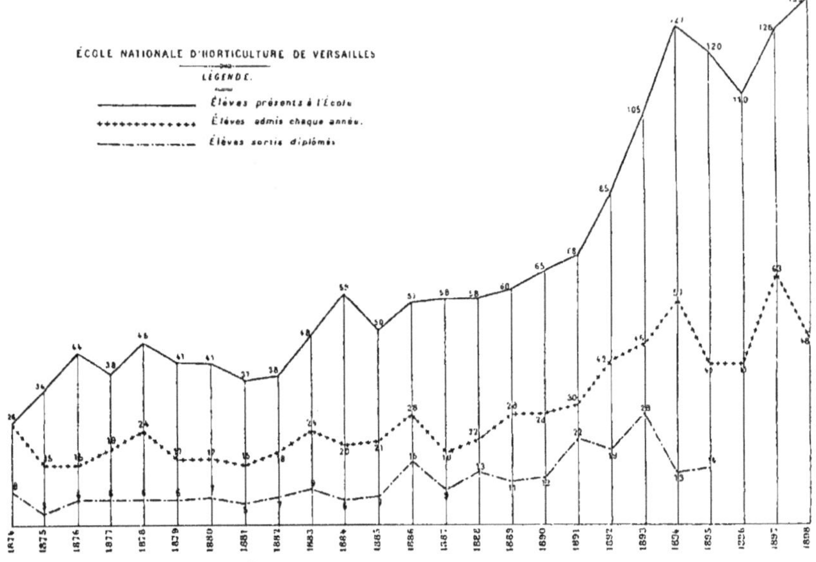

Fig. 87. — École d'horticulture de Versailles. (Mouvement des élèves.)

viticoles, et jardinier-chef de la ville de Bucarest. – Russie : chefs de culture. – Suisse : professeurs, chefs de culture. – Palestine : professeurs ou chefs de culture. – Bolivie : directeur de cultures. – Chili : horticulteurs, architectes paysagistes. – États-Unis : horticulteurs. – Mexique : conservateur de parc national. – Nicaragua : Horticulteurs. – République Argentine : horticulteurs. – Uruguay : Jardinier-chef de la ville de Montevideo.

En résumé, 88 p. 100 des élèves sortis de l'École s'occupent d'horticulture ou d'industries similaires; 10 p. 100 font leur service militaire, mais ils attendent leur libération pour continuer leur profession; 2 p. 100 seulement suivent des carrières différentes.

Les gouvernements étrangers, dans le but de fonder des écoles similaires à celle de Versailles, y ont fréquemment envoyé des élèves auxquels ils ont confié ensuite l'organisation et la direction de leurs établissements d'enseignement horticole.

Sous l'habile direction de M. Nanot, l'École nationale d'horticulture de Versailles est devenue un établissement modèle dont les élèves vont répandre dans toutes les contrées du globe la pratique des méthodes horticoles les plus perfectionnées.

ÉCOLE NATIONALE D'INDUSTRIE LAITIÈRE DE MAMIROLLE (DOUBS).

(Médaille d'or.)

Les progrès réalisés depuis le milieu du siècle dans l'emploi du lait comme matière première en Hollande, en Suède, au Danemark et en Suisse, la transformation de l'outillage et les nouvelles méthodes pour la production des beurres et des fromages rendaient indispensable l'étude des nouvelles méthodes de l'industrie laitière et la préparation de moniteurs qui pussent en vulgariser l'emploi. C'est pour répondre à ces besoins que fut créée l'École nationale d'industrie laitière, par arrêté ministériel du 19 juin 1888. Elle a été installée à Mamirolle, près Besançon, sur le premier plateau du Jura, au centre d'une région importante au point de vue de la production laitière et fromagère.

Les bâtiments de l'école, très simples comme architecture, sont situés sur un petit domaine d'une étendue d'un peu plus de 3 hectares. Ces bâtiments sont vastes, aménagés pour contenir les différents services scolaires et pour faire subir au lait les transformations dont il est susceptible. Ils sont élevés d'un étage. Au rez-de-chaussée, sont situées les chambres à lait, la chambre à crème, les salles du malaxeur, des barattes et des centrifuges, la salle de fabrication pour les gruyères et les fromages à pâte dure, l'atelier pour la fabrication des fromages à pâte molle, des séchoirs et le local de la machine à vapeur; au premier étage, les bureaux, les salles de collections, les salles de cours, le laboratoire et la salle de fabrication du lait stérilisé. Tous ces locaux sont garnis du matériel le plus perfectionné.

Le domaine annexé à l'école permet l'étude des systèmes de culture qui conduisent à la production intensive du lait. On cultive dans un jardin botanique les plantes qui ont une action quelconque sur la production du lait et sur sa qualité. Une petite étable complète les services; on y entretient quelques vaches dans un double but d'expérimentation et d'enseignement.

Organisation. — L'école appartient à l'État qui assure les crédits nécessaires à son fonctionnement; le département du Doubs prend cependant à sa charge une part des dépenses. L'exploitation laitière est au compte du directeur, M. Charles Martin. En 1889, les communes avoisinantes avaient livré à l'école de Mamirolle 454,467 kilogrammes de lait; en 1899, l'apport des fournisseurs de ces mêmes localités s'est élevé à 962,636 kilogrammes. L'école dispose d'une quantité journalière de 2,000 litres de lait, en moyenne, qu'elle utilise à sa guise de la façon la plus favorable à l'enseignement et aux recherches. L'écrémage a lieu par le repos et par les centrifuges, de même que la fabrication du gruyère s'effectue soit à l'aide des appareils à bras, soit avec les engins à vapeur.

On fabrique surtout, à Mamirolle, le gruyère, l'emmenthal et le beurre, mais on produit aussi le pont-l'évêque, le brie, le camembert, etc.

But de l'école. — L'école d'industrie laitière vise plusieurs objets : Tout d'abord, elle est destinée à donner aux jeunes gens qui désirent étudier l'industrie laitière une solide instruction, à la fois théorique et pratique, et à fournir ainsi des ouvriers habiles, capables d'être utilisés avec profit par les fruitières et les laiteries, des chefs d'industrie pourvus de sérieuses connaissances ; comme telle, c'est une école d'enseignement technique et d'apprentissage au premier chef. C'est en même temps une école de perfectionnement, car les praticiens y sont admis, sous certaines conditions, pour perfectionner leurs connaissances. L'école a encore pour mission de renseigner les intéressés sur l'installation (plans, aménagements de chalets et de laiteries), l'outillage, les méthodes à adopter dans les diverses industries du lait, de fournir, en un mot, toutes

Fig. 88. — École nationale d'industrie laitière de Mamirolle. (Vue de l'école.)

les consultations relatives à l'industrie laitière. Elle fonctionne également comme *station expérimentale* en contrôlant scientifiquement les méthodes de travail, les appareils nouveaux, de manière à dégager sûrement les lois de la fabrication, et, par suite, à faire progresser les diverses industries du lait.

Enseignement. — Le régime de l'école est l'externat ; la durée des études est d'une année. L'enseignement est absolument gratuit, mais les élèves ont à pourvoir, au dehors, à leur entretien. Neuf bourses d'entretien sont attribuées chaque année par l'État.

L'enseignement est à la fois théorique et pratique; les élèves apprennent la science et le métier; ce qui distingue l'établissement des autres écoles de laiterie ou de fromagerie dans lesquelles le métier fait l'objet principal de l'enseignement. Les élèves doivent exécuter tous les travaux, dont quelques-uns exigent une certaine force musculaire : aussi l'âge minimum d'admission a-t-il été fixé à 17 ans. Les candidats ont à subir les épreuves d'un concours dont le programme est identique à celui du certificat d'études primaires. Les élèves diplômés des écoles pratiques d'agriculture et ceux des fermes-écoles sont dispensés de ce concours.

A cause même de la nature de son enseignement, l'école de Mamirolle ne peut recevoir qu'un nombre restreint d'élèves réguliers, quinze à vingt au maximum. Bien que les études ne durent qu'une année, il y a toujours deux promotions, l'une entre à l'école au mois d'octobre, l'autre au mois de mars. Les anciens peuvent ainsi servir de moniteurs aux nouveaux, dans tous les travaux pratiques.

Fig 89. — École de Mamirolle. (Groupe d'élèves.)

L'enseignement théorique est donné dans des cours qui sont faits l'après-midi. Chacun de ces cours a une durée d'une heure et demie. Il y a actuellement : une chaire d'industrie et d'économie laitières; une chaire de chimie et de technologie; une chaire de zootechnie et de botanique; des conférences de comptabilité.

Les élèves reçoivent en outre des leçons sur les éléments de la physique, de la chimie, de la microbiologie et de la mécanique. Ils suivent également un cours d'enseignement primaire complémentaire.

Le personnel enseignant se compose de : trois professeurs; un chargé de cours; un chef de pratique.

Les travaux pratiques ont lieu dans la matinée et le soir, après les cours théoriques. Ils comprennent : l'écrémage par le repos et par les centrifuges; la fabrication du beurre; la fabrication du gruyère, de l'emmenthal, du port-salut, du camembert, etc.; l'emballage des produits fabriqués; la préparation du lait stérilisé; la conduite de la machine à vapeur; le service de la vacherie.

Un roulement bien établi permet aux jeunes gens de passer successivement dans tous les services et d'effectuer les différentes manipulations. Les fromages sont marqués au nom de l'élève qui les a fabriqués; lors de la livraison, une note spéciale, basée sur la qualité du produit, est attribuée au fabricant.

EMPLOI DU TEMPS.

5 h. 1/2 à midi..........	Travaux pratiques. (Une demi-heure est consacrée au déjeuner qui a lieu à 7 heures.)
Midi à 1 h. 1/2..........	Dîner et repos.
1 h. 1/2 à 3 h...........	Travaux pratiques (soins des fromages en cave).
3 h. à 4 h. 1/2..........	Cours théoriques (à l'exception du samedi employé au nettoyage général de l'établissement).
4 h. 1/2 à 7 h...........	Étude (sauf pour les élèves chargés de la réception du lait).

Fig. 90. — École de Mamirolle. (Salle des centrifuges et des barattes.)

Les élèves sont initiés, dans le laboratoire, à l'emploi du microscope et de tous les instruments qui permettent de reconnaître pratiquement les falsifications et les altérations du lait. Si l'enseignement donné à Mamirolle est, avant tout, professionnel, il comprend aussi un enseignement raisonné parfaitement compris.

A la fin des études, les élèves subissent un examen de sortie. Si les notes attribuées à cet examen, combinées avec celles obtenues au cours de l'année, atteignent une moyenne suffisante, l'élève reçoit le diplôme de l'école. Les élèves diplômés sont recherchés et engagés dans des conditions très satisfaisantes par les directeurs des fruitières et des laiteries.

Outre les élèves réguliers, l'établissement reçoit des stagiaires. Nombre d'industriels laitiers, d'agriculteurs, d'élèves des écoles nationales d'agriculture ont ainsi séjourné à Mamirolle où leur admission est seulement subordonnée au nombre de places disponibles. Des cours spéciaux, réservés aux fromagers praticiens du département, ont été organisés, chaque hiver, depuis 1896. Les leçons qui leur sont faites portent sur les meilleures méthodes de fabrication, sur la manière de reconnaître les laits falsifiés ou altérés. Ils étudient l'installation perfectionnée établie à l'école et observent les procédés nouveaux.

Station de renseignements. — A côté de l'enseignement proprement dit, il faut signaler la station de renseignements où le public peut s'adresser directement ou par correspondance. D'après les indications fournies par le registre d'inscription, plus de mille personnes sont venues se renseigner sur place et ont visité l'établissement; l'utilité de ces visites toujours accompagnées d'explications et de démonstrations ne saurait être contestée.

Les consultations par correspondance dépassent actuellement le chiffre de 4,500; elles viennent non seulement de la région, mais d'un grand nombre de départements.

Contrôle des fruitières. — Le service du contrôle des fruitières, organisé par la Société d'agriculture, est placé sous la surveillance de l'école de Mamirolle. Le chiffre des contrôles effectués a passé, par une augmentation successive, de 98, la première année, à 234, en 1899; ce qui montre l'importance que les sociétés de fromagerie attachent à ce contrôle.

Objets et travaux exposés par la Direction.

Le directeur de l'école d'industrie laitière de Mamirolle, M. Charles Martin, avait présenté une exposition d'ensemble comprenant les documents administratifs, les travaux des différentes chaires, des travaux d'élèves et les publications du personnel de l'école.

Fig. 91. — École de Mamirolle. (Préparation du lait stérilisé.)

Dans la première série, figuraient le plan de l'école et de ses dépendances; une série de photographies représentant les différents services, dont la collection donnait une idée exacte de l'ensemble de l'établissement; divers documents administratifs, que nous avons analysés plus haut : rapport sur le fonctionnement de l'école, programme des cours, emploi du temps, deux cartes indiquant la répartition des élèves entrés et sortis, un tableau représentant les résultats obtenus par l'établissement, des photographies représentant les élèves dans l'exécution des différents travaux.

On y trouvait également quelques spécimens du matériel de cours et de laboratoire, parmi lesquels un acidimètre inventé par M. Dornic lorsqu'il professait la chimie et la technologie à l'école de Mamirolle; cet instrument permet d'éliminer les laits altérés qui sont un obstacle à la régularité de la fabrication des fromages.

L'exposition comprenait en outre une étude de M. Dornic sur l'acidité des laits et les procédés pratiques pour la doser; une analyse comparative des laits des fruitières du Doubs et une étude sur la richesse du lait en beurre par le même.

Les publications du personnel enseignant comprenaient : une collection de l'*Industrie laitière* et du *Journal des fruitières de la Franche-Comté*, journaux dans lesquels les professeurs de Mamirolle ont fait paraître un grand nombre d'articles scientifiques et économiques.

Exposition des chaires.

Chaire d'industrie et d'économie laitières. (M. Martin, professeur, directeur de l'École, membre du jury, hors concours.) — Le cours comprend 25 leçons. Le programme porte sur les matières suivantes :

Des divers modes d'utilisation du lait. Élevage et engraissement des animaux; vente pour la consommation et l'alimentation humaine; fabrication du beurre et des fromages; lait condensé, kéfir, etc. Diverses formes d'exploitation : par producteur isolé; par producteurs associés; par entrepreneurs. Organisation des fruitières; modèles des statuts. Organisation des laiteries coopératives; modèles de statuts. Historique de l'industrie laitière. Statistique laitière; commerce.

Fig. 92. — École de Mamirolle. (Chambre à lait.)

Objets et travaux exposés. — Le professeur M. Martin avait exposé des spécimens d'appareils de son laboratoire et des travaux d'élèves. Il avait fait figurer dans son exposition les ouvrages dont il est l'auteur, savoir : *L'Industrie du gruyère, L'Exposition laitière de Lubeck, L'Industrie laitière des Charentes et du Poitou, Les Fruitières du Doubs, L'Industrie du gruyère dans le Doubs.*

Chaire de chimie et de technologie. (M. Rolet, professeur, médaille de bronze.) — Ce cours comprend 90 leçons. Il porte sur les matières ci-après :

Cours de chimie (semestre d'hiver). — *a.* Éléments de chimie générale, de physique et de mécanique. — *b.* Cours de chimie laitière. — *c.* Cours de microbiologie.

Cours de technologie (semestre d'été). — Généralités sur la production et la composition du lait. Utilisation du lait en nature; industrie beurrière; industrie fromagère; autres industries; utilisation des résidus; bâtiments; modes et appareils de chauffage; moteurs; production du froid en laiterie.

Les cours sont complétés par des manipulations au laboratoire (10 séances) par des visites aux principaux établissements laitiers de la région et en particulier aux chalets modèles. Enfin tous les matins, de 8 heures à midi, les élèves à tour de rôle sont initiés, au laboratoire, au contrôle pratique et industriel du lait.

Objets et travaux exposés. — Deux grands tableaux représentant les résultats d'un travail d'ensemble effectué par M. Rolet, professeur, sur la composition du lait de la race de Montbéliard. Ces études ont été entreprises dans le but de fournir aux laitiers, fromagers, contrôleurs et chimistes, des indications sur la composition du lait et les variations dans les proportions de ses principaux éléments, en considérant les différentes époques de la période de lactation ou l'influence de certains états pathologiques et physiologiques de l'animal. Dans un troisième tableau, M. Rolet avait fait figurer les résultats de l'analyse de divers fromages : gruyère, emmenthal, camembert, port-salut; un certain nombre de photographies de fromages défectueux accompagnaient ce tableau. Enfin, un dernier tableau du même professeur était relatif à la statistique de l'industrie du gruyère : importation, prix en fruitières, importance de la production, répartition par département.

Fig. 93. — École de Mamirolle. (Haloir à camembert.)

Chaire de zootechnie et botanique. — Ce cours est professé par M. Mandereau; il comprend 25 leçons. Le programme est le suivant :

Fig. 94. — École de Mamirolle. (Cave à emmenthal.)

Cours de zootechnie (semestre d'hiver). — Généralités, but et base de la zootechnie. Notions élémentaires d'anatomie et de physiologie; extérieur; signalements. Caractères de la vache laitière. Zootechnie générale. Des méthodes zootechniques. Des principales races laitières. Police sanitaire des animaux.

Cours de botanique (semestre d'été). — Organes essentiels des végétaux. Études de la tige, de la feuille, de la fleur; fruits, graines. Principales familles de végétaux. Alimentation des animaux. Prairies naturelles et artificielles. Généralités sur l'alimentation. Digestibilité des aliments. Ration. Alimentation des vaches laitières. Distribution des aliments, condiments.

Cours de comptabilité et de mathématiques. — Ce cours est professsé par M. Boillot, agent comptable; il comprend 95 leçons.

Cours de mathématiques (semestre d'hiver). — Éléments de géométrie (lignes, angles, polygones, volumes, évaluations des surfaces et des volumes). Arithmétique (les quatre règles, racine carrée, règles de sociétés, d'intérêt, de mélange). Arpentage et nivellement.

Pour l'arpentage et le nivellement, des applications ont lieu sur le terrain.

Cours de comptabilité (semestre d'été). — Comptabilité générale. Tenue des livres en partie simple et double. Comptabilité laitière : des fruitières, des coopératives, de l'entrepreneur ou de l'industriel isolé. Tenue de cahiers.

Considérations générales.

L'école d'industrie laitière de Mamirolle n'offre aucune similitude avec les écoles nationales d'agriculture, et elle n'a que certains points de commun avec les écoles pratiques. Elle est, en effet, nettement spécialisée. Il a fallu l'improviser de toutes pièces, aucun établissement existant ne pouvant lui servir de modèle. On s'est inspiré des nécessités de l'industrie laitière, et c'est ainsi que l'école de Mamirolle a suivi une marche ascendante depuis sa fondation, tant au point de vue du développement de l'enseignement technique que des services annexes. Son champ d'action s'est élargi en présence des nombreuses offres d'emplois provenant des différentes régions laitières. Suivant leur degré d'instruction, les anciens élèves de Mamirolle sont employés comme fromagers ou beurriers; d'autres deviennent gérants de laiteries, contrôleurs des laits, chefs des fruitières-écoles. Les anciens élèves de l'école qui dirigent d'importantes laiteries recherchent des collaborateurs parmi leurs jeunes camarades de Mamirolle. Aussi les élèves des écoles pratiques d'agriculture prennent-ils, depuis quelques années, le chemin de Mamirolle. C'est un bon recrutement pour l'école d'industrie laitière : la préparation antérieure de ces jeunes gens leur facilite la réussite dans la spécialité qu'ils ont adoptée.

Fig. 95. — École de Mamirolle.
(Fabrication du camembert.)

A Mamirolle, les élèves sont initiés à l'emploi de tous les instruments qui permettent de reconnaître pratiquement les falsifications et les altérations du lait et de contrôler le travail. Les manipulations s'effectuent alternativement au moyen des appareils à bras et de ceux à vapeur. Les détails en sont notés par les élèves. La tenue de cette comptabilité technique habitue les élèves à réfléchir, à chercher le pourquoi des opérations. Le travail raisonné se substitue ainsi

Fig. 96. École de Mamirolle.
(Fabrication de l'emmenthal et du gruyère.)

chez eux à l'effort machinal, et ils savent tirer bon parti plus tard de leurs observations. Les élèves fabriquent eux-mêmes tous les produits sous la direction des chefs de pratique; ils passent à tour de rôle et à plusieurs reprises dans les différents services où ils acquièrent une habileté d'exécution réelle jointe à une certaine diversité d'aptitudes. Les anciens élèves servent de moniteurs aux nouveaux.

Le régime de l'école d'industrie laitière est l'externat, ainsi que nous l'avons précédemment exposé. L'expérience a montré la supériorité de ce régime pour Mamirolle. Il n'est pas inutile que des jeunes gens, destinés, à leur sortie de l'établissement, à être en contact avec le public, vivent un peu de la vie commune au lieu de rester pendant douze mois confinés dans une école. Loin de les enserrer dans une réglementation étroite, on s'attache, grâce à une liberté relative, à développer chez eux le sentiment de l'initiative et de la responsabilité.

Fig. 97. — École de Mamirolle.
(Sortie de l'emmenthal de la chaudière.)

Le niveau d'instruction des candidats à l'école est fort variable, comme leur âge. Quelques-uns ne possèdent que le certificat d'études, d'autres sont bacheliers. Les élèves sont admis à partir de 17 ans, mais beaucoup ont accompli leur service militaire. Ceux-ci venant à l'école de leur propre chef, avec l'idée arrêtée de se créer une carrière, profitent bien en général de l'enseignement; les professeurs s'attachent d'ailleurs à le donner sous une forme accessible à tous.

Depuis sa création, l'école de Mamirolle a reçu 142 élèves réguliers, y compris les élèves présents à l'école au 1er janvier 1900. Ces jeunes gens proviennent de trente départements français; six sont de nationalité étrangère.

Le quart des élèves de la promotion actuelle est passé par les écoles pratiques d'Oraison, du Chesnoy, des Faurelles, de Saulxures et de Tomblaine. C'est là un bon recrutement; la préparation antérieure de ces jeunes gens leur facilite la réussite dans la spécialité qu'ils ont choisie.

D'après la statistique envoyée à la Classe 5, les élèves diplômés de Mamirolle occupent les situations suivantes :

Chefs de pratique dans les écoles de fromagerie	4
Directeurs de laiterie	20
Contrôleurs de laiterie	4
Employés de laiterie	62
Industriels laitiers	25
Situations diverses, décédés	14

Les élèves de Mamirolle sont certains de trouver, à leur sortie, un emploi dans les fruitières de la Franche-Comté, de la Savoie, ou dans les fromageries du Centre. Le

IMPRIMERIE NATIONALE.

débouché de l'école est tel, que les demandes d'anciens élèves sont supérieures au nombre des diplômés. C'est le meilleur éloge que l'on puisse faire de l'institution et de son excellente direction.

L'industrie du gruyère est l'objet d'une attention spéciale à l'école. Des cours spéciaux, réservés aux fromagers praticiens du département, ont été organisés pendant l'hiver avec le concours de la Société d'agriculture. A côté de l'enseignement proprement dit, il faut signaler le service de renseignements sur les diverses questions intéressant l'industrie laitière. Au 1er janvier 1900, plus de mille visiteurs étaient venus à Mamirolle, et le chiffre des consultations écrites dépassait 4,500. Le contrôle des fruitières, placé sous la surveillance de l'école, a pris aussi une extension considérable depuis sa création. De nombreux essais concernant la fabrication du gruyère ont permis d'établir les perfectionnements décrits dans des publications spéciales. L'école s'est notamment efforcée de vulgariser la fabrication de l'emmenthal.

Fig. 98. — École de Mamirolle.
(Mise sous presse du port-salut.)

Malgré la modicité de ses ressources, le laboratoire a fourni différents travaux, parmi lesquels il faut signaler ceux de M. Dornic, sur l'acidimètre.

La facilité avec laquelle se recrutent les élèves réguliers de Mamirolle ainsi que les stagiaires, le nombre sans cesse croissant des offres d'emploi, des demandes de renseignements, des contrôles, indiquent que la voie suivie jusqu'à ce jour par l'École nationale d'industrie laitière correspond bien aux exigences de la pratique. Le Jury, frappé des résultats obtenus, a été unanime pour accorder une médaille d'or à l'École.

ÉCOLE NATIONALE DES INDUSTRIES AGRICOLES DE DOUAI.

(Médaille d'or.)

L'École nationale des industries agricoles, qui devait d'abord prendre le nom d'*École des cultures industrielles et des industries annexes de la ferme,* est de fondation récente. En 1887, à l'issue de l'exposition des bières françaises, qui eut lieu à Paris avec le concours du Ministère de l'agriculture, une association de brasseurs français se forma pour créer une école de brasserie. Vers la même époque, le syndicat des fabricants de sucre étudiait la fondation d'un établissement du même genre pour la sucrerie, en vue de développer et de perfectionner l'industrie sucrière; Compiègne avait été désigné comme siège de cette institution.

Le Ministère de l'agriculture mit à l'étude la création d'une école comprenant toutes les industries annexes de la ferme. Dans cette dernière période le Conseil municipal et les représentants au Parlement de la ville de Douai demandèrent, en raison du transfert des facultés à Lille, une compensation pour leur ville. L'administration se montra disposée à la leur accorder, car Douai était tout indiquée comme siège de l'École projetée à cause de son importance industrielle et de sa situation au centre de cette région du Nord où la culture a une si grande importance et qui possède des industries agricoles si considérables.

Un crédit de 270,000 francs fut ouvert au Ministère de l'agriculture par la loi du 20 août 1892 en vue de la création à Douai d'une école des cultures industrielles et des industries annexes de la ferme.

Fig. 99. — École nationale des industries agricoles de Douai. (Façade de l'École.)

Sur le rapport du Directeur de l'agriculture, un arrêté ministériel du 20 mars 1893 institua à Douai l'École nationale des industries agricoles, qui ouvrit ses portes au mois d'octobre de la même année.

L'école fut installée dans les bâtiments précédemment occupés par les facultés des lettres et de droit, mis à la disposition de l'Administration de l'agriculture par la ville de Douai. Les bâtiments durent naturellement être appropriés à leur nouvelle destination : il fallut aménager des laboratoires, construire un grand hall pour y installer une usine, agencer des salles pour y ranger le matériel nécessaire à l'enseignement.

L'École nationale des industries agricoles est destinée à répandre l'instruction professionnelle, à préparer et à former, pour la conduite des sucreries, des distilleries, des brasseries et autres industries annexes de la ferme, des hommes capables de les diriger et des collaborateurs de tout ordre en état d'aider les chefs de ces diverses industries agricoles.

Elle sert en outre d'école d'application aux élèves sortant de l'Institut agronomique, des écoles nationales de l'État et de l'École centrale des arts et manufactures, ainsi qu'à des agents des contributions indirectes désignés par le Ministre des finances. Ces élèves prennent le titre d'élèves stagiaires. Le recrutement se fait par voie de concours pour les élèves réguliers, par décision du Ministre de l'agriculture pour les élèves des écoles nationales d'agriculture et sur la proposition du Ministre des finances pour les agents de la régie.

L'école de Douai peut encore recevoir dans les laboratoires les personnes désireuses d'étudier une industrie agricole ou une question spéciale à ces industries. Des auditeurs libres sont admis à suivre un ou plusieurs cours; mais nul ne peut être admis, à quelque titre que ce soit, s'il n'est Français ou naturalisé Français.

Le nombre des élèves en 1900 s'élevait à 60, ainsi répartis : 30 élèves réguliers, 2 élèves stagiaires des écoles, 28 élèves de la régie.

Le régime de l'école est l'externat. Le programme de l'enseignement est réglé de façon à permettre aux élèves réguliers d'acquérir en deux années de séjour à l'école l'instruction nécessaire et aux élèves stagiaires, en une année seulement.

Les élèves réguliers sont reçus à la suite d'un concours qui a lieu au siège même de l'établissement. Il comprend des épreuves écrites et des épreuves orales. Peuvent seuls y prendre part les jeunes gens âgés de 16 ans révolus au moment de leur inscription.

Les épreuves écrites consistent en : une composition française, une composition de mathématiques et une composition de physique et de chimie.

Les épreuves orales sont au nombre de quatre : elles portent sur les mathématiques, la physique, la chimie et les sciences naturelles.

Les questions posées portent sur le programme suivant :

Mathématiques. — Arithmétique et système métrique. – Géométrie plane et géométrie dans l'espace. – Algèbre élémentaire. – Usage des tables de logarithmes.

Physique. — Pesanteur, chaleur, lumière, acoustique, magnétisme (programme de l'enseignement primaire supérieur).

Chimie. — Corps simples et leurs composés les plus fréquents, sels; notions de chimie organique.

Sciences naturelles. — Zoologie, hygiène, botanique et géologie (Programme de l'enseignement primaire supérieur).

La rétribution scolaire est fixée à 500 francs par année d'études. Chaque année, deux bourses d'entretien de 1,000 francs chacune et deux demi-bourses de 500 francs sont accordées par l'État aux élèves qui justifient de l'impossibilité de s'entretenir à leurs frais et qui se trouvent dans le premier quart de la liste des élèves, dressée par ordre de mérite. Un certain nombre de bourses consistant dans l'exonération du payement de la rétribution scolaire sont attribuées chaque année aux élèves dont la famille a justifié de l'insuffisance de ses ressources. Les élèves qui, à la suite des examens de sortie, en sont jugés dignes, reçoivent soit un diplôme, soit un certificat d'études; les diplômes peuvent être spécialisés en visant les principales industries enseignées à l'École.

L'enseignement de l'école de Douai est à la fois théorique et pratique.

L'enseignement théorique comprend : une chaire de physique et chimie; une chaire de constructions et dessin industriel; une chaire de mathématiques et de géométrie descriptive; une chaire d'agriculture et de zootechnie; une chaire d'économie rurale et de législation; une chaire de distillerie; une chaire de brasserie; une chaire de sucrerie.

Indépendamment de ces cours, des conférences sont faites sur diverses industries agricoles non dénommées, telles que la féculerie, l'amidonnerie, la distillation des essences et des parfums, la fabrication des huiles végétales, etc.

L'enseignement pratique est dirigé dans le but d'exercer les élèves aux manipulations que comporte l'étude des industries agricoles. A cet effet, l'école possède des laboratoires et une véritable usine industrielle divisée en sucrerie, distillerie, brasserie; chacune des divisions renferme l'outillage spécial nécessaire. Les élèves y passent successivement et sont appelés non seulement à y suivre, mais à y conduire eux-mêmes toutes les opérations industrielles. La sucrerie peut traiter 30,000 kilogrammes de betteraves par jour; la distillerie, fabriquer 10 hectolitres d'alcool; la brasserie, produire à la fois 12 hectolitres de bière. Les appareils ne fonctionnent que pendant la période industrielle de fabrication dans les usines similaires. Si, en dehors de cette période, les besoins de l'enseignement l'exigent, ils travaillent à vide au moyen de liquides quelconques et dans le seul but de montrer leur fonctionnement et d'exercer les élèves à leur conduite.

Le directeur de l'école est M. Manteau; le sous-directeur, M. Orry.

Le personnel enseignant comprend : 8 professeurs, 4 répétiteurs, 1 mécanicien-chef.

TABLEAU DE L'EMPLOI DU TEMPS

DU 12 OCTOBRE (ENTRÉE) AU 5 DÉCEMBRE.

1re ANNÉE.			2e ANNÉE. (Élèves stagiaires. — Auditeurs libres.)		
COURS.			EXERCICES PRATIQUES.		
DATES.	DÉSIGNATION.	HEURES.	DATES.	DÉSIGNATION.	HEURES.
Lundi...	Mathématiques...... Physique..........	8 1/2 à 10. 10 1/2 à midi.	Du 12 au 31 octobre.	Applications et travaux pratiques de sucrerie à l'usine......	7 heures du matin à midi. 1 h. 1/2 à 7 heures du soir.
Mardi....	Mathématiques...... Constructions.......	8 1/2 à 10. 10 1/2 à midi.			
Mercredi.	Constructions....... Agriculture.........	8 1/2 à 10. 10 1/2 à midi.		Arrêt de la batterie de diffusion et liquidation des jus en cours de route....	8 heures à 10 h. 1/4 du soir.
Jeudi....	Géométrie descriptive. Agriculture.........	8 1/2 à 10. 10 1/2 à midi.	Du 4 au 7 novembre.	Excursions de sucrerie.	//
Vendredi.	Agriculture......... Chimie............	8 1/2 à 10. 10 1/2 à midi.	Du 9 au 28 novembre.	Applications et travaux pratiques de distillerie à l'usine....	A partir de 7 heures du matin.
Samedi..	Constructions....... Chimie............	8 1/2 à 10. 10 1/2 à midi.	Du 30 novembre au 5 décembre.	Applications et travaux pratiques de brasserie à l'usine....	

TABLEAU DE L'EMPLOI DU TEMPS

DU 7 DÉCEMBRE AU 30 JUIN (SORTIE).

JOURS.	COURS.		EXERCICES PRATIQUES. EXAMENS.	
	DÉSIGNATION.	HEURES.	DÉSIGNATION.	HEURES.
	1re ANNÉE.			
Lundi.....	Mathématiques Physique	8 1/2 à 10. 10 1/2 à midi.	// //	// //
Mardi.....	Mathématiques Constructions	8 1/2 à 10. 10 1/2 à midi.	// //	// //
Mercredi ..	Constructions Agriculture	8 1/2 à 10. 10 1/2 à midi.	// //	// //
Jeudi.....	Géométrie descriptive Agriculture	8 1/2 à 10. 10 1/2 à midi.	Tous les quinze jours, application d'agriculture à 1 h. 1/2, alternant en été avec les conférences d'arpentage et de nivellement.	
Vendredi ..	Agriculture Chimie	8 1/2 à 10. 10 1/2 à midi.	// //	// //
Samedi....	Constructions Chimie	8 1/2 à 10. 10 1/2 à midi.	Manipulations de chimie.	1 h. 1/2 à 5 h.
	2e ANNÉE. — ÉLÈVES STAGIAIRES, AUDITEURS LIBRES.			
Lundi	Brasserie ou distillerie, alternant tous les quinze jours (élèves de 2e année et stagiaires). Physique (élèves stagiaires) Comptabilité (2e année)	 8 1/2 à 10. 10 1/2 à midi.	Manipulations de brasserie, distillerie, sucrerie	1 h 1/2 à 5 h.
Mardi.....	Distillerie (2e année et élèv. stag.). Brasserie (2e année et élèv. stag.).	8 1/2 à 10. 10 1/2 à midi.		
Mercredi ..	Sucrerie (2e année et élèv. stag.). Distillerie (2e année et élèv. stag.).	8 1/2 à 10. 10 1/2 à midi.		
Jeudi.....	//	Excursion.	//	7 heures du mat.
Vendredi ..	Sucrerie (2e année et élèv. stag.) Chimie (élèves stagiaires) Comptabilité (2e année)	8 1/2 à 10. 10 1/2 à midi.	Manipulations de chimie (élèves stagiaires)....	1 h. 1/2 à 5 h.
Samedi....	Brasserie (2e année et élèv. stag.) Chimie (élèves stagiaires) Comptabilité (2e année)	8 1/2 à 10. 10 1/2 à midi.	// //	// //

N. B. — Pendant le semestre d'été { 10 conférences de brasserie, 10 conférences de distillerie, 10 conférences de sucrerie } seront faites aux élèves de première année. (Préparation aux travaux de vacances.)

Les cours de législation interviendront après la comptabilité (mêmes jours et heures).

Travaux et objets exposés par l'École et la Direction.

L'École des industries agricoles était représentée par une exhibition simple et bien comprise, installée dans de hautes vitrines et sur de grands panneaux. Une affiche, occupant le milieu des vitrines, indiquait le but et le régime de l'école, le mode et les conditions d'admission des élèves, la durée des études, l'obtention du diplôme, etc. Des cartes de France montraient, par département, l'importance et la répartition des principales cultures industrielles (houblon, orge, betteraves, pommes de terre). Des échantillons de matières premières servant à la manipulation des produits fabriqués attiraient l'attention des spécialistes, ainsi que les diverses bières, brunes et blondes, de fermentation haute et basse, naturelles et pasteurisées. A côté, on voyait les alcools et leurs sous-produits, puis les sucres : 1° jus, sirops, masses cuites; 2° les premiers, deuxièmes et troisièmes jets, les mélasses; 3° une collection complète de granulés, de semoules, de poudres et de plaquettes.

Des dessins reliés en album, exécutés par les élèves de Douai, représentaient l'installation de transporteurs hydrauliques, de batteries de diffusion, de chaudières de carbonatation, de quadruples effets avec réchauffages à effets multiples, de turbines à grand diamètre.

La direction de l'école de Douai avait exposé le programme des conditions d'admission, le programme des cours, une série de grandes photographies encadrées donnant des vues de l'établissement et de l'intérieur des différents services de l'école : hall des machines, appareils, etc.

Exposition des chaires.

Dans les vitrines, décorées d'une façon originale par le sous-directeur de l'école, M. Orry, auquel le Jury a accordé une médaille d'argent de collaborateur, se trouvaient placées les expositions des professeurs. Les trois chaires techniques seules y étaient représentées; nous allons passer en revue leurs programmes et leurs expositions particulières. Nous donnerons en outre quelques indications sur les autres chaires à titre de renseignements; les objets et travaux présentés par ces chaires étaient répartis dans l'exposition d'ensemble de l'école.

1° COURS TECHNIQUES.

Chaire de sucrerie. — La chaire de sucrerie de l'École nationale des industries agricoles est actuellement occupée par M. Saillard, ingénieur agronome.

Elle comporte 55 leçons à l'amphithéâtre, d'une heure et demie chacune; 45 sont faites en deuxième année et ont pour objet l'étude de la fabrication et du raffinage du sucre de betteraves et du sucre de canne; les 10 autres sont faites aux élèves de première année, elles roulent sur la description de la fabrication du sucre.

Les leçons faites en première année ont pour but d'initier les élèves à la théorie de la fabrication du sucre, de façon qu'ils puissent, pendant les vacances, faire un stage utile dans une sucrerie et suivre la marche des opérations et le fonctionnement des appareils.

En entrant en deuxième année, ils remettent un travail dit de vacances, qui est fait d'après un plan donné par le professeur et qui comporte, avec dessins à l'appui, la description détaillée de la fabrique qui les a reçus et un compte rendu du travail auquel elle se livre.

Fig. 100. — École de Douai. (Sucrerie, diffusion, carbonatation, triple effet.)

Les 45 leçons faites en deuxième année comprennent :

Des généralités sur la fabrication du sucre, sur les statistiques et la législation sucrières, sur les propriétés chimiques des sucres, sur les plantes saccharifères, sur l'installation et le fonctionnement des générateurs et des machines à vapeur. – La description détaillée des travaux préparatoires de fabrication, de l'extraction, de l'épuration et de l'évaporation des jus, de la cuite, du turbinage, du travail des bas-produits; l'étude du contrôle chimique et technique en fabrique; l'étude des divers procédés de raffinage et surtout de ceux qui sont employés dans les sucreries-raffineries.

L'enseignement pratique comprend :

1° *Des travaux de fabrication dans l'usine de l'école.*

Ces travaux occupent une période de trois semaines et durent chaque jour de 7 heures du matin à 11 heures du soir. Le travail, s'il y a lieu, est achevé pendant la nuit par les employés de l'école, afin que chaque matin les appareils à jus et à sirops soient vides.

Les élèves sont divisés en deux groupes qui font alternativement le service, et le roulement est établi de façon que chacun d'eux passe une ou plusieurs séances à chaque poste, suivant l'importance du poste.

Le contrôle chimique est fait au laboratoire comme dans l'industrie; avec les chiffres d'analyse, on dresse le compte des entrées et des sorties de sucre.

Le mode de travail ne reste pas le même pendant toute la campagne : tous les quatre ou cinq jours, on le change, de façon à montrer aux élèves, dans la mesure du possible, les principales méthodes employées par l'industrie sucrière.

A chaque changement, une conférence explicative est faite aux élèves par le professeur.

On procède à des essais industriels, tantôt sur l'initiative du professeur, tantôt sur la demande d'industriels ou d'inventeurs autorisés par le Ministère de l'agriculture.

A la fin des travaux, les élèves remettent un croquis de tous les appareils qu'ils ont fait fonctionner, et ils subissent, dans l'usine, un examen général qui porte sur tout ce qui a été fait pendant la fabrication.

2° *Des travaux de manipulation au laboratoire.* — Les travaux de laboratoire comportent les analyses effectuées dans les fabriques de sucre : analyse de la betterave et détermination de sa valeur industrielle; analyse des produits de fabrication : jus, sirops, masses cuites, égouts, mélasses, sucres, pulpes, tourteaux, eaux résiduaires; analyse des produits secondaires : pierre à chaux, charbon, coke, soufre, etc. Au début de chaque séance de manipulation, une conférence est faite aux élèves par le professeur.

3° *Des excursions dans les fabriques.*

Fig. 101. — École de Douai. (Vue générale de la distillerie.)

Ces excursions, au nombre de quatre ou cinq, ont lieu pendant la période de fabrication.

Tous les travaux pratiques sont dirigés par le professeur assisté de son répétiteur.

Les frais de cours mis à la disposition du professeur s'élèvent à 1,000 francs.

Objets et travaux exposés. — L'exposition présentée par M. Saillard comprenait :

1° Des spécimens d'objets servant pour son enseignement : carte de la région sucrière de la France; tableaux et photographies des machines, des organes de machines ou des procédés employés en sucrerie; échantillons de sucres en plaquettes, en tablettes, de sucre semoule en poudre, obtenus dans les plus grandes sucreries-raffineries de France; des bocaux contenant des betteraves à sucre, des produits de fabrication et des résidus utilisables.

2° Des travaux d'élèves : dessins reliés en album et ayant trait à l'installation des transporteurs hydrauliques, à des batteries de diffusion, en un mot aux différents appareils utilisés en sucrerie.

3° Les recherches et les travaux du professeur : échantillons de jus, de sirops, de masses cuites, de sucres provenant d'essais faits à l'usine sur la sulfitation des jus et des égouts ainsi que sur l'emploi de la baryte en deuxième carbonatation et sur les rentrées de sucrate de baryte; une étude sur l'évaporation et les chauffages en sucrerie, une brochure sur l'analyse chimique en sucrerie, un rapport sur les procédés de travail des bas produits qui sont actuellement pratiqués à l'étranger.

Chaire de distillerie. — Le titulaire de la chaire de distillerie à l'école de Douai est M. Lévy, ingénieur agronome, docteur ès sciences.

Elle comporte 50 leçons à l'amphithéâtre, d'une heure et demie chacune, professées en seconde année. Mais, dès la première année d'études, cinq conférences sont faites aux élèves afin de leur permettre de suivre avec fruit les travaux de l'usine.

Fig. 102. — École de Douai. (Distillerie, réfrigérant tubulaire et laverie.)

Voici, dans ses grandes lignes, le programme suivi par le professeur :

Alcoométrie. – Étude des sucres, des matières amylacées, des levures, des bactéries, des moisissures. – Travail de la betterave. – Mélasses. – Cannes à sucre. – Eaux-de-vie de vins et de fruits. – Distillerie de pommes de terre. – Distillerie de grains. – Fabrication industrielle des levures. – Utilisation des drèches. – Distillation et rectification.

L'enseignement pratique de la distillerie comprend :

1° *Des travaux de fabrication dans l'usine de l'école.*

Au mois de novembre, les élèves restent pendant trois semaines consécutives à l'usine, de 7 heures du matin à 11 heures du soir. Ils procèdent aux travaux industriels nécessités pour la distillation des betteraves, des pommes de terre et des grains. En juin, ils se livrent dans les mêmes conditions à la distillerie des mélasses.

Les élèves sont divisés en groupes qui font alternativement le service et le roulement est établi de telle sorte que chacun d'eux passe, suivant l'importance du poste, une ou plusieurs fois à ce poste.

Le contrôle chimique de la fabrication est fait par les élèves au laboratoire.

2° *Des travaux de manipulation au laboratoire.*

Indépendamment du contrôle chimique fait pendant les périodes de fabrication, les élèves exécutent, dans le courant de l'année, toutes les manipulations effectuées journellement dans les distilleries : matières premières, corps intermédiaires et produits définitifs, au point de vue de suivre, dans le courant de la fabrication, la quantité de matière première mise en œuvre.

3° *Des excursions en fabrique.*

Chaque année, le professeur conduit ses élèves visiter les meilleures distilleries des environs de Douai.

Ces excursions, au nombre de quatre ou cinq, sont naturellement faites pendant la période de fabrication.

Dans tous les travaux pratiques, le professeur est secondé par son répétiteur.

Les frais de cours dont dispose le professeur sont de 1,000 francs.

Fig. 103. — École de Douai. (Distillerie; colonne à distiller les moûts épais.)

Les élèves doivent remettre avant leur sortie de l'école un projet de distillerie. Plusieurs de ces projets, accompagnés de nombreux dessins à l'appui, figuraient à l'Exposition.

Objets et travaux exposés. — M. Lévy avait envoyé au Champ de Mars des flacons contenant une collection d'échantillons d'alcools et une collection d'échantillons de résidus de fabrication.

Il avait également formé une très belle collection des plantes cultivées pour la distillerie et une collection d'insectes s'attaquant à ces plantes, avec les dégâts qu'ils occasionnent.

Chaire de brasserie. — L'enseignement de la brasserie, à l'école de Douai, est donné par M. le professeur Moreau.

Cet enseignement comporte 50 leçons théoriques d'une heure et demie chacune; il s'adresse aux élèves de deuxième année. Cependant, afin de permettre aux élèves de première année de suivre utilement les opérations de l'usine, le professeur leur fait cinq conférences dès leur arrivée à l'école.

Voici les grandes divisions du programme suivi par le professeur :

Étude des matières premières : orge, houblon. – Maltage des grains. – Brassage. – Fermentation haute et basse. – Microbiologie (étude des ferments, bactéries, moisissures, culture des levures pures). – Soutirage, filtration, mise en bouteilles de la bière. – Fabrication dans les différents pays. – Législation.

Comme pour la distillerie et la sucrerie, l'enseignement pratique comprend trois ordres d'exercices bien distincts :

1° *La fabrication à l'école.* — La fabrication à l'école comprend vingt brasseries complètes qui se succèdent du commencement de décembre à la fin de mai. Les élèves occupent successivement les différents postes de la fabrication et reviennent plusieurs fois aux postes les plus importants. Ils assurent également le service du contrôle chimique de la fabrication.

Fig. 104. — École de Douai. (Brasserie.

2° *Des travaux de manipulations dans le laboratoire.* — Le contrôle chimique est fait pendant la période de fabrication. En dehors des manipulations nécessitées par ce contrôle, les élèves sont exercés au laboratoire à toutes les analyses qui sont journellement effectuées dans les brasseries : analyses des matières premières, du malt, du moût et de la bière.

3° *Des excursions en fabrique.* — Les élèves sont conduits chaque année dans une dizaine de brasseries de la région du Nord. Au cours de la visite, le professeur et son répétiteur appellent tout particulièrement leur attention sur les divers procédés de brasserie en usage et sur les modifications de l'outillage. Une somme de 1,000 francs est mise à la disposition du professeur pour ses frais de cours.

Objets et travaux exposés. — M. Moreau avait réuni, pour former son exposition, une collection des matières premières employées en brasserie : houblons, maïs, orges, escourgeons, malts; une collection d'insectes s'attaquant à ces plantes avec les dégâts occasionnés par eux était placée à côté des flacons contenant les échantillons. Des échantillons de bière, enfermés dans les bouteilles généralement en usage, et quelques photographies de houblonnière et des appareils employés en brasserie complétaient son exposition.

2° COURS GÉNÉRAUX OU PRÉPARATOIRES.

Chaire de physique et chimie. — L'enseignement des sciences physiques appliquées à l'industrie comporte 100 leçons, y compris un cours hebdomadaire supplémentaire qui comprend : la chimie générale et appliquée, la physique industrielle, les applications de laboratoire.

Tous les cours sont faits en un an aux élèves réguliers de première année et aux élèves stagiaires des contributions indirectes. En raison du peu de temps dont il dispose et de la nécessité de faire un enseignement complet, le professeur, M. Dumont, a dû modifier son programme d'enseignement. Au lieu de suivre l'exposition ordinaire des ouvrages, d'étudier les corps séparément, le professeur s'est attaché à généraliser son enseignement au moyen de la méthode comparative. Les métalloïdes et les métaux sont étudiés par famille, ce qui permet de faire ressortir les analogies de préparation et de propriétés; les corps composés sont groupés par fonctions chimiques, comme dans la chimie organique. D'après le professeur, cette méthode présente de notables avantages et permet d'éviter de nombreuses répétitions.

Le cours de chimie comprend 60 leçons : les notions générales comportent 10 leçons; la chimie des éléments et des composés minéraux, 20 leçons, et la chimie organique, 30.

Les travaux de laboratoire comportent 50 manipulations réservées à peu près exclusivement à l'analyse chimique. Avant chaque séance, le professeur expose l'objet de la manipulation et effectue les différentes opérations pratiques nécessitées par chaque analyse. Les élèves travaillent au laboratoire par moitié, de 1 heure et demie à 5 heures du soir; la même section manipule pendant deux séances consécutives sous la surveillance du professeur et du préparateur. Les élèves reçoivent une feuille de manipulation dans laquelle est exposée la marche à suivre; ils doivent déterminer avant tout la nature de la substance à doser par un essai qualitatif et procéder ensuite à l'analyse quantitative d'un ou de plusieurs éléments.

L'enseignement de la physique industrielle comporte 50 leçons. L'étude des moteurs, appareils industriels de transformation de l'énergie en travail, comporte 10 à 12 leçons et termine le cours de physique.

Chaire de constructions et dessin industriel. — Le cours de constructions industrielles, professé par M. Codron, comporte 40 leçons pour les élèves de première année. Les futurs collaborateurs des industries relatives à l'alcool, au sucre, à la bière, doivent posséder des notions suffisamment précises sur les bâtiments et les usines où seront installées les machines nécessaires pour la fabrication.

La première partie du cours traite de l'établissement des fondations en maçonnerie pour machines, de l'édification des bâtiments industriels, du calcul de résistance des planchers des magasins.

La deuxième partie comporte l'étude des éléments simples des machines, puis des groupes plus ou moins complexes des mécanismes transmetteurs de l'énergie mécanique.

L'enseignement a surtout un caractère pratique afin d'intéresser les élèves, de leur faire connaître le matériel qu'ils auront un jour à surveiller et à manipuler.

Les études sont accompagnées de leçons sur le dessin.

Chaire de mathématiques et de géométrie descriptive. — L'enseignement des mathématiques qui est donné en 75 leçons comprend : 1° des notions de géométrie élémentaire, d'algèbre, de trigonométrie, de mécanique, d'arpentage et de nivellement; 2° des notions de géométrie descriptive et de dessin géométrique.

Le professeur, M. Leduc, ne reprend pas dans son entier l'étude de la géométrie et de l'algèbre. L'enseignement de la mécanique comprend le développement des questions inscrites au programme de la classe de mathématiques élémentaires des lycées et constitue une sorte d'initiation au cours spécial de construction.

Les élèves sont exercés en dehors des cours et pendant la belle saison à quelques opérations d'arpentage et de nivellement sous la direction de leur professeur. Un croquis à main levée exécuté par eux sur le terrain leur permet ensuite la mise au net et la construction du plan à une échelle déterminée.

L'enseignement de la géométrie descriptive a une importance prépondérante puisqu'il est l'objet d'une note spéciale dans le classement des élèves. Il est destiné à faire comprendre un dessin industriel et à en permettre l'exécution. Aussi, l'étude des projections des corps solides, celle de leurs sections planes, le relevé géométral d'un objet, le tracé des ombres et des notions de lavis forment la partie principale du cours.

Des sujets d'épure sont proposés à l'issue de chaque leçon et exécutés par les élèves, en dehors des heures de classe, sur les indications du professeur.

Les résultats obtenus sont satisfaisants, comme en témoignaient les spécimens qui figuraient parmi les travaux d'élèves.

Chaire d'agriculture et de zootechnie. — Le professeur, M. Troude, fait 75 leçons; il consacre 40 leçons à l'enseignement des cultures spéciales. L'enseignement est complété par des démonstrations faites au laboratoire, à l'aide des collections du cabinet d'agriculture, et par des excursions effectuées dans les principales exploitations du Nord et du Pas-de-Calais. La proximité de l'école pratique d'agriculture de Wagnonville permet de suivre toute la série des travaux agricoles et de remédier à l'insuffisance d'un enseignement agricole purement théorique.

Chaire d'économie rurale et de législation. — Ce cours professé à l'école nationale des industries agricoles par M. Bertauld, avocat à la Cour d'appel de Douai, comprend de 70 à 80 leçons.

Le professeur s'attache à ne donner aux élèves que des notions d'un caractère pratique, sans s'arrêter aux théories émises dans les cours des facultés de droit, et des notions de jurisprudence de nature à leur permettre de résoudre les difficultés d'ordre agricole ou industriel qu'ils peuvent être appelés à rencontrer dans l'exercice de leur profession.

Cours de comptabilité. — Le cours de comptabilité (15 leçons) est professé par M. G. Dablincourt, économe comptable de l'école, auquel le jury a attribué une médaille de bronze pour son enseignement donné sans aucune rétribution spéciale. Le cours de comptabilité est divisé en trois parties : étude des documents commerciaux; tenue des livres; exercices pratiques. Il permet de donner aux élèves de l'école de Douai les notions indispensables du commerce et de la comptabilité.

Considérations générales.

Le développement des industries annexes de la ferme a multiplié, dans le nord de la France, les sucreries, distilleries, brasseries, féculeries, amidonneries. La région de la betterave à sucre était donc bien choisie pour la création d'un établissement à la fois technique et pratique où l'on enseignerait les meilleurs procédés de fabrication.

L'école nationale des industries agricoles est installée, ainsi que nous l'avons précédemment exposé, dans les bâtiments de l'ancienne Faculté de Douai. Indépendamment des amphithéâtres, salles d'étude, laboratoires, etc., où se donne l'enseignement théorique, l'école de Douai comprend une petite usine contenant une sucrerie qui peut traiter 30,000 kilogrammes de betteraves par jour, une distillerie pouvant produire par jour 10 hectolitres d'alcool, et une brasserie d'une capacité de 12 hectolitres de bière.

Cet outillage spécial permet aux élèves de suivre et de conduire par eux-mêmes de véritables opérations industrielles. Pendant l'été, les appareils travaillent à vide au moyen de liquides quelconques pour en montrer le fonctionnement et exercer les élèves. Pendant la période de fabrication, ils fonctionnent comme dans de véritables usines. Les élèves n'ont donc pas à effectuer de simples opérations de laboratoire, mais à faire marcher des appareils d'industrie.

L'établissement a fait, depuis sa fondation, de sérieux efforts pour le développement et le perfectionnement des industries annexes, et l'école de Douai a déjà rendu des services signalés aux brasseries, distilleries et sucreries françaises. L'école se place au même rang que les institutions analogues d'Allemagne et d'Autriche-Hongrie avec cette particularité que l'enseignement des trois principales industries annexes ne se trouve pas réuni, à l'étranger, dans un même établissement comme à Douai.

Mais à ces branches importantes de la richesse industrielle et agricole d'un pays, il faut en ajouter d'autres. La transformation des produits agricoles permet à l'industrie de réaliser des bénéfices qui échappent à l'agriculture. L'agriculture produit cependant tout ce que consomme et transforme l'industrie : la laine, le chanvre, le lin, le cuir, le bois, sans parler du blé, de la viande, du vin, de l'huile. C'est ce qu'ont bien compris les membres du Congrès international de l'enseignement agricole en exprimant le vœu : « Que l'enseignement des industries annexes de la ferme soit donné dans le plus grand nombre possible d'établissements. »

Dans plusieurs pays étrangers, des sociétés d'agriculteurs et d'industriels contribuent dans une large mesure, par des dons, au développement des diverses industries agricoles.

En Allemagne, le syndicat des fabricants d'alcool et le syndicat de recherches et d'enseignement de la brasserie à Berlin donnent 670,000 marcs à l'Institut des industries de fermentation qui forme une section de l'Institut agronomique de Berlin. D'après les contrats passés avec le Gouvernement allemand, l'Institut des industries de fermentation de Berlin est à la charge de ces associations industrielles privées, qui encouragent les progrès scientifiques et techniques de leurs industries; le budget important de cet institut permet aux professeurs de se livrer à des recherches scientifiques et à des expériences pratiques dans des laboratoires pourvus des appareils les plus perfectionnés de Lindner.

A Douai, l'installation des laboratoires laisse encore à désirer pour permettre les recherches scientifiques et techniques.

Comme école d'application pour les ingénieurs agronomes et les autres élèves diplômés des Écoles nationales d'agriculture, l'École de Douai pourrait rendre de grands services en dirigeant vers les industries agricoles spéciales des jeunes gens qui ont déjà fait de fortes études générales d'agriculture.

Voici la statistique des élèves qui ont été admis à suivre les cours de l'École nationale des industries agricoles depuis la création de l'établissement jusqu'au 1er janvier 1900.

Nombre d'élèves réguliers	Admis	145
	Diplômés	94
Nombre d'élèves stagiaires venant des écoles nationales d'agriculture	Admis	17
	Diplômés	12
Nombre des employés des contributions indirectes envoyés en stage		190

Tous les élèves réguliers diplômés ont trouvé, dès leur sortie de l'école, des situations très rémunératrices dans les diverses branches de l'industrie agricole.

La moyenne de 50 élèves par an, que reçoit l'École nationale des industries agricoles, serait plus élevée si l'école bénéficiait des avantages concédés aux trois écoles nationales d'agriculture et à d'autres établissements d'instruction par l'article 23 de la loi sur le recrutement de l'armée.

Les cours de l'école de Douai sont complétés par des visites aux cultures industrielles et aux usines de la région et par des stages de vacances dans des établissements industriels.

L'association amicale des anciens élèves de l'École nationale des industries agricoles, fondée en 1897, a pour but : 1° d'entretenir des relations amicales entre ses membres; 2° de leur faciliter l'accès des divers emplois auxquels ils peuvent aspirer; 3° de venir en aide temporairement aux membres qui seraient dans la nécessité de réclamer un secours. L'association publie un bulletin trimestriel.

En résumé, l'École de Douai est encore de fondation trop récente pour avoir pu donner tous les résultats qu'on doit en attendre, ainsi que le faisait observer M. Grosjean, inspecteur général de l'agriculture, dans son rapport sur les écoles des diverses industries agricoles; mais l'établissement est bien situé, et sa marche montre qu'il ne peut manquer de prospérer. L'école de Douai est la seule de ce genre que nous possédions en France, aussi serait-il à désirer que d'autres écoles, spéciales à une industrie agricole déterminée, comme la brasserie, pussent être créées.

ÉCOLES PRATIQUES D'AGRICULTURE.

Les écoles pratiques ont été instituées par la loi du 30 juillet 1875.

La loi du 3 octobre 1848, qui fonda l'enseignement professionnel de l'agriculture, n'avait prévu que trois sortes d'écoles :

1° Les *fermes-écoles,* pour donner une bonne instruction pratique à des jeunes gens de 17 ans, fils d'ouvriers ruraux ou de domestiques de ferme ;

2° Les *écoles régionales,* pour donner une instruction théorique et pratique assez élevée à des jeunes gens de 17 ans, fils de gros et moyens propriétaires;

3° L'*Institut agronomique,* pour donner un enseignement supérieur.

Mais les grands et les moyens propriétaires fonciers ne constituent pas, avec les ouvriers ruraux, toute la population agricole de la France. Sur 6,663,135 cultivateurs[1] que la France possède, on compte, en effet, 3,604,789 chefs d'exploitation parmi lesquels 295,000 exploitent de 20 à 40 hectares et 3,300,000 exploitent moins de 20 hectares. C'est pour ces petits propriétaires que les écoles pratiques d'agriculture ont été créées.

Ces 3 millions de paysans dont l'esprit d'ordre et d'économie est renommé dans le monde entier ne pouvaient envoyer leurs enfants dans les écoles nationales où le prix de la pension varie de 1,000 à 1,200 francs et où le niveau des études est assez élevé. Les travaux imposés aux apprentis des fermes-écoles ne devaient pas non plus convenir à des jeunes gens qui désiraient acquérir des connaissances scientifiques avec la pratique raisonnée de leur profession.

Les écoles pratiques (créées pour des enfants de 14 à 15 ans environ), avec leur prix de pension très abordable (400 à 500 francs) et leur programme élémentaire à la portée des élèves sortant des écoles primaires, ne pouvaient manquer d'être appréciées des petits exploitants du sol.

Ces écoles correspondent aux écoles primaires supérieures de l'enseignement universitaire comme mode de recrutement et niveau d'enseignement, mais elles ont un caractère beaucoup plus professionnel. Elles tiennent le milieu entre les fermes-écoles et les écoles nationales; elles participent des unes et des autres, en faisant une part égale à la théorie et à la pratique. On y emploie le système dit du *demi-temps :* la journée des élèves est partagée par moitié; l'une est consacrée à l'étude, aux leçons, au service de laboratoire; l'autre, aux travaux pratiques de l'exploitation. De cette manière, il ne peut y avoir ni surmenage intellectuel, ni fatigue physique.

Il semble difficile de combiner un meilleur système, un mode d'enseignement supérieur à celui-ci. Les jeunes gens interprètent leurs leçons par la mise en pratique, puisqu'ils prennent une part active à l'exécution de tous les travaux de la ferme. Dans les champs, on leur apprend à manier les instruments et les outils, à conduire les animaux : on en fait des praticiens, en un mot.

[1] Statistique décennale de 1892

IMPRIMERIE NATIONALE.

On comptait, au 1er janvier 1900, 45 écoles pratiques en exercice, au lieu des 27 écoles pratiques ou écoles similaires qui existaient en 1889; d'autres sont en voie de formation. Toutes les régions de la France, comme le montre le tableau suivant, en sont à peu près pourvues et certains départements, comme la Côte-d'Or et la Creuse, en possèdent deux chacun; les trois départements du Finistère, de l'Ille-et-Vilaine et de la Manche possèdent chacun, en plus d'une école pratique, une école spéciale.

ÉCOLES PRATIQUES D'AGRICULTURE[1].

DÉPARTEMENTS.	ÉCOLES PRATIQUES.	BUREAUX DE POSTE.	ÂGE D'ADMISSION.	NOMBRE D'ANNÉES D'ÉTUDES.
Aisne	Delhomme	Grézancy	14 à 18	2
Allier	Gennetines	Saint-Ennemond	13 à 18	2
Alpes (Basses-)	Oraison	Oraison	14 à 18	2
Alpes-Maritimes	Antibes	Antibes	14 à 18	3
Ardennes	Rethel	Rethel	14 à 18	2 1/2
Bouches-du-Rhône	Valabre	Gardanne	13 à 18	3
Charente	Les Faurelles	Jurignac	14 à 17	2
Côte-d'Or	Beaune	Beaune	13 à 18	3
	Châtillon-sur-Seine	Châtillon-sur-Seine	14 à 18	3
Creuse	Les Granges	Crocq	14 à 21	2
	Genouillat	Genouillat	14 à 18	2
Eure	Le Neubourg	Neubourg	13 à 18	3
Finistère	Lézardeau	Quimperlé	14 à 16	2
Garonne (Haute-)	Ondes	Ondes	13 à 18	2
Gironde	La Réole	La Réole	14 à 18	2
Ille-et-Vilaine	Les Trois-Croix	Rennes	13 à 18	2
Landes	Saint-Sever	Saint-Sever	//	2
Loiret	Le Chesnoy	Montargis	14 à 18	2
Loire-Inférieure	Grandjouan	Nozay	14 à 19	2
Lot-et-Garonne	Saint-Pau	Sos	13 à 18	3
Manche	Coigny	Carentan	14 à 20	2
Marne (Haute-)	Saint-Bon	Blaise	15	2
Mayenne	Beauchêne	Mayenne	14 à 18	2
Meurthe-et-Moselle	Mathieu de Dombasle	Nancy	15	2
Morbihan	Le Grand-Resto	Pontivy	14 à 18	2
Nièvre	Corbigny	Corbigny	14 à 18	2
Nord	Wagnonville	Douai	13 à 18	3
Pas-de-Calais	Berthonval	Mont-Saint-Éloi	13 à 18	3
Pyrénées (Hautes-)	Villembits	Villembits	14 à 18	2
Rhône	Écully	Écully	13 à 18	3
Saône (Haute-)	Saint-Remy	Amance	15	2 1/2
Saône-et-Loire	Fontaines	Fontaines	13 à 18	2
Somme	Le Paraclet	Boves	13 à 18	3
Var	Hyères	Hyères	14 à 18	3
Vaucluse	Avignon	Avignon	13 à 18	2
Vendée	Pétré	Nalliers	13 à 20	2
Vosges	Claude des Vosges	Saulxures-sur-Moselotte	12 à 18	2
Yonne	La Brosse	Auxerre	14 à 18	2

(1) Non compris les écoles spéciales de Sartilly (Manche), Descomtes (Meuse), de Coetlogon (Ille-et-Vilaine), de Kerliver (Finistère), de Poligny (Jura), de Gambais (Seine-et-Oise) et de Sanvic (Seine-Inférieure).

Pour montrer le développement des écoles pratiques, voici le tableau des créations pendant la période décennale 1889-1898 :

1889, 5 écoles créées.	Morbihan	Grand-Resto (transférée en 1898 à Kersabiec)	2 janvier 1889.
	Loiret	Le Chesnoy	12 janvier 1889.
	Haute-Garonne..	Ondes	13 août 1889.
	Mayenne	Beauchêne	31 août 1889.
	Lot-et-Garonne .	Saint-Pau	24 août 1889.
1890, 1 école créée..	Ardennes	Rethel	7 mars 1890.
1891. 4 écoles créées.	Alpes-Maritimes.	Antibes	26 février 1891.
	Aisne	Crézancy	26 février 1891.
	Basses-Alpes....	Oraison	29 avril 1891.
	Eure	Le Neubourg	3 septembre 1891.
1892, 4 écoles créées.	Jura	Poligny	28 avril 1892.
	Charente	Les Faurelles	28 avril 1892.
	Creuse	Les Granges	10 juin 1892.
	Creuse	Genouillat	19 novembre 1892.
1894, 4 écoles créées.	Nièvre	Corbigny	5 avril 1894.
	Indre	Clion	8 juin 1894.
	Nord	Wagnonville	11 juillet 1894.
	Hautes-Pyrénées.	Villembits	13 novembre 1894.
1896, 1 école créée.	Loire-Inférieure.	Grand-Jouan	20 janvier 1896.
1897, 2 écoles créées.	Landes	Saint-Sever	21 août 1897.
	Gironde	La Réole	24 août 1897.
1898, 2 écoles créées.	Côte-d'Or	Châtillon-sur-Seine..	18 mars 1898.
	Var	Hyères	12 juin 1898.

Le nombre de ces écoles ne fera que s'accroître, la nécessité d'un enseignement spécialement agricole devenant de plus en plus grande.

Organisation[1]. — Les écoles pratiques ont un enseignement essentiellement approprié au milieu dans lequel elles se trouvent. On comprend, en effet, que l'enseignement viticole donné dans la région du Midi ne saurait convenir aux enfants qui fréquentent les écoles de la région du Nord. Néanmoins, la partie théorique de l'enseignement présente un caractère assez uniforme que l'on retrouve dans la plupart de ces établissements. Comme le fait remarquer M. Tisserand «partout la plante vit et respire de la même façon; l'étude du sol, des engrais, des amendements, des machines est la même à peu près partout. La chimie, la physique, la météorologie, la botanique, la géométrie, l'arpentage, le nivellement ont des bases communes». Dans la région du blé, l'école pratique porte son enseignement sur la culture des céréales; dans les districts herbagers et laitiers, elle s'occupe de l'élevage du bétail, de la production du lait, de la fabrication du

(1) Voir les modifications apportées à l'organisation des écoles pratiques page 380.

beurre, du fromage; dans la zone où la vigne est cultivée, l'enseignement de la viticulture est plus développé.

C'est ainsi que les écoles pratiques d'Écully et de Beaune sont plus particulièrement des écoles de viticulture. L'école d'Ondes donne à la viticulture une importance aussi grande qu'à l'agriculture générale. Les écoles du Lézardeau et d'Avignon ont, avec l'agriculture, une spécialité qui est l'irrigation. Les écoles de Saulxures-sur-Moselotte, de Pétré, de Coigny, du Grand-Resto s'occupent beaucoup de laiterie. Les écoles d'Antibes, d'Hyères, situées sur le littoral de la Méditerranée, ont un cachet horticole prononcé.

Fig. 105. — École pratique d'agriculture d'Antibes. (Vue des bâtiments.)

Certaines écoles sont même complètement spécialisées, ce sont les suivantes :

		ÂGE D'ADMISSION.	DURÉE DES ÉTUDES.
École pratique de laiterie	de Poligny (Jura)	14 à 18 ans	1 an
	de Kerliver (Finistère) pour jeunes filles	14	1
	de Coëtlogon (Ille-et-Vil.) pour jeunes filles	14	1
École pratique d'aviculture	de Gambais (Seine-et-Oise)	14 à 17	3 mois
	de Sanvic (Seine-Inférieure)	14 17	3

Les monographies des écoles pratiques récompensées à l'Exposition présenteront une idée exacte de l'enseignement donné dans les nombreux établissements agricoles dont nous venons de parler.

Exploitation, domaine.— Les écoles pratiques ne sont pas, comme les écoles nationales, la propriété de l'État, elles appartiennent à un particulier ou à un département, et l'État y donne l'enseignement agricole.

Le propriétaire, quel qu'il soit (propriétaire proprement dit, fermier à long bail, commune, département) fournit le domaine, les constructions et le matériel; l'État pourvoit à la rétribution du personnel enseignant et au payement des frais de cours.

Trois cas peuvent se présenter :

1° Le domaine appartient à un particulier agriculteur. Cet agriculteur, s'il présente les garanties nécessaires, est nommé directeur de l'école. En plus du prix des pensions et du travail des élèves, il reçoit un traitement de l'État. Pour la construction ou l'aménagement des bâtiments et l'achat du matériel d'enseignement, le propriétaire, le plus souvent, avance l'argent et le département le rembourse par voie d'annuités;

2° Le domaine est loué par le département ou une commune à un particulier;

3° Le domaine appartient au département ou à la commune.

Dans ces deux derniers cas, le département ou la commune, pour éviter les aléas de la gestion directe, afferme au directeur toute la propriété. Ce dernier paye une redevance annuelle et dispose alors des produits de la ferme et du prix des pensions des élèves comme s'il était propriétaire ou fermier.

Quelquefois le département ou la commune administre l'école directement. Dans ce cas, le directeur est simplement régisseur.

Le *domaine rural* où les élèves font leur apprentissage est d'étendue assez variable. Nous avons actuellement :

1 école ayant un domaine de plus de	300 hectares.
1	250
2	200
3	158
5	100
4	75
9	50
7	25
6	10
6 écoles ayant un domaine de moins de	10

Personnel. — Le personnel peut varier suivant les différents établissements, mais il comprend, en général :

Un directeur (qui peut être professeur);

Un professeur d'agriculture;

Un professeur de sciences physiques et chimiques;

Un professeur chargé de l'enseignement des sciences naturelles (qui peut être surveillant);

Un instituteur-surveillant, chargé de l'enseignement du français et des mathématiques;

Un vétérinaire, chargé de l'enseignement de la zootechnie et de l'extérieur des animaux domestiques ;

Un chef de pratique agricole ;

Un chef de pratique horticole ;

Un instructeur militaire (surveillant).

Les professeurs de ces écoles se recrutent parmi les élèves diplômés de l'Institut national agronomique et des écoles nationales d'agriculture ; quant aux instituteurs-surveillants, ils doivent être pourvus du brevet supérieur de l'enseignement primaire.

Fig. 106. — École pratique d'agriculture du Chesnoy. (Vue de l'École.)

Les traitements et allocations de ce personnel sont fixés ainsi qu'il suit :

Directeurs	De 3,000	à 5,000 francs.
Professeurs	2,400	3,000
Professeurs surveillants	2,000	2,400
Instituteurs	1,800	2,300
Chefs de pratique agricole et horticole	1,600	2,000
Vétérinaires	500	800
Instructeurs militaires surveillants	1,000	1,200

Le traitement des directeurs qui sont pourvus d'une chaire est majoré d'une somme de 1,000 francs.

Les élèves qui fréquentent les écoles pratiques sortent en général des écoles primaires et possèdent le certificat d'études.

Conditions d'admission. — Les élèves sont admis à l'école après un examen permettant de constater leurs aptitudes et leur degré d'instruction. Les candidats doivent avoir 14 ans au moins et 18 ans au plus dans l'année de leur admission.

L'examen d'admission a lieu devant le *comité de surveillance et de perfectionnement* et le *conseil des professeurs*. Il comprend des épreuves écrites et des épreuves orales.

Les épreuves écrites portent sur les matières suivantes : 1° Une composition d'orthographe (dictée);

2° Une rédaction d'un genre simple (description, narration, lettre, etc.);

3° Deux problèmes d'arithmétique (fractions, règle de trois et d'intérêt, partages proportionnels).

Il est tenu compte aux candidats des connaissances qu'ils peuvent avoir en sciences physiques, chimiques, naturelles et mathématiques, qui ne sont pas exigées pour l'admission. Les candidats pourvus du certificat d'études primaires sont reçus de droit jusqu'à concurrence du nombre de places disponibles. Toutefois, si le nombre des candidats pourvus de ce titre dépasse le nombre des places disponibles, un concours est ouvert entre eux.

Fig. 107. — École pratique d'agriculture de Crézancy. (Entrée principale.)

Le régime des écoles pratiques est principalement l'internat. Les écoles placées à proximité des villes reçoivent toutefois des demi-pensionnaires et des externes. Le prix de la pension varie, suivant les localités, de 400 à 500 francs par an; celui de la demi-pension, de 200 à 250 francs; celui de l'externat, de 50 à 60 francs.

Bourses. — Des bourses et des demi-bourses sont fondées par l'État et les départements pour permettre aux enfants bien doués, mais de familles peu aisées, d'entrer dans les écoles pratiques. En général, l'État affecte à chaque école une somme de 4,000 à 5,000 francs à distribuer en bourses. Le nombre des bourses est variable suivant l'importance de l'école. Ces bourses ne sont données, en principe, que pour une année scolaire, mais elles sont maintenues aux élèves qui continuent à s'en rendre dignes par leurs progrès et leur conduite; elles peuvent être retirées si le titulaire vient à démériter.

Les candidats aux bourses, quels que soient les titres dont ils sont pourvus, doivent subir l'examen d'entrée.

Comité de surveillance et de perfectionnement. — Chaque école est pourvue d'un comité de surveillance et de perfectionnement chargé de veiller sur la direction, la discipline et l'enseignement de l'école. Il se compose de :

L'inspecteur général de l'agriculture attaché à la région, président;

Fig. 108. — École pratique d'agriculture d'Ecully. (Vue d'ensemble.)

Trois membres du conseil général, délégués tous les ans par cette assemblée :

Le professeur départemental d'agriculture, secrétaire;

Un professeur de sciences attaché à un établissement d'instruction publique;

Deux membres choisis parmi les notabilités agricoles du département, nommés par le Ministre.

Discipline. — Les punitions qui peuvent être infligées aux élèves sont :

1° La réprimande prononcée par le directeur, 2° la demi-consigne, 3° la consigne, 4° le retrait des demi-bourses et des bourses, 5° le renvoi de l'école.

Le directeur prononce la réprimande, la demi-consigne et la consigne. Dans les cas graves, le conseil de l'école, composé des professeurs et des maîtres et présidé par le directeur, se réunit aussitôt que possible et statue sur l'opportunité de demander soit le retrait des bourses ou demi-bourses, soit le renvoi de l'élève fautif. En attendant la décision du conseil de l'école ou du Ministre, le directeur peut ordonner l'exclusion provisoire de l'élève.

Quant aux récompenses, il n'y en a pas à proprement parler; il y a seulement la note de conduite qui s'ajoute à celles d'examen.

Enseignement. — L'enseignement, comme on peut le voir dans le tableau récapitulatif des écoles pratiques, a une durée de deux ou trois ans, généralement de deux ans. Quelques écoles spéciales (les écoles de laiterie, par exemple, Coëtlogon et Kerliver) ne donnent qu'un enseignement d'un an. L'école d'aviculture de Gambais ne donne même qu'un enseignement de trois mois.

Fig. 109. — École pratique d'agriculture de Fontaines. (Vue générale.)

L'*enseignement théorique* est donné par le professeur d'agriculture, le professeur de sciences physiques et chimiques, le professeur de sciences naturelles, l'instituteur-surveillant et le vétérinaire.

L'*enseignement pratique* est donné par le chef de culture et le jardinier chef sous la direction du directeur. Ces deux chefs font, en outre, un certain nombre de conférences agricoles et horticoles. En pratique, les élèves ont à exécuter tous les travaux de l'exploitation sous la surveillance et la direction des maîtres placés à la tête de chaque service. A tour de rôle, ils passent successivement dans les divers services de l'exploitation; ils sont appliqués aux travaux de main-d'œuvre, à la conduite des attelages et à toutes les opérations de grande culture; ils suivent dans les étables, la bergerie et la porcherie, l'alimentation et l'engraissement des bestiaux; on les exerce à démonter, remonter, régler et conduire le semoir, la faucheuse, la moissonneuse et autres machines agricoles. A tour de rôle aussi, ils prennent part aux travaux d'horticulture, d'arboriculture, de viticulture, et font de fréquents exercices de nivellement, de drainage et d'irrigation. En résumé, tous les élèves participent régulièrement à toutes les opérations de la ferme et peuvent se rendre compte des détails d'exécution suivant les circonstances qui se présentent. C'est le meilleur moyen de former, pour l'avenir, de bons agriculteurs aimant et connaissant parfaitement leur métier.

Des ateliers de forge, d'ajustage et de menuiserie sont annexés à l'école; les élèves y sont exercés, sous la direction d'ouvriers spécialistes, à la confection d'objets simples et y font eux-mêmes les menues réparations d'entretien du matériel.

L'enseignement de la pratique est complété par des excursions dans les exploitations les mieux tenues du pays, par des visites aux concours agricoles, chez les constructeurs, par des excursions botaniques et géologiques.

A côté de l'enseignement agricole théorique et pratique vient se placer l'enseignement militaire donné par l'instructeur militaire surveillant et dans lequel les élèves apprennent le maniement des armes. Les nombreux exercices de tir (tir réduit et à longue portée) les préparent à leur rôle futur de soldats.

Distribution des cours. — Chaque élève reçoit deux leçons par jour. Toute leçon est suivie d'une application. L'application sert d'intermédiaire entre la théorie et la pratique proprement dite. Dire aux élèves comment on fabrique le beurre, comment on règle un semoir, voilà le cours (théorie proprement dite); leur faire voir comment on fabrique le beurre et comment on règle une machine, voilà l'application; leur faire exécuter sous la direction du professeur et du chef de pratique les mêmes opérations, voilà la pratique.

La théorie et la pratique devant avoir une importance égale, la journée de travail a été divisée en deux parties : les élèves ont, tour à tour, cours le matin et travaux pratiques le soir. Ainsi, par exemple, si les élèves de 1re année assistent aux cours le lundi matin, le soir ils vont aux travaux pratiques, pendant que les élèves de 2e année ont cours.

L'emploi du temps est indiqué dans les tableaux des pages 316 à 321 (service d'été et service d'hiver) d'une école de deux ans à enseignement général non spécialisé. Cet emploi du temps est le même dans ses grandes lignes pour toutes les écoles; il ne varie que dans les détails.

Programme général des études. — Le programme des études est essentiellement approprié au milieu dans lequel se trouvent les écoles, mais il comprend comme base les matières suivantes qui peuvent être plus ou moins développées selon les besoins particuliers de chaque région :

Première année. — Instruction morale et civique. - Langue française. - Géographie. - Arithmétique. - Géométrie. - Dessin. - Agriculture générale. - Génie rural. - Géologie et minéralogie. - Zoologie et botanique. - Physique et météorologie. - Chimie générale. - Zootechnie générale. - Horticulture et arboriculture. - Exercices militaires.

Deuxième année. — Comptabilité agricole. – Géométrie (cubage). – Arpentage et nivellement. – Dessin (croquis cotés). – Agriculture spéciale. – Viticulture. – Génie rural. – Économie rurale. – Législation rurale. – Botanique appliquée (maladies des plantes). – Zoologie appliquée (entomologie, apiculture, pisciculture, aviculture). – Horticulture et arboriculture. – Extérieur et hygiène des animaux domestiques. – Police sanitaire du bétail. – Exercices militaires.

Pour donner une idée des matières étudiées dans chacune de ces parties, nous indiquerons le programme général des études théoriques d'une école à enseignement non spécialisé.

Agriculture. — Étude du sol. – Préparation du sol (labours, hersages, etc.). – Les engrais : fumier, engrais verts, déchets : engrais chimiques (azotés, phosphatés, potassiques). – Les amendements. – Les semailles. – Soins d'entretien (binage, sarclage, etc.).

Fig. 110. — École pratique d'aviculture de Gambais. (Un pavillon.)

Cultures spéciales. — Céréales (moisson, battage, etc.). – Légumineuses alimentaires. – Plantes fourragères : prairies, pâturages, herbages, etc. – Plantes cultivées pour leurs racines et leurs tubercules. – Plantes oléagineuses.

Assolements.

Viticulture. — Étude de la vigne. – Influences qui président à la production du vin. – Encépagement des vignobles. – Constitution d'un vignoble par le greffage. – Étude des porte-greffes. – Greffage de la vigne. – Méthodes de greffage. – Préparation du sol. – Taille de la vigne. – Les engrais de la vigne. — Les ennemis de la vigne.

Sylviculture. — Étude des principales essences forestières. – Exploitation des bois. – Qualités et défauts des bois. – Débits. – Aménagements. – Repeuplements artificiels et boisements.

Génie rural. — Constructions rurales. – Étude des bâtiments ruraux. – Machines agricoles : instruments servant à la préparation du sol (charrues, herses, rouleaux, etc.), instruments d'ensemencement (semoirs), instruments servant à l'entretien des cultures (houes, buttoirs), instruments de récolte (faucheuses, faneuses, moissonneuses), instruments servant au battage des grains (batteuses), instruments servant à la préparation des aliments (aplatisseurs, concasseurs, coupe-racines).

Les moteurs (manèges, machines à vapeur, moteurs à pétrole, moulins à vent).

Drainage.

Irrigation.

HEURES.	LUNDI.		MARDI.		MERCRED	
	1re ANNÉE.	2e ANNÉE.	1re ANNÉE.	2e ANNÉE.	1re ANNÉE.	2
5-5 1/2						
5 1/2-7	Étude.	Étude.	Étude.	Étude.	Étude.	
7-8						Déjeur
8-9 1/2	P. [1]	Chimie.	Botanique.	P.	P.	Ag
9 1/2-10 1/2	P.	Applications de chimie.	Applications de sciences naturelles.	P.	P.	Ex ou
10 1/2-12	P.	Technologie.	Zoologie.	P.	P.	Ap d' ou
12-1						
1-2 1/2	Physique.	P.	P.	Entomologie ou aviculture.	Zootechnie ou hygiène.	
2 1/2-3 1/2	Étude.	P.	P.	Mathématiques.	Applications du cours précédent.	
3 1/2-5	Français.	P.	P.	Applications d'arpentage ou de nivellement.	Génie rural.	
5-6	Étude.	P.	P.	Étude.	Étude.	
6-7						
7-8 1/2	Étude.	Étude.	Étude.	Étude.	Étude.	
8 1/2						

[1] Pratique.

MPS.

	JEUDI.	VENDREDI.		SAMEDI.		DIMANCHE.	
e.	2e ANNÉE.	1re ANNÉE.	2e ANNÉE.	1re ANNÉE.	2e ANNÉE.	1re ANNÉE.	2e ANNÉE.
						Lever à 5 h. 1/2.	
	Étude.	Étude.	Étude.	Étude.	Étude.	Soins à donner aux animaux.	
é.							
e.	P.	P.	Pisciculture ou apiculture.	Mathématiques.	P.	Exercices militaires ou tir.	
	P.	P.	Applications de sciences naturelles.	Étude ou applications.	P.	Les élèves sont libres jusqu'à midi.	
ns e.	P.	P.	Géologie.	Agriculture.	P.		
	Chimie agricole.	Horticulture.	P.	P.	Économie ou viticulture.	Service de la bibliothèque.	
	Étude.	Étude.	P.	P.	Zootechnie.	Promenade ou sortie libre jusqu'à 6 heures.	
	Cubage ou comptabilité.	Mathématiques.	P.	P.	Applications de zootechnie.		
	Étude.	Étude.	P.	P.	Étude.		
	Étude.	Étude.	Étude.	Étude.	Étude.	Étude.	

E

HEURES.	LUNDI.		MARDI.		MERCREDI	
	1re ANNÉE.	2e ANNÉE.	1re ANNÉE.	2e ANNÉE.	1re ANNÉE.	2e
5-5 1/2..............						
5 1/2-7..............	P. (1)	Étude.	Étude.	P.	P.	P
7-8..................						Déjeune
8-9 1/2..............	P.	Chimie.	Botanique.	P.	P.	Ex
9 1/2-10 1/2.........	P.	Applications de chimie.	Applications des sciences naturelles.	P.	P.	App d'e d'l
10 1/2-12............	P.	Technologie.	Zoologie.	P.	P.	Agr
12-1.................						
1-2 1/2..............	Physique.	P.	P.	Entomologie ou aviculture.	Zootechnie ou hygiène.	
2 1/2-4..............	Étude.	P.	P.	Mathé-matiques.	Applications de zootechnie ou d'hygiène.	
4-4 1/2..............						
4 1/2-6..............	Français.	P.	P.	Application d'arpentage ou de nivellement.	Génie rural.	
6-7 1/2..............	Étude.	P.	P.	Étude.	Étude.	
7 1/2-8 1/4..........						
8 1/4................						

(1) Pratique.

PS.

JEUDI.	VENDREDI.		SAMEDI.		DIMANCHE.	
2e ANNÉE.	1re ANNÉE.	2e ANNÉE.	1re ANNÉE.	2e ANNÉE.	1re ANNÉE.	2e ANNÉE.
					Lever à 5 h. 1/2.	
P.	P.	Étude.	Étude.	P.	Soins à donner aux animaux.	
P.	P.	Pisciculture ou apiculture.	Extérieur.	P.	Exercices militaires.	
P.	P.	Applications des sciences naturelles.	Étude.	P.	Sortie libre jusqu'à midi.	
P.	P.	Géologie.	Mathématiques.	P.		
Chimie agricole.	Horticulture.	P.	P.	Économie ou viticulture.	Service de la bibliothèque.	
Étude.	Étude.	P.	P.	Zootechnie.	Promenade et sortie libre jusqu'à 7 h. 1/2.	
Cubage ou comptabilité.	Mathématiques.	P.	P.	Application de zootechnie.		
Étude.	Étude.	P.	P.	Étude.		

RÉPARTITION DES MATIÈRES DE L'ENSEIGNEMENT (ENSEIGNEMENT DE DEUX ANS).

RÉCAPITULATION PAR PROFESSEUR.

PERSONNEL ENSEIGNANT.	1re ANNÉE. MATIÈRES À ENSEIGNER.	1re ANNÉE. NOMBRE de LEÇONS par semaine.	2e ANNÉE. MATIÈRES À ENSEIGNER.	2e ANNÉE. NOMBRE de LEÇONS par semaine.	NOMBRE TOTAL de LEÇONS par semaine et par professeur.
Maître-surveillant comptable.	Instruction morale et civique. — Langue française, géographie. — Arithmétique, géométrie. — Dessin.	2	Arpentage, nivellement, cubage. — Comptabilité agricole.	2	4
Professeur de sciences naturelles.	Zoologie générale et descriptive. — Botanique générale et descriptive. — Géologie et minéralogie.	3	Zoologie appliquée : entomologie, apiculture, pisciculture, etc. — Botanique appliquée : maladies des plantes. — Horticulture et arboriculture.	3	6
Professeur de chimie.	Physique et météorologie. — Chimie générale.	3	Chimie agricole. — Technologie agricole.	3	6
Professeur d'agriculture.	Agriculture générale et génie rural. — Zootechnie générale.	3	Cultures spéciales. — Zootechnie spéciale. — Économie et législations rurales.	3	6
Vétérinaire.......	Extérieur des animaux domestiques.	1	Hygiène des animaux domestiques : premiers secours; police sanitaire.	1	2
Chef de pratique horticole.	Horticulture et arboriculture.	1 (1)	Horticulture et arboriculture.	1 (1)	2 (1)

Total : 24 leçons et 2 conférences par semaine.

(1) Conférences.

RÉPARTITION DES MATIÈRES DE L'ENSEIGNEMENT (ENSEIGNEMENT DE TROIS ANS).

RÉCAPITULATION PAR PROFESSEUR.

PERSONNEL ENSEIGNANT.	1re ANNÉE.		2e ANNÉE.		3e ANNÉE.		NOMBRE TOTAL de leçons par semaine et par professeur.
	MATIÈRES À ENSEIGNER.	NOMBRE de leçons par semaine.	MATIÈRES À ENSEIGNER.	NOMBRE de leçons par semaine.	MATIÈRES À ENSEIGNER.	NOMBRE de leçons par semaine.	
Maître-surveillant comptable.	Instruction morale et civique. — Langue française et géographie. — Arithmétique.	2	Géométrie, arpentage, nivellement et cubage. — Dessin.	1	Arpentage, nivellement et cubage. — Dessin et comptabilité agricole.	1	4
Maître ou professeur de sciences naturelles.	Géologie et météorologie. — Botanique générale. — Zoologie générale.	2	Zoologie descriptive appliquée. — Botanique descriptive appliquée. — Horticulture et arboriculture.	2	Zoologie appliquée, entomologie, apiculture, pisciculture, aviculture, etc. — Botanique appliquée, maladies des plantes. — Horticulture et arboriculture.	2	6
Professeur de chimie.	Physique et minéralogie. — Chimie générale.	2	Chimie agricole. — Technologie agricole.	2	Chimie agricole. — Technologie agricole.	2	6
Professeur d'agriculture.	Agriculture générale. — Zootechnie générale.	2	Cultures spéciales. — Zootechnie spéciale. — Génie rural.	2	Cultures spéciales. — Zootechnie spéciale. — Économie et législation rurales.	2	6
Vétérinaire.....	....	.....	Extérieur des animaux domestiques.	1	Hygiène des animaux domestiques : premiers secours; police sanitaire.	1	2
Chef de pratique horticole.	Horticulture et arboriculture.	1 [1]	Horticulture et arboriculture.	1 [1]	Horticulture et arboriculture.	1 [1]	3 [1]
Total : 24 leçons et 3 conférences par semaine							

[1] Conférences.

IMPRIMERIE NATIONALE.

Zootechnie. — L'enseignement de la zootechnie comprend quatre parties : 1° L'anatomie et la physiologie animales : description sommaire du corps des animaux domestiques (espèces chevaline, bovine, ovine, porcine) avec applications à l'hygiène;

2° L'extérieur des animaux domestiques (enseigné par le vétérinaire);

3° La zootechnie générale (alimentation, méthodes de reproduction, de gymnastique fonctionnelle, d'exploitation, etc.);

4° La zootechnie spéciale: étude des principales races et variétés chevalines, asines, bovines, ovines, porcines: pratique de la reproduction, sélection, élevage, engraissement.

Notions élémentaires d'économie rurale et de législation rurale.

Fig. 111. — École pratique d'aviculture de Gambais. (Bâtiment de l'École.)

Zoologie générale. — Notions d'anatomie et de physiologie animales. – Classification des animaux. – Étude des principaux ordres ayant un intérêt agricole : caractères, mœurs, services qu'ils rendent ou dégâts qu'ils causent, moyens de les protéger ou de les détruire.

Zoologie appliquée. — Entomologie agricole : insectes nuisibles aux céréales, à la vigne, aux arbres fruitiers, etc.: caractères, mœurs, dégâts qu'ils causent, moyens de destruction; insectes auxiliaires; nsectes utiles.

Pisciculture. — Caractères généraux des poissons. – Élevage dans les étangs, dans les cours d'eau. — Fécondation artificielle des œufs. – Élevage des alevins.

Astaciculture. – Notions sommaires.

Apiculture. — Caractères généraux des abeilles. – Ruches à rayons fixes, à capots et à hausses, à rayons mobiles. – Installation d'un rucher.

Aviculture. — Élevage des poules, dindons, pintades, etc.

Cressiculture. — Principales races de lapins. – Installation d'un clapier.

Botanique générale. — Notions d'anatomie et physiologie végétales. – Classification : étude des principales familles ayant un intérêt agricole.

Pathologie végétale. — Etude sommaire des principales maladies des plantes.

Horticulture. — Culture potagère : Établissement d'un potager et d'un potager-fruitier. – Assolements. – Couche et châssis, etc. – Multiplication des plantes potagères. – Culture des principales variétés de légumes.

Arboriculture fruitière. — Établissement d'un jardin fruitier et d'un verger. – Multiplication des arbres fruitiers. – Taille des arbres, formes. – Culture des principaux arbres et arbustes fruitiers.

Géologie et minéralogie agricoles. — Étude sommaire des principales roches les plus répandues. – Étude des phénomènes géologiques actuels. – Notions sur les principales couches géologiques de la région.

Chimie : 1° Chimie générale : métalloïdes (étude des métalloïdes et de leurs composés les plus importants); métaux usuels et leurs principaux composés utilisés en agriculture.

2° Chimie organique. — Notions très sommaires sur les carbures d'hydrogène, les alcools et leurs éthers, les hydrates de carbone, les acides organiques et les matières albuminoïdes.

3° Chimie agricole. — Étude sommaire de l'atmosphère.

Développement des végétaux. — Germination, nutrition des plantes, composition minérale des végétaux.

Le sol. — Étude de l'argile, de l'humus, du calcaire et du sable. – Propriétés physiques, constitution physique, constitution chimique des terres. – Propriétés absorbantes des terres arables.

Les engrais. — Fumiers, engrais chimiques (azotés, phosphatés, potassiques, calcaires). – Essais agricoles, champs d'expériences.

4° Chimie appliquée. — En deuxième année, les élèves sont exercés à des travaux pratiques de chimie, travaux qu'un agriculteur intelligent peut faire pratiquement sans laboratoire : dosage du calcaire dans les terres (au calcimètre), analyse qualitative d'engrais: étude du moût et du jus de raisin (acidité avec le calcimètre, glucose avec le glucomètre Guyot ou le mustimètre Salleron); analyse des vins (alcool, extrait sec avec l'œnobaromètre Houdart, acidité avec le calcimètre). analyse du lait (expertise du lait avec le lacto-densimètre et le crémomètre, matière grasse avec le lacto-butyromètre), etc.

Physique et météorologie agricoles. — Pesanteur (équilibre des corps solides et des corps liquides, aéromètres, pression atmosphérique, baromètre, manomètres, pompes, siphon); chaleur (dilatation des corps, thermomètres, changement d'état des corps : fusion, dissolution, évaporation, etc.), propagation de la chaleur, systèmes de chauffage; optique (notions très générales); électricité (électricité atmosphérique, piles, etc.). – Météorologie : la pression et les mouvements de l'atmosphère, prévision du temps; la température de l'air et du sol; l'humidité de l'air et du sol; les condensations aqueuses de l'atmosphère.

Technologie agricole. — Fabrication du vin, du cidre, des alcools, du vinaigre. — Extraction des huiles. – Meunerie et fabrication du pain. – Laiterie : conservation du lait, fabrication du beurre, de la crème, des fromages. – Conservation des fruits et des légumes.

Mathématiques. — 1° Arithmétique (quatre opérations, divisibilité, fractions, système métrique, règles d'intérêt, d'escompte, de partages proportionnels, de mélanges, valeurs mobilières; sociétés de crédit agricole, d'assurances, etc.; caisses d'épargne, de retraites, etc.); 2° Notions de géométrie pratique avec applications à l'arpentage, au nivellement et au cubage; 3° Comptabilité agricole.

Dessin. — Constructions géométriques les plus élémentaires. – Tracés de plans, projets de drainage, de nivellement. — Croquis cotés au crayon d'objets usuels.

Français. — Grammaire. – Dictées et analyses. – Compositions françaises.

Instruction morale et civique.

Instruction militaire. — Exercices d'assouplissement. –École du soldat. – Exercices de tir au stand.

Travaux pratiques sur bois et sur fer. — Ces travaux se font en hiver quand le mauvais temps empêche toute sortie dans les champs.

Bois. — Exercices avec la scie, le rabot, la varlope, etc. – Assemblages les plus simples. – Applications : confections d'objets simples, de châssis, de ruches, etc. – Réparations à la ferme.

Fer. — Exercices avec la lime, le burin, le bédane, etc. – Perçage, filetage, appointissage, soudure, trempage, etc. – Applications : réparation des outils et machines de la ferme.

Examens. Classement. Diplômes. — Les élèves sont soumis, pendant le cours de leurs études, à des interrogations (examens particuliers) et à des épreuves pratiques; ils ont, en outre, à subir, à la fin de chaque cours, un examen général théorique et pratique, et à la fin de leurs études, un examen général de sortie, lequel a lieu devant le comité de surveillance et de perfectionnement de l'école.

A la fin de la première année (et de la deuxième année, si l'enseignement de l'école comporte trois ans), il est établi un classement résultant des notes obtenues par les élèves dans les différentes épreuves. Ce classement détermine l'ordre de passage des élèves d'une division dans la division supérieure.

Le classement définitif de fin d'études détermine l'ordre suivant lequel les élèves qui en sont jugés dignes reçoivent le certificat d'instruction (diplôme) de l'école pratique. Trois médailles (vermeil, argent, bronze) sont accordées par le Ministre de l'agriculture aux élèves classés premiers.

Le diplôme des écoles pratiques assure un certain nombre de points aux candidats aux écoles nationales d'agriculture, mais ne confère aucune dispense militaire.

Exposition des Écoles pratiques d'agriculture.

L'exposition des écoles pratiques d'agriculture, attrayante par la variété des objets et par l'ordre dans lequel ils étaient rangés, donnait l'impression de l'activité et du zèle déployés par les directeurs de ces établissements d'enseignement.

Le président du comité de la Classe 5 avait invité les directeurs des écoles pratiques et des fermes-écoles à renoncer à l'exhibition des produits agricoles de leur exploitation : gerbes de céréales, collections de plantes, graines, tubercules, fruits, vins, eaux-de-vie, huiles, en raison du peu d'espace concédé à l'exposition de l'enseignement agricole. D'autre part, ces collections ne présentaient un réel intérêt que pour la réputation de l'exploitation, or les écoles devaient exposer, au point de vue des cultures, dans la classe de l'agronomie. Il avait donc demandé aux directeurs de faire une exposition d'enseignement comprenant des programmes, des cours, des plans d'études, des règlements, des monographies, des études sur les écoles, sur leurs moyens d'enseignement et sur les résultats obtenus, des travaux d'élèves et de maîtres, des cartes et des graphiques.

La variété du matériel et des procédés d'enseignement se trouvait suffisamment indiquée et mise en relief par les différents spécimens présentés. Les plans, reliefs, dessins ou photographies des établissements montraient la spécialité de chaque école et indiquaient le véritable caractère de son enseignement au visiteur attentif.

Les travaux et les objets exposés dans les vitrines et dans les pupitres donnaient une idée complète de l'organisation de notre enseignement agricole pratique et de sa vitalité. L'exposition était simple et sans apprêt. Comme ces écoles ne s'étaient pas groupées pour faire une exposition d'ensemble, il s'est trouvé que les mêmes objets étaient répétés dans les diverses expositions. Peut-être pourrait-on critiquer cette répétition. La méthode adoptée présentait cependant un grand avantage : c'était de donner une idée de l'organisation dans tous ses détails de chaque école. Chacune d'elles ayant fait une exposition complète, on pouvait faire la comparaison entre elles et voir les différences qu'elles présentaient.

Pour éviter de répéter lors de l'examen de chaque École récompensée les indications communes à chacune d'elles nous avons groupé dans la partie générale qui précède le présent chapitre les renseignements pouvant s'appliquer à l'ensemble de ces établissements et nous nous bornerons dans l'étude de chacune de ces Écoles à signaler principalement les particularités; nous nous étendrons davantage, par conséquent, sur les écoles spéciales qui sortent du type ordinaire. Les notices spéciales à chaque école que nous donnons ci-après ne portent que sur les Écoles récompensées.

École pratique d'agriculture et d'horticulture d'Antibes (Alpes-Maritimes). [Médaille de bronze. — Collaborateurs : MM. Grec, Mangeot et Gex, mentions honorables.] — L'école mixte d'agriculture et d'horticulture d'Antibes, dirigée par M. Farrenc, a été créée le 26 février 1891. Elle est installée aux environs de la ville, dans la région horticole du littoral méditerranéen.

L'école d'Antibes est destinée à former des chefs de culture, des jardiniers capables et instruits possédant toutes les connaissances théoriques et pratiques relatives à leur art; à donner une bonne instruction professionnelle aux fils de cultivateurs, propriétaires ou fermiers et, en général, aux jeunes gens qui se destinent à la carrière agricole ou horticole.

La durée des études, qui n'était que de deux ans, vient d'être portée à trois ans pour permettre aux élèves qui se destinent à la carrière horticole de faire un apprentissage complet de leur métier.

L'exploitation embrasse une surface totale de 16 hectares et comprend des cultures florales de plein air et de serres, un jardin fruitier, un jardin botanique, un vignoble, un verger, une plantation d'orangers, des prairies et des terres soumises au régime de la grande culture.

Indépendamment de la culture des primeurs, des légumes de consommation, l'établissement horticole s'occupe de la culture de porte-graines, de plantes potagères pour les marchands grainiers et surtout de la culture florale : violettes, œillets variés, anthémises jaune et blanche, chrysanthèmes, anémones variées, renoncules, giroflées, etc. La plupart de ces cultures sont faites en serre froide, quelques-unes sous simple abri de paillassons ou de châssis en toile imperméable. En serre chaude on force le frœsia, le cyclamen et la rose. Une serre de multiplication est réservée à une petite collection de plantes d'ornement.

A côté des cultures florales, on trouve encore à Antibes un vignoble reconstitué de près de 3 hectares, un jardin potager de 7,000 mètres carrés, 1 hectare d'oliveraies et des plantations d'orangers.

Les réparations du matériel agricole et horticole se font à l'atelier de l'école : menuiserie, petit charronnage, tout est fait par les élèves quand le mauvais temps les éloigne des cultures.

Fig. 112. — École pratique d'agriculture d'Antibes. (Le jardin.)

Le plan du domaine dessiné par un élève M. Mungeot, d'après un relevé exécuté par M. Grec, professeur comptable, et les photographies exposées représentaient les principales cultures d'Antibes : le jardin floral, les roseraies, les orangeries, les serres.

École pratique d'agriculture de Berthonval (Pas-de-Calais). [Médaille d'or. — Collaborateurs : M. Malpeaux, médaille de bronze; M. Becret, mention honorable.] — Le domaine de Berthonval a une étendue de 56 hectares. Toutes les cultures du Nord de la France sont mises en pratique à l'école, suivant les procédés rationnels de l'agronomie moderne.

Deux jardins potagers, un jardin paysager, un verger et une pépinière sont, sous la direction d'un chef de pratique horticole, livrés à la culture potagère, à l'arboriculture fruitière et à la floriculture. Un champ d'expériences, d'une contenance de 1 hectare, est exclusivement consacré à de nombreux essais de cultures nouvelles, d'engrais, de rendements et expériences diverses.

Le jardin botanique renferme plus de 1,200 espèces de plantes champêtres, sylvestres et ornementales. Le musée réunit des collections de céréales, légumineuses, graines, engrais, mammifères, oiseaux, insectes, minéraux, herbiers, instruments.

Des laboratoires de physique, chimie, ainsi qu'un observatoire météorologique permettent de se livrer à de nombreuses expériences, analyses, déterminations, observations. Des ateliers de menuiserie, forge, ajustage servent aux menues réparations et aménagements.

Fig. 113. — École pratique d'agriculture de Berthonval. (Vue générale.)

L'école possède les différentes machines agricoles en usage dans les meilleures exploitations : charrues, scarificateurs, herses, rouleaux, semoirs, distributeurs d'engrais, houes, faucheuses, faneuses, rateaux, moissonneuses, arracheurs, batteuses, etc.

La laiterie moderne comprend des réfrigérants, écrémeuse centrifuge, barattes, délaiteuse, malaxeur, presses, etc.

Le cours de technologie agricole répondant aux besoins de la région est le suivant :

Industrie sucrière : sucre, betteraves, choix, densité, saccharimètre; glucose; extraction du sucre de betterave, mélasses, résidus, leur utilisation.

Féculerie et amidonnerie : fécule de pommes de terre; richesse des tubercules; extraction de la fécule; amidon des céréales, gluten, dextrine, cellulose; conservation des bois.

Panification : fermentation, farines, fabrication du pain.

Brasserie : matières premières, brassage, fermentation.

Cidre : pommes, fabrication du cidre.

Distillerie : pommes de terre, betteraves, grains, mélasses, distillation, rectification.

Vinaigre : fabrication, acide acétique.

Au point de vue de l'enseignement pratique, les élèves doivent exécuter tous les travaux de l'exploitation, labours, hersages, semis, fauchage, buttages, binages, etc. De plus, ils sont attachés à tour de rôle à un service d'intérieur de ferme, qui est changé tous les mois. Ils sont obligés de tenir un cahier spécial relatant toutes les opérations des services dont ils s'occupent.

Fig. 114. — École pratique d'agriculture de Berthonval. (Bâtiments scolaires.)

L'école a fait admettre depuis sa création, de 1885 à 1900, 3 élèves à l'Institut agronomique, 19 à l'école nationale d'agriculture de Grignon, 9 à l'école nationale d'horticulture de Versailles, 3 à l'école nationale vétérinaire d'Alfort. Le nombre des élèves diplômés s'élevait à 119. La plus forte rentrée a été celle de 1898 où 24 candidats ont été admis.

L'association amicale des anciens élèves de Berthonval publie un bulletin contenant des renseignements sur l'école, ses travaux et la situation des anciens élèves. Par son personnel enseignant et par l'excellente direction imprimée aux études théoriques et pratiques, l'école de Berthonval jouit d'une légitime réputation. M. Dickson, le regretté directeur de l'école, et les professeurs, parmi lesquels MM. Malpeaux et Bécret, ont procédé à de nombreuses recherches : sur les plantes de grande culture, sur l'emploi des scories de déphosphoration, des engrais magnésiens, du sulfate de fer, sur le nitrate de soude, sur l'emploi du sucre et de la mélasse dans l'alimentation du bétail, des succédanés du lait dans l'engraissement des veaux, sur la valeur fertilisante des tourteaux de graines oléagineuses, sur la culture de l'orge de brasserie, sur la dessiccation des légumes et des fruits, etc.

Les résultats des travaux, dont l'école prend l'initiative ou qui sont demandés par le conseil général, sont publiés chaque année dans les rapports du préfet au conseil général du Pas-de-Calais.

Les méthodes suivies et les résultats obtenus dans les expériences que nous venons de citer étaient indiqués dans les brochures présentées et dans des tableaux et des graphiques.

École pratique d'agriculture du Chesnoy (Loiret). [Médaille d'or. — Collaborateurs : MM. Griffon et Falleau, médailles de bronze.] — L'école pratique d'agriculture du Loiret est installée sur le domaine du Chesnoy, près de Montargis. Le domaine cultivé a une étendue de 130 hectares.

Fig. 115. — École pratique d'agriculture du Chesnoy. (Application du cours d'agriculture.)

L'école est dirigée depuis sa création, qui date de 1889, par M. Jolivet, ancien élève de l'école de Grignon.

Rien n'a été ménagé dans la construction moderne de l'école au point de vue du confortable, de l'hygiène et de la bonne disposition des locaux. Sur les 210 élèves sortis de l'école, on en compte 163 diplômés; 79 ont été admis dans les écoles nationales d'agriculture. Presque tous les anciens élèves exercent la profession agricole : 188 sur 210, soit 89.5 p. 100.

A l'école du Chesnoy, les élèves suivent un cours d'agriculture coloniale. Ils ont créé un groupe de la Ligue coloniale de la jeunesse. Sur les 33 élèves admis en première année au mois d'août 1901, 9 provenaient du département de la Seine, 5 du Loiret, 4 de Seine-et-Marne, 3 de Seine-et-Oise, 7 d'Eure-et-Loir, 2 de l'Indre, 2 du Cher, 1 du Loir-et-Cher, 1 d'Indre-et-Loire, 1 de l'Aube, 1 de la Seine-Inférieure, 1 de l'Égypte.

Fig. 116. — École pratique d'agriculture du Chesnoy. (Levés à la planchette.)

Les collections dont l'école du Chesnoy a exposé quelques spécimens (collections de l'école et collections d'élèves) : plantes et insectes, minéraux et terres, produits technologiques, série de dessins et d'épures, schémas et planches de démonstration, montraient bien que son enseignement revêt le caractère pratique de la leçon de choses qui parle aux sens et éveille la curiosité.

L'un des professeurs, M. Griffon avait exposé des travaux originaux en histoire naturelle.

L'intéressant album de photographies de l'école représentait les élèves à l'étude, aux cours et aux applications.

Une carte agronomique de la propriété accompagnée d'un état comparatif des cultures de 1889 à 1900 permettaient de constater les nombreuses améliorations effectuées dans le domaine. Les résultats obtenus peuvent servir d'exemple de ce que peut produire la science agricole secondée par les leçons de l'expérience et la persévérance dans l'effort.

Société amicale des anciens élèves de l'École pratique du Chesnoy. — Il s'est créé, en 1899, parmi les anciens élèves de l'École pratique du Chesnoy, une Société amicale dont le siège est à l'École même.

Cette Société a pour but de créer et d'entretenir entre ses membres des relations amicales et de se venir réciproquement en aide par de bons offices en s'indiquant des emplois ou des positions et en se renseignant sur leurs cultures réciproques. Les adhérents se réunissent tous les ans en assemblée générale suivie d'un banquet. Un annuaire très intéressant est publié par la Société.

La Société amicale qui comprend 160 membres, soit la presque totalité des diplômés, plus un certain nombre de membres honoraires, est actuellement en pleine prospérité.

École pratique de laiterie de Coëtlogon (Ille-et-Vilaine). [Médaille d'argent. — Collaboratrice : Mme Bodin, médaille de bronze.] — L'école pratique de laiterie pour jeunes filles de Coëtlogon, près de Rennes, est établie dans l'ancien château qui faisait partie du domaine exploité par la ferme-école des Trois-Croix. Cet établissement fut créé en 1886 sur la demande de la chambre de commerce de Rennes, avec le concours et les subventions de l'État, du département d'Ille-et-Vilaine et de la ville de Rennes.

L'État contribue à l'entretien de l'établissement pour une somme de 9,700 francs; le contingent du département est fixé à 2,500 francs.

L'exploitation est au compte de la directrice, Mme Bodin, qui administre l'école avec une grande habileté. Le lait est payé en moyenne 0 fr. 13 le litre, et l'on en traite environ 180,000 litres par an.

Le but de l'école est triple :

1° Propager et développer l'industrie laitière par la formation d'élèves capables de répandre au dehors les meilleurs moyens et les procédés les plus pratiques pour faire subir au lait les transformations dont il est susceptible; par la mission de fournir les renseignements utiles aux intéressés, aménagements de laiteries, conseils sur le choix du matériel pratique et sur la fabrication.

C'est ainsi que bon nombre de laiteries ont été créées ou améliorées sur les indications données et sur les modèles de la nouvelle installation de l'école.

2° Compléter l'éducation théorique et pratique des jeunes filles destinées à vivre à la campagne, par les enseignements utiles à la fermière : travaux de la maison et couture, vacherie, porcherie, jardinage, rucher;

3° Donner aux élèves qui ne peuvent utiliser chez elles leurs connaissances acquises la possibilité de se créer des situations avantageuses.

L'école est destinée à donner une bonne instruction professionnelle aux filles de cultivateurs, propriétaires et fermiers, en les initiant spécialement à la pratique des manipulations du lait et à la fabrication du beurre et des fromages.

Fig. 117. — École pratique de laiterie de Coëtlogon. (Bâtiments scolaires.)

L'enseignement théorique comprend les matières suivantes enseignées dans des cours spéciaux :

1° Technologie du lait : utilisation des produits de la laiterie; installation et matériel pour la fabrication du beurre et du fromage;

2° Étude de la vache laitière : caractères, soins, alimentation; élevage et engraissement des veaux et des porcs; soins de la basse-cour, du rucher;

3° Étude de culture maraîchère et arboriculture fruitière;

4° Hygiène : ménage, soins intérieurs; comptabilité de la ferme et spécialement de l'exploitation laitière.

L'enseignement pratique comprend : la fabrication du beurre et du fromage; les soins donnés à la basse-cour; quelques pratiques de jardinage et la tenue du ménage, en particulier les travaux de couture, de cuisine, de blanchissage, de raccommodage.

Ces exercices pratiques sont complétés par un cours d'hygiène et d'économie domestique.

Familiarisée ainsi de bonne heure avec les travaux de la ferme et de la maison, la jeune fille devra être une ménagère capable, modèle. Tout est conçu, à l'école de Coëtlogon, de façon à préparer les élèves aux réalités de la vie.

Les jeunes filles sont admises à partir de 14 ans; le degré d'instruction exigé est celui du certificat d'études. Elles séjournent un an à l'école.

La carte exposée à la Classe 5 indiquant la provenance des élèves était très intéressante à examiner, car elle établissait que les élèves sont venues à Coëtlogon de toutes les parties de la France et aussi de l'étranger : de Belgique, d'Angleterre, de Russie, de Roumanie, d'Allemagne, de Norvège, d'Amérique. Sur les 199 élèves sorties de l'école, 131 ont obtenu leur diplôme; sur les 202 élèves ayant suivi les cours de l'école, il y avait 187 Françaises provenant surtout de la Bretagne, de la Normandie et de la Mayenne. Les élèves étrangères sont retournées dans leur pays où elles dirigent pour la plupart des écoles de laiterie ou des écoles ménagères.

Fig. 118. — École pratique de laiterie de Coëtlogon. (Vue intérieure.)

L'école de Coëtlogon a notamment servi de modèle aux nombreuses écoles de laiterie pour jeunes filles de la Belgique, qui ont contribué au rapide développement de l'industrie laitière dans ce pays.

Voici les conclusions du remarquable rapport « sur l'éducation des femmes et l'enseignement spécial des jeunes filles dans les écoles de laiterie et les écoles ménagères » présenté par Mme Bodin, directrice de l'école de Coëtlogon, au Congrès international d'agriculture :

« 1° Les écoles de laiterie et les écoles ménagères rurales pour les jeunes filles doivent être de plus en plus encouragées et répandues;

« 2° Comme direction, elles doivent être maintenues dans la simplicité et dans l'esprit d'éducation familiale;

« 3° La jeune fille doit être préparée à sa vie de femme en la sortant le moins possible de son milieu et en le lui faisant aimer;

« 4° Pour former la femme, il faut lui conserver la mission spéciale pour laquelle elle est faite et ne pas la sortir du domaine des professions qui conviennent à son sexe; ne pas encourager les revendications de droits différents des siens ou les empiétements sur le domaine de l'homme. »

Mlle J. Bodin avait présenté un herbier composé de plantes cueillies par les élèves dans leurs promenades, avec des tableaux synoptiques établis dans le but de faciliter la classification des plantes.

École pratique d'agriculture de Corbigny (Nièvre). [Médaille de bronze. — Collaborateur : M. Douaire, médaille de bronze.] — A l'école de Corbigny, située dans un pays d'herbages, entre Clamecy et Nevers, on étudie spécialement l'élevage des bovidés, race charollaise. Cette école fut créée le 5 avril 1894. Sur les 70 hectares qui

Fig. 119. — École pratique d'agriculture de Corbigny. (Vue des bâtiments de l'École.)

composent l'exploitation agricole, le directeur, M. Buquet, en a mis la moitié en prairies permanentes et temporaires, ce qui a permis d'augmenter le cheptel.

La chaire de sciences naturelles est tenue par M. Douaire avec une grande compétence.

Le nombre des élèves est de 23, répartis en deux années d'études. Les élèves peuvent accomplir une troisième année pour se perfectionner en pratique.

Les travaux et objets suivants avaient été exposés : Tableaux d'enseignement destinés aux cours, exécutés par les professeurs. Carte géologique de la commune de Corbigny, relevée directement sur les lieux. Dessins d'élèves. Collections d'insectes et herbiers.

École pratique d'agriculture de Crézancy (Aisne). [Médaille d'argent. — Collaborateurs : MM. Le Bagousse, Michaux, médailles de bronze.] — Connue dans la région sous le nom d'*école Delhomme,* nom de la donatrice du domaine de la Croix-de-Fer, Crézancy comprend 107 hectares. L'école occupe de vastes bâtiments qui ne laissent rien à désirer sous le rapport de l'aménagement. Depuis la création de l'école qui eut lieu en février 1891, les rendements culturaux ont subi une augmentation notable, ainsi que le montraient les tableaux comparatifs dressés par M. Le Bagousse. L'accroissement des récoltes a permis d'obtenir une augmentation du cheptel de la ferme. L'engraissement des moutons constitue la principale branche de l'exploitation. Le troupeau comprend 500 têtes appartenant à la race charmoise. Les agneaux gras sont livrés à l'âge de six mois à la boucherie de Paris, après avoir été abattus et préparés à la ferme.

La vacherie de Crézancy est composée de 28 vaches laitières appartenant à la race normande.

Fig 120. — École pratique d'agriculture de Crézancy. (La cour.)

L'école de Crézancy est dirigée dans le sens d'une exploitation rationnelle et rémunératrice plutôt qu'expérimentale. L'enseignement donné à Crézancy est nettement professionnel. Tous les travaux des champs sont exécutés par les jeunes gens eux-mêmes, sous la surveillance des chefs de pratique. Les élèves sont désignés à tour de rôle pour la conduite des attelages de chevaux et de bœufs pendant une période de quinze jours.

Les différentes situations occupées par les 120 élèves sortis depuis la création de l'école sont les suivantes :

Agriculture proprement dite	92	Agriculture coloniale	1
Horticulture	6	Chimistes de sucrerie	6
Industrie laitière	3	Commerce et situations diverses	11
Art vétérinaire	1		

La proportion des professions agricoles ou similaires occupées par les anciens élèves est donc de 90.8 p. 100.

Les photographies exposées représentaient les travaux effectués par les élèves : conduite du brabant double, du semoir, de la faucheuse, du rateau à cheval. Des collections de bois, de roches, d'insectes, de plantes, étaient présentées par MM. Brunel et Michaux.

École pratique d'agriculture d'Écully (Rhône). [Médaille d'or. — Collaborateurs : M. Boulan, médaille de bronze; M. Héritier, mention honorable.] — Située dans la banlieue de Lyon, dans un site pittoresque, l'école d'Écully s'occupe surtout de la culture de la vigne et des arbres fruitiers. Elle a été créée le 27 juillet 1881. Le voisinage de Lyon lui permet d'avoir un cadre exceptionnel de professeurs. M. Durand, directeur de l'école, ancien professeur départemental, professe la viticulture et l'arboriculture; la zootechnie est enseignée par M. Boucher, professeur à l'École nationale vétérinaire de Lyon; l'agriculture, le génie rural et l'économie rurale, par M. Deville, professeur départemental du Rhône; la zoologie, par M. Lesbre, professeur à l'École vétérinaire de

Fig. 121. — École pratique d'agriculture d'Écully. (Vue intérieure de la grande serre.)

Lyon; la botanique, par M. Gérard, professeur à la Faculté des sciences de Lyon et directeur du jardin botanique de Lyon.

La durée des études est de trois ans.

La viticulture occupe une place très importante dans l'enseignement donné à Écully. Le programme du cours de viticulture est le suivant :

1° *Viticulture générale.* — Notions d'anatomie et de physiologie de la vigne. — Cycle biologique. — Les facteurs du vin : climat, sol, cépages. — Les engrais. — Établissement du vignoble : les producteurs directs, les plants greffés. — Méthodes de greffage. — Les porte-greffes. — Défoncement, plantation. — Façons culturales et tailles. — Vendange et vinification. — Lutte contre les parasites.

2° *Ampélographie.* — Notions sur les cépages les plus cultivés pour la table et la cuve.

3° *Viticulture spéciale.* — Étude sommaire des divers vignobles français et étrangers, avec indication de leur système de culture et de la nature des produits qu'ils fournissent.

Le cours théorique est complété par des exercices pratiques sur le terrain sous la direction du professeur.

La moitié des élèves d'Écully, ainsi que cela se produit dans le voisinage des grandes villes, ne sont pas fils de cultivateurs. Ceux qui deviennent agriculteurs ou viticulteurs constituent donc un gain pour l'agriculture.

L'École s'occupe également beaucoup de la culture des arbres fruitiers. Le Directeur, qui a très bien organisé son école et qui en développe les spécialités, fait procéder chaque année au serrage des fruits en vue de leur expédition dans les grandes villes et à l'étranger.

Fig. 122. — École pratique d'agriculture d'Écully. (La vendange.)

La direction de l'école avait exposé d'importantes collections ampélographiques; une collection des parasites de la vigne et des arbres fruitiers, où chaque espèce avait son cycle biologique représenté avec ses diverses formes; une collection de productions fruitières avec leur développement et leur évolution; deux ouvrages sur la viticulture pratique, par M. Durand, directeur de l'école d'Écully; un relief du domaine exécuté par un élève et un album de vues photographiques de l'école.

École pratique d'agriculture des Faurelles (Charente). [Médaille d'argent. — Collaborateurs : MM. le Masson, Sonchois, médailles de bronze.] — Le domaine des Faurelles,

Fig. 123. — École pratique d'agriculture des Faurelles. (Laboratoire.)

dans l'arrondissement d'Angoulême, se trouve sur un coteau crayeux, autrefois couvert de vignes et produisant d'excellente eau-de-vie de Cognac. Ce domaine a une étendue de 117 hectares. Le directeur de l'école, créée en 1891, M. Danguy, s'occupe avec beaucoup d'activité de la reconstitution du vignoble charentais, en vue de la production des vins de chaudière. Dans les champs d'expériences de l'école, les élèves étudient les porte-greffes américains et l'affinité qui existe entre les américains et les cépages français. Fils de propriétaires, de viticulteurs ou de métayers des Charentes, ils apprennent tout ce qui a trait à la reconstitution du vignoble détruit par le phylloxéra. M. Le Masson, titulaire de la chaire d'agriculture, est un collaborateur précieux pour M. Danguy, ainsi que M. Sonchois, professeur de physique et chimie.

Fig. 124. — École pratique d'agriculture des Faurelles. (Exercice pratique.)

On compte en moyenne, aux Faurelles, depuis quelques années, de 50 à 54 élèves, répartis en deux années d'études. Sur 136 élèves sortis de l'école, 115 s'occupent d'agriculture, soit 84 p. 100. Le développement de l'industrie laitière, favorisé par la création des laiteries coopératives, a amené le directeur à faire des recherches et des expériences intéressantes sur la production laitière.

Des tableaux comparatifs des plus intéressants, présentés à l'Exposition par M. Danguy, indiquaient la production du lait par les vaches normandes et par les vaches gâtines. Des graphiques traduisaient d'autres expériences faites sur la lactation avec les variations de quantité entre les traites du matin et celles du soir. Un laboratoire en réduction très bien organisé avait été exposé par le Directeur.

École pratique d'agriculture et de viticulture de Fontaines (Saône-et-Loire). [Médaille d'or. — Collaborateurs : M. Brunerie, médaille d'argent; M. Peltier, médaille de bronze.] — Placée au centre d'une région agricole et viticole, l'école de Fontaines se trouve dans d'excellentes conditions pour enseigner aux élèves les diverses branches de l'agriculture. Sa situation à proximité d'une ville industrielle et commerçante comme Chalon-sur-Saône permet de compléter l'enseignement théorique donné aux élèves par de nombreuses visites dans les féculeries, sucreries, brasseries, etc. Situé en coteau, son vignoble appartient à la côte chalonnaise; il y est limitrophe des communes de Rully et de Mercurey, réputées et classées, par leurs vins fins, parmi les bons crus bourguignons.

Fig. 125. — École pratique d'agriculture de Fontaines. (Machinerie agricole.)

L'école possède un laboratoire installé surtout pour l'étude des sols, des engrais et des vins; les élèves y manipulent chaque semaine sous la direction du professeur de chimie.

Des salles de collections servent à l'enseignement des sciences naturelles, à l'étude des graines, des insectes et des minéraux.

Le domaine comprend 30 hectares de cultures diverses, dont 6 en vignes, pépinières, jardins potager, fruitier et d'agrément, des collections ampélographiques et autres. La ferme possède des écuries vastes et bien installées, ainsi qu'un matériel agricole et vinaire perfectionné, permettant d'initier les élèves au maniement des meilleures machines. Des expériences sont faites chaque année et poursuivies, tant sur les engrais que sur les variétés de plantes de grande culture et sur les divers assolements.

Fig. 126. — École pratique d'agriculture de Fontaines. (Rucher.)

La durée des études à l'école d'agriculture et de viticulture de Fontaines est de deux ans. L'effectif moyen des élèves varie de 32 à 35; 80 élèves sont sortis diplômés de l'école, dont la fondation ne remonte qu'au mois de juillet 1892. Les quatre cinquièmes de ces élèves s'occupent d'agriculture ou de viticulture. L'École avait exposé un registre intitulé *Historique des cultures de l'école, de 1892 à 1900,* indiquant toutes les améliorations culturales et les expériences faites sur le domaine de Fontaines, les résultats obtenus, etc. Ce travail, très complet, comprenait 400 pages de texte, avec de nombreux graphiques, tableaux de statistique, dessins, plans, photographies.

M. Jules Raynaud, qui dirige son école avec la plus grande habileté, avait exposé tout un ensemble d'ouvrages sur l'agriculture. Son but est de publier une série de brochures devant former une petite bibliothèque pratique. Elle compendra 14 opuscules, dont la moitié a déjà paru. Ce travail de vulgarisation agricole par des ouvrages à bon marché a été entrepris par M. Raynaud avec la collaboration de praticiens et de spécialistes. Le professeur d'agriculture de Fontaines avait présenté des tableaux représentant des croquis de machines pour l'enseignement du génie rural; le chef de pratique viticole, un herbier ampélographique contenant les variétés de vignes cultivées à l'école.

Travaux d'élèves : cahiers, herbiers, collection d'insectes, carnet de croquis.

École pratique d'aviculture de Gambais (Seine-et-Oise). [Médaille d'argent. — Collaborateur : M. Faracot, mention honorable.] — L'aviculture est enseignée à l'école de Gambais, canton de Houdan, depuis 1888. Ce fut la première école de ce genre créée en France et à l'étranger.

Cet établissement est destiné à donner aux jeunes gens sortant des écoles pratiques de l'État et qui se destinent à diriger une ferme un complément d'études en tout ce qui touche la basse-cour et la production des gallinacés, à former des élèves, jeunes gens ou jeunes filles, capables de diriger un établissement d'aviculture, faisant éclore, élevant, engraissant la volaille par des procédés pratiques, artificiels et naturels.

M. Roullier-Arnoult étudie l'élevage des poules à un point de vue essentiellement pratique et néglige les généralités connues pour indiquer les meilleures méthodes d'élevage, les plus nouvelles et les plus productives.

L'enseignement, essentiellement pratique, comprend les travaux et exercices suivants : incubation artificielle et naturelle des œufs; élevage artificiel et naturel des poussins; engraissement naturel et forcé; mirage des œufs; sacrifice, préparation et expédition de la volaille pour les halles et marchés.

Fig. 127. — École pratique d'aviculture de Gambais. (Poulailler.)

L'étude des principales races de poules par rapport à la ponte, à la finesse de la chair, à la précocité de l'engraissement, met en lumière les races les plus avantageuses à élever sous le rapport pécuniaire et suivant le climat où l'on se trouve. L'école reçoit alternativement des élèves internes des deux sexes. L'enseignement de l'aviculture présente un véritable intérêt pour la femme, qui est plus spécialement chargée de l'élevage de la volaille dans une ferme. Les candidats, français ou étrangers, doivent être âgés de 15 ans au moins et avoir reçu une instruction correspondant au certificat d'études primaires.

Fig. 128. — École pratique d'aviculture de Gambais. (Rucher.)

A la sortie de l'école, les élèves qui ont suivi le cours complet et qui sont reconnus aptes à professer l'aviculture reçoivent un certificat de capacité qui leur permet de trouver facilement un emploi dans les maisons spéciales d'élevage ou dans les exploitations agricoles. Le directeur de l'école a exposé les objets et travaux suivants : Couveuses artificielles, gaveuses perfectionnées; types de nos meilleures races de poules; guide pratique illustré pour l'éclosion et l'élevage artificiels des oiseaux de chasse et de basse-cour.

École pratique d'agriculture de Gennetines (Allier). [Médaille d'argent. — Collaborateurs : MM. Chancrin et Gaget, médailles de bronze.] — L'école pratique d'agriculture de l'Allier, fondée en 1887, est dirigée avec habileté par M. Desriot.

L'étendue du domaine affecté à l'école est de 53 hectares.

A Gennetines, on pratique surtout la culture des céréales et l'élevage des bovidés (durham-charollais).

Les bâtiments scolaires et d'exploitation sont spacieux. Le matériel agricole, très complet, comprend tous les instruments et machines qu'une ferme modèle doit avoir et que les élèves peuvent rencontrer plus tard.

L'école possède un laboratoire bien outillé pour l'enseignement et les recherches agricoles, de belles collections servant à l'étude des sciences naturelles, un grand jardin botanique avec collection ampélographique, un rucher modèle, un observatoire météorologique, etc., en un mot tout ce qui est nécessaire pour donner un enseignement expérimental et pratique.

Fig. 129. — École pratique d'agriculture de Gennetines. (Vue de l'École, côté ouest.)

Un atelier de forge, d'ajustage et de menuiserie donne toutes facilités aux élèves de réparer, pendant la mauvaise saison, les machines et les instruments de la ferme. Les travaux sur bois et sur fer sont d'ailleurs l'objet de conférences et d'exercices bien compris.

Un stand permet aux élèves de faire des exercices de tir réduit et à longue portée.

La durée des études est de deux ans. Une troisième année facultative a été créée pour les anciens élèves qui désirent aller aux écoles nationales.

D'après une carte exposée par M. Desriot, les différentes situations occupées par les 130 élèves sortis depuis la création de l'école sont les suivantes : agriculture proprement dite, 95 ; horticulture, 12 ; brasserie, 1 ; fonctionnaires (enseignement agricole), 2 ; commerce et situations diverses, 15 ; décédés, 5. Proportion des professions agricoles ou similaires occupées par les anciens élèves : 84 p. 100.

L'exposition de l'École de Gennetines marquait bien le caractère pédagogique et pratique que le personnel a su donner à son enseignement. Un beau plan-relief construit par M. Desriot représentait l'école et son exploitation.

Les pièces anatomiques préparées par le directeur, professeur de zootechnie, ainsi, d'ailleurs, que la plupart des objets exposés, montraient que dans l'enseignement donné à Gennetines on ne s'adresse pas au raisonnement seul, mais aussi aux sens, particulièrement à la vue ; en un mot, que les leçons données aux élèves sont, avant tout, des leçons de choses.

La belle collection d'histoire naturelle, exécutée par M. Gaget, comprenait plusieurs herbiers, une collection d'insectes, de ruches, de maladies des plantes, etc. Les collections des élèves tenaient une place importante. Citons aussi plusieurs petites ruches de cours toutes démontables, pour l'enseignement pratique de l'apiculture.

Fig. 130. — École pratique d'agriculture de Gennetines. (Poulailler modèle.)

Une vingtaine de petits appareils de physique fabriqués par le professeur et les élèves avaient été exposés. Les petits appareils de démonstration, exécutés avec beaucoup d'habileté par M. Chancrin, démontrent parfaitement que l'on peut faire de la physique partout avec tous les moyens. Nous ajouterons qu'ils présentent un avantage, celui de développer chez les élèves l'esprit d'initiative et le goût des sciences expérimentales.

Un nécessaire de chimie, dans lequel on pouvait remarquer un alambic Salleron, un calcimètre, construits à des prix très modestes par les élèves eux-mêmes, montraient que le professeur n'admet comme travaux de chimie, dans une école d'agriculture, que ce qu'un agriculteur intelligent peut faire pratiquement sans laboratoire.

Plus compliqué était un appareil météorologique enregistreur (baromètre, thermomètre, psychromètre, pluviomètre), construit en vue d'études nécessaires à l'école et aux agriculteurs de la région. Le professeur de physique et de chimie n'a pas seulement en vue l'instruction de ses élèves, mais aussi l'instruction des cultivateurs du pays. C'est dans ce but qu'il a fait la carte agronomique de la commune de Gennetines, carte accompagnée d'une notice explicative contenant, comme on pouvait le voir, les résultats d'analyses et des conseils très utiles aux agriculteurs.

Fig. 131. — École pratique d'agriculture de Gennetines. (Rucher.)

Toujours guidé par la même idée, M. Chancrin réunit chaque année, dans une brochure distribuée gratuitement, les comptes rendus des expériences culturales effectuées à l'école et aux champs d'expériences qu'il a créés chez les anciens élèves dans chaque couche géologique du département de l'Allier. C'est une de ces brochures qu'il avait exposée.

École pratique d'agriculture de Grand-Jouan (Loire-Inférieure). [Médaille d'argent. — Collaborateurs : MM. Burnouf, Galery, mentions honorables.] — L'école pratique d'agriculture et d'horticulture de Grand-Jouan occupe, depuis 1896, les bâtiments et exploite le domaine de l'ancienne école nationale d'agriculture, aujourd'hui à Rennes. La ferme de l'école pratique n'a cependant qu'une superficie de 78 hectares, soit 20 hectares de moins que l'ancienne ferme de l'école nationale.

L'école reçoit des élèves pensionnaires, des demi-pensionnaires et des externes. La durée des études est de deux ans. Les élèves entrent à l'école avec une bonne instruction primaire. Plusieurs d'entre eux sont titulaires du brevet élémentaire ou du certificat d'études primaires supérieures. Tous les élèves ayant fréquenté l'école pendant deux ans sont sortis titulaires du diplôme des écoles pratiques; les uns ont continué leurs études agricoles dans les écoles nationales d'agriculture ou d'horticulture, les autres sont rentrés dans leurs familles pour s'y livrer à l'agriculture ou ont été placés comme contremaîtres dans de grandes fermes.

Fig. 132. — École pratique d'agriculture de Grandjouan. (Bas de la cour de la ferme.)

L'exposition de l'école de Grand-Jouan qui était très bien présentée comprenait de nombreux objets et des travaux des professeurs et des élèves: un tableau représentant une vue de l'école; des plans de culture des années 1896 et 1900; des cartes agronomiques du sol et du sous-sol, avec une notice sur le domaine et sur l'école de Grand-Jouan; une carte géologique avec coupe. Le directeur de Grand-Jouan, M. Montaux, y avait joint une collection de 300 variétés de graines diverses et une collection d'insectes; des ouvrages publiés par le personnel enseignant; un graphique indiquant l'accroissement physique des élèves pendant leur séjour à l'école; un herbier de 800 plantes de la région; des vues diverses prises dans les différentes salles de classe et dans les champs, vues disposées sur un pied tournant.

École pratique d'agriculture des Granges (Creuse). [Médaille d'argent. — Collaborateurs : MM. Leymarie, Esch, Olby, médailles de bronze.] — L'école pratique d'agriculture des Granges, créée en 1892, a été fondée grâce à l'appui de M. Cornudet, ancien député de la Creuse, lequel a fait construire l'école à ses frais. Autour de l'école sont groupés les bâtiments de l'exploitation, une vaste étable contenant une cinquantaine de bêtes à cornes, une porcherie modèle et des ateliers de maréchalerie et de charronnage permettant d'exercer les jeunes gens à réparer les outils et à entretenir le matériel.

Fig. 133. — École pratique d'agriculture des Granges. (Étable.)

L'étendue du domaine est de 100 hectares.

Au domaine des Granges, on cherche à produire le plus de fourrage possible pour l'élevage et l'engraissement du bétail. Les prairies temporaires permettent de retourner tous les ans une partie des prairies naturelles. Le sol étant pauvre en acide phosphorique et en chaux, on emploie comme engrais des scories de déphosphoration, des phosphates de chaux. Des tableaux exposés par le directeur de l'école, M. Cottais, montraient le changement de la flore des prairies après assainissement et emploi des engrais phosphatés.

Dans la région où est située l'école, les hivers sont longs, le climat rude, la culture très pauvre. Pendant la mauvaise saison, les hommes émigrent dans les villes, vont surtout à Paris comme ouvriers maçons. L'exemple donné aux Granges a eu certainement une grande influence dans le pays; la lutte de l'école contre l'émigration et la routine a produit d'heureux résultats.

Fig. 134. — École pratique d'agriculture des Granges. (Bergerie.)

Les conditions spéciales dans lesquelles se trouve cet établissement ont nécessité une exception à la règle générale en ce qui concerne l'époque des vacances et l'ouverture des cours. Les vacances ont lieu en hiver, et l'année scolaire commence au mois de février. Les objets et travaux présentés étaient les suivants : Plan de l'exploitation et de son assolement. Tableau de zoologie et de botanique. Étude des principales maladies des plantes. Collections d'insectes, par M. Leymarie. Tableaux représentant les améliorations faites dans les prairies de l'école, par M. Esch. Monographie de l'école des Granges, par M. Olry.

École pratique d'agriculture de Kerliver (Finistère). [Médaille d'argent. — Collaboratrice : Mlle Bohan, médaille de bronze.] — L'école de laiterie de Kerliver est destinée, comme celle de Coëtlogon, à donner une bonne instruction professionnelle aux filles de cultivateurs, propriétaires et fermiers, en les initiant à la pratique raisonnée des manipulations du lait, de la fabrication du beurre et du fromage et des soins à donner aux vaches laitières et à la basse-cour.

Fig. 135. — École pratique d'agriculture de Kerliver. (Salle de cours.)

Indépendamment des élèves régulières, on admet à suivre l'enseignement pratique, à titre d'apprenties, des élèves adultes qui désirent séjourner un temps limité à l'école pour s'initier à la pratique des procédés de l'industrie laitière.

Les élèves sont reçues après un examen permettant de constater leurs aptitudes et leur degré d'instruction. Elles doivent avoir au moins 14 ans dans l'année de leur admission. Les études ont une durée d'un an.

L'enseignement pratique comprend : la fabrication du beurre et du fromage, les travaux à l'aiguille, la tenue du ménage, la préparation des aliments, le blanchissage du linge, le repassage, les soins à donner aux animaux et la tenue de la comptabilité.

Fig. 136. — École pratique d'agriculture de Kerliver. (Vue du jardin et des bâtiments.)

Enseignement théorique. — 1° Cours de technologie laitière, caveaux, séchoirs, bâtiments et matériel de fabrication du beurre et du fromage, utilisation des déchets de laiterie;

2° Cours de français et leçons relatives aux soins du ménage, instruction primaire, langue française, narration, histoire et géographie de la France et principalement de la région, instruction morale et civique, arithmétique, comptabilité, ménage de l'exploitation, soins intérieurs;

3° Cours d'extérieur et d'hygiène des animaux domestiques. Étude de la vache laitière, caractères, soins, alimentation; élevage et engraissement des veaux; porcherie et basse-cour, élevage et engraissement; premiers secours, maladies contagieuses.

Le temps des élèves est partagé de façon que la moitié de la journée soit consacrée à l'étude, aux leçons et aux examens, et l'autre moitié aux travaux pratiques de l'exploitation. Les notes obtenues dans les compositions écrites, dans les interrogations spéciales et à l'examen de fin d'études sont réunies en une moyenne générale, qui sert à établir le classement des élèves par ordre de mérite. C'est d'après ce classement qu'est prononcée la désignation de celles qui ont droit au certificat d'instruction laitière délivré par le Ministre sur la proposition du comité de surveillance et de perfectionnement.

Fig. 137. — École pratique d'agriculture de Kerliver. (L'écrémage.)

Le régime ordinaire des populations agricoles de la basse Bretagne a été maintenu à Kerliver, dans le but de ne pas donner aux jeunes filles des habitudes de bien-être qui les auraient déclassées au retour dans leurs familles.

M. Randoing, inspecteur général de l'agriculture, avait indiqué les effets de ce régime dans un rapport sur l'école de Kerliver : «Le pain bis de froment mélangé d'une petite quantité de seigle ou de sarrasin, la bouillie de farine de sarrasin ou d'avoine et le beurre constituent la base de la nourriture des élèves. Rien n'est changé dans l'alimentation qu'elles avaient coutume de recevoir chez leurs parents; il n'y a que la propreté en plus. L'expérience a montré que cette manière de voir présentait des avantages : les petites Bretonnes n'en souffrent pas, loin de là, et quand elles retournent chez leurs parents, elles sont recherchées en mariage.»

La plupart des jeunes filles, originaires du département, retournent dans leurs familles, leur apprentissage terminé. Comme à Coëtlogon, le succès de l'école est dû à l'intelligence et au zèle de la directrice, Mlle Couturier.

École pratique d'agriculture Mathieu de Dombasle, à Tomblaine (Meurthe-et-Moselle). [Médaille d'or. — Collaborateurs : M. Roville, médaille de bronze; M. Ponsard, mention honorable.] — L'École nationale forestière de Nancy et la Faculté des sciences permettent de donner un enseignement scientifique exceptionnel aux élèves de l'école Mathieu de Dombasle, à Tomblaine, près de Nancy. Le château de Tomblaine avait été donné par Napoléon Ier en dotation au maréchal de Molitor, dont la famille le céda au département. Placée sous le patronage de l'illustre agronome lorrain, l'école était destinée à perpétuer son souvenir en même temps qu'à continuer son œuvre de vulgarisation de l'enseignement agricole. A la suite d'une délibération prise par le conseil général de Meurthe-et-Moselle, un arrêté ministériel du 31 octobre 1879 créa l'école Mathieu de Dombasle.

La première rentrée eut lieu le 29 novembre 1879 et ne comprenait que 4 élèves.

Dès ce moment, les cours furent organisés, sous la direction de MM. Grandeau et Garola, et commencèrent à fonctionner régulièrement.

L'enseignement primitivement organisé était supérieur à celui des écoles pratiques en général. Les fondateurs de l'école, en faisant appel au concours des professeurs de l'Université et de notabilités scientifiques de Nancy, avaient en vue la création d'une école régionale qui aurait tenu le milieu entre les écoles nationales et les écoles pratiques déjà existantes.

Fig. 138. — École pratique d'agriculture Mathieu de Dombasle. (Vue des écuries.)

L'âge d'admission pour les candidats était de 16 ans.

La direction générale de l'École avait été confiée à M. Louis, lauréat de la prime d'honneur, cultivateur à Tomblaine même, qui mettait sa culture à la disposition de l'école. La direction scientifique et administrative avait été remise aux mains de M. Garola, directeur des études, en même temps que professeur d'agriculture.

En 1881, la direction de l'école fut confiée à M. Thiry, qui en est encore directeur. M. Thiry applique avec succès, pour l'enseignement agricole pratique, la méthode de l'enseignement mutuel. Les élèves, divisés par sections, sont placés sous le commandement d'un élève de seconde année pendant une semaine. Il remet, à la fin de la semaine, au chef de pratique, un rapport sur les travaux effectués par sa section. Ce procédé d'enseignement développe chez les jeunes gens l'esprit d'initiative et fait naître chez eux l'idée de la responsabilité. Le directeur est aidé dans sa tâche par M. Roville, titulaire de la chaire d'agriculture. Pendant l'hiver, les élèves apprennent à fabriquer le beurre et le fromage de Gérardmer. L'école possède des pépinières de vignes américaines destinées à la greffe. Les élèves soignent seuls ces vignes, pratiquent la greffe et leur donnent les façons nécessaires. Pendant les vingt années qui se sont écoulées, depuis sa fondation jusqu'en 1900, l'école a reçu 311 élèves, sur lesquels la moitié environ ont obtenu le certificat des écoles pratiques d'agriculture.

Fig. 139. — École pratique d'agriculture Mathieu de Dombasle. (Vue intérieure de la laiterie-fromagerie.)

A la Classe 5, des photographies reproduisaient les expériences faites dans les cases de végétation de Tomblaine sur des plantes sélectionnées et sur l'efficacité de l'alunite dans la culture de l'avoine.

École pratique d'agriculture du Neubourg (Eure). [Médaille de bronze. — Collaborateurs : MM. Neuville et Thuasen, médailles de bronze.] — L'école pratique, créée en 1885, est installée dans une ancienne pension du Neubourg.

Le premier directeur, M. Pargon, ancien professeur départemental d'agriculture, a fait faire de grands progrès aux agriculteurs de la région en introduisant à l'école les meilleures méthodes de culture et en vulgarisant l'emploi des machines agricoles.

Le directeur actuel, M. Andriveau, avait exposé des spécimens de gerbes de céréales avec étiquettes portant le nom de chaque variété de blé, la nature du sol, du sous-sol qui l'avaient produit et aussi le mode d'ensemencement, la nature et la quantité d'engrais par hectare, le produit en grains et le poids de l'hectolitre. L'exposition était assez bien présentée.

École pratique d'agriculture d'Ondes (Haute-Garonne). [Médaille d'argent. — Collaborateur : M. Cirey, médaille de bronze.] — L'école, créée le 31 août 1889, est située dans la plaine de la Garonne. Elle comprend un magnifique ensemble de bâtiments (bâtiments scolaires et d'exploitation). Le domaine est borné à l'est par la rivière l'Hers, au sud par la Garonne, à l'ouest par la route de Grenade à Toulouse. La superficie du domaine de Tournassou est de 65 hectares, dont 62 consacrés à la culture. Toutes les cultures de la France sont réunies à Ondes. C'est un des avantages de cette école, où les élèves peuvent apprendre les différentes cultures pratiquées en France. Le directeur, M. Tallavignes[1], a créé un vignoble de 10 hectares, dont une partie est destinée à la production du vin, une autre à la production des bois américains, une troisième à l'ampélographie.

A Ondes, le matériel agricole est au complet; il comprend : un treuil Guyot actionné par une locomobile de 6 chevaux, une batteuse à grand travail, un semoir Smyth et des semoirs à bras, un semoir d'engrais, deux faucheuses, une moissonneuse-lieuse, deux râteaux à cheval, etc. L'établissement est muni d'une puissante pompe à vapeur, qui permet l'arrosage d'une partie du domaine où l'on emploie des machines perfectionnées. Ce machinisme serait peut-être déplacé dans une exploitation ordinaire, mais, dans une école pratique d'agriculture, il est bon que les élèves soient familiarisés avec tous les instruments connus qu'ils sont appelés à rencontrer plus tard.

Depuis dix années, des expériences nombreuses ont été entreprises à l'école. Beaucoup ont porté sur l'emploi des engrais, des semences, des variétés de blé; d'autres, sur la culture de la vesce velue, de la vigne, la vinification, etc...

Le cours de viticulture occupe une place importante dans l'enseignement donné à Ondes. Il comprend :

Caractères botaniques de la vigne. — Historique de la culture de la vigne. – Importance du vignoble français. – Conditions climatériques favorables à la vigne. – Éléments principaux de la production du vin. – Choix et préparation du sol pour l'établissement d'un vignoble. – Choix des porte-greffes. – Porte-greffes anciens et porte-greffes nouveaux. – Producteurs directs. – Résistance au phylloxéra. – Multiplication de

[1] M. Tallavignes a été nommé inspecteur de l'agriculture par arrêté du 30 juin 1903.

la vigne. — Importance des méthodes d'hybridation. — Semis. — Greffage. — Choix des cépages à greffer. — Cépages préférés dans le pays. — Soins à donner aux greffons. — Greffage sur table, en place et en pépinière. — Plantation. Soins à donner aux jeunes greffes.

Exigences de la vigne en éléments fertilisants. — Taille et ébourgeonnement. — Travaux d'entretien. — Intempéries et moyens de les atténuer ou de les combattre. — Accidents, maladies et ennemis de la vigne.

Les différentes situations occupées par les 183 élèves sortis depuis la création de l'école sont les suivantes :

Agriculture	163	Employés civils	4
Industrie	2	Professeurs d'agriculture	4
Commerçants	7	Militaires	2

La proportion des anciens élèves s'occupant d'agriculture est donc de 90 p. 100.

L'école avait présenté à l'Exposition une très belle collection ampélographique.

École pratique d'agriculture d'Oraison (Basses-Alpes). [Médaille d'argent. — Collaborateurs : MM. d'Aygalliers et Ruitre, mentions honorables.] — L'école d'Oraison,

Fig. 140. — École pratique d'agriculture d'Oraison. (Vue générale des cultures.)

créée par arrêté du 29 avril 1891, se trouve dans un centre important d'horticulture et de sériciculture. La pépinière de mûriers a une étendue de plus de 1 hectare. On y trouve aussi une pépinière d'arbres fruitiers, des amandiers, une petite oliveraie. L'étendue restreinte de l'exploitation, 27 hectares, permet de spécialiser la culture en vue de la production horticole et vinicole. Le pays, renommé pour sa production de fruits et de légumes, exporte chaque année des quantités considérables de raisins, d'amandes, de melons, de tomates. L'élevage du mouton, si important dans les Alpes, tient une certaine place à l'école d'Oraison.

Parmi les objets envoyés par le directeur, M. Wolff, on remarquait des vues photographiques relatives à la culture du mûrier, des produits séricicoles et un ouvrage très complet sur l'olivier et l'huile d'olive, par M. d'Aygalliers, professeur d'agriculture.

École pratique d'agriculture du Paraclet (Somme). [Médaille d'argent.] — Fondée en 1886, dans l'arrondissement d'Amiens, l'école dispose d'une très importante exploitation agricole d'une étendue de 120 hectares. Les bâtiments scolaires sont vastes et très bien construits. Le matériel agricole, très complet, renferme toutes les machines et instruments perfectionnés en usage dans les cultures du Nord de la France. La spéculation principale de l'exploitation est la production du lait. Ce lait est vendu à Amiens. Une beurrerie et une petite fromagerie permettent de donner un très bon enseignement pratique de l'industrie laitière. Un laboratoire de pisciculture complète les ressources que l'école offre au point de vue de l'enseignement pratique. La durée des études est de trois ans. L'école du Paraclet avait présenté divers travaux exécutés par les maîtres et les élèves et une collection de pommes à cidre du département de la Somme.

Fig. 141. — École pratique d'agriculture du Paraclet. (Exercice militaire.)

École pratique de laiterie de Poligny (Jura). [Médaille d'argent.] — L'école de laiterie de Poligny, au centre de la production fromagère du Jura, a été placée, en 1892, sous l'autorité du Ministre de l'agriculture. L'école est dirigée avec grande habileté par M. Friant, chargé en même temps de l'inspection des fruitières-écoles des Alpes; elle est destinée à former des fromagers, des contremaîtres et des entrepreneurs de laiterie capables d'appliquer et de vulgariser les connaissances scientifiques et les procédés rationnels sur lesquels doivent reposer les industries du lait. Un laboratoire de recherches laitières et d'analyses agricoles y est annexé, dans le but de déterminer les fraudes et les altérations du lait fourni aux fromageries ou aux laiteries et de rechercher les perfectionnements à apporter aux méthodes de fabrication en usage. Des cours temporaires, auxquels sont conviés les fromagers du Jura, ont lieu, chaque année, sur les principaux sujets relatifs à la technique laitière. Des primes sont accordées aux stagiaires les plus méritants par le conseil général du Jura.

L'école de Poligny fournit gratuitement tous les renseignements concernant la construction, l'aménagement et la comptabilité «au grand carnet» des fromageries.

L'école reçoit journellement 1,200 litres de lait en hiver et 2,300 en été, qui sont destinés à la fabrication des fromages de gruyère. La fabrication des fromages à pâte molle n'a lieu que pendant le semestre d'hiver.

Importance de la fabrication en 1897 : 53,370 kilogrammes de gruyère, 4,838 kilogrammes de beurre, 4,676 camemberts, 235 bries, 142 septmoncels.

Le régime de l'école de Poligny est l'externat. L'enseignement est gratuit et la durée des études est fixée à un an.

Fig. 142. — École pratique de laiterie de Poligny. (Salle de fabrication du gruyère.)

L'admission a lieu chaque année en deux séries correspondant aux deux périodes de fabrication (été et hiver); la première, le quatrième lundi de mars; la seconde, le quatrième lundi de septembre, après un examen permettant de constater les aptitudes et le degré d'instruction des candidats.

Les cours commencent, pour chaque semestre, le 1er avril et le 1er octobre. Ce mode d'admission offre l'avantage d'avoir constamment à l'école des élèves ayant au moins six mois d'études, qui servent de moniteurs aux jeunes gens de la promotion entrante.

Les candidats doivent avoir 18 ans au moins dans l'année où ils se présentent.

L'enseignement est à la fois théorique et pratique.

L'enseignement théorique est donné l'après-midi : il embrasse les matières suivantes :

SEMESTRE D'ÉTÉ :	SEMESTRE D'HIVER :
Industrie laitière.	Agriculture.
Chimie laitière.	Zootechnie et hygiène du bétail.
Mécanique et physique appliquées.	Fabrication des fromages à pâte molle.
Comptabilité.	Chimie générale.
Géométrie et arpentage.	Arithmétique.
	Français et style.

Des exercices ont lieu après chaque leçon, soit au laboratoire pour la recherche des fraudes et des altérations du lait, soit sur le terrain, pour la mesure des surfaces et des volumes, soit sur le champ de foire, pour l'étude des races bovines et de leurs aptitudes laitières, soit à l'étable ou à la porcherie. Quelques fromageries avoisinantes sont visitées périodiquement, ainsi que les foires importantes de Poligny, sous la conduite du vétérinaire attaché à l'établissement.

Fig. 143. — École pratique de Poligny. (Salle de fabrication du camembert.)

L'enseignement pratique est donné le matin; il comprend l'exécution de tous les travaux nécessités par les diverses fabrications à l'école. Six services sont ainsi organisés :

1° Réception et écrémage du lait par le repos ou à l'écrémeuse centrifuge, à bras ou à moteur; démontage, montage et réglage;

2° Fabrication du gruyère et de l'emmenthal;

3° Fabrication du beurre;

4° Fabrication des fromages mous (semestre d'hiver seulement);

5° Soins des fromages en cave;

6° Soins à l'étable et à la porcherie.

Un roulement est établi entre tous les élèves pour l'accomplissement successif de ces derniers services.

Emploi du temps. — Été, 5 heures; hiver, 6 heures à midi : travaux de fabrication. — 1 h. 1/2 à 3 heures : soins des caves par toute la promotion. — 3 heures à 4 h. 1/2 : cours théorique. — 5 heures à 7 heures : étude surveillée. Les élèves tiennent un registre où ils consignent chaque jour tous les détails relatifs aux diverses manipulations qu'ils effectuent sous les ordres du directeur et sous la surveillance des professeurs ou des chefs de pratique. Ce travail permet aux apprentis de perfectionner leurs connaissances professionnelles en se rendant exactement compte du résultat obtenu au moment de la livraison des produits.

Des cahiers sont tenus pour chaque cours enseigné; ils doivent être présentés à chaque interrogation.

Des notes sont données chaque semaine sur la conduite, l'application aux travaux pratiques et aux examens particuliers qui ont lieu après chaque série de dix leçons pour chaque cours. L'ensemble de ces notes combinées avec celles obtenues aux examens généraux qui ont lieu devant le comité de surveillance et de perfectionnement à la fin de l'année d'études, servent à établir le classement de sortie et la collation du diplôme. Il est tenu compte de ce classement dans l'attribution des places de fromager qui sont demandées au directeur.

Une médaille d'argent et une médaille de bronze sont décernées par le Ministre de l'agriculture, sur la proposition du jury, aux premiers élèves sortants s'ils en sont jugés dignes.

Les élèves sortis diplômés de l'école occupent tous une situation avantageuse dans l'industrie laitière; plusieurs sont chefs de pratique dans les fruitières-écoles des Alpes; la plupart sont placés comme fromagers dans les chalets à gruyère de la région.

Les élèves libres et les étrangers peuvent être autorisés par le Ministre de l'agriculture à suivre les cours et travaux pratiques de l'École, sur la proposition du directeur. Ils assistent aux leçons et prennent part aux applications et exercices pratiques.

L'exposition de l'école comprenait les objets et travaux ci-après : Plan d'une porcherie comprenant 25 cases ou auges demi-circulaires en fonte. — Plan de chalet moderne adopté par le conseil général du Jura pour les fruitières communales du département. — Ouvrages de M. Friant : *Le gruyère; L'industrie laitière dans le Jura.* — *Le lait et ses dérivés,* par M. le professeur Houdet.

École pratique d'agriculture de Rethel (Ardennes). [Médaille d'argent. — Collaborateurs : M. Pigeot, médaille de bronze; M. Diffloth, mention honorable.] Créée par arrêté du 7 mars 1890, l'école d'agriculture Linard de Rethel, dirigée par M. Coutte,

Fig. 144. — École pratique d'agriculture de Rethel. (Musée.)

a un domaine d'une étendue de 80 hectares. Les emblavures de 1900 comprenaient : blé, 25 hectares; seigle, 3 hectares; orge, 3 hectares; avoine, 17 hectares; fourrages (luzerne, sainfoin, minette, trèfle, vesce, pois), 23 hectares; betteraves et pommes de terre, 9 hectares.

Le cheptel, très important, est composé de : 12 chevaux, 8 poulains; 1 taureau, 7 bœufs d'engrais, 6 vaches, 8 veaux; 2 béliers, 150 brebis, 200 moutons et agneaux; 6 porcs; 500 animaux de basse-cour.

Une décision ministérielle a fixé à deux ans et demi la durée du séjour à l'école. La majorité des élèves sont fils de cultivateurs, de propriétaires ruraux. Les élèves d'autre origine, en particulier les fils de petits fonctionnaires, d'instituteurs, de petits commerçants, deviennent pour la plupart des cultivateurs. Sur 84 élèves diplômés, l'école compte 68 agriculteurs.

Fig. 145. — École pratique d'agriculture de Rethel. (Collection d'instruments de physique.)

L'enseignement de la technologie agricole est particulièrement développé à l'école de Rethel; il comprend les parties suivantes :

Sucrerie de betterave. – Meunerie, boulangerie. – Amidonnerie. – Vinification, cidre et poiré. – Brasserie. – Distillerie. – Alcool de betterave. – Huilerie. – Conservation des fruits et des légumes. – Laiterie, fabrication du beurre et du fromage. – Préparation des engrais.

Les élèves apprennent non seulement à se servir des instruments aratoires et des outils, mais à les réparer, à fabriquer les plus simples, à les perfectionner. Deux élèves, pris successivement dans les différentes promotions, s'exerçent à tour de rôle au montage et au démontage des machines agricoles.

En plus des travaux et objets exposés par le directeur de l'école, M. Coutte, on remarquait des cartes du département des Ardennes aux différentes époques géologiques, dues à M. Pigeot; des dessins, des schémas d'appareils de technologie agricole, facilitant les cours par M. Gonneau; des tableaux de zootechnie représentant les types d'animaux exploités dans la région, tableaux dus à M. Diffloth. Les travaux d'élèves tenaient une place importante : dessins de charpente, machines agricoles, schémas de technologie agricole, assemblages en bois tendre et en bois dur, herbiers, échantillons de roches. Tous ces travaux montraient bien la part active que les élèves prennent à l'enseignement.

IMPRIMERIE NATIONALE.

École pratique d'agriculture de Saint-Bon (Haute-Marne). [Médaille d'or. — Collaborateurs : M. Charles ROLLAND, médaille d'argent ; MM. CLAUSSE et GEORGE, médailles de bronze.] — L'école d'agriculture de Saint-Bon est située dans la partie du département de la Haute-Marne qu'on appelle « la Montagne », à 2 kilomètres du village de Blaise, dans un vallon dont les alluvions argilo-calcaires sont couvertes de prés.

L'école d'agriculture de la Haute-Marne est la plus ancienne et on peut même dire aussi l'une des meilleures des écoles pratiques de France. Le directeur, M. Rolland, qui dirige l'école de Saint-Bon depuis 1876, a su faire de son exploitation agricole, d'une étendue de 200 hectares environ, un domaine modèle qui a contribué au progrès agricole dans toute la région. M. Schribaux, de l'Institut agronomique, a été professeur de sciences naturelles à Saint-Bon. M. Berthault, actuellement professeur d'agriculture à Grignon, a aussi professé à l'école de Saint-Bon. Actuellement, la chaire de sciences naturelles est tenue avec beaucoup de compétence par M. Clausse.

Fig. 146. — École pratique d'agriculture de Saint-Bon. (Le musée.)

L'élevage prime à Saint-Bon toute autre spéculation. La société d'agriculture de Chaumont a demandé à l'école pratique de réserver pour les sociétaires les animaux mâles de la race tachetée rouge de Suisse susceptibles de faire de bons reproducteurs.

Le troupeau comprend un effectif de 260 bêtes, métis, dishley-mérinos. La vacherie comprend 35 têtes appartenant à la race tachetée rouge de Suisse. L'écurie se compose de 2 chevaux de gros trait et de 10 chevaux de trait léger, chevaux recommandés par Mathieu de Dombasle pour la culture dans l'Est.

Depuis l'ouverture de l'école, le nombre des candidats admis a été de 286 ; celui des diplômés, de 206. Sur ce nombre, 9 élèves seulement n'ont pas embrassé la carrière agricole.

L'école n'est pas organisée pour instruire plus de 30 élèves. En 1900, l'effectif était de 29 : 16 élèves de première année, 13 de seconde. Depuis la loi militaire de 1889, les élèves sont plus jeunes, moins aptes à s'assimiler l'enseignement. En conséquence, le niveau des études a un peu baissé.

L'enseignement théorique et pratique à Saint-Bon ne laisse rien à désirer. Signalons plus particulièrement l'enseignement de la pisciculture, lequel a été organisé en 1883, par M. Chabot-Karlen, ancien directeur d'Huningue. Un petit laboratoire fut alors créé pour l'application du cours, qui fut confié à M. Berthault. C'était une simple chambre à éclosion aménagée sous un hangar et comprenant six augettes de Coste. La première année, 5,000 œufs furent mis en incubation. Depuis, ce laboratoire n'a cessé de se développer et aujourd'hui la production est décuplée. 50,000 alevins ont en effet été répartis cette année par l'école de Saint-Bon dans les différents cours d'eau de la Haute-Marne.

L'étude de la pisciculture est théorique et pratique. Tous les ans, une pêche en temps de frai permet de se procurer les reproducteurs mâles et femelles nécessaires pour les démonstrations de la fécondation artificielle.

Fig. 147. — École pratique d'agriculture de Saint-Bon. (Exercice militaire.)

Les élèves donnent eux-mêmes les soins aux œufs et aux jeunes alevins.

L'Association amicale des anciens élèves de Saint-Bon, fondée en 1889, compte plus de 120 membres. Elle rédige un annuaire et donne, chaque année, une médaille ou un prix de pratique agricole au meilleur praticien de la promotion des diplômés de l'école. Les anciens élèves de Saint-Bon ont formé un syndicat dont tous les adhérents de l'Association sont membres de droit. L'exposition de l'école de Saint-Bon était très bien réussie et tout à fait intéressante.

Parmi les nombreux travaux et objets exposés, on remarquait plus particulièrement : le plan agrologique du domaine, des graphiques indiquant le rendement des céréales et les engrais chimiques employés depuis quinze ans, des aquarelles sur les maladies des plantes du pays, par M. Charles Rolland en collaboration avec M. George. Nous signalerons encore une collection d'insectes recueillis sur le domaine, préparée sous la direction de M. Clausse, ainsi qu'un graphique du recrutement des élèves, par M. Millière.

École pratique d'agriculture de Saint-Remy (Haute-Saône). [Médaille d'argent.] — L'école de Saint-Remy, dirigée avec grand soin par M. Walter, est installée dans les dépendances du château bâti, en 1760, par la marquise de Rozen. L'école appartient à la société de Marie.

Le domaine a une étendue de 150 hectares.

Les bâtiments scolaires et d'exploitation sont vastes et très bien aménagés.

Ces derniers surtout offrent des dépendances nombreuses qui permettent de donner aux élèves une sérieuse instruction professionnelle.

L'école de Saint-Remy possède une porcherie modèle, un laboratoire de pisciculture, une distillerie, une fromagerie, etc.

Pour rendre les élèves aptes à se suffire à eux-mêmes dans une foule de circonstances, on les fait passer dans les ateliers de charronnage, de menuiserie, à la forge, à la boulangerie; en un mot, on les emploie à tous les divers travaux que les circonstances imposent si souvent à un cultivateur soigneux et prévoyant.

Fig. 148. — École pratique d'agriculture de Saint-Remy. (La fenaison.)

L'exposition de Saint-Remy comprenait des collections des diverses plantes cultivées sur le domaine, des programmes d'enseignement, des cahiers de cours.

Fig. 149. — École pratique d'agriculture de Saint-Remy. (La moisson.)

École professionnelle d'agriculture de Sartilly (Manche). [Médaille de bronze. — Collaborateurs : MM. Brigeault et Surville, mentions honorables.] — Annexée à l'école primaire de Sartilly, dans l'arrondissement d'Avranches, l'école professionnelle d'agriculture a pour objet de compléter l'instruction des fils de cultivateurs du pays par l'enseignement de l'agriculture, de l'industrie laitière, de l'horticulture, de l'arboriculture, de l'hygiène vétérinaire. L'instituteur de Sartilly, M. Aubril, a été autorisé, par arrêté du 16 juillet 1887, à créer cet établissement si utile dans la région. Presque tous les élèves, originaires des campagnes voisines, restent cultivateurs. Cet établissement a servi de modèle pour la fondation de plusieurs établissements similaires en Russie, par le Ministère de l'agriculture et des domaines de l'empire.

Fig. 150. — École pratique d'agriculture de Sartilly. (Un cours.)

L'école professionnelle d'agriculture de Sartilly avait présenté à la Classe 5 une exposition assez complète qui comportait notamment : une carte agricole du département de

Fig. 151. — École pratique d'horticulture de Sartilly. (Horticulture et arboriculture.)

la Manche, donnant les productions de chaque région, indiquant les principales industries agricoles, l'objet des transactions dans les foires et marchés, la notice des importations et des exportations ; un croquis de l'Avranchin ; un graphique des cultures expérimentales d'orge et d'avoine avec un album correspondant ; un graphique donnant les résultats de l'amélioration de la culture du blé en pratiquant la sélection.

École pratique d'agriculture des Trois-Croix (Ille-et-Vilaine). [Médaille d'or. — Collaborateurs : M. Pic, médaille de bronze; M. Genet, mention honorable.] — L'école des Trois-Croix, près de Rennes, a remplacé l'ancienne ferme-école fondée en 1832, par Bodin. Le domaine actuel a été acheté par le département d'Ille-et-Vilaine.

Le directeur de l'école des Trois-Croix, M. Hérissant, président de l'Association française pomologique, a fait des cultures comparatives de nombreuses sortes de froment et créé des vergers modèles. On lui doit un ensemble d'études très remarquables sur la culture des pommiers et sur la fabrication du cidre : choix des fruits, broyage, pressurage, mise en fûts, fermentation, soutirage.

Fig. 152. — Écoles pratiques d'agriculture des Trois-Croix. (Station pomologique.)

M. Hérissant a su apporter aux méthodes d'enseignement appliquées à la ferme-école d'heureuses modifications dont les résultats ont permis d'élever le niveau des études tout en leur conservant un caractère absolument pratique. En même temps qu'il perfectionnait les programmes des cours, il améliorait la culture du domaine et transformait en pâturages et en vergers les terres labourables dont la production était peu rémunératrice. Le animaux durham ou croisés durham, presque tous peu laitiers, furent remplacés par des vaches cotentines ou schwitz. Toutes ces transformations ont produit d'excellents résultats. De 1889 à 1899 l'école a reçu 184 élèves.

Le directeur, qui s'est occupé d'une façon spéciale de pomologie, a créé dans son école une véritable station pomologique très renommée.

L'École d'agriculture ainsi que la station pomologique des Trois-Croix avait présenté à la Classe 5 une exposition très remarquable dont les principaux objets et travaux sont énumérées ci-dessous. — Plans détaillés des vergers d'étude de l'école des Trois-Croix. — Plan d'ensemble de la ferme de Kerlac, succursale de l'école. — Monographie de l'étude d'une variété de fruits à cidre appliquée aux principales variétés et comprenant la description de la fleur, du fruit, de l'arbre. — Observations faites de 1887 à 1900 sur la végétation, vigueur, santé, fertilité, date de floraison et de maturité, qualités et défauts, joints à une aquarelle représentant la fleur et ses détails. — Répertoire des variétés de fruits à cidre cultivées dans les vergers d'étude de Kerlac. – Volumes manuscrits où étaient insérées toutes les observations relevées annuellement, les analyses et les descriptions du fruit et de l'arbre. – Albums coloriés contenant des planches faites à l'aquarelle représentant un rameau fleuri, une fleur et ses détails, un fruit entier et coupé.

École pratique d'agriculture de Wagnonville (Nord). [Médaille d'argent.—Collaborateur : M. Quesnay, médaille de bronze.]—M. Manteau, directeur de l'école pratique de Wagnonville, dirige également l'École nationale des industries agricoles de Douai, qui est destinée à former, pour la conduite des sucreries, des distilleries, des brasseries et autres industries annexes de la ferme, des hommes capables de les diriger et des

Fig. 153. — École pratique d'agriculture de Wagnonville. (Vue d'ensemble de l'École.)

collaborateurs en état d'aider les chefs de ces diverses industries agricoles. L'école de Douai peut servir d'école d'application pour les meilleurs élèves de Wagnonville au point de vue de la transformation et de l'industrialisation des produits agricoles, but de l'agriculture moderne; cette faculté est précieuse, les industries annexes jouant un grand rôle dans l'agriculture du Nord de la France. Douai se trouve à une distance de 2 kilomètres seulement de Wagnonville.

L'école pratique d'agriculture du Nord a été fondée en 1894.

Les cultures dominantes de l'exploitation agricole, qui a une superficie de 55 hectares, sont les céréales et la betterave pour la production du sucre et de l'alcool. Le matériel de l'établissement comprend de nombreux instruments aratoires et des machines agricoles perfectionnées. L'aménagement des bâtiments de l'école ne laisse rien à désirer.

Les élèves apprennent, dans les ateliers annexés à la ferme, à travailler le bois et les métaux, afin de pouvoir réparer et fabriquer au besoin les outils indispensables au cultivateur. C'est un complément utile d'enseignement pratique. Des spécimens des travaux des élèves figuraient à l'exposition de l'enseignement agricole, notamment des appliques en fer forgé, des crochets, des gonds et charnières en fer, des assemblages en bois.

Considérations générales sur les écoles pratiques d'agriculture.

Les écoles pratiques d'agriculture sont très nombreuses, et leur enseignement varie avec les localités, en raison des conditions particulières à la région.

La tendance générale actuelle est de rendre l'enseignement aussi pratique et aussi court que possible. Cette tendance nous paraît excellente en ce qui concerne quelques branches de l'agriculture (aviculture, apiculture, laiterie, etc.), mais nous pensons qu'il ne faudrait pas qu'elle devînt excessive en ce qui concerne l'enseignement agricole proprement dit. La grande majorité des agriculteurs ne se spécialise pas, en effet, à une seule culture.

Dans les contrées où le sol est soumis à des cultures variées, l'agriculteur a besoin d'une somme de connaissances que l'on ne peut acquérir en quelques mois. De là, l'obligation de donner à l'enseignement des écoles pratiques une durée de deux ou de trois ans.

Nous possédons 25 écoles pratiques d'agriculture dont la durée des cours est de deux ans; 2 écoles pratiques d'agriculture dont la durée des cours est de deux ans et demi; 11 écoles pratiques d'agriculture dont la durée des cours est de trois ans.

L'expérience a démontré que la durée des études fixée à deux ans est insuffisante et que la durée de trois ans est trop longue.

En deux ans, le personnel enseignant éprouve une certaine peine à parcourir complètement les programmes. D'autre part, les petits cultivateurs ne peuvent faire le sacrifice de laisser leurs enfants trois ans sur les bancs de l'école, à un moment où ces derniers peuvent leur rendre d'utiles services. Aussi le Congrès de l'enseignement agricole a-t-il émis le vœu que :

« La durée des études soit uniformément fixée à deux ans et demi au lieu de deux ans — ce qui est insuffisant — et de trois ans — ce qui est excessif.

« L'année scolaire commencerait du 1er au 15 octobre au plus tard; les examens de passage de 1re en 2e année et de 2e en 3e année auraient lieu vers la même époque que les examens d'admission. Les élèves de 3e année pourvus de leurs diplômes quitteraient l'école à la fin de mars, afin de pouvoir aider immédiatement leurs parents dans les travaux des champs. »

Cette durée de deux ans et demi n'est pas demandée pour permettre aux écoles de deux ans de donner un enseignement théorique ou pratique plus étendu. Les fermes-écoles ont déjà un enseignement dans lequel la pratique prédomine; les Écoles nationales, par contre, donnent la prédominance à la théorie. Les écoles pratiques, qui se placent entre les deux, accordent avec raison autant d'importance à la théorie qu'à la pratique. On ne peut donner, en effet, une plus large part à la théorie sans détruire le caractère professionnel de ces écoles. De même, consacrer plus de temps à la pratique, ce serait négliger l'enseignement des sciences, se condamner à ne plus pouvoir expliquer le « pourquoi » ou le « comment » des choses et à ne former que des « manœuvres ».

Sans doute on pourrait rendre moins théorique l'enseignement théorique et établir entre la pratique et la théorie plus de relations. L'Administration, qui s'occupe de cette question, a déjà indiqué, il y a quelques années, dans une circulaire, le caractère que doivent revêtir les leçons professées dans les écoles pratiques :

« L'enseignement de la chaire, spécialisé suivant les milieux, ne doit pas être purement didactique ; il ne doit pas être limité à l'exposé d'un certain nombre de données théoriques plus ou moins développées : il doit surtout être appliqué.

Fig. 154. — École pratique d'agriculture de Gennetines. (Entrée de l'École.)

« En faisant son cours, le professeur ne doit jamais perdre de vue qu'il s'adresse à des jeunes gens dont la préparation n'est pas celle des élèves sortant des lycées, et, sans pour cela abaisser le degré de son enseignement, il doit le mettre à leur portée, en parlant à leurs yeux aussi bien qu'à leur intelligence. C'est dire que cet enseignement doit, avant tout, être une série de leçons de choses : il faut qu'il soit illustré, rendu vivant, en quelque sorte, par la présentation aux élèves des différents objets dont il est parlé au cours de la leçon.

« S'il est question, par exemple, d'étude d'un sol, le professeur montrera à son auditoire la roche ou les roches qui l'ont formé, ainsi qu'un échantillon du sol lui-même,

Si la leçon porte sur la culture d'une plante, le professeur présentera à ses élèves un échantillon de la plante entière, des semences des variétés les plus recommandables, les instruments ou dessins d'instruments et de machines employés dans cette culture, etc.

Fig. 155. — École pratique d'agriculture de Grandjouan. (Vue des bâtiments.)

« Ces exemples suffisent pour montrer la manière dont le professeur doit comprendre son enseignement, qu'il s'agisse d'agriculture, d'histoire naturelle, de sciences physiques et chimiques ou de mathématiques appliquées. Par des croquis très simples, crayonnés rapidement au tableau, le professeur supplée d'ailleurs, s'il y a lieu, à l'insuffisance ou à l'absence des objets, tableaux ou dessins. De plus, toutes les fois que cela est possible, il fait passer entre les mains des élèves les échantillons ou objets dont il parle ; c'est le meilleur moyen de les habituer à se rendre un compte exact de ce qui leur est décrit. »

En pratique, les élèves passent successivement par tous les services de la ferme, de façon à suivre de semaine en semaine les opérations de la culture, à tous les moments de l'année.

Fig. 156. — École pratique de laiterie de Kerliver. (Vue générale.)

L'enseignement de la pratique n'est pas tout à fait celui que l'on donne dans les fermes-écoles. Dans les deux cas, le but que l'on poursuit est avant tout de former de bons praticiens. Cependant, il faut considérer qu'à l'école pratique l'élève n'a à sa disposition, pour le travail manuel, que la moitié de la journée, alors que dans la ferme-école l'apprenti ne reçoit qu'une conférence par jour et passe les deux tiers de son temps dans les champs.

Les apprentis de ferme-école prennent une part sérieuse et réelle à tous les travaux de l'exploitation, sans distinction, qu'ils exécutent ainsi que le feraient des ouvriers recevant un salaire. Ils sont les seuls agents de l'exploitation ; ils sont en réalité de véritables ouvriers agricoles auxquels le directeur donne toutes les indications et les explications nécessaires concernant les travaux effectués.

Les élèves d'école pratique, qui ne disposent que de la moitié de la journée, ne peuvent exécuter tous les travaux de la ferme : leur instruction ne gagnerait rien à la répétition des mêmes travaux, bêchage, sarclage, arrosage, par exemple. Il doivent s'occuper surtout des opérations culturales les plus importantes, les plus difficiles, et laisser aux domestiques les occupations secondaires qui n'apprennent rien d'utile.

Il serait plus avantageux pour le directeur fermier de n'avoir recours à aucune main-d'œuvre étrangère comme cela a lieu dans les fermes-écoles, mais le fermier ne saurait oublier qu'il est en même temps directeur et qu'à ce dernier titre il a le devoir de ménager les forces des enfants qui lui sont confiés et de ne leur demander, en travail manuel, que ce qui est strictement nécessaire à leur instruction personnelle.

Fig. 157. — École pratique de laiterie de Kerliver. (Entrée de l'École.)

Il faut remarquer, d'ailleurs, que l'élève de ferme-école ne paye pas de frais d'entretien et de nourriture ; bien plus, l'État lui alloue, s'il obtient le certificat d'instruction à la fin de ses études, une prime qui représente, en quelque sorte, le prix de son travail. L'élève d'école pratique, au contraire, paye une pension variant de 450 à 500 francs. Payant pension, le père de famille se résigne difficilement à voir son fils dans l'obligation d'effectuer beaucoup de travaux manuels.

Ménager les susceptibilités des parents, concilier les intérêts de la ferme avec un bon enseignement pratique pédagogique sont autant de difficultés pour le directeur-fermier.

Dans les fermes-écoles, comme dans les écoles pratiques, la culture doit être évidemment fructueuse ; on doit, dans ces deux genres d'établissements, faire de l'agriculture à bénéfices, la seule bonne en définitive. Cependant, dans les écoles pratiques, il est nécessaire d'avoir souvent un matériel plus développé que ne le comporte l'exploitation de la ferme, des machines, des instruments que les élèves rencontreront plus tard et qu'il est indispensable de connaître. Le directeur-fermier est obligé, en un mot, d'acheter des choses qui lui sont inutiles ; il n'est donc plus dans les conditions voulues d'un bon fermier qui doit se borner au strict nécessaire et dont le but est de gagner de l'argent. Aussi l'Administration s'emploie-t-elle souvent à faire obtenir au directeur des conditions de fermage très avantageuses qui lui permettent de donner aux élèves un enseignement complet sans dépenses ruineuses.

L'enseignement théorique ainsi que l'enseignement pratique doit être donné suivant un programme nettement déterminé.

Fig. 158. — École pratique d'agriculture Mathieu de Dombasle. (Façade ouest de l'École.)

Les programmes varient, avec raison, suivant les besoins des régions où ils sont appliqués. Néanmoins, certaines de leurs parties, comme la chimie (chimie générale et chimie agricole), la physique, la météorologie, l'histoire naturelle (zoologie, botanique et géologie), l'agriculture générale, le génie rural, l'économie et la législation rurales, le français, les mathématiques ont des bases communes qui nécessitent un plan d'études identique pour toutes les écoles, plan d'études que l'Administration se préoccupe d'établir.

Quant aux autres matières, elles demandent un développement particulier selon l'importance qu'elles ont, ou plutôt qu'elles doivent avoir dans les régions où elles sont étudiées.

La *technologie agricole*, qui est une de ces parties, est destinée à prendre une plus grande place dans nos écoles. Sur la proposition de M. Grosjean, inspecteur général de l'enseignement agricole, le Congrès international de l'agriculture a émis le vœu suivant :

« Que l'enseignement des industries annexes de la ferme — de la technologie — soit développé dans les écoles pratiques actuelles où l'on pourrait étudier notamment la brasserie, la cidrerie, la distillerie, la fabrication des conserves alimentaires, et, suivant la région, d'autres industries : œnologie, huilerie, laiterie, sucrerie, féculerie et amidonnerie, etc. »

A cet enseignement technologique, on pourrait joindre l'enseignement pratique commercial qui en est le complément.

Fig. 159. — École pratique d'agriculture d'Oraison. (Bâtiment principal.)

La transformation des produits agricoles permet à l'industrie de réaliser de gros bénéfices qui échappent à l'agriculture. Et pourtant, l'agriculture produit la matière première que consomme et transforme l'industrie : la laine, le chanvre, la soie, le cuir, le bois, le pain, la viande, le vin, l'huile, le sucre, l'alcool. Pour améliorer la situation des petits cultivateurs, il est nécessaire que l'agriculture prenne une partie du monopole que l'industrie a su se créer et qui enrichit les industriels aux dépens des producteurs.

A l'étranger, en présence de la baisse du prix des produits agricoles, on s'est préoccupé de multiplier les écoles spéciales de technologie. En Russie, à l'école d'agriculture de Kologrive qui fait partie du groupe des écoles professionnelles de Tchigeoff, les élèves travaillent dans de petites usines modèles annexées à l'école d'agriculture : usines pour la préparation du lin, tannerie, huilerie, minoterie, féculerie, etc. Les élèves de 3e année choisissent, pour les exercices pratiques, la partie dans laquelle ils désirent se spécialiser. C'est une excellente méthode qui rend plus intéressante et plus utilitaire leur dernière année d'études.

Dans un certain nombre d'écoles, comme celles de Gennetines, Rethel, Wagnonville, etc., les élèves s'exercent à de menus travaux de menuiserie, de forge et d'ajustage, qui les habituent au maniement des outils et qui développent, chez eux, la justesse du coup d'œil et la dextérité de la main dans le travail des bois et des métaux. Cette partie de l'enseignement, en raison de son caractère utilitaire, est favorablement accueillie par

Fig. 160. — École pratique d'agriculture du Paraclet. (Vue d'ensemble.)

les parents des élèves, et il y aurait lieu de la généraliser. Pendant l'hiver, à l'époque où les travaux des champs sont interrompus par le mauvais temps et par la brièveté des jours, les élèves pourraient travailler à l'atelier et s'y exercer au montage et au démontage des machines agricoles, à la réparation et à la fabrication des outils et des instruments agricoles les plus simples.

Cet enseignement, dans certaines écoles, pourrait être complété par celui d'une de ces petites industries qui subsistent encore dans quelques régions et qui permettent aux cultivateurs de réaliser un supplément de bénéfices compensant la faiblesse des bénéfices de la culture pendant les mauvaises années.

C'est l'alliance heureuse de l'industrie et de l'agriculture qui a soutenu nos montagnards du Jura. La vannerie, la fabrication des sabots, les tourneries d'os, de corne, d'ivoire, de buis, le travail des pierres fines, l'horlogerie même, etc., qui occupent leurs loisirs, pendant les jours d'hiver, leur ont permis de résister à la crise agricole.

L'emploi de l'alcool pour les moteurs va permettre aux petits cultivateurs d'avoir la force motrice à leur disposition. L'utilisation des chutes des moulins à eau abandonnés leur permettra également de produire de l'électricité qui leur donnera la force et la lumière. Ils pourront faire revivre chez eux, avec des frais de main-d'œuvre très bas, ces modestes industries locales qui ont émigré en partie à la ville.

Fig. 161. — Ecole pratique de laiterie de Poligny. (Bâtiment principal.)

Le cours de génie rural, comme celui de technologie, est appelé à prendre plus d'importance dans nos écoles pratiques. Les machines agricoles s'introduisent maintenant dans toutes les fermes ; elles tendent, comme le disait Hervé Mangon, à affranchir l'ouvrier rural des plus rudes labeurs de force, pour lui réserver des travaux moins fatigants, plus productifs et plus dignes de son adresse et de son intelligence. Le drainage et l'irrigation, dont les avantages économiques sont aujourd'hui bien connus, et dont l'action sur l'accroissement de la puissance productrice du sol n'a plus besoin d'être établie, sont autant de questions que l'agriculteur moderne doit approfondir dans nos écoles.

L'apiculture est une de nos petites industries agricoles dont l'étude doit occuper aussi une place importante dans nos écoles pratiques d'agriculture. L'industrie apicole, qui peut être pratiquée presque partout, intéresse surtout la petite culture à laquelle elle est susceptible d'apporter des bénéfices qui ne sont pas à dédaigner. La Belgique, la Suisse, la Hongrie, l'Italie, l'Allemagne ont compris l'importance que pouvait avoir l'élevage des abeilles sur le bien-être des populations rurales. Aussi, dans tous ces pays, l'apiculture est-elle en progrès. La France, par la richesse de sa flore, par son climat, peut entretenir de nombreuses colonies d'abeilles : elle peut arriver à produire beaucoup plus de miel qu'elle ne le fait en encourageant et en donnant une plus grande extension à l'enseignement apicole. Toutes les écoles pratiques peuvent avoir un rucher expérimental permettant d'étudier les ruches les meilleures et les méthodes les plus perfectionnées.

Fig. 162. — École pratique d'agriculture de Rethel. (Bâtiments scolaires.)

Il faudrait développer en même temps l'enseignement de l'aviculture. Dans nos fermes françaises, la basse-cour est considérée comme d'un très faible rapport. Cette idée fausse, très accréditée dans nos campagnes, nous fait un tort considérable. Les autres pays, le Danemark, l'Italie, la Russie, envoient des volailles et des œufs de tous côtés et se substituent à la France qui a cependant des races excellentes.

La pisciculture pourrait aussi prendre en France une importance très grande si les agriculteurs savaient exploiter d'une manière rationnelle les eaux courantes ou dormantes qui sont à leur portée. Il serait donc bon de donner une vive impulsion à l'enseignement de la pisciculture dans nos écoles pratiques et de montrer à nos jeunes gens que l'exploitation bien conduite des ruisseaux, des étangs et des lacs donne un revenu appréciable.

La comptabilité agricole, si difficile à tenir dans les exploitations, doit également attirer notre attention. Il est absolument indispensable que le cultivateur se rende un compte

IMPRIMERIE NATIONALE.

exact de ses opérations culturales, surtout à une époque où il ne faut faire que des cultures rémunératrices.

L'étude de toutes ces parties, de toutes les matières du programme peut paraître trop étendue et semble exiger pour leur compréhension des élèves d'un certain âge, plus âgés que ceux que l'on reçoit dans les écoles pratiques. Sans doute, il serait préférable d'avoir des jeunes gens de 16 à 20 ans, c'est-à-dire à l'âge où l'intelligence est plus ouverte et le travail intellectuel plus facile. Mais il faut tenir compte des difficultés qu'éprouvent les parents à se passer de leurs enfants, juste au moment où ces derniers peuvent leur rendre des services très appréciables. Payer pension, payer un domestique

Fig. 163. — École pratique d'agriculture de Saint-Bon. (Vue générale.)

pour remplacer le jeune homme absent, c'est une double dépense que les petits cultivateurs se résignent difficilement à faire. C'est bien là la raison qui oblige les écoles pratiques à recevoir les élèves à 13 ou 14 ans, dès qu'ils sortent de l'école primaire.

Les programmes d'enseignement dans les écoles pratiques comprennent l'enseignement de la morale. Cet enseignement simplement limité à quelques leçons ne serait pas suffisant. L'éducation morale doit être l'objet des soins de tout le personnel et surtout du directeur. Les écoles pratiques, en effet, ont à former non seulement de bons agriculteurs, mais aussi des hommes. Elles peuvent également guider leurs jeunes gens dans la vie, grâce à l'Association amicale des anciens élèves. Cette association, dont le président est généralement le directeur de l'école, a pour objet d'établir entre les anciens élèves un centre permanent de relations amicales facilitant l'échange de mutuels services et de créer des relations suivies entre l'école et les associés. Ce sont ces relations qui permettent au directeur de conseiller ces derniers, de les réconforter dans les moments difficiles et de leur venir en aide.

L'apprentissage de la vie, que les élèves commencent à faire à l'école, sous la direction des professeurs et du directeur, a lieu plus particulièrement sous l'influence de l'instituteur et de l'instructeur militaire, surveillants, témoins constants du travail et des jeux des élèves. L'instructeur militaire exerce une surveillance sévère, utile pour des enfants qui doivent obéir sans raisonner. L'instituteur-surveillant a un rôle différent; il dirige les esprits vers l'obéissance et l'accomplissement du devoir. La bonne entente de ces deux fonctionnaires peut donner, dans cet ordre d'idées, d'excellents résultats.

Fig. 164. — École pratique d'agriculture de Saint-Bon. (Direction et parc.)

Quant à l'éducation physique, elle n'est pas l'objet, comme dans les écoles universitaires, d'exercices particuliers. Les sports athlétiques, recommandés par la commission supérieure de l'éducation physique, les jeux scolaires, la gymnastique suédoise, ne peuvent donner l'endurance physique, la résistance du travailleur des champs, endurci par l'effort lent et continu. Les travaux agricoles, qui ont lieu au grand air, constituent les meilleurs exercices pour fortifier le corps et reposer l'esprit.

Chaque année, à la fin avril ou au commencement de mai, on procède, dans toutes les écoles, à la pesée, à la mensuration de la taille et du tour de poitrine de chaque élève. Le relevé graphique de toutes ces mesures montre que la transformation physique des jeunes gens, pendant leurs deux années d'études, est tout à fait remarquable.

La vigueur physique des élèves s'accroît en même temps que leur intelligence se développe.

L'exposé de l'organisation des écoles pratiques a montré qu'un petit nombre d'écoles sont nettement spécialisées et que d'autres ont donné à certaines cultures une importance en rapport avec les besoins régionaux. L'expérience a prouvé que l'enseignement agricole avait intérêt à se spécialiser davantage; aussi, le Congrès international de l'enseignement a-t-il émis les vœux suivants :

« 1° Que dans les départements du Nord et du Midi de la France, l'enseignement des écoles pratiques d'agriculture soit absolument spécialisé selon les cultures et les besoins locaux;

Fig. 165. — École pratique d'agriculture de Saint-Remy. (Face sud de l'établissement.)

« 2° Que dans les régions où l'on se livre à la fois à l'agriculture et à la viticulture, les écoles ne soient spécialisées que dans des limites à déterminer pour chacune d'elles. »

Ces vœux sont conformes au plan tracé par M. Tisserand, l'organisateur des écoles pratiques d'agriculture : « Une école près d'Antibes ne saurait avoir le même enseignement qu'une école placée près d'Amiens ou de Lille. Chaque situation représente une somme de besoins culturaux particuliers, et l'enseignement doit être approprié à ces besoins. Voilà pourquoi les écoles agricoles sont si diverses. Des esprits superficiels, ignorants des choses de l'agriculture, peuvent, seuls, voir dans cette organisation une sorte de chaos. Ce chaos n'existe que dans leur esprit, parce qu'ils se figurent que toutes les écoles doivent, comme celles de l'Université, sortir du même moule! C'est là une erreur profonde. La grande diversité de fonctionnement de nos écoles d'agriculture est une condition de leur existence et des services qu'elles sont appelées à rendre, et c'est aussi ce qui rend si laborieuse, si délicate, la tâche de ceux qui ont à présider à leur organisation. »

Il est bien difficile de donner des règles fixes pour la spécialisation des écoles. Elle ne doit être ni trop absolue, ni trop exclusive. Quelques agronomes ont demandé la spécialisation de toutes les écoles; d'autres préfèrent plutôt la création de sections d'enseignement spécial à courte durée dans chaque établissement. Il y a place pour les deux idées. Dans certains milieux, il serait bon de créer, comme à Mamirolle et à Gambais, des écoles de laiterie, de fromagerie, d'aviculture, etc., écoles peu importantes, avec durée de séjour très court, permettant d'acquérir rapidement, à peu de frais, des notions pratiques immédiatement utilisables.

Fig. 166. — École pratique d'agriculture des Trois-Croix. (Vue générale.)

D'autres fois, il conviendrait d'organiser des *sections spéciales* dans les écoles pratiques d'agriculture déjà existantes. Le Congrès international de l'enseignement agricole avait émis le vœu « que le programme d'enseignement de certaines écoles pratiques d'agriculture fut modifié de façon à fournir aux élèves de ces écoles l'enseignement élémentaire de l'irrigation, du drainage et autres améliorations foncières ». Ce vœu est à retenir. De plus, sans aller pour le moment jusqu'à la spécialisation complète de certaines écoles pour une seule branche de science spéciale, nous pensons que l'Administration de l'agriculture devrait, en vue de fournir cet enseignement, créer dans quelques écoles des sections spéciales. De même aussi pour les petites industries rurales existantes dans certaines régions ou qu'il y aurait intérêt à y développer.

A côté des élèves réguliers suivant les cours pendant deux ans, les écoles pratiques pourraient encore recevoir, pendant plusieurs mois, les élèves qui voudraient étudier une branche spéciale de l'enseignement. On pourrait aussi organiser des *cours spéciaux* pour les cultivateurs praticiens, comme cela a lieu depuis 1896 à Mamirolle et à Poligny, pour les fromagers praticiens.

Les *sections* ou les *cours d'enseignement spécial* seraient fréquentés par les élèves stagiaires de troisième année, qui voudraient se spécialiser, et par des agriculteurs praticiens désireux d'acquérir les notions précises applicables à leur métier. L'enseignement spécial serait complété par des notions commerciales et industrielles et considéré dans ses avan-

Fig. 167. — École pratique d'agriculture de Wagnonville. (Bâtiments scolaires.)

tages immédiats au point de vue de l'apprentissage professionnel. Ces sections ou ces cours fonctionneraient de préférence pendant la mauvaise saison, se rapprochant ainsi, quand cela serait possible, des *cours d'hiver* pratiqués avec succès en Allemagne et en Autriche.

Ils n'empêcheraient pas, d'ailleurs, la création des *écoles d'agriculture d'hiver*, que le Congrès international de l'enseignement agricole a demandée dans un vœu émis sur la proposition de M. Risler, directeur de l'Institut national agronomique.

Le nombre des jeunes gens qui passent par les écoles pratiques n'est malheureusement pas assez élevé pour pouvoir exercer une influence immédiate sur la diffusion de l'instruction agricole. D'autre part, l'enseignement des notions d'agriculture à l'école primaire est bien imparfait. L'âge des enfants, la nécessité d'assurer avant tout leur instruction générale, sont des obstacles à des études professionnelles auxquelles l'organisation matérielle des écoles élémentaires ne peut, au surplus, se prêter. Puis, l'action de l'école primaire s'arrête trop tôt. Or, dans la mêlée des intérêts, le progrès général, les difficultés de l'existence exigent actuellement un ensemble de connaissances dont l'assimilation est seulement possible à l'âge de l'adolescence, au moment où le cerveau s'ouvre aux idées générales, où le jeune homme éprouve le besoin d'apprendre et où il peut profiter du savoir acquis.

Assurer au plus grand nombre une instruction sérieuse et efficace sans demander aux parents des sacrifices qu'ils ne peuvent faire et tout en leur conservant pour l'époque des gros travaux une main-d'œuvre précieuse, tel est le but. Les *écoles d'agriculture d'hiver* ou *cours agricoles d'hiver* pourraient certainement y répondre, en partie du moins. Nous n'avons pas à tracer ici le plan d'après lequel ces écoles devraient être établies pour répondre à leur destination, ni à indiquer un programme-type. L'accès de ces écoles ou de ces cours devrait être facilité par le prix peu élevé de la rétribution scolaire; les cours destinés à des jeunes gens de 14 à 17 ans commenceraient au mois de novembre, pour finir à la fin de mars ou au mois d'avril, pendant deux années. M. Mougeot, dès son arrivée au Ministère de l'agriculture, a fait remettre à l'étude la création des Écoles d'hiver préconisée dans une brochure du plus haut intérêt par un de ses compatriotes du département de la Haute-Marne, M. Henry, chef de culture au Muséum d'histoire naturelle de Paris et professeur à l'École nationale d'horticulture de Versailles [1].

Des écoles spéciales, des écoles d'hiver, pourraient être créées aussi pour les jeunes filles. Les écoles spéciales pour femmes ne sont pas assez nombreuses, puisque nous n'avons que les deux écoles de laiterie de Coëtlogon et de Kerliver. La première date de

[1] M. Mougeot, ministre de l'agriculture, a créé en 1902 la première école d'agriculture d'hiver. C'est la première école de ce genre, en effet, qui a été instituée sous les auspices du Ministère de l'agriculture. Elle a été créée à Langres, par arrêté ministériel du 12 décembre 1902, avec le concours du Conseil général de la Haute-Marne, de la ville de Langres et de la Société d'agriculture de cette ville.

L'école a été installée dans les locaux du collège de Langres. Les cours sont absolument spéciaux et distincts de ceux donnés aux collégiens; le principal du collège ne s'occupe que de la partie administrative de l'école en ce qui concerne la surveillance et la discipline des élèves et les rapports avec les familles; les maîtres-répétiteurs du collège sont chargés de la surveillance des élèves.

Le but de l'école est de donner en peu de temps, et à un moment où les grands travaux agricoles et viticoles chôment, une solide instruction professionnelle aux fils des agriculteurs et des viticulteurs, ainsi qu'aux jeunes gens qui se destinent à la carrière agricole. L'enseignement est essentiellement pratique, mais il n'est pas manuel. Toutes les leçons techniques sont suivies de démonstrations, d'exercices pratiques et complétées par des excursions.

Le personnel comprend le professeur spécial d'agriculture de l'arrondissement de Langres, chargé de la direction technique de l'école; il professe l'agriculture et la viticulture; un inspecteur des eaux et forêts, professeur de sylviculture; un médecin vétérinaire, professeur de zootechnie; un arboriculteur qui enseigne la culture potagère et l'arboriculture; un professeur de sciences physiques, chimiques et naturelles; un professeur de français, d'arithmétique, de géométrie, d'arpentage, de nivellement et de comptabilité; un professeur de dessin.

Les jeunes gens, pour être admis élèves, doivent avoir de 13 à 18 ans et être capables de répondre aux questions comprises dans le programme de l'enseignement primaire. L'établissement reçoit des internes, des demi-pensionnaires et des externes.

L'enseignement est donné en deux années et pendant la saison d'hiver. La durée des études est fixée à huit mois, répartie en deux périodes de quatre mois chacune et commençant le 1er novembre pour se terminer le 1er mars.

1886, la seconde de 1890. Elles ont rendu de signalés services, non seulement en Bretagne, mais dans une grande partie de la France et même à l'étranger.

L'enseignement agricole féminin n'existe en France qu'à l'état d'exception, alors que notre école de Coëtlogon, dirigée par Mme Bodin, a servi de modèle aux autres pays, comme la Belgique, pour l'organisation de leurs établissements d'enseignement agricole aux jeunes filles.

Les discussions qui ont eu lieu dans les congrès à l'Exposition ont mis en évidence notre état d'infériorité au point de vue de l'enseignement agricole féminin par rapport aux autres pays d'Europe. Alors que nous ne comptons, en France, qu'un nombre insignifiant d'établissements spécialement affectés à l'instruction agricole des jeunes filles, la Belgique, le Danemark, l'Allemagne, la Russie, la Suisse, possèdent de nombreuses écoles de laiterie, d'aviculture, et des écoles ménagères. Ces pays ont compris toute l'importance du rôle économique de la femme à la ferme, où elle dirige la laiterie, la basse-cour, et tient souvent la comptabilité.

L'Administration de l'agriculture se rend bien compte des services qui seraient rendus à notre pays par l'organisation d'un enseignement agricole pratique donné aux jeunes filles, en s'inspirant du rôle important que la femme doit jouer dans une exploitation agricole, et elle a mis à l'étude un projet d'organisation d'une école ménagère pour les jeunes filles à Monastier, dans la Haute-Loire, projet préparé par M. le Dr Bonhomme et qui a été soumis au Ministre de l'agriculture par M. Charles Dupuy, député de ce département, ancien président du Conseil des Ministres [1].

M. Tisserand, directeur honoraire de l'agriculture, disait dans sa déposition devant la commission d'enquête de l'enseignement secondaire à la Chambre des députés : « L'Administration de l'agriculture a cherché maintes fois, surtout dans les départements éclairés de l'Est, à créer des établissements pour diriger l'éducation des filles vers les occupations de la vie rurale. Nous n'avons jamais réussi. La raison en est édifiante : les cultivateurs, les petits fermiers, ne voulaient pas y envoyer leurs filles parce qu'on n'y donnait pas de leçons de musique, de broderie, etc., et qu'on voulait y enseigner les soins de la laiterie, de la basse-cour, la comptabilité rurale, l'aviculture, toutes choses qui concernent plus spécialement la femme dans les exploitations rurales. »

Il en résulte que les jeunes filles continuent à recevoir dans les pensions ou dans les

[1] L'école ménagère agricole et de laiterie du Monastier a été créée par arrêté ministériel du 30 novembre 1900 sur le domaine de Meymac, commune du Monastier (Haute-Loire). Ce domaine est la propriété du docteur Bonhomme.

A la date du 15 septembre 1902, le Ministre de l'agriculture prit un nouvel arrêté pour modifier et compléter son organisation et fixer son ouverture au 23 septembre de la même année.

Le but de l'école du Monastier est de former de bonnes ménagères agricoles (fermières, cuisinières ou filles de ferme) et de donner une bonne instruction professionnelle aux filles de cultivateurs, propriétaires et fermiers et en général aux jeunes filles qui se destinent à la carrière agricole et notamment à l'industrie laitière.

Les candidates doivent avoir 14 ans dans l'année de leur admission. L'enseignement est à la fois théorique et pratique.

Le personnel de l'école, en dehors du docteur Bonhomme qui a le titre de directeur, comprend une sous-directrice, des professeurs et des maîtresses fromagères, cuisinières, ainsi que des chefs de pratique.

couvents une éducation qui leur inspire peu de goût pour la vie des champs. En admettant que les parents ne veuillent pas les envoyer dans des écoles spéciales ils pourraient tout au moins leur faire suivre les cours d'horticulture de certaines écoles pratiques, surtout ceux de floriculture.

Des écoles spéciales d'horticulture pour jeunes filles existent dans plusieurs pays :

En Angleterre, au collège d'horticulture de Swanley (Kent), ainsi qu'au « Lady Warwick's Hostel (Reading) ». Les jeunes Anglaises peuvent encore suivre des cours au « Botanic Garden », à Londres.

Au Danemark, l'école d'horticulture de Charlottenbourg est fréquentée non seulement par les Danoises, mais aussi par des jeunes filles de Suède et de Norvège.

A Marienfelde, près de Berlin, les cours de l'école d'horticulture pour femmes comprennent : la culture fruitière et maraîchère, la floriculture, l'arboriculture d'ornement, l'architecture des jardins, la botanique, la chimie, l'apiculture, etc. Aux États-Unis, on trouve de nombreuses étudiantes en horticulture.

Les femmes sont également admises dans les collèges horticoles de la Nouvelle-Écosse et de Melbourne.

Indépendamment des fleuristes, des professionnelles, l'enseignement horticole serait utile et intéressant pour les institutrices et pour toutes celles qui aiment les fleurs et leur culture.

Résultats donnés par les écoles pratiques. — Après avoir décrit l'organisation, donné et commenté les programmes des école pratiques, nous allons examiner les résultats obtenus.

Les écoles pratiques, comme l'avaient prévu leurs auteurs, ont formé de bons agriculteurs.

Il ne faut pas croire, cependant, que l'élève, à sa sortie de l'école, est un parfait agriculteur, apte à diriger immédiatement une exploitation quelconque. Les écoles d'agriculture n'ont jamais eu la prétention de former, en deux années, des agronomes distingués, pas plus que les lycées ne prétendent façonner en quelques années d'études des savants. Mais si les élèves de nos établissements agricoles ne sont pas encore de parfaits agriculteurs, ils ont assez de connaissances pour le devenir.

Le jeune homme qui est resté chez lui pourra, aussi bien que l'élève de l'école d'agriculture, labourer, semer, conduire et soigner les animaux. Ce sera un bon ouvrier agricole, un bon technicien si l'on veut, mais rien de plus. Il ne saura pas, à ses débuts, discerner les avantages de telle ou telle méthode culturale et ne pourra apporter chez lui des améliorations, même faciles, qu'au prix de nombreux et coûteux tâtonnements. Il hésitera à modifier les systèmes de culture selon les circonstances, le cours des denrées, etc., en un mot, selon les conditions économiques du moment, très variables à une époque où tous les pays du monde se font une redoutable concurrence. En peu de temps, l'ancien élève de l'école pratique lui sera très supérieur, même en pratique, car ses connaissances théoriques lui permettront de la modifier au mieux de ses intérêts.

Les écoles d'agriculture ont donc formé de bons praticiens; tout ce que l'on pourrait souhaiter, c'est qu'un plus grand nombre d'élèves les fréquentât. De ce que certains de ces établissements ont éprouvé des difficultés pour le recrutement de leurs élèves, il ne faut cependant pas conclure que toutes les écoles ont un recrutement difficile.

Si le nombre des jeunes gens qui fréquentent les écoles pratiques n'est pas encore en rapport avec la population agricole de la France, les causes réelles de l'abstention des familles sont faciles à déterminer :

1° Trop de cultivateurs, encore imbus d'une sorte de défiance à l'égard d'un enseignement qui n'est plus simplement empirique, n'admettent pas que leurs méthodes de culture soient perfectibles et qu'on puisse apprendre à leurs enfants des choses qu'ils ignorent eux-mêmes. Ils s'imaginent qu'on en sait toujours assez pour travailler la terre, et, s'ils se résignent à faire de lourds sacrifices, c'est pour envoyer leurs fils au lycée et leur donner une de ces carrières dites libérales, qu'ils ne connaissent point dans leur réalité, dont ils ignorent les difficultés ou les obligations, mais dont les apparences séduisent leur imagination et flattent leur vanité.

2° Un grand nombre d'agriculteurs sont pénétrés de l'utilité d'un enseignement agricole, mais n'ont pas l'argent nécessaire pour envoyer leurs enfants dans nos établissements. Les bénéfices réalisés dans la petite culture sont trop souvent aléatoires, et le père de famille se voit forcé de négliger les études de ses enfants pour les mettre en état de gagner leur vie au plus tôt.

Payer pension à l'école d'agriculture et payer, dans bien des cas, le domestique qui remplace le fils absent, est une charge très lourde, que ne peuvent pas toujours supporter les petits cultivateurs. Pour aider ces derniers et triompher de leurs hésitations, les départements et l'État ont mis à leur disposition un certain nombre de bourses. On a critiqué ce système de bourses ; on les a trouvées trop nombreuses. L'État a tenu à ouvrir à la démocratie rurale l'accès des écoles professionnelles agricoles, convaincu que si une nation veut prospérer, elle doit mettre au premier rang de ses préoccupations l'éducation de la jeunesse laborieuse. Un enfant ne doit pas être exclu de nos écoles d'agriculture pour cause de pauvreté. La gratuité de l'enseignement professionnel serait presque désirable pour tous les enfants capables d'en profiter.

3° Les agriculteurs poussent leurs enfants de préférence vers le commerce, parce qu'ils croient que les débouchés font défaut aux jeunes gens n'ayant que des connaissances agricoles. Cette idée est devenue fausse depuis que la science a démontré que la culture intensive est très rémunératrice.

Les grands et moyens propriétaires, ceux qui possèdent des métairies trop souvent abandonnées aux soins d'un tenancier médiocre, ont compris l'avantage qu'ils auraient à se servir des jeunes gens sortant des écoles d'agriculture. Les systèmes de cultures que nous avons eus jusqu'à présent commençant à changer, il faut nécessairement un personnel nouveau ayant des traditions nouvelles et des connaissances agricoles sérieuses. Régisseurs de propriétés, contremaîtres d'industries rurales, sont autant de postes auxquels peuvent prétendre les anciens élèves d'école pratique.

L'ignorance qu'ont les petits cultivateurs d'un enseignement agricole, le sacrifice que demande aux parents l'entretien d'un jeune homme à l'école, l'incertitude apparente des résultats de l'enseignement, telles sont les raisons qui expliquent les difficultés éprouvées par certaines écoles d'agriculture pour le recrutement de leurs élèves. Ces difficultés s'atténueraient si le diplôme que délivrent ces établissements accordait certains avantages, comme ceux concédés à plusieurs établissements d'enseignement au point de vue de la dispense de deux années de service militaire.

Le diplôme des écoles pratiques, d'après la loi du 20 juillet 1875, donnait aux élèves le droit de bénéficier du volontariat d'un an. La loi de 1889 a omis cette classe de dispensés par crainte d'un trop grand nombre de dispenses. On a fait souvent observer que cette crainte n'était pas justifiée, car, en admettant qu'il sorte, chaque année, 15 diplômés par école, cela ferait, en tout, 660 dispensés pour une population agricole de 20 millions. C'est un chiffre très minime, comparé à celui que fournissent les carrières libérales.

Sans accorder cette réduction de service militaire à tous les diplômés, on demandait tout au moins de l'accorder à certains élèves bien notés et sortis dans les premiers. Le paragraphe 3 de l'article 23 de la loi du 15 juillet 1889 dispense de deux ans de service «les jeunes gens exerçant les industries d'art qui sont désignées par un jury d'état départemental, formé d'ouvriers et de patrons». L'agriculture peut, sans exagération, être assimilée à une industrie. Les programmes des écoles pratiques comportent d'ailleurs le maniement des armes et les exercices de tir.

Lorsqu'on examine les situations occupées par les anciens élèves, on constate, ainsi qu'on peut le voir plus haut pour certains établissements, que les jeunes gens sortis des écoles d'agriculture restent, en grande majorité, fidèles à la carrière agricole. Il est bien permis d'affirmer qu'une école qui dirige environ 85 à 90 p. 100 de ses écoliers vers l'agriculture remplit le rôle qui lui a été confié.

Chaque école pratique, à l'origine, reçoit toujours une proportion assez considérable de fils d'employés, d'instituteurs; mais, dès qu'elle arrive en plein fonctionnement et que les parents s'aperçoivent qu'elle n'est pas destinée à fournir à l'État des fonctionnaires, les fils d'employés ou d'ouvriers font place aux fils d'agriculteurs, et le recrutement agricole s'accentue. Si, parmi les élèves, quelques-uns d'entre eux peuvent s'élever progressivement à un degré supérieur d'instruction et entrer dans les écoles nationales, nous n'y voyons aucun inconvénient.

L'enfant exceptionnellement doué peut ainsi accéder de plain pied de l'enseignement primaire agricole à l'enseignement secondaire, avantage qu'il ne trouve pas dans l'Université.

Ce passage, dans un pays démocratique comme le nôtre, doit pouvoir se faire sans distinction de classe et de fortune. Mais la préparation exceptionnelle aux Écoles nationales de quelques élèves choisis parmi les plus intelligents ne doit pas amener une élévation anormale des cours professés. Les cours doivent rester élémentaires, essentiellement pratiques et bien à la portée de tous les élèves : voilà la règle.

Les jeunes gens qui vont aux écoles nationales ne sont, d'ailleurs, pas perdus pour la culture, à laquelle ils retournent toujours. Il est bon de remarquer que bien peu d'élèves des écoles pratiques deviennent fonctionnaires, à peine 2 p. 100.

Les résultats obtenus dans les écoles pratiques semblent montrer que la voie dans laquelle on s'est engagé est bonne, qu'il n'y a qu'à la suivre en y apportant, d'année en année, les réformes et les améliorations réclamées par les besoins nouveaux [1].

« Le propre des institutions humaines, fait remarquer M. Tisserand, est de se modifier sans cesse, et le législateur, comme l'administrateur, doit avoir toujours en vue de réformer les lois et les règlements en les appropriant constamment aux lieux et au temps

[1] Au moment où notre rapport était à l'impression, M. Mougeot, ministre de l'agriculture, a fait paraître, le 19 janvier 1904, un décret portant réorganisation des écoles pratiques. M. Mougeot a porté son activité réformatrice sur l'enseignement agricole; il a tenu tout d'abord à améliorer le fonctionnement des écoles pratiques. Ces modifications apportées à l'état de choses actuelles sont importantes et nous avons été assez heureux pour pouvoir les signaler dans la présente note.

Le Ministre a réalisé les principales réformes que nous signalions dans nos considérations générales et qui étaient à l'étude à la Direction de l'agriculture. Il est exigé, par le décret, que les écoles soient installées dans de très bonnes conditions d'hygiène; elles doivent être établies à proximité d'une gare de chemin de fer et d'une localité offrant des ressources suffisantes pour assurer le bon fonctionnement de l'établissement. L'école sera une véritable ferme-modèle; elle comprendra un champ d'études et des champs d'essais; des démonstrations pratiques y seront organisées; enfin des recherches expérimentales devront y être instituées avec le concours des professeurs. Les écoles ne peuvent plus appartenir indifféremment au directeur, au département ou à la commune comme cela avait lieu, elles sont placées entièrement entre les mains de l'État; elles ne doivent, en effet, être établies que sur un domaine mis à la disposition de l'État en toute propriété ou qui lui est donné en jouissance pour une période de dix-huit ans au moins; de cette façon on est assuré que l'intérêt de l'enseignement passera avant celui du directeur exploitant.

Comme par le passé le personnel des écoles pratiques est nommé par le Ministre, mais la nomination des directeurs et des professeurs est entourée de nouvelles garanties. Les directeurs doivent être âgés de 30 ans au moins, avoir satisfait à la loi sur le service militaire, posséder le diplôme de l'Institut national agronomique ou des écoles nationales d'agriculture, avoir occupé des fonctions dans l'enseignement pendant cinq ans ou avoir été agriculteurs pendant dix ans au moins. Ils sont nommés à la suite d'un concours sur titres. Les professeurs de sciences agricoles et les professeurs de sciences physiques et naturelles devront subir, pour être nommés, trois séries d'épreuves, savoir : un examen spécial technique, un stage pédagogique d'un an accompli dans des conditions qui seront réglées par le Ministre, un concours pour l'obtention du certificat d'aptitude à l'enseignement agricole dans les écoles pratiques. Pour être admis à subir l'examen spécial technique les candidats doivent : 1° avoir satisfait aux obligations de la loi sur le service militaire et être âgés de 24 ans au moins; justifier de la possession du diplôme d'ingénieur agronome ou du diplôme des écoles nationales d'agriculture; justifier du séjour d'un an, au moins, dans une exploitation rurale. On voit que le Ministre remédie à l'inexpérience pédagogique des professeurs que nous avions signalée d'une façon toute spéciale dans nos considérations générales.

Les chefs de pratique continuent à être nommés sur la proposition du directeur de l'école, mais ils sont choisis parmi les candidats pourvus du certificat d'instruction d'un établissement agricole de l'État et après un examen spécial. Les maîtres surveillants sont choisis parmi les instituteurs pourvus du brevet supérieur de l'enseignement primaire et du certificat d'aptitude pédagogique comptant au moins trois ans dans les écoles publiques de l'État.

Les traitements du personnel enseignant sont augmentés. Tout candidat à des fonctions dans les écoles pratiques doit produire un certificat médical récent justifiant qu'il n'est atteint d'aucune maladie pouvant nuire à autrui.

Quelques modifications ont été également apportées aux conditions d'admission des élèves. Il est stipulé qu'aucun élève n'est admis dans les écoles pratiques s'il n'a subi avec succès un examen permettant de constater ses aptitudes et son degré d'instruction, et s'il ne possède un certificat médical récent justifiant qu'il n'est atteint d'aucune maladie pouvant nuire à autrui.

Des dispositions transitoires sont prévues, par le décret, pour faciliter l'application des mesures édictées.

présent. Cela est surtout vrai pour les procédés et les méthodes d'enseignement agricole. Il y aura toujours beaucoup à faire, dans un siècle de vapeur et d'électricité comme le nôtre, où les conditions économiques et culturales et l'outillage se modifient sans cesse; il faut sans cesse y penser, y veiller, étudier les réformes, préparer les améliorations, sous peine de déchoir. »

Nous avons déjà cité quelques-unes des améliorations qu'il conviendrait de réaliser : spécialisation de quelques écoles; création de cours d'hiver, de sections spéciales, d'écoles d'agriculture pour femmes, diminution de la durée des cours des écoles de trois ans, organisation d'un enseignement plus pratique, orientation de l'enseignement vers certaines parties négligées en France (apiculture, aviculture, pisciculture, technologie, etc.). L'Administration se préoccupe de remédier aux difficultés rencontrées pour la bonne marche des Écoles pratiques. Par le fait que ces écoles peuvent appartenir à un particulier, à un département ou à une commune, l'État se trouve, en effet, gêné pour la bonne direction à donner à l'enseignement; le choix du directeur n'est pas toujours facile dans ces conditions et l'Administration centrale ne peut pas le plus souvent désigner celui qui lui paraît le plus apte. Elle se préoccupe également d'améliorer le recrutement des professeurs en les choisissant à la suite d'un concours; son attention a été attirée par une étude de M. Chancrin, professeur à l'École pratique d'agriculture de Gennetines, sur les nécessités urgentes de perfectionner les méthodes d'enseignement au point de vue pédagogique, au point de vue de la préparation spéciale des professeurs d'agriculture à leur mission, à leur rôle d'éducateurs.

La mission éducative du professeur réclame, en effet, une certaine expérience professionnelle et des aptitudes spéciales. On ne s'improvise pas professeur. Des hommes d'une grande instruction et d'une intelligence supérieure ne possèdent pas cette science de l'éducation de la jeunesse, cet art d'enseigner qui s'appelle la *pédagogie*. Par ce petit côté, ils sont inférieurs aux instituteurs, qui ont appris leur métier dans les écoles normales primaires.

Les jeunes professeurs passent sans transition, à leur sortie de l'Institut agronomique et de Grignon, du rang d'élèves à celui de maîtres. Il en résulte qu'ils se trouvent, au début, désorientés dans leur chaire et qu'ils éprouvent une difficulté réelle à proportionner et adapter leurs cours à l'âge et à la compréhension des élèves. Dans quelques écoles pratiques, si l'on en juge par les cahiers présentés à la Classe 5, les cours sont trop élevés et ont une tendance marquée à se rapprocher de ceux des Écoles nationales d'agriculture. Le côté faible des nouveaux professeurs est incontestablement le côté pédagogique, et il serait désirable que les élèves diplômés de l'Institut agronomique ou de l'école de Grignon qui se destinent à l'enseignement reçussent une préparation appropriée à leur mission avant d'entrer en fonctions. Il serait nécessaire de faire faire des conférences sur la pédagogie aux élèves-maîtres. Les inspecteurs de l'agriculture indiqueraient les directions pédagogiques à suivre et auraient à élaborer un programme plus précis, plus serré que le programme actuel à l'usage des professeurs, simple sommaire insuffisant pour guider les maîtres.

Nous ne saurions terminer ces considérations générales sans faire remarquer qu'il serait peut-être bon d'élargir le champ d'action des écoles d'agriculture.

Quelques-unes des écoles pratiques, ainsi qu'on a pu le voir par les travaux exposés, ont su s'occuper non seulement de la préparation professionnelle des jeunes gens qui leur étaient confiés, mais aussi des recherches utiles aux agriculteurs du pays. Ce caractère qu'elles ont su prendre les différencie nettement des écoles primaires supérieures de l'enseignement universitaire, lesquelles s'occupent d'enseignement et non de recherches.

Les écoles pratiques pourraient être, en même temps que des établissements d'enseignement, de véritables petites stations expérimentales de culture, dont les travaux modestes, sans avoir la valeur des recherches élevées que poursuivent les stations agronomiques, aplaniraient les nombreux obstacles que les cultivateurs rencontrent à chaque pas. Elles devraient servir de fermes-modèles dans les régions. Outillées pour les recherches pratiques, organisées pour donner un enseignement général et un enseignement particulier, sous forme de cours d'hiver ou de sections spéciales, avec leurs professeurs, faisant, au besoin, des conférences dans nos campagnes, ces écoles se placeraient encore plus résolument à la tête du mouvement agricole régional que les exigences de l'agriculture moderne ont fait naître. Elles joueraient ainsi, en petit, le même rôle que leurs sœurs aînées, les écoles nationales d'agriculture. Un rôle plus large pourra appartenir aux professeurs des Écoles pratiques dans l'avenir, lorsque le nombre de ces établissements sera plus considérable; on sera amené quand la situation de l'École s'y prêtera à leur confier les cours faits actuellement dans les établissements universitaires par les professeurs d'agriculture. Ces derniers sont appelés à s'occuper de plus en plus de tous les services agricoles du département et il faudra arriver à les décharger de l'enseignement qu'ils donnent aux élèves pour ne leur laisser que l'enseignement des adultes et des agriculteurs.

FERMES-ÉCOLES.

En 1848, on englobait sous la désignation de fermes-écoles des établissements d'enseignement pratique agricole fondés par des particuliers sous divers titres : fermes-modèles, fermes-écoles, écoles d'agriculture. Organisés sur des plans un peu différents, suivant les vues de leurs fondateurs et les conditions particulières du milieu agricole, ces établissements poursuivaient le même but : former des valets de ferme, des cultivateurs plus expérimentés et plus instruits que ceux qui se trouvaient alors à la disposition des propriétaires et des fermiers.

L'Administration favorisa ces créations par ses encouragements et par son concours. Les premières fermes-écoles rencontrèrent néanmoins les difficultés auxquelles on est exposé quand on s'engage dans une voie nouvelle. On se méprit sur la portée du but comme sur les moyens de l'atteindre. Les résultats ne répondirent pas toujours à ce qu'on se promettait, et, si l'expérience dissipa les illusions, il fallut l'acheter au prix de quelques sacrifices. Ces difficultés jointes à l'insuffisance des ressources pécuniaires et aussi à l'incapacité administrative de quelques directeurs amenèrent la disparition d'un certain nombre de fermes-écoles.

L'Administration profita de ces essais et de l'expérience acquise pour étudier les imperfections de ces sortes d'établissements et pour chercher les moyens d'y remédier. A partir de 1846, le Gouvernement se chargea des frais et des dépenses d'enseignement, laissant au propriétaire ou fermier du domaine le soin et la responsabilité de l'exploitation agricole. Le cadre de l'enseignement fut resserré dans les limites des besoins de la classe de cultivateurs qu'on voulait former, et adapté aux cultures dominantes dans la localité, à celles qui pouvaient donner des profits appréciables. Le concours de l'État ne fut accordé et maintenu qu'autant que la ferme présentait et conservait une exploitation digne de servir de modèle par le bon état de ses cultures et par le chiffre satisfaisant du revenu qu'elle produisait.

A partir de 1847 et jusqu'à la promulgation de la loi sur l'enseignement professionnel de l'agriculture, en octobre 1848, les créations de fermes-écoles devinrent fréquentes : 10 furent instituées dans le courant de l'année 1847 et 6 pendant l'année 1848. Leur organisation ne fut point l'effet d'un plan improvisé, mais le résultat des vœux formulés par les sociétés d'agriculture, le fruit de l'expérience et du temps, le résultat naturel des progrès accomplis par l'agriculture en France comme à l'étranger.

FERMES-ÉCOLES ÉTABLIES AVANT LE DÉCRET DU 3 OCTOBRE 1848.

FERMES-ÉCOLES.	DÉPARTEMENTS.	ARRONDISSEMENTS.	DATE DE LA CRÉATION.
Grandjouan	Loire-Inférieure	Châteaubriand	1830
Les Trois-Croix	Ille-et-Vilaine	Rennes	1832 à 1836
Salgourde	Dordogne	Périgueux	1839
La Montaurone	Bouches-du-Rhône	Aix	1839
Montbellet	Saône-et-Loire	Mâcon	1840
Petit-Rochefort	Charente	Angoulême	1842
Poussery	Nièvre	Château-Chinon	1843
Le Camp	Mayenne	Laval	1843
La Corée	Loire	Montbrison	1844
Besplas	Aude	Castelnaudary	1847
La Charmoise	Loir-et-Cher	Blois	1847
Mesnil-Saint-Firmin	Oise	Clermont	"
Blanchampagne	Ardennes	Sedan	"
Les Preux	Allier	Moulins	"
Calcomies	Aveyron	Rodez	"
Trévarez	Finistère	Châteaulin	"
Bazin	Gers	Lectoure	"
Villéchaise	Indre	Châteauroux	"
Chavaignac	Haute-Vienne	Limoges	"
L'Arme-du-Pont	Yonne	Auxerre	1848
Montberneaume	Loiret	Pithiviers	"
La Chauvinière	Sarthe	Le Mans	"
L'Espinasse	Vienne	Châtellerault	"
La Jarrige	Corrèze	Tulle	"
L'Aréna	Corse	Bastia	1848

Ces 25 fermes-écoles constituaient en 1848, avec quelques colonies agricoles, le premier degré de l'enseignement agricole en France. Au moment où le projet de loi fut présenté à l'Assemblée nationale, les bases sur lesquelles elles étaient établies étaient à peu près les mêmes que celles que la loi nouvelle allait leur donner. L'Administration n'eut donc qu'à continuer l'œuvre commencée, en se conformant au texte et à l'esprit du décret. Afin d'assurer partout l'exécution de ses dispositions, on rédigea un plan normal de constitution pour les fermes-écoles, sous forme d'arrêté.

Le succès de la ferme-école dépendant du choix du directeur et du domaine sur lequel la ferme était établie, il ne fut créé de ferme-école qu'après une enquête, dirigée sur les lieux par des inspecteurs généraux de l'agriculture, et en tenant compte des avis motivés des conseils généraux et des préfets. Un jury d'examen composé des agriculteurs les plus instruits du pays fut en outre établi auprès de chaque ferme-école, pour présider à la réception des élèves-apprentis et constater les résultats de leurs travaux et de leur instruction.

L'Administration prescrivit toutes les mesures que lui suggéra l'expérience du passé pour maintenir dans ces établissements l'ordre, le travail et la discipline, et détermina la proportion à observer entre le temps consacré aux travaux pratiques et à l'instruction théorique; elle accorda au directeur la faculté de suspendre l'enseignement théorique lorsque les besoins de la culture réclamaient d'une manière urgente le travail des apprentis. Un spécimen du règlement établi fut communiqué à tous les directeurs de fermes-écoles, avec invitation d'en tenir compte dans la rédaction du règlement spécial de leur établissement, du programme des travaux et des études.

Le choix du directeur devait être déterminé par la réputation de capacité qu'il avait acquise dans la direction de l'exploitation rurale à la tête de laquelle il se trouvait précédemment. Chaque année, le directeur devait adresser au Ministre un état de situation de son exploitation, pour l'exercice écoulé, accompagné de l'inventaire annuel, et, chaque mois, un bulletin relatif aux travaux de l'exploitation et à la tenue de l'école; il devait aussi publier, chaque année, un compte rendu de l'exploitation et de l'école. L'exécution de ces mesures fut assurée par les inspecteurs généraux de l'agriculture, spécialement chargés de la surveillance des établissements d'enseignement agricole.

45 fermes-écoles furent ajoutées aux 25 qui existaient déjà lors du vote de la loi. Le nombre de ces établissements se trouva donc porté à 70.

En résumant l'ensemble des caractères de la ferme-école, on pouvait formuler ainsi les conditions communes à tous les établissements de cette nature :

Caractère et but de la ferme-école. — La ferme-école est une exploitation conduite avec habileté et profit, et dans laquelle des élèves-apprentis exécutent tous les travaux, recevant, en même temps qu'une rémunération de leur travail, un enseignement agricole essentiellement pratique.

Les fermes-écoles sont établies dans le double but : 1° de fournir de bons exemples aux agriculteurs du pays, par une culture bien conduite et rémunératrice; 2° de former d'habiles cultivateurs praticiens, capables de cultiver avec intelligence soit leurs propriétés, soit la propriété d'autrui, comme fermiers, métayers, régisseurs, ou de devenir de bons aides ruraux, valets de ferme, chefs de main-d'œuvre ou d'attelage, etc.

Dans ce double but, le domaine de la ferme-école devait se trouver, autant que possible, sur un point central de l'arrondissement. Il devait offrir les conditions de culture, d'étendue, de situation et de terroir les plus analogues à l'état général de la culture et du sol dans la localité, et se prêter par là à toutes les conditions d'un bon système d'exploitation applicable au pays et favorable à l'instruction des apprentis. L'établissement devait avoir des pépinières, des collections d'arbres fruitiers, tout ce qui pouvait être utile au progrès horticole.

Dans le cas exceptionnel où le directeur se trouvait dans l'impossibilité de satisfaire aux obligations attachées à ses fonctions, un sous-directeur, réunissant les conditions de capacité requises, lui était adjoint. Si l'exploitation de la ferme-école ne donnait pas un produit net comparativement égal à celui fourni par les autres exploitations de la région, le concours de l'État était retiré à l'établissement, à moins qu'une circonstance exceptionnelle ne modifiât cet état d'infériorité.

L'instruction spécialement pratique se donnait sous forme d'explications et de démonstrations sur le champ même du travail, dans les ateliers, écuries, étables, bergeries.

Les jeunes gens, âgés de 16 ans au moins, devaient avoir reçu les éléments de l'instruction primaire. Le chiffre moyen des élèves-apprentis dans les fermes-écoles variait de 24 à 32.

Les élèves étaient tenus de prendre part à tous les travaux de l'exploitation, qu'ils exécutaient ainsi que les ouvriers recevant un salaire. Trois d'entre eux dans chaque ferme pouvaient être exclusivement attachés aux jardins et pépinières, afin de sortir comme jardiniers ou pépiniéristes. Les élèves devaient suffire à tous les travaux du domaine, et c'est en considération de leur travail qu'ils recevaient l'instruction, la nourriture, l'entretien et des primes réparties, chaque année, à titre de pécule.

L'enseignement consistait spécialement dans les explications et les démonstrations qui accompagnaient ou suivaient les travaux exécutés par les apprentis, explications données par le directeur et par les chefs de service.

Emploi des heures réservées à l'étude. — 1° Rédaction des notes recueillies dans les explications dont il vient d'être parlé, notes rédigées sous la surveillance et avec la direction de l'agent comptable, revues et corrigées par le directeur;

2° Lecture d'un manuel ou livre élémentaire d'agriculture;

3° Leçons données par l'agent comptable sur les éléments d'arithmétique, de comptabilité, d'arpentage, etc.

Le temps consacré à ces études, abrégé pendant la saison des travaux, devenait plus considérable en hiver.

La conduite, le travail et les progrès des apprentis étaient constatés par des notes. Chaque année ils subissaient devant le jury un examen sur les matières enseignées pendant l'année. On procédait à un classement général à la suite du relevé de ces notes et de l'examen. A l'expiration des trois années passées à la ferme-école, les élèves qui en étaient jugés dignes recevaient un certificat d'aptitude.

La loi du 30 juillet 1875 n'a pas modifié sensiblement le programme tracé par le décret-loi du 3 octobre 1848.

Le but des fermes-écoles est toujours de former des apprentis capables à la sortie de la ferme : 1° d'exploiter avec intelligence la propriété familiale; 2° de cultiver la propriété d'autrui comme fermiers, métayers, régisseurs; 3° de devenir d'excellents aides ruraux, contremaîtres, commis, chefs de main-d'œuvre.

Les apprentis prennent une part active à tous les travaux de l'exploitation, qu'ils exécutent ainsi que le feraient des ouvriers recevant un salaire, et cela pendant le temps déterminé par le règlement. Le nombre des apprentis est fixé par l'arrêté constitutif de la ferme-école; on tient compte pour cette détermination de la surface et de la nature de l'exploitation; dans les régions à cultures pastorales, on n'admet guère qu'un apprenti pour 5 ou 6 hectares; dans les contrées où les céréales sont l'objet principal de l'entreprise agricole, un domaine de 100 hectares recevra une trentaine d'apprentis; enfin, dans les pays de petite culture, une moindre surface en emploiera un nombre plus considérable.

Dans tous les cas, leur nombre ne doit pas descendre au-dessous de 24; car, s'il en est autrement, les frais généraux restant les mêmes, la dépense proportionnelle faite par l'État pour chaque apprenti se trouve portée à un chiffre trop élevé. Ce qu'il est essentiel d'obtenir, c'est que les apprentis ne soient jamais proportionnellement trop nombreux; on évitera ainsi qu'ils puissent manquer de travaux manuels, leur temps devant nécessairement profiter le plus possible à l'exploitation, sans que leur instruction en souffre. Le travail, toujours proportionné aux forces des apprentis, est réparti de manière à satisfaire à la fois aux besoins de la culture et au but essentiel de l'institution, l'instruction professionnelle.

Les fermes-écoles prenant leurs apprentis parmi les travailleurs ruraux, il a été statué que, pendant toute la durée de l'enseignement professionnel, les jeunes gens ne coûteraient rien à leurs parents, et que, de plus, ils obtiendraient, à titre d'encouragement, une sorte d'équivalent des gages qu'ils recevraient s'ils travaillaient ailleurs. C'est à ces divers titres que, outre le profit du travail attribué au directeur, il est alloué à celui-ci une somme annuelle de 270 francs par apprenti présent pour couvrir les frais de nourriture, services médicaux, chauffage, éclairage, entretien des effets d'habillement, etc., laissés à la charge du directeur. C'est ainsi encore que chaque apprenti reçoit une prime s'il obtient le certificat d'instruction à sa sortie de la ferme-école, après être arrivé au terme réglementaire de l'apprentissage.

Si tous les apprentis sont soumis au même régime et aux mêmes travaux, il est entendu cependant qu'il peut être établi entre ces jeunes gens des rapports hiérarchiques et des distinctions fondées sur le rang d'ancienneté, la capacité et la bonne conduite.

Le directeur de la ferme-école surveille et dirige toutes les parties de l'enseignement;

il explique aux apprentis les faits les plus importants de la pratique et de l'administration rurales, en leur présentant dans des conférences, sous la forme la plus simple, des notions de théorie.

Le comité de surveillance et de perfectionnement, institué dans les conditions déterminées par l'article 8 de la loi du 30 juillet 1875, se compose de :

Un inspecteur général de l'agriculture, président, ou, à son défaut, un inspecteur de l'agriculture;

Trois conseillers généraux désignés par leurs collègues;

Un professeur de sciences;

Deux agriculteurs.

Le comité procède aux examens d'admission et de fin d'année, visite la ferme-école et adresse des rapports au Ministre de l'agriculture sur tout ce qui concerne l'établissement.

Il détermine l'admission des candidats après les avoir examinés sur leur instruction primaire, en tenant compte de leurs occupations antérieures et de leur aptitude aux travaux des champs.

Les fermes-écoles sont encore soumises à la visite et au contrôle des inspecteurs généraux de l'agriculture, non seulement pour ce qui est relatif à l'enseignement et à la tenue de l'école, mais pour tout ce qui tient à la culture.

Le personnel enseignant des écoles comprend :

Un directeur.. 2,400 francs.

	3		

	3e CLASSE.	2e CLASSE.	1re CLASSE.
	francs.	francs.	francs.
Un instituteur-surveillant comptable.........	1,000	1,200	1,500
Un jardinier pépiniériste..................	1,000	1,200	1,500
Un chef de pratique.....................	1,000	1,100	1,200
Un vétérinaire........................	500	600	800
Un instructeur militaire..................	"	250	300

Dans les fermes ayant des cultures ou des industries spéciales, le personnel comprend aussi un vigneron, un chef irrigateur, un caviste, etc.

Le surveillant comptable enseigne aux apprentis la pratique d'une bonne comptabilité aussi peu compliquée que possible; il complète ce que leur instruction primaire peut avoir d'imparfait, particulièrement en ce qui touche l'arpentage, le cubage, le nivellement.

Le jardinier pépiniériste donne aux apprentis agriculteurs des notions générales de culture potagère et maraîchère, et particulièrement de taille et de greffe. Il enseigne aux apprentis jardiniers, par la pratique et le raisonnement, les branches principales de l'horticulture.

Le chef de pratique démontre aux apprentis la conduite et le maniement des instruments et outils et dirige leurs travaux à l'intérieur comme à l'extérieur de la ferme.

Ces trois agents sont entièrement sous les ordres du directeur, qui les emploie dans la mesure convenable, aussi bien pour ce qui intéresse l'exploitation que pour ce qui concerne l'école.

Le vétérinaire traite les animaux de la ferme, explique aux apprentis les opérations les plus simples et leur apprend à soigner les animaux.

Le personnel enseignant est payé par l'État.

L'article 6 du décret-loi du 3 octobre 1848 sur la création et l'organisation de l'enseignement professionnel de l'agriculture disait : « Chaque année, le Trésor distribue aux fermes-écoles des primes. Elles sont réparties à titre de pécule, tous les ans, sur la tête de chaque enfant, suivant son mérite; mais elles ne sont remises à chacun qu'à la fin de son apprentissage. »

En 1895, le Parlement demanda, lors de la discussion du budget, une réduction du crédit inscrit pour le payement de la prime accordée aux élèves diplômés sortant des fermes-écoles et affirma cette demande dans la loi de finances du 28 novembre 1895, qui contenait en son article 64 les dispositions suivantes : « L'article 6 du décret-loi des 3-7 octobre 1848 est modifié ainsi qu'il suit : Chaque année, le Trésor distribue aux fermes-écoles des primes qui sont réparties, à titre de pécule, entre les élèves les plus méritants, dans la *limite des crédits budgétaires.* »

Conformément à cette disposition, le Ministre de l'agriculture prit le 4 février 1896 l'arrêté suivant :

« Art. 1er. Les apprentis entrés dans les fermes-écoles à partir de 1896 et qui auront obtenu le certificat d'études recevront, s'ils en sont jugés dignes, des primes variables, dont le total sera fixé chaque année et pour chaque ferme-école par le Ministre, d'après les ressources budgétaires de l'exercice.

« Art. 2. Chaque année, le crédit budgétaire affecté aux primes à distribuer aux apprentis sera réparti entre les diverses fermes-écoles, en tenant compte du nombre d'apprentis devant sortir de chacune d'elles dans le courant de l'année.

« Art. 3. Dans chaque ferme-école, le crédit sera réparti entre les apprentis par le comité de surveillance et de perfectionnement institué par l'article 8 de la loi du 3 juillet 1875, qui tiendra compte du classement de sortie. La prime la plus élevée accordée à un apprenti ne pourra pas dépasser 300 francs.

« Art. 4. Le classement de sortie sera établi en tenant compte des classements annuels et de l'examen définitif passé devant le comité de surveillance et de perfectionnement. »

Le nombre des apprentis est fixé par l'arrêté constitutif de la ferme-école, mais il ne peut descendre au-dessous de 24. Pour être admis, les apprentis doivent être âgés de 16 ans révolus. Pendant leur séjour à la ferme, qui varie de deux à trois ans, les apprentis ne sont pas astreints à des travaux que leur âge ne comporte pas.

Une allocation de 270 francs par apprenti est attribuée au directeur de l'établissement.

L'augmentation des frais d'entretien a fait passer l'allocation de 175 francs, attribuée autrefois au directeur par l'État, à 270 francs.

Exposition des fermes-écoles.

Conçue dans le même esprit et composée des mêmes éléments que l'exposition des écoles pratiques d'agriculture, ainsi qu'il est dit au chapitre précédent, l'exposition des fermes-écoles n'était pas moins remarquable pour le bon goût de son agencement et par la variété des objets et des travaux offerts à l'examen des visiteurs. Cette exhibition montrait les progrès incontestables réalisés depuis dix ans dans les méthodes d'enseignement pratique de l'agriculture.

Ferme-école de Nolhac (Haute-Loire). [Médaille d'or. — Collaborateurs : MM. Martin et Vibert, médailles de bronze.] — Le Jury de la Classe 5 ayant attribué, dans la catégorie des fermes-écoles, la plus haute récompense à la ferme-école de Nolhac, nous donnerons une monographie de cette ferme modèle. Cette monographie complétera et précisera les indications générales que nous venons de donner sur ce genre d'écoles.

Fig. 168. Ferme-école de Nolhac. (Jardin potager.)

La ferme-école de Nolhac, située à 10 kilomètres du Puy, a été créée dès le début de l'institution de ces établissements, par arrêté ministériel du 19 novembre 1849, mais elle ne commença à fonctionner qu'en 1850. Depuis l'année 1883, la ferme-école est dirigée par M. Chaudier, qui a été lui-même élève de Nolhac, puis professeur d'horticulture. M. Chaudier reconnut bientôt la nécessité d'agrandir les bâtiments de l'exploitation; il entreprit des travaux considérables d'amélioration foncière auxquels s'associèrent, avec beaucoup de bonne volonté, ses propriétaires, le Dr Émile Vibert et son frère Jules, et c'est grâce à leur concours dévoué qu'il fut possible à M. Chaudier de réaliser ses projets. Sous cette habile direction, la ferme a contribué à l'amélioration des cultures dans la majeure partie du département de la Haute-Loire. En 1883, les rendements en blé étaient restés ce qu'ils étaient en 1870 à la ferme de Nolhac. Actuellement, le blé donne 33 hectolitres à l'hectare. L'exploitation possède 80 têtes de gros bétail ou l'équivalent. Les bœufs, au nombre de 10, servent à faire les labours et les charrois; ils appartiennent presque tous à la race d'Aubrac.

La vacherie compte 2 taureaux et 43 vaches, génisses, etc., appartenant aux races tarentaise, salers, comtoise ou montbéliarde. La bergerie compte 150 à 200 moutons de la race bizet, dite *de Chilhac;* la porcherie, 15 à 20 porcs.

L'assolement pratiqué à Nolhac donne beaucoup de fourrage, ce qui permet d'élever et d'engraisser de nombreux animaux. Aussi la ferme-école a toujours réalisé des bénéfices, même pendant la crise agricole. La superficie du domaine est de 71 hectares.

Enseignement. — Les apprentis sont chargés alternativement des différents services de l'exploitation, des soins à donner aux animaux domestiques et exercés à la direction et à l'exécution de tous les travaux agricoles et horticoles.

Le directeur et le sous-directeur surveillent et dirigent toutes les parties de l'enseignement théorique et pratique donné aux élèves par des professeurs spéciaux.

Les matières enseignées sont : langue française, arithmétique, géométrie, nivellement, géodésie, arpentage et cubage, comptabilité agricole, agriculture, irrigations et drainages, économie rurale, géographie agricole, horticulture, arboriculture, sylviculture, zootechnie, histoire naturelle, physique et chimie agricoles, pratique agricole, instruction militaire.

Les apprentis sont exercés à tour de rôle, sous la direction du chef de pratique et des professeurs, à l'emploi des instruments et à tous les détails théoriques et pratiques d'une exploitation bien conduite. Ils apprennent, à l'atelier de charronnage et à la forge, à réparer eux-mêmes les machines et les instruments aratoires.

Des pépinières d'arbres fruitiers et d'arbustes, des vignes sont entretenues à la ferme pour permettre aux élèves d'étudier d'une façon sérieuse le greffage, le bouturage, le marcottage, ainsi que la taille et la forme à donner aux arbres fruitiers.

L'école ne reçoit que des élèves internes et à titre gratuit. Toutefois, le directeur peut admettre, en dehors des élèves-apprentis boursiers de l'État, un certain nombre de jeunes gens à des conditions convenues d'avance avec les familles.

Pour être admis à concourir il faut avoir 16 ans au moins, sans limite au-dessus, et posséder les éléments de l'instruction primaire. L'aptitude des candidats aux travaux de l'agriculture est prise en considération pour leur classement. Les examens ont lieu à la ferme-école à l'époque indiquée par un arrêté préfectoral affiché dans toutes les communes.

Le personnel enseignant comprend :

Le directeur et le sous-directeur de la ferme-école;

Un instituteur-comptable;

Un vétérinaire;

Un professeur de sciences physiques et naturelles;

Un chef jardinier;

Un chef de travaux pratiques agricoles;

Un instructeur militaire.

A la fin de chaque année scolaire a lieu un examen général devant le comité de perfectionnement pour établir :

1° Le classement des élèves de chaque année par ordre de mérite;
2° Leur promotion à la division supérieure;
3° Leur droit au certificat d'instruction.

Ce comité est composé :

De l'inspecteur général de la région, président; de trois membres nommés par le Ministre de l'agriculture; de trois membres du conseil général.

TABLEAU INDIQUANT LA CARRIÈRE POURSUIVIE PAR LES ANCIENS ÉLÈVES DIPLÔMÉS DE LA FERME-ÉCOLE DE NOLHAC.

ANNÉES.	NOMBRE des CANDIDATS ADMIS.	NOMBRE TOTAL DES ÉLÈVES présents à l'école.	NOMBRE des ÉLÈVES DIPLÔMÉS.	RÉPARTITION DES ÉLÈVES dans les PROFESSIONS AGRICOLES.	RÉPARTITION DES ÉLÈVES dans LES AUTRES PROFESSIONS.	NOMBRE D'ANNÉES D'ÉTUDE.
1850 à 1869	210	152	152	112	40	3
1869 à 1885	255	216	215	156	55	2
1885 à 1895	155	147	147	135	12	2
1895 à 1900	114	114	114	110	4	2
TOTAUX	734	629	628	513	111	

La ferme-école est presque toujours au complet avec ses 38 élèves, 19 par promotion.

Ainsi qu'on peut s'en rendre compte par l'examen du tableau de la répartition des élèves, presque tous les élèves diplômés sortis de Nolhac sont restés dans l'agriculture, l'horticulture ou la viticulture, soit qu'ils exploitent leurs terres ou qu'ils soient chefs de culture, régisseurs ou jardiniers. Quelques-uns sont entrés aux écoles nationales de Montpellier, Grand-Jouan et Versailles.

Le directeur de Nolhac exerce encore sur ses élèves, après leur sortie de la ferme-école, son active et bienveillante tutelle. Il suit dans la vie avec intérêt les anciens apprentis disséminés dans tous les départements de la France; il les conseille, les soutient, pourvoit à leur placement.

L'Association fraternelle des professeurs et des anciens élèves apprentis de la ferme-école, fondée par M. Chaudier, a pour but : 1° d'entretenir des relations d'amitié entre les anciens élèves et les professeurs; 2° de venir en aide aux anciens camarades et à leur famille; 3° d'exercer un patronage efficace sur les anciens élèves qui pourraient avoir besoin d'un appui; 4° de contribuer au progrès de l'agriculture, de l'horticulture et de tout ce qui s'y rattache. L'Association de Nolhac publie une revue agricole, horticole et viticole, intitulée : *Le Conseiller du paysan.*

Les résultats obtenus à la ferme-école de Nolhac montrent l'utilité de ces institutions essentiellement démocratiques, où de nombreux enfants de journaliers agricoles et de petits cultivateurs ont reçu une excellente instruction technique de leur métier dont ils auraient été privés sans la ferme-école.

Fig. 169. — Ferme-école de Nolhac. (Démonstration pratique du vétérinaire.)

Ces établissements, quand ils réussissent, ont aussi une influence considérable sur les exploitations étrangères qui les environnent; ils semblent les entraîner dans leur marche progressive.

Pour Nolhac, l'exemple est caractéristique. Le village de ce nom était composé en 1850 de 35 maisons habitées; la population était pauvre et possédait 113 têtes de gros bétail environ. Aujourd'hui, on y compte 72 maisons habitées et 445 têtes de gros animaux; quant à la population, elle est relativement à l'aise.

Les collections de céréales, de graminées, de racines alimentaires cultivées dans les champs d'expériences et de démonstration de Nolhac étaient exposées à la Classe 39. A la Classe 5, la ferme-école avait présenté des plans de l'établissement, des cahiers de cours, le Bulletin de l'Association des professeurs et des anciens élèves.

Ferme-école du Bosc (Aude). [Médaille de bronze.] — La ferme-école du Bosc est dirigée par M. Heylles depuis 1893, époque à laquelle l'école fut installée dans la propriété du Bosc. Tout était à créer dans cette propriété et le directeur s'est donné à son œuvre avec tant de persévérance que la terre est actuellement apte à toutes les cultures. Elle produit surtout les céréales et les fourrages, ainsi que la vigne.

L'école de Bosc quoique ayant peu d'années d'existence a élevé le niveau des études et a obtenu chaque année de la Commission d'inspection un procès-verbal des plus favorables avec de nombreuses médailles pour les élèves sortants.

La ferme-école avait présenté dans la Classe de l'enseignement agricole des vues photographiques de l'établissement, des herbiers et des cahiers de cours.

Ferme-école de Chavaignac (Haute-Vienne). [Médaille d'argent. — Collaborateurs : M. Mayrat, médaille de bronze; M. Engel, mention honorable.] — La ferme-école de Chavaignac, située dans l'arrondissement de Limoges, a été fondée en 1847 par M. de Bruchard, ancien élève de Roville, et elle est encore dirigée par le petit-fils du fondateur.

L'étendue de l'exploitation est de 150 hectares, dont 67 en prairies et pâturages. La bouverie et la vacherie ont donc, à Chavaignac, une grande importance. La pratique d'une culture intensive avec instruments perfectionnés, l'emploi des engrais commerciaux et des aliments concentrés, l'élevage et l'engraissement rationnels du bétail font de la ferme-école une exploitation pouvant servir d'exemple aux cultivateurs de la contrée.

Depuis la fondation de l'établissement, 694 élèves y ont séjourné. Sur ce nombre, 340 sont sortis diplômés.

La ferme-école de Chavaignac avait exposé : une collection d'épis de céréales; un herbier des plantes croissant spontanément sur la propriété; une série de tableaux représentant la taille et le greffage des arbres fruitiers; une carte agricole de la propriété avec indication des différents terrains, de leur composition moyenne et de la manière d'en tirer parti par l'emploi d'engrais appropriés à leur nature, un plan de la propriété; un autre des bâtiments et jardins, un graphique de la production et de la valeur vénale des céréales pendant les vingt-cinq dernières années, avec la courbe des rendements; deux tableaux servant à l'enseignement de l'âge des animaux domestiques d'après leur dentition; un tableau «livre d'or» de la race bovine limousine, donnant la photographie des animaux ayant remporté le prix d'honneur aux concours de Paris.

Ferme-école de la Hourre (Gers). [Médaille d'argent. — Collaborateur : M. Rey, mention honorable.] — La ferme-école du département du Gers, anciennement à la Rivière, canton de Lectoure, a été transférée en 1889, par arrêté du Ministre de l'agriculture en date du 1er février, près d'Auch, sur le domaine de la Hourre, appartenant à M. Decker-David, député. Ce domaine a reçu depuis dix ans de nombreuses et importantes améliorations, parmi lesquelles il y a lieu de signaler la reconstitution par des plants américains d'un vignoble de 32 hectares, les anciennes vignes françaises ayant été détruites par le phylloxéra.

La création d'une porcherie modèle et de vastes étables et écuries permet de pratiquer dans les meilleures conditions voulues l'élevage, l'une des sources les plus importantes du revenu agricole. L'espèce bovine y a été améliorée par la réalisation du vrai type de la race gasconne; dans l'espèce chevaline, la production de chevaux pur sang, demi-sang et du Gers, montre le grand développement pris par cet élevage.

La durée des études à la ferme-école est de deux ans. L'admission des candidats a lieu à la suite d'un concours basé sur un examen comportant des épreuves écrites et orales choisies dans le programme d'examen pour le certificat d'études primaires. Le nombre des apprentis à admettre à la ferme a été élevé, en 1894, de 40 à 50.

Matières enseignées. — Agriculture, viticulture, vinification, génie rural, zoologie et zootechnie, chimie générale et agricole, physiologie végétale et botanique, arithmétique, géométrie, physique et mécanique agricoles, comptabilité agricole, horticulture et arboriculture.

Les élèves prennent part à tous les travaux nécessités par l'exploitation du domaine. Ils sont particulièrement exercés à la culture de la vigne reconstituée par les plants américains et familiarisés avec le fonctionnement des machines agricoles. Tous les apprentis passent à tour de rôle à l'étable, à l'écurie et à la porcherie; mais les apprentis qui en font la demande peuvent entrer dans une section spéciale, dite section des jardiniers, où on leur donne un enseignement dirigé vers l'horticulture, la culture maraîchère et l'arboriculture.

Tous les élèves, pour ainsi dire, restent dans la carrière agricole : depuis 1889, sur 208 élèves sortis diplômés, 16 seulement ont embrassé d'autres professions.

L'école de la Hourre est dirigée actuellement par M. Bernichon.

Les objets et travaux exposés étaient les suivants : Collection de plantes fourragères, recueillies par les élèves, pendant leurs excursions et herborisations aux environs d'Auch; collection de céréales, comprenant 100 espèces ou variétés de blés, avoines, orges, provenant du champ d'expériences de la ferme; herbiers de plantes croissant à l'état spontané dans le département du Gers; vues photographiques reproduisant le cycle des travaux agricoles de l'année; plan du domaine par planches et parcelles.

Ferme-école de Royat (Ariège). [Médaille d'argent.] — La ferme-école de Royat se trouve dans la plaine de la basse Ariège, près de Pamiers. Les terres ont une contenance de 86 hectares environ.

Le vignoble de la ferme-école de Royat, planté avec les meilleurs cépages de la Gironde et de la Bourgogne, jouissait avant l'invasion phylloxérique d'une réputation due en partie à sa taille connue sous le nom de « taille de Royat ». Le vignoble a été reconstitué depuis une dizaine d'années. Le matériel agricole de la ferme comprend des instruments aratoires perfectionnés. Les bâtiments d'exploitation sont vastes et bien disposés. Le chai peut être cité comme modèle. Les apprentis sont au nombre de 45, en trois promotions. D'après les renseignements statistiques fournis par le directeur de la ferme-école de Royat, M. Jaubert, la grande majorité des anciens élèves diplômés, 500 environ, sont restés dans la carrière agricole soit comme propriétaires, soit comme régisseurs ou contremaîtres.

L'école avait présenté à la Classe 5 un plan d'ensemble du domaine.

Considérations générales.

Le nombre des fermes-écoles au commencement de 1900 était de 14; il est bien inférieur au chiffre que prévoyait la loi du 3 octobre 1848. Des 70 fermes-écoles qui existaient en 1852, il n'en subsistait déjà plus que 50 en 1870 et 17 en 1889, par suite soit de la conversion de certaines d'entre elles en écoles pratiques, soit de leur suppression due à des motifs divers. Leur nombre est inférieur à celui des anciennes fermes-écoles de 1848 : 25. L'institution n'a donné de bons résultats que dans certaines régions, dans les pays de métayage. Partout où il y avait des fermes bien dirigées les petits cultivateurs préféraient y envoyer leurs enfants qui y recevaient un salaire plus élevé.

La ferme-école est une école d'un caractère spécial par le fait que l'exploitation appartient à un particulier. Le directeur emploie, à son gré, les apprentis à tous les travaux agricoles de l'exploitation, qui est entièrement à sa charge. Dans ces conditions l'enseignement théorique laisse quelquefois à désirer. Pour cette raison les fermes-écoles ont été moins suivies.

La diminution des primes de sortie allouées aux apprentis a encore augmenté les difficultés du recrutement dans ces établissements et causé un réel préjudice à l'institution.

La commission du budget, en 1895, estimant que la prime uniforme de 300 francs accordée antérieurement et sans distinction à chaque apprenti sortant, en vertu de l'article 6 du décret-loi du 3 octobre 1848, avait l'inconvénient de supprimer l'émulation entre les élèves qui considéraient la prime non comme une récompense qu'il leur fallait mériter par leur travail, mais comme un droit naturel, et voulant, d'autre part, réaliser une économie, proposa de supprimer 40,000 francs sur le crédit de 60,000 francs inscrit pour cette prime. Le crédit, réduit à 20,000 francs, devait servir à récompenser les trois premiers élèves sortant des fermes-écoles avec des notes suffisantes pour justifier cette faveur.

La loi de finances de 1896 ratifia cette proposition. L'arrêté du 4 février 1896, ainsi que nous l'avons rapporté en détail dans l'exposé général ci-dessus sur les fermes-écoles, fixa les règles d'attribution de ces primes aux élèves diplômés. En conséquence, l'Administration de l'agriculture demande chaque année aux directeurs des fermes-écoles le nombre des élèves diplômés devant sortir de ces établissements. Une somme correspondante au nombre des élèves est mise à la disposition du comité de surveillance et de perfectionnement de chaque ferme-école qui répartit cette somme entre les intéressés, en tenant compte de leur rang de classement, de leur conduite, etc., sans que la prime à attribuer aux plus méritants puisse dépasser 300 francs.

Le Ministre de l'agriculture n'avait pris l'arrêté de 1896 que pour se conformer à l'article 6 de la loi de finances du 28 décembre 1895, et, dès l'année suivante, l'Administration de l'agriculture fut saisie de réclamations relatives aux modifications apportées dans l'allocation des primes de sortie attribuées aux élèves diplômés des fermes-écoles. Cette modification regrettable rendit plus difficile, dans la suite, le recrutement des élèves ou apprentis des fermes-écoles.

La décroissance de ces établissements tient encore à la marche progressive de l'enseignement, à son développement, qui permet aux enfants des campagnes de parvenir à un degré supérieur d'instruction et qui en fait ainsi des élèves capables de suivre l'enseignement des écoles pratiques d'agriculture. Le nombre des écoles pratiques a augmenté aux dépens de celui des fermes-écoles. Mais l'enseignement des notions élémentaires de l'agriculture dans les écoles primaires rurales, défini par la circulaire du 4 janvier 1897, devra préparer un contingent d'élèves pour les fermes-écoles. De 1889 à 1900, la diminution du nombre des fermes n'a plus porté que sur deux établissements, le chiffre actuel étant de 14 contre 16 en 1889.

La plupart des établissements actuels font preuve de vitalité. Certaines fermes-écoles, comme celle de Nolhac, méritent le titre d'écoles pratiques d'agriculture par la perfection de leurs méthodes d'enseignement. Le niveau des études s'est élevé depuis quelques années dans nos fermes-écoles.

FERMES-ÉCOLES EXISTANT ACTUELLEMENT.

DÉPARTEMENTS.	FERMES-ÉCOLES.	BUREAU DE POSTE.	ÂGE D'ADMISSION.	NOMBRE D'ANNÉES D'ÉTUDES.
Ariège	Royat	Saverdun	16	3
Aude	Bosc	*Idem*	16	2
Charente-Inférieure	Puilboreau	La Rochelle	15	3
Cher	Laumoy	Le Châtelet-en-Berry	16	3
Corrèze	Les Plaines	Neuvic-d'Ussel	17	2
Doubs	La Roche	Rigney	16	2
Garonne (Haute-)	Castelnau-lès-Nauzes	Cazères	15	3
Gers	La Hourre	Auch	16	2
Loire (Haute-)	Nolhac	Saint-Paulien	17	2
Lot	Le Montat	Cahors	17	2
Lozère	Chazeirollettes	Serverette	17	2
Orne	Saint-Gautier	Domfront	14	2
Vienne	Montlouis	Saint-Julien-l'Ars	15	2
Vienne (Haute-)	Chavaignac	Nieul	16	2

Nous avons indiqué plus haut les principales réformes à apporter à l'organisation et aux méthodes d'enseignement des écoles pratiques; ces considérations s'appliquant d'une manière générale aux fermes-écoles, nous ne croyons pas utile d'insister. De plus, l'étude d'ensemble qui précède l'exposition des fermes-écoles contient des considérations sur ces établissements auxquelles il convient de se reporter. Nous dirons pour conclure : de la variété jusque dans les moindres détails, telle doit être la caractéristique de l'enseignement donné dans nos fermes-écoles comme dans nos écoles pratiques d'agriculture. Spécialiser l'enseignement en l'appropriant aux nécessités pour créer des forces économiques, tel est le but poursuivi par l'Administration de l'agriculture.

PROFESSEURS DÉPARTEMENTAUX D'AGRICULTURE.

Plusieurs départements, le Doubs, le Finistère, la Gironde, la Haute-Garonne, la Seine-Inférieure, l'Oise, la Loire-Inférieure, la Meurthe, la Moselle, la Somme, avaient créé, de 1850 à 1870, des chaires d'agriculture subventionnées par les Conseils généraux et aussi par les Ministères de l'agriculture ou de l'instruction publique. Les titulaires de ces chaires étaient chargés de faire des conférences agricoles dans les campagnes et de professer des cours dans certains établissements d'enseignement. Pendant la même période, Malaguti, Bobierre, Isidore Pierre, Houzeau, Ladrey, Beaudrimont, ouvrirent des cours de chimie agricole à Rennes, Nantes, Caen, Rouen, Dijon, Bordeaux.

Quelques années après la guerre, en 1876, on songea à généraliser cette institution en créant dans tous les départements des chaires d'enseignement agricole. La loi instituant les professeurs départementaux fut promulguée le 16 juin 1879. D'après l'exposé des motifs, le législateur voulait faire pénétrer l'enseignement agricole à l'école primaire, et, pour arriver à ce but, apprendre aux instituteurs, à l'école normale, les principales notions agronomiques; l'enseignement nomade ne paraissait venir qu'en seconde ligne. Une commission spéciale ayant longuement discuté la proposition de remplacer, à l'école normale, les professeurs départementaux, fonctionnaires du Ministère de l'agriculture, par des professeurs relevant du Ministère de l'instruction publique, l'Université se préoccupa un instant de faire acquérir à ses professeurs de sciences naturelles les connaissances nécessaires pour enseigner l'agriculture, mais cette idée ne fut pas mise à exécution.

La loi du 16 juin 1879 chargea les professeurs départementaux de faire un cours d'agriculture aux élèves-maîtres des écoles normales d'après un programme établi conformément aux instructions arrêtées entre les Départements de l'agriculture et de l'instruction publique. L'instruction officielle du 25 août 1898 porte que l'enseignement scientifique doit préparer, dans les écoles normales, l'enseignement agricole, lui servir de base. Le cours d'agriculture n'a lieu qu'en seconde et en troisième année; il est complété par des travaux pratiques et des excursions dans la région. Les professeurs départementaux font aussi des cours d'horticulture et apprennent aux futurs instituteurs, sous la conduite du jardinier de l'école, à greffer, tailler, jardiner. Destinés à devenir les instituteurs des enfants de notre population rurale, ils deviennent ainsi aptes à remplir toute leur mission éducative.

La seconde partie de la mission des professeurs départementaux consiste à faire des conférences aux agriculteurs dans les communes, 26 conférences au minimum, chaque année, d'après l'article 14 du décret du 9 juin 1880. L'enseignement variant suivant la région et les cultures locales, les professeurs doivent posséder de sérieuses connaissances agronomiques et être doués d'un esprit observateur pour apprécier ce qui peut constituer un progrès dans l'agriculture locale. Si l'enseignement reste toujours professionnel, technique, les professeurs n'ont cependant pas à s'astreindre à suivre le même programme, ils peuvent varier leurs conférences en vue d'intéresser leur auditoire. Intéresser les cultivateurs, en restreignant la part de l'enseignement abstrait, est le véritable moyen de faire passer les notions scientifiques dans le monde rural et de faire profiter des découvertes modernes le cultivateur qui appartient par son âge à une époque où l'activité intellectuelle était moins grande, l'instruction trop élémentaire. Quelques professeurs sont en même temps directeurs de stations agronomiques, ce qui facilite leur propagande.

Les professeurs départementaux sont choisis à la suite d'un concours qui a lieu au chef-lieu du département où se trouve la chaire. Le concours a été réglé par la loi du

16 juin 1879; il porte sur les principes généraux de l'agriculture, de la viticulture, de l'arboriculture et de l'horticulture, et sur les sciences dans leur application à la situation, à la production et au climat du département. Le programme du concours est arrêté par le Ministre de l'agriculture, après avis des associations agricoles et du conseil général du département. Le jury doit être composé de la façon suivante : l'inspecteur général d'agriculture, l'inspecteur d'Académie, un professeur de chimie ou de physique, un professeur de sciences naturelles, un professeur de l'école vétérinaire ou de l'école de médecine, trois agriculteurs choisis parmi les membres des associations agricoles du département, un conseiller général désigné par ses collègues. Les candidats pour être admis au concours doivent être Français et âgés de 25 ans au moins.

Le décret portant règlement d'administration publique en exécution de la loi de 1879 a fixé les appointements des professeurs départementaux, qu'il répartissait en quatre classes, auxquelles correspondaient les traitements de 3,000, 3,500, 4,000 et 4,500 francs, la nomination ayant toujours lieu à la 4e classe.

Ces traitements étaient payés par moitié sur les fonds du budget de chacun des deux Ministères de l'agriculture et du commerce, et de l'instruction publique. Il en résultait que ces fonctionnaires dépendaient de deux autorités différentes, ce qui pouvait présenter quelques inconvénients. Ces difficultés disparurent il y a plusieurs années, lorsqu'un décret, tout en maintenant les professeurs départementaux comme professeurs d'école normale, décida qu'à l'avenir la totalité de leur traitement leur serait servie sur les fonds du budget du Ministère de l'agriculture.

En outre de leur traitement, les professeurs reçoivent des frais de tournées qui sont à la charge du département. Ils doivent être au minimum de 500 francs; mais cette somme s'élève en moyenne à 1,100 ou 1,200 francs, depuis que les professeurs départementaux ont dans leurs attributions le service des champs de démonstration.

Par suite du nouveau mode de payement des professeurs départementaux d'agriculture, ces derniers ne relevèrent plus pour leur statut personnel que du Ministère de l'agriculture, mais leurs fonctions dans les établissements de l'Université n'en subsistèrent pas moins. Il était indispensable, en effet, de maintenir les professeurs départementaux à l'école normale : parce que si l'on tient à ce que l'instituteur reçoive un enseignement agricole sérieux, personne n'a plus de compétence pour donner cet enseignement que le professeur départemental, et aussi parce que ce fonctionnaire se crée ainsi parmi les futurs instituteurs d'utiles auxiliaires qui lui rendront de grands services pour son enseignement nomade dans le département.

La circulaire ministérielle du 15 janvier 1881 appelait spécialement l'attention des professeurs d'agriculture sur l'importance des démonstrations pratiques de toute nature. Plusieurs professeurs commencèrent alors à organiser, soit au moyen des subventions du département, soit avec le concours des cultivateurs de la région, des champs d'expériences et de démonstration.

Une seconde circulaire ministérielle, en date du 19 décembre 1885, généralisa cette méthode d'enseignement expérimental. Depuis cette époque, l'État accorde aux départements qui inscrivent un crédit à leur budget une subvention égale autant que possible à celle votée par le département. Le service des champs d'expériences et de démonstration est placé sous la direction du professeur départemental qui organise les expériences et fait des conférences sur le terrain. Un laboratoire, installé à peu de frais, suffit pour les analyses, lorsqu'il n'y a pas à proximité une station agronomique. Le déplacement des champs de démonstration permet même aux cultivateurs des communes les plus éloignées de profiter de cet enseignement. Ces champs constituent un véritable enseignement de choses à la portée de tous les cultivateurs. D'une manière générale, la création des champs d'expériences a pour but de rechercher les meilleures variétés de semences et de plantes et de déterminer les engrais appropriés aux différents sols. Les champs de démonstration sont créés afin de vulgariser les résultats acquis, les faits scientifiques constatés, de faire connaître les bons résultats obtenus par les machines et les instruments aratoires perfectionnés, d'indiquer les remèdes à appliquer contre les maladies des plantes.

Dans ce but, les professeurs départementaux d'agriculture fixent, pour chaque région, les essais à entreprendre, chaque année, et choisissent ceux qui présentent le plus d'intérêt. Tel procédé qui réussit en plaine ne vaut plus rien dans les régions accidentées, sur les coteaux; telle semence qui donne des rendements excellents dans certains sols se montre inférieure aux espèces indigènes dans d'autres régions; tel cépage recommandable pour certains terrains perd toute valeur dans un autre sol ou sous un climat différent.

Les subventions accordées en 1899 par l'État aux départements, pour la création et l'entretien des champs d'expériences et de démonstration, se sont élevées à 121,575 francs, sur un crédit budgétaire de 170,000 francs. Les Conseils généraux ont voté pour le même objet des crédits généralement égaux aux subventions accordées par l'État. Mais il faut y ajouter les dépenses faites par les sociétés d'agriculture et les particuliers ainsi que les capitaux employés à la création et à l'entretien des pépinières d'expériences viticoles et des champs d'adaptation depuis l'invasion du phylloxéra.

Les professeurs départementaux assistent les inspecteurs de l'agriculture pour l'organisation des concours régionaux et généraux agricoles et les visites des domaines; ils se tiennent aussi en relation avec les sociétés d'agriculture, les comices et les syndicats agricoles.

Comme fonctionnaires, ils doivent procéder aux enquêtes prescrites par l'Administration de l'agriculture et par l'administration préfectorale, étudier la situation économique du département.

La circulaire ministérielle du 4 février 1899, contenant des instructions relatives à l'enseignement départemental et communal de l'agriculture, a orienté cet enseignement vers le domaine économique en cherchant à vulgariser ses effets. Nous renvoyons aux considérations générales pour le détail des attributions des professeurs départementaux d'agriculture.

Avant de terminer l'exposé sur les professeurs départementaux, nous devons signaler une particularité. En 1899, M. le Ministre de l'agriculture a institué une chaire régionale d'apiculture dont le siège est à Clermont-Ferrand et dont l'action s'étend sur sept départements de la région du Centre; le titulaire de cette chaire est M. Hommell. C'est la seule chaire ayant un objet spécial et qui rayonne sur plusieurs départements; elle a été établie en raison de l'importance prise par l'apiculture dans la région du centre.

Nous avons vu que les professeurs départementaux étaient recrutés par voie de concours parmi les Français, âgés de 25 ans au moins.

L'Administration a l'intention de modifier ce recrutement et de ne plus choisir ces professeurs que parmi les professeurs spéciaux, ces derniers étant recrutés actuellement à la suite d'un concours difficile qui donne toute garantie sur la valeur théorique et pratique des candidats admis [1].

Exposition des professeurs départementaux d'agriculture.

L'exposition des professeurs départementaux et spéciaux dans la Classe 5 n'a pas été aussi complète qu'elle aurait pu l'être; la classification adoptée par l'Administration de l'Exposition n'a pas permis à ces professeurs de placer tous leurs travaux dans la section de l'enseignement. La plus grande partie de leur œuvre, relative à l'enseignement donné aux cultivateurs par les cartes agrologiques, agronomiques, climatériques, avait été indiquée comme rentrant dans la Classe 38, Agronomie. Cette dernière Classe a tenu à conserver dans sa section ces travaux ainsi que des tableaux synoptiques, des diagrammes, des rapports, des plans et des collections ayant rapport aux chaires départementales, malgré le désir des professeurs de ne pas scinder leur exposition d'enseignement.

Nous allons passer en revue les chaires récompensées ainsi que celles dont les titulaires faisaient partie du Jury, en donnant des indications sur chaque exposition et sur le mode d'action des professeurs.

Chaire départementale d'agriculture du Calvados. — [Médaille d'argent.] — L'exposition de M. J.-B. Martin, professeur départemental du Calvados et ancien professeur départemental de la Corrèze, comprenait de nombreuses publications sur l'agriculture et l'enseignement agricole dans ces deux départements : *La Corrèze agricole, Éléments des sciences appliquées à l'agriculture, Agriculture et jardinage;* des rapports de service, des articles publiés dans les revues agricoles, des cours, des conférences, des cahiers d'élèves montraient l'activité déployée par le professeur.

A l'École normale, le cours d'agriculture est fait par M. Martin aux élèves de deuxième

[1] Voir note page 419.

et de troisième année pris séparément à raison d'une heure et demie par promotion. Le programme suivi embrasse toutes les branches de l'agriculture, mais il est surtout orienté vers l'agriculture locale. La production chevaline, la laiterie, l'arboriculture et la cidrerie sont étudiées en détail, et le cours est complété par des applications au jardin. Pour rendre l'enseignement agricole intéressant et profitable, le professeur s'est efforcé de lui donner de la couleur locale, en apprenant aux élèves à distinguer ce qui peut être immédiatement utile aux cultivateurs du pays. Il estime que s'il est assez difficile à un instituteur de diriger un champ d'expériences agricoles, il n'en est pas de même pour le jardinage et l'arboriculture. On peut donc rendre des services immédiatement appréciables aux cultivateurs en enseignant d'une manière expérimentale, dans le jardin de l'école, la culture des meilleurs légumes et des meilleures espèces d'arbres fruitiers.

En 1897, le professeur départemental d'agriculture, de concert avec le recteur et l'inspecteur d'Académie, a ouvert un cours d'agriculture ménagère à l'École normale d'institutrices de Caen. Ce cours qui comprend une quinzaine de leçons d'une heure est fait aux élèves de troisième année. Il porte sur la culture et la conservation des légumes et des fruits, la basse-cour, la laiterie (conservation et utilisation du lait, fabrication du beurre et des fromages, utilisation des résidus de la laiterie).

Depuis 1898, M. Martin professe un cours d'agriculture au lycée de Caen. Le cours qui comprend 50 leçons est complété par des applications pratiques et par des excursions.

Chaque arrondissement du Calvados possède une société d'agriculture ou un syndicat professionnel agricole, excellents organes d'étude et de défense des intérêts agricoles. Ces sociétés se sont efforcées d'organiser des conférences, avec le concours du professeur départemental d'agriculture, de publier des bulletins, de propager les meilleures méthodes de culture, d'entretenir des champs d'expériences et de démonstration, de contribuer en un mot par bien des moyens aux progrès de l'agriculture.

Chaire départementale d'agriculture de la Charente. — [Médaille d'argent.] — Les cartes calcimétriques, présentées par M. Prioton, professeur départemental d'agriculture de la Charente, ont pour but d'indiquer aux viticulteurs la quantité de calcaire contenue dans leurs terres et par suite de les renseigner sur le cépage porte-greffes qui doit être choisi. Il suffit pour cela de reporter sur la carte calcimétrique de chaque commune les divisions parcellaires du cadastre pour que chaque propriétaire puisse, par une simple lecture, connaître le degré de calcaire du terrain qu'il se propose de planter et le cépage auquel il doit donner la préférence. A cet effet, chaque carte porte en légende, en regard de la teinte qui indique la proportion pour cent de calcaire, le nom des principaux cépages porte-greffes. Les légendes ont été établies d'après les indications tirées des vignes d'expériences organisées par la station viticole de Cognac et par la chaire d'agriculture.

M. Prioton avait résumé dans des tableaux : 1° la situation des vignes d'expériences; 2° les résultats obtenus pendant les six dernières années dans les champs

IMPRIMERIE NATIONALE.

de démonstration, les bénéfices réalisés; 3° les résultats obtenus dans les écoles de greffage de la vigne. Ce dernier tableau était accompagné de photographies montrant les différentes séances de greffage et de plantation, auxquelles participent les élèves dans chaque école.

Publications exposées : brochures se rapportant aux vignes d'expériences; études sur l'adaptation des porte-greffes; instructions pour l'achat et l'emploi des engrais; considérations sur les écoles de greffage; rapports annuels de la chaire d'agriculture.

Chaire départementale d'agriculture de la Côte-d'Or. — M. Magnien, professeur départemental d'agriculture de la Côte-d'Or, récemment nommé inspecteur de l'agriculture [1], faisait partie du Jury de la Classe 5 et était hors concours à ce dernier titre. Il avait exposé des cartes agronomiques communales de Pouilly-en-Auxois, Renève, Nuits-Saint-Georges. Ces cartes sont affichées d'une manière permanente à la mairie des communes intéressées, dans une salle accessible au public, et les instituteurs sont chargés de les interpréter pratiquement pour les cultivateurs, en ce qui concerne l'adaptation des porte-greffes au sol, et la nature et les doses d'engrais à appliquer suivant les plantes.

M. Magnien a suivi la méthode présentée par lui et adoptée par la Société nationale d'agriculture de France et par le Congrès des Sociétés savantes, à la Sorbonne, en 1896, pour l'exécution des cartes agronomiques à grande échelle.

1° Relevé, mise à jour et reproduction du plan cadastral de la commune au 1/10000; tracé des courbes de niveau d'après les minutes de la carte d'état-major au 1/80000.

2° Étude sur place et délimitation sur le plan précédent des formations géologiques du territoire; coupes montrant la disposition et la puissance des différentes assises. — Notice explicative (description sommaire des terrains).

3° Prélèvement des échantillons de sol et de sous-sol et repérage sur le plan géologique des points où ils ont été recueillis.

4° Analyse physique et chimique des terres d'après les procédés recommandés par le Comité consultatif des stations agronomiques.

5° Représentation graphique de la composition physique et des résultats généraux de l'analyse chimique des sols et sous-sols.

6° Tableau indiquant les points de prélèvement des échantillons de terre (lieux-dits, nature des propriétés, numéro et sections du cadastre, épaisseur du sol et du sous-sol).

7° Tableau donnant par nature de cultures la répartition du territoire de la commune.

La connaissance approfondie que possédait M. Magnien du département de la Côte-d'Or, sa compétence et son autorité lui avaient permis de faire profiter la plupart des cultiva-

[1] M. Magnien a été nommé inspecteur de l'agriculture, le 12 octobre 1901.

teurs de ses études et de ses expériences. Pendant la campagne 1899-1900, des champs de démonstration ont été établis dans 76 localités des arrondissements de Dijon et de Beaune pour la culture du blé, l'emploi des semences sélectionnées et des engrais complémentaires, ainsi que 42 vignes d'expériences et de démonstration destinées à faire ressortir l'influence des engrais chimiques, du nitrate de soude en particulier, sur la végétation et la fructification.

Pendant la même campagne, des jardins scolaires ou champs d'expériences ont été organisés dans treize communes de la Côte-d'Or avec le concours pécuniaire des municipalités, dans le but de propager parmi les élèves les plus avancés des écoles primaires publiques, à l'aide d'applications et d'exercices pratiques, les notions indispensables à une bonne production légumière, de les initier à l'emploi rationnel des engrais, ainsi qu'à la connaissance des plantes et des méthodes nouvelles de culture.

En dehors du service spécial des champs d'expériences et de démonstration, il existe dans la Côte-d'Or, sous la présidence de M. Magnien, un service d'études viticoles, qui fonctionne sous le nom de «Comité central d'études viticoles de la Côte-d'Or».

Chaire départementale d'agriculture de l'Isère. — [Médaille d'argent.] — M. Rouault, professeur départemental de l'Isère, avait une remarquable exposition par la variété de ses travaux personnels, par leur valeur et par le classement méthodique des objets présentés : 1° Carte géologique du département coloriée sur la carte géologique des écoles de Vuillemin, d'après les documents provenant des cartes au 1/80000 du service géologique du Ministère des travaux publics, avec légendes statistiques et légendes agronomiques; 2° Spécimens authentiques des principaux terrains de l'Isère et des roches; 3° Notice sur l'origine, la constitution, la composition chimique des divers terrains et la nature de leurs cultures dominantes.

Étude et cartons photographiques de la race bovine du Villard-de-Lans avec mensurations. Carte géologique et légendes statistiques. — Études sur le noyer dans la vallée de l'Isère et sur le pêcher dans la vallée du Rhône. — Tableau graphique résumant des essais d'engrais appliqués à la culture de la vigne. — Dessins d'élèves se rapportant à l'enseignement agricole à l'École normale. — Jardin botanique tracé par le professeur d'agriculture d'après un type différent de celui de la disposition en séries latérales. — Collections du *Journal agricole du Sud-Ouest*. — Rapports et brochures diverses.

Chaire départementale d'agriculture du Jura. — [Médaille d'argent. — Collaborateur : M. Girardot, médaille d'argent.] — M. Jouvet, professeur départemental du Jura, a publié des notices jointes aux cartes agronomiques communales de Larnaud, Saint-Lothain, Châtillon-sur-l'Ain et Loulle, contenant des renseignements très utiles sur la composition du sol, l'alimentation des plantes et les engrais à employer. Ces notices sont distribuées gratuitement à tous les propriétaires des communes où le professeur fait une conférence sur l'interprétation de la carte agronomique communale.

L'établissement de ces cartes agronomiques a été fait avec soin : les analyses ont été effectuées au laboratoire agricole départemental de Poligny et les résultats sont indiqués en chiffres près du point de prélèvement de chaque échantillon, tous les autres modes d'indication étant plus difficiles à comprendre pour les cultivateurs. Un graphique, établi sur les cartes, indique pour chaque formation géologique la richesse de tous les échantillons de terre analysés en ce qui concerne l'azote, l'acide phosphorique, la potasse et la chaux, et permet de voir la relation qui existe entre tous les échantillons provenant d'une même zone géologique. Le professeur a fait aussi des conférences nombreuses en faveur de la création des sociétés d'assurance mutuelle contre la mortalité du bétail. Comme moyens d'information, indépendamment des conférences et des publications dans la presse locale, M. Jouvet a recours à l'affichage ; il a fait placarder, en 1900, dans toutes les communes intéressées, des affiches sur le traitement des maladies de la vigne, black-rot, mildiou et oïdium, et des conseils aux vignerons sur la vinification.

Chaire départementale d'agriculture de Loir-et-Cher. — [Médaille d'or. — Collaborateurs : M. Fallot, médaille d'argent, M. Michon, médaille de bronze, M. Mirbeau, mention honorable.] — Le service de l'enseignement agricole dans le Loir-et-Cher comprend les cours didactiques à l'École normale et au collège de Blois, au lycée de Vendôme et au collège de Romorantin, des cours spéciaux de viticulture et de greffage, d'arboriculture, des conférences, des expériences entreprises sous la direction de M. Vezin, professeur départemental, dans les pépinières de Chouzy, Romorantin, Saint-Ouen, Villiers, Vendôme. Les écoles de greffage ont été remplacées en 1898 par des cours théoriques et pratiques de viticulture suivis par de nombreux vignerons. C'est à la création de ces cours qu'il faut attribuer le mouvement rapide de reconstitution du vignoble dans le département. M. Vezin a encore entrepris, depuis deux ans, des expériences sur les variétés de betteraves fourragères les plus avantageuses à cultiver dans le Loir-et-Cher, ainsi que des recherches sur les engrais phosphatés à employer pour les terres de la Sologne. Il a établi de nombreux champs d'expériences et de démonstration et a installé dans plusieurs d'entre eux des ruches modèles. Le laboratoire agricole annexé à la chaire départementale en 1895 ne s'occupe pas seulement de l'analyse des matières premières et des produits agricoles, mais aussi de recherches micrographiques sur les maladies des plantes. Une bibliothèque et des collections importantes, commencées par M. Trouard-Riolle, ancien professeur départemental de Loir-et-Cher, facilitent les recherches et les travaux agronomiques.

L'exposition de M. Vezin était très bien présentée et remarquable par les travaux mis sous les yeux des visiteurs. Les principaux travaux et objets exposés étaient les suivants : Carte de l'enseignement agricole indiquant la répartition par canton des chaires d'agriculture, des conférences et des cours pratiques de viticulture, l'emplacement des différentes cultures, des pépinières, des champs d'expériences et de démonstration. La carte fournit en outre des indications relatives aux sociétés, syndicats et comices agricoles et viticoles, aux sociétés d'horticulture et de pisciculture et aux sociétés d'assurances contre la mortalité du bétail. — Carte agronomique de la commune de Villiers. — Collection des principaux types de terrains du département. — Un herbier du département de Loir-et-Cher comprenant plus de huit cents plantes. Des affiches contenant des conseils aux agriculteurs à propos des engrais. — Des rapports, des monographies et des études sur la reconstitution du vignoble, sur les plantes des prairies, sur la vinification et sur la composition des vins de Loir-et-Cher, par M. Trouard-Riolle, directeur de l'École nationale d'agriculture de Grignon, M. Vezin, professeur départemental d'agriculture, et M. Fallot, sous-directeur du laboratoire agricole.

Chaire départementale d'agriculture de la Haute-Loire. — [Médaille de bronze.] — Le département de la Haute-Loire comprend deux zones distinctes : la montagne et la plaine. Le professeur d'agriculture a donc à étudier des questions qui intéressent plus spécialement, dans la montagne, l'élevage, l'entretien, l'hygiène du bétail et l'utilisation de ses produits, et, dans les vallées, la reconstitution du vignoble. M. Dupont s'est préoccupé, dès son arrivée dans le département, de former des maîtres-greffeurs, puis il a organisé des cours de greffage au printemps de 1898. Un concours de greffage a lieu, chaque année, pour récompenser les élèves greffeurs les plus habiles. Le professeur s'occupe aussi de l'organisation de sociétés d'assurances mutuelles. Pour suppléer à l'insuffisance du personnel enseignant l'agriculture dans le département qui comprend 265 communes, le professeur a publié de nombreux articles dans les journaux du pays et distribué des brochures de propagande.

M. Dupont avait exposé les objets et travaux suivants : Albums de photographies pour le cours d'agriculture professé aux élèves-maîtres de l'École normale d'instituteurs du Puy. Albums de photographies des principaux types de bétail de la Haute-Loire. Brochures de propagande distribuées aux cultivateurs par l'intermédiaire des instituteurs. Dans la rédaction de ces brochures mentionnant les résultats avantageux obtenus dans les champs de démonstration, M. Dupont s'est attaché à faire ressortir le bénéfice net obtenu à l'hectare par l'emploi des nouvelles méthodes culturales.

Chaire départementale d'agriculture de la Loire-Inférieure. — [Médaille de bronze.] — Le professeur départemental de la Loire-Inférieure, M. Danguy, a présenté une étude manuscrite sur l'agriculture du département. L'auteur, après avoir étudié les terres et caractérisé le climat du département, passe en revue l'état des cultures, la situation de l'élevage et l'économie rurale de la région. Ce travail était accompagné de graphiques se rapportant aux différentes productions du département.

Les conférences ou causeries agricoles du professeur ont porté principalement sur la préparation des terres, les fumures, la culture des céréales, des plantes sarclées, des plantes fourragères, l'amélioration des terres par le drainage et l'aménagement des eaux, la reconstitution du vignoble par les plants greffés, l'élevage des animaux des espèces bovine, ovine, porcine, et spécialement de la race craonnaise, l'hygiène et l'alimentation du bétail.

Chaire d'agriculture départementale de la Manche. — [Médaille d'argent. — Collaborateur : M. Follet, médaille de bronze.] — Les études agricoles sur le département de la Manche présentées par M. Fasquelle, professeur départemental, étaient destinées à expliquer les cartes de l'Atlas agronomique du département. Le professeur a étudié toutes les régions du département, les différents systèmes de culture, le climat, le sol, les débouchés du pays. L'auteur a parcouru tout le Bocage normand, les plantureux herbages et les cours du Mortainais, de l'Avranchin, du Cotentin, ainsi que les champs du Val-de-Saire où l'on cultive les pommes de terre précoces, les choux-fleurs, etc. Un grand progrès à réaliser dans les campagnes, d'après M. Fasquelle, serait de donner du travail aux ouvriers agricoles pendant l'hiver. Dans le nord de la France, les industries, comme la fabrication du sucre et la distillerie, ont rendu de grands services et réalisé en partie ce problème.

Chaire départementale d'agriculture de la Haute-Marne. — [Médaille d'argent.] — L'exposition de la chaire d'agriculture de la Haute-Marne comprenait un ensemble de graphiques et de documents faisant ressortir les résultats de l'enseignement agricole nomade dans le département. Les démonstrations organisées par M. Cassez portent principalement sur l'économie des emplois de semences sélectionnées et des engrais complémentaires dans les principales cultures. Les résultats ainsi obtenus servent de base aux conférences agricoles. En plus des améliorations générales de la culture et de l'exploitation du bétail, le professeur départemental d'agriculture porte principalement son activité sur la vulgarisation des engrais chimiques dont il cherche à faire connaître l'exact mode d'action et le rôle économique à la masse des cultivateurs. Les champs de démonstration établis dans la Haute-Marne ont eu surtout pour objet la culture des céréales, de la vigne, des pommes de terre, des betteraves, du maïs-fourrage, de l'osier.

Six tableaux très bien établis montraient, graphiquement, les démonstrations réalisées en 1897, 1898 et 1899, sur les cultures du blé, de l'avoine, de la betterave, des prairies artificielles, des prairies naturelles et des vignes. Une carte indiquant les communes du département, 410 sur 550, où les expériences avaient été entreprises était accompagnée d'un graphique résumant la progression constatée dans l'emploi des engrais chimiques, progression rapide puisque pendant les dernières années la quantité utilisée a presque décuplé. Ces tableaux graphiques étaient complétés par des publications du professeur, ainsi que par une intéressante monographie du syndicat central agricole et viticole de la Haute-Marne. Un dernier travail, relatif à l'assurance mutuelle contre la mortalité du bétail, était annexé aux précédents. La mutualité appliquée à la conservation du bétail a fait de grands progrès dans la région. Au 1er mai 1898, il existait seulement deux caisses communales d'assurance; au 1er août 1900, cinquante fonctionnaient dans le département et, réunissaient 910 cultivateurs possédant environ 1,400,000 francs de capital-bétail. Dans le but de consolider les caisses communales d'assurance et de leur permettre d'indemniser toujours les sinistrés, il s'est constitué dans les arrondissements de Chaumont et de Langres, sous l'impulsion du professeur d'agriculture et avec l'aide très efficace de l'actif député de la circonscription, M. Mougeot, des institutions du second degré ou caisses de réassurance. La caisse de réassurance, grâce à son capital de réserve, intervient en cas de besoin dans le règlement de compte des caisses communales et garantit ainsi l'exécution de leurs engagements statutaires.

Chaire départementale d'agriculture de la Meuse. — [Médaille de bronze.] — M. Prudhomme, professeur départemental d'agriculture de la Meuse, avait présenté au Jury de la Classe 5 diverses publications intéressantes sur l'agriculture du département. M. Prudhomme a créé des écoles de greffage, des vignes d'expériences et des pépinières plantées avec plants américains, greffés ou non. Il a, de plus, constitué un syndicat mixte de recherches et de traitement du phylloxéra.

Chaire départementale d'agriculture de la Haute-Saône. — [Médaille d'or.] — Professeur départemental d'agriculture de la Haute-Saône depuis quinze ans, M. Allard a fait de nombreuses conférences publiques en étudiant, d'une manière spéciale, les questions suivantes : choix et emploi des engrais chimiques suivant les plantes cultivées et suivant les terrains; organisation et fonctionnement des syndicats agricoles; maladies des plantes et leurs traitements; amélioration du bétail; organisation des sociétés d'assurances mutuelles contre la mortalité du bétail.

L'action de ces conférences publiques a été complétée par l'organisation de 60 à 90 champs de démonstration, chaque année, et par des articles publiés dans le *Bulletin de la Société d'encouragement à l'agriculture et du Syndicat agricole de la Haute-Saône*. C'est surtout au point de vue de la formation et du développement des sociétés d'assurances mutuelles que l'active propagande de M. Allard a été efficace puisque, dans l'espace de quelques années, le nombre des sociétés d'assurances mutuelles contre la mortalité du bétail s'est élevé à 128 réunissant, au 1er mars 1900, 4,249 cultivateurs assurés pour une valeur de près de 5 millions, ainsi qu'on pouvait le constater d'après le tableau présenté par le professeur d'agriculture. Pour ces sociétés, M. Allard a élaboré des modèles de statuts qui sont très demandés. De nombreuses études, des rapports, des comptes rendus de conférences, un recueil des circulaires adressées aux cultivateurs sur le traitement des maladies de la vigne, des affiches contenant des indications précises sur le même sujet figuraient à la Classe 5. On y trouvait également une collection du journal *Le Sillon*, rédigé par ses soins en grande partie et qui est l'organe de la Société d'encouragement à l'agriculture du département de la Haute-Saône. Ce professeur avait également exposé un herbier ainsi que divers appareils; au nombre de ces derniers nous signalerons un appareil pratique pour déterminer la richesse des pommes de terre en fécule. Un tableau représentait les services rendus aux agriculteurs de la Haute-Saône par le syndicat agricole de ce département. L'exposition parfaitement organisée faisait ressortir les efforts du professeur et les beaux résultats qu'il avait obtenus.

Chaire départementale d'agriculture de la Seine-et-Marne. — [Médaille d'argent.] — M. Cazaux, professeur départemental d'agriculture de Seine-et-Marne, avait présenté au Jury de la Classe 5 sa méthode d'enseignement à l'École normale de Melun, à l'aide de brochures, de plans et dessins, de vues photographiques des cultures expérimentales, du musée agricole et du rucher d'études. M. Cazaux a donné à son cours aux élèves-maîtres de l'École normale une orientation essentiellement pratique, et il a ainsi formé un personnel capable de donner un enseignement agricole scientifique, théorique et pratique. Ce professeur a établi dans son département une grande quantité de champs de démonstration; un tableau exposé indiquait les conditions dans lesquelles ils avaient été créés. — Ouvrages publiés par le professeur : *Le greffage de la vigne;* comptes rendus de conférences faites en 1898 sur la reconstitution des vignobles de Seine-et-Marne.

Chaire départementale d'agriculture de Seine-et-Oise. — [Collaborateur : M. Bailhache, médaille de bronze.] — M. Rivière, membre du Jury (hors concours), professeur départemental d'agriculture de Seine-et-Oise, avait exposé plusieurs cartes et des notices indiquant les principales cultures du département. Les cultures spéciales sont nombreuses dans la grande banlieue de Paris. La surface qui leur est consacrée s'étend, chaque année, par suite de l'accroissement de la population de Paris que le département de Seine-et-Oise alimente en légumes frais et en fruits de saison. Les cultures légumières et fruitières ont donc une tendance à s'accroître. La carte des cultures industrielles indiquait les principales localités du département dans lesquelles on cultive la betterave à sucre, la pomme de terre à fécule, la cardère, les plantes médicinales. Des signes conventionnels indiquaient sur cette carte les sucreries, les distilleries agricoles et les féculeries.

Sur la carte viticole, M. Rivière avait indiqué les localités où la vigne est spécialement cultivée. Cette culture, délaissée il y a quinze ans, est aujourd'hui en faveur en raison de la facilité avec laquelle se vendent les petits vins du département. La taille à long bois, propagée par M. Rivière, a provoqué une notable augmentation du rendement à l'hectare. Les principales variétés de raisins de table cultivés dans la région sont : le chasselas doré de Maurecourt, le chasselas de Fontainebleau et de Conflans-Sainte-Honorine.

Dans une série d'autres cartes étaient indiquées les localités où étaient cultivés les légumes, les fruits les plus renommés des environs de Paris, tels que asperges, haricots, flageolets dits *chevriers,* poireaux, abricots, fraises, cerises.

Dans un tableau comparatif entre l'accroissement des rendements moyens du blé à l'hectare et la généralisation de l'emploi des engrais chimiques en Seine-et-Oise, le professeur départemental établit que le rendement moyen du blé à l'hectare, qui était de 25 hectolitres en 1884, a passé, en 1894, à 30 hectolitres, accroissement dû à l'emploi des engrais et au choix des meilleures variétés de blé à cultiver dans le pays : Dattel, Japhet, Bordier.

Directeur de la Station agronomique de Seine-et-Oise, M. Rivière a publié, sous les auspices du Conseil général, de nombreux ouvrages destinés aux cultivateurs du département : *Étude relative à l'influence de l'acide sulfurique et de l'acide phosphorique sur la betterave à sucre; La fabrication de l'alcool éthylique par la fermentation; Les levures pures et la distillerie; Les levures cultivées et la fabrication du cidre; Dosage de l'azote; Les engrais chimiques*, etc.

Chaire départementale d'agriculture des Deux-Sèvres. — [Médaille d'argent.] — M. Rozeray, professeur départemental d'agriculture des Deux-Sèvres, avait représenté dans un tableau le développement de la laiterie de Saint-Christophe-sur-Roc. L'étude de la laiterie de Saint-Christophe était complétée par des vues stéréoscopiques montrant l'installation, le matériel. Une carte indiquait la répartition des laiteries coopératives et industrielles sur les différents points du département. Ouvrages du professeur : Études sur les races bovines normande et parthenaise. — Dans une étude sur l'industrie laitière dans le département des Deux-Sèvres, M. Rozeray a examiné les conditions qu'exige une bonne installation de beurrerie coopérative, le capital nécessaire à l'installation, les statuts à adopter. Il propose des statuts modèles qu'il a composés avec des articles empruntés à quatre des meilleures sociétés et il donne un modèle de contrat à passer entre le président de la société et le fournisseur du matériel, une liste des accessoires et du matériel nécessaires pour l'installation d'une laiterie, un modèle de carnet individuel remis à chaque sociétaire. M. Rozeray indique encore le meilleur mode à adopter pour la distribution du local, le mode de ramassage du lait, et parle en détail des procédés de fabrication du beurre, de la pasteurisation du petit lait, de l'ensemencement de la crème par des ferments sélectionnés, de l'emploi des machines frigorifiques, du mode d'emballage, de transport et de vente du beurre.

Le professeur départemental a contribué à la création de concours spéciaux d'animaux mulassiers, mules et mulets, à Niort, à Fontenay-le-Comte et à Parthenay. Le programme d'encouragement à l'industrie mulassière, accepté par l'administration départementale et approuvé par les éleveurs, a contribué à relever l'industrie mulassière dans la région. M. Rozeray avait joint à son étude et à ses rapports un stéréoscope permettant de voir des spécimens des plus beaux sujets, et un volume du Stud-book des animaux mulassiers.

Chaire départementale d'agriculture du Tarn. — [Médaille de bronze.] — Le professeur départemental d'agriculture du Tarn, M. Muff, avait envoyé de nombreux documents relatifs au fonctionnement de la chaire d'agriculture et un ouvrage sur la vigne dans le Tarn. Dans cette dernière étude, le professeur a passé en revue toutes les questions qui se rattachent à la reconstitution du vignoble qui donnait autrefois de bons vins bourgeois.

Pour l'étude analytique des terrains du Tarn, présentée à la Classe 5, M. Muff avait prélevé des échantillons dans les diverses régions agricoles et dans les divers étages géologiques; l'analyse physique et chimique de ces terrains avait été faite à l'École nationale d'agriculture de Montpellier. La notice détaillée contenait : un aperçu sur la physionomie générale du département, une étude géologique des terrains que l'on trouve dans les diverses régions, les tableaux d'analyses et des graphiques teintés faisant ressortir la richesse des sols analysés.

Cette notice indiquait en outre les qualités et les défauts des terrains et les porte-greffes américains devant donner les meilleurs résultats.

Avant l'arrivée de M. Muff, les vignerons ne se préoccupaient pas de l'adaptation qu'ils ne connaisssaient pas, ni de déterminer les porte-greffes pouvant convenir aux divers terrains. Les pépinières départementales ne rendaient à ce point de vue aucun service. M. Muff demanda au Conseil général leur suppression et put obtenir, quelques années plus tard, un vote du Conseil général affectant à la création de champs d'essais et de démonstration viticoles les crédits affectés antérieurement aux pépinières. Le professeur put ainsi créer des centaines de champs d'essais et de démonstration viticoles. Dans chaque commune, M. Muff a chargé les instituteurs de surveiller les essais et de guider les propriétaires, de servir en un mot d'intermédiaires entre les cultivateurs et viticulteurs et le professeur départemental d'agriculture.

Le professeur avait exposé un règlement très détaillé des champs d'essais et de démonstration viticoles qu'il avait établis dans le département du Tarn. Nous en donnons quelques extraits à titre d'indication :

1° Le professeur départemental d'agriculture choisit *le* ou *les* terrains où doivent se faire les essais ou démonstrations viticoles. Pour le choix du terrain, il tient compte des diverses natures de sols de la contrée où les essais se font.

2° Dans les arrondissements pourvus de professeurs spéciaux, ceux-ci prêtent leur concours au professeur départemental, pour organiser, surveiller et contrôler les essais et démonstrations. Ils fournissent, après chaque visite, un rapport détaillé indiquant les observations et constatations faites, la manière dont les divers plants se sont comportés, la suite à donner aux essais et les nouvelles plantations d'expériences à entreprendre.

3° Le propriétaire fournit le terrain, la main-d'œuvre et, en revanche, il bénéficie des produits et des plants qui deviennent sa propriété.

4° Lorsque le champ d'essais viticoles est bien tenu, le service viticole s'engage à remplacer tous les plants qui ne conviennent pas au terrain et à continuer l'essai jusqu'à complète réussite.

5° Les champs d'essais et de démonstration reçoivent les soins que l'on donne habituellement à un bon vignoble.

6° Les seules dépenses à la charge du service viticole comprennent : les frais d'achat, de transport, de manipulation des plants.

7° Le propriétaire laisse visiter les essais par tous les intéressés.

8° Il s'engage à propager les variétés dont la réussite a été reconnue. A cet effet il prend l'engagement de se soumettre à toutes les mesures que le professeur départemental ou son délégué croient devoir prendre pour la stricte exécution de ces prescriptions.

9° L'instituteur de la commune dans laquelle sont situés les champs d'essais et de démonstrations viticoles est chargé de leur surveillance sous la direction et le contrôle du professeur départemental et, s'il y a lieu, du professeur spécial d'agriculture.

L'instituteur et ses élèves font des visites fréquentes aux champs d'essais de la commune. A défaut de l'instituteur, un propriétaire peut être chargé de la surveillance des essais.

Société des professeurs départementaux d'agriculture. [Médaille de bronze.] — L'association dont le président est M. Franc, professeur départemental du Cher, a exposé de nombreuses brochures et des ouvrages importants faits par ses membres. Des comptes rendus des travaux, des cartes en complétaient l'ensemble. Au nombre des exposants se trouvaient les professeurs suivants :

MM. Allard, Barbut, Battanchon, Boiret, Carré, Cassez, Cazaux, Chapelle, Chauzin, Deville, Dugué, Dupont, de l'Écluse, Fasquelle, Franc, Garola, Girard-Col, Guerrapain, Guichard, Jouvet, Langlais, Larvaron, Leizour, Martin, Marre, Prioton, Prud'homme, Quercy, Raquet, Reclus, Rivière, Rouault, Rougier, Rozeray, Sajourin, Vezin.

La place nous manque pour énumérer tous les documents présentés qui remplissaient cinq grandes vitrines à l'exposition de la Classe 5. L'exposition de l'Association a fait ressortir la grande activité déployée par les professeurs d'agriculture, aussi bien dans le domaine de l'enseignement agricole que dans celui de l'agronomie et de l'économie rurale.

PROFESSEURS SPÉCIAUX D'AGRICULTURE.

Les chaires spéciales d'agriculture ont une origine plus récente que les chaires départementales, et elles sont organisées pour une circonscription plus restreinte. Quelques départements et certaines villes avaient obtenu, en 1884, de l'Administration de l'agriculture, des professeurs spéciaux qui avaient pour mission d'enseigner l'agriculture, l'horticulture, la viticulture, ou encore l'apiculture, dans les lycées, collèges ou écoles primaires supérieures. Il n'y avait pas d'organisation uniforme et régulière de l'enseignement spécial ; des essais avaient seulement été tentés sur plusieurs points, et ils avaient été encouragés par l'assentiment du public.

L'Administration de l'agriculture chargea alors ces professeurs spéciaux d'un enseignement nomade qui consistait à organiser des cours d'adultes, soit dans les communes de leur résidence, soit dans les principales communes de leur arrondissement. Ces cours d'adultes, à faire sous forme de conférences, avaient surtout pour but de renseigner les cultivateurs aux prises avec les difficultés de la pratique.

L'Administration développa l'institution nouvelle autant que le permettaient les crédits mis à sa disposition, en spécifiant que la mission des professeurs spéciaux consisterait : 1° à faire un cours régulier d'agriculture dans un établissement secondaire ou primaire supérieur; 2° un cours d'adultes à l'usage des cultivateurs, de manière à les tenir au courant des progrès de la science agronomique. Les cours d'adultes n'ayant pas donné tous les résultats attendus, l'Administration les a remplacés par des conférences à faire dans les communes rurales.

Les élèves des lycées, collèges et écoles primaires, situés dans les districts agricoles, peuvent recevoir à présent, avec l'instruction générale universitaire, des notions d'agriculture, d'horticulture ou de viticulture, suivant la région. En 1900, ces cours étaient suivis, dans 15 lycées et dans 62 collèges communaux, par les jeunes gens des classes de l'enseignement moderne.

Le programme du cours d'agriculture dans les établissements d'enseignement secondaire et primaire est établi d'après des instructions arrêtées entre les Départements de l'instruction publique et de l'agriculture. Le cours complet d'agriculture a une durée de deux ans; il est fait à raison de deux leçons par semaine et par année d'études.

Dans les écoles qui comptent trois années d'études, le cours commence en deuxième année seulement et est fait séparément aux élèves de chacune des deux dernières années; la première année, dans ce cas, est consacrée aux cours de l'enseignement général. Les maîtres qui en sont chargés doivent déjà se préoccuper de la profession à laquelle se destinent leurs élèves et insister dans leurs leçons de physique, de chimie, d'histoire naturelle, d'arithmétique, de géométrie, sur les notions nécessaires pour bien comprendre les applications qui en seront faites dans le cours d'agriculture; les élèves sont ainsi mieux préparés et plus en état de profiter de l'enseignement agricole.

Pendant la première année de cours, le professeur traite de la production végétale (agriculture générale et cultures spéciales, horticulture et arboriculture); dans la seconde année de cours, il étudie la production animale (zootechnie ou économie du bétail), l'économie rurale et la comptabilité agricole. Chaque leçon dure une heure et demie. La première demi-heure est consacrée aux interrogations sur les matières de la leçon précédente. Les développements à donner aux diverses parties de l'enseignement varient selon les conditions dans lesquelles se trouve l'établissement; les leçons sur l'agriculture et la zootechnie doivent être relativement assez complètes, mais on n'y étudie en détail que les plantes ou les espèces animales de la contrée, les végétaux cultivés dans la contrée ou pouvant y être introduits avec avantage. Dans le voisinage des grandes villes, on étudie les cultures maraîchères, arbustives ou florales, la production laitière et la fabrication du beurre. Les proportions relatives de l'enseignement peuvent varier de sorte qu'il soit nécessaire, pour traiter convenablement l'ensemble des matières dévolues à une année, d'empiéter sur le temps consacré à l'autre; une certaine latitude est laissée sous ce rapport, pour que le professeur puisse approprier de son mieux son enseignement au milieu où il professe.

Les leçons théoriques sont complétées par des démonstrations, des exercices pratiques, des excursions dans la campagne, des visites aux marchés et aux concours d'agriculture.

Les démonstrations et les exercices pratiques se font dans le jardin de l'école, dans le champ d'expériences et de démonstration qui lui est annexé, dans les jardins publics ou privés, dans les fermes ou usines du voisinage. Pendant la belle saison, on doit leur consacrer, comme temps minimum, une demi-journée tous les huit jours.

Le maître doit avoir comme règle de rendre son enseignement aussi utile que possible, en l'appropriant de son mieux au milieu et en ayant toujours en vue l'état d'esprit de ses jeunes élèves et le profit qu'ils pourront tirer de chacune de ses leçons.

Des collections, faciles à réunir à la campagne, permettent au maître de montrer, pendant la leçon, les objets dont il parle.

L'application pratique du programme comporte : laiterie, basse-cour, vacherie, porcherie; la fabrication du beurre et des fromages, ainsi que la conservation du lait; la tenue d'une ruche et, dans certaines contrées, l'éducation des vers à soie; les travaux du jardinage : culture des légumes, des fruits, des fleurs; la taille et le greffage; la fabrication des conserves de légumes et de fruits.

Les professeurs spéciaux d'agriculture, que l'on désigne aussi du nom de professeurs d'arrondissement parce que leur circonscription est limitée à un arrondissement, sont placés sous le contrôle et la surveillance des professeurs départementaux, auxquels ils prêtent leur concours pour les divers services agricoles du département, en ce qui concerne leur circonscription. Ils sont leurs collaborateurs naturels. Ils doivent, comme eux, favoriser le développement de la mutualité, la création des syndicats agricoles, des sociétés de crédit et d'assurances mutuelles agricoles [1].

En dehors des services ordinaires, dont le fonctionnement ne saurait être assuré de façon satisfaisante sans une entente commune avec le professeur départemental, la plus grande latitude et la plus grande initiative possible sont laissées aux professeurs spéciaux d'agriculture. Ils doivent entretenir des rapports suivis avec les agriculteurs, afin d'être les promoteurs de toutes les améliorations agricoles.

Les professeurs spéciaux d'agriculture doivent posséder le diplôme d'ingénieur agronome ou celui des écoles nationales d'agriculture, ou des écoles nationales vétérinaires, et justifier d'un séjour de deux ans sur une exploitation agricole, postérieurement à l'obtention du diplôme précité.

Le traitement des professeurs spéciaux est à la charge de l'État; il varie de 2,400 francs à 3,000 francs par an; mais il peut être porté, pour la classe exceptionnelle, à 3,400 francs. Les départements et les communes sont appelés à participer aux dépenses par l'allocation d'une subvention de 600 francs; la moitié de cette somme est allouée au professeur

[1] Voir les considérations générales à la page 420, ainsi que la note à la même page.

spécial pour ses frais de déplacement, et l'autre part est destinée à l'entretien d'un champ d'expériences qui sert d'application au cours régulier du professeur.

Les premières chaires spéciales furent données sans concours, mais par un arrêté du 10 mars 1893 il fut décidé qu'à l'avenir, pour être nommé professeur spécial, il faudrait avoir satisfait aux épreuves d'un concours dont le jury était sensiblement analogue à celui qui avait été institué pour les professeurs départementaux.

Exposition des professeurs spéciaux d'agriculture.

Nous avons exposé au chapitre précédent les motifs qui avaient obligé les professeurs d'agriculture à scinder leur exposition d'enseignement.

Le Jury de la Classe 5 a accordé des récompenses aux chaires suivantes que nous allons passer en revue.

Chaire spéciale d'agriculture de Sancerre (Cher). — [Médaille d'argent.] — M. Avignon, professeur d'agriculture à Sancerre, avait exposé des tableaux se rapportant à chaque commune et indiquant les porte-greffes et les engrais à employer d'après la nature du sol, des cartes géologiques et agronomiques, plusieurs brochures de propagande et une notice agronomique sur le canton de Sancerre.

Chaire spéciale d'agriculture de Brive (Corrèze). — [Mention honorable.] — Le professeur spécial d'agriculture et de viticulture de Brive avait présenté plusieurs publications et des rapports sur le vignoble bas-limousin, sur les distilleries agricoles de betteraves et de topinambours, sur l'agriculture à l'école primaire et l'enseignement agricole au collège de Brive. Depuis 1898, M. Gillin fait des cours d'agriculture et de viticulture aux élèves des classes de quatrième et de cinquième de l'enseignement secondaire moderne du collège. L'enseignement pratique est donné dans les jardins du collège et dans un champ d'expériences où se trouvent les principales variétés d'arbres fruitiers, de céréales et de plantes légumineuses du pays.

Les conférences faites par M. Gillin dans l'arrondissement de Brive, à Varetz, Saint-Viance, Ussac, Mallemort, Allassac et Brive, ont porté sur les sujets suivants : viticulture, trufficulture, culture des primeurs et cultures fruitières aux environs de Brive, l'élevage dans le Limousin.

En outre des travaux ci-dessus énumérés l'exposition contenait une collection de graines et des herbiers.

Chaire spéciale d'agriculture de Châtillon-sur-Seine (Côte-d'Or). — [Médaille d'argent.] — M. Faasse, professeur spécial de l'arrondissement de Châtillon-sur-Seine, membre du comité d'études viticoles de la Côte-d'Or, a contribué à l'organisation des cours de greffage du Châtillonnais et recherché les moyens d'obvier à la diminution de la culture du blé, amenée surtout par la pénurie de la main-d'œuvre. Travaux exposés :

dessins, plans et élévations d'une école pratique d'agriculture et d'une ferme annexée à cette école.

Chaire spéciale d'agriculture de Bagnols-sur-Cèze (Gard). — [Médaille de bronze.] — M. Montagard, professeur d'agriculture à Bagnols-sur-Cèze, a publié, sous forme d'affiche à placarder dans les mairies, une notice instructive sur les insectes et sur les maladies de la vigne; études sur la gélivure de la vigne et la pourriture des choux-fleurs; un tableau d'expériences faites sur le sorgho à balai; la carte calcimétrique de la commune de Bagnols. Professeur à l'École primaire supérieure, M. Montagard avait exposé une collection de photographies donnant une idée des travaux auxquels assistent les élèves de la section agricole de cet établissement. Il avait présenté également une collection de graines et un herbier.

Chaire spéciale d'agriculture de la Réole (Gironde). — [Mention honorable.] — M. Trichereau, professeur d'agriculture à la Réole, avait exposé une carte agronomique de la Réole qu'il avait dessinée lui-même; elle était parfaitement exécutée et aussi nette qu'une carte lithographiée.

Chaire spéciale d'agriculture de Vienne (Isère). — [Médaille de bronze.] — M. Caille, professeur d'agriculture à Vienne, avait présenté un rapport sur le fonctionnement de la chaire d'agriculture et des cartes agronomiques communales.

Le plan de chaque carte était établi avec la collaboration de l'agent voyer du canton ou de l'instituteur communal. M. Caille a effectué les analyses au laboratoire de Vienne.

Chaire spéciale d'agriculture de Voiron (Isère). — [Mention honorable.] — Dans les cantons de Voiron, Sassenage et Saint-Laurent-du-Pont, M. Laurent, professeur spécial d'agriculture, a su intéresser la population rurale par des explications simples à la portée des praticiens et par des démonstrations pratiques.

Professeur à l'École nationale professionnelle de Voiron et à l'École pratique Vaucanson, M. Laurent a présenté à l'exposition de l'Enseignement agricole des dessins à la plume *Sur la plante et sa nutrition*, des cahiers d'élèves et un album renfermant 25 planches schématiques pouvant être facilement reproduites par de jeunes élèves. La méthode d'enseignement de M. Laurent est excellente pour les écoles primaires et les écoles professionnelles.

Chaire spéciale d'agriculture de Nomény (Meurthe-et-Moselle) et **chaire spéciale d'agriculture de Vitré (Ille-et-Vilaine).** — [Médaille d'argent.] — M. Dumont, professeur d'agriculture à Cambrai, ancien titulaire de la chaire de Nomény (Meurthe-et-Moselle), et M. Sarrazin, professeur d'agriculture à Vitré, avaient envoyé une collection de tableaux d'enseignement agricole et une série de brochures : *Études sur les* *engrais chimiques et sur la valeur nutritive des racines et des fourrages verts*, par M. Dumont; *Le vignoble lorrain et sa reconstitution*, série de conférences populaires faites à Nomény par M. Dumont; *La reconstitution du vignoble sancerrois*, par M. Sarrazin.

Chaire spéciale d'agriculture de Castelsarrazin (Tarn-et-Garonne). — [Médaille de bronze.] — M. Serret, professeur spécial d'agriculture à Castelsarrazin, a incité les petits cultivateurs et les ouvriers ruraux de la région à employer leur temps, en hiver, à se livrer comme autrefois à de petits travaux rémunérateurs. La petite industrie, jadis prospère dans les campagnes, y jouait le rôle d'une profession subsidiaire. Pour s'en rendre compte, il suffisait d'examiner la collection d'objets fabriqués dans l'arrondissement de Castelsarrazin exposée par M. Serret : berceau d'enfant ou moïse, corbeille en paille cordée ou en paillasson, tresses pour chapeaux de paille, balais de sorgho, toile de saïle, cadis, sabots et galoches, cages pour l'expédition de la volaille. La matière première est fournie par l'osier, le sorgho à balais, les feuilles de maïs, le crin, le chanvre, le peuplier carolin, arbre commun sur les bords de la Garonne.

Une des parties les plus curieuses de l'exposition russe au Trocadéro était précisément celle où étaient exposés les objets ainsi fabriqués par les paysans russes, spécialement dans les provinces qui occupent le cours supérieur du Volga, les bassins du Dniéper et de la Dvina. La petite industrie de famille, ou industrie villageoise, a encore une grande importance dans la Bavière et les provinces rhénanes, en Suisse, etc. En hiver, les cultivateurs se transforment en artisans, et il en résulte plus de bien-être dans la famille, au point de vue matériel, et plus de stabilité dans la population rurale.

Chaire spéciale d'agriculture de Civray (Vienne). — [Médaille d'argent. — Collaborateur : M. Cluzeau, médaille de bronze.] — M. Soulière, professeur départemental du Finistère, avait préparé l'exposition de la chaire spéciale de Civray, dont il était titulaire jusqu'en 1900.

Il fut aidé dans sa tâche par M. Cluzeau, viticulteur à Chatain, à qui le Jury décerna pour sa collaboration une médaille de bronze.

L'exposition de M. Soulière représentait différents systèmes de taille de la vigne, recommandés par lui comme avantageux. Dans les deux ou trois premières années de végétation de la vigne, M. Soulière cherche à obtenir de beaux bois sans s'occuper de la production du fruit. Les souches sont ainsi fortes, sans blessures inutiles, et disposées de manière à donner par la suite le maximum de récolte. Les trois premières tailles faites très courtes forcent le cep à donner de beaux sarments, dont la vigueur permet, à la fin de la troisième feuille, d'établir dans de bonnes conditions les branches charpentières des différents systèmes de taille en cordons.

M. Soulière a présenté la taille en gobelet avec un meslier blanc, la taille Guyot avec un gamay du Beaujolais, la taille en cordons et à coursons avec un gamay du Beaujolais et un gamay de la Loire, etc.

A la chaire spéciale de Civray, M. Soulière avait indiqué aux vignerons la marche à suivre pour la reconstitution du vignoble, en faisant à la suite de ses nombreuses conférences des démonstrations pratiques sur la taille, le pincement, le traitement des maladies de la vigne.

Chaire spéciale d'agriculture de Saint-Dié (Vosges). — [Médaille de bronze.] — Une étude sur les sociétés d'assurances mutuelles agricoles a été présentée par M. Perette, professeur spécial d'agriculture à Saint-Dié. Il avait exposé également des collections pour musées scolaires et des cahiers d'élèves.

Considérations générales sur les professeurs départementaux et spéciaux d'agriculture.

La multiplicité des attributions de sa fonction exige du professeur départemental d'agriculture des aptitudes variées et des qualités particulières. Dans l'accomplissement de sa tâche, ce fonctionnaire se trouve en rapports avec l'Université pour les cours d'agriculture professés à l'École normale, avec l'Administration préfectorale pour l'enseignement nomade au moyen de conférences dont l'itinéraire est approuvé par le préfet, administration à laquelle le professeur d'agriculture doit encore prêter son concours pour la création des champs d'expériences, pour l'organisation des concours agricoles, pour tout ce qui concerne l'administration départementale de l'agriculture.

La circulaire du Ministre de l'agriculture du 4 février 1899, contenant des instructions relatives à l'enseignement départemental et communal de l'agriculture, indique les grandes lignes de l'enseignement donné aux élèves-maîtres de l'École normale par les professeurs départementaux d'agriculture et engage les professeurs à donner l'explication simple et précise de l'agriculture rationnelle, en prenant pour base de leur enseignement les conditions culturales et économiques de la région. Le cours professé aux élèves-maîtres de l'École normale conserve donc une orientation essentiellement pratique, les futurs instituteurs étant appelés à devenir les collaborateurs des professeurs d'agriculture pour la diffusion de l'enseignement agricole et la surveillance des opérations matérielles des champs de démonstration.

Depuis la loi du 16 juin 1879, les attributions des professeurs départementaux ont été considérablement augmentées, et l'enseignement à l'École normale n'est plus qu'une partie accessoire, en quelque sorte, de leur tâche. Voici l'énumération générale des différents services qu'ils sont chargés d'assurer en 1900 :

1° Cours régulier de 40 leçons d'une heure et demie et de 23 applications à l'École normale primaire;

2° Conférences aux agriculteurs (26 au minimum par année);

3° Direction et organisation des champs d'expériences et de démonstrations agricoles et viticoles;

4° Contrôle et surveillance des professeurs spéciaux d'agriculture;

5° Consultations verbales et écrites pour les agriculteurs;

6° Renseignements et informations agricoles (enquêtes, statistiques pour l'évaluation des cultures), dont les résultats sont publiés au *Journal officiel;* contrôle des renseignements agricoles centralisés par les soins des préfets; enquêtes spéciales nécessitées par les événements calamiteux (orages, grêle, gelée, sécheresse);

7° Surveillance de l'enseignement agricole primaire (attribution des prix spéciaux pour l'enseignement agricole et horticole);

8° Examens divers : brevet de capacité, certificat d'aptitude à l'enseignement agricole dans les écoles primaires supérieures, épreuves écrites pour l'admission aux écoles nationales d'agriculture, etc.;

9° Vérifications relatives aux indemnités à accorder aux agriculteurs (dégrèvement des vignes phylloxérées, primes pour la culture du lin, etc.);

10° Organisation des concours locaux et spéciaux agricoles; classement des produits agricoles envoyés aux concours généraux:

11° Création et organisation de toutes les œuvres de mutualité : syndicats agricoles, sociétés d'assurances mutuelles contre la mortalité du bétail, caisses de crédit agricole;

12° Participation active au fonctionnement de différents services : service du phylloxéra, etc.

En somme, et comme le spécifie fort nettement la circulaire ministérielle du 4 février 1899, le professeur départemental d'agriculture est devenu le chef du service agricole du département où il représente l'Administration de l'agriculture, et il assume toutes les obligations que peut comporter cette situation.

C'est aux professeurs d'agriculture que l'on doit l'extension de ce grand mouvement de mutualité qui, depuis quelques années, transforme le monde agricole; leur influence immédiate sur les cultivateurs a été aussi efficace que celle des hommes éminents qui ont exalté les principes de l'association.

Grâce à leurs conseils éclairés, nos paysans, avec leur bon sens instinctif, ont compris les nouvelles conditions dans lesquelles il leur fallait lutter contre toutes les concurrences. Leur action aura permis l'organisation, sur tout le territoire, de ces collectivités d'hommes groupés par les mêmes besoins et qui trouvent leur force dans l'union d'intérêts communs.

Le travail des professeurs d'agriculture est considérable, car, sans cesser d'être attentifs à tout ce que nous venons d'énumérer, il faut encore qu'ils répondent au besoin toujours croissant de transactions nouvelles que les conditions économiques actuelles ont créé. Ils sont, en effet, sollicités, dans leur région, par les demandes répétées des cultivateurs qui cherchent des débouchés de tous côtés pour remédier à la mévente de leurs produits, qui voudraient être informés rapidement des cours, des époques de vente, etc., aussi bien en France qu'à l'étranger. Les professeurs d'agriculture ne peuvent répondre qu'imparfaitement à certaines questions, et il paraissait nécessaire d'organiser un service spécial destiné à grouper et à répandre au mieux des intérêts généraux les renseignements touchant le monde agricole.

M. Jean Dupuy, Ministre de l'agriculture, se rendant compte de cette nécessité, prit la très louable initiative de créer un service auquel il donna le titre d'*Office de renseignements agricoles*. Cet Office, à l'organisation duquel nous avons été appelé à procéder, comme sous-directeur de l'agriculture, a pour but de fournir aux cultivateurs des informations exactes sur la production nationale et la production étrangère, sur les centres de consommation, sur les prix de l'intérieur et de l'extérieur, sur les conditions de transport, sur les conditions du travail agricole, de centraliser les renseignements les plus précis sur les progrès pouvant intéresser l'agriculture nationale.

Les professeurs départementaux et spéciaux d'agriculture sont les meilleurs correspondants du nouveau service; ils sont appelés à jouer un rôle d'enquêteurs et de contrôleurs, en ce qui concerne la statistique, et à être de véritables agents de vulgarisation des renseignements agricoles. Ces fonctionnaires dévoués sont donc des auxiliaires précieux et de véritables collaborateurs de l'Office de renseignements agricoles.

Des indications précises sont données à ce sujet dans l'exposé des motifs du projet de loi relatif à l'enseignement départemental et communal de l'agriculture, déposé sur le bureau de la Chambre des députés[1] et ayant pour but de modifier le mode de recrutement des professeurs et d'augmenter leur traitement en raison de l'extension donnée à leurs attributions. Cet exposé contient les considérations suivantes : «En dehors de l'enseignement agricole, les professeurs d'agriculture sont devenus et doivent devenir de plus en plus des agents de renseignements et d'informations, aussi bien pour les agriculteurs que pour l'Administration. Ils doivent tenir les populations rurales au courant des modifications incessantes qui se produisent dans les conditions de la production et de la vente des produits de leur industrie, non seulement sur le marché français, mais encore sur le marché du monde. Ils sont et doivent plus que jamais devenir leurs conseils, presque leurs collaborateurs, pour les améliorations qui peuvent concourir à augmenter la richesse des particuliers aussi bien que la richesse générale du pays.»

En conférant aux professeurs départementaux d'agriculture les charges et prérogatives du titre de chef du service agricole dans leur département, l'Administration de l'agriculture tient à améliorer leur situation, et son intention est d'augmenter leur traitement qui ne répond plus à l'importance de leur service.

En accomplissant leur mission au mieux des intérêts agricoles, les professeurs d'agriculture ont contribué au progrès de la science agronomique, par leur initiative, par leurs travaux personnels, leurs publications, leurs expériences et leurs découvertes.

Les professeurs spéciaux d'agriculture sont placés, ainsi que nous l'avons précédemment exposé, sous le contrôle et la surveillance des professeurs départementaux, auxquels ils prêtent leur concours pour les divers services agricoles du département, en ce qui concerne leur circonscription. Ils sont leurs collaborateurs naturels; leurs efforts doivent

[1] Ce projet de loi a été voté par la Chambre des députés et se trouve actuellement à l'étude au Sénat.

avoir le même objectif, car de l'entente commune dépend le succès de la mission qui leur est confiée.

Constamment en contact avec les populations rurales, les professeurs spéciaux d'agriculture doivent être leurs conseillers techniques. Des consultations, les jours des marchés, des visites aux exploitations voisines leur permettent de donner aux agriculteurs des avis utiles et écoutés, et leur action, au point de vue du progrès agricole, est ainsi considérable.

Au point de vue économique, les professeurs spéciaux d'agriculture ont, comme les professeurs départementaux, à favoriser la création des sociétés de crédit agricole et d'assurances, la constitution des associations syndicales formées en vue de s'occuper des améliorations agricoles, telles que : irrigations, drainages, assainissements, remembrements, réfection du cadastre, etc.[1].

L'Administration de l'agriculture ne se contente pas de laisser une certaine initiative aux professeurs d'agriculture pour leur enseignement, elle les engage à rechercher les différents moyens de venir en aide à la population rurale, d'améliorer la situation des travailleurs ruraux.

Nous en avons eu un exemple dans la curieuse collection d'objets fabriqués présentés par M. Serret, professeur spécial d'agriculture de Castelsarrazin, et qui avaient été établis sur les conseils de ce professeur, par les collaborateurs de sa région pendant les journées d'hiver.

Les professeurs spéciaux d'agriculture ont déjà rendu d'immenses services à l'agriculture, aussi leur nombre s'accroît tous les ans. En 1889, on ne comptait que 13 professeurs spéciaux chargés de cours dans les établissements d'enseignement secondaire et primaire; leur nombre s'élève actuellement à 180. Malgré cet accroissement rapide du

[1] M. Mougeot a marqué son avènement au Ministère de l'agriculture par une création importante, celle du *Service des améliorations agricoles.*

En 1903, nous avons été appelé à l'honneur de diriger ce service qui a été adjoint à celui de l'hydraulique agricole. Le nouveau service doit s'occuper de l'utilisation des eaux pour l'arrosage des terres, le drainage et l'assainissement agricole, le remembrement et l'échange des parcelles éparses, l'établissement de chemins d'exploitation, les constructions rurales diverses, l'installation des petites industries annexes de la ferme, etc... Il est assuré par un personnel spécial comprenant des agents d'inspection et un personnel d'exécution composé d'ingénieurs et d'agents techniques; ces divers fonctionnaires doivent être aidés dans leur tâche par les professeurs départementaux et les professeurs spéciaux d'agriculture. Un arrêté du 22 juillet 1903 a réglé la situation de ces professeurs vis-à-vis de la Direction de l'hydraulique et des améliorations agricoles. Ils doivent leur concours à cette Direction pour tout ce qui concerne la recherche et la préparation des améliorations agricoles; ils signalent ces améliorations au Ministre. Ils peuvent, dans les limites compatibles avec les nécessités de leur service, seconder les agents du service des améliorations agricoles dans l'étude technique et la rédaction des projets, la constitution définitive des associations syndicales, la direction, la surveillance et le contrôle des travaux. Ces professeurs sont rétribués pour la collaboration qu'ils donnent aux agents de ce service; cette rétribution est supportée, suivant les cas, par les particuliers, par les associations, par les communes, par les départements ou par l'État.

On voit que par suite de la collaboration des professeurs d'agriculture au nouveau Service des améliorations agricoles leurs attributions ont été augmentées dans une notable proportion. Leur dévouement et leur activité leur permettront certainement de satisfaire à la nouvelle et importante mission qui leur est confiée.

nombre des titulaires des chaires spéciales d'agriculture, beaucoup de villes demandent la nomination de nouveaux professeurs, et il est regrettable que notre situation financière ne nous permette pas de leur donner immédiatement satisfaction.

Les professeurs spéciaux sont destinés à devenir la pépinière où se recruteront dans l'avenir les professeurs départementaux. Nommés actuellement à la suite d'un concours, offrant d'autre part toutes garanties d'instruction agricole puisqu'ils doivent être possesseurs d'un des diplômes des grandes écoles d'agriculture, et avoir fait un stage dans une exploitation, ils rempliront les conditions voulues pour prétendre au professorat départemental.

2° ÉTABLISSEMENTS D'ENSEIGNEMENT SPÉCIAL.

ÉCOLE NATIONALE DES EAUX ET FORÊTS À NANCY.

(Grand prix.)

Installée en 1826, dans la maison de l'ancien architecte du roi Stanislas, rue Girardet, à Nancy, l'École forestière s'est successivement agrandie par des acquisitions d'immeubles voisins.

L'École nationale des eaux et forêts est destinée à assurer le recrutement du personnel supérieur de l'Administration des eaux et forêts, qui gère les forêts de l'État, ainsi que les forêts des communes et des établissements publics soumises au régime forestier.

M. Guyot, professeur de droit, auteur d'un ouvrage intéressant sur l'enseignement forestier en France, dirige actuellement l'École de Nancy. Pendant une longue période de temps, l'École forestière a été dirigée par M. Parade; puis, de 1864 à 1880, par M. Nanquette.

Au moment de la fondation de l'École forestière, trois professeurs seulement, dont l'un, M. Lorentz, remplissait les fonctions de directeur, étaient chargés d'enseigner l'histoire naturelle, les mathématiques et l'économie forestière. Le professeur d'économie forestière ne fut chargé qu'en 1827 d'un cours de droit dont les leçons se bornaient à l'étude du code forestier.

En 1838, six nouvelles chaires furent créées pour l'économie forestière, le droit, les mathématiques appliquées à la topographie, la construction des routes, scieries et bâtiments, l'histoire naturelle et l'allemand.

De 1824 à 1888, l'École forestière s'est recrutée par un concours direct. Les candidats, âgés de 18 à 22 ans, devaient justifier d'études universitaires par la production de certificats ou de diplômes, variables suivant l'époque, et être doués d'une bonne constitution. Le prix de la pension, garanti par un engagement de la famille, a varié de 1,200 à 1,500 francs par an.

Pendant cette période, des décrets et des règlements ont souvent modifié le programme des connaissances exigées des candidats auxquels on demandait, dans les dernières années, des connaissances plus étendues en mathématiques et en physique, aux dépens des sciences naturelles et de la partie littéraire du concours. Les candidats à l'École forestière subissaient les examens devant le même jury et dans les mêmes centres que les candidats à l'École polytechnique.

Deux exceptions furent apportées au principe du concours direct : l'une, en faveur de deux élèves de l'École polytechnique; l'autre, par décret du 6 mai 1882, en faveur de deux élèves de l'Institut national agronomique. L'admission à l'École forestière n'était précédée, pour les autres élèves, d'aucune préparation spéciale. A leur arrivée à l'École forestière, la plupart des élèves ne possédaient que des notions élémentaires de botanique, et ne connaissaient pas la constitution des bois, la physiologie et la pathologie végétales.

En Allemagne, les candidats aux écoles forestières sont assujettis à un stage près d'un agent forestier qui les initie aux pratiques du métier et se rend ainsi compte de leurs aptitudes et de leur capacité.

Le décret du 15 décembre 1877 ayant enlevé l'administration des forêts au Ministère des finances, le transfert de ce service à l'Agriculture amena, dès l'année suivante, la nomination d'une commission dont une section fut chargée d'étudier la question de l'enseignement forestier. Quelques années plus tard, le Gouvernement décida que les élèves ne seraient admis à l'École forestière de Nancy qu'après avoir passé deux ans à l'Institut agronomique et avoir subi avec succès les examens de sortie.

Fig. 170. — École des eaux et forêts. (Pavillon Nanquette.)

Le décret du 9 janvier 1888 supprima le concours d'admission à l'École des eaux et forêts et assura le recrutement complet de l'École par l'Institut agronomique, tout en maintenant l'exception établie en faveur de deux élèves de l'École polytechnique par le décret du 15 avril 1873. Les candidats à l'École forestière doivent, en conséquence, acquérir à l'Institut agronomique le premier degré de leur instruction spéciale.

Les connaissances nécessaires à un bon administrateur forestier sont devenues si variées que les matières à enseigner ne pouvaient plus trouver place dans les deux années réglementaires d'études.

La tâche du forestier ne consiste pas seulement à augmenter le revenu des forêts par une culture mieux entendue, elle embrasse encore le reboisement, la chasse, la pêche, la pisciculture, les améliorations pastorales.

Le changement de recrutement de l'École de Nancy n'a nullement justifié les craintes que souleva son introduction parmi les forestiers. Les directeurs et les professeurs demandaient trois années d'études à Nancy, avec un programme approprié et des ressources matérielles suffisantes, au lieu de quatre années d'études, dont deux à Paris, appliquées à des connaissances qui n'ont pas toutes une utilité immédiate pour la carrière forestière. Mais, sans parler de l'instruction agronomique qu'ils reçoivent à l'Institut, les élèves arrivent à Nancy plus âgés qu'ils ne l'étaient sous le régime antérieur. Les avantages de cette maturité d'esprit sont incontestables. La préparation aux examens d'entrée de l'Institut agronomique oblige les candidats à faire des études préparatoires solides. Puis, la carrière forestière produisant sur les élèves de l'Institut la même attraction que les carrières civiles pour les élèves de l'École polytechnique, c'est ordinairement dans la première moitié des élèves de la liste sortante que se recrutent les élèves de Nancy.

Débarrassé de toutes les études préparatoires qui l'encombraient et donné à des jeunes gens instruits qui possèdent, en sciences naturelles, mathématiques appliquées et droit, des connaissances assez étendues, l'enseignement de l'École des eaux et forêts peut embrasser l'étude approfondie de la gestion scientifique et économique des forêts.

Ce mode de recrutement est identique à celui adopté par l'École polytechnique pour le recrutement de ses écoles d'application.

Pour être admis à l'École d'application de Nancy, les élèves diplômés de l'Institut agronomique doivent avoir eu moins de 23 ans au 1er janvier de l'année de leur entrée à l'École des eaux et forêts.

Toutefois, avant d'être définitivement admis, les élèves diplômés de l'Institut doivent justifier : en ce qui concerne les mathématiques, d'une moyenne de 15 au moins pour l'ensemble des épreuves subies à l'Institut agronomique; en ce qui concerne les langues vivantes (allemand ou anglais), de connaissances spéciales en ces langues. Une commission, nommée par le Ministre de l'agriculture, fait subir aux candidats, à leur sortie de l'Institut agronomique : 1° un dernier examen de mathématiques portant sur les matières enseignées dans cet établissement; la note obtenue à cet examen entre pour moitié dans le calcul de la moyenne de 15 exigée; 2° un examen spécial de langue allemande ou anglaise (thème au tableau, explication d'un texte, conversation); la note minimum exigée pour cet examen est fixée à 10.

Pendant leurs deux années d'études à l'École de Nancy, les élèves qui, dans chaque promotion sont au nombre de 12 environ, reçoivent un traitement de 1,200 francs, mais les parents doivent verser, au moment de l'entrée en première année, une somme de 1,200 francs pour l'équipement et l'uniforme, plus une somme annuelle de 600 francs pour frais de tournées, leçons d'équitation, etc.

Le régime de l'école, intermédiaire entre l'externat et le casernement, est analogue à celui de l'École de Fontainebleau. Les élèves couchent à l'école et y restent pendant la plus grande partie de la journée pour les cours et les études; mais ils prennent leurs repas en ville et ont leurs soirées libres. Ce régime ne s'applique qu'aux futurs agents de l'État qui se destinent à prendre rang dans l'Administration forestière.

L'École reçoit aussi des élèves libres, français ou de nationalité étrangère. Ils sont admis aux cours et aux travaux pratiques, sur l'autorisation du Ministre, sans subir d'examen d'entrée. L'enseignement donné à l'École de Nancy a toujours été suivi par un grand nombre d'étrangers. Certains Gouvernements ont avec la France des conventions spéciales qui déterminent les cours pour lesquels l'assiduité doit être requise. L'admission de ces étrangers ne donne lieu à la perception d'aucun émolument.

Fig. 171. — École des eaux et forêts. (Jardin de l'École, casernement, ancien chalet Lorentz).

De 1860 à 1886, date à laquelle a été fondée une école nationale forestière à Coopers' Hill, l'Angleterre a envoyé à Nancy des jeunes gens destinés au service forestier des Indes. Maintenant encore, la Belgique fait compléter en France l'instruction des aspirants forestiers qu'elle recrute dans ses Instituts agricoles de Gembloux et de Louvain.

Un grand nombre de Roumains, des Russes, des Suisses, des Luxembourgeois, des Portugais ont suivi les cours de l'École de Nancy.

Avant leur entrée à l'École, les élèves réguliers contractent un engagement militaire de trois ans. Ils sont considérés comme présents sous les drapeaux pendant leurs deux années d'études. Ils vont ensuite, pendant la troisième année, compléter leur instruction militaire dans un régiment, en qualité de sous-lieutenants. Ils accomplissent ensuite un stage d'environ un an dans une inspection forestière, puis sont nommés gardes généraux.

Les élèves sont astreints à l'uniforme et portent le sabre.

Chaque année d'études est divisée en deux parties : le semestre d'hiver (six mois et demi) employé aux études théoriques et pratiques; le semestre d'été, aux applications sur le terrain (trois mois et demi) et à la préparation de l'examen de fin d'année (un mois).

La journée est ainsi réglée pendant le semestre d'hiver : le matin, après l'appel de 6 heures et demie, étude ou équitation au manège civil; puis, une demi-heure de repos dans les chambres. De 8 heures à 11 heures, un cours et une étude; tous les cours, sauf ceux d'allemand, ont une durée d'une heure et demie. De 11 heures à midi 10, les élèves sortent de l'École pour prendre leur repas. L'après-midi est occupé d'abord par l'exercice militaire jusqu'à 1 heure et demie; puis récréation jusqu'à 2 heures, pendant laquelle les élèves, à tour de rôle, sont appelés à faire de l'escrime, du tir au pistolet et à la carabine. De 2 heures à 6 heures, un cours et deux études; celles-ci remplacées à certains jours par le dessin graphique ou par des leçons au manège militaire. A 6 heures, les élèves peuvent sortir. Ils doivent être rentrés dans leurs chambres au plus tard à 10 heures.

Pendant le semestre d'hiver, un jour par semaine, le samedi, est consacré à l'instruction pratique des élèves. Deux mois et demi du semestre d'été, du 1er mai au 15 juillet, sont consacrés à des excursions en vue des applications pratiques des cours de l'École, qui constituent l'un des éléments les plus caractéristiques de son enseignement. Ces excursions sont éminemment utiles pour donner aux jeunes forestiers l'amour du métier. Elles ont lieu soit aux environs de Nancy, soit dans d'autres régions forestières du Centre, des Vosges, du Jura et des Alpes.

Le classement des élèves s'établit d'après les notes obtenues pour les examens et les travaux pratiques. Il y a chaque année deux classements : l'un à la fin du semestre d'hiver, l'autre après les applications sur le terrain et l'examen général. Pour celui-ci, les résultats du classement de fin de semestre sont comptés pour moitié. L'exclusion est prononcée contre tout élève qui ne réunit pas un nombre de points égal à la moitié du nombre total maximum. Après avoir subi les examens de chaque année, les élèves sont classés à la sortie en additionnant les points obtenus en première et en deuxième année. C'est suivant ce classement qu'ils sont admis à choisir leur résidence de stage sur une liste dressée par l'Administration. Ceux qui obtiennent, dans l'ensemble des notations, une moyenne générale de 15 ont immédiatement le grade et les émoluments de garde général de troisième classe.

La dernière édition des programmes d'enseignement de l'École des eaux et forêts de Nancy a été publiée en 1897. Les modifications apportées étaient rendues nécessaires par le décret du 30 décembre 1897, qui étend les attributions de l'Administration des eaux et forêts en ce qui concerne les améliorations pastorales, la pêche et la pisciculture.

Chaires.

Sciences forestières. (150 leçons d'une heure et demie). [Collaborateur : M. Jolyet, médaille d'argent.] — M. Huffel, inspecteur des forêts et M. Jolyet, inspecteur adjoint, sont chargés du cours de sciences forestières. Ce cours débute, en première année, par l'étude approfondie de la sylviculture. Après avoir fondé son enseignement sur la connaissance des facteurs qui déterminent la production forestière, le professeur étudie la constitution économique des massifs boisés et aborde ensuite l'étude des traitements imposés à ces massifs : régime de la futaie, du taillis, du taillis sous futaie, avec l'ensemble des modalités qu'ils comportent; taillis furetés et sartés, futaie régulière et futaie jardinée, traitements temporaires, transformations et conversions. Le professeur traite ensuite de tout ce qui concerne la gestion forestière au point de vue cultural : modes divers d'exploitation, améliorations du sol, assainissements, repeuplements; boisements d'utilité privée et d'utilité publique dans les landes ou les pays de montagnes; conditions de réussite, semis et plantations, constitution et entretien des pépinières.

Quelques leçons traitent de la culture pastorale, de l'importance économique de cette question en montagne, de la restauration des pâturages, de la mise en valeur des landes par le boisement et le gazonnement, des améliorations pastorales et de la solution apportée à la question par la constitution des prés-bois.

Le cours se continue, en première année, par la technologie forestière, qui comprend l'étude de tous les produits de la forêt, menus produits et produits divers, écorces, lièges et résines, mais avant tout l'étude très complète du bois. Le professeur étudie la nosologie, qui connaît de toutes les altérations des bois sur pied ou des bois ouvrés, de leurs causes et de leurs remèdes, qui tendent à la préservation et la conservation des bois. Le débit des bois et les divers modes d'exploitation sont étudiés ensuite au point de vue économique, et le professeur s'appesantit sur les usages du bois, ses emplois mécaniques, bois de sciage, bois de fente et bois tranchés, et sur les industries qui s'y rattachent : carbonisation, fabrication de la pâte à papier, distillation.

Le cours se termine, en première année, par l'étude de la dendrométrie et de tout ce qui se rapporte au cubage des bois sur pied et abattus.

Le cours de deuxième année, moins varié, comporte essentiellement l'étude de l'économie forestière. Le professeur établit les lois expérimentales qui régissent la croissance des arbres et des peuplements et président à la formation de leur valeur. De cette connaissance découle l'étude de la constitution des exploitations forestières et de leur fonctionnement au moyen d'un capital forestier. Les mêmes lois permettent d'apprécier le rendement des forêts en matière et en argent et font connaître le taux de production et le taux de placement auxquels fonctionnent ces exploitations.

A cette étude se rattachent naturellement les questions d'expertises forestières et d'estimations en fonds et superficie.

Connaissant les règles techniques du fonctionnement financier des exploitations forestières, le professeur aborde l'étude théorique de l'aménagement des forêts et passe en revue les principales méthodes d'aménagement, avec un règlement d'exploitation basé sur la notion de possibilité assurant le rapport annuel et soutenu de la forêt. Il traite ensuite de l'application de ces principes théoriques, du choix du mode de traitement suivant les conditions d'essences et de climats, des méthodes d'aménagement suivies en pratique pour le traitement des futaies régulières et jardinées, des taillis et taillis sous futaie, enfin des forêts en conversion.

Le cours prend fin par quelques leçons traitant de la statistique forestière, avec quelques notions d'histoire culturale des forêts en France et dans les colonies, puis dans les autres pays d'Europe et du monde civilisé.

A l'exemple de ce qui a lieu à l'étranger, le cours de sylviculture pourrait être scindé avec avantage. Il serait, d'ailleurs, facile de trouver parmi les agents du service actif voisin de l'École les personnalités capables de faire des conférences sur des points un peu spéciaux, tels que les pépinières, le débit des bois, etc.

M. Jolyet avait envoyé à l'Exposition un ouvrage portant le titre : *Influences de l'espacement des plantes sur la végétation de quelques essences résineuses.*

Sciences naturelles appliquées. (150 leçons d'une heure et demie.) — L'étude des sciences naturelles appliquées consiste dans les applications aux forêts de la botanique, de la minéralogie, de la géologie et de l'entomologie. L'enseignement comporte un professeur, M. Fliche, qui étudie les applications de la botanique, et un chargé de cours, M. Henry, qui traite des autres applications.

En première année, le chargé de cours traite en quelques leçons des applications de la minéralogie, à savoir la constitution du sol forestier aux dépens du substratum minéral; les propriétés physiques et chimiques des divers sols, modifiées par la végétation forestière et la présence sur le sol d'une couverture morte ou vivante.

Ces notions, nécessaires à l'intelligence de la sylviculture et de la botanique, une fois connues, toutes les leçons de sciences naturelles sont employées à l'étude des applications de la botanique.

Le professeur prend comme cadre général l'anatomie et la physiologie végétales et sur chaque point insiste sur tout ce qui se rapporte à la biologie forestière. L'anatomie élémentaire lui fournit la matière des études suivantes : constitution des divers organes des végétaux; composition du bois, sa valeur; détermination des bois à l'œil nu et au microscope; production et accroissements du bois.

A l'organographie se rattachent l'étude du port et de l'enracinement des arbres, la détermination des essences forestières et des végétaux du sous-bois en hiver au moyen de l'écorce et des bourgeons, l'étude du liège, la régénération des taillis par rejets et drageons.

Les fonctions de nutrition sont appliquées à la densité de la végétation des massifs, au rôle du sous-bois et de la couverture, aux modifications subies par les massifs forestiers suivant les conditions de milieu : air, lumière, température, humidité.

Le cours comporte une étude de la classification botanique, avec mention spéciale des végétaux intéressants pour le forestier, arbres et végétaux du sous-bois, herbes des pâtures montagneuses et plantes servant au gazonnement des montagnes.

L'enseignement des applications de la botanique se termine en seconde année par l'étude des cryptogames et des maladies parasitaires qu'ils produisent sur les arbres forestiers.

L'enseignement de la géologie appliquée complète également en seconde année celui de la minéralogie appliquée donné aux élèves de première année; il comporte l'étude des relations existant entre la constitution des forêts et la nature géologique du sous-sol, la distribution des forêts suivant les diverses formations géologiques; une étude spécialement approfondie de la géologie des hautes montagnes de France, de la constitution de leur sol et du tapis végétal qui peut les recouvrir. Ce cours forme en quelque sorte l'application et le complément du cours d'agriculture comparée professé à l'Institut agronomique.

Fig. 172. — École des eaux et forêts. (Botanique en forêt.)

Les applications de la zoologie comprennent la zoologie forestière et la zoologie des cours d'eau. Le professeur étudie successivement ces questions aux trois points de vue de la chasse, de la pêche et de la protection des forêts contre les dégâts des animaux. Il passe en revue toutes les espèces de gibier et traite de leur vie, de leurs mœurs, de leurs ennemis. La même étude a lieu pour les poissons, augmentée des questions de pisciculture naturelle et artificielle et de repeuplement des cours d'eau. La protection de la forêt contre les animaux comporte spécialement la connaissance des insectes, de leur multiplication, des ravages qu'ils causent dans les forêts, des moyens que l'on peut employer pour prévenir ou arrêter leurs invasions.

Mathématiques appliquées. (100 leçons d'une heure et demie.) [Collaborateur : M. Thiéry, médaille d'or.] — Le professeur de la chaire de mathématiques appliquées est M. Thiéry. Il est aidé dans sa tâche par M. Petitcollot, sous-directeur, qui s'occupe spécialement de la partie traitant des constructions et de l'hydraulique.

Topographie. — Le cours comporte en 1re année l'étude de la topographie forestière. Le professeur traite des instruments de topographie, principalement de ceux en usage dans le service forestier : instruments employés à la mesure des angles et à celle des longueurs, instruments de nivellement. Après l'étude des fautes et des erreurs, le professeur aborde la pratique des opérations sur le terrain, les méthodes diverses de levé de plans et de nivellement; puis il étudie le rapport des plans levés sur le terrain, la connaissance et le figuré du relief du terrain, les méthodes et les instruments de vérification.

Ces connaissances sont appliquées successivement à l'étude des levés de petite, de moyenne et de grande étendue.

Les principes de calcul et de division des surfaces sont étudiés ensuite dans leurs applications à l'arpentage, à l'assiette des coupes et aux délimitations.

Constructions forestières. — Sous ce titre sont comprises des matières très diverses, sur lesquelles le professeur, pressé par le temps, ne peut souvent donner que des notions sommaires.

L'étude la plus complète est celle des routes forestières : étude du tracé, projet de devis, construction et entretien.

Des notions sur la mécanique appliquée et la résistance des matériaux permettent ensuite de traiter de la construction des divers travaux d'art sur les routes : ponts, tunnels, etc.

Les autres modes de transport : chemins de schlitte, petits chemins de fer forestiers, câbles aériens, plans inclinés, font l'objet d'études sommaires.

Les bâtiments forestiers, maisons forestières et pavillons font l'objet de quelques leçons en ce qui concerne l'emplacement, le devis et l'exécution des diverses parties : maçonnerie, menuiserie, fumisterie, plomberie.

Hydraulique appliquée. — C'est avec la topographie une partie importante du programme de mathématiques. Le professeur revient rapidement sur les connaissances acquises à l'Institut : jaugeage d'un cours d'eau, canaux et tuyaux de conduite; il traite ensuite de l'hydraulique agricole, avec applications spéciales aux terrains de montagne et aux améliorations pastorales.

La matière comporte ensuite l'étude des récepteurs hydrauliques : roues et turbines, celle des organes de transmissions et quelques leçons spéciales sur l'établissement et le fonctionnement des petites scieries forestières appartenant à l'État, enfin quelques notions sur le flottage des bois.

Correction de torrents. — Aux applications de l'hydraulique se rattache le cours très important de correction de torrents. L'historique, la description et les causes du phénomène torrentiel constituent la première partie du cours; la deuxième partie comprend l'étude des moyens mis en œuvre pour combattre le fléau. Le professeur s'étend spécialement sur les travaux de correction et fait une étude très complète des barrages de tout genre : avant-projet de la correction d'un périmètre, choix des types et emplacement des barrages, devis, construction, entretien; il passe ensuite en revue les autres travaux d'ingénieur que l'agent reboiseur peut avoir à exécuter : dérivations à l'air libre ou en tunnel et desséchements.

M. Thierry, professeur, avait exposé les ouvrages suivants : Étude sur les petits chemins de fer forestiers. Restauration des montagnes. Correction des torrents, reboisements. Des instruments topographiques.

Législation forestière. (100 leçons d'une heure et demie). [Collaborateur : M. Guyot, médaille d'or.] — La législation forestière est enseignée à l'École par M. Guyot, directeur. L'enseignement juridique ne se borne pas à l'étude commentée du code forestier. Il embrasse toutes les questions que peuvent avoir à traiter les agents forestiers soit comme gérants du domaine de l'État, soit à l'occasion des missions diverses qui leur sont confiées : police de la chasse et de la pêche, législations spéciales des dunes et de la restauration des montagnes, etc.

Le professeur débute par le droit administratif; il étudie l'organisation et les attributions de l'autorité publique, et plus particulièrement ce qui a trait au régime forestier et à l'Administration des eaux et forêts. Il traite ensuite du droit de propriété et de ses applications à la gestion des forêts de l'État et des communes : propriété, possession, prescription. L'étude des actions publique et civile entraîne celle des fonctions spéciales du service forestier en matière répressive; la répression des atteintes à la propriété forestière au moyen des dispositions spéciales du code forestier entraîne l'étude approfondie des délits forestiers et de la procédure des affaires forestières correctionnelles.

Les modalités diverses du droit de propriété sont l'occasion de leçons sur la propriété et l'usage des eaux d'origines diverses, sur la législation des grands et petits cours d'eau, sur les restrictions au droit de propriété dans un intérêt public : législations spéciales des mines et des travaux publics; expropriation.

De nombreuses leçons, à propos des relations juridiques entre immeubles, traitent des servitudes, des usages forestiers et des affectations; les relations entre immeubles et personnes, l'usufruit, l'usage et les hypothèques, d'application moins délicate et moins fréquente en matière forestière, sont traitées plus sommairement.

Les contrats civils de vente et de louage donnent lieu à une étude approfondie de leurs applications en matière forestière, principalement des adjudications et des marchés de travaux forestiers.

Après l'étude des applications du droit civil, le professeur traite des lois spéciales; il étudie les fonctions administratives des agents forestiers en matière domaniale et en matière communale, leur rôle dans les travaux de restauration des montagnes et de fixation des dunes et les textes dont ils disposent pour cet objet.

Le cours comprend encore l'étude détaillée des textes en vigueur sur la chasse, la pêche fluviale et la destruction des animaux nuisibles, puis la connaissance de lois diverses : organisation des pensions civiles, répartition et réception des impôts, textes réglementant la grande et la petite voirie.

M. Guyot avait envoyé à l'Exposition les ouvrages suivants : *Les forêts lorraines jusqu'en 1789*. — *L'enseignement forestier en France : l'école de Nancy*.

Et, en collaboration avec M. Puton : *Contrainte par corps en matière criminelle et forestière*.

Langue allemande. (60 leçons d'une heure.) — M. Gerschell, ancien professeur, est chargé de ce cours. Les leçons consistent en exercices de traduction des publications forestières allemandes : périodiques et ouvrages scientifiques.

Art militaire. (100 leçons d'une heure et demie.) — Le cours comporte, en dehors des exercices militaires et des manœuvres, l'étude des divers règlements en vigueur dans l'armée active et dont la connaissance est nécessaire à un officier : école du soldat, écoles d'escouade, de section, de compagnie; règlement sur le tir, instructions sur le service en campagne et sur le service intérieur. M. Hanet-Cléry, lieutenant-colonel, qui dirige cet enseignement, fait aux élèves, en plus du commentaire de ces règlements, des cours sur l'administration et la législation militaires, les fortifications et l'artillerie.

Station de recherches et d'expériences. [Collaborateur : M. de Bouville, médaille d'argent.] — Un arrêté ministériel du 27 février 1882 a créé à l'École de Nancy une Station de recherches et d'expériences pour l'étude de toutes les questions pouvant intéresser les eaux et forêts. Cette station a déjà produit des travaux remarquables. Elle fonctionne avec la collaboration des professeurs de l'École, mais deux inspecteurs adjoints y sont spécialement attachés. Elle a pour but de compléter l'enseignement théorique par des expériences et par des opérations auxquelles peuvent participer les élèves. On y fait aussi des observations de météorologie forestière, des recherches dont le programme est arrêté sur la proposition du directeur de l'École, et des études relatives à des questions importantes de sylviculture et de physiologie végétale.

Fig. 173. — École des eaux et forêts. (La leçon en forêt.)

L'enseignement technique donné à l'École de Nancy est approfondi et dirigé de manière à faire des élèves d'excellents forestiers. L'enseignement oral a un complément indispensable, étant donnée la nature spéciale des connaissances nécessaires aux forestiers : c'est l'examen attentif des échantillons des plantes forestières et de tous les instruments dont ils auront plus tard à faire usage. L'École de Nancy possède, dans ce but, de nombreuses et importantes collections d'histoire naturelle, de produits forestiers, de bois indigènes et exotiques, de modèles et de plans, d'instruments géodésiques, etc. Cet ensemble de collections qui servent à l'enseignement forestier dans toutes ses branches a été constitué à l'occasion des expositions et des concours par les agents et les préposés forestiers. L'École renferme en outre une bibliothèque de plus de 8,000 volumes, un laboratoire de chimie et un laboratoire de pisciculture.

Comme champ d'étude affecté à l'enseignement, l'École possède à proximité de Nancy la pépinière domaniale de Bellefontaine, puis un certain nombre de groupes d'exploitations forestières, ou séries, soit dans les forêts de Hayes et de Champenoux, qui avoisinent Nancy, soit dans d'autres forêts domaniales de Meurthe-et-Moselle et des Vosges. Au total, 3,000 hectares de forêts dans lesquelles toutes les opérations techniques sont faites par le personnel enseignant.

Considérations générales.

Lors de sa fondation, en 1824, l'École forestière était destinée à fournir à l'État les agents nécessaires à la gestion et à l'administration des forêts domaniales et communales. L'École se recrutait par concours direct; les cours y étaient peu nombreux, les études peu compliquées.

Peu à peu, l'enseignement de l'École de Nancy se précisa et se compléta. Les sciences forestières se perfectionnaient et leur étude exigeait une connaissance préalable chaque jour plus approfondie des sciences générales, et en même temps les attributions des agents forestiers, restreintes d'abord à la gestion des forêts, recevaient une extension considérable. Ces agents furent ainsi chargés successivement de la fixation des dunes et de la restauration des montagnes, puis, plus récemment, des améliorations pastorales et des questions concernant la pêche fluviale et l'aquiculture.

Pour faire face à ces nécessités nouvelles, pour élever le niveau scientifique des jeunes gens qui arrivaient à Nancy avec une bonne instruction secondaire classique, mais sans aucune connaissance des sciences naturelles, le programme des deux années d'études fut surchargé. Des cours nouveaux furent créés, cours spéciaux d'agriculture et de chimie agricole, qui avaient pour but d'initier les futurs agents aux connaissances agricoles. La sylviculture était donc définitivement considérée comme une des branches de l'agriculture. Mais, par la force des choses, les études afférentes à cette branche spéciale occupaient presque tout le temps disponible et les cours dont nous venons de parler, quoique professés par des hommes éminents, tels que M. Grandeau, se trouvaient délaissés. La direction, afin de diminuer les fatigues imposées aux élèves et de laisser plus de temps aux travaux pratiques, demanda l'institution d'une troisième année d'études.

Mais pendant que le programme de Nancy se compliquait de la sorte, l'enseignement agricole se développait parallèlement sur toute l'étendue du territoire national. A l'époque dont nous parlons (1888), l'Institut agronomique était l'objet de la faveur croissante du monde agricole et du monde savant, grâce à l'autorité de ses professeurs, et s'affirmait comme le centre très vivant des sciences agricoles en France. Le Gouvernement décida, pour décharger l'Ecole de Nancy des cours de sciences agricoles générales, tout en augmentant les connaissances des forestiers sur l'agriculture, que les élèves de l'École de Nancy se recruteraient par ordre de mérite parmi les élèves de la liste sortante de l'Institut agronomique.

Le recrutement actuel, en vigueur depuis 1889 et légèrement modifié depuis pour assurer aux élèves de Nancy des connaissances plus fortes en mathématiques et en allemand, fait de l'École des eaux et forêts une école d'application de notre École supérieure d'agriculture et la place vis-à-vis de l'Institut agronomique dans la situation occupée par l'École de Fontainebleau ou l'École des mines par rapport à l'École polytechnique. Ce mode de recrutement présente de sérieux avantages au point de vue du niveau scientifique et du degré de préparation à leur carrière des agents forestiers. Il ne donne lieu d'ailleurs à aucune difficulté, les places disponibles à Nancy étant choisies généralement par des élèves de la première moitié de la liste sortante de l'Institut.

Nous étudierons ici les résultats du nouveau recrutement.

Ce système est, à notre avis, préférable à l'ancien. Au point de vue du travail des jeunes gens, il offre de sérieux avantages. Les élèves, en effet, arrivent à Nancy rompus au travail des écoles, par deux années d'études laborieuses variées dans leur objet, constamment stimulés par une ardente émulation; ils y conservent presque entièrement les habitudes acquises à l'Institut, bien qu'il n'y ait plus à Nancy la même émulation; la même concurrence pour parvenir au but. Non seulement, les jeunes gens qui entrent à Nancy sont plus habitués au travail, mais ils sont bien mieux préparés aux études spéciales de l'École des eaux et forêts.

Autrefois, le concours d'entrée à l'École forestière était le même que celui de l'École polytechnique; les jeunes gens sortant des classes de mathématiques spéciales ne connaissaient pas un mot de la foresterie, de l'agriculture, de la vie qui devait un jour être la leur. Souvent, ils s'étaient dirigés vers cette carrière sans raison déterminante, et parfois remplissaient sans goût plus tard une carrière pour laquelle ils n'étaient pas faits.

Le passage forcé des candidats par l'Institut national agronomique a porté remède à cette situation défectueuse. Seuls peuvent être admis à l'École de Nancy des élèves bien notés à l'Institut, ayant montré par le résultat de ces premières études qu'ils avaient du goût pour les sciences de la nature et pour les choses de la terre et ayant pu d'ailleurs par les cours de sylviculture professés à l'Institut agronomique se familiariser avec ce genre d'études et mettre leurs goûts à l'épreuve. Tous ceux qui n'ont pas d'aptitude pour la carrière forestière, ou bien sont éliminés par défaut de travail, ou bien, rebutés par leurs précédentes études, comprennent qu'ils ne sont pas faits pour l'Ecole de Nancy.

Le personnel enseignant de l'École de Nancy est unanime à constater que les jeunes gens qui ont passé deux ans externes à Paris et y ont fourni une somme de travail considérable arrivent à Nancy avec un esprit mûri, beaucoup plus calme et réfléchi que les candidats d'autrefois.

Les ingénieurs agronomes qui vont compléter à l'École des eaux et forêts leur instruction forestière y apportent un stock de connaissances très important. Ils possèdent une instruction très développée sur les sciences agricoles et naturelles et l'enseignement de l'École des eaux et forêts peut se baser sur cet acquit pour aborder largement toutes les matières spéciales dont la connaissance est utile à l'agent forestier. Les cours de Nancy, qui d'abord avaient été préparés en vue de jeunes gens n'ayant aucune notion des sciences naturelles, furent dans une certaine mesure modifiés et allégés des premiers principes; les leçons d'agriculture, très utiles aux agents forestiers, mais qui, faites par un professeur éminent mais étranger au service forestier, étaient suivies souvent avec peu d'attention furent supprimées; de même les leçons de chimie.

Toutes ces modifications faites lentement ont permis d'ajouter des matières nouvelles au programme enseigné à l'École sans le surcharger à mesure que se développaient les sciences forestières et que le Gouvernement étendait à la pisciculture et aux améliorations pastorales les attributions du service forestier. Ainsi ont pu être créées des leçons de pisciculture et de statistique forestière très intéressantes, mais trop rudimentaires encore, et le Conseil de l'École songe à fonder des leçons de géographie botanique, branche particulièrement intéressante pour ce qui concerne les reboisements et l'amélioration des pâturages en hautes montagnes. Le recrutement de l'École des eaux et forêts parmi les jeunes ingénieurs agronomes a seul rendu possibles les perfectionnements apportés peu à peu au programme de l'École.

L'Administration forestière a pourtant élevé un grief contre les jeunes gens sortant de l'Institut agronomique; elle estimait que beaucoup d'entre eux ne possédaient qu'une connaissance insuffisante des sciences mathématiques.

Pour répondre aux desiderata formulés par les professeurs de Nancy, une épreuve éliminatoire de mathématiques et une de langue allemande ont été instituées depuis 1897 à la sortie de l'Institut agronomique pour les candidats qui se destinent à l'École forestière. Afin de faciliter cette épreuve aux jeunes gens, des conférences spéciales de mathématiques que suivent seuls les candidats à Nancy ont été créées à l'Institut.

Ce système est défectueux pour l'Institut agronomique. Cette épreuve a le grave défaut de fermer à peu près totalement la porte de l'École forestière à tous les bons élèves de l'Institut qui ne s'y sont pas spécialement préparés. Ces inconvénients disparaîtraient le jour où une section spéciale serait organisée pour les candidats à l'École forestière.

Au début de la mise en vigueur du mode de recrutement actuel, l'Administration forestière, ayant à cœur la grande œuvre de la restauration et de la mise en valeur de nos départements montagneux et craignant que le recrutement par l'Institut agronomique ne lui fournit que des agents n'ayant pas l'instruction générale mathématique nécessaire, l'autorité morale et le savoir-faire auprès des populations pour continuer les grands travaux entrepris par leurs anciens, vit d'abord d'un œil inquiet les jeunes gens entrés par la nouvelle porte.

Ceux-ci ont su dissiper cette inquiétude. Dans presque toutes les conservations forestières, les conservateurs se plaisent à reconnaître le mérite des jeunes agents et leurs aptitudes.

En effet, non seulement ces jeunes gens arrivent à l'École de Nancy avec des qualités spéciales d'entraînement au travail et de préparation à leurs études, mais les connaissances variées qu'ils ont acquises à l'Institut leur sont très utiles et très profitables au cours de leur carrière. L'agent forestier, gérant des forêts de l'État, est aussi chargé de la gestion des forêts des communes et de l'amélioration de leurs pâturages; de plus, il surveille la chasse et la pêche et s'occupe de la reproduction du gibier et de nos meilleures espèces de poissons qui constituent des richesses auxquelles les nations civilisées attachent chaque jour plus d'importance.

Les connaissances que les jeunes agents ont acquises à l'Institut agronomique les mettent à même, dans l'étude de ces diverses questions, de donner à chaque cas particulier la solution la meilleure qu'il comporte. Leur titre d'ingénieur agronome, leurs études précédentes, permettent à beaucoup d'entre eux de s'intéresser aux soins de l'élevage et aux travaux des champs, de donner sans effort des conseils utiles que leurs anciens n'étaient en mesure de fournir qu'après un dur labeur personnel. Aussi, et c'est ce qui ressort des constatations de leurs chefs, sont-ils admirablement placés pour acquérir, auprès des communes et de leurs représentants, un prestige moral et une autorité qui rendent leur action bien plus efficace et la marche du service bien plus facile.

En résumé, le recrutement actuellement en vigueur a donné des élèves pourvus d'études scientifiques poussées fort loin, dont l'aptitude à la carrière forestière a été éprouvée, dont le caractère a été mûri de bonne heure par une émulation ardente.

Fig. 174. — École des eaux et forêts. (Galeries Mathieu.)

Il rend possible l'étude d'un programme plus étendu à des jeunes gens dont toutes les facultés ont été dirigées depuis deux ans vers les sciences agricoles et qui sont parfaitement préparés à l'enseignement qu'ils vont recevoir. L'épreuve imposée de mathématiques assure d'ailleurs largement, aux meilleurs d'entre eux au moins, des connaissances qui permettent la sélection facile d'excellents agents pour le service du reboisement.

Enfin, il fournit à l'Administration forestière des agents aimant généralement davantage un métier auquel ils se sont plus longuement préparés, en possession d'une instruction à la fois très complète et très variée qui grandit leur autorité et leur facilite l'accomplissement de leur tâche.

A Nancy, ainsi que nous venons de le faire ressortir, d'heureuses modifications furent apportées aux programmes d'enseignement à la suite du recrutement par l'Institut agronomique. Les cours de sciences générales et de sciences agricoles furent supprimés; les autres purent se spécialiser davantage et les travaux pratiques recouvrèrent une partie du temps qui leur avait été ravi au cours des dernières années du recrutement libre. Néanmoins, comme il n'y a pas entente officielle pour la rédaction des programmes entre les Conseils de perfectionnement des deux écoles, une partie des cours professés à Nancy fait encore double emploi avec des matières déjà enseignées à Paris.

La spécialisation dont nous parlons plus haut se manifeste principalement dans les cours de sciences forestières et de mathématiques appliquées. L'importance scientifique de ces cours va en augmentant et, fréquemment, des leçons sur de nouvelles applications viennent charger leurs programmes. Parmi les sciences mathématiques, l'étude des instruments de nivellement précis et des leçons approfondies sont nécessaires pour traiter non plus seulement la correction des torrents, mais aussi les questions d'améliorations pastorales. En sciences forestières, l'enseignement des améliorations pastorales occupe lui aussi plus de place à mesure que la question se précise; quelques leçons de statistique forestière, récemment données, indiquent une tendance à réagir contre le défaut signalé au sujet de l'Institut agronomique, l'ignorance des conditions commerciales et économiques du marché. Ces leçons sont, malheureusement, trop peu nombreuses pour donner aux élèves des connaissances sérieuses sur le commerce des bois dans le monde et la place de plus en plus grande prise par les gros bois d'œuvre dans la vie économique des pays civilisés. Il est question de compléter cet enseignement par un cours de sylviculture coloniale et étrangère, afin que les élèves aient des notions moins succinctes sur la constitution, les modes de traitement et de mise en valeur des massifs forestiers situés hors de France.

Ainsi que le montrent les programmes exposés plus haut, l'enseignement de l'École des eaux et forêts comprend l'étude des diverses matières techniques rassemblées en quatre groupes fondamentaux : sciences forestières, sciences naturelles appliquées, études juridiques et sciences mathématiques appliquées. Cet enseignement si varié est donné par neuf professeurs ou chargés de cours, indépendamment des leçons d'art militaire et de langue allemande. Ce petit nombre de professeurs semble un inconvénient que le zèle et le dévouement du personnel enseignant empêche d'apercevoir, mais qui n'en subsiste pas moins, particulièrement en ce qui concerne les sciences naturelles, et le fait pour un seul professeur d'avoir à enseigner les applications de matières aussi différentes ne lui permet que difficilement de se spécialiser et d'atteindre aux résultats qu'obtiendrait son effort dirigé sur un seul point.

A d'autres points de vue, la restriction de l'enseignement en quelques mains n'est pas sans avantage. Il ne faut pas oublier que les jeunes gens à leur sortie de l'École de Nancy sont des agents de l'État. Agents de gestion des biens de l'État, il est nécessaire qu'ils apportent dans leur fonction une unité de vue parfaite. Les études prolongées sous la direction d'un même professeur ont la plus heureuse influence pour la formation de cet esprit de suite particulièrement nécessaire en sylviculture, cette branche de l'agriculture qui souvent ne réalise sa récolte qu'après en avoir surveillé le développement pendant plus d'un siècle.

A ce point de vue, l'institution d'un stage accompli par les gardes généraux après leur sortie de l'École auprès des inspecteurs chefs de service est nécessaire pour compléter l'enseignement donné par les professeurs qui, du reste, sont tous restés plus ou moins longtemps dans le service actif. Les jeunes agents apprennent durant ce temps à diriger un cantonnement, ils se familiarisent avec les variations que subit en pratique la technique théorique et s'accoutument aux relations journalières de l'Administration forestière avec les autres administrations de l'État et avec les propriétaires particuliers, toutes choses que ne peuvent leur enseigner ni les cours ni les travaux pratiques suivis à l'École.

Le stage, modifié à diverses reprises dans sa forme et dans sa durée, a presque constamment existé depuis la fondation de l'École. Son institution, au sortir de Nancy, se justifie au point de vue cultural et au point de vue administratif pour des raisons analogues à celles qui exigent un stage dans une exploitation agricole pour les jeunes gens sortant de l'Institut agronomique ou des Écoles supérieures d'agriculture.

Fig. 175. — École des eaux et forêts. (Pavillon Daubrée.)

Le régime imposé aux élèves de l'École de Nancy est le régime du casernement. C'est celui auquel sont soumis les élèves de l'École d'application de Fontainebleau. Lorsque l'École fut créée, les élèves étaient complètement externes et ce n'est que sous la monarchie de Juillet que le casernement fut institué pour régler davantage leur vie et donner plus de temps au travail. Ce système donne les meilleurs résultats. Il se concilie admirablement avec la vie militaire des jeunes gens qui contractent à l'entrée à l'École un engagement de trois ans, et par des sanctions disciplinaires : consigne, privations de sortie et arrêts, ou bien, au contraire, sorties de faveur. En effet, à Nancy, comme dans d'autres Écoles qui offrent aux élèves un débouché fixe, unique et assuré, l'émulation est moins ardente qu'à l'École centrale ou à l'Institut agronomique. On n'y retrouve pas au même degré la lutte pour les premières places et la crainte des dernières qui assagissent les jeunes gens.

C'est un des avantages du casernement de rendre possible et parfaitement pratique un emploi du temps aussi chargé que celui de l'École de Nancy. On voit, à l'inspection du tableau de l'emploi du temps, la place considérable que tiennent à l'École les exercices physiques : équitation et escrime tous les deux jours, manœuvres militaires tous les jours ou presque, du 1er janvier aux vacances de Pâques, une leçon par semaine au manège du 5e régiment de hussards, enfin, des tournées en forêt tous les samedis du semestre d'hiver pour les anciens, en dehors de la période des grands froids.

L'ordonnance des cours est en même temps établie de façon régulière : deux cours par jour d'une heure et demie suivis d'une étude pour les mettre au net, indépendamment de certaines leçons plus courtes d'art militaire ou d'allemand. Ces cours sont pris par les élèves sur des cahiers de notes qu'ils tiennent avec soin et revoient fréquemment, car ils savent par leurs anciens combien ils y retrouveront, par la suite, d'utiles renseignements. Les cours sont sanctionnés, comme à l'Institut agronomique, par des examens particuliers, des épreuves pratiques et, à la fin de chaque année, par des examens généraux portant sur le cours tout entier. Les interrogations particulières sont hebdomadaires, d'une durée plus longue qu'à l'Institut, par suite du petit nombre des examinés; elles se transforment facilement, surtout pour les meilleurs élèves, en une répétition rapide des leçons apprises, avec discussion contradictoire entre le professeur et l'élève. L'enchaînement de ces examens n'est pas réglé dans la forme habituelle à l'Institut agronomique. Le Directeur de l'École des eaux et forêts ou son délégué tire au sort, chaque jour, les noms des élèves qui seront interrogés le lendemain sur telle matière. L'examen porte, pour chaque élève, sur tous les cours professés depuis sa dernière interrogation, la date de celle-ci est d'ailleurs relatée sur le cahier de notes de l'élève par le visa du professeur. Avec cette manière de procéder, les élèves, prévenus seulement la veille au soir des interrogations auxquelles ils auront à répondre et qu'ils ne peuvent prévoir, sont obligés, pour passer des examens satisfaisants, de se tenir toujours en haleine et de revoir leurs cours au jour le jour.

Les notes accordées aux exercices et aux travaux cotés entrent pour une part importante dans l'établissement de la moyenne générale. L'enseignement théorique laisse en effet la place très large à l'enseignement pratique. Les moyens dont dispose l'enseignement pratique sont : les laboratoires, les collections, les forêts du cantonnement de l'école où ont lieu des opérations forestières, les tournées d'été.

Les travaux de laboratoire n'occupent, à l'École de Nancy, qu'une place assez minime dans la vie des élèves, l'exiguïté des crédits alloués à ce chapitre du budget de l'École en est la cause. Il n'y a d'ailleurs pas lieu de s'inquiéter de cet état de choses. Les élèves arrivant de l'Institut agronomique possèdent bien la pratique des manipulations techniques, et ils se montrent toujours capables de mener à bien les expériences qui leur paraissent utiles dans le service.

Le temps, laissé libre ainsi, est mieux employé par la visite et l'étude des collections, qui ont été patiemment et méthodiquement classées par les professeurs de l'École. Chaque cours possède une collection spéciale : collection d'instruments, de plans, de travaux d'ingénieurs pour les mathématiques; collections d'instruments, de modèles

EMPLOI DU TEMP

	LUNDI.	MARDI.	MERCREDI
			DEUXIÈME DIVIS
De 6 heures 1/2 à 7 heures 1/2	Étude alternant avec u		
De 7 h. 1/2 à 8 heures	Récréation. —		
De 8 heures à 9 h. 1/2	Sciences naturelles.	Sciences forestières.	Sciences natur
De 9 h. 1/2 à 11 heures	Étude.	Étude.	Étude.
De 11 heures à midi 10	Sorti		
De midi 15 à 1 h. 1/2	Art militaire.	Allemand.	Art militai
De 1 heure 1/2 à 2 heures	Récréation		
De 2 heures à 3 h. 1/2	Dessin graphique.	Droit.	Alleman
De 3 h. 1/2 à 4 h. 1/2		Étude. Depuis 4 heures (équitation au dehors depuis le 15 février).	Étude.
De 4 h. 1/2 à 6 heures	Mathématique.		
De 6 heures à 10 heures	Sortie.	Sortie.	Sortie.
			PREMIÈRE DIV
De 6 h. 1/2 à 7 h. 1/2	Étude alternant avec		
De 7 h. 1/2 à 8 heures	Récréation. —		
De 8 h. 1/2 à 9 h. 1/2	Sciences forestières.	Sciences naturelles.	Sciences fore
De 9 h. 1/2 à 11 heures	Étude.	Étude.	Étude
De 11 heures à midi 10	So		
De midi 15 à 1 h. 1/2	Allemand.	Art militaire.	Art milit
De 1 h. 1/2 à 2 heures	Récréatic		
De 2 h. 1/2 à 3 h. 1/2	Droit.	Dessin graphique.	Droi
De 3 h. 1/2 à 4 h. 1/2	Étude ou travaux pratiques.		Étud Depuis 4 h promenades à par du 15 fé
De 4 h. 1/2 à 9 heures		Étude.	
De 6 heures à 10 heures	Sortie.	Sortie.	Sorti

TRE D'HIVER.

EUDI.	VENDREDI.	SAMEDI.		DIMANCHE.
ANNÉE D'ÉTUDE.				
on au manège civil.				Sortie de 7 heures du matin à 10 heures du soir avec appel à midi.
ris à l'école.				
s forestières.	Sciences naturelles.	Sciences forestières.		
Étude.	Étude.	Étude ou travaux pratiques.	ou bien quelques travaux en forêt.	
ner.				
militaire.	Art militaire.	Étude.		
rime.				
Droit.	Dessin graphique.	Travaux pratiques.		
Étude.				
e militaire depuis 1er janvier.	Étude.			
Sortie.	Sortie.	Sortie de 5 heures à minuit.		
D'ÉTUDE.				
1 au manège civil.				Comme en deuxième division.
is à l'école.				
s naturelles.	Sciences forestières.	Travaux pratiques.	Tournée en forêt, sauf pendant les grands froids.	
tude.	Étude.			
ner.				
militaire.	Art militaire.	Étude.		
çon d'escrime.				
mand.	Dessin graphique.			
tude.				
e militaire 1er janvier.)	Étude.	Sortie de 5 heures à minuit.	Sortie au retour de tournée jusqu'à minuit.	
ortie.	Sortie.			

EMPLOI DU TEMPS. — SEMESTRE D'ÉTÉ.

DATES.	EMPLOI DU TEMPS CORRESPONDANT.	DATES.	EMPLOI DU TEMPS CORRESPONDANT.
PREMIÈRE DIVISION. — ANCIENS.		DEUXIÈME DIVISION. — CONSCRITS.	
Du 25 avril au 2 mai.	Manœuvres militaires... { Tir; Reconnaissances militaires; Service en campagne. }		Pour les deux divisions.
Du 3 mai au 18 mai.	Triangulation. { Opérations aux environs de Nancy. Calculs et rapport. }	Du 3 mai au 12 mai.	Préparation aux examens. — Examens généraux de droit et d'allemand.
		Du 13 mai au 15 mai.	Projet de route forestière sur le terrain.
Du 19 mai au 28 mai.	Martelages et aménagement de bois feuillus. (Opérations en forêt. Environs de Nancy.)	Du 16 mai au 22 mai.	Levé d'un polygone de moyenne étendue en forêt.
Du 29 mai au 5 juin.	Martelage et aménagement de bois résineux. (Opérations en forêt, à Celles-sur-Plaine [Vosges].)	Du 23 mai au 5 juin.	Calculs et rédaction à l'École du projet de route et du levé.
Du 6 juin au 9 juin.	Études de scieries à Celles; de géologie à Raon-l'Étape et Gérardmer.	Du 6 juin au 8 juin.	Sylviculture et herborisations (Environs de Nancy.)
Du 10 juin au 13 juin.	Rédaction des projets d'aménagement à l'École.	Du 9 juin au 14 juin.	Tournée des Vosges : Sylviculture et botanique dans les Basses-Vosges (Celles-sur-Plaine) et les Hautes-Vosges.
Du 14 juin au 1er juillet.	Tournée de Provence et des Alpes. — Ascension du Ventoux. (Botanique, sylviculture, reboisements.) — Visite du Lubéron. (Sylviculture.) Barcelonnette..... Embrun-Briançon.. Maurienne : Saint-Michel, Saint-Julien.......... Sallanches....... Chamonix........ } Étude des torrents des forêts et des pâturages alpestres.	Du 15 juin au 20 juin.	Rédaction de rapports à l'École.
		Du 21 juin au 30 juin.	Tournée de l'Ouest : Forêt de Bercé (Orne). — Royan et Mimizan; Landes de Gascogne; dunes.
		Du 1er juillet au 3 juillet.	Rédaction à l'École.
		Du 4 juillet au 13 juillet.	Tournée du Jura : Sylviculture et cultures pastorales. Besançon et Pontarlier.
Du 1er juillet au 16 juillet.	Rédaction des projets d'aménagement et des rapports divers.	Du 14 juillet au 24 juillet.	Rédaction à l'École.
Du 17 juillet au 14 août.	Préparation des examens généraux. — Examens généraux et épreuves pratiques.	Du 25 juillet au 14 août.	Préparation des examens généraux. — Examens généraux et épreuves pratiques.

de débit et de vices des bois pour les sciences forestières; pour les sciences naturelles, collection minéralogique, collection botanique de végétaux et de portions de végétaux de toute sorte et en tout état, que les élèves doivent reconnaître aux examens; collection zoologique très complète de la faune forestière. Les élèves passent fréquemment de longues heures dans les salles de collections et y subissent des épreuves de détermination d'échantillons ou de maniement d'instruments.

A l'extérieur de l'École, les travaux pratiques consistent en opérations forestières des plus variées : en hiver, marque de coupes de toute sorte, balivages, martelages et arpentages; durant le mois de mai et les premiers jours de juin, levé de plan et triangulation, projets de route et projets d'aménagement, travaux de plus longue haleine que les élèves groupés en sections exécutent dans les forêts appartenant au cantonnement de l'École : forêts de Haye et de Champenoux, aux environs de Nancy; sapinière des Ellieux, près de Raon-l'Étape, dans les Vosges. Tous ces travaux sont cotés; ils sont exécutés dans la forme habituelle employée par l'Administration. Les élèves les conservent par devers eux et s'y reportent lorsqu'ils rencontrent dans leur service une affaire difficile et délicate. Ces documents, établis par eux-mêmes sous la direction des professeurs, leur évitent des hésitations ou des erreurs qui seraient préjudiciables à l'État.

L'enseignement pratique se termine, chaque année, par de grandes courses, qui entraînent les élèves au loin pendant plus d'un mois. Ces tournées, caractéristiques de l'École des eaux et forêts, remplissent un double rôle : d'une part, elles servent d'application aux différents cours et permettent de montrer aux élèves le résultat de certaines méthodes ou l'exécution de certains travaux que l'on ne pourrait leur mettre sous les yeux à Nancy; d'autre part, elles leur font connaître tous les types principaux sous lesquels peuvent se ranger nos forêts françaises.

L'ordonnancement régulier des tournées est le suivant : Les élèves de première année font d'abord l'étude approfondie des forêts lorraines, taillis sous futaie et futaies en conversion. Ils visitent ensuite les sapinières des Vosges et les hautes chaumes pastorales des ballons, puis les sapinières et les pessières du Jura, entrecoupées de prés-bois soigneusement entretenus, où s'élève un bétail d'excellent rapport. Les élèves s'initient sur place à la vie des populations montagnardes et aux difficiles problèmes des améliorations pastorales; puis, ils quittent les rudes aspects de la montagne pour ceux, plus riants, des forêts de plaine, et visitent les hêtraies de la vallée de la Seine et les chênaies magnifiques de la vallée de la Loire. Depuis deux ans, les conscrits poussent leurs excursions jusque dans les Landes pour étudier la fixation des dunes et l'exploitation des pignadas par le gemmage.

En seconde année, les anciens font un court séjour dans les Vosges, puis vont jusqu'en Provence étudier les forêts de chênes verts et de pins d'Alep. Le cycle des tournées se termine, pour eux, par un séjour d'une vingtaine de jours dans les Alpes. Ils rayonnent dans les différentes parties de ces montagnes : Gapençais, Embrunais, Briançonnais, Maurienne et Tarentaise, et se consacrent entièrement à l'étude des forêts et des pâturages de hautes montagnes, du phénomène torrentiel, de ses manifestations désastreuses et des moyens mis en œuvre pour le combattre. Ils se rendent compte des résultats obtenus par le boisement et le gazonnement et du progrès agricole qu'on peut espérer introduire dans ces régions.

Au retour, ces tournées donnent lieu à la rédaction de rapports cotés comme les autres travaux de l'École. Tel qu'il est actuellement conçu, le programme des tournées met les élèves en contact avec des forêts de tout genre. Ces tournées, véritables petits voyages dont l'organisation n'est possible qu'avec un petit nombre d'élèves et pour une École spéciale, ont la plus heureuse influence sur le développement intellectuel des jeunes gens. Durant ces courses, fatigantes parfois, mais toujours attrayantes, le travail leur est facile, et ils se forment, sur tout ce qui leur est montré, des idées personnelles qui leur seront des plus utiles dans la suite de leur carrière. Au point de vue de l'instruction pratique des agents, rien ne pourrait remplacer les tournées d'été. Les arbres de nos forêts constituent une culture de longue durée; pendant des années, il leur faut supporter, non seulement les circonstances climatériques moyennes de la région, mais aussi leurs variations et leurs écarts les plus considérables et les plus exceptionnels, avant de parvenir à leur maturité économique et au moment de leur récolte. Il y a, par suite, une adaptation très grande de nos peuplements forestiers aux conditions du milieu, adaptation qui est loin d'exister au même degré pour les cultures agricoles, constituées par des plantes annuelles pour la plupart, et toujours de durée limitée. Telle est la cause de l'infinie variété qui différencie nos forêts, même celles de même essence. C'est pourquoi il est nécessaire que les jeunes gens qui se destinent à la carrière forestière apprennent à connaître et à saisir sur place ces multiples nuances afin de savoir ensuite appliquer à chacune d'elles le traitement approprié et, dans chaque cas, apporter à la théorie les modifications reconnues utiles. Aussi peut-on affirmer que, quels que soient le lieu et le mode adopté pour l'enseignement forestier supérieur, celui-ci n'est complet et ne peut former des agents instruits et capables de gérer une forêt quelconque qu'à la condition expresse d'être corroboré par l'étude sur les lieux de massifs boisés nombreux et variés.

Les tournées d'été présentent d'ailleurs, en dehors de leur utilité immédiate au point de vue de l'instruction forestière pratique, de sérieux avantages. Elles donnent aux élèves une idée assez précise des conditions économiques qui régissent la propriété forestière en France et leur procurent ainsi les moyens de résoudre au mieux de l'intérêt général toutes les questions concernant les forêts.

Nous avons vu combien le rôle des laboratoires dans l'instruction pratique des élèves était réduit. Les laboratoires, ainsi que le matériel de la station de recherches, servent surtout aux professeurs en leur fournissant les moyens de perfectionner leur savoir par des recherches et des expériences de toutes sortes. Il semble que ces laboratoires devraient être, comme cela se produit à l'Institut agronomique, l'instrument du progrès de la science toujours à la disposition du professeur pour l'étude et la découverte de connaissances nouvelles. En pratique, il arrive malheureusement trop souvent encore que l'exiguïté des crédits apporte une gêne et une entrave aux recherches des professeurs. Cependant, les remarquables travaux qu'ils ont exécutés, particulièrement les recherches de météorologie et de géologie forestières commencées il y a une trentaine d'années par M. Mathieu et continuées avec succès, depuis sa mort, par MM. Fliche, Henry et Jolyet laissent entrevoir quels progrès pourrait réaliser, dans les sciences forestières, le personnel enseignant de l'École nationale s'il disposait de crédits moins étroits.

L'École étant déjà admirablement pourvue sous d'autres rapports et possédant dans sa bibliothèque et ses collections de précieux éléments d'études et de recherches, toute amélioration apportée au fonctionnement des laboratoires aurait d'excellents résultats. Les cours profiteraient immédiatement des découvertes des professeurs; les nombreuses matières du programme, dont certaines sont encore peu avancées, gagneraient en précision et en clarté; enfin, le renom du personnel enseignant de Nancy se répandrait rapidement parmi les propriétaires fonciers et les commerçants en bois.

Il est bon de former des administrateurs entendus, capables de gérer les trois millions d'hectares de forêts appartenant à l'État et aux communes, mais il y a aussi en France huit millions d'hectares de bois et forêts appartenant à des propriétaires particuliers, dont l'instruction technique intéresse directement la prospérité du pays. Étant donnée la nécessité économique, chaque jour plus grande pour les nations civilisées, de conserver tous leurs massifs boisés et de les bien administrer, il y aurait intérêt à faire connaître davantage l'École de Nancy, qui est notre seul établissement d'enseignement forestier supérieur, et à amener ainsi les fils des propriétaires de forêts et les jeunes gens qui se destinent à la gestion des bois particuliers à y recevoir un enseignement officiel comme élèves libres. Les cours de sylviculture et d'aménagement, le cours très complet de législation forestière, les leçons de statistique, la plupart des travaux pratiques et les tournées peuvent leur être très utiles. Les jeunes gens qui se destinent au commerce et à l'industrie du bois : adjudicataires de coupes dans les forêts de l'État, industriels chefs de scieries et de fabriques diverses, commerçants à l'importation et à l'exportation, retireraient également grand profit de cet enseignement.

A l'Institut agronomique, l'enseignement forestier, représenté seulement par quarante leçons d'économie forestière, ne suffit pas à remplir ce rôle, aussi, l'on n'y voit guère, comme élèves libres français, que les fils des propriétaires forestiers des Vosges et de la Lorraine.

La Direction de l'École de Nancy a, cependant, compris l'intérêt national qui s'attache à cette question et cherche à attirer des élèves libres français parmi les élèves du Gouvernement, dont la situation dans l'Administration est assurée à leur sortie de l'École. Le nombre des élèves libres français est, malgré cela, encore fort restreint.

Le nombre des élèves libres ayant suivi les cours de l'École forestière, depuis sa fondation jusqu'en 1900, est de 360, dont 30 français et 330 étrangers. De 1881 à 1901, on compte seulement 7 élèves français.

On voit, par ces chiffres, combien les élèves libres français ont toujours été en petit nombre, tandis que les étrangers admis à suivre les cours et les divers exercices de l'École affluaient chaque année. Parmi ceux-ci, les uns, en minorité d'ailleurs, venaient étudier à Nancy pour leur compte personnel, mais la plupart étaient envoyés par leurs Gouvernements pour recevoir en France un enseignement supérieur avant d'entrer dans l'Administration de leur pays. C'est en 1830, cinq ans après la fondation de l'École, que des jeunes gens étrangers, attirés par la renommée du directeur et la haute valeur du nouvel enseignement, vinrent, pour la première fois, suivre les cours de l'École. Depuis lors, ils se renouvelèrent sans interruption chaque année, et leur nombre a varié d'un à seize.

Fig. 176. — École des eaux et forêts. (Pavillon de Mahy.)

Pendant longtemps, les étrangers venaient chercher en France l'enseignement forestier supérieur. Puis, des centres d'enseignement forestier supérieur se fondèrent chez les nations jusque-là tributaires de la France pour l'instruction des agents forestiers. Citons, dans l'empire britannique, la création d'écoles semblables à la nôtre, à Cooper's-Hill pour la métropole et, plus tard, à Dera-Dun, dans les Indes, pour le service colonial; en Belgique, l'institution récente d'une quatrième année d'études forestières à l'Institut agronomique de Louvain.

L'élément étranger se trouva diminué à l'École de Nancy par le fait de ces créations, mais ne disparut pas. Récemment, certains ouvrages publiés par le personnel enseignant de l'École, notamment les traités de sylviculture et de technologie de M. Boppe, ancien directeur de l'École, et les études de M. Thiéry sur la correction des torrents, eurent un retentissement considérable à l'étranger. L'éclat nouveau jeté ainsi sur l'enseignement de Nancy eut d'heureux effets sur le nombre et la valeur des élèves libres étrangers.

Les jeunes gens étrangers présents à Nancy ont actuellement deux origines différentes. Les uns proviennent de pays encore privés d'enseignement forestier supérieur. Ces pays, tels que la Roumanie, la Serbie, la Grèce, continuent d'envoyer à l'École des eaux et forêts, après entente avec le Gouvernement de la République, les jeunes gens qui se destinent à la carrière forestière et qui prennent rang dans leur administration après avoir satisfait aux examens de sortie de Nancy, et parfois même après avoir accompli, comme leurs camarades du Gouvernement français, un stage en France sous les ordres d'un inspecteur.

D'autres nations, possédant aujourd'hui un enseignement forestier supérieur, envoient en France les jeunes gens qui ont terminé avec succès leurs études forestières et qui ont déjà titre et rang d'agents forestiers; elles leur font suivre tout ou partie des cours, des travaux et des tournées de l'École. Cette mesure est générale pour la Belgique, dont les gardes généraux, sortant de l'Institut forestier, viennent prendre part à une partie importante des travaux et des tournées de première et de seconde année. Elle fait l'objet de missions spéciales pour les jeunes agents d'autres pays : Russie, Hollande.

Le séjour à Nancy d'élèves étrangers de toute nationalité et la présence, durant les travaux et les tournées, de jeunes gardes généraux étrangers sont des plus utiles aux élèves de l'École. Ceux-ci sont initiés par leurs camarades étrangers, avec lesquels leurs relations sont toujours des plus cordiales, à des formes d'enseignement et de constitution du service forestier différentes de celles usitées en France; ils acquièrent ainsi sur les massifs forestiers et sur les modes de traitement en vigueur à l'étranger des notions justes et précises que ne pourraient leur inculquer des cours, même très complets.

L'enseignement donné à Nancy est tout à fait approprié pour former de bons administrateurs et des forestiers supérieurement pourvus en tout ce qui touche à la technique forestière. Le personnel enseignant a toujours été composé des membres les plus éminents de la foresterie française. Les travaux des professeurs, les ouvrages publiés par MM. Boppe, Guyot, Fliche, Henry, Thiéry et Jolyet, ont étendu le champ des connaissances forestières; ils en ont développé le goût en France et à l'étranger, et ils sont la raison principale du renom de l'École nationale des eaux et forêts et de l'attrait qu'elle exerce sur l'étranger, qui y vient étudier nos méthodes et nos doctrines.

ÉCOLE SECONDAIRE D'ENSEIGNEMENT FORESTIER ET ÉCOLE PRATIQUE DE SYLVICULTURE DES BARRES.

L'Administration des forêts avait acheté en 1864, dans l'arrondissement de Montargis, le domaine des Barres, appartenant à M. de Vilmorin, qui y avait réuni un *arboretum* des principales essences de France et des végétaux ligneux susceptibles d'être introduits dans notre pays. Son but était de poursuivre les études entreprises par Levêque de Vilmorin sur la naturalisation et l'acclimatation des végétaux forestiers exotiques.

Le Conseil général du Loiret demanda, avant la guerre de 1870, que ce domaine fût utilisé pour l'instruction des gardes. Un arrêté conforme du directeur général des forêts institua en 1873 l'école primaire de sylviculture des Barres qui préparait les fils des préposés forestiers à l'exercice de leur profession. Le centre d'enseignement forestier et de pratique sylvicole, créé aux Barres, amena la fondation des deux écoles actuelles: 1° École secondaire d'enseignement forestier; 2° École de sylviculture pratique.

I. — École secondaire d'enseignement forestier.

L'École secondaire d'enseignement forestier a été créée aux Barres par arrêté ministériel en date du 14 juin 1882. Elle a remplacé les écoles secondaires, ou centres d'instruction, de Grenoble, Épinal, Toulouse et Villers-Cotterets. Cette dernière école ne fut supprimée qu'en 1883-1884.

L'organisation de l'enseignement secondaire des Barres est réglée par le décret du 14 janvier 1888 et par les arrêtés ministériels des 10 février 1897 et 27 juin 1898.

Elle a pour but de donner aux brigadiers et gardes forestiers l'instruction professionnelle, théorique et pratique, indispensable pour leur permettre d'exercer les fonctions de garde général. Elle est pour l'Administration des eaux et forêts ce que les écoles de Saint-Maixent et de Versailles sont pour l'armée.

L'École des Barres est dirigée par M. Marchand, conservateur des eaux et forêts.

Le recrutement a lieu à la suite d'un concours. Le nombre des élèves à admettre est fixé chaque année; il est égal à la moitié de celui des élèves de Nancy. Les gardes et brigadiers des eaux et forêts comptant trois années de service actif peuvent seuls être admis à concourir; cette durée est réduite à deux années pour ceux d'entre eux qui sont anciens élèves de l'école de sylviculture pratique.

Le concours porte sur quelques connaissances générales: français, histoire, géographie, arithmétique et géométrie élémentaire, la planimétrie, le nivellement et le service général des préposés forestiers. Il comprend des épreuves écrites et des examens oraux. Les épreuves écrites servent à établir un premier classement destiné à exclure des examens oraux les candidats insuffisamment préparés.

Les candidats admis reçoivent, s'ils ne l'ont déjà, le grade de brigadier des eaux et forêts et en touchent le traitement pendant leur séjour à l'école. Les brigadiers-élèves, mariés ou veufs avec enfants, reçoivent, en outre, une indemnité de 300 francs. Les élèves s'occupent eux-mêmes de leur ordinaire. La durée des études est de deux années. L'enseignement comprend les matières suivantes :

1° Sciences forestières : 90 leçons;
2° Parties du droit se rattachant à la gestion des forêts, à la chasse et à la pêche : 60 leçons;
3° Sciences naturelles : 100 leçons;
4° Mathématiques élémentaires : 200 leçons;
5° Mathématiques appliquées : 150 leçons;
6° Notions d'agriculture et de chimie agricole : 50 leçons;
7° Langue française et notions de littérature : 120 leçons;
8° Exercices militaires.

L'année scolaire s'étend du 15 octobre au 15 août. Sept mois et demi sont employés aux études théoriques et pratiques; deux mois et demi sont consacrés aux applications sur le terrain et à la préparation des examens de fin d'année. Les applications sur le terrain consistent en tournées faites dans la forêt de Montargis, dans les futaies de chênes de la Sarthe, les forêts résineuses du Jura, enfin sur les principaux torrents de la Savoie.

Les brigadiers-élèves, après avoir subi avec succès les examens de sortie, sont nommés gardes généraux stagiaires et peuvent prétendre à tous les grades sans avoir à subir de nouveaux examens.

L'École des Barres dispose, comme moyens d'études communs à l'École secondaire et à l'École pratique de sylviculture, d'une bibliothèque forestière très complète; d'une collection d'outils d'abatage, d'exploitation, de bois débités, d'instruments de pêche; d'une pépinière d'arbres forestiers entretenue par les élèves de l'École de sylviculture pratique.

La collection des végétaux ligneux exotiques cultivés aux Barres est une des plus complètes et des plus anciennes qui existent en Europe; elle a permis de faire des observations intéressantes sur l'acclimatation, la naturalisation et le degré de vitalité de plusieurs essences étrangères. L'arboretum renferme de très beaux spécimens. Malheureusement aucun plan d'ensemble n'a présidé à sa création. Très riche en certaines catégories, il est très pauvre en d'autres. Il faudrait l'agrandir du double et le compléter systématiquement. Nous n'avons, en France, aucune collection complète d'essences forestières appartenant à l'État analogue, par exemple, à celle de Kew, près de Londres. Les Barres seraient toutes désignées pour cela, ayant déjà un premier fonds important.

II. — École pratique de sylviculture [1].

La fondation de l'École pratique de sylviculture des Barres remonte à 1873. Son organisation actuelle est réglée par le décret du 14 janvier 1888 et les arrêtés ministériels des 27 juin et 15 décembre 1898.

Elle a pour but de former des gardes particuliers, des régisseurs agricoles et forestiers, et subsidiairement des préposés forestiers.

[1] M. Mougeot, ministre de l'agriculture, qui a étudié de très près toutes les questions forestières, s'est rendu compte que l'école pratique de sylviculture ne remplissait plus le but principal qui lui avait été primitivement assigné et il a décidé la réorganisation de cette école et sa transformation en une école d'enseignement technique et professionnel pour les gardes des eaux et forêts. Cette transformation a fait l'objet d'un décret en date du 19 décembre 1903. Un arrêté postérieur a réglé les conditions d'organisation et de fonctionnement de la nouvelle école. Il en ressort que l'école, ouverte aux gardes des eaux et forêts du service domanial et du service communal, a pour but de leur donner toutes les connaissances d'ordre technique ou professionnel qui leur sont nécessaires pour exercer leurs fonctions. C'est, en somme, une école de perfectionnement pour les agents des eaux et forêts qui vient d'être créée.

L'admission n'a plus lieu par voie de concours, mais d'après les propositions des conservateurs des eaux et forêts. L'école peut recevoir des auditeurs libres français et étrangers.

La durée des études, qui était de deux ans, est de dix mois : elles commencent le 15 octobre et sont terminées le 15 août.

L'enseignement donné à la nouvelle école est établi de façon à mieux préparer le garde des eaux et forêts à ses fonctions qui ne consistent plus uniquement, comme autrefois, en attributions de surveillance.

Aussi le nouveau programme est-il différent de l'ancien. Une plus large place a été réservée à un enseignement sur la chasse, l'élevage du gibier, le

Le personnel administratif et enseignant de l'École pratique est le même que celui de l'École secondaire.

Le recrutement a lieu par voie de concours; les candidats doivent avoir 17 ans au moins et 35 ans au plus au 1er janvier de l'année de leur admission. L'examen se compose d'épreuves écrites, au nombre de trois, savoir: 1° une dictée; 2° une composition d'histoire et de géographie (résumé de l'histoire de France depuis 1789 jusqu'à nos jours; géographie physique de la France et de ses colonies); 3° une composition de mathématiques (les quatre règles, règles de trois, système métrique, pratique de l'évaluation des surfaces et des volumes).

A leur arrivée à l'École des Barres, les élèves sont soumis à une visite du médecin attaché à l'établissement pour qu'il soit constaté qu'ils n'ont aucun vice de constitution, ni aucune infirmité les rendant impropres à un service actif.

L'École reçoit des élèves internes et des demi-pensionnaires. Comme pour l'École secondaire, les élèves s'occupent de leur ordinaire et sont organisés en mess. Le nombre des élèves à admettre est fixé chaque année par arrêté ministériel. La durée des études est de deux ans. Les cours commencent le 15 octobre et sont finis pour le 15 août.

L'enseignement est à la fois théorique et pratique. Huit mois sont consacrés à cet enseignement; deux mois sont employés aux applications sur le terrain, à la préparation des examens de fin d'année, à ces examens.

L'enseignement théorique comprend les matières ci-après:

1° Éléments de sylviculture; notions élémentaires d'aménagement; débit et estimation des bois : 60 leçons;

2° Éléments de droit forestier; lois sur la chasse et la pêche; rédaction des procès-verbaux; poursuites : 60 leçons;

3° Notions d'agriculture générale, d'arboriculture et de viticulture; notions élémentaires de pisciculture (poissons d'eau douce) : 40 leçons;

4° Éléments de botanique forestière : 60 leçons;

5° Arithmétique et notions d'algèbre : 60 leçons;

6° Géométrie élémentaire : 60 leçons;

piégeage, etc., et aussi sur la pêche et sur la pisciculture.

L'enseignement technique embrasse les cours et matières ci-après :

1° Des notions très élémentaires sur la sylviculture, les aménagements, etc., 30 leçons;

2° Les parties du droit ressortissant au service des gardes, 30 leçons;

3° L'arithmétique, la mesure des surfaces et des volumes, 20 leçons;

4° La topographie, réduite à l'arpentage à l'équerre et à la boussole, au rapport d'un plan, au calcul des surfaces, etc., 15 leçons;

5° Des notions élémentaires sur les travaux exécutés soit dans les forets, soit dans les périmètres de restauration des montagnes, 25 leçons;

6° La chasse et le braconnage. Les animaux nuisibles, leur destruction et le piégeage; les oiseaux utiles, leur protection, 10 leçons;

7° La pêche et le braconnage des rivières; la pisciculture, 10 leçons;

8° La langue française : orthographe, rédaction, 50 leçons.

L'enseignement professionnel s'applique à toutes les branches du service des gardes. Conduits sur le terrain par un professeur de l'école, les gardes prennent part directement aux opérations de toute nature effectuées dans les forêts de Montargis, d'Orléans et de Fontainebleau. Ils prennent également part, sur le domaine des Barres, aux travaux manuels de culture et d'entretien des pépinières, s'y livrent à l'élevage du gibier et font de la pisciculture.

7° Topographie : 10 leçons;
8° Notions de physique et de chimie agricole : 30 leçons;
9° Langue française; rédaction de rapport : 60 leçons;
10° Histoire et géographie : 60 leçons;
11° Exercices militaires.

L'enseignement pratique comprend les travaux de culture et de main-d'œuvre dans le domaine et dans les pépinières, des exercices au laboratoire, des exercices topographiques sur le domaine et aux environs, du dessin graphique, etc. Cet enseignement est complété au moyen d'excursions dans la forêt de Montargis où les élèves prennent part à toutes les opérations relatives aux coupes. Les collections et la bibliothèque de l'École secondaire sont mises à la disposition des élèves de l'École pratique de sylviculture.

A la fin de chaque année scolaire, les élèves sont l'objet d'un classement résultant des notes obtenues dans les diverses épreuves.

Ceux qui ont satisfait, à la fin de la deuxième année, aux examens de sortie reçoivent un certificat d'études qui leur est délivré par le Directeur des eaux et forêts.

Les élèves sortis avec le certificat d'études de l'École des Barres peuvent être, suivant les besoins du service, nommés gardes forestiers domaniaux de deuxième classe; il est nécessaire qu'ils aient satisfait à la loi militaire et qu'ils aient 25 ans accomplis au moment de leur nomination.

La grande majorité des élèves de l'École pratique des Barres entre ensuite à l'École secondaire, et cette École pratique ne forme de la sorte que très peu de gardes particuliers, de régisseurs ou de préposés forestiers. Elle ne paraît plus remplir le but qui lui a été primitivement assigné.

Exposition des Écoles forestières.

Les écoles forestières n'ont pas, comme les établissements d'enseignement agricole, organisé d'expositions spéciales. Ni les écoles des Barres ni celle de Nancy n'ont effectué un groupement de travaux et de documents pouvant constituer une exposition particulière à chacune d'elles. Les professeurs de ces établissements n'ont pas davantage fait une exposition spéciale à leur chaire; c'est pourquoi nous n'avons pu, dans l'étude des chaires de l'école de Nancy, signaler les travaux exposés afférant à chaque cours.

L'exposition des écoles forestières était comprise dans celle de la Direction des eaux et forêts. Cette exposition des plus importantes occupait une grande partie du palais spécial aux forêts construit sur la rive gauche de la Seine, en aval du pont d'Iéna; elle avait été préparée par l'ensemble du personnel composant les divers services de l'Administration forestière, sous la haute direction de M. Daubrée, conseiller d'État, directeur des eaux et forêts. Ne pouvant scinder l'étude de cette exposition très complète, nous prions le lecteur de se reporter au chapitre III qui contient l'exposition de la Direction des eaux et forêts.

L'école de Nancy avait pris une grande part à cette exposition, la plupart des collections présentées provenaient de cette école et plusieurs professeurs avaient contribué à l'installation des travaux et documents se rapportant à leurs chaires. Le Jury a accordé un grand prix à l'École nationale des eaux et forêts de Nancy et des médailles à trois professeurs ainsi que nous l'avons indiqué dans l'étude des chaires de cette école.

ÉCOLE NATIONALE DES HARAS.

(Médaille d'or.)

A sa création, en 1840, l'École des haras fut établie dans les bâtiments du haras du Pin. Cet établissement, construit en 1716, d'après les plans de Mansard, est situé au milieu d'un superbe domaine. Des avenues plantées d'arbres séculaires aboutissent à l'École.

Le Pin se trouve dans une des régions les plus fertiles du département de l'Orne, dans le pays des herbages. C'est pourquoi, vers l'année 1714, le duc de la Vrillière, secrétaire d'État chargé du Département du Roi, avait fait choisir ce domaine de la couronne pour y réunir des étalons.

L'établissement central du haras du Pin se compose de grandes écuries contenant chacune trente chevaux et entourant une cour d'honneur. A l'une des extrémités de cette cour, en face de la grille d'entrée, s'élève le château habité par le directeur du haras. De la cour d'honneur, on pénètre par de larges voûtes dans plusieurs cours secondaires : les deux premières, la cour d'Aure et la cour Garsault, situées à l'ouest, comprennent tous les services de l'école : salle d'études et de conférences, bibliothèque, logement des élèves-officiers, dortoirs et réfectoires des élèves-palefreniers, manège, remises, selleries, écuries des chevaux de l'école.

Le domaine du haras comprend une étendue de 1,129 hectares : herbages, 748 hectares; terres labourables, 85 hectares; taillis et futaies, 251 hectares; pièces d'eau, 6 hectares; avenues et chemins, 27 hectares; bâtiments, cours et jardins, 12 hectares. Mais la majeure partie des terres du domaine du Pin sont louées à des éleveurs du voisinage. La Direction du haras se réserve seulement l'exploitation d'une soixantaine d'hectares, sur lesquels elle récolte une partie des denrées nécessaires pour l'alimentation des étalons. L'hippodrome du Pin sert à faire courir les épreuves du mois d'octobre, qui sont imposées aux demi-sang.

Le haras du Pin a exercé une grande influence sur la production chevaline normande, à partir de 1764. Jusque-là, on procédait au choix des étalons sous l'influence de la mode qui régnait à la cour. Le haras devait fournir à la maison du roi tous les chevaux de chasse et d'équipage. Pour produire le cheval de selle, on eut recours à des étalons barbes, espagnols et napolitains; ces derniers importés par le premier directeur du haras, Gédéon de Garsault, écuyer du roi. Pour les chevaux de carrosse, on s'adressa à des étalons mecklembourgeois et danois, animaux aux formes empâtées et à tête busquée.

En 1764, lorsque le prince de Lambesc, grand écuyer de France, fut chargé de l'administration des haras et vint s'établir au Pin, l'élément mecklembourgeois et danois avait déjà diminué d'importance.

Le prince de Lambesc fit réformer tous les sujets vieux ou médiocres qui se trouvaient dans les écuries et les remplaça par des étalons achetés en Angleterre, par des chevaux du manège de Versailles et par quelques étalons arabes. En 1768, la France avait 4,000 étalons appartenant soit au Gouvernement, soit à des propriétaires qui recevaient une gratification et le titre de garde-étalons pour l'approbation et la conservation de leurs chevaux. Le 29 juin 1790, l'Assemblée constituante supprima les haras; les chevaux, juments et poulains du Pin furent vendus.

Fig. 177. — École des Haras du Pin.
(Vue d'ensemble de l'établissement, prise de l'avenue Louis XIV.)

Napoléon Ier remit à l'étude le projet de réorganisation des haras, présenté par Echasseriaux au Conseil des Cinq-Cents, et appliqua la loi votée par la Convention, le 2 germinal an III, par laquelle sept dépôts d'étalons étaient rétablis. Cette réorganisation devait nécessairement amener un jour la création d'une école des haras.

A l'origine, le personnel des fonctionnaires des haras n'eut point de recrutement régulier. En 1806, l'empereur confia les emplois à de vieux officiers de cavalerie, plus braves que capables, assez étrangers aux connaissances spéciales qu'exige la profession. Plus tard, sous la Restauration et après 1830, les choix ne furent guère mieux justifiés.

Et cependant, il s'agissait d'un service important, dont on ne pouvait confier, sans dommages, la direction à des hommes sans études et sans expériences. Pour assurer la bonne conduite de ce service, pour remplir les diverses fonctions dont il se compose, il fallait un personnel spécial, éclairé, appelé à y entrer par le travail et la vocation; cette double condition dépendait de l'existence d'une école particulière.

Une commission, en 1828, en avait déjà exprimé le vœu dans son rapport : «Toutes les parties du service public qui exigent des connaissances positives ont des écoles spéciales; or le service des haras n'exige pas moins qu'un autre des connaissances de cette nature et des dispositions particulières».

En 1840, les haras se trouvaient dirigés par un homme capable, M. Dittmer, en possession d'une légitime autorité et qui s'en servit pour faire accepter d'utiles réformes et réaliser des progrès importants.

L'École des haras fut créée par l'ordonnance du 25 octobre 1840 qui spécifia que : «nul ne pourrait être nommé officier des haras s'il n'avait suivi les cours de l'École pendant le temps prescrit par les règlements et obtenu un diplôme d'aptitude après les examens de sortie». Un arrêté du Ministre de l'agriculture et du commerce fixa le programme, la durée de l'enseignement, les conditions d'admission et l'organisation du personnel enseignant. L'École fut installée au Pin, en plein centre de production et d'élevage, au milieu de tous les éléments les plus propres à développer à la fois le service et le goût du métier.

Donner une instruction à part, pour une profession toute spéciale, exiger à l'entrée et à la sortie les preuves de l'aptitude et du savoir, c'était garantir le bon recrutement de l'Administration.

Les résultats furent très favorables. Il n'est personne qui ne sache combien les anciens élèves de l'École, dans cette période, ont eu une suprématie marquée sur les fonctionnaires provenant d'une autre origine.

L'École subsista de 1840 à 1852, année où elle disparut brusquement. Son rétablissement par la suite fut maintes fois réclamé. Ce fut seulement en 1874 que la loi organique du 29 mai la fit revivre.

L'article 3 de cette loi est ainsi conçu :

«L'École des haras du Pin est rétablie;

«Nul ne pourra être nommé officier des haras s'il n'a reçu un diplôme attestant qu'il a satisfait aux examens de sortie de cette école.»

Jusqu'en 1892, l'École des haras fut une école spéciale où, après examen, les élèves entraient directement. Depuis le décret du 20 juillet 1892, les élèves-officiers se recrutent parmi les élèves diplômés de l'Institut agronomique, suivant le mode adopté à l'École polytechnique pour le recrutement des écoles d'application.

Le nombre des élèves-officiers de l'École des haras admis chaque année ne peut être supérieur à trois. Avant d'être définitivement admis à l'École des haras, les élèves diplômés de l'Institut agronomique, qui demandent à y entrer, passent devant la commission chargée de constater leurs aptitudes. L'examen comprend deux parties : 1° examen de l'état physique par une commission composée de deux inspecteurs généraux des haras, dont le plus ancien est président, et d'un médecin militaire désigné par le Ministre de la guerre. Cet examen a lieu à Paris, au Ministère de l'agriculture, dans les premiers jours qui suivent la sortie des élèves de deuxième année de l'Institut agronomique; 2° épreuve pratique d'équitation devant une commission composée d'un inspecteur général des haras, président, et de deux écuyers civils ou militaires désignés par le Ministre.

Depuis 1892, date à laquelle le recrutement de l'École nationale des haras a été modifié, voici le nombre des élèves de l'Institut agronomique qui se sont présentés à l'examen : 1892, 8; 1893, 11; 1894, 13; 1895, 13; 1896, 12; 1897, 12; 1898, 7; 1899, 6.

L'École nationale des haras a pour but de former des fonctionnaires pour l'Administration des haras et d'enseigner l'art hippique aux élèves libres qui désirent suivre les cours de cette école. Les Français et les élèves de nationalité étrangère qui en font la demande au Ministre de l'agriculture, les premiers directement, les seconds par voie diplomatique, peuvent être admis à suivre les cours de l'école, sans examen, en qualité d'élèves libres.

Fig. 178. — École des Haras du Pin. (Vue de la cour Colbert prise du château.)

Les élèves-officiers sont logés et instruits gratuitement; ils reçoivent un traitement annuel de 1,200 francs. Les élèves libres, logés au haras, payent une rétribution scolaire de 1,000 francs par an.

La durée des études est de deux ans.

Le personnel enseignant compte sept professeurs.

Cours professés à l'École des haras. — 1° Science hippique : influences modificatrices des races, géographie hippique, généalogies, modes de reproduction, lois de l'hérédité, modes d'élevage, courses, institutions hippiques de la France;

2° Administration et tenue des établissements; comptabilité et notions de droit administratif;

3° Équitation théorique et pratique; attelage et dressage :

4° Agriculture théorique et pratique. Botanique fourragère; hygiène;

5° Anatomie, physiologie, extérieur du cheval; médecine vétérinaire; ferrure.

L'enseignement comprend, en outre, le dessin et l'anglais.

Il existe encore au Pin une école de palefreniers comprenant :

1° Une section des élèves-palefreniers organisée depuis 1875, en vue d'assurer un bon recrutement de palefreniers de 2e classe et qui comprend 12 élèves;

2° Une section des élèves-brigadiers créée par arrêté du 13 juin 1889 et comprenant 12 palefreniers de 1re et de 2e classes.

Exposition de l'École des Haras.

La Direction, les professeurs et les élèves de l'École nationale des haras avaient exposé, à la Classe 5 :

1° Des études des différentes parties du cheval; 2° des travaux d'architecture, des plans pour la construction des écuries, des vues du haras du Pin.

Les photographies des différents types de chevaux montraient les progrès réalisés dans la race de pur sang anglaise et dans la race des trotteurs de demi-sang anglo-normands au point de vue de la conformation, des aptitudes et des performances. Les portraits des principaux créateurs de ces deux races s'y succédaient avec un choix fait dans leur descendance depuis 1846 pour la race pure et depuis 1858 pour celle de demi-sang jusqu'à la fin du siècle.

Le directeur de l'École, M. du Pontavice de Heussey, avait présenté une intéressante monographie du haras du Pin, publiée dans le *Monde moderne*.

Dans les vitrines de l'exposition se trouvaient des anciens ouvrages d'hippiatrique et d'art équestre, provenant de la bibliothèque des haras : *Hippotomie ou anatomie du cheval; École de cavalerie*; *Le parfait maréchal*, de Garsault.

Considérations générales.

Depuis le décret du 20 juillet 1892, les élèves-officiers de l'École des haras se recrutent parmi les élèves diplômés de l'Institut agronomique, ainsi que nous l'avons exposé précédemment, suivant le mode adopté à l'École polytechnique pour le recrutement de ses écoles d'application. Mais, avant d'être admis à l'école du Pin, les élèves doivent passer un examen devant deux commissions chargées de constater leurs aptitudes : 1° examen de l'état physique des jeunes gens par une commission composée de deux inspecteurs généraux des haras et d'un médecin militaire désigné par le Ministre de la guerre; 2° épreuve pratique d'équitation devant une commission composée d'un inspecteur général des haras, président, et de deux écuyers civils ou militaires.

Pour devenir un bon officier des haras, les connaissances agronomiques ne suffisent pas. Il faut avoir des aptitudes spéciales, aimer le cheval et l'équitation, avoir le sens esthétique, le coup d'œil de l'homme de cheval. Le nouveau mode de recrutement, substitué au recrutement par concours direct, permet d'exiger des jeunes gens, préalablement à leur admission à l'école, la possession des connaissances essentielles qui serviront de bases à leurs études techniques; il élève ainsi le niveau scientifique des élèves-officiers. Plus âgés en général que les anciens élèves du Pin et pourvus d'un acquis scientifique, ils peuvent se livrer immédiatement et avec profit aux études spéciales, approfondir la science hippique, étudier les influences modificatrices des races, les généalogies, les lois de l'hérédité, les modes d'élevage, etc.

Leur instruction technique est complétée par des leçons d'équitation, d'attelage et de dressage. Ils ont encore à étudier l'anatomie, la physiologie, l'extérieur du cheval, la médecine vétérinaire, la ferrure, et à faire l'application de ce qu'ils ont appris à l'Institut en matière d'agriculture, de botanique fourragère, etc. Les connaissances exigées d'un bon administrateur des haras sont fort variées. Il doit être capable, en principe, d'être tout à la fois : fonctionnaire de l'État, éleveur, officier de cavalerie, écuyer, vétérinaire et maréchal.

Fig. 179. — École des Haras du Pin. (Une reprise d'élèves-officiers.)

C'est en cherchant, à faire dans toutes les races les plus beaux chevaux possibles, aptes les uns à devenir des étalons, les autres des chevaux de course, de galop ou de trot, ou des chevaux de luxe que le commerce recherche, qu'on arrive à élever la qualité des chevaux avec lesquels se remonte notre cavalerie.

Le problème de l'amélioration des races chevalines se résume ainsi : amener ces races aux qualités et aptitudes spéciales recherchées par suite des modifications survenues dans les idées et dans les mœurs, les mettre à même de répondre aux exigences nouvelles, aux besoins du moment.

Dès leur arrivée à l'École des haras du Pin, les élèves-officiers se trouvent placés dans un milieu éminemment favorable à leur instruction technique, et il leur faut bien peu de temps pour se familiariser avec leur nouvelle profession, pour leur *entraînement*.

La richesse chevaline de la circonscription du Pin offre un remarquable champ d'études. Le Calvados élève le carrossier de haut luxe et le beau cheval de cuirassiers.

L'Orne possède le cheval à deux fins du Merlerault, élégant et plein d'énergie; dans l'arrondissement de Mortagne, on trouve le percheron, vrai type du cheval de trait à allures rapides. Les départements de l'Eure et de la Seine-Inférieure produisent de bons chevaux d'artillerie, cobs dérivés du norfolk. Partout, à côté de ces races indigènes, l'élevage de la race pure tient une grande place et vient, toutes les fois que l'utilité s'en fait sentir, redonner par des croisements judicieux, aux espèces de demi-sang, cette vitalité et cet influx nerveux dont celles-ci ont besoin pour rester dans la plénitude de leurs moyens.

Les élèves-officiers sont encore bien placés au Pin pour y faire leur éducation sportive. On sait qu'un arrêté du 12 avril 1849 impose aux jeunes chevaux offerts à l'Administration des haras, pour la remonte de ses établissements, des courses d'essai qui ont lieu au trot, les chevaux étant montés ou attelés. C'est par les soins de la Société d'encouragement pour l'amélioration du cheval de demi-sang, fondée à Caen en 1864, que sont courues sur les hippodromes les grandes épreuves imposées aux étalons.

La loi du 29 mai 1874 définit ainsi la mission des haras : «Exercer une action officielle sur l'ensemble de la production chevaline afin de développer l'élevage et d'améliorer les divers types nécessaires aux besoins du pays et plus spécialement ceux recherchés pour la remonte de l'armée».

L'Administration des haras n'agit pas seulement par les importantes allocations qu'elle consacre aux courses de galop et aux courses de trot, aux concours de poulinières et de pouliches de toutes races, aux concours de dressage, mais aussi par les achats d'étalons qu'elle fait chaque année pour renouveler l'effectif de ses dépôts, par les primes aux étalons particuliers qu'elle approuve, et par la surveillance sur tous les étalons livrés à la reproduction. L'influence morale de ses représentants sur les éleveurs est également un facteur important, et c'est ici que les fonctionnaires des haras peuvent utiliser avantageusement leurs relations avec leurs anciens camarades de l'Institut agronomique.

ÉCOLES NATIONALES VÉTÉRINAIRES.

Historique.

La médecine vétérinaire, l'ancienne hippiatrique des Grecs, pratiquée par les Romains dès le commencement de notre ère, avait une réelle importance à l'époque gréco-romaine. La collection des auteurs vétérinaires ou le recueil d'hippiatrique colligé sous le règne de Constantin Porphyrogénète indiquait un état relativement avancé de l'art vétérinaire. Mais, dans l'empire d'Occident, la médecine vétérinaire disparut avec les institutions dues à la civilisation lors de l'invasion des barbares; il en fut de même en Orient, à l'époque de la décadence du Bas-Empire ou empire byzantin.

L'art vétérinaire devint, pendant des siècles, un métier dont l'exercice était abandonné aux maréchaux et aux pasteurs. Dépositaires de recettes empiriques, ces guérisseurs se transmettaient par tradition leur bizarre thérapeutique, à peine modifiée par la traduction et par l'étude des ouvrages des anciens auteurs vétérinaires, puis par les différents traités sur l'hippiatrique ou la grande maréchalerie publiés par des écuyers.

Cette situation dura jusqu'en 1761, date à laquelle un arrêt du Conseil d'État du roi autorisa Claude Bourgelat, directeur de l'Académie d'équitation de Lyon, à fonder dans cette ville une école ayant pour objet *la connaissance et le traitement des maladies des bœufs, chevaux, mulets, moutons, chèvres, porcs, chiens.* Cette école ouvrit ses portes au commencement de l'année 1762; elle attira bientôt de nombreux élèves français et plusieurs étrangers. Ce fut la première de toutes les écoles vétérinaires.

L'occasion de prouver son utilité ne se fit pas attendre. Les élèves de l'école de Lyon envoyés pour combattre les maladies épizootiques dans diverses provinces rendirent partout de grands services. Les résultats obtenus furent si satisfaisants que, dès l'année 1764, Louis XV autorisa l'école de Lyon à prendre le titre d'école royale vétérinaire et ordonna qu'une seconde école serait créée dans les environs de Paris. Le 27 décembre 1765, le Gouvernement acheta dans ce but le château d'Alfort et confia à Bourgelat le soin de l'adapter à sa future destination. La nouvelle école fut prête pour le mois d'octobre 1766, et bientôt le nombre des élèves devint à Alfort moitié plus élevé qu'à l'école de Lyon.

Mais, dans les deux établissements, aucune règle ne présidait au recrutement des élèves et des maîtres, pas plus qu'au fonctionnement des cours. Des jeunes gens de 13 et 14 ans venaient étudier les éléments de l'art vétérinaire à côté d'hommes âgés de plus de 30 ans. La plupart des élèves étaient des fils d'écuyers, de maréchaux ferrants ou de marchands de bestiaux, qui avaient reçu une instruction sommaire. Au début, les professeurs, peu expérimentés, n'étaient payés que 600 livres; leurs cours, rédigés sous forme de cahiers que les élèves étaient contraints d'apprendre par cœur, comprenaient beaucoup d'inutilités, au lieu de s'appliquer à ce que l'économie du bétail offrait d'essentiel, de positif, de rigoureusement démontré.

Les ressources manquaient pour opérer les transformations devenues nécessaires et doter les écoles de nouveaux organes indispensables. Jusqu'en 1782, le budget d'Alfort ne dépassa guère 60,000 livres; pendant les cinq années qui suivirent, il fut plus que doublé, et ne s'en trouva pas moins annuellement en déficit d'une somme égale. Aussi les dépenses dûrent-elles être réduites, de 1787 à 1790, à 42,000 livres. En 1790, le budget de l'école fut même ramené à 28,700 livres.

L'enseignement, donné à Alfort par quatre professeurs, comprenait alors :

1° L'anatomie et les opérations; 2° la matière médicale et la pharmacie; 3° la connaissance extérieure des animaux et l'hygiène; 4° les maladies et la clinique des hôpitaux.

Le nouvel enseignement fonctionna ainsi jusqu'au 29 germinal an III, époque à laquelle la Convention chercha à aider l'enseignement vétérinaire à sortir de ses tâtonnements. Un décret autorisa chaque district à envoyer dans l'une ou l'autre école un élève de 16 à 25 ans offrant les aptitudes nécessaires; le prix de la pension, fixé à 1,200 livres, devait être supporté par l'État. Ce décret attacha à chaque école un directeur et six professeurs, ainsi que six répétiteurs choisis au concours parmi les élèves les mieux préparés, et spécialisa ainsi les chaires :

1° Anatomie de tous les animaux servant à l'agriculture; 2° éducation et maladies des équidés; 3° éducation et maladies des bêtes à cornes; 4° éducation et maladies des bêtes à laine; 5° pharmacie, matière médicale et botanique; 6° forge, ferrure et opérations du pied.

L'expérience ne tarda pas à faire éclater les imperfections de l'organisation de l'an III : insuffisance de l'instruction première des élèves, lourdeur des charges supportées par l'État du fait de la gratuité, répartition défectueuse et insuffisance des matières de l'enseignement, mauvais mode de recrutement des professeurs, insuffisance des ressources. C'est alors qu'intervint le décret impérial du 15 janvier 1813. Ce décret ne changea rien aux conditions d'âge pour l'admission, mais il exigea des candidats une culture intellectuelle supérieure, ainsi que des aptitudes physiques et manuelles négligées auparavant, et assigna une circonscription territoriale à chaque école; il institua l'école d'Alfort de première classe, celle de Lyon de deuxième classe, et décida que les professeurs, au nombre de sept pour Alfort et de quatre pour l'École de Lyon, seraient recrutés au concours.

Le cours de deuxième classe, commun aux deux écoles, était de trois ans et comprenait : 1° la grammaire; 2° l'anatomie et l'extérieur; 3° la botanique, la pharmacie et la matière médicale; 4° la maréchalerie et la forge; la jurisprudence; 5° le traitement des animaux malades.

Le cours de première classe, réservé à l'école d'Alfort, était de deux ans. Il était enseigné aux élèves qui avaient suivi avec succès les cours précédents, et comprenait : 1° l'économie rurale, les haras, l'éducation des animaux domestiques; 3° la zoologie; 3° la physique et la chimie médicales.

Ce décret, bien que perfectionnant l'enseignement, eut pour conséquence, en créant deux classes de vétérinaires, de diminuer le prestige de l'école de Lyon et de faire naître ainsi dans le corps professoral et professionnel des inégalités et des rivalités regrettables. Aussi réclama-t-on le retour à l'égalité entre les écoles et les titres qu'elles décernaient.

Sur ces entrefaites, Charles X, cédant à de nombreuses sollicitations, créa, par ordonnance du 6 juillet 1825, une troisième école à Toulouse afin de doter de l'enseignement vétérinaire la région agricole du Midi.

Le 1er septembre suivant, une nouvelle ordonnance donna satisfaction à la plupart des revendications du corps professionnel en plaçant les trois écoles sur le même pied au point de vue de l'enseignement, du nombre des chaires et des professeurs. Elle fixa à 360 francs le prix de la pension des élèves, créa 120 bourses, décida que la durée des études serait de quatre années et institua le diplôme de vétérinaire. Les matières enseignées furent réparties en cinq chaires pour Alfort et quatre pour les autres écoles. Les répétiteurs furent remplacés par des chefs de service (trois pour Alfort, deux pour les écoles de Lyon et de Toulouse); tout le personnel enseignant fut recruté au concours

Fig. 180. — École vétérinaire d'Alfort. (Vue d'ensemble prise du fort de Charenton.)

parmi des vétérinaires diplômés; enfin, il fut institué des jurys d'examen et de concours composés exclusivement de membres de l'enseignement.

Mais les écoles de Lyon et de Toulouse réclamaient contre l'inégalité dont elles souffraient relativement au nombre des chaires. Toutes sollicitaient le retour au système du concours pour le recrutement du personnel, supprimé par décret du 19 janvier 1861, et demandaient l'amélioration des traitements et l'adjonction d'un Conseil d'administration. C'est sous la pression de ces desiderata qu'intervint le décret du 11 avril 1866. La nouvelle réglementation stipula que les écoles ne recevraient que des élèves internes après un concours subi au siège de chaque école et dont le programme des matières se compléta un peu chaque année; fixa à 450 francs le prix de la pension pour les élèves à leurs frais; rétablit le concours pour le recrutement du personnel enseignant et porta à six le nombre des chaires dans les trois écoles vétérinaires.

Après 1870, on introduisit l'enseignement de l'équitation dans les écoles vétérinaires. Dans ce but, on dota Alfort d'un manège et on ouvrit des crédits aux écoles de Lyon et de Toulouse pour leur permettre d'envoyer des élèves de quatrième année suivre des cours d'équitation.

Sous la troisième République, de nombreuses améliorations furent introduites dans les écoles vétérinaires. Le décret du 19 mai 1873 autorisa les écoles à recevoir des élèves internes, des externes et des auditeurs libres, et dispensa les candidats bacheliers du concours d'entrée, ainsi que les diplômés des écoles nationales d'agriculture. Ce même décret porta le prix de la pension à 600 francs pour les internes, à 200 francs pour les externes et les auditeurs libres, et autorisa l'augmentation du nombre des chefs de service en raison des besoins de l'enseignement.

Un arrêté ministériel du 8 avril 1878 a modifié la répartition des matières de l'enseignement et élevé de six à huit le nombre des chaires afin de spécialiser, dans l'une de ces chaires, la physiologie et la thérapeuthique et, dans l'autre, l'histoire naturelle et la matière médicale.

L'institution des auditeurs libres n'avait pas donné de bons résultats; les concours de chefs de service dénotaient souvent un défaut de préparation technique des candidats, et le personnel réclamait une amélioration des traitements, enfin, il devenait nécessaire de développer et de préciser le programme des concours d'admission, ainsi que de remanier le règlement général et le règlement intérieur des écoles pour les mieux adapter aux changements apportés par le temps. Le décret du 21 octobre 1881 eut pour objet de donner satisfaction à ces desiderata. Il supprima les auditeurs libres, ne changea rien aux conditions de la pension, créa 70 bourses et 140 demi-bourses pour les trois écoles et remplaça les chefs de service par des répétiteurs chefs de travaux ou, à défaut, par des répétiteurs auxiliaires nommés pour trois ans sur la proposition du directeur et après avis conforme du Conseil de l'école. Le même décret institua des cours de littérature et d'allemand.

Par arrêté du 10 novembre suivant, le règlement général et le règlement intérieur subirent les remaniements nécessaires. On donna plus d'importance aux notes du courant de l'année ainsi qu'à celles des épreuves pratiques et théoriques des examens généraux; les matières de l'enseignement furent réparties avec soin entre les quatre années d'études, etc.

Fig. 181. — École vétérinaire de Lyon. (Vue générale.)

L'Administration de l'agriculture voulut rendre l'organisation des écoles vétérinaires comparable à celle des grands établissements d'instruction scientifique supérieure.

Un arrêté ministériel en date du 21 avril 1886 institua un Conseil de perfectionnement des écoles vétérinaires qu'il chargea de l'étude de toutes les améliorations qu'il pourrait être nécessaire d'introduire dans l'enseignement pour le maintenir au courant des progrès de la science et le diriger dans la voie la plus conforme aux intérêts de l'agriculture. Sous l'inspiration de ce conseil, composé des représentants les plus autorisés de la science vétérinaire, le Ministre de l'agriculture a établi des laboratoires pour les expériences et organisé des cours spéciaux pour les études au microscope dont le rôle est si important pour l'inspection des viandes comme dans le diagnostic de certaines maladies.

Le décret du 18 février 1887 a ajouté quelques dispositions essentielles au décret de 1881. Il a admis une nouvelle catégorie d'élèves, les demi-pensionnaires, dont la rétribution scolaire a été fixée à 400 francs, et il a stipulé que les candidats au concours d'admission devraient posséder, à partir de 1890, soit l'un des baccalauréats, soit le diplôme de l'Institut agronomique ou celui de l'une des Écoles nationales d'agriculture; en outre, il a retiré aux directeurs des écoles le droit de proposer les membres du jury pour le concours d'entrée.

L'instruction ministérielle du 19 mars 1890 a modifié d'une manière capitale les conditions du concours d'admission. Celui-ci, qui se compose exclusivement d'épreuves écrites, n'a plus lieu au siège des écoles, mais à la préfecture de chaque département. Tous les candidats doivent être possesseurs de l'un des baccalauréats. Les jeunes gens qui ont obtenu le diplôme délivré par l'Institut agronomique ou les Écoles nationales d'agriculture sont dispensés du concours et admis de droit. Quant à l'attribution des places vacantes, elle est réglée d'après l'ordre de classement des élèves admis, jusqu'à concurrence des 3/7 pour Alfort et des 2/7 pour chacune des écoles de province.

En même temps, l'arrêté du 1er avril 1890 a supprimé les cours de littérature et d'allemand, devenus inutiles du fait des exigences nouvelles du concours d'entrée. Il a fixé d'une façon plus précise la répartition des matières de l'enseignement par chaire et par année d'études, et il a réglementé le nombre et la durée des cours, conférences, travaux pratiques, ainsi que les examens de fin d'année. Les exercices de forge, que ne justifiaient plus les nécessités de l'exercice professionnel, ont été supprimés par arrêté du 16 mars 1893.

Le 21 septembre 1893, un nouveau règlement intérieur, élaboré en Conseil de perfectionnement, a remplacé les peines disciplinaires corporelles (prison, salle de police, consigne) par des réprimandes simples du Directeur, du Conseil d'ordre ou du Conseil des professeurs ou encore par des mesures entraînant, soit le retrait de la bourse, soit la mise à l'externat, soit l'exclusion temporaire ou définitive.

Le 1er février 1893, la Chambre, d'accord avec le Gouvernement, avait voté la création d'une neuvième chaire, affectée à l'enseignement de la pathologie bovine, ovine, porcine et caprine, ainsi qu'à l'obstétrique. Cette chaire, qui a allégé les chaires de pathologie médicale et chirurgicale, fonctionne depuis le 1er janvier 1894.

De plus, le Parlement a voté le 10 février 1898 les crédits nécessaires à l'institution d'une dixième chaire, affectée à l'anatomie pathologique et à l'histologie normale, qui a ouvert ses cours le 15 octobre suivant. Cette création a spécialisé entre les mains d'un professeur distinct l'étude de l'enseignement de sciences qui avaient accompli d'immenses progrès depuis une trentaine d'années; elle a soulagé la chaire de pathologie médicale et rendu plus profitable, plus facile aussi, l'enseignement des maladies contagieuses et de la microbiologie.

Les écoles nationales vétérinaires doivent préparer à leur mission de nombreux agents institués par la législation sur la police sanitaire des animaux : vétérinaires sanitaires, inspecteurs de la salubrité des viandes, inspecteurs des foires et marchés ainsi que des abattoirs, vétérinaires délégués, etc.

Situation actuelle de l'enseignement vétérinaire[1].

Les trois écoles nationales vétérinaires établies, ainsi qu'on l'a vu plus haut, à Alfort, à Lyon et à Toulouse, reçoivent des élèves internes, des élèves demi-pensionnaires et des élèves externes.

Le prix de la pension des élèves internes est de 600 francs pour l'année scolaire. Les élèves demi-pensionnaires et les élèves externes acquittent une rétribution fixée à 400 francs pour les demi-pensionnaires et à 200 francs pour les externes. L'admission dans les écoles vétérinaires a lieu par voie de concours. Les épreuves sont subies au chef-lieu de chaque département. Nul ne peut être admis à concourir s'il n'a préalablement justifié qu'il aura 17 ans au moins et 25 ans au plus au 1er octobre de l'année du concours et s'il n'est possesseur du diplôme de bachelier.

Les jeunes gens diplômés de l'Institut agronomique ou des Écoles nationales d'agriculture sont dispensés du concours et admis de droit.

Les étrangers sont admis au concours sur la présentation des diplômes ou certificats dont l'équivalence avec les diplômes français est reconnue par l'autorité universitaire française.

[1] Un décret pris sur l'initiative de M. Mougeot, Ministre de l'agriculture, le 10 septembre 1903, a apporté quelques nouvelles modifications aux règlements actuellement en vigueur. Nous les résumons ci-dessous.

L'admission dans les écoles vétérinaires a toujours lieu par voie de concours; mais ce concours comprend, en plus des épreuves écrites, des épreuves orales qui portent sur les mathématiques, la physique, la chimie et l'histoire naturelle. Ces épreuves orales sont une garantie supplémentaire pour le classement des candidats.

Les épreuves sont subies aux dates fixées et dans une des villes désignées par le Ministre; il est bon de rappeler qu'elles étaient subies auparavant aux chefs-lieux de chaque département.

Les jeunes gens qui ont obtenu le diplôme délivré soit par l'Institut agronomique, soit par les écoles nationales d'agriculture, sont toujours admis de droit; mais il faut maintenant qu'ils soient en possession d'un des baccalauréats exigés des candidats au concours d'admission.

Les étrangers peuvent être admis sans concours s'ils sont en possession d'un titre établissant qu'ils ont terminé avec succès dans leur pays les études de l'enseignement secondaire. Ils reçoivent s'il y a lieu, à la fin des études vétérinaires, un certificat d'aptitude à la médecine des animaux.

Cette dernière disposition est importante, car ce certificat ne confère au bénéficiaire aucune des prérogatives attachées à la possession du titre de vétérinaire pour l'exercice de la médecine vétérinaire en France.

Une amélioration a été apportée à une catégorie du personnel enseignant : les chefs de travaux de 1re classe qui se recommandent par la durée et la valeur de leurs travaux peuvent recevoir le titre honorifique de «professeur adjoint».

IMPRIMERIE NATIONALE.

Le concours d'admission se compose uniquement d'épreuves écrites.

Il comprend :

1° Une composition française;

2° La solution d'un problème d'arithmétique ou d'algèbre et d'un problème de géométrie;

3° Une composition d'histoire naturelle;

4° Une composition de physique et de chimie.

La durée des études est de quatre années, après lesquelles les élèves qui sont reconnus en état d'exercer la médecine des animaux domestiques reçoivent un diplôme de vétérinaire.

Le personnel enseignant se compose dans chaque école :

D'un directeur professeur;

De neuf professeurs;

De dix répétiteurs;

D'un chef d'atelier des forges, adjoint au professeur de pathologie chirurgicale pour l'enseignement pratique de la ferrure;

D'un chef jardinier qui a la direction du jardin botanique et aide le professeur d'histoire naturelle dans quelques exercices pratiques de son enseignement.

Sont, en outre, attachés à chaque école :

Un secrétaire de la direction;

Un régisseur agent comptable chargé de la comptabilité en deniers et en matières; il fait, sous l'autorité du directeur, toutes les recettes et dépenses de l'établissement;

Deux commis à Alfort, un commis à Lyon et à Toulouse secondant le régisseur dans la tenue de ses écritures;

Un économe garde-magasin spécialement chargé de tout ce qui concerne la nourriture des élèves et la conservation des objets mobiliers appartenant soit aux élèves, soit au service général;

Une maîtresse lingère, préposée à l'entretien du linge.

Le service de la surveillance est assuré à Alfort par un surveillant en chef et quatre surveillants; à Lyon et à Toulouse, par un surveillant en chef et deux surveillants.

Un palefrenier brigadier et un certain nombre de palefreniers, garçons de laboratoires, portiers et hommes de peine, sont attachés à chaque école.

Les peines disciplinaires corporelles qui étaient infligées aux élèves (prison, salle de police, consigne) ont été supprimées par un règlement du 21 septembre 1893 et remplacées par les mesures suivantes :

La réprimande;

Le retrait des bourses ou fractions de bourse;

La mise à l'externat;

L'exclusion temporaire ou définitive.

Fig. 182. — École vétérinaire de Toulouse. (Façade principale.)

Enseignement. — Les matières de l'enseignement sont réparties ainsi qu'il suit entre les dix chaires :

1re chaire : anatomie descriptive, extérieur descriptif, tératologie; *2e chaire :* physiologie, thérapeutique générale; *3e chaire :* physique et météorologie, chimie minérale, chimie organique et biologie, applications toxicologiques, principes de toxicologie, pharmacie; *4e chaire :* pathologie des maladies contagieuses, police sanitaire, clinique spéciale de police sanitaire, jurisprudence et médecine légale, inspection des viandes de boucherie; *5e chaire* : pathologie générale, pathologie médicale, clinique générale; *6e chaire :* manuel opératoire, ferrure, pathologie chirurgicale, clinique générale; *7e chaire :* botanique, zoologie, géologie, matière médicale; *8e chaire :* hygiène générale, zootechnie; *9e chaire :* pathologie bovine spéciale, obstétrique, maladies parasitaires; *10e chaire :* anatomie pathologique générale et histologie, autopsies.

Les matières de l'enseignement sont réparties entre les quatre années d'étude de la manière suivante :

Première année : anatomie descriptive, première partie (appareils de la locomotion et de la digestion); extérieur descriptif basé sur la connaissance de l'appareil locomoteur, qui détermine le volume et la forme de l'animal, avec le complément de l'étude de l'âge, des robes et des signalements; physique et météorologie; chimie minérale, principes de toxicologie; botanique, y compris la mycologie appliquée; géologie. — *Deuxième année :* anatomie descriptive (deuxième et dernière partie); anatomie générale et histologie; embryologie et tératologie; physiologie, y compris la physiologie des mouvements; chimie organique et biologique; applications toxicologiques; zoologie; botanique pratique (herborisations). — *Troisième année :* thérapeutique générale; pathologie générale; anatomie pathologique générale; autopsies, pathologie médicale et chirurgicale (1re partie); anatomie topographique, manuel opératoire et ferrure; pharmacie et matière médicale; extérieur pratique; clinique générale; hygiène générale. — *Quatrième année :* pathologie des maladies contagieuses et police sanitaire; clinique spéciale pour la police sanitaire; inspection des viandes de boucherie; jurisprudence et médecine légale; pathologie médicale et chirurgicale (2e partie); obstétrique; clinique générale; manuel opératoire pratique; zootechnie théorique et pratique, y compris la connaissance du cheval.

L'enseignement de la chaire est complété par de nombreuses démonstrations et exercices pratiques : examen de pièces préparées ou de moulages coloriés, exercices de dissection, visites dans les concours, les expositions, les abattoirs, les grandes écuries, ainsi que dans la ferme annexée à chaque école pour servir à l'enseignement pratique de la zootechnie. Les élèves sont initiés à l'examen des animaux malades présentés chaque jour à la clinique de l'école ou laissés en traitement dans les hôpitaux; ils sont également exercés à la pratique des opérations de pansement et à l'administration des médicaments. Enfin l'équitation est enseignée aux élèves.

Des tableaux se rapportant à chacune des divisions d'élèves et indiquant l'emploi journalier du temps sont dressés, chaque année, par le Conseil de l'école. Ils sont divisés par semestre et mentionnent les jours et heures des leçons, exercices pratiques, répétitions, examens et compositions. Ils sont établis, ainsi que le programme des cours rédigés par chaque professeur, conformément aux tableaux ci-après.

Les leçons ont une durée d'une heure un quart au moins et d'une heure et demie au plus.

TABLEAU DE L'EMPLOI DU TEMPS

DANS LES TROIS ÉCOLES VÉTÉRINAIRES, ALFORT, LYON, TOULOUSE.

NOMENCLATURE DES CHAIRES ET MATIÈRES DE L'ENSEIGNEMENT DANS CHACUNE D'ELLES.	NOMBRE des LEÇONS.	NOMBRE des CONFÉRENCES.	ANNÉES D'ÉTUDES auxquelles s'appliquent LES LEÇONS et les conférences.	EXERCICES PRATIQUES. NATURE.	EXERCICES PRATIQUES. NOMBRE.	ANNÉES D'ÉTUDES auxquelles s'appliquent les EXERCICES pratiques.
CHAIRE N° 1.						
[A]natomie... Appareil.. de la locomotion. de la digestion..	30	5	1re année.	Étude des pièces préparées. — Dissections.	De novembre à avril, une semaine sur deux par élève.	1re année.
[A]natomie... Appareil.. de la dépuration urinaire. de la respiration. de la circulation. de l'innervation. de la génération. Le fœtus et ses annexes.	30	5	2e année.	Étude des pièces préparées.	10	2e année.
				Dissections.	De novembre à avril, une semaine sur deux par élève.	
[Té]ratologie.	6	//	....	Étude des pièces préparées.	2	
[Ex]térieur descriptif du cheval.	18	12	....	Étude de l'âge.	20	1re année.
				Examen de sujets vivants sous le rapport de l'âge, des robes et des signalements.	20	
CHAIRE N° 2.						
[Ph]ysiologie.	64	10	2e année.	Démonstrations et expériences diverses faites devant les élèves.	Une fois par semaine, 6 élèves chaque fois.	2e année.
[Th]érapeutique générale.	32	5	3e année.	Démonstrations pratiques des effets pharmaco-dynamiques faites devant les élèves.	Une fois par semaine, 6 élèves chaque fois.	3e année.
CHAIRE N° 3.						
[Ph]ysique et météorologie.	30	//	1re année.	....	....	1re année.
[Ch]imie..... Métalloïdes. Métaux.	32	//				
[Ch]imie..... Analyse minérale.	32	5		Manipulations.	3 séances de 2 heures pour chaque élève.	
[Ch]imie..... Chimie organique.		13	2e année.	Analyse minérale et organique (pureté des médicaments, analyse chimique).	5 séances de 2 heures pour chaque élève.	2e année.
[Ph]armacie.	6	10	3e année.	Préparations pharmaceutiques. Pureté des médicaments. — Analyse chimique.	3 séances de 2 heures pour chaque élève.	3e année.

NOMENCLATURE DES CHAIRES ET MATIÈRES DE L'ENSEIGNEMENT DANS CHACUNE D'ELLES.	NOMBRE des LEÇONS.	NOMBRE des CONFÉRENCES.	ANNÉES D'ÉTUDES auxquelles s'appliquent LES LEÇONS et les conférences.	EXERCICES PRATIQUES. NATURE.	EXERCICES PRATIQUES. NOMBRE.	ANNÉES D'ÉTUDES auxquelles s'appliquent les EXERCICES pratiques.
CHAIRE N° 4.						
Pathologie des maladies contagieuses	60	4	4ᵉ année.	Exercices pratiques de technique bactériologique	De 16 à 20, suivant le nombre des élèves.	4ᵉ année.
Police sanitaire		6		Démonstrations cliniques, nécropsiques, de diagnostic expérimental et de bactériologie	Suivant les occasions, de 20 à 30	
Inspection des viandes de boucherie	10	20		Inspection des viandes de boucherie	20, précédés ou suivis chacun d'une conférence démonstrative.	
Jurisprudence et législation commerciale. Médecine légale	26	6		Rédaction de procès-verbaux et rapports de jurisprudence, médecine légale et police sanitaire	8	
CHAIRE N° 5.						
Pathologie médicale. Maladies de l'appareil digestif; de l'appareil urinaire; de l'appareil génital; de l'appareil respiratoire	40	6	3ᵉ et 4ᵉ années.	Clinique médico-chirurgicale	Toute l'année, 6 jours par semaine	3ᵉ et 4ᵉ années.
				Consultation	Toute l'année, 3 jours par semaine	
Pathologie médicale. Maladies de l'appareil circulatoire; du système nerveux; générales et infectieuses; de la peau	40	6		Opérations	Toute l'année, 3 jours par semaine	
Pathologie générale	30	5	3ᵉ année.	.....	.....	3ᵉ année.
CHAIRE N° 6.						
Pathologie chirurgicale. Pathologie chirurgicale générale; Maladies des tissus; Maladies des régions	80		3ᵉ et 4ᵉ années.	Clinique	Toute l'année, 6 jours par semaine	3ᵉ et 4ᵉ année.
				Consultation	Toute l'année, 3 jours par semaine	
Manuel opératoire	30	20	3ᵉ année.	Opérations chirurgicales. Opérations sur les pieds morts	12	3ᵉ année.
Ferrure	15	6		Ferrure de pieds morts	12	

NOMENCLATURE DES CHAIRES ET MATIÈRES DE L'ENSEIGNEMENT DANS CHACUNE D'ELLES.	NOMBRE des LEÇONS.	NOMBRE des CONFÉRENCES.	ANNÉES D'ÉTUDES auxquelles s'appliquent LES LEÇONS et les conférences.	EXERCICES PRATIQUES. NATURE.	EXERCICES PRATIQUES. NOMBRE.	ANNÉES D'ÉTUDES auxquelles s'appliquent les EXERCICES pratiques.
			CHAIRE N° 7.			
ologie	5	//	1re année.	Études au microscope	D'avril à juillet, une fois par semaine	1re année.
anique	45	5		Étude des plantes vivantes au jardin	D'avril à juillet, tous les jours	
	//	//		Herborisations	Juin, deux fois	
ologie	40	5	2e année.	Étude et préparation des parasites	De novembre à avril, une fois par semaine.	2e année.
				Jardin botanique	D'avril à juillet, tous les jours	
				Herborisations	Juin, deux fois	
ière médicale	10	//	3e année.	Étude des médicaments	De novembre à avril, une fois par semaine.	3e année.
			CHAIRE N° 8.			
ygiène nérale. — Théorie des agents (circumfusa, ingesta, secreta, genitalia). Leçons de choses sur les agents	25	10	3e année.	Bromatologie	30	3e année.
				Hippologie	30	
				Bétail	30	
echnie. — Ethnologie des animaux	71	20	4e année.		2 par semaine toute l'année	4e année.
			CHAIRE N° 9.			
thologie bovine éciale. — Maladies de l'appareil locomoteur (système osseux et articulaire, système musculaire). Maladies de l'appareil respiratoire, circulatoire, génito-urinaire et ses annexes. Maladies des séreuses, de la peau, du système nerveux	34	1 (1)		Opérations courantes de castration (porcelets, truies, béliers, etc.)		
				Opérations sur l'espèce bovine	Le lundi, l'après midi, 16 à 20 séances	4e année.
adies parasitaire	16					
ologie spéciale des espèces ovine, canine et porcine	5			Technique des méthodes cliniques d'exploration des bêtes bovines	Une séance par semaine l'un des jours de clinique	3e année.
étrique vétérinaire	35					
			CHAIRE N° 10.			
atomie ologique — générale	15	1 (2)	3e année.	Autopsies	8, tous les jours, l'été.	3e année.
atomie ologique — spéciale	41	10 (3)		Histologie pathologique	20, deux fois par semaine, l'été	
stologie et ryologie. — Histologie générale et histogénèse	22	20 (4)	2e année.	Histologie normale et embryologie	20, deux fois par semaine, l'été	2e année.
stologie et ryologie. — Organogénèse et anatomie microscopique	12					

Une conférence clinique toutes les semaines aux élèves des 3e et 4e années. — (2) Présentation de pièces recueillies dans les autopsies, une par semaine l'année. — (3) Technique des autopsies, 10, l'hiver. — (4) Technique histologique et travaux microscopiques, 20, l'été.

Examens particuliers et examens généraux. — Dans le courant de l'année, les élèves sont soumis à des interrogations régulières (examens particuliers). Ils font, en outre, chaque semestre, une composition sur chacun des cours professés. Tous les élèves subissent un examen particulier sur chaque série de 10 leçons du même cours. L'examen dure pour chaque élève dix minutes au moins et quinze minutes au plus; deux questions au moins, trois au plus lui sont faites. Pour passer à une division supérieure ou pour obtenir le diplôme de vétérinaire, les élèves sont tenus de subir un examen de fin d'année consistant en épreuves orales et épreuves pratiques (examens généraux).

Classement. — Les notes données aux élèves à la suite de chacun des examens particuliers et généraux qu'ils subissent sont consignées sur des cahiers spéciaux pour chaque cours.

A la fin de l'année scolaire, il est établi un classement général résultant des notes obtenues dans les diverses épreuves.

Le classement de fin d'année s'établit de la manière suivante :

Les notes du courant de l'année (notes des examens particuliers et des compositions) sont converties en une moyenne qui entre dans le calcul général des points avec le coefficient 2;

Les notes données par les professeurs aux examens généraux sont transformées également en une moyenne qui est multipliée par le coefficient 5 pour les épreuves orales et par le coefficient 3 pour les épreuves pratiques:

La somme de ces trois produits divisée par 10 donne la moyenne d'ensemble qui est la note de classement. Toutefois, à partir de la seconde année, cette note de classement est obtenue par la combinaison de la moyenne générale de l'année avec la note de classement de l'année précédente. La moyenne de l'année entre pour 8/10, et la note de classement de l'année précédente pour 2/10.

La notation adoptée par les écoles vétérinaires pour tous les examens est la suivante :

0	Nul.	12, 13, 14	Assez bien.
1, 2	Très mal.	15, 16, 17	Bien.
3, 4, 5	Mal.	18, 19	Très bien.
6, 7, 8	Médiocre.	20	Parfait.
9, 10, 11	Passable.		

La note minima nécessaire pour passer à une division supérieure ou pour obtenir le diplôme de vétérinaire est fixée à 9 (premier degré du passable).

Nul ne peut passer à une division supérieure ou obtenir le diplôme, si la moyenne de ses notes sur les matières d'une chaire est inférieure à 5.

Tout élève qui, à la fin de l'année, ne satisfait pas aux épreuves des examens est rayé des contrôles. Le Ministre de l'agriculture, sur la proposition du conseil de l'École, peut accorder aux élèves trop faibles pour passer dans la division supérieure la faculté de recommencer les cours de l'année écoulée; mais cette faculté ne peut s'exercer qu'une fois pendant toute la période réglementaire des études.

Budget des écoles vétérinaires. — Les dépenses des écoles vétérinaires se sont élevées pour l'année 1899 à 1,084,773 francs se décomposant ainsi :

DÉSIGNATION.		PERSONNEL.	MATÉRIEL.	HÔPITAUX et CLINIQUE.
Écoles	d'Alfort	188,525f 79c	218,238f 18c	38,000f 00c
	de Lyon	147,335 04	150,081 40	21,175 36
	de Toulouse	146,979 62	153,508 38	21,929 49
TOTAUX		481,840 45	521,827 96	81,104 85
		1,084,773f 26c		

Effectif des élèves. — A la rentrée d'octobre 1900, l'effectif s'élevait à 635 élèves répartis ainsi qu'il suit :

DÉSIGNATION.	INTERNES.	DEMI-PENSIONNAIRES.	EXTERNES.	TOTAL.
Alfort	271	9	15	295
Lyon	169	9	2	180
Toulouse	138	12	10	160
TOTAUX	578	30	27	635

Élèves diplômés en 1900. — A la suite des examens généraux du mois de juillet 1900, 137 élèves ont obtenu le diplôme de vétérinaire : 62 à l'école d'Alfort, 35 à l'école de Lyon et 40 à l'école de Toulouse.

Hôpitaux et clinique. — Des consultations publiques, auxquelles prennent part les élèves des 3e et 4e années, sont données gratuitement tous les matins dans les Écoles vétérinaires.

En outre, ces établissements reçoivent en pension des animaux malades moyennant une rétribution journalière destinée à payer tous les frais de nourriture et de médicaments, et qui est fixée ainsi qu'il suit :

ALFORT.

Chevaux	3f 00c	Chiens	1f 00c
Ânes	1 25	Chats	0 30

LYON.

Chevaux et gros mulets	3f 00c	Chiens malades	0f 75c
Chevaux corses, poulains et petits mulets	2 00	Chiens suspects en observation	0 50
Anes	1 00	Chats	0 30

TOULOUSE.

Chevaux	2f 25c	Ânes	0f 75c
Mulets	2 00	Chiens	0 75

Afin d'assurer aux écoles vétérinaires les sujets nécessaires à l'instruction des élèves, les animaux des espèce bovine, ovine, porcine et caprine sont traités gratuitement dans les hôpitaux.

Les tableaux ci-dessous indiquent l'importance des éléments d'instruction que les élèves trouvent, sous ce rapport, dans les écoles.

RELEVÉ DES DIFFÉRENTES ESPÈCES D'ANIMAUX PRÉSENTÉS À LA CONSULTATION ET LAISSÉS EN TRAITEMENT DANS LES HÔPITAUX DES ÉCOLES VÉTÉRINAIRES PENDANT L'ANNÉE SCOLAIRE 1899-1900.

ESPÈCES D'ANIMAUX.	NOMBRE D'ANIMAUX					
	LAISSÉS EN TRAITEMENT.			PRÉSENTÉS À LA CONSULTATION.		
	ALFORT.	LYON.	TOULOUSE.	ALFORT.	LYON.	TOULOUSE.
Chevaux	1,025	991	604	9,365	2,983	5,270
Mulets	"	5	44	8	24	208
Ânes	7	22	16	127	49	270
Bœufs et vaches	1	61	58	6	51	84
Chèvres	"	13	7	58	28	13
Moutons	"	16	8	15	34	31
Porcs	"	47	4	63	259	5
Chiens	848	433	660	6,557	1,677	4,052
Chats	47	61	57	493	552	413
Divers	1	"	9	236	47	128
Totaux	1,929	1,649	1,467	16,868	5,704	10,474

ÉCOLE D'ALFORT.

(Grand prix.)

Le Gouvernement acheta en 1765 au baron de Bormes le château d'Alfort, moyennant 30,000 livres comptant et 2,000 livres de rente foncière. Bourgelat fut chargé d'adapter le château à sa nouvelle destination. L'établissement comprenait, quelques années plus tard : une chapelle, une salle d'études, un cabinet d'anatomie ou de collections, une salle des concours, sorte de vaste amphithéâtre, une pharmacie, des hôpitaux constitués par des écuries, des forges, un jardin botanique et une pompe à vent construite sur les plans du professeur Goiffon. Indépendamment des élèves civils, des élèves militaires furent désignés, en 1769, par le Ministre de la guerre, pour suivre les cours d'Alfort. Ces élèves, logés dans des casernes à Charenton, puis à Saint-Maurice, étaient placés sous les ordres d'un officier. Ils devaient s'engager à servir, après leurs quatre années d'études, pendant au moins huit ans dans l'armée.

Aujourd'hui, il ne reste plus rien du château d'Alfort dans lequel l'École avait été installée à son origine et dont la disparition progressive semble avoir commencé dans les dernières années du XVIIIe siècle. On démolit successivement les plus vieux bâtiments

Fig. 183. — École vétérinaire d'Alfort. (Vue extérieure.)

du château qui tombaient en ruine et on reconstruisit de nouveaux locaux mieux adaptés aux besoins de l'enseignement (bâtiments de l'administration, amphithéâtre de démonstration, cabinet de dissection, salles et laboratoires de chimie, de pharmacie et de physique). De 1824 à 1830, on construisit le bâtiment actuel des élèves, l'aile est des hôpitaux et le chenil.

Le 18 juillet 1838, la Chambre des députés vota un crédit de 656,000 francs pour la réédification de l'École. On construisit successivement l'aile ouest des hôpitaux avec l'amphithéâtre de clinique et les boxes semi-circulaires, le bâtiment des forges, le bâtiment des professeurs, un magasin à fourrages, de nouveaux cabinets de dissection (service de physique et de chimie actuel), enfin un nouveau service de physique, chimie et pharmacie dont la plupart des parties existent encore. En 1872, on dota Alfort d'un manège et, quelques années plus tard, vers 1875, on créa une porcherie modèle et on annexa à l'École les bâtiments et les terrains de la ferme de la Faisanderie, près la redoute de Gravelle, pour y transporter le troupeau de moutons.

A partir de 1881, de nouvelles réformes et améliorations matérielles importantes se succédèrent à peu d'intervalle.

Le Parlement accorda à Alfort pour 1,800,000 francs de travaux affectés à la construction de nouveaux laboratoires et à l'adaptation d'anciens bâtiments à des destinations différentes.

Derrière l'hémicycle des hôpitaux, à la place de l'ancien jardin botanique, on créa, de 1878 à 1882, un bâtiment considérable comprenant :

1° Au rez-de-chaussée : le service d'anatomie actuel, un amphithéâtre demi-circulaire, disposé pour les projections lumineuses, le service de pathologie médicale, celui de zootechnie, celui de physiologie, avec un amphithéâtre carré, et celui d'histoire naturelle;

2° Au 1er étage : la bibliothèque actuelle, un laboratoire d'histologie et le musée d'anatomie, ainsi que de vastes locaux pour l'installation d'un nouveau musée général.

En même temps, on aménagea l'ancien service d'anatomie en laboratoires affectés à la chaire de physique, chimie et pharmacie; on construisit un lazaret spacieux pour la chaire des maladies contagieuses, ainsi qu'une usine de chauffage à la vapeur et une serre.

Les 9e et 10e chaires, nouvellement créées, laissaient encore à désirer sous le rapport de l'installation matérielle; privées de locaux et de l'outillage indispensable, elles n'étaient point en mesure de donner aux élèves l'enseignement pratique qui leur était confié.

Cette lacune vient d'être comblée. Le Parlement a voté, en effet, au commencement de l'année 1900, 300,000 francs de crédits complémentaires destinés, jusqu'à concurrence de 200,000 francs, à la construction des laboratoires des nouveaux services, et de 100,000 francs à l'ameublement du musée, dont les locaux édifiés depuis 1882 n'avaient pas encore été utilisés.

L'école d'Alfort se trouve actuellement installée dans d'excellentes conditions. On a pu s'en rendre compte sur le plan horizontal de l'école qui figurait à l'Exposition et par le plan à vol d'oiseau qui en donnait l'aspect général. Le plan du château d'Alfort en 1765, qui était exposé, permettait de faire la différence des installations.

Fig. 184. — École vétérinaire d'Alfort. (Cour d'honneur.)

La Direction d'Alfort avait aussi envoyé à la Classe 5 une collection des anciens ouvrages sur l'art vétérinaire de Ruellius, Russius, Massé, de Garsault, parus en 1530, 1531, 1563, 1570, ainsi que les travaux de Bourgelat : l'Art vétérinaire (1767); Anatomie, Extérieur, Essai sur les bandages (1770). Le régisseur de l'école, M. Viet, a obtenu une médaille d'argent pour sa participation à l'organisation de l'exposition de l'école.

Exposition des chaires.

Chaire d'anatomie descriptive, extérieur du cheval, tératologie. (M. Barrier, directeur de l'école, professeur. — Médaille d'argent : M. Lecaplain, répétiteur.) — Les matières essentielles de la chaire d'anatomie et extérieur sont enseignées depuis la fondation des écoles vétérinaires. On y a ajouté ou retranché successivement les opérations chirurgicales, la botanique, la zoologie, la physiologie, l'histologie et l'embryologie. Ce n'est qu'en 1878, puis en 1898, lors de la création des chaires de physiologie, d'histoire naturelle et d'histologie que la première chaire est parvenue à sa spécialisation actuelle. Le professeur est M. Gustave Barrier, directeur de l'école d'Alfort, assisté de M. Lecaplain, répétiteur.

Le professeur s'attache à montrer aux élèves tout ce qu'il décrit, élaguant de son cours les théories pour mettre les faits seuls en relief, avec l'importance relative qui résultera plus tard de leur application.

Les caractères différentiels des os dans la série domestique sont professés à propos de chaque os en particulier, le cheval étant pris comme terme de comparaison. Pendant la leçon, l'élève a entre les mains la pièce qui lui est décrite. Pour éviter des redites quand il s'agit de l'arthrologie, le professeur insiste, d'une façon spéciale, sur la disposition des surfaces articulaires, en vue d'expliquer les mouvements qu'elles permettent. Les champs d'insertion des muscles sont exactement dessinés sur les os et peints en couleurs différentes pour les rendre plus apparents; des pièces analogues sont encore remises aux élèves pour leur faciliter l'étude de la composition squelettique de la tête dans les diverses espèces. Dès qu'un détail important devient trop petit pour être bien saisi sur la pièce par l'auditoire entier, il donne lieu à un dessin que le professeur reproduit par la photographie et qu'il montre à son cours, avec l'amplification nécessaire, au moyen de projections lumineuses.

Fig. 185. — École vétérinaire d'Alfort. (Amphithéâtre d'anatomie.)

En arthrologie, les différences essentielles sont signalées à propos de chaque articulation. Quant aux rapports des muscles avec les articulations, ils ne sont qu'indiqués dans cette partie du cours, le professeur y revient en détail quand il traite des muscles. Ici encore chaque élève, pendant la leçon, a entre les mains les pièces d'arthrologie desséchées dont la description lui est faite.

Pour les démonstrations de myologie, il est toujours fait usage de pièces fraîches ou desséchées, de moulages, de dessins, de schémas ou de projections.

Les viscères des appareils digestif, respiratoire, circulatoire, urinaire et génital, sont professés à l'aide de pièces fraîches ou desséchées, de moulages, de dessins, de projections et de schémas nombreux. Il en est de même des organes centraux du système nerveux, ainsi que des vaisseaux et des nerfs.

Procédés de démonstration relatifs au cours d'extérieur. — Le professeur se livre à l'examen analytique et synthétique de la conformation du cheval au point de vue des aptitudes mécaniques et fonctionnelles que cette conformation révèle; en un mot, il fait surtout de l'hippo-mécanique, signalant, en passant, les maladies, tares, manœuvres frauduleuses, vices d'aplomb qui peuvent altérer la forme ou les conditions statiques normales et dont l'étude ressortit aux chaires de clinique, de physiologie et de zootechnie. Le cours qui se fait pendant le semestre d'été comprend, en outre, la description des robes, la confection du signalement, l'anatomie des dents et l'indication des caractères de l'âge du cheval; on saisit l'occasion pour professer à ce moment l'âge des ruminants, du porc et des carnassiers.

Fig. 186. — École vétérinaire d'Alfort. (Une salle de dissection.)

Toute l'hippo-mécanique est démontrée sur un sujet vivant qu'un élève maintient ou déplace suivant les besoins de la leçon. Non seulement le professeur fait voir la forme, l'étendue, les caractères de la région décrite, mais il se livre encore à toutes les explorations et mensurations auxquelles elle se prête; à la fin de chaque séance, il se sert des projections lumineuses pour montrer des types de conformation variée qu'il a pu recueillir au moyen de la photographie. Son expérience personnelle en matière d'équitation, d'attelage et de dressage, lui est d'un grand secours, et il estime qu'il convient de recommander à ceux qui sont chargés de cet enseignement d'acquérir eux-mêmes la pratique de l'art équestre.

L'anatomie des dents et l'étude des caractères de l'âge se font surtout à l'aide des projections, qui permettent à l'auditoire entier de constater, sur des images de 1 mètre, des détails qui resteraient inaperçus sur la seule présentation de la pièce naturelle.

Procédés de démonstration relatifs au cours de tératologie. — Cet enseignement ne comporte que des notions générales de tératogénie et de classification, concernant les anomalies, les monstres unitaires et les monstres doubles. Les principaux types tératologiques sont montrés au moyen de dessins ou de moulages.

L'*enseignement pratique* de la chaire se compose d'exercices variés et nombreux se rapportant : 1° à l'anatomie descriptive; 2° à l'extérieur, à l'étude de l'âge et à la confection des signalements.

1° Anatomie descriptive. — Les élèves de 1re année, dès l'ouverture du cours, sont appelés tous les jours pendant le 1er semestre, par sections de 20 environ, à venir étudier les pièces d'ostéologie mises à leur disposition dans une salle spéciale. Ceux de 2e année, divisés de la même façon, se livrent à leur tour à l'étude des moulages ou des pièces desséchées qui se réfèrent à la splanchnologie. Mais les travaux pratiques les plus importants ont trait aux dissections. Celles-ci ont lieu, pour les deux années, pendant toute la durée du 1er semestre, de 8 heures à 11 heures du matin et de midi à 4 heures du soir. Chaque exercice dure huit jours consécutifs pour chaque élève et porte sur la moitié de l'une ou de l'autre année alternativement. Chaque section dispose d'un sujet entier, divisé en six fragments, tête et encolure, tronc et les quatre membres, à chacun desquels sont affectés deux élèves; ceux-ci changent de préparation au tour suivant et connaissent à l'avance les dissections successives qu'ils auront à faire pendant le semestre.

Les exercices de dissection sont de première nécessité pour les élèves. Ils ne leur montrent pas seulement la situation, les rapports, les caractères des organes, des vaisseaux et des nerfs, mais ils les initient en outre à l'usage des instruments et leur permettent d'acquérir peu à peu la dextérité chirurgicale dont ils auront besoin plus tard.

2° Extérieur, âge et signalements. — Les travaux pratiques d'extérieur ont lieu pendant le second semestre, pour la première année seulement. Tous les chevaux offrant, par leur robe, leur conformation ou leur âge, un intérêt quelconque sont présentés chaque semaine aux élèves, qui, à tour de rôle, sont appelés à les aborder, les explorer, les signaler et les apprécier. Une collection de mâchoires les initie, d'autre part, à la connaissance des caractères de l'âge.

Frais du cours. — La somme mise à la disposition du professeur est de 6,000 francs, dont l'emploi se répartit ainsi qu'il suit :

Frais de cours et de laboratoire	1,000 francs.
Frais afférents aux travaux pratiques des élèves	5,000

Objets et travaux exposés. — *Recherches et publications du personnel enseignant.* — Le professeur avait exposé :

Son traité classique de l'extérieur du cheval.

Un manuel pratique de dissection, à l'usage des élèves.

Des travaux divers publiés notamment dans le *Recueil de médecine vétérinaire* ou dans le *Bulletin de la Société centrale* dont il est l'un des anciens présidents.

A noter plus particulièrement :

Étude sur l'enseignement extérieur dans les écoles vétérinaires; enregistreur des allures du cheval par l'électricité; les déplacements de l'encolure pendant la locomotion; le pas et le trot d'un cheval bossu: rôle habituel de l'ilio-spinal chez les grands quadrupèdes; la pathogénie des périostoses articulaires du cheval; l'anatomie pathologique, le siège et le mécanisme de la nerf-férure; les réformes de l'enseignement vétérinaire en France; le régime de l'externat dans les écoles vétérinaires; la réforme du service d'inspection vétérinaire du département de la Seine; la réorganisation du service d'inspection des établissements classés de la Seine (mémoires avec statistiques et cartes dont les conclusions ont provoqué la nouvelle organisation de ce service par le Conseil général); conditions générales à prescrire pour l'établissement des vacheries et des porcheries dans la Seine (ces conditions ont été adoptées par le Conseil d'hygiène et la Préfecture de police).

Objets et travaux exécutés en vue de l'enseignement exclusivement. — La chaire a exposé de nombreux spécimens de dessins, de moulages et de pièces, spécialement destinés à l'instruction des élèves. On y relève surtout des spécimens d'os représentant les champs d'insertion des muscles; une collection de têtes peintes montrant l'étendue variable des os du crâne et de la face dans chaque espèce domestique; un écorché du cheval (moulage de grandeur naturelle), le moulage des muscles des membres du cheval; des moulages reproduisant le cœur et les gros vaisseaux de toutes les espèces domestiques; des moulages reproduisant l'anatomie du larynx du cheval; des moulages relatifs aux organes post-diaphragmatiques du cheval, du bœuf, du porc et des carnassiers; des moulages de la masse intestinale du porc, du bouc, ainsi que diverses parties de l'intestin du cheval et des rongeurs; des spécimens de dessins originaux d'anatomie exécutés d'après nature pour servir aux projections lumineuses; une collection de pièces desséchées représentant toutes les tares articulaires du cheval; des spécimens d'articulations normales du cheval; un moulage représentant les vaisseaux et les nerfs du bassin du cheval.

La collection des moulages coloriés est très importante; le professeur se sert beaucoup de ces pièces dans son enseignement. Il préfère les moulages coloriés aux pièces naturelles, car ils se conservent plus longtemps, sont plus maniables et permettent la dissection de la pièce naturelle une fois le moulage effectué. Ces moulages sont confectionnés par le garçon de laboratoire sur les indications de M. Barrier. Ils sont remarquablement bien faits et font honneur au professeur et à l'exécutant. Cette façon de procéder très économique a permis à M. Barrier de constituer une collection des plus importantes de moulages de toutes sortes. M. Barrier, en raison de son enseignement remarquable et de ses travaux, avait été noté par le Jury de classe pour une médaille d'or, mais le Jury supérieur n'a pas maintenu cette récompense afin de ne pas déroger

IMPRIMERIE NATIONALE.

au principe établi que le directeur d'une école ne peut recevoir une récompense en même temps que l'établissement qu'il dirige.

Chaire de physiologie et thérapeutique générale. (Médaille d'or : M. Kaufmann, professeur.) — Le professeur, M. Kaufmann, est assisté de M. Lesage, répétiteur.

Cette chaire a été fondée en 1878, les matières qui la composent étaient enseignées autrefois par les chaires d'anatomie et de pathologie.

L'enseignement magistral s'adresse aux 2e et 3e années et comporte 90 leçons annuelles.

Le professeur fait usage de tableaux, dessins, graphiques, appareils variés, projections, etc. Les animaux dont il se sert pour ses démonstrations sont la grenouille, la couleuvre, la tortue, la carpe, le rat, le cobaye, le lapin, le chat, le chien, le cheval, le bœuf, le mouton et la chèvre.

Fig. 187. — École vétérinaire d'Alfort. (Une salle du laboratoire de physiologie.)

Il s'attache le plus possible à rendre son enseignement progressif, expérimental et visuel, pour mieux graver dans la mémoire des élèves les faits essentiels de la physiologie et de la thérapeutique, au moyen d'expériences décisives dont les résultats sont immédiatement tangibles à l'esprit.

L'enseignement pratique se compose : 1° de démonstrations expérimentales relatives à la physiologie, exécutées sous les yeux des élèves et tendant à leur faire comprendre le mécanisme de la digestion, de l'absorption, de la respiration, de la circulation, des sécrétions, de la calorification, de la locomotion et de l'innervation.

Des démonstrations analogues sont faites aux élèves de la 3e année sur l'action générale des médicaments, leur mode d'administration, d'absorption, de circulation, d'élimination, leur dosage, leurs effets divers, sur l'action spéciale des caustiques, des lubréfiants, des vésicants, des anesthésiques, des hypnotiques, des analgésiques, des hyperesthésiques, des toniques vasculo-cardiaques, des anti-sécrétoires et des hypersécrétoires, des antithermiques.

2° D'expériences simples de physiologie et de thérapeutique répétées par les élèves mêmes. Chaque semaine, six élèves de 3e année expérimentent l'action d'un certain nombre de médicaments sur les animaux vivants, et six élèves de 2e année répètent également sur le vif les expériences de physiologie.

Bien que restreints, ces exercices donnent d'excellents résultats, en ce qu'ils confèrent de la dextérité aux élèves, les habituent à observer, à juger les effets de leur intervention, à acquérir le sang-froid nécessaire au chirurgien, et développent en eux l'esprit scientifique.

Fig. 188. — Ecole vétérinaire d'Alfort. (Service des hôpitaux, amphithéâtre, boxes circulaires.)

Frais du cours. — La somme mise à la disposition du professeur pour le cours s'élève à 2,500 francs dont l'emploi se répartit comme il suit :

Frais de cours et de laboratoire	1,200 francs.
Frais afférents aux travaux pratiques des élèves	1,300

Objets et travaux exposés. — *Recherches et publications du personnel enseignant.* — Les travaux entrepris par M. le professeur Kaufmann depuis la dernière Exposition sont nombreux et quelques-uns, très importants, portent principalement sur la circulation dans les organes en activité et au repos; le mode d'utilisation des matières hydrocarbonées; les matières grasses et albuminoïdes dans l'organisme; la relation entre la composition de la ration alimentaire et l'émission de la chaleur animale; le venin de la vipère et les moyens de combattre l'envenimation; l'action de nombreux médicaments, tels que la pilocarpine, l'ésérine, la digitaline, l'antipyrine. Le professeur a publié, en outre, un traité de thérapeutique à l'usage des élèves.

Le répétiteur, M. Lesage, a, depuis trois ans, assisté le professeur dans ses travaux; il a publié une étude intéressante sur les transfusions péritonéales et la résistance des globules sanguins, étude qu'il poursuit en ce moment. Toutes ces recherches sont exposées sous formes de brochures ou d'articles insérés dans le Journal de l'École.

Travaux et objets exécutés en vue de l'enseignement exclusivement. — En thèse générale, les investigations scientifiques qui ont donné lieu aux recherches ci-dessus ont été entreprises en vue de l'enseignement qui incombe à la chaire. Celle-ci n'a exposé que la réduction d'un seul appareil original. Il consiste en un calorimètre, qui permet de doser simultanément, sur un animal vivant, la quantité de chaleur émise, l'oxygène absorbé, l'acide carbonique éliminé, enfin l'azote total rendu par les urines.

Cet appareil a servi à faire des recherches nombreuses et importantes, dont les élèves ont été rendus témoins, sur la nutrition et la transformation des principes alimentaires dans l'organisme vivant, sur le mécanisme de la fièvre et du diabète sucré. Les résultats en ont été publiés dans les *Comptes rendus de l'Académie des sciences*, le *Bulletin de la Société de biologie* et les *Archives de physiologie.*

Chaire de physique, chimie, pharmacie. (Médaille d'or : M. Adam, professeur; médaille d'argent : M. Stourbe, chef de travaux.) — La chaire ne parvint à se spécialiser qu'en 1813. Auparavant, la physique et la chimie, enseignées vers 1785, avaient été éliminées des matières de l'enseignement; la pharmacie avait été enseignée dès le début.

L'enseignement magistral s'adresse aux deux premières années et comporte 88 leçons annuelles.

Esprit du cours et procédés de démonstration. — Le programme de la chaire n'a rien d'immuable; il varie suivant les progrès de la science et de l'enseignement reçu par les élèves avant leur entrée à l'école. En effet, les matières exigées à l'examen d'admission sont considérées comme acquises. Le professeur n'y revient qu'à titre exceptionnel et très succinctement, quand il s'agit de relier certaines notions déjà connues aux questions nouvelles à traiter.

Le professeur s'attache à prendre les élèves au point où ils sont arrivés, sans jamais s'attarder à revenir en arrière. Il évite ainsi de dévier à droite ou à gauche, comme d'empiéter sur le terrain de ses collègues. Bien des questions sont ou paraissent communes à plusieurs chaires; il convient qu'elles soient traitées, et il ne faut pas qu'elles le soient plusieurs fois.

Le professeur s'efforce, avant tout, d'être aussi méthodique que possible, de s'adresser à la raison bien plus qu'à la mémoire de ses élèves, insistant de préférence, notamment en chimie organique, sur l'étude de chaque fonction, avec des détails précis sur les modes de formation, les réactions et les transformations réciproques des différentes fonctions. Cela permet de simplifier la description de chaque corps en particulier. Mais quand un composé offre une grande importance (iodure de potassium, éther, chloroforme, urée), il n'hésite pas à en faire l'étude complète, toujours avec des expériences faites sous les yeux des élèves. D'ailleurs, la démonstration expérimentale est de règle chaque fois qu'elle est possible devant l'auditoire; dans les autres cas, elle est figurée au moyen de tableaux, cartes, radiographies, dessins.

L'enseignement pratique a pour but de bien fixer dans la mémoire des élèves les caractères qu'ils doivent retenir, en leur faisant répéter au laboratoire l'examen ou les réactions qu'ils ont vu faire au cours.

En 1re année, les manipulations portent sur l'analyse minérale; elles comprennent trois séances de deux heures pour chaque élève.

Fig. 189. — École vétérinaire d'Alfort. (Service de physique et chimie.)

En 2e année, ces manipulations (5 séances de deux à trois heures pour chaque élève) s'appliquent à la reconnaissance de la pureté des médicaments, à la recherche des alcaloïdes, aux analyses chimiques.

En 3e année, chaque élève fait trois séances de deux heures au laboratoire. Les manipulations, précédées d'une courte conférence, comportent les mêmes travaux qu'en 2e année et, en plus, des préparations de médicaments.

En outre, en 3e et en 4e année, chaque élève fait un stage de huit jours par an à la pharmacie des hôpitaux.

Frais du cours. — La somme dont dispose le professeur est de 3,300 francs dont l'emploi se répartit ainsi :

Frais de cours et de laboratoire (environ)	2,000 francs.
Frais afférents aux travaux pratiques des élèves	1,300

Travaux et objets exposés. — *Recherches et publications du personnel enseignant.* — Tous les travaux du professeur offrant quelque intérêt pour la médecine vétérinaire ont été publiés dans le Journal de l'École; les autres, de science pure, figurent dans les *Annales* et le *Grand dictionnaire de chimie.* Depuis deux ans les recherches du professeur ont trait à la revision du codex.

Le répétiteur, M. Stourbe, a exposé une brochure comprenant des parties autographiées du cours relatives à : l'analyse des sels à acides organiques, l'analyse de l'urine, les réactions des alcaloïdes les plus employés, la recherche de la pureté des médicaments simples. Ces leçons ont été rédigées à l'usage des élèves.

Objets exposés par la chaire et préparés en vue de l'enseignement exclusivement. — Ils comprennent un grand panneau de radiographies, exécutées par M. Porcher, avant sa nomination à l'École vétérinaire de Lyon. Ces pièces sont d'un haut intérêt, en ce qu'elles montrent que l'enseignement de nos écoles, de celle d'Alfort en particulier, a tiré parti de la grande découverte de Rœntgen relative aux rayons X.

Chaire de pathologie des maladies contagieuses, police sanitaire, législation commerciale, médecine légale, inspection des viandes de boucherie. (M. Nocard, professeur, membre du Jury, hors concours; médaille d'argent : M. Lignières, répétiteur.) — La création de la chaire date de 1878; mais ses deux premiers titulaires (MM. Reynal et Goubaux), absorbés par les soucis de la Direction, se faisaient suppléer, pour la plus grande partie de leur enseignement, par les professeurs ou les chefs de travaux de clinique. A l'école d'Alfort, cette chaire n'a commencé à fonctionner régulièrement que depuis le mois d'octobre 1887.

Le professeur, M. Edmond Nocard, est assisté de M. Lignières, répétiteur, chef de travaux. M. Nocard, qui était membre du Jury dans une des classes de l'Exposition, n'a pu être récompensé par le Jury de la Classe 5 pour ses travaux si renommés et sa belle exposition de microbiologie.

Enseignement magistral. — Le long titre de la chaire montre l'importance et la diversité des matières qu'elle comporte. Il est cependant incomplet, car au professeur incombe encore l'enseignement de la microbiologie, cette science toute nouvelle qui a, depuis vingt ans, révolutionné la médecine.

L'enseignement magistral comporte 105 leçons faites à la 4e année.

A l'enseignement théorique, le professeur s'est toujours efforcé de substituer le plus possible les leçons de choses.

C'est ainsi que les élèves peuvent étudier, chaque année, sur le malade, les symptômes et les lésions de toutes les maladies qui leur ont été décrites. Chaque fois que l'occasion se présente, le professeur prend comme sujet de ses leçons la maladie dont il peut montrer un ou plusieurs spécimens sur des animaux vivants ou des cadavres. A défaut de sujets fournis par le service du lazaret, il provoque expérimentalement la maladie dont il doit faire la description.

Photographies, dessins, préparations microscopiques, culture des microbes pathogènes, pièces pathologiques conservées ou reproduites par le moulage contribuent puissamment à donner à l'enseignement le caractère de leçons de choses. Le professeur s'applique aussi à initier tout particulièrement les élèves aux diverses méthodes qui permettent d'assurer le diagnostic dans les cas si nombreux où les signes cliniques sont impuissants à donner la certitude : examens bactériologiques, inoculations ou injections révélatrices, cultures.

Enseignement pratique. — Des exercices et des démonstrations pratiques, variés et multipliés complètent l'enseignement théorique.

Fig. 190. — École vétérinaire d'Alfort. (Service de police sanitaire; lazaret.)

Clinique des maladies contagieuses. — Tout animal atteint de l'une des maladies contagieuses visées par la loi sur la police sanitaire, ou suspect, est envoyé au lazaret, où il est séquestré jusqu'à guérison, mort ou abatage. Il y est confié à la surveillance d'un élève de 4e année qui doit prendre son observation quotidienne et exécuter toutes les prescriptions du professeur ou du répétiteur. Pendant son séjour au lazaret et après sa mort, l'animal fait l'objet de démonstrations portant sur le diagnostic clinique ou expérimental, sur la police sanitaire, le traitement ou les caractères des lésions observées à l'autopsie.

En plus des animaux confiés à l'école par leurs propriétaires, tous les sujets qui servent aux recherches expérimentales du personnel enseignant de la chaire sont observés, dans les mêmes conditions, par des élèves de 4e année qui se trouvent ainsi associés aux travaux de leurs maîtres et initiés à la pratique de la médecine expérimentale.

Microbiologie. — Ici, les exercices pratiques ont pour but d'exercer les élèves à la détermination des microbes pathogènes et à l'établissement du diagnostic bactériologique dans les cas douteux.

Chaque exercice comprend : une conférence sommaire exposant les caractères des microbes à étudier, ainsi que les procédés de technique utilisés pour les mettre en évidence et en déterminer la nature, puis des manipulations faites par les élèves sous la surveillance du professeur ou du répétiteur.

Chaque élève participe aussi à trois séries d'exercices où il étudie : 1° les microbes vivants et les colorations simples qui leur sont applicables; 2° les variétés de la coloration de Gram et les microbes auxquels elles conviennent; 3° les colorations spéciales applicables au bacille de la tuberculose, à celui de la morve, etc.

Fig. 191. — École vétérinaire d'Alfort. (Usine de chauffage, lazaret, laboratoire.)

Inspection des viandes. — Chaque semaine, la voiture de l'école va chercher aux halles centrales les viandes que le service d'inspection a saisies la veille ou le matin même. Ces pièces sont présentées aux élèves par le répétiteur qui fait un exposé détaillé de la nature et de l'origine de la pièce et des caractères auxquels on peut reconnaître la nature de l'altération. A la fin de la séance, le répétiteur rectifie les diagnoses incomplètes ou inexactes et précise les caractères des altérations observées.

Police sanitaire. — L'enseignement pratique de cette branche de la chaire comporte : des lectures de rapports administratifs applicables aux diverses maladies; des exercices de rédaction faits par les élèves, en prenant ces rapports comme modèles et en commençant par les plus simples. Il leur en est rendu compte publiquement, de façon à souligner les lacunes, les erreurs, les défauts de rédaction.

Législation commerciale et médecine légale. — Sur ce point, le professeur complète son enseignement théorique en exerçant les élèves à la rédaction de procès-verbaux d'expertise, de compromis, de sentences arbitrales, de rapports médico-légaux, etc. Ces documents sont lus et commentés publiquement comme ceux qui concernent la police sanitaire.

Frais du cours. — La somme mise à la disposition du professeur pour les dépenses de la chaire s'élève à 3,500 francs et se répartit comme il suit :

Frais de cours et de laboratoire.	1,050 francs.
Frais relatifs aux travaux pratiques des élèves	2,450

Travaux et objets exposés. — *Recherches et publications du personnel enseignant.* — Depuis 1889, le professeur a publié, soit dans le *Recueil de médecine vétérinaire,* soit dans les *Annales de l'Institut Pasteur,* avec M. Roux, nombre de mémoires, parmi lesquels il faut signaler : la culture du bacille de la tuberculose en milieux glycérinés, mode de culture qui a rendu précisément possible l'étude des toxines du microbe et toutes les recherches consécutives sur la tuberculine (avec le Dr Roux); des recherches sur la récupération de la virulence du charbon symptomatique (avec le même); la détermination de l'époque à laquelle apparaît la virulence dans la salive des chiens enragés; la découverte du microbe de la péripneumonie, des conditions de sa culture et de sa sérothérapie (avec le Dr Roux); le microbe de la mammite contagieuse des vaches laitières; le microbe de l'araignée (mammite gangreneuse des brebis laitières).

Le professeur a contribué à démontrer la grande valeur de la tuberculine et de la malléine pour le diagnostic des cas douteux de tuberculose et de morve, et le rôle important que doivent jouer ces deux réactifs dans la prophylaxie de ces redoutables maladies.

Au cours de ses recherches, il a apporté de puissants arguments contre la doctrine de l'hérédité de la tuberculose; montré que la morve se propage surtout par les voies digestives; prouvé enfin que certaines formes de morve, limitées au poumon, sont spontanément curables.

La collaboration avec MM. Roux et Vaillard a permis d'établir que le cheval est l'animal de choix pour la production du sérum immunisant contre la diphtérie et contre le tétanos.

C'est dans le service de M. Nocard qu'ont été préparés les premiers chevaux producteurs du sérum, et que sont venus s'initier à la technique de la saignée aseptique, de la récolte et de la distribution du sérum, presque tous ceux qui depuis, dans tous les pays du monde, ont mis en pratique les procédés de l'Institut Pasteur.

Des milliers d'observations recueillies dans des régions où le tétanos faisait de grands ravages ont permis au professeur d'établir que le sérum antitétanique, à peu près impuissant contre le tétanos déclaré, est d'une efficacité absolue quand il est employé à titre préventif. Depuis lors, la sérothérapie préventive s'est généralisée dans la pratique civile et militaire.

Le chef des travaux de la chaire, M. Lignières, a publié des travaux importants. Il a montré d'abord que les streptocoques de l'homme ou des animaux peuvent être rattachés à des types bien distincts : celui du S. pyogène et celui du S. de la gourme du cheval. Cette donnée purement théorique a eu tout aussitôt une application pratique importante : le sérum antistreptococcique de l'Institut Pasteur, complètement inefficace contre la gourme du cheval, s'est trouvé être le meilleur moyen de traitement de l'anasarque du même animal.

L'affection typhoïde du cheval est une maladie des plus graves dont la nature était restée inconnue; le chef de travaux a trouvé qu'elle est provoquée par un microbe appartenant au grand groupe des Pasteurella, et ses recherches permettent d'espérer que l'on pourra bientôt, par une véritable vaccination, réduire notablement les pertes qui sont dues à cette redoutable maladie.

Fig. 192. — École vétérinaire d'Alfort. (Nouveaux laboratoires, face sud : amphithéâtre.)

Au cours d'une mission qu'il vient de remplir dans la République Argentine, M. Lignières a déterminé la nature et indiqué les moyens de déterminer les ravages de trois maladies qui décimaient le bétail de ce pays : 1° la lombriz du mouton, 2° l'entéqué et 3° la tristeza des bovidés.

La tristeza est une maladie semblable à la fièvre du Texas. Le chef de travaux a réussi à obtenir une culture *in vitro* du parasite de la tristeza. C'est la première fois qu'on cultive en dehors de l'organisme un hématozoaire intraglobulaire. Bien plus, le parasite obtenu en culture pure a pu être atténué dans sa virulence et transformé en vaccin. Deux expériences publiques, faites à Buenos-Ayres et à Alfort, ont établi l'innocuité et la complète efficacité de la vaccination contre la tristeza.

Objets exposés. — Spécimens des dessins de microbiologie utilisés pour les démonstrations du cours de pathologie des maladies contagieuses; spécimens des cultures de microbes pathogènes de l'homme et des différents animaux domestiques, parmi lesquels il convient de signaler : les cultures en milieux glycérinés du bacille de la tuberculose de toutes les espèces; le streptocoque de la mammite contagieuse des vaches laitières; le microcoque de l'araignée ou mammite gangreneuse des brebis laitières; le streptothrix du farcin du bœuf (Nocardia farcinica); le microbe de la psittacose; le microbe de la péripneumonie, avec tout le matériel (sacs de collodion, sacs en moelle de sureau, tubes en verre perforé) qui a servi pour obtenir la culture *in vivo*. La découverte de ces microbes et la détermination de leurs milieux de culture ou de leur rôle pathogénique appartient au professeur ou au chef de travaux.

Fig. 193. — École vétérinaire d'Alfort. (Consultation à la clinique.)

Pièces pathologiques conservées avec leur apparence et leurs colorations normales; spécimens de moulages en plâtre ou en cire, de pièces pathologiques se rapportant aux maladies contagieuses des animaux; les principales publications scientifiques du professeur et du chef de travaux.

Chaire de pathologie interne, pathologie générale et clinique médico-chirurgicale. (Médaille d'or : M. Cadiot, professeur; médaille d'argent : M. Breton, répétiteur.) — La création de la chaire date de la fondation des écoles; mais elle comprenait à l'origine la pathologie entière, sans distinction d'affections internes, externes ou contagieuses, et embrassait toutes les espèces domestiques. Par suite des progrès incessants de la médecine vétérinaire, on a dû l'alléger, et, peu à peu, elle s'est dégagée, aussi bien au point de vue théorique qu'au point de vue pratique.

Enseignement magistral. — Après des généralités sur la pathologie générale, les maladies, le professeur expose toutes les influences étiologiques qui peuvent agir sur l'organisme, les troubles qu'elles causent dans les différents appareils, l'examen des procédés d'exploration des appareils et des organes, les processus morbides considérés au point de vue de leur évolution et de leurs terminaisons, le diagnostic, le pronostic et le traitement des maladies.

Dans le cours de pathologie médicale, le professeur examine successivement les maladies de chaque appareil : appareil digestif, appareil génito-urinaire et péritoine, système nerveux, appareil respiratoire, appareil circulatoire, maladies constitutionnelles, maladies de la peau, maladies infectieuses. Bien que l'enseignement des matières qui ressortissent à la chaire soit plus abstrait que celui des affections formant le lot de la pathologie chirurgicale, le professeur, pour toutes les questions qui s'y prêtent, facilite la compréhension des choses en présentant aux élèves des dessins, photographies, pièces conservées, moulages, instruments et appareils divers. Il s'attache par-dessus tout à donner à son enseignement un caractère simple et pratique, s'arrêtant de préférence aux faits bien établis plutôt qu'aux doctrines et aux hypothèses, afin de le rendre immédiatement applicable à l'hôpital ou dans la clientèle.

L'enseignement pratique porte sur la clinique médico-chirurgicale. Il a pour but d'initier les élèves à l'examen des malades, à la pratique des opérations, des pansements, de l'administration des médicaments, des procédés d'abatage et de contention des animaux, etc. Les sujets présentés par leurs propriétaires à la consultation de l'école leur fournissent les moyens de se rendre compte des difficultés qu'ils auront à surmonter plus tard à leur sortie de l'établissement. Indépendamment des leçons théoriques, le professeur fait chaque semaine une ou plusieurs leçons cliniques sur les malades hospitalisés ou amenés à la consultation.

Le professeur préside à la consultation de l'école. Les malades qu'on y amène sont d'abord examinés par des élèves de quatrième année, qui les lui présentent ensuite en lui indiquant les symptômes qu'ils ont notés et les données recueillies sur les antécédents de ces malades.

A la consultation sont également présentés un certain nombre d'animaux récemment achetés. Comme les malades, ils sont examinés par les élèves avant d'être soumis à l'appréciation du professeur ou du répétiteur.

Tous les animaux laissés en traitement à l'école sont confiés à des élèves chargés d'exécuter les prescriptions faites par le professeur ou le répétiteur et, en outre, de recueillir, jour par jour, l'observation clinique de chaque malade, sous forme d'un rapport qui est remis au répétiteur et noté par lui au moment de la sortie du malade.

Frais du cours. — La somme mise à la disposition du professeur s'élève à 1,200 francs pour ses frais de cours et de laboratoire.

Travaux et objets exposés. — *Recherches et publications du corps enseignant.* — Les travaux du professeur s'appliquent pour la plupart à la pathologie chirurgicale qu'il était chargé d'enseigner jusqu'en janvier 1900, époque où il a pris possession de la cinquième chaire.

Il y a lieu de citer parmi les principaux travaux du professeur : son traité de thérapeutique chirurgicale des animaux domestiques, en collaboration avec M. Almy; l'ovariotomie chez la jument et chez la vache; ses exercices de chirurgie hippique; traitement chirurgical du cornage; maladies du nez, des cavités nasales, des sinus, des poches gutturales et de l'oreille; traduction du traité allemand de pathologie et thérapeutique spéciales des animaux domestiques de Friedberger et Fröhner, en collaboration avec Ries, ancien élève d'Alfort.

Fig. 194. — École vétérinaire d'Alfort. (Consultation à la clinique.)

Objets exposés. — La chaire de pathologie médicale avait exposé quatre grands tableaux de dessins extraits des diverses publications énumérées plus haut et qui se rapportent tous à la thérapeutique chirurgicale.

Chaire de pathologie chirurgicale, manuel opératoire, ferrure et clinique médico-chirurgicale. (Médaille d'argent : M. Almy, professeur.) — L'enseignement de la pathologie chirurgicale date, comme celui de la pathologie médicale, de la fondation des écoles vétérinaires. Mais cette chaire n'est parvenue que progressivement à sa spécialisation actuelle. En réalité, elle a été fondée en 1878. Toutefois, elle s'est allégée, d'abord en 1894, du fait de la création de la chaire de pathologie bovine, ovine, caprine et porcine, qui lui a pris les affections chirurgicales des animaux autres que les équidés, les carnassiers et les oiseaux, ainsi que l'obstétrique, puis en 1898, lors de l'institution de la dixième chaire qui lui a retiré l'anatomie pathologique chirurgicale.

Enseignement magistral. — D'une manière générale, l'enseignement théorique de la chaire est donné d'après la même méthode que celui de la chaire précédente.

La première partie du cours de pathologie chirurgicale comporte les maladies communes à tous les tissus (abcès, ulcères, gangrène, fistules, corps étrangers, contusions, plaies), puis les maladies de chaque tissu en particulier (peau, tissu conjonctif, muscles, tendons, synoviales, vaisseaux, nerfs) et celles des membres, moins le pied (fractures, exostoses, arthrites). La seconde partie du cours de pathologie chirurgicale traite des lésions des régions : crâne et rachis, œil et oreille, cavités nasales, poches gutturales, sinus, mâchoires, lèvres, bouche et glandes salivaires, encolure, garrot et poitrine, abdomen, anus et organes génito-urinaires externes, enfin les affections du pied chez le cheval, les carnassiers et les oiseaux.

Fig. 195. — École vétérinaire d'Alfort. (Consultation à la clinique.)

Le cours de manuel opératoire se divise en deux parties. La première concerne la chirurgie générale (contention des animaux, anesthésie, antisepsie et asepsie, incisions et ponctions, hémostase, sutures, pansements et bandages, saignées, sétons et cautérisations). La seconde est relative à la chirurgie des régions (trépanation, opérations sur les dents, les yeux, les oreilles, les poches gutturales, le larynx, la trachée, l'œsophage, l'estomac, l'intestin, etc.).

Le cours de ferrure débute par une revision de l'anatomie et de la physiologie du sabot, puis il traite successivement de l'historique de la ferrure, des ferrures françaises et étrangères normales, de la ferrure à froid, de la ferrure Charlier et Poret, de la ferrure applicable aux différentes utilisations, aux pieds défectueux, aux vices d'aplomb ou d'allure, aux chevaux vicieux, des ferrures à glace, des ferrures préventives des glissades, de l'emploi de la gutta-percha en maréchalerie.

Dans toutes ses leçons, le professeur fait autant que possible de l'enseignement visuel à l'aide de schémas, de dessins, de photographies ou de moulages : il montre, en outre, aux élèves, des appareils, des instruments, des modèles de pansements qu'ils auront ultérieurement à utiliser à l'hôpital. Pour le cours de manuel opératoire, le professeur et le répétiteur préparent les pièces anatomiques fraîches destinées à faire comprendre l'anatomie topographique des régions, le lieu d'élection des opérations.

Fig. 196. — École vétérinaire d'Alfort. (Opérations à la clinique.)

L'enseignement pratique de la chaire comprend la clinique médico-chirurgicale, des exercices de chirurgie et de ferrure.

La clinique médico-chirurgicale est organisée sur les mêmes bases que celle de la cinquième chaire dont nous avons exposé l'enseignement.

Les exercices de chirurgie et de ferrure ont lieu une fois par semaine, de 6 heures et demie du matin à 4 heures du soir. Ils se pratiquent sur des chevaux achetés à cet effet sur le budget de la chaire. Chaque sujet est confié à une section de huit élèves ; l'un de ces élèves est chargé de l'examen approfondi de l'animal, au point de vue clinique, et doit remettre au professeur un rapport détaillé dans lequel sont relatés les phénomènes anormaux qu'il a constatés. Les élèves de chaque section, en s'aidant mutuellement, appliquent sur le pied qui leur est désigné un fer fourni par le chef d'atelier des forges. Ensuite, ont lieu des opérations simples sur l'animal debout (saignées, sétons, ponctions). Puis le sujet est couché et anesthésié, et les élèves pratiquent sur lui les opérations douloureuses compliquées, enfin, les opérations de pied avec ferrure et pansement *ad hoc*.

Indépendamment de ces exercices opératoires exécutés sur le cheval, le professeur initie encore les élèves à la pratique d'un certain nombre d'opérations délicates sur le chien et sur le chat, telles que la cataracte, l'œsophagotomie, les amputations, etc.

Les élèves font encore chaque semaine, sur des pieds morts, spécialement achetés à cet usage, d'autres travaux pratiques de chirurgie et de ferrure qui les préparent à suivre plus fructueusement les opérations sur le vif. En fournissant à chaque élève le pied qui lui revient, on lui indique l'opération qu'il devra pratiquer (celle de la seime, du clou de rue, du javart), ainsi que la ferrure qu'il devra appliquer et dont on lui remet le fer, forgé et ajusté par les soins du chef d'atelier.

Frais du cours. — Le professeur dispose d'une somme de 8,700 francs, dont l'emploi se répartit ainsi qu'il suit :

Frais de cours et de laboratoire	1,200 francs.
Frais relatifs aux travaux pratiques des élèves pour les exercices de chirurgie et de ferrure	7,500

Travaux et objets exposés. — *Recherches et publications du corps enseignant.* — Les travaux du professeur sont insérés dans le journal de l'école et le *Bulletin de la Société centrale de médecine vétérinaire*. Il y a lieu de citer : les publications de M. le professeur Almy sur l'anesthésie du cheval par la méthode mixte, la luxation coxo-fémorale sans fracture du col du fémur, les hernies inguinales, vaginales et extra-vaginales; traité de thérapeutique chirurgicale des animaux domestiques, en collaboration avec M. Cadiot.

Objets exposés. — La chaire a présenté des moulages et un tableau de 150 fers normaux et pathologiques forgés par le chef d'atelier des forges pour l'enseignement de la maréchalerie.

Chaire d'histoire naturelle et matière médicale. (Médaille d'or : M. Railliet, professeur; médaille d'argent : M. Marotel, répétiteur, chef de travaux.) — Les matières de cette chaire, qui a été fondée en 1878, étaient, auparavant, associées à la thérapeutique, à l'hygiène ou à la zootechnie.

Enseignement magistral. — L'enseignement magistral s'adresse aux trois premières années et comprend 95 leçons. Dans les quelques leçons qu'il consacre à la géologie, le professeur s'en tient à des données générales et très sommaires. Il se borne à rappeler aux élèves, qui les ont déjà étudiées, les principales notions relatives à la composition de l'écorce terrestre et aux modifications que lui font subir les agents extérieurs et intérieurs.

De même, dans le cours de botanique, les questions de morphologie peuvent être écourtées, les élèves possédant déjà, à l'entrée, des notions générales sur la matière. Aussi le professeur débute-t-il par une étude d'ensemble des êtres vivants, de la cellule et des tissus végétaux, pour aborder ensuite l'examen des principales fonctions de la plante, puis celui des familles végétales, en s'attachant à celles qui offrent le plus d'importance au double point de vue de la médecine et de l'agriculture. Ce sont des principes généraux de même ordre qui dirigent le professeur pour l'enseignement de la zoologie. Ici, l'étude des parasites animaux tient le premier rang, à cause du rôle qu'ils peuvent jouer dans le développement des maladies. Viennent ensuite les animaux alimentaires qu'il importe au vétérinaire de connaître pour l'inspection des marchés; enfin, les animaux domestiques dont l'histoire formera la base des connaissances zootechniques.

Fig. 197. École vétérinaire d'Alfort. (Une salle du laboratoire d'histoire naturelle.)

En toutes circonstances, le professeur appuie de pièces et surtout de dessins son enseignement théorique. Les pièces consistent, soit en échantillons conservés à sec ou dans l'alcool, soit, de préférence, en préparations démontables et fortement grossies, de manière que les élèves puissent en prendre, à distance, une idée exacte. Pour la botanique, il fait usage de moulages de champignons, fleurs et fruits en papier mâché; pour la zoologie, de préparations en papier mâché, moulages divers, échantillons conservés.

Enseignement pratique. — L'enseignement pratique se compose de démonstrations et d'exercices pratiques qui se font au laboratoire. Pendant le semestre d'hiver, les élèves de deuxième année sont exercés à l'étude, à la préparation et à la détermination d'échantillons zoologiques, choisis de préférence parmi les formes qui vivent en parasites sur les animaux domestiques. Pendant le semestre d'été, les élèves de première année effectuent des préparations simples d'éléments ou de tissus végétaux, qui les initient, non seulement à la connaissance de l'anatomie végétale, mais au maniement du microscope. De plus, dans le courant de ce semestre, les élèves des deux premières années étudient progressivement, au jardin botanique, les plantes qui font l'objet du cours; cet enseignement est complété par des excursions botaniques variées.

IMPRIMERIE NATIONALE.

Frais du cours. — La somme mise à la disposition du professeur s'élève à 1,700 francs, dont l'emploi se répartit ainsi :

Frais de cours et de laboratoire	600 francs.
Frais relatifs aux travaux pratiques des élèves	1,100

Travaux et objets exposés. — *Recherches et publications du corps enseignant.* — M. le professeur Railliet a exposé : son traité de zoologie médicale et agricole; une collection du *Recueil de médecine vétérinaire,* journal de l'école dont il dirige la rédaction depuis 1890 ; des articles nombreux sur les parasites, dans le *Dictionnaire de médecine, de chirurgie et d'hygiène vétérinaires*, dont il est l'un des collaborateurs; les parasites transmissibles des animaux à l'homme; études diverses sur les coccidies; notices parasitologiques: filaires et strongles; douve hépatique du Sénégal : douve pancréatique (avec M. Marotel); nombreux travaux sur les parasites.

Fig. 198. — École vétérinaire d'Alfort. (Nouveaux laboratoires, cour intérieure.)

Pièces exposées. — Divers types d'helminthes conservés dans l'alcool (ténias, cysticerques, échinocoques, filaires, etc.); dessins représentant des parasites; moulages de foies de bœuf envahis par des échinocoques.

Chaire d'hygiène et de zootechnie. (Professeur, M. Baron, membre du Jury, hors concours.) — Les matières de cette chaire comptent parmi celles qui étaient enseignées dès l'origine des écoles vétérinaires sous le vocable : *Connaissance extérieure des animaux domestiques.* Peu à peu, l'hygiène et la zootechnie se sont différenciées. Avant 1878, elles étaient associées à l'agriculture, à la botanique et à la zoologie. Le 1er juin 1878 la chaire a été créée avec sa constitution actuelle.

Le professeur, M. Raoul Baron, est assisté de M. Ras, répétiteur.

Enseignement magistral. — L'enseignement magistral s'adresse aux deux dernières années et comprend soixante leçons. Le professeur donne à la troisième année un enseignement zootechnique général, autrefois désigné sous le nom d'*hygiène générale*, dans lequel il fait connaître les agents de l'hygiène, c'est-à-dire tous les modificateurs de l'organisme, naturels ou artificiels, à la disposition de l'homme, qui sont capables de former ou de modifier des races ou des variétés zoologiques domestiques. A la quatrième année, il enseigne la zootechnie spéciale, anciennement désignée sous le nom d'*hygiène appliquée*, et qui ressemble par certains côtés à l'animaliculture professée dans les établissements agronomiques. Le *quid proprium* de cet enseignement gît dans l'ethnographie et dans l'extérieur des animaux domestiques.

Fig. 199. - École vétérinaire d'Alfort. (Salles d'études.)

Enseignement pratique. — L'enseignement pratique de la chaire a pour but, en hygiène générale, de faire connaître pratiquement aux élèves les agents de l'hygiène (les étables, les harnais, le dressage, l'alimentation, l'élevage et l'exploitation des animaux); en zootechnie spéciale, de placer sous leurs yeux les sujets de l'hygiène (chevaux, bœufs, vaches, moutons, porcs), qu'aucune description verbale ne pourrait mieux faire saisir qu'une exhibition pure et simple, accompagnée de quelques commentaires. Dans de telles conditions, la partie pratique des cours a pris une extension énorme, par rapport à la partie théorique proprement dite. C'est pourquoi les séances au dehors sont devenues nombreuses. Elles ont lieu une ou deux fois par semaine, soit aux écuries des grandes maisons de commerce, des entreprises de transports, soit aux étables des grands nourrisseurs, aux marchés, aux concours de bestiaux, aux hippodromes, etc.

Frais du cours. — La somme mise à la disposition du professeur est de 1,400 francs, dont l'emploi se répartit ainsi :

Frais de cours et de laboratoire	800 francs.
Frais relatifs aux travaux pratiques des élèves	600

Travaux et objets exposés. — *Recherches et publications du professeur.* — Depuis 1889, les progrès de l'enseignement zootechnique, à Alfort, ont donné lieu aux publications ci-après du professeur : cours de zoo-économie; cours de zootechnie générale (avec M. Dechambre); cours d'ethnologie comparée; cours d'hygiène (avec M. Dechambre); cours d'ethnologie descriptive (publié par M. Dechambre); technologie pratique des animaux chevalins, bovins et ovins (avec M. Dechambre). Le système des coordonnées ethniques; races ovines améliorées; la race bovine d'Abondance (concours d'Annecy); Solognots et Berrichons (concours d'Orléans); la Charmoise (concours de Blois); Institut dynamométrique sur un plan tout spécial qui figurait à l'Exposition; l'outillage instrumental de cet Institut, qui est intégralement et exclusivement du professeur, comprend : un ado-dynamomètre, un hyso-dynamomètre (piétineuse et compteur de tours adaptés à la mesure du travail automoteur ascensionnel), un gyro-dynamomètre (double toupie horizontale de 1,250 kilogrammes), un atwood-dynamomètre (pour la mesure des coefficients de tirage sur les différents sols et sur l'eau), un gyroscope à poids (pour le réglage du gyro-dynamomètre); le polymorphisme sexuel des animaux supérieurs (avec M. Dechambre); double miroir alloïdoscopique pour la variation des profils : zoomètre fixe (pour la mesure des hauteurs et longueurs corporelles).

Objets exposés. — Plan du laboratoire de dynamométrie biologique; mouton de Madagascar, chien de l'Oural et chien de la Terre de Feu naturalisés; têtes naturalisées variées (espèces bovine et ovine); collection de 12 encornures; membres, tête et lombes d'un hybride.

Chaire de pathologie bovine, ovine, caprine et porcine. Obstétrique vétérinaire. (Médaille d'or : M. Moussu, professeur.) — Cette chaire a été créée en 1893 et a commencé à fonctionner en janvier 1894. Ses matières étaient auparavant disséminées dans les chaires de pathologie médicale et chirurgicale, que sa création a spécialisées davantage.

La chaire a exclusivement pour but l'enseignement médico-chirurgical, théorique et pratique, des affections du bétail (exception faite des maladies contagieuses visées par la loi sanitaire); elle comprend encore l'enseignement théorique et pratique des accouchements dans toutes les espèces.

Enseignement magistral. — Il s'adresse aux 3e et 4e années et comprend 90 leçons. Le professeur s'attache aux faits bien établis, de façon à donner à son enseignement un caractère scientifique, positif, expérimental et pratique. Toutes les fois que le sujet le comporte, il fait usage de pièces conservées ou fraîches, de dessins polychromes, de moulages, de photographies, etc.

Enseignement pratique. — L'enseignement pratique de la chaire comprend : 1° l'étude approfondie des méthodes d'exploration des malades, dans le but d'apprendre aux élèves à observer, recueillir et interpréter les symptômes des maladies; 2° la pratique hebdomadaire des opérations courantes de la clientèle, telles que saignées, sutures, castrations, amputations; 3° la pratique quotidienne des opérations que réclament les animaux amenés à la consultation. La plupart sont des castrations de truies, porcelets, agneaux, etc.; 4° des leçons cliniques, faites chaque semaine par le professeur, et plus souvent, si l'occasion se présente, sur les malades les plus intéressants du service. A défaut de malades, ces dissertations pratiques se font sur des pièces fraîches provenant de sujets récemment autopsiés.

Fig. 200. — École vétérinaire d'Alfort. (Salle d'autopsie, service des forges.)

Les sujets servant aux exercices opératoires hebdomadaires sont achetés par la chaire à l'équarrisseur; ceux qui servent à l'enseignement clinique sont, pour la plupart, achetés aux propriétaires. Comme dans les services de médecine et de chirurgie, ils sont confiés à des élèves qui doivent consigner jour par jour, dans leurs rapports, toutes les péripéties de la maladie et les particularités du traitement.

Frais de cours. — Une somme de 7,500 francs est mise à la disposition du professeur; son emploi se répartit comme il suit :

Frais de cours et de laboratoire	780 francs.
Frais relatifs aux travaux pratiques des élèves	6,720

Travaux et objets exposés. — M. le professeur Moussu avait présenté ses études sur les filaires du sang, les nerfs excito-sécrétoires des glandes salivaires, ses recherches sur les fonctions thyroïdiennes et parathyroïdiennes chez les animaux, les cours qu'il professe à l'École; il avait exposé, en outre, de nombreux moulages coloriés représentant des lésions organiques.

Chaire d'anatomie pathologique et histologie normale. (Médaille d'argent : M. Petit, professeur.) — La chaire a été fondée en 1898. L'histologie faisait autrefois partie de la chaire d'anatomie; l'anatomie pathologique était professée dans les chaires de médecine, de chirurgie et de maladies contagieuses; chacune de ces dernières procédait elle-même aux autopsies de ses malades.

Fig. 201. — École vétérinaire d'Alfort. (Une salle du laboratoire d'anatomie pathologique.)

Enseignement magistral. — Le professeur s'applique à faire de ses cours des «leçons de choses», et utilise, à cet effet, ce qui est de nature à frapper les yeux de ses auditeurs, comme à s'imposer à leur mémoire : schémas au tableau avec craies de couleur, dessins définitifs sur papier noir, tableaux synoptiques, photographies, radiographies, projections lumineuses, présentation de pièces fraîches, conservées, ou de moulages coloriés. Il vise, d'autre part, à donner un caractère rigoureusement scientifique, expérimental et pratique, à son enseignement, de façon à le rendre tangible et profitable aux élèves.

En histologie, il commence par l'étude de la cellule, puis il s'occupe du développement de l'embryon et de ses annexes, enfin des tissus et systèmes organiques en général. La deuxième partie du cours est consacrée à l'étude et au développement des organes, examinés appareil par appareil. Le cours d'anatomie pathologique comprend d'abord des généralités sur les lésions cellulaires, les hémorragies, stases, œdèmes, thromboses, embolies, mortifications, gangrènes, l'inflammation et les tumeurs. Puis le professeur aborde les lésions spéciales des organes en passant successivement les appareils en revue.

Enseignement pratique. — L'enseignement pratique comprend des exercices d'histologie normale et pathologique et des exercices d'autopsies. Les exercices d'histologie normale ont pour but d'apprendre aux élèves à se servir du microscope, de les initier à la technique histologique, dans ce qu'elle offre de fondamental, enfin de leur donner une connaissance pratique de la structure des principaux tissus et organes. Chaque séance se compose : 1° d'une conférence pratique sur les éléments ou tissus qu'il s'agit d'examiner, ainsi que sur les procédés techniques à utiliser pour leur préparation; 2° des manipulations des élèves; 3° de l'examen des préparations types se rapportant à l'objet de la séance et provenant des collections du service. Ces préparations sont pourvues d'un numéro d'ordre et accompagnées d'une fiche explicative qui est placée en même

Fig. 202. — École vétérinaire d'Alfort. (Une salle du laboratoire d'histologie.)

temps sous les yeux de l'élève. Les exercices d'histologie pathologique portent sur l'histologie pathologique générale d'abord, puis sur la spéciale, car il est nécessaire, pour entreprendre avec fruit l'étude des lésions organiques, de commencer par se familiariser avec les caractères généraux des grands processus morbides : congestion, inflammation, néoplasmes, etc. L'enseignement de la pratique des autopsies comporte des conférences techniques, des exercices pratiques et des rédactions de procès-verbaux d'autopsies.

Programme des conférences : 1° fixation, nettoyage et dépouillement du cadavre, autopsie de la cavité abdominale; 2° autopsie de la cavité thoracique des poumons et du cœur; 3° autopsie de la cavité pelvienne et des organes génito-urinaires; 4° autopsie des régions superficielles de la tête, de la cavité buccale, du pharynx, de l'œsophage, des poches gutturales, du larynx et de la trachée; 5° autopsie de l'orbite et de l'œil, des cavités nasales et des sinus, de la cavité cranienne, de l'encéphale, du canal rachidien et de la moelle épinière; 6° autopsie des membres; 7° autopsie de la cavité abdominale des ruminants; 8°, 9° et 10° autopsie du porc, des carnassiers et des petits animaux d'expérience. Les exercices pratiques d'autopsies ont lieu pendant l'été, sur les sujets (chevaux ou vaches) provenant des opérations et auxquels sont ajoutés des petits animaux suivant les ressources du moment.

Les exercices concernant la rédaction de procès-verbaux d'autopsies se font par le professeur ou le répétiteur, et comportent l'assistance des élèves de 4e et de 3e année qui étaient chargés de donner leurs soins aux malades. Au cours de l'autopsie, des notes sont recueillies sous la dictée de l'opérateur, par l'un des élèves, autant que possible par celui de 3e année, qui s'en sert pour la rédaction du procès-verbal de l'autopsie, précédé des commémoratifs relatifs au sujet qui a succombé. Ce procès-verbal est remis, le jour même, au répétiteur et donne lieu à une note qui constitue la sanction nécessaire à cet important exercice d'enseignement. A l'aide de ce document, œuvre de l'élève, le professeur ou le répétiteur rédige sur un registre spécial le procès-verbal définitif.

Fig. 203. — École vétérinaire d'Alfort. (Vue d'une reprise d'équitation.)

Le service des autopsies permet au professeur de récolter une grande quantité de pièces intéressantes, qui motivent de sa part des conférences d'une haute utilité pour les élèves. Ces conférences ont pour but de leur montrer comment ils doivent procéder pour étudier méthodiquement et interpréter les lésions provoquées par les différentes maladies.

Frais du cours. — Une somme de 2,200 francs est mise à la disposition du professeur :

Frais de cours et de laboratoire	1,100 francs.
Frais relatifs aux travaux pratiques des élèves	1,100

Travaux et objets exposés. — *Recherches et publications.* — Depuis la fondation de la chaire, M. le professeur Petit a publié diverses recherches ayant trait à l'anatomie pathologique, sous forme de communications aux Sociétés savantes ou d'articles publiés dans le journal de l'École. Parmi les travaux entrepris en vue de l'enseignement exclusivement, il convient de citer : le recueil des procès-verbaux d'autopsies de la chaire; le programme raisonné de la chaire; un cours d'embryologie; leçons sur la cellule; memento du cours d'anatomie pathologique générale; collection de pièces pathologiques conservées; collection de préparations histologiques variées (normales et pathologiques).

Objets exposés. — Moulage colorié relatif à l'hydronéphrose du chien; moulage colorié relatif à l'hydronéphrose du cheval; moulage colorié relatif à des échinocoques du foie (cheval); deux volumineux aneorysmes vermineux de la grande mésentérique du cheval (pièce naturelle injectée).

ÉCOLE DE LYON.

(Grand prix.)

En 1761, Claude Bourgelat, directeur de l'Académie d'équitation de Lyon, demanda l'autorisation d'ouvrir dans cette ville, avec l'assistance de l'État, une école pour le traitement des maladies des bestiaux. L'arrêt du 4 août 1761 lui accorda pour subvenir aux frais de l'établissement et de l'entretien de cette école une somme de 50,000 livres en six annuités. La première des Écoles vétérinaires fut d'abord installée dans une auberge du faubourg de la Guillotière, comprenant les bâtiments strictement nécessaires à cette installation, des écuries, un jardin et un pré. L'abbé Rozier y créa un jardin botanique formé avec des plantes données par les naturalistes de Lyon.

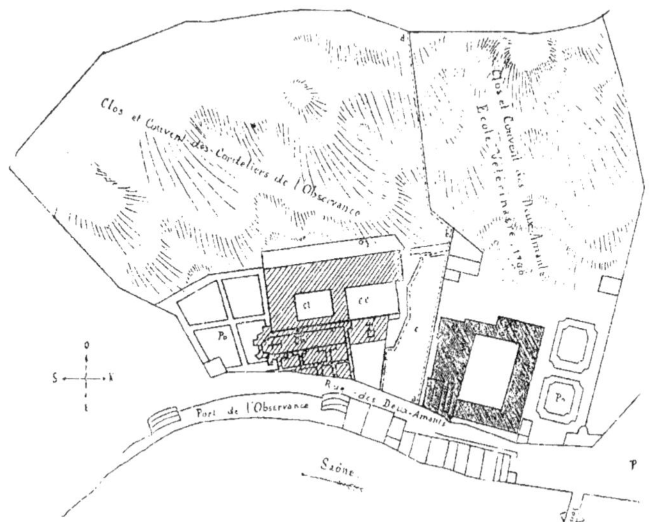

Fig. 204. — École vétérinaire de Lyon. (État de l'École après l'échange Tripier [1802].)

Le 1er mars 1762, l'établissement ne comptait que 6 élèves. Néanmoins les démonstrations commencèrent immédiatement. La réputation de Bourgelat et la nouveauté de son enseignement attirèrent bientôt des élèves de Lyon et des environs, puis des divers points de la France et de l'étranger. La plupart des fondateurs de l'enseignement vétérinaire à l'étranger furent des élèves de l'École de Lyon. A la fin de la première année, le nombre des élèves s'élevait déjà à 38; il vint 52 élèves en 1763, 36 en 1764, 35 en 1765.

En raison de l'insuffisance des locaux, l'école vétérinaire fut transportée, en 1795, aux portes du quartier de Vaise, dans l'ancien couvent des Deux-Amants; elle s'étendit peu à peu sur une grande partie d'un autre couvent voisin, celui des Cordeliers de l'Observance. Les bâtiments monastiques furent modifiés plus tard et adaptés le mieux possible aux besoins de l'établissement après que le terrain contigu à l'École, qui avait été vendu en 1791 à un sieur Tripier, put être échangé à ses héritiers contre la masse des bâtiments des Cordeliers. Cet échange fut consenti le 13 messidor an x et permit de rectifier les limites de l'École. En 1840, on décida d'entreprendre une restauration sérieuse, sous la direction de Chabrol, architecte des bâtiments civils. Les travaux se prolongèrent jusqu'à 1864. Depuis, par suite du développement scientifique, de l'accroissement du nombre des chaires, de l'orientation des esprits vers l'expérimentation, les directeurs se sont attachés à modifier et à agencer les locaux en vue de l'extension des travaux pratiques dans toutes les branches de l'enseignement. Malheureusement, enserrée entre une colline et une rivière, l'école est gênée dans son extension. On obtient des surfaces habitées en surélevant les bâtiments au détriment de l'aération et de la lumière.

Après la création de l'école d'Alfort et la mort de Bourgelat, l'école de Lyon fut un peu délaissée des pouvoirs publics. Pendant la Révolution et le Consulat, l'école traversa des crises dont le dévouement et l'abnégation de son directeur, Louis Bredin, purent seuls triompher.

Au début, Bourgelat rédigeait des leçons sur toutes les branches; un chirurgien, appelé démonstrateur, les lisait aux élèves et donnait des soins aux malades. Jusqu'en 1780, le corps enseignant fut réduit à deux membres : un directeur-professeur et un démonstrateur. En 1780, on adjoignit un professeur à la direction, sans préjudice d'un sous-professeur ou chargé d'aider le directeur à la clinique; en l'an II, ce sous-chef fut remplacé par un professeur adjoint.

La loi de germinal an III institua deux *écoles d'économie rurale vétérinaire,* celle de Lyon et celle de Versailles, et porta le nombre des professeurs, dans chaque école, à six, outre le directeur. Mais cette disposition ne reçut un commencement d'exécution à Lyon qu'à partir de l'an VII. Il en fut de même de l'institution des répétiteurs. En 1801, l'école de Lyon eut cinq professeurs et six répétiteurs, ces derniers choisis parmi les meilleurs élèves.

Un décret de 1813 fit descendre l'école de Lyon au rang d'école de seconde classe au profit de celle d'Alfort qui, seule, pouvait délivrer le diplôme de médecin-vétérinaire; mais l'ordonnance de 1825 remit les écoles d'Alfort et de Lyon et l'École de Toulouse sur le même rang. Enfin le décret de 1866 leur donna la même organisation.

A cette époque, les chaires étaient au nombre de six; outre six professeurs, on comptait trois assistants appelés chefs de service. Aujourd'hui, les chaires, les professeurs ainsi que les assistants, désignés sous le nom de répétiteurs et de chefs de travaux, sont au nombre de dix.

A Lyon, depuis le commencement du XIXe siècle, l'étendue de l'enseignement a quintuplé. Il comprend actuellement l'anatomie descriptive, la tératologie, l'histologie normale, l'anatomie pathologique, l'extérieur des animaux domestiques, la physiologie, la thérapeutique générale, la physique, la chimie, la toxicologie et la pharmacie, la pathologie des maladies contagieuses, la police sanitaire, l'inspection des viandes, la médecine légale et la jurisprudence, la pathologie générale et médicale, la pathologie

Fig. 205. — École vétérinaire de Lyon. (Cour d'honneur.)

chirurgicale et la ferrure, l'obstétrique, la clinique, la zoologie, la botanique et la matière médicale, la zootechnie et l'hygiène générale,

L'enseignement est donné en 900 leçons environ et 300 conférences ou démonstrations pratiques.

Depuis 1761, l'école de Lyon a été dirigée successivement par Bourgelat, l'abbé Rozier et Baroilhet, Péan aîné, Flandrin, Bredin (Louis), Bredin (Claude-Julien), Maffre de Verdts, Rainard, Lecoq, Rodet, Chauveau, Arloing.

Le nombre moyen de ses élèves dans les dix dernières années a été de 163.

Pendant les six premières années de son existence, l'école disposait d'un budget de 17,000 livres environ : 8,000 livres accordées par le roi et 9,000 livres provenant des bénéfices fournis par les hôpitaux. Vers 1768, les ressources de l'École s'élevaient à 24,000 livres par an, dont 9,000 livres provenant du casuel des hôpitaux et 15,000 livres à prendre sur le revenu de la ferme des fiacres de Lyon. Le fermage des fiacres ne tarda pas à être irrégulièrement et imparfaitement payé, de sorte que bientôt les ressources de l'École tombèrent à 15,000 livres.

Fig. 206. École vétérinaire de Lyon. (Galerie de la cour d'honneur.)

La loi du 29 germinal an III portant création de deux écoles vétérinaires attribuait un budget de 80,000 francs à celle de Lyon; mais ce budget ne dépassa pas 60,000 à 65,000 francs en réalité. Sous le premier Empire, il resta inférieur à 100,000 francs et s'éleva, sous la Restauration, à 110,000 francs. Il se maintint à cette somme sous la monarchie de Juillet qui fit de sérieux sacrifices pour améliorer l'installation matérielle de l'école. En 1854, le budget attribué au fonctionnement de l'école atteint 163,861 francs. A la fin du second Empire, il atteint 183,319 francs. Il s'élève graduellement depuis la troisième République; pour les dernières années, le budget moyen est de 321,950 francs.

En raison de l'accroissement du nombre des chaires, les directeurs ont dû modifier et agencer les locaux en vue de l'extension des travaux pratiques dans toutes les branches de l'enseignement (installation et amélioration des laboratoires d'histoire naturelle et de clinique, agrandissement des laboratoires d'anatomie pathologique et de police sanitaire, aménagements de locaux destinés à recevoir les collections, etc.).

Pour loger les services de la chaire de pathologie bovine, comme aussi pour améliorer ceux de la médecine opératoire et de la pharmacie, qui se trouvaient installés dans des conditions insuffisantes et défectueuses, l'école vient d'être dotée d'un important bâtiment neuf dans lequel ont été transférés, cette année même, ces différents services.

Ce transfert a permis, entre autres conséquences avantageuses, d'isoler le service de physiologie de celui d'anatomie et de donner à ce dernier une salle de cours particulière, une seconde salle de dissection et des laboratoires pour le professeur.

La direction de l'école nationale de Lyon qui a su maintenir la grande renommée de l'établissement fondé par Bourgelat avait envoyé à l'Exposition le plan en relief de l'école qui donnait une idée exacte de la disposition générale et extérieure des bâtiments, des cours et des jardins.

MM. Dumousseaux, secrétaire de la direction de l'école vétérinaire de Lyon; Perrier, commis d'administration, et Michel Lévy, régisseur, ont obtenu des médailles de bronze pour la participation de l'école à l'exposition de l'enseignement.

Exposition des chaires.

Chaire d'anatomie descriptive, extérieur du cheval, tératologie. (Médaille d'or : M. Lesbre, professeur.) — En principe, l'anatomie vétérinaire embrasse toutes les espèces domestiques, mais le professeur, M. Lesbre, ne s'occupe que des mammifères; les oiseaux sont l'objet d'une étude suffisante dans le cours de zoologie. On étudie à fond chaque espèce prise pour type : le cheval, par exemple, et on lui compare toutes les autres. Cette manière de faire simplifie et facilite la tâche de l'élève. Chaque leçon est l'objet de préparations spéciales; les pièces préparées sont ensuite laissées à la disposition des élèves. En outre, une collection de squelettes, os isolés, pièces sèches de toutes sortes, pièces artificielles, moulages, dessins, tableaux, est exposée dans les salles de dissection, qui restent ouvertes de 8 heures du matin à 5 heures du soir. Les élèves groupés en sections de 10 à 12 sont obligés d'y venir étudier quatre fois par semaine pendant une heure, durant le premier semestre, c'est-à-dire du 16 octobre au 15 mars. De plus, ils sont exercés le plus souvent possible à la dissection. L'observation directe et réitérée des organes par la manipulation, la dissection, les injections, le dessin, etc., est le meilleur moyen d'arriver à la véritable science anatomique, telle que doit la posséder un médecin ou un vétérinaire. Les moulages, figurations diverses, pièces artificielles quelconques ne sont que des moyens de démontrer ou de récapituler et non d'apprendre.

Le cours d'extérieur est professé aux élèves de première année, en vingt-cinq leçons.

Sauf en ce qui concerne l'âge et les signalements, les animaux autres que les solipèdes tiennent peu de place dans ce cours : ils seront étudiés suffisamment en zootechnie.

La connaissance du cheval demande une expérience et un coup d'œil qui ne s'acquièrent qu'à la longue; aussi, après avoir suivi l'enseignement de l'extérieur, les élèves de première année ont-ils encore beaucoup à observer et à apprendre pour devenir vraiment connaisseurs. C'est pourquoi l'on a institué des examens pratiques d'extérieur à la fin de chacune des quatre années d'études.

Le professeur et le répétiteur font leurs démonstrations sur des animaux vivants que l'on fait entrer dans la salle de cours; ils conduisent les élèves aux hôpitaux de l'école, à la ferme expérimentale et même dans un quartier de cavalerie de la ville.

Fig. 207. — École vétérinaire de Lyon. (Une salle de dissection.)

Le cours de tératologie est professé aux élèves de deuxième année en six ou sept leçons; il a pour but d'initier le vétérinaire aux nombreuses anomalies ou monstruosités qui s'offrent à lui dans l'exercice de sa profession; il sert à des aperçus féconds sur les lois du développement et de l'organisation, car l'anomalie fait valoir la règle.

Les moyens de démonstration consistent en dessins et pièces préparées, conservées au Musée, auxquels s'ajoutent assez souvent des monstres envoyés par les vétérinaires.

Frais du cours. — La somme mise à la disposition du professeur s'élève à 5,000 francs et se répartit ainsi qu'il suit :

Allocations pour le fonctionnement de la chaire	4,300 francs.
Collections	700

Travaux et objets exposés. — *Recherches et publications du personnel enseignant :* Les recherches du professeur sont orientées du côté de l'anatomie comparée ou appliquées à la zootechnie et à la tératologie.

Ouvrages publiés par M. Lesbre : Cours d'anatomie générale (avec M. Arloing); traité des dents et de la connaissance de l'âge des animaux domestiques (avec Cornevin); essai de myologie comparée de l'homme et des mammifères domestiques; projet de réforme de la nomenclature myologique vétérinaire (avec M. Arloing); plusieurs mémoires sur divers muscles envisagés dans la série des mammifères; une étude anatomique comparative du bœuf et du zèbre européen, du mouton et de la chèvre, du lapin et du lièvre; études anatomiques de monstres divers; des études hippométriques, etc.

Parmi les travaux destinés à l'instruction des élèves, il convient d'indiquer la publication, par le professeur, d'un cours lithographié d'extérieur et celle d'un cours lithographié de tératologie.

Objets exposés. — Une collection d'une cinquantaine de moulages anatomiques, peints d'après nature, parmi lesquels il y a lieu de signaler les synoviales des membres du cheval, plusieurs coupes de la tête du cheval ou du bœuf faites en divers sens; le cœur, le foie, le rein, la rate, le testicule dans la série des animaux domestiques, etc.; quelques spécimens de monstres naturalisés.

Chaire de physiologie et thérapeutique générale. (Professeur : M. Arloing, directeur de l'école, hors concours. — Médaille d'argent : M. Guinard, chef de travaux.)

Physiologie. — Le cours théorique comprend 75 à 80 leçons. Pendant le semestre d'hiver, on étudie les fonctions de nutrition et de reproduction. Les leçons sont, le plus souvent, vérifiées par des démonstrations ou des expériences qui peuvent se faire sans imposer de longues interruptions dans le discours; elles sont complétées par des démonstrations expérimentales plus importantes faites par le chef des travaux dans des séances spéciales désignées sous le nom de conférences ou de démonstrations pratiques. Elles ont lieu dans la salle de cours ou au laboratoire.

Ces démonstrations faites sur des animaux divers, sur toutes les fonctions, à l'aide de toutes les méthodes d'exploration, y compris la méthode graphique, initient les élèves aux difficultés et aux règles de l'expérimentation, en même temps qu'elles fixent dans leur esprit le côté théorique des questions.

Pendant le semestre d'été, on étudie les fonctions de relation y compris la mécanique animale. Cette portion de cours est confiée au chef des travaux, le titulaire de la chaire étant chargé de la direction de l'école. Elle est faite selon la même méthode et avec le même esprit que la première partie comprenant les fonctions de nutrition, c'est-à-dire que des dessins, des tableaux, des graphiques, des démonstrations et des expériences viennent éclairer le texte des leçons. A citer, en particulier, des exercices pratiques où les élèves sont exercés à apprécier les allures du cheval tenu en main ou monté. Quelques-uns de ces exercices ont lieu dans un manège de la ville où un écuyer fait assister les élèves aux changements de pied et d'allures, au saut d'obstacles, en un mot aux démonstrations les plus intéressantes sur le cheval envisagé comme moteur.

Thérapeutique générale. — Elle comprend l'étude physiologique expérimentale des médications et des médicaments. Le cours est fait par le chef de travaux, pendant le semestre d'hiver, et il embrasse trente à trente-deux leçons; les leçons sont complétées par des démonstrations. Le chargé de cours s'efforce de mettre sous les yeux des élèves les expériences propres à graver dans leur mémoire les propriétés physiologiques fondamentales des médications principales ou des médicaments principaux. Des dessins, des graphiques, des photographies sont également mis sous les yeux des élèves.

L'outillage du laboratoire de physiologie et de thérapeutique de l'école vétérinaire de Lyon étant très complet, l'enseignement de la chaire revêt un caractère expérimental poussé aussi loin que le temps le permet. Mais on n'admet pas que les élèves fassent eux-mêmes des exercices pratiques: ces exercices sont délicats et comme ils nécessitent l'emploi d'animaux vivants, on croit devoir compter avec les ménagements que l'on doit aux sujets d'expériences et ne pouvoir se permettre de les livrer à des mains inhabiles; il est préférable de montrer aux élèves des expériences bien faites. On pourrait les admettre à des examens microscopiques, spectroscopiques, à faire le dosage de certains principes dans les liquides organiques, mais ces genres d'exercices ont leur place naturelle dans d'autres enseignements.

Fig. 208. — École vétérinaire de Lyon.
(Vue extérieure du service de physiologie.)

Frais de cours. — Les allocations mises à la disposition du professeur pour le fonctionnement de la chaire s'élèvent à 2,500 francs.

Objets et travaux exposés. — *Recherches et publications du personnel enseignant* : M. Arloing a fait envoyer à l'Exposition la plus grande partie de son œuvre écrite à dater de l'Exposition de 1889. Les ouvrages suivants sont à signaler : Les virus; Leçons sur la tuberculose et les septicémies; Le charbon symptomatique. Parmi les nombreux mémoires originaux de M. Arloing, il convient de citer : 1° dans le groupe de la physiologie : cinq mémoires dans lesquels l'auteur fait ressortir l'influence, qu'il a découverte, du nerf grand sympathique cervical sur les secrétions de la peau et de quelques glandes particulières, et sur l'évolution de l'épiderme et de l'épithélium dans la région céphalique; cinq mémoires sur la circulation dont un renferme la démonstration de deux faits mis généralement en doute : la contraction isolée des deux ventricules et le tétanos du muscle cardiaque; deux mémoires sur la toxicité de la sueur ou des produits secrétés par la peau; enfin, un long article, publié dans le dictionnaire de physiologie, contenant les particularités de la physiologie du cheval; — 2° dans le groupe de la physiologie expérimentale : une série de notes sur la péripneumonie contagieuse d'où sont sortis plusieurs faits intéressants concernant la production expérimentale de la péripneumonie, l'évolution des lésions et la possibilité d'obtenir un sérum préventif. L'auteur a cultivé le microbe spécifique de la maladie, comme le démontrent les lésions qu'il a obtenues par l'inoculation des cultures. Des notes où se trouve indiqué, pour la première fois, que certains produits sécrétés par des microbes sont des diastases; plusieurs mémoires sur le sérum antidiphtérique, le mécanisme de son action, la meilleure voie d'introduction pour obtenir le maximum de ses effets; des travaux sur la production d'un sérum contre le charbon symptomatique et un nouveau procédé de vaccination contre cette maladie; une série de notes ou de mémoires sur le bacille de la tuberculose, ses transformations et la démonstration de son agglutinabilité par le sérum des hommes ou des animaux tuberculeux. Cette découverte fournit un élément de diagnostic précieux dans le cas où la tuberculose est difficile à déceler.

Fig. 209. — École vétérinaire de Lyon. (Une salle du service de physiologie.)

M. Guinard, chef de travaux, avait exposé les travaux suivants : Traité de thérapeutique; Tératologie; Recherches sur l'apomorphine; mémoires divers sur la physiologie, la thérapeutique expérimentale, la toxicologie et la pathologie.

Objets exposés. — Parmi les objets exposés se trouvaient : un plan en relief permettant de voir la disposition intérieure du laboratoire; l'outillage pour l'application de la méthode graphique, de l'électricité, pour la contention des animaux, pour la chimie biologique : quelques spécimens d'instruments originaux notamment : l'appareil de Chauveau pour l'étude des courants divers sur les nerfs moteurs ou les muscles avec graduation automatique, les sondes cardiographiques et l'hémodromographe de Chauveau; un aérodromographe de Toussaint, un pneumographe de Guinard; une pompe à mercure

IMPRIMERIE NATIONALE.

de Chauveau modifiée par Guinard; un analyseur bactériologique d'Arloing, un flamen-tachographe de Kriès adapté à l'étude de la vitesse du sang dans les artères par Arloing: un dessin montrant une disposition ajoutée, par M. Arloing, au microscope d'un appareil microphotographique, pour la mise au point lorsqu'on fait usage de forts grossissements; des graphiques des phénomènes de la circulation du sang chez les grands animaux : un tracé de vitesse et de pression dans la carotide du cheval; un tracé cardiographique pris sur le même animal; des tableaux de photographies fixant les attitudes caractéristiques prises par les animaux soumis aux effets de quelques poisons, présentés par M. Guinard; une série d'aquarelles montrant les résultats acquis par M. Arloing dans ses recherches scientifiques sur la physiologie des nerfs excito-sécrétoires, sur la toxicité de la sueur, sur la péripneumonie contagieuse du bœuf.

Fig. 210. — École vétérinaire de Lyon; service de physiologie. (Laboratoire des appareils graphiques.)

En raison de sa qualité de Directeur de l'École de Lyon, le Jury supérieur de l'Exposition n'a pas maintenu à M. Arloing la médaille d'or que le Jury de la Classe 5 lui avait attribuée pour sa remarquable exposition et pour ses travaux scientifiques si renommés.

Chaire de physique, chimie, pharmacie. (Médaille d'argent : M. Porcher, professeur.) — L'enseignement de la troisième chaire comprend la physique, la chimie et la pharmacie.

Le cours comprend de 80 à 85 leçons. Le programme pour chaque matière ne peut être fixé qu'à deux ou trois leçons près et il lui faut une certaine élasticité, assez limitée cependant, car il y a des points intangibles qui constituent les bases de l'enseignement de la chaire. Le professeur développe parfois plus particulièrement un sujet à l'ordre du jour, ou dont l'importance lui apparaît plus grande que les années précédentes.

Le niveau des études d'entrée dans les écoles vétérinaires permet au professeur de passer rapidement sur les commencements de la chimie minérale (métalloïdes), ce qui lui donne la faculté d'examiner les questions ayant de l'importance en médecine et en pharmacie. L'étude des métaux demande de l'application, car elle n'a pas été faite par tous les élèves dans leurs études antérieures. Le professeur néglige de parti pris tout ce qui a trait à la métallurgie et aux usages industriels, mais il s'appesantit sur l'étude des sels, au point de vue que l'on peut qualifier de pharmaceutique, car elle comprend l'examen des caractères de pureté et la recherche des falsifications.

Le professeur s'occupe de l'étude toxicologique des composés minéraux. La recherche du poison n'est qu'une question d'analyse, basée sur les principales réactions du corps, et il est logique, après l'étude théorique de ces dernières, d'en faire l'étude pratique appliquée à un but déterminé; cette manière de faire simplifie l'étude de la toxicologie.

Comme exercices pratiques, des manipulations portant sur l'analyse des sels par voie humide, la recherche de pureté des médicaments simples, complètent l'enseignement chimique de la première année.

Fig. 211. — École vétérinaire de Lyon. (Service de chimie.)

Tous les élèves en entrant à l'école ont déjà étudié plusieurs points d'une manière suffisante; cela permet de consacrer la plus grande partie du temps à l'examen des grandes questions qui ne sont qu'effleurées ou même délaissées dans le programme de l'enseignement secondaire : physique moléculaire, hydrodynamique, thermodynamique, radiations, optique, physique, induction, etc.

L'enseignement de la physique est manifestement orienté dans le sens des études médicales et agricoles. Il sert souvent de préambule à celui de la physiologie. Mais il est des questions neuves pour beaucoup d'élèves qui sont traitées avec plus de détails, étant donnée leur importance au point de vue des choses générales de la médecine. C'est ainsi que l'on réunit en un tout qui semble homogène tous les points relatifs aux dissolutions auxquelles on rattache les questions traitant de la pression osmotique, de la cryoscopie et de l'ébullioscopie, qui sont de premier ordre en physiologie.

Les radiations dont le chapitre particulier, la spectroscopie, a ses applications continuelles dans l'étude des pigments (hémoglobine et ses dérivés, etc.) sont examinées assez longuement sur toutes leurs faces, phosphorescence et fluorescence notamment.

En électricité, le professeur s'attache particulièrement aux questions traitant de l'électrolyse, des courants à haute fréquence et des décharges dans les gaz raréfiés.

La chimie organique est une chose à peu près neuve pour la plupart des élèves et, par conséquent, l'enseignement doit en être complet au point de vue théorique et pratique. La partie théorique comprend l'étude des principales fonctions suivant l'ordre de leur complexité croissante. En parlant des aldéhydes, le professeur commence l'examen par l'aldéhyde formique et il montre le rôle de celle-ci dans l'assimilation des hydrates de carbone chez les plantes. Les questions qui traitent de la purine et de ses dérivés (acide urique, etc...), des sucres, permettent de toucher à certains côtés de la chimie physiologique pourvus d'un grand intérêt.

Quand un corps est très employé en pharmacie, le professeur indique les médicaments principaux dont il est la base ainsi que ses incompatibilités. La chimie physiologique, comprenant l'étude du sang, du lait, de la bile et de l'urine, est étudiée en détail.

Exercices pratiques. — Les manipulations de deuxième année, à côté de l'analyse d'un sel dont l'acide sera minéral ou organique et de la recherche de la pureté d'un médicament, comprennent l'analyse d'une urine au point de vue normal et pathologique. Le cours de deuxième année se termine avec la chimie biologique; c'est l'étude des fermentations faite en montrant qu'elle n'est qu'une introduction à la pathologie tout entière.

Le cours de toxicologie ne comprend que l'examen des méthodes générales de la recherche des poisons. L'étude d'un composé se faisant également au point de vue toxicologique s'il y a lieu, on répartit ainsi sur l'ensemble des cours un tout qui serait parfois aride s'il n'était divisé.

Dans la pharmacie, le point important est l'art de formuler, lequel exige deux ou trois leçons. Quant au reste, il comprend l'examen des diverses formes pharmaceutiques et la manière de les obtenir. Il est fait à la salle de travaux pratiques des conférences servant de préambule à des manipulations, au cours desquelles les élèves préparent les médicaments composés dont on vient justement de les entretenir. Si l'art de formuler peut être enseigné à la fin de la deuxième année, ces manipulations seront faites au commencement de la troisième année, alors que l'élève vient d'entrer aux hôpitaux et peut être appelé au service de la pharmacie.

Frais du cours. — Les allocations mises à la disposition du professeur pour le fonctionnement de la chaire s'élèvent à 2,500 francs.

Objets exposés. — La chaire de physique avait exposé un certain nombre de belles épreuves radiographiques sur verre représentant des organes profonds à l'état normal et à l'état pathologique.

Chaire de pathologie des maladies contagieuses, police sanitaire, législation commerciale et médecine légale, inspection des abattoirs, des animaux et des viandes de boucherie. (Médaille d'or : M. Galtier, professeur; médaille d'argent :

M. Rabieaux, répétiteur chef de travaux.) — Ces trois matières différentes et d'inégale étendue qui sont comprises dans le titre ci-dessus composent l'enseignement de la quatrième chaire.

La première partie de l'enseignement (maladies contagieuses et police sanitaire) comprend les maladies réputées contagieuses.

L'enseignement théorique comprend une partie générale et une partie spéciale. Avant de décrire, une à une, les maladies inscrites dans la législation sanitaire, le professeur rappelle les caractères généraux qui leur sont communs; il étudie la contagion, son mécanisme, ses modes, la pathologie, l'immunité et les moyens de la produire, les moyens de diagnostic; puis il décrit les moyens propres à empêcher la transmission des maladies, c'est-à-dire les mesures générales de police sanitaire telles que la déclaration, la visite

Fig. 212. — École vétérinaire de Lyon.
(Service de pathologie des maladies contagieuses.)

sanitaire, le recensement, la marque, l'isolement, le cantonnement, la séquestration, la mise en quarantaine, l'estimation, l'indemnisation, les inoculations préventives, l'abatage, les procédés de destruction des cadavres, les mesures de désinfection; il fait enfin connaître aux élèves le régime sanitaire, les rouages divers qui interviennent dans l'application de la police sanitaire, l'organisation et le fonctionnement des services sanitaires, la règle et les mesures applicables à l'importation, au transit et aux transports des animaux. Après avoir ainsi fait une étude générale, synthétique, sur les caractères communs aux maladies contagieuses et sur la police sanitaire, dans laquelle sont étudiés les microbes pathogènes au point de vue de leur organisation, de leur préparation, de leur culture, de leurs habitudes, de leur résistance aux agents physiques et chimiques, de leurs sécrétions, de leur rôle, le professeur fait, dans une seconde partie, l'étude spéciale de chaque maladie, en la décrivant aussi complètement que le comporte l'état actuel des connaissances acquises. Les maladies sont donc étudiées une à une au point de vue de leurs caractères propres, de leur étiologie, de leur diagnostic, de leur prophylaxie et de leur police sanitaire spéciale.

Cette façon de procéder a paru préférable en vue d'éviter des redites fastidieuses et pour mieux faire saisir aux élèves les raisons qui ont motivé les mesures édictées par la législation.

L'enseignement théorique est donné d'après les doctrines nouvelles, et, toujours, les découvertes les plus récentes y figurent à leur place respective; il est rendu plus démonstratif par la présentation de malades, de pièces, de dessins, de photographies et de préparations microscopiques. Les moyens et procédés de diagnostic sont l'objet d'une étude complète avec démonstration à l'appui.

Enseignement pratique. — L'enseignement théorique est complété par un enseignement pratique incessant, qui comporte des conférences et des exercices divers, des exercices de clinique, des autopsies, des démonstrations microscopiques, des exercices de bactériologie consistant en préparations, colorations et culture des microbes, des inoculations, des vaccinations, des rédactions de procès-verbaux et de rapports.

Fig. 213. — École vétérinaire de Lyon. (Cour des hôpitaux, côté sud.)

L'enseignement de la législation commerciale et de la médecine légale vétérinaire est également théorique et pratique; outre les leçons sur les doctrines et la jurisprudence, les élèves sont initiés à la mise en pratique des règles de droit par des conférences et par la rédaction de procès-verbaux ou de rapports sur les cas litigieux qui se présentent dans la clientèle de l'école. Les élèves apprennent, dans cette partie de l'enseignement, les règles de droit qu'ils doivent connaître pour devenir les conseillers utiles et les guides sûrs des agriculteurs lorsque les tribunaux, qui les nomment experts, les chargent de constater et d'apprécier certains faits, leur demandent des avis sous forme de consultations, ou leur confient le rôle d'arbitres. C'est dans cette branche de l'enseignement que les élèves sont initiés, non seulement aux dispositions légales qui régissent le commerce et l'usage des animaux, le droit et les obligations des parties, leur responsabilité, la procédure, mais encore à celles qui régissent l'exercice de leur profession, la responsabilité, les devoirs et les droits du vétérinaire.

L'enseignement relatif à l'inspection des abattoirs, des animaux et des viandes de boucherie, est donné de façon à apprendre aux élèves : la surveillance sanitaire des abattoirs, tueries et marchés d'approvisionnement; la recherche et la constatation des maladies contagieuses en vue de prévenir leur propagation; la connaissance et la détermination des viandes insalubres, dangereuses à manipuler, dangereuses pour le consommateur à un titre quelconque. Des leçons théoriques sont faites sur cette partie de l'enseignement, avec démonstrations pratiques au moyen de pièces conservées, d'échantillons saisis aux abattoirs, de préparations microscopiques, de dessins et de photographies; mais l'inspection des abattoirs, des animaux et des viandes, est surtout apprise aux élèves, dans de fréquentes visites aux abattoirs de la ville, sous la conduite du professeur ou du chef des

Fig. 214. — École vétérinaire de Lyon. (Cour des hôpitaux, côté nord.)

travaux. L'enseignement théorique et pratique est donné avec la constante préoccupation de mettre les élèves en état : de savoir conjurer les infections et les contagions, de jouer un rôle de la plus grande utilité dans les services sanitaires, dans les services d'inspection, dans les commissions et conseils d'hygiène; de devenir les conseillers éclairés et sûrs des administrations, de la justice et des propriétaires d'animaux.

Frais du cours. — La somme mise à la disposition du professeur s'élève à 2,500 fr.; son emploi se répartit comme il suit :

Hôpital sanitaire	700 francs.
Excursions	200
Divers	1,100
Collections	500
TOTAL	2,500

Objets et travaux exposés. — *Travaux du professeur.* — Traité des maladies contagieuses et de police sanitaire; législation commerciale et médecine légale vétérinaire; manuel d'inspection des viandes; Pleuropneumonie septique des grands ruminants; Traité de la rage.

Objets exposés. — Collection de photographies microbiennes sur verre, préparées par le chef de travaux; une série de dessins et aquarelles représentant les lésions des principales maladies contagieuses du cours, ainsi que les publications scientifiques faites par le professeur. Les travaux exécutés en vue de l'enseignement comprennent la préparation et la conservation de pièces anatomo-pathologiques inhérentes à la chaire. Des photographies et des dessins ainsi que des exercices pratiques de bactériologie clinique.

Chaire de pathologie générale, pathologie interne et clinique médico-chirurgicale. (Médaille d'or : M. Cadéac, professeur.) — L'enseignement de la 5e chaire embrasse l'étude de la pathologie générale, de la sémiologie et de la pathologie interne. Il comprend également la clinique interne, c'est-à-dire l'étude des malades amenés à la consultation et celle des sujets (chevaux ou chiens) laissés en pension dans les hôpitaux.

Fig. 215. — École vétérinaire de Lyon.
(Laboratoire pour les manipulations de bactériologie.)

La pathologie générale, dit ce professeur, embrasse l'étude de la maladie dans ce qu'elle a de plus simple et de plus élevé, de plus tangible et de plus abstrait. Cette branche de la pathologie, sorte de dictionnaire pathologique, renferme à la fois le vocabulaire et la philosophie de la médecine. Il faut rendre cet enseignement fructueux en employant toujours des mots simples, faciles à comprendre, en définissant clairement tous les mots techniques qui sont de nature à dérouter les élèves. Le professeur montre comment la maladie se développe, comment le trouble nutritif d'où elle procède, dont elle est l'expression, peut naître, persister, disparaître, reparaître, subir des oscillations, revêtir une allure aiguë ou une allure chronique. Sans personnifier la maladie, il y a avantage à frapper l'esprit des élèves en leur montrant un trouble morbide en lutte avec l'organisme dont les diverses fonctions s'efforcent de conjurer les funestes effets des désordres morbides.

L'étude des causes, de l'avis de M. Cadéac, est la plus problématique de la pathologie; elle est hérissée d'hypothèses et aboutit souvent à l'indifférence, à l'incrédulité, si l'on ne s'efforce de montrer constamment, par des exemples, la justesse des observations, des expériences et même des raisonnements.

Le professeur s'attache à mettre en évidence, en étiologie, le rôle de l'individu et le rôle du milieu.

Fig. 216. École vétérinaire de Lyon. (Cours de clinique.)

M. Cadéac profite des hasards de la clinique et des moyens fournis par les cultures ou l'inoculation pour en démontrer la justesse; l'expérimentation permet ainsi de faire d'un cours doctrinal et philosophique un cours essentiellement pratique. Il souhaiterait que les ressources budgétaires fussent suffisantes pour permettre aux élèves d'expérimenter eux-mêmes sur une vaste échelle, afin de s'initier à l'étude de toutes les maladies inoculables aux petits animaux.

Après avoir envisagé les causes des maladies et le terrain de la maladie, il paraît indispensable au professeur d'étudier en détail les moyens de défense de l'organisme. L'étude des symptômes repose essentiellement sur l'observation attentive des malades. Les méthodes ou les moyens d'observation sont extrêmement nombreux. Il est indispensable que l'élève les connaisse d'une manière parfaite afin qu'il sache utiliser toutes les ressources dont il dispose dès qu'il est mis en présence d'un malade. Dès le commencement de la 3e année, les élèves sont exercés à observer et à décrire ce qu'ils voient, ce qu'ils touchent; ils s'efforcent d'arriver au diagnostic des maladies parasitaires par l'examen clinique complété de l'examen microscopique qui rectifie les erreurs commises. Ils suivent les symptômes pas à pas; ils les voient grandir, se modifier, disparaître avec la lésion; ils en observent toutes les nuances et apprennent à distinguer la valeur d'un même symptôme lié à ses maladies différentes.

Des exemples nombreux tirés de la clinique et mis sous les yeux des élèves viennent appuyer l'enseignement théorique. Les élèves apprennent à observer, à recueillir les symptômes, à découvrir leur enchaînement et leur ordre de succession, à en tirer des indications au point de vue de l'avenir du malade et du traitement qu'il convient d'instituer pour rétablir l'état physiologique.

Le cours de pathologie interne comprend la description des maladies, c'est-à-dire une série de tableaux suffisamment précis ou complets pour permettre de distinguer ces maladies entre elles. En maintes circonstances, il faut savoir se contenter du trait saillant, distinctif, caractéristique, pour arriver à cette affirmation. L'idée générale qui domine le cours est l'idée microbienne ou parasitaire. La pathologie vétérinaire n'est qu'une pathologie comparée restreinte aux animaux domestiques. Par la nature de leur système dentaire, les carnivores sont nettement séparés des solipèdes, les solipèdes des ruminants. Les différences qui existent dans ce caractère essentiel ou dominateur s'accompagnent de différences corrélatives de la nourriture, de l'appareil digestif, de l'appareil musculaire, du sang et de tous les appareils. L'histoire naturelle fait pressentir qu'il y a autant de pathologies que d'espèces animales. L'observation et l'expérimentation confirment cette manière de voir.

L'intensité des maladies offre les mêmes variations que l'intensité de la vie. Il y a des ébauches de maladies comme il y a des ébauches d'organisation. Chaque maladie atteint un nombre variable d'espèces; il en est bien peu dont l'universalité soit la règle.

Certains organismes refusent de se laisser infecter par un germe, un parasite, d'autres n'accordent à l'infection qu'un consentement passager; quelques-uns seulement se montrent largement hospitaliers. Toutes ces différences sont extrêmement suggestives; le professeur s'efforce de faire ressortir qu'elles constituent en pathologie comparée des signes essentiels ou dominateurs.

Le professeur a organisé un service photographique destiné à recueillir tous les signes intéressants, tous les caractères saillants des maladies, afin de les mettre sous les yeux des élèves. La chaire possède une collection photographique importante qui permet de faire étudier certaines maladies, comme on étudie l'histoire naturelle. D'un côté à l'aide des photographies, de l'autre, à l'aide des malades eux-mêmes, le cours de pathologie, qui est généralement un cours didactique sans beaucoup de portée, devient un cours pratique et fructueux. Les élèves ont aussi à leur disposition la belle et importante collection de moulages constituée à l'École sous la direction de M. Cadéac.

La clinique journalière est par excellence l'enseignement pratique de tous les jours; elle est en grande partie faite par les élèves sous la surveillance du professeur. Les élèves sont chargés à tour de rôle d'interroger le propriétaire, de recueillir les renseignements, de choisir parmi ces derniers ceux qui ont une valeur, de les distinguer, de les séparer de ceux qui sont inutiles. Ils examinent les malades, les palpent, les percutent, les auscultent, etc.; quand l'élève a bien examiné le malade, il expose devant ses camarades le résultat de ses investigations; il indique la valeur des symptômes qu'il a observés, il établit le diagnostic de la maladie et la différence de toutes celles qui peuvent s'en rapprocher; il donne son appréciation sur la gravité de la maladie et sur les moyens les plus propres à la combattre.

Quand il a terminé son exposé, d'autres élèves, qui ont examiné le même malade, indiquent leur manière de voir, font des objections qu'ils cherchent à faire prévaloir. Le professeur intervient et résume tous les faits se rapportant au sujet qui a fait l'objet de cette discussion.

Fig. 217. — École vétérinaire de Lyon. (Service des cliniques; infirmerie canine.)

Cet enseignement comporte 32 leçons de pathologie générale professées annuellement et 120 leçons de pathologie interne professées en deux ans à la 3e et à la 4e année. A cet enseignement, il faut joindre la clinique et les opérations journalières.

Frais du cours. — La somme mise à la disposition du professeur s'élève à 1,200 francs dont l'emploi se répartit comme il suit :

Allocations pour le fonctionnement de la chaire	900 francs.
Collections	300
Total	1,200

Travaux et objets exposés. — *Travaux du professeur.* — M. Cadéac a publié un résumé des connaissances indispensables aux vétérinaires, l'Encyclopédie vétérinaire, qui compte 21 volumes. En dehors de l'Encyclopédie vétérinaire, le professeur a publié, en collaboration avec le docteur Meunier, de nombreuses recherches sur les essences et sur l'étude de l'alcoolisme.

Objets exposés. — Parmi les pièces qui appartiennent à la collection d'anatomie pathologique et qui ont figuré à l'Exposition, il convient de signaler : la mélanose de l'épiploon; la torsion du gros intestin; la torsion de la caillette chez le veau; la torsion de l'intestin grêle chez le cheval; le chondrome de la paroi thoracique et du poumon chez le chien; diverses pièces reproduisant des animaux entiers et destinées à montrer les rapports de la cavité thoracique et abdominale, soit 48 pièces représentant les principales altérations qu'on rencontre chez le cheval, le bœuf et le chien.

Chaire de pathologie chirurgicale, manuel opératoire, ferrure et clinique médico-chirurgicale. (Médaille d'or : M. Puech, professeur.)

Cours théorique. — Le cours théorique de médecine opératoire est suivi par les élèves qui commencent la 3e année d'études. Il comprend deux parties : l'une traite des opérations en général, de l'asepsie et de l'antisepsie, et l'autre, des opérations étudiées par régions : tête, tronc et membres. La description de chaque opération comprend l'anatomie de la région, la technique, l'exposé sommaire des suites, excepté la castration des phanérorchides, mâles et femelles, et des cryptorchides dont les accidents sont étudiés d'une manière complète et définitive.

Fig. 218. — École vétérinaire de Lyon.
(Service de pathologie chirurgicale et de pathologie médicale.)

D'autre part, en raison de l'importance des opérations du pied, il est nécessaire d'exercer immédiatement les élèves à la technique; dès lors, ces opérations sont décrites immédiatement après l'asepsie et l'antisepsie. Ce cours se fait en 35 leçons réparties comme il suit : opérations en général, 5; opérations en particulier, 30.

Les élèves de 3e année sont exercés à la pratique des opérations du pied et à l'application des pansements, dès le commencement de l'année. Pendant le 2e semestre de l'année scolaire, ils font des saignées et placent des sétons.

Les élèves de 4e année pratiquent toutes les opérations dites de grande chirurgie, partie sur le cheval vivant et partie sur le cadavre. A la clinique, ils pratiquent la castration du chien et de la chienne et parfois celle du cheval; ils appliquent des pansements ou des bandages pour les diverses lésions traumatiques; ils mettent des feux.

Le cours de ferrure est suivi par les élèves de 3e année; il comprend une partie théorique et une partie pratique, celle-ci est faite, dans l'atelier des forges, par le chef d'atelier sous la direction du professeur, assisté du chef des travaux, et à la clinique, d'une manière en quelque sorte incessante, par le professeur et le chef des travaux.

L'enseignement théorique comprend deux parties : ferrure normale et ferrure pathologique, précédées de l'historique de la ferrure et de considérations sur la morphologie et la physiologie du pied du cheval. Cet enseignement, ainsi entendu, a essentiellement pour but d'initier les élèves à la pratique rationnelle de la ferrure des équidés domestiques et même des bovidés basée sur l'anatomie et la physiologie du pied, ainsi que sur l'aplomb plantaire. Ainsi préparés, les élèves peuvent remplir utilement le rôle dévolu au vétérinaire, qui doit être le conseiller autorisé ou naturel de l'éleveur, du propriétaire ou de l'autorité militaire en matière de ferrure, en même temps que le guide de l'ouvrier maréchal.

Fig. 219. — École vétérinaire de Lyon.
(Salle du service de pathologie chirurgicale.)

Exercices pratiques. — 4e année divisée en sections pour l'étude des collections de ferrure, une séance d'une heure un quart par semaine; 3e année, divisée en sections pour exercices de ferrure ou démonstrations, une séance d'une heure un quart par semaine. Les démonstrations alternent avec les opérations.

Pathologie chirurgicale. — Les maladies chirurgicales des équidés domestiques (maladies du sabot, efforts de tendons, synovites, arthrite, ostéite, lésions traumatiques des tissus ou des appareils, etc.) sont fréquentes; la plupart peuvent devenir graves, nécessiter même l'abatage de l'animal, surtout lorsqu'elles sont méconnues ou irrationnellement traitées. Pour ces motifs, il est essentiel d'exercer les élèves au diagnostic de ces maladies et à la pratique éclairée d'un traitement économique. Il faut les initier à la connaissance approfondie des maladies chirurgicales et à la thérapeutique chirurgicale, en ne perdant jamais de vue que la médecine vétérinaire doit être simple dans ses moyens.

Le cours de pathologie chirurgicale comprend un enseignement théorique et un enseignement pratique. A cet enseignement pratique s'ajoutent ceux de la médecine opératoire et de la ferrure. Ces trois ordres de travaux pratiques sont connexes en ce sens qu'ils consistent dans l'application de la thérapeutique chirurgicale. Le cours comprend 77 leçons théoriques, savoir : 17 sur la pathologie chirurgicale générale, 60 sur la pathologie chirurgicale spéciale.

Exercices pratiques. — Les élèves de 3e et 4e année sont exercés chaque jour, à la clinique, aux différentes opérations que comportent le diagnostic et le traitement des maladies professées dans le cours.

Frais du cours. — Une somme de 5,000 francs est mise à la disposition du professeur; son emploi se répartit comme il suit :

Allocations diverses	4,710 francs.
Collections	290
Total	5,000

Travaux et objets exposés. — *Recherches et travaux du professeur.* — M. le professeur Puech a été chargé par le Ministre de l'agriculture de diverses missions relatives à la clavelée dans le littoral méditerranéen et en Algérie (1881), à la péripneumonie en France (1891), à la fièvre charbonneuse du cheval (épizootie de Montauban, 16e escadron du train des équipages, 1882); à la dourine, dans les Basses-Pyrénées, en 1890. Dans le nouveau dictionnaire pratique de médecine, de chirurgie et d'hygiène vétérinaires, M. Puech a publié un grand nombre d'articles dont nous citerons quelques-uns : *Hyovertébrotomie, Invagination, Opérations chirurgicales, Pansements, Péripneumonie contagieuse des bovidés, Peste bovine, Piétin, Police sanitaire vétérinaire.*

Depuis qu'il est titulaire de la chaire, M. le professeur Puech a fait diverses recherches expérimentales sur la cautérisation par le fer rouge, sur les injections iodées, sur la castration du cheval, etc.

Objets exposés. — Parmi les objets que la chaire a fait exposer, il convient de signaler un moulage de sabot de cheval détérioré par des ferrures vicieuses; le même moulage après une année pendant laquelle la ferrure a été pratiquée suivant les principes enseignés par le professeur Puech, c'est-à-dire : sabot paré en enlevant seulement de la muraille la corne qui a poussé depuis la précédente ferrure, sans toucher à la fourchette ni à la sole, ni aux barres; sabot antérieur d'un cheval de gros trait ferré normalement; fers antérieurs et postérieurs pour cheval de trait; coupe médiane antéro-postérieure du pied du cheval; coupe transversale parallèle à la pince passant par la pointe de la fourchette; plan supérieur du pied après désarticulation de la deuxième phalange.

Ces moulages font partie de la collection pour l'enseignement de l'anatomie chirurgicale du pied; ils ont été exécutés par M. Sauve, chef d'atelier des forges à l'École nationale vétérinaire de Lyon, et peints par le professeur; appareil de M. Sauve, précité, pour l'étude de la répartition des pressions plantaires dans le sabot du cheval.

Chaire d'histoire naturelle et matière médicale. — *Cours de zoologie.* — L'enseignement de la zoologie est donné de la manière suivante par M. le professeur Faure, titulaire de la chaire d'histoire naturelle.

Leçons théoriques. — Le cours peut se subdiviser en trois parties principales : après deux leçons dans lesquelles il est donné une idée d'ensemble sur l'organisation générale des animaux, suit l'étude de divers types ou embranchements, basée surtout sur des faits généraux de l'organisation et de la classification. C'est comme une revision des connaissances zoologiques que possèdent les élèves à leur entrée à l'école, revision associée à un complément de notions indispensables pour comprendre la suite du cours, Dans cette première partie de six leçons, il est question de tous les embranchements; quelques-uns, dont l'étude est peu importante au point de vue de l'enseignement vétérinaire, sont traités succinctement et définitivement.

Dans une deuxième partie, on envisage les vertébrés, surtout les mammifères; les oiseaux et quelques autres classes sont étudiés avec plus ou moins de détails. Le professeur s'efforce, dans cette partie du cours, d'adapter les grands faits de l'anatomie comparée aux études vétérinaires. C'est ainsi qu'on arrive à donner aux élèves des indications précieuses au point de vue de la place des animaux domestiques dans la nature et de l'organisation des animaux vertébrés, en ce qui peut éclairer et compléter utilement les études d'anatomie et de physiologie vétérinaires. L'anatomie comparée des oiseaux est étudiée au point de vue des applications.

Il est fait aussi une place à la description des espèces utiles, ainsi qu'aux animaux venimeux. Dans cette seconde partie, en dehors des vertébrés, il est question des arthropodes et particulièrement des insectes.

Les leçons de cette seconde partie du cours sont faites en développant, à propos de chaque groupe animal étudié, les seuls points dont la connaissance est jugée indispensable; de là, une grande inégalité dans le temps consacré à des groupes de même importance zoologique.

Enfin, dans une troisième et dernière partie plus spécialement appliquée à la pathologie, le cours se poursuit par l'étude aussi complète qu'il est nécessaire des parasites appartenant aux divers groupes zoologiques, arthropodes, vers, protozoaires.

Exercices pratiques. — Les exercices pratiques sont organisés de manière à correspondre avec les diverses parties du cours. Examen de pièces du musée concernant l'anatomie comparée. Dissection de divers types et particulièrement d'oiseaux dont l'étude offre un intérêt au point de vue de la profession vétérinaire. L'anatomie comparée des oiseaux, faite dans le cours de zoologie, complète utilement l'enseignement de la chaire d'anatomie des animaux domestiques. Un vétérinaire doit être à même de faire l'autopsie d'un oiseau et capable de reconnaître les organes afin de pouvoir juger de leurs altérations pathologiques. L'étude pratique des parasites se poursuit soit à l'aide de dissections et d'examens de collections, soit à l'aide de préparations microscopiques. Il importe que les parasites principaux, causes d'affections graves, soient reconnus sans hésitation par les élèves, et cela sous les divers aspects qu'ils peuvent offrir.

Cours de botanique. — Le cours débute par une revision complète des connaissances botaniques des élèves portant surtout sur la partie de la morphologie végétale indispensable à l'étude des familles phanérogames et cryptogames. Dans ces leçons, les exemples choisis sont pris parmi les espèces vulgaires.

Fig. 220. — École vétérinaire de Lyon. (Jardin botanique.)

Suivent les notions, réduites aux parties essentielles, d'anatomie et de physiologie végétales, qui, indépendamment de leur utilité propre, constituent une préparation profitable aux études d'anatomie générale et d'histologie animales. La vie végétale dans les formes supérieures et inférieures est, d'autre part, indispensable à connaître pour comprendre les grands faits de la culture des plantes et le mode d'existence des végétaux inférieurs parasites des animaux et des plantes.

Après une étude générale des classifications, le cours se continue par la botanique descriptive. Les familles les plus importantes sont seules traitées, la connaissance des autres est acquise dans les exercices pratiques, particulièrement aux herborisations.

Les exercices pratiques de botanique comprennent les herborisations, sur lesquelles il est inutile d'insister sauf pour faire remarquer que, loin de chercher à faire connaître aux élèves un très grand nombre d'espèces, on cherche surtout à leur donner une connaissance très exacte des plantes les plus utiles à connaître : espèces fourragères, plantes vénéneuses. Les exercices au laboratoire portent tout d'abord sur l'analyse, la détermination des plantes fraîches ou d'échantillons secs de fruits, graines et fourrages. Il est indispensable, si l'on veut que l'enseignement soit profitable, de familiariser les élèves avec la manipulation des espèces utiles. On évite ainsi, d'après le professeur, cet effort de mémoire qu'on croit généralement indispensable à l'acquisition des connaissances botaniques. En outre, par des examens microscopiques d'organes, de tissus ou de plantes cryptogames, l'élève commence à connaître le maniement du microscope et se prépare ainsi aux études histologiques de la deuxième année. Le jardin botanique de l'école, continuellement à la disposition des élèves, leur permet de s'exercer personnellement à l'observation des plantes.

Matière médicale. — L'enseignement de la matière médicale comprend seulement l'étude et la description des drogues tirées des végétaux et des animaux. Déjà, dans les cours de zoologie et de botanique, on insiste sur les applications médicales, et c'est uniquement le médicament proprement dit qui est étudié ici. Les leçons groupent simplement les médicaments et les exercices sont dirigés de manière à faire connaître pratiquement les drogues les plus importantes. On compare et on caractérise celles qui peuvent être confondues, et tout cet enseignement est conduit vers une fin essentiellement pratique.

Frais du cours. — Une somme de 1,000 francs est mise à la disposition du professeur; son emploi se répartit ainsi :

Frais d'herborisations	100 francs.
Allocations pour les jardins, parcs et serres	300
Divers	400
Collections	200
Total	1,000

Chaire d'hygiène et de zootechnie. (Médaille d'argent : M. Boucher, professeur.) — *Hygiène générale.* — Ce cours professé aux élèves de troisième année est adapté de manière à être une préparation aussi fructueuse que possible à l'enseignement de la zootechnie, qui rentre dans le programme d'études de la quatrième année.

Cours théoriques. — Le professeur traite des moyens propres à assurer la conservation de la santé des animaux et à les mettre en état d'être exploités avec le plus d'économie et de profit possibles. En d'autres termes, il montre la manière dont il faut gouverner la machine animale pour la maintenir dans les conditions du meilleur fonctionnement, abstraction faite de la destination qui lui est départie dans les multiples spéculations de l'industrie zootechnique. Il étudie successivement les divers agents ou modificateurs de l'hygiène : le sol, l'eau, l'air et l'atmosphère, les climats, les habitations, les soins corporels, les harnais, les aliments et l'alimentation.

L'enseignement doctrinal est facilité, vérifié en quelque sorte, par l'exposition de dessins et de tableaux muraux, dressés sous la direction du professeur, par des appareils ou des pièces préparées ou moulées, et aussi par la distribution aux élèves de feuilles où se trouvent mentionnés le sommaire de la leçon et les principaux documents que nécessitent les démonstrations.

IMPRIMERIE NATIONALE.

Exercices pratiques. — La partie pratique comporte douze exercices. Ceux-ci ont lieu pendant le semestre d'été, soit au laboratoire, soit dans des établissements particuliers, soit encore dans les bâtiments des hôpitaux de l'école.

Ces exercices ont une durée d'une heure un quart et sont toujours précédés d'une conférence fort courte, où sont données aux élèves les indications sur la matière qui s'y rapporte.

Lorsque les élèves font des préparations microscopiques, ils doivent les reproduire dans un dessin particulier qu'ils intercalent dans leur cahier de notes.

Zootechnie. — La zootechnie est enseignée aux élèves de 4e année. Le cours comme celui d'hygiène générale comprend : une partie théorique et une partie pratique. La première est divisée en 60 leçons, la deuxième en 50 exercices.

Fig. 221. — École vétérinaire de Lyon. (Service de zootechnie.)

Cours théoriques. — Le professeur expose les lois biologiques et les principes économiques sur lesquels on s'appuie pour exploiter rationnellement le bétail, la transformation des fonctions physiologiques des animaux en fonctions économiques.

L'enseignement de la zootechnie spéciale est l'exposé détaillé de la formation des races, de leur extension territoriale, de leurs migrations, de leurs fonctions économiques et des moyens propres à améliorer chacune d'elles en particulier, c'est-à-dire à l'adapter aussi étroitement que possible aux conditions ambiantes. Comme l'enseignement de l'hygiène générale, celui de la zootechnie est vivifié par des dessins, tableaux et peintures, par des dissections, des pièces naturalisées ou des moulages, parfois par la présentation d'animaux choisis à la ferme d'application de l'école ou de pièces squelettiques rassemblées dans les collections du laboratoire. Enfin, les étudiants reçoivent au début de chaque séance le sommaire détaillé de la leçon et les principaux documents nécessités par les démonstrations.

Partie pratique. — Sur les 50 exercices pratiques : 10 ont lieu au laboratoire; 30 ont lieu à la ferme d'application de la Tête-d'Or, annexée au laboratoire; 10 à l'extérieur, dans des établissements privés, les quartiers de cavalerie et les marchés de la ville. De plus, si les circonstances le permettent, les élèves qui en manifestent le désir sont conduits à un concours régional agricole. A la ferme d'application, on fait : 1° l'étude pratique des races et des individus : détermination ou diagnoses ethniques dans les diverses espèces domestiques; appréciation et estimation des sujets par les diverses méthodes, principalement par le *pointage*; 2° l'appréciation des bêtes laitières; 3° l'appréciation des reproducteurs; 4° l'appréciation des bêtes de boucherie; 5° l'appréciation des bêtes à laine; 6° l'appréciation des bêtes de travail; 7° la détermination du débit kilogrammétrique des moteurs et de la ration alimentaire correspondante. On suit également certaines opérations d'engraissement; les phases de la croissance dans diverses espèces et les phases de la lactation dans l'espèce bovine; les résultats des diverses méthodes de reproduction et les phases du sevrage et de l'élevage. On fait assister les élèves à la tonte des moutons et on leur apprend la meilleure manière de conditionner les toisons; enfin, on les exerce à la manipulation des couveuses artificielles ou incubateurs et des divers appareils usités en aviculture.

Fig. 222. — École vétérinaire de Lyon. (Galerie des collections.)

A l'extérieur, on étudie surtout l'espèce chevaline. Les grandes compagnies ou exploitations permettent de visiter leurs écuries, peuplées principalement de chevaux de gros trait : flamands, ardennais, boulonnais, percherons, bretons, brabançons, norfolk, suffolk. Dans les quartiers de cavalerie, on trouve tous les types de chevaux de selle.

Frais du cours. — Une somme de 1,300 francs est mise à la disposition du professeur.

Excursions	400 francs.
Allocations pour le fonctionnement de la chaire	500
Collections	400
TOTAL	1,300

Travaux et objets exposés. — *Travaux du professeur.* — Le professeur a publié : un ouvrage sur l'hygiène des animaux domestiques; une classification ethnologique des animaux de l'espèce galline; un mémoire sur la production chevaline en Hongrie (en collaboration avec M. Stawesco). Parmi les travaux destinés à l'instruction des élèves, il y a lieu de citer : la préparation de tableaux, de moulages, de pièces squelettiques ou autres, ainsi qu'une collection de plantes fourragères, de denrées alimentaires diverses et de plantes vénéneuses.

Objets exposés. — Collection des principales races gallines (20 sujets), pièces naturalisées; 3 pièces montrant la multiplication des cornes chez les bêtes ovines et caprines; 6 pièces montrant les variations de la disposition des cornes dans les principales races ovines; 3 pièces montrant les variations de la forme céphalique chez les bêtes bovines; 6 pièces montrant l'évolution de la tête dans la race porcine de Berkshire; 1 tableau reproduisant les résultats d'expériences sur le croisement et le métissage; des tableaux peints à l'huile, où figurent les races bovines, ovines et caprines de la région lyonnaise; un tableau dressé d'après les préparations faites au laboratoire, montrant les impuretés et sophistications des farines et des sons.

Chaire de pathologie bovine, ovine, caprine et porcine. Obstétrique vétérinaire. (Médaille d'or : M. Mathis, professeur.) — Cette chaire, fondée en 1893, comprend la pathologie bovine, ovine, caprine et porcine, et l'obstétrique chez toutes les femelles domestiques.

L'enseignement théorique comprend 80 leçons environ, faites pour la plupart à la 3e année d'études et le reste à la 4e année. Le professeur s'efforce de rester sur le terrain de la pratique, ne donnant que ce qui est utile pour être bien compris, évitant les hypothèses.

Le cours d'obstétrique se fait de la rentrée d'octobre à fin décembre; il est placé au commencement de la 3e année par la raison que la clinique de la chaire est toujours abondamment pourvue de vaches pour le vêlage, ce qui permet aux élèves de s'initier de bonne heure, par la théorie et la pratique, à cette branche de l'enseignement. Le cours est divisé en trois parties, savoir : avant l'accouchement (la gestation, ses maladies et accidents) : 5 leçons; de l'accouchement (normal et contre nature) : 13 leçons; après l'accouchement, accidents et infections : 7 leçons.

Le manuel opératoire spécial se fait de la rentrée à fin décembre; il comprend les moyens de contention, la saignée, le séton et la castration des mâles et des femelles. Autant que possible, ce sont des démonstrations pratiques, des opérations faites devant les élèves pour les préparer à manier et à opérer eux-mêmes. Cet enseignement est généralement fait par le chef de travaux dans ses conférences.

La chirurgie plus spéciale, ayant pour objet la thérapeutique, n'est pas enseignée à ce moment, mais à l'occasion de chaque maladie. De cette façon, le but de l'opération chirurgicale ressort mieux de l'exposé immédiat de la maladie.

Le cours de pathologie est le plus important comme étendue. D'une façon générale, il comprend toutes les maladies des ruminants et du porc qui ne sont pas prévues par la loi sanitaire; exceptionnellement et par convention spéciale avec le professeur de la 4e chaire, il comprend aussi les gales du mouton et de la chèvre. Dans le nombre des maladies à envisager, il en est qui demandent des détails complets, telles que celles des appareils digestif, respiratoire, cardiaque, génito-urinaire, etc., celles de la peau, les maladies générales, les maladies parasitaires.

Les maladies sont étudiées par groupes, suivant les appareils ou leurs autres affinités. L'étude de chaque groupe est précédée de considérations générales sur les causes, les symptômes et les lésions principales qui en font partie, en évitant de répéter ce qui est enseigné dans le cours de pathologie générale, mais seulement en en relevant les éléments utiles aux besoins spéciaux de la chaire.

La partie professée aux élèves de 3e année, du 1er janvier au 30 mars, comprend : les maladies de l'appareil digestif : 15 leçons; de l'appareil respiratoire : 6 leçons; de l'appareil circulatoire : 2 leçons; de l'appareil génito-urinaire : 7 leçons.

Fig. 223. — École vétérinaire de Lyon. (Service de pathologie bovine.)

Les maladies de l'appareil digestif sont les plus importantes, en raison de leur grande fréquence, de leur densité et de leur gravité. Après deux leçons de généralités, on étudie successivement les affections de la bouche, du pharynx, de l'œsophage, des estomacs, de l'intestin, du foie et du péritoine.

Dans l'appareil respiratoire, on envisage les maladies des cavités nasales et des sinus, la laryngite, la bronchite, les diverses pneumonies, l'emphysème, la pleurésie, les tumeurs du médiastin; la trépanation des tissus et la trachéotomie ont leur place indiquée dans le traitement de quelques-unes de ces affections.

Pour les élèves de la 4e année, du 1er avril à fin juin, le cours de pathologie comprend : les maladies infectieuses : 6 leçons; parasitaires : 3 leçons; du système nerveux : 2 leçons; des yeux : 1 leçon; de la peau : 4 leçons; du squelette et de l'appareil locomoteur : 4 leçons.

Dans le premier groupe, après avoir fait une énumération de toutes les maladies générales, infectieuses ou virulentes susceptibles d'affecter les ruminants et le porc, on sépare celles qui reviennent à la chaire de police sanitaire, et l'on donne quelques indications sur d'autres spécialement étudiées ailleurs, sur le cheval (tétanos, septicémie, etc.).

On décrit ensuite la vaccine, en insistant sur ses rapports avec la variole humaine, sa culture, la récolte et la conservation du vaccin, avec démonstrations pratiques à l'appui.

Puis viennent la malaria du bœuf et du mouton, les septicémies hémorragiques et les pneumo-entérites, les infections des nouveau-nés, la cachexie ossifrage et le coryza gangreneux.

Enseignement pratique. — A chacune des trois parties de la chaire correspondent des exercices pratiques spéciaux.

Au cours d'obstétrique sont annexées des manipulations et des opérations obstétricales, pour la 3e année. On varie à volonté les difficultés de l'accouchement artificiel, jusqu'à nécessiter l'embryotomie sur telle ou telle partie du corps, ou encore l'extraction forcée.

Ces exercices n'ont d'autre but que de fixer dans l'esprit des élèves les présentations et les positions vicieuses les plus fréquentes, ainsi que les moyens d'intervention que le praticien doit connaître entièrement sous peine d'échec.

Les exercices de médecine opératoire se font par les élèves de 4e année. Pendant le semestre d'hiver, des opérations en série sont faites sur la vache et le bœuf. Dans tout le cours de l'année, on pratique la castration sur des sujets conduits à la clinique, ou bien au domicile des propriétaires.

Clinique. — Dans les écoles vétérinaires, une clinique des animaux de la ferme (ruminants et porcs) n'est pas aussi facile à alimenter qu'on pourrait le croire : on ne peut pas entretenir de vacheries dans les grandes villes aux mêmes conditions qu'à la campagne.

De tout temps, on a cherché à remédier à cet état de choses. Autrefois, les élèves allaient seuls chez les propriétaires des environs de Lyon pour visiter leurs bestiaux malades, mais ces pratiques ont dégénéré en abus; les élèves sont maintenant toujours accompagnés par le professeur ou le répétiteur.

Un fournisseur conduit à l'école des vaches pour la mise bas, pendant la période des cours seulement, et en quantité suffisante pour assurer convenablement cette partie de l'enseignement clinique.

La source principale de la clinique bovine se trouve dans les visites des animaux à domicile.

C'est à cette clinique ambulante que les élèves voient le plus de malades, de taureaux, vaches et porcs pour la castration; elle procure aussi souvent l'occasion de décider le propriétaire d'un animal intéressant à le conduire à l'école où il sert à l'instruction de tous.

Frais du cours. — Une somme de 7,200 francs est mise à la disposition du professeur; son emploi est réparti comme il suit :

Service de la clinique bovine, nourriture de tous les animaux et frais de transport	3,200 francs.
Achat ou location de sujets	2,700
Excursions	500
Divers	400
Collections	400
TOTAL	7,200

TRAVAUX ET OBJETS EXPOSÉS. — *Recherches et travaux du professeur.* — En obstétrique, le professeur a publié depuis la fondation de la chaire une série d'observations sur l'avortement, sur la torsion de la matrice, sur un certain nombre d'accouchements difficiles ou contre nature, sur un nouveau traitement de la fièvre de lait chez la vache, sur une vaginite contagieuse de la vache. (Ces recherches ont été publiées dans le journal de l'École de Lyon.) En pathologie, les publications de M. Mathis ont eu pour objet certaines maladies des mamelles, la tuberculose de la chèvre, l'hématurie essentielle chez le bœuf, une statistique sur la gale enzootique du mouton, puis des observations nombreuses sur des cas chimiques. Pendant plusieurs années, il a fait des expériences sur les dangers d'empoisonnement par certaines plantes; il a cherché à déterminer également les doses maniables de strychnine dans la thérapeutique des bovidés (*Bulletin de la Société des sciences vétérinaires de Lyon*).

Les travaux pour l'enseignement des élèves consistent en un grand nombre de dessins, graphiques, aquarelles, photographies, ayant trait à l'obstétrique et à la pathologie. On a fait aussi des préparations naturelles et des moulages dont le nombre va s'accroître beaucoup, maintenant que la chaire est pourvue de locaux plus vastes.

Objets exposés. — Ils consistent en dix aquarelles, cartes ou tableaux, ayant pour objet des maladies diverses; deux aquarelles représentant la gale enzootique du mouton, l'une en plein état, l'autre en voie de guérison; une carte de France montrant la distribution de la gale enzootique du mouton, d'après les statistiques officielles de 1887 à 1897; deux aquarelles représentant la gale de la tête et des pattes du mouton (gale différente de l'autre); une aquarelle montrant une alopécie de nature indéterminée chez le mouton; une aquarelle montrant l'herpès tonsurant du bœuf, maladie contagieuse même pour l'homme.

Chaire d'anatomie pathologique et d'histologie normale. (Médaille d'argent : M. BLANC, professeur.) — Le point de départ de cet enseignement est l'étude macroscopique et microscopique des tissus sains. L'étude microscopique des tissus et des organes est suffisante, même réduite à ses grands traits, pour que le cours d'anatomie générale apporte un précieux concours à la physiologie; mais le même cours doit servir de base à l'anatomie pathologique. Or l'enseignement de l'anatomie pathologique a pour but d'éclairer le pathologiste sur les phénomènes qui se passent dans l'intimité des tissus et d'apporter la lumière dans les autopsies.

Au cours d'anatomie générale, on a réuni l'embryologie, qui se rattache naturellement à l'histologie, par le côté technique et par le côté scientifique; l'histologie, l'histogénie et l'embryologie forment un tout insécable.

Pour ses leçons, le professeur a adopté la ligne de conduite suivante : dans l'exposé des questions, il a renoncé à la méthode historique, malgré ses avantages, parce qu'elle nécessite un temps trop considérable pour l'enseignement et pour l'étude. On l'observe cependant lorsqu'il s'agit de présenter une des théories fondamentales. Aussi elle est suivie au début du cours d'histologie, à propos de l'histoire de la cellule; au début de l'embryologie, pour montrer les vieilles théories sur la formation des êtres, etc.

Fig. 224. — École vétérinaire de Lyon.
(Salle des travaux pratiques micrographiques.)

Les dessins, si parfaits qu'ils soient, sont insuffisants à préciser les faits dans l'esprit des élèves. Pour obtenir ce résultat si important, on utilise tous les moyens possibles. Tout d'abord, on présente aux élèves un grand nombre de préparations microscopiques d'embryologie, d'histologie normale et d'anatomie pathologique. Pour faciliter l'étude, chaque préparation est ordinairement accompagnée d'une fiche explicative.

Conformément à la tradition, on continue à réunir toutes les pièces conservables en nature. Les pièces trop volumineuses, ou dont la conservation dans des liquides est impraticable, sont moulées et peintes. Le professeur a introduit les moulages en plâtre dans les Écoles vétérinaires en 1887, au service d'anatomie de Lyon et dans le service d'anatomie pathologique; il s'applique à constituer une collection déjà importante, qui s'accroît peu à peu, et qui devient un précieux moyen d'enseignement par l'observation directe.

Pour certaines pièces, on a préféré la photographie, et les clichés, reproduits en grandeur naturelle, permettent de réunir dans un petit espace un grand nombre de documents importants qui peuvent être rendus plus saisissants par une peinture appropriée.

Le professeur accorde une grande importance aux premières leçons d'histologie, à celles qui ont pour but la cellule et ses dérivés. Il est essentiel de présenter aux élèves la cellule vivante, de leur montrer non seulement sa morphologie, sa structure, sa composition chimique, mais encore sa physiologie, et cela avec un certain détail.

L'enseignement pratique de l'histologie comporte différents exercices. Tout d'abord, le professeur démontre que l'enseignement théorique n'est pas basé sur des vues de l'esprit, mais sur des faits nettement observés. On ne peut songer à tout montrer à l'élève, car, en histologie, beaucoup de faits, et des plus importants, sont d'une observation tellement délicate qu'il est impossible de mettre un débutant aux prises avec ces difficultés. Mais parmi les choses enseignées au cours d'histologie, on trouve aisément une série relativement facile à voir, et que l'on doit présenter aux élèves en des préparations bien faites.

Il est essentiel d'habituer l'élève à voir les préparations microscopiques. Il y a, en effet, une différence considérable entre regarder et voir, entre la sensation et le jugement de cette même sensation. Cette éducation spéciale de l'esprit, l'habitude de l'observation, manque à la plupart des élèves dont l'éducation a été purement théorique jusqu'au jour où ils entrent dans les Écoles vétérinaires.

Parmi les travaux pratiques d'histologie, on place tout d'abord l'examen des préparations typiques, dont l'étude est facilitée par des notes explicatives. Seize exercices d'une heure et demie par élève, comprenant chacun l'examen de vingt préparations, suffisent à remplir le double but que l'on se propose.

Il faut aussi entraîner l'élève à l'usage du microscope, lui donner une certaine expérience de cet instrument et de la technique usitée en histologie, dans le but de lui permettre, un jour, d'opérer en toute certitude un certain nombre d'examens microscopiques utiles.

La technique histologique est enseignée dans de courtes conférences faites au jour le jour, selon les besoins, selon les sujets des travaux que l'on va effectuer. De cette façon on ne fatigue pas l'attention et la mémoire de l'élève.

Démonstrations pratiques d'histologie. — Les élèves viennent pendant une heure et demie examiner vingt préparations environ, placées à demeure ou en liberté sous les microscopes et accompagnées de fiches explicatives.

Les élèves viennent par séries au laboratoire d'histologie et y confectionnent eux-mêmes des coupes. Ces exercices doivent durer deux heures et demie ou trois heures. Vingt-six séances par élève suffisent à lui faire connaître les parties essentielles de la technique microscopique.

Anatomie pathologique. — L'enseignement de l'anatomie pathologique comprend trois ordres de faits : une courte description de l'appareil sain ; la description des caractères anormaux visibles à l'œil nu ou à la loupe; la description histologique de la lésion. Selon les sujets, l'on peut intervertir ces trois parties de l'enseignement.

Travaux pratiques. — L'enseignement pratique de l'anatomie pathologique est établi d'une façon à peu près définitive d'après l'expérience de l'enseignement, des besoins des élèves et du temps qu'ils peuvent consacrer à certaines études.

La collection de préparations histologiques de démonstrations est permanente, classée à part et tenue au courant année par année; chaque préparation est accompagnée de sa fiche manuscrite, où se trouve une courte description des faits principaux que l'on doit y constater. A chaque démonstration, les préparations sont placées sous le microscope : les unes destinées à des examens d'ensemble sont libres; les autres, où l'on doit étudier tel ou tel détail à un faible ou à un fort grossissement, sont fixées et placées de façon à montrer le seul point digne d'attention. Une fiche est annexée à chaque préparation et guide l'élève dans son examen. Pour les pièces fraîches, on constitue la fiche explicative au moment même de l'exercice.

Le professeur ne considère pas comme devant intéresser les élèves les faits rarissimes, les curiosités d'autopsie. Au point de vue pédagogique, une pneumonie bien nette est beaucoup plus intéressante qu'un cas exceptionnel de mélanose du cœur. Les démonstrations générales sur des autopsies ont donc pour objet des sujets présentant des lésions classiques parfaitement caractérisées.

Frais du cours. — La somme mise à la disposition du professeur est de 2,200 fr.:

Allocations pour le fonctionnement de la chaire	1,800 francs.
Collections	400
Total	2,200

Objets exposés. — A l'occasion de l'Exposition de 1900, on avait détaché des collections les pièces suivantes : plusieurs moulages peints ; une autopsie complète de chien tuberculeux, pleurétique ; une obstruction intestinale ; un foie de bœuf tuberculeux ; une photographie de l'autopsie d'une chienne ; une série de photographies d'organes ou de cadavres, dont plusieurs considérablement agrandies.

ÉCOLE DE TOULOUSE.

(Grand prix.)

L'éloignement des écoles vétérinaires de Lyon et d'Alfort était un obstacle au recrutement des vétérinaires du Midi. Dès l'année 1793, le Conseil général de la Haute-Garonne avait pris, sur la demande des maires du département, un arrêté instituant une école vétérinaire à Toulouse. Malgré les démarches constamment renouvelées du Conseil général, de la ville de Toulouse, puis de la Société d'agriculture, l'école vétérinaire de Toulouse ne fut créée que par l'arrêté du 6 juillet 1825, à la condition que le local nécessaire pour l'installation de l'établissement serait fourni soit par la ville de Toulouse, soit par le département de la Haute-Garonne.

Fig. 225. — École vétérinaire de Toulouse. (Cour intérieure.)

En attendant que les bâtiments destinés à la recevoir fussent construits, l'école de Toulouse fut installée dans une propriété particulière.

Après quelques années d'existence dans ce local provisoire, l'école prit possession, en octobre 1834, du bâtiment neuf qu'elle occupe encore aujourd'hui. Les changements apportés à l'établissement depuis sa fondation n'en ont pas altéré le dessin général, mais ils ont modifié sensiblement l'arrangement intérieur, surtout en ce qui touche les locaux affectés au service d'enseignement.

Le corps enseignant de l'École était composé, au début, de trois membres : M. Dupuy, professeur-directeur ; MM. Gellé et Rodet, professeurs, chargés, en outre, de la surveillance générale et de la comptabilité. En 1832, le nombre des professeurs fut porté à quatre ; en 1845, à cinq ; en 1869, à six. L'arrêté du Ministre de l'agriculture et du commerce, du 8 avril 1878, porta le nombre des professeurs à huit. La création des chaires de pathologie bovine (1893) et d'histologie (1898) l'éleva à dix.

Fig. 226. — École vétérinaire de Toulouse. (Laboratoire-amphithéâtre.)

Aux dix professeurs titulaires, il faut ajouter dix suppléants qui ont le titre de répétiteurs ou de chefs de travaux. Le corps enseignant au complet se compose donc, comme dans les deux autres écoles, de vingt membres.

En 1872, l'école vétérinaire de Toulouse fut sur le point de recevoir un développement plus considérable. Sans diminuer en rien son enseignement spécial et technique, il fut question de l'enrichir de deux ou trois chaires nouvelles où il serait traité de l'agriculture et de l'économie rurale. En 1875, le service d'anatomie a été construit sur de nouvelles bases et aménagé de la manière la plus propre à assurer le bon fonctionnement de la chaire.

La disjonction des services de la clinique qui, en 1878, furent partagés entre les deux professeurs de pathologie, fut l'occasion de travaux importants. La consultation fut transférée à la place qui lui est réservée actuellement, et on y consacra un pavillon neuf comportant une salle des opérations en forme d'amphithéâtre, avec les différents locaux indispensables au fonctionnement du service de la consultation. Par corrélation, le service de la pathologie chirurgicale était installé dans des constructions parallèles et se trouvait amélioré.

Depuis 1888, de nombreux travaux d'aménagement ou de constructions, qui ont entraîné une dépense de 211,863 francs et qui ont porté sur tous les services de l'École, ont eu pour effet de mettre les diverses chaires en possession de tous leurs moyens d'action, soit du côté de l'enseignement, soit du côté de la recherche scientifique.

A mentionner, en particulier, les travaux suivants : réfection des hôpitaux; construction du chenil actuel; construction du service des autopsies; construction de laboratoires pour les chaires de physiologie, de physique et de chimie, d'histoire naturelle, de pathologie interne et de pathologie chirurgicale; établissement d'une grande cour vitrée pour les grandes opérations préliminaires des travaux anatomiques; construction du pavillon de pathologie bovine; construction d'un pavillon spécial pour la police sanitaire, aménagé pour l'étude expérimentale des virus et l'isolement des animaux atteints de maladies contagieuses; installation de tous les services de la chaire d'anatomie pathologique au moyen d'un premier étage élevé au-dessus du service de pathologie interne. L'espace a été si bien utilisé que la nouvelle chaire dispose d'un amphithéâtre et de quatre laboratoire d'histologie, dont un pour les travaux pratiques des élèves; construction, pour la chaire de zootechnie, d'un pavillon neuf qui s'achève en ce moment.

La Direction de l'École de Toulouse avait envoyé à l'Exposition de la Classe 5 4 tableaux représentant le plan de l'École à son origine et à l'époque actuelle, un album comprenant les épures consacrées à l'étude des différents services; 55 volumes (journal de l'École); 25 volumes (ouvrages du corps enseignant). M. Dubuc, secrétaire de la Direction, qui avait réuni tous ces documents, a obtenu une médaille de bronze pour la participation de l'École à l'Exposition.

Exposition des chaires.

Chaire d'anatomie descriptive, extérieur du cheval, tératologie. (Médaille d'or : M. Montané, professeur; médaille de bronze : M. Bourdelle, répétiteur, chef de travaux.) — Les principales idées directrices qui guident l'enseignement magistral de l'anatomie sont, pour M. Montané, les suivantes :

Ne rien enseigner aux élèves sans le leur montrer, non pas une fois, mais le plus grand nombre de fois possible, en raison de ce principe universellement reconnu que la mémoire visuelle est plus docile et en même temps plus féconde que la mémoire auditive, et que la réalité, pour être bien comprise, demande à être vue;

Insister principalement sur les faits qui intéressent la chirurgie ou la pathologie interne, afin de préparer les élèves à recevoir l'enseignement de la clinique;

Démontrer avec soin les détails qui se rapportent à l'inspection des viandes, en raison des débouchés que ces inspections fournissent aux vétérinaires;

Tout en donnant aux leçons une orientation pratique raisonnée, ne rien négliger de ce qui concerne les lois générales et de ce qui constitue des faits scientifiques intéressants.

Les moyens de démonstration employés à l'amphithéâtre sont constitués par des pièces fraîches, disséquées spécialement pour la leçon, de façon à en montrer tous les détails. Les préparations de cette nature, toujours faites avec le plus grand soin, familiarisent les auditeurs avec la couleur et la consistance des organes, permettent de creuser les interstices pour bien montrer les rapports sous-jacents, et ont le mérite de stimuler le goût des élèves pour les dissections bien faites.

Ce dernier avantage n'est pas le moindre. Comme on fait ce que l'on aime bien, le souci du professeur est de faire aimer l'anatomie, en présentant aux leçons des pièces aussi belles par l'aspect que complètes par les détails.

Un second moyen de démonstration consiste dans la représentation graphique faite au tableau par le professeur, au fur et à mesure des besoins.

Le dessin précise la pensée pendant que l'esprit de l'élève se repose, et si dans des cas difficiles ou complexes, des tâtonnements se produisent, l'effort de celui qui enseigne sollicite l'attention de celui qui écoute, pour donner à l'impression plus de relief et par conséquent plus de durée.

Fig. 327. — École vétérinaire de Toulouse. (Service d'anatomie : salle de dissection.)

Très souvent, il est fait usage de figures préparées à l'avance. Ce procédé semble avoir une valeur éducatrice moindre ; il ne retient pas suffisamment la pensée, qui passe trop vite sur les faits sans les fixer, et il y a lieu de remarquer que les élèves ne prennent pas ces figures sur leurs cahiers de notes, tandis qu'ils y dessinent avec soin celles qui sont faites par le professeur au courant de la leçon.

L'enseignement de l'extérieur s'inspire des mêmes principes et il est fait, autant que possible, avec les mêmes moyens.

Études anatomiques. — Toutes les pièces qui ont servi aux leçons se trouvent ensuite disposées dans une salle particulière où les élèves viennent les étudier plusieurs fois, à tour de rôle, suivant un horaire établi à cet effet. C'est alors que la leçon se précise et se complète dans le contact de l'élève avec la pièce anatomique ; l'image, à force de se répéter, se grave plus profondément.

Démonstrations. — Elles sont faites par le chef de travaux sur des sujets particulièrement délicats, ou comme introduction aux exercices pratiques. Elles intéressent l'anatomie et l'extérieur. Les démonstrations anatomiques se font pendant les études anatomiques sur les pièces naturelles. Elles ont pour but de diriger l'élève, de combler les lacunes ou de redresser les erreurs, et sont surtout indispensables pour l'étude des os, des insertions musculaires, du système nerveux central et périphérique. Avant d'aller disséquer, les élèves assistent à huit conférences techniques d'initiation. Les démonstrations d'extérieur faites sur l'animal vivant consistent à délimiter, mesurer, décrire les régions et synthétiser, pour apprécier ensuite le cheval dans sa valeur mécanique.

Fig. 228. — École vétérinaire de Toulouse.
(Service d'anatomie; salle d'étude d'ostéologie.)

Exercices pratiques. — Dans les exercices pratiques, l'élève opère lui-même et lutte avec les difficultés de la réalité; ces exercices se divisent en deux groupes : 1° les dissections; 2° les exercices d'extérieur. La dissection est le seul moyen d'étude efficace pour apprendre l'anatomie; après la leçon, les études anatomiques et les démonstrations, elle fait renaître l'image. Chaque élève dissèque deux années, pendant tout le semestre d'hiver ou à peu près, au moins quatre heures par jour. Toutes les régions, tous les organes sont passés en revue, de sorte qu'à la fin de la deuxième année il a tout cherché, tout disséqué. L'élève gagne à cet exercice d'apprendre l'anatomie, d'éduquer ses doigts en prévision des opérations chirurgicales et de faire connaissance avec l'anatomie topographique. En effet, il dissèque l'animal, région par région, depuis la peau jusqu'aux organes les plus profonds. Les dissections sont dirigées par le chef des travaux, qui, malheureusement, ne peut y consacrer qu'une petite partie de son temps, puisqu'il est, en plus, chargé de la préparation des pièces pour les leçons.

Les exercices d'extérieur sont faits deux fois par semaine, pendant le semestre d'été, sous la direction du chef des travaux; ils ont pour but de familiariser les élèves à la détermination de l'âge, à la confection du signalement et à l'appréciation du cheval.

Les collections, qui sont considérables, comprennent des moulages, des estampages (moulages en papier durci), des pièces naturelles sèches, des os et des pièces osseuses, des pièces tératologiques. Un musée a été créé récemment pour recevoir l'excédent des pièces.

En résumé, l'enseignement de la chaire d'anatomie se préoccupe de mettre l'élève en contact avec la réalité en faisant reposer les démonstrations sur des pièces ou sur des objets naturels. Le personnel enseignant, considérant que le meilleur livre d'instruction est celui de la nature, fait tous ses efforts pour ouvrir largement ce livre devant les yeux de l'élève.

Le principal moyen d'instruction employé est l'image plusieurs fois répétée. Cette image est montrée et décrite pendant la leçon; elle revient ensuite, plus immédiate et plus précise, au moment des études anatomiques, pour s'épurer encore dans les démonstrations. Les dissections la découvrent à nouveau et l'impriment plus profondément en raison de l'effort initiateur qu'il a fallu faire préalablement. Enfin les collections la répètent partout, sur les murs de toutes les salles fréquentées par les élèves.

Frais de cours. — La somme mise à la disposition du professeur est de 1,500 francs, dont l'emploi se répartit comme il suit :

Frais de laboratoire	600 francs
Instruments et collections	900
Total	1,500

Travaux et objets exposés. — M. le professeur Montané a publié de nombreuses études scientifiques dont une partie importante a figuré à l'Exposition. Parmi les objets que la chaire a fait présenter, il convient de signaler les suivants : pièces articulaires et tendineuses, appareil de la digestion; vingt-quatre pièces relatives à la conformation extérieure de l'encéphale du cheval et des autres espèces domestiques. Ces pièces, qui sont faites en carton à l'aide d'un procédé spécial, ont été fort remarquées, et leur exécution très soignée mérite les plus vifs éloges.

Chaire de physiologie et de thérapeutique générale. — Le professeur est M. Laulanié, directeur de l'école de Toulouse; il est assisté de M. Lafon, répétiteur.

Le cours est divisé en 60 leçons de physiologie et en 25 leçons de thérapeutique. L'enseignement est donné de la façon suivante : lorsque l'indication sommaire des choses n'est pas suffisante pour en éveiller l'idée complète, le professeur la fait suivre de sobres développements qui la rendent assez claire sans trop surcharger le programme. C'est ainsi qu'il a procédé pour la question si obscure et si controversée de la source du travail musculaire. M. Laulanié, dans son cours, schématise le récit et extrait du tout complexe qui va être analysé ce qui en est l'essence véritable. Dans l'un de ses ouvrages, M. Laulanié s'exprime ainsi : « L'abstrait est plus simple que le concret :

c'est en somme lui que l'on cherche, et si, historiquement, le second a précédé le premier dans l'évolution des sciences, cela tient précisément à ce que c'est la réalité concrète qui s'offre tout d'abord aux regards et que la science a pour objet d'en dégager l'abstrait, c'est-à-dire le constant, le général, la loi, l'essence. L'action didactique du maître n'a pas à reproduire et à imposer à l'auditeur le long effort circulaire de l'esprit humain. Il y a souvent le plus grand profit à renverser l'ordre historique qui procède du concret à l'abstrait, c'est-à-dire du composé au simple et à lui substituer l'ordre didactique qui procède du simple au composé. Cette formule obtenue par une abstraction et à la légitimité de laquelle l'auditoire croit sur parole : le système nerveux est une association de circuits interposés entre le monde extérieur et les muscles, est singulièrement plus facile à saisir d'emblée que la masse des faits particuliers qu'elle contient. L'analyse ultérieure n'a plus pour objet que de montrer l'application de cette formule dans les faits particuliers.

Fig. 229. — École vétérinaire de Toulouse.
(Service de physiologie; salle de calorimétrie.)

« Mais celui-là seul qui enseigne une science a qualité pour faire à son profit les applications de celles qui la précèdent et la contiennent, parce que seul il est assez près des réalités pour mesurer l'étendue et l'opportunité de ces applications. En un mot, dans un enseignement méthodique, systématisé, solidarisé, comme il l'est ou devrait l'être dans une école vétérinaire, chaque professeur est un applicateur des sciences plus générales et moins complexes que celles qu'il enseigne.

« L'expérimentation a le pouvoir de discipliner l'esprit du maître en le contenant dans la région des faits. Elle discipline l'esprit de l'auditeur en lui enseignant la méthode expérimentale, c'est-à-dire les procédés intellectuels et techniques de l'investigation scientifique. C'est par là que l'expérience faite au cours est éducatrice, et c'est par là surtout qu'elle est profitable. »

Frais du cours — La somme mise à la disposition du professeur pour les frais de laboratoire s'élève à 2,000 francs.

Travaux et objets exposés. — M. Laulanié avait présenté ses travaux sur l'anatomie générale et l'histologie normale, l'embryologie, l'anatomie pathologique et la pathologie générale, la physiologie normale et la pathologie expérimentale. Parmi ses ouvrages, il convient de citer : De l'énergétique musculaire; Éléments de physiologie; De l'alimentation azotée des végétaux. Dans les objets exposés, l'on remarquait plus

IMPRIMERIE NATIONALE.

spécialement : dix aquarelles représentant des appareils de M. Laulanié; appareil pour l'inscription continue de l'oxygène consommé et de la chaleur produite par les animaux; régulateur à écoulement; appareil pour la mesure des échanges respiratoires et de la production de la chaleur; sphygmographe de l'homme, donnant à la fois le pouls digital et le pouls radial, etc.

M. Laulanié avait été proposé par le Jury de classe pour une médaille d'or, en raison de sa remarquable exposition et de ses travaux personnels; cette récompense n'a pu être maintenue par le Jury supérieur à cause de sa qualité de directeur de l'école de Toulouse.

Chaire de physique, chimie et pharmacie. — Le titulaire de la chaire est M. le professeur Bidaud, assisté de M. Delaud, répétiteur. L'enseignement, qui comprend 86 leçons, est divisé de la façon suivante : cours de physique, 26 leçons; cours de chimie minérale, 24 leçons; cours de chimie organique, 30 leçons; cours de pharmacie, 6 leçons.

Fig. 230. — École vétérinaire de Toulouse. (Service de chimie; laboratoire des élèves.)

En outre, des conférences sont faites aux élèves; elles sont au nombre de 9 pour la première année et de 6 pour la seconde année.

Le cours est complété par des travaux pratiques qui, pour les élèves de première et de deuxième année, ont pour objet les diverses manipulations dont la technique est donnée dans les conférences. Les travaux pratiques de troisième année comprennent : les préparations pharmaceutiques, officinales ou magistrales, décrites dans le cours et les essais physiques et chimiques des médicaments.

L'enseignement reçu par les élèves avant leur entrée à l'École comprenant des notions élémentaires de chimie et de physique, le professeur passe succinctement et exceptionnellement sur les commencements. Il examine, par suite, avec plus de soin les questions importantes qui demandent plus d'application de la part des élèves.

L'enseignement de la physique est surtout médical et agricole. Quant à la chimie organique sur laquelle les élèves n'ont, pour la plupart, que des notions fort restreintes, elle est enseignée d'une façon aussi complète, aussi bien théoriquement que pratiquement.

Frais du cours. — Pour les achats d'instruments, produits chimiques, droguerie, verres et objets divers, le professeur dispose d'une somme de 2,000 francs.

Travaux et objets exposés. — Parmi les travaux exposés par le professeur, il convient de citer : de l'action du cuivre sur l'économie, à propos du traitement du mildew, monographie physique et chimique de l'antipyrine; l'asphyxie par l'acide carbonique dans les chairs.

Quelques publications ont été présentées par M. Delaud, répétiteur : Pharmacie; Toxicologie vétérinaire (en collaboration avec M. Stourbe); Recherche et Dosage du glucose, etc.

Chaire de pathologie des maladies contagieuses, police sanitaire, législation commerciale, médecine légale et inspection des viandes de boucherie. (Médaille

Fig. 231. — École vétérinaire de Toulouse. (Service des hôpitaux : infirmerie de l'aile sud.)

d'argent : M. Leclainche, professeur.) — L'étude de la pathologie comprend deux parties. La première est consacrée à la pathologie générale (8 à 10 leçons); elle comporte une rapide revue des connaissances relatives à la contagion de la virulence, une étude synthétique des microbes pathogènes, l'analyse des procédés de l'apport microbien et de l'évolution virulente, la théorie de l'immunité, les méthodes générales de l'atténuation des virus et de l'immunisation. La seconde partie traite des maladies contagieuses en particulier.

L'enseignement théorique est complété par des démonstrations de divers ordres. L'étude des maladies microbiennes comporte l'examen direct des microbes pathogènes, en milieux artificiels et dans les tissus; la description des lésions est facilitée par la présentation de pièces conservées et par une collection de dessins coloriés constituée par M. Puech. Les animaux malades et les pièces fraîches reçus par le service servent à des démonstrations spéciales.

Fig. 232. — École vétérinaire de Toulouse. (Service de police sanitaire; salle d'autopsie.)

Des conférences sont faites par le répétiteur attaché à la chaire. Elles portent notamment sur la technique bactériologique, la pratique des inoculations révélatrices, la technique des diverses vaccinations, etc.

Les élèves sont appelés, par séries, à des exercices de bactériologie; l'intérêt qui s'attache à ces recherches suffit à éveiller leur curiosité et leur zèle.

L'étude de la police sanitaire est aussi divisée en deux parties. Dans la première, on étudie les procédés de l'intervention sanitaire, ses bases scientifiques et ses nécessités pratiques; les résultats des divers systèmes sont examinés et comparés d'après les exemples fournis par les divers États. On essaye de constituer une science de la «police sanitaire» ou de la «prophylaxie applicable».

La seconde partie consiste en un exposé aussi fidèle que possible de la législation sanitaire française.

L'étude de la législation commerciale débute par un exposé sommaire des principes généraux du droit. En partant des notions sur la propriété, on arrive très vite, en suivant les subdivisions du Code civil, à l'étude des contrats et, en particulier, de la vente, de l'échange et du louage. Parmi les obligations des contractants, la garantie sous ses diverses formes et ses multiples objets (vices rédhibitoires) est traitée avec tous les développements utiles. La procédure, l'étude spéciale des vices rédhibitoires, la pratique de l'expertise, etc., sont aussi examinées en détail.

L'étude de la médecine légale comprend les principes généraux de la responsabilité civile et pénale, l'expertise médico-légale et des indications relatives aux occasions les plus habituelles de l'intervention.

Suivant une ancienne tradition, on comprend encore dans cet enseignement la législation professionnelle, c'est-à-dire l'ensemble des règles relatives à l'exercice de la médecine et de la pharmacie vétérinaires. Cet exposé des droits conférés aux vétérinaires permet de parler un peu aux élèves des devoirs corrélatifs.

Le cours d'inspection des viandes comprend 8 leçons.

L'organisation des abattoirs, la préparation de la viande de boucherie, les altérations des viandes, etc., constituent les principaux points examinés. L'enseignement théorique peut être très réduit grâce aux conférences pratiques qui les complètent. Des démonstrations sur pièces sont faites à l'abattoir et à l'amphithéâtre. Les élèves sont appelés par sections à des travaux pratiques comportant l'examen des viandes saines et altérées. Ils subissent en fin d'études un examen sur ce sujet.

Frais du cours — La somme mise à la disposition du professeur est de 2,850 francs; son emploi se répartit comme il suit :

Achat d'animaux d'expériences	800 francs.
Nourriture des sujets	1,200
Frais de laboratoire	850
TOTAL	2,850

TRAVAUX EXPOSÉS. — M. le professeur Leclainche avait exposé un certain nombre d'ouvrages, parmi lesquels les suivants sont à remarquer : *Précis de pathologie vétérinaire; les Maladies microbiennes des animaux* (en collaboration avec M. Nocard). L'exposition contenait encore les remarquables travaux du professeur sur les maladies contagieuses des animaux, et spécialement sur le rouget. Le Ministre de l'agriculture a autorisé l'école vétérinaire de Toulouse à délivrer à tous les vétérinaires le sérum et les séro-vaccins préparés par M. Leclainche pour combattre le rouget chez le porc.

Chaire de pathologie générale, pathologie interne et clinique médico-chirurgicale. (Médaille d'or : M. LABAT, professeur.) — Le cours de pathologie générale s'adresse à la troisième année d'études. Il comprend 36 à 40 leçons et se divise en deux parties : 1° pathologie générale proprement dite ; 2° sémiologie.

La première partie est théorique. La seconde partie (sémiologie) comporte des leçons théoriques complétées par des démonstrations pratiques. Celles-ci ont lieu pendant la clinique; le professeur profite de la présence des malades conduits à la consultation pour faire constater et étudier les signes dont la description a été donnée dans les leçons théoriques, dans des séances spéciales ou conférences. Les élèves sont pris par sections, et ils sont exercés sur des sujets choisis *ad hoc* : 1° à la pratique des divers moyens d'examen et d'exploration des organes malades; 2° à la recherche et à l'interprétation des signes fournis par l'examen.

Les notions exposées dans le cours sont rendues plus évidentes et plus claires au moyen de pièces pathologiques fraîches ou conservées et au moyen d'aquarelles représentant, d'après nature, les altérations pathologiques. Le service de pathologie possède une collection d'aquarelles qui constituent de précieux moyens d'enseignement. Le nombre des aquarelles s'accroît d'année en année, car le professeur ne perd aucune occasion de fixer, par ce procédé, les altérations et les lésions intéressantes qu'il peut observer.

La clinique est un enseignement essentiellement pratique. Il est donné aux étudiants réunis, de troisième et de quatrième année, et il comporte des leçons et des démonstrations faites sur les malades conduits à la consultation ou en séjour dans les infirmeries. Les malades intéressants fournissent les éléments de leçons ou de conférences cliniques. Les sujets qui s'y prêtent le mieux servent d'exemple pour montrer de quelle manière on doit procéder à un examen.

Fig. 233. — École vétérinaire de Toulouse. (Service de clinique; une séance de consultation.)

Les élèves prennent une part active à la consultation. Ceux de quatrième année, aidés par leurs camarades de troisième année, se distribuent les malades conduits à la consultation; chacun examine son malade et le présente au professeur avec ses observations. Les élèves de quatrième année se trouvent donc placés dans les conditions de la pratique; ils étudient le malade et la maladie; ils font le diagnostic, établissent le pronostic et instituent le traitement. Le professeur rectifie, s'il y a lieu. Ces exercices sont effectués le plus souvent possible, toutes les fois que le temps n'est pas trop mesuré, que l'affluence du public n'est pas trop nombreuse et que les malades peuvent procurer un enseignement profitable.

Tout malade présent dans les infirmeries de l'École est confié à la garde d'un ou deux élèves qui suivent l'évolution de la maladie et exécutent le traitement.

Les élèves de quatrième année sont exercés dans la mesure du possible, pendant la clinique et la consultation, sur les sujets présentés, à la confection des pansements et à l'exécution de diverses opérations chirurgicales.

Le professeur s'attache à donner, autant qu'il le peut, à son enseignement, le caractère expérimental sans perdre de vue le côté professionnel.

Frais du cours. — La somme mise à la disposition du professeur pour achat de sujets d'expérience, leur nourriture et frais divers de laboratoire, est de 1,200 francs.

Fig. 234. — École vétérinaire de Toulouse. (Service de clinique; un opérateur au travail.)

Travaux et objets exposés. — La chaire avait présenté de nombreuses études et travaux de la plus grande importance de M. le professeur Labat; parmi les objets exposés, il convient de citer onze aquarelles représentant diverses altérations pathologiques.

Chaire de pathologie chirurgicale, manuel opératoire, ferrure et clinique médico-chirurgicale. (Médaille d'argent : M. Bournay, professeur.) — L'enseignement se fait en 120 leçons et conférences pratiques, un nombre variable de leçons cliniques ainsi que des exercices pratiques de chirurgie.

Les 120 leçons portent : 10 sur la maréchalerie, 30 sur le manuel opératoire, 80 sur la pathologie chirurgicale. La maréchalerie et le manuel opératoire sont enseignés en totalité chaque année, tandis que la pathologie chirurgicale est professée en deux ans (40 leçons chaque année).

L'enseignement de la chaire comprend : 1° le cours de médecine opératoire, asepsie, antisepsie et les opérations en général. Les plus importantes sont celles du pied, auxquelles les élèves sont exercés d'une manière technique, les pansements, les saignées, les opérations de grande chirurgie; 2° le cours de ferrure, dont l'enseignement pratique est fait aux élèves dans l'atelier, à la forge, à la clinique; la partie théorique porte sur la ferrure normale et pathologique et sur l'histoire de la ferrure; 3° la pathologie chirurgicale, qui comprend également des exercices théoriques et pratiques sur les maladies chirurgicales des animaux domestiques.

Frais du cours. — La somme mise à la disposition du professeur est de 4,320 francs, dont l'emploi se répartit comme il suit :

Achat d'animaux et nourriture	3,600 francs.
Frais de laboratoire	370
Collection d'instruments	350
TOTAL	4,320

TRAVAUX ET OBJETS EXPOSÉS. — M. le professeur Bournay avait exposé de nombreux travaux et les résultats des recherches entreprises par lui. L'exposition de la chaire comprenait, en outre, des moulages concernant la névrotomie, les opérations du pied, le genou couronné, etc., et un panneau comprenant des fers et pieds ferrés.

Fig. 235. — École vétérinaire de Toulouse.
(Service de chirurgie; séance de manuel opératoire.)

Chaire d'histoire naturelle et de matière médicale. — M. le professeur Neumann est le titulaire de la septième chaire; son enseignement comprend quatre objets relativement indépendants. Trois sont afférents à l'histoire naturelle (botanique, zoologie, géologie); la matière médicale est la quatrième.

Cours théorique. — L'importance de la géologie dans les études préparatoires à la médecine vétérinaire étant très restreinte, l'enseignement de cette science ne pouvait comporter que des leçons élémentaires. Par suite, le programme de ce cours arrivait à se superposer à peu près exactement à la partie du programme d'admission dans les Écoles vétérinaires et devenait la répétition de choses déjà apprises par les élèves.

Le professeur a considéré que le temps employé à cette répétition serait mieux utilisé en le consacrant aux autres matières de la chaire et il a supprimé le cours de géologie.

La botanique (38 leçons) est enseignée aux élèves de 1re année; la zoologie (35 leçons) à ceux de 2e année, et la matière médicale (9 leçons) à ceux de 3e année. De plus, les élèves de 2e année prennent part aux herborisations en commun avec ceux de 1re année.

La tendance générale de l'enseignement botanique se porte sur les applications thérapeutiques, bromatologiques et toxicologiques, d'une part, sur les notions biologiques fondamentales d'autre part.

Fig. 236. — École vétérinaire de Toulouse.
(Service de chirurgie; salle de forge.)

L'enseignement oral de la botanique donne des résultats différents selon qu'il s'agit de la botanique générale ou de la botanique spéciale. La première est bien assimilée par les élèves, la seconde beaucoup moins. Cela paraît tenir à ce que les élèves retrouvent dans la première partie du cours les notions qu'ils ont apprises pour leur préparation au baccalauréat et à l'admission dans les écoles vétérinaires, et que la seconde partie leur est nouvelle. De sorte qu'une partie du cours est une répétition dont l'utilité pourrait être mise en doute.

Les familles des plantes enseignées sont réduites aux principales et, dans chacune d'elles, on n'indique que les caractères essentiels, les grands genres et les espèces très communes ou très importantes.

Exercices pratiques. — Le cours est complété par des exercices pratiques qui comprennent :

1° L'étude de préparations d'organographie, sous la direction du répétiteur. C'est la première initiation des élèves au maniement du microscope; elle les dégrossit pour des études ultérieures plus importantes. Il n'a paru ni possible ni utile de trouver le temps suffisant pour leur faire exécuter eux-mêmes des préparations.

2° Les herborisations (auxquelles participent les élèves de 2e année). Elles ont lieu les jeudis dans les mois de mai et de juin, durent cinq à six heures, et sont au nombre de cinq ou de six. Les élèves recueillent des plantes, les déterminent ou les font déterminer par le professeur, le répétiteur ou le chef jardinier, les conservent étiquetées dans leur boîte et les étudient dans l'après-midi. Le lendemain matin, ils sont interrogés sur le nom scientifique, le nom vulgaire, la famille, etc., des plantes qu'ils ont récoltées. La note qu'ils obtiennent dépend, en partie, du nombre de plantes qu'ils présentent.

Ce système donne d'excellents résultats. A la fin de la première année, chaque élève est en mesure de déterminer 200 à 300 plantes au moins. C'est un bon amorçage pour ceux qui voudraient continuer cette étude.

Fig. 237. — École vétérinaire de Toulouse. (Service de chirurgie; séance de manuel opératoire.)

Après avoir exposé dans les trois premières leçons les éléments de la zoologie générale, le professeur aborde l'étude successive des groupes, en s'élevant des animaux inférieurs aux supérieurs. Devant le champ immense qu'il a à parcourir, il est obligé de faire des coupes sombres et de supprimer les huit embranchements qui n'ont qu'un intérêt purement scientifique et ne comportent aucune application. Les embranchements étudiés sont les protozoaires, les vers, les arthropodes et les chordés.

Pour les trois premiers, le professeur s'attache surtout aux groupes qui comprennent des parasites des animaux domestiques et de l'homme. C'est presque exclusivement un cours de parasitologie, mais subordonné aux exigences taxinomiques et non aux dominantes pathologiques.

En ce qui concerne les chordés, le professeur considère surtout son enseignement comme complémentaire de celui de l'anatomie et de la zootechnie; de l'anatomie, en ce qu'il indique les rapports phylogéniques probables des mammifères domestiques et aussi parce qu'il enseigne l'anatomie de quelques animaux domestiques (oiseaux); de la zootechnie, en faisant connaître les espèces fossiles et vivantes parentes des espèces domestiques et l'origine de la domestication de celles-ci.

L'enseignement oral est complété par des planches murales, des pièces en cire, des dessins, et par l'étude de collections et de préparations microscopiques.

Le cours de zoologie comprend des matières dont l'étude est difficile et ne comporte pas d'approximations. C'est, sans doute, la raison principale de ses résultats éphémères.

Fig. 238. — École vétérinaire de Toulouse. (Service d'histoire naturelle; musée.)

Matière médicale. — Le cours comprend exclusivement l'étude des drogues simples retirées du règne végétal ou du règne animal. Les principes chimiques définis sont supposés connus des élèves par le cours de chimie.

Le but de cet enseignement étant considéré comme visant surtout la détermination des drogues, celles-ci sont réparties d'après leur origine organographique : racines, tiges, fleurs, feuilles, fruits, sucs, etc. Dans des exercices pratiques, des échantillons de chaque drogue sont mis à la disposition des élèves.

Les trois éléments de la chaire ont été empruntés, lors de sa création, aux chaires préexistantes. La matière médicale a été longtemps confiée au professeur chargé de l'enseignement de la pharmacie.

Frais du cours. — La somme mise à la disposition du professeur pour frais divers (laboratoire, herborisations, achats de plantes, jardins et serres, etc.) est de 1,300 francs.

TRAVAUX ET OBJETS EXPOSÉS. — Parmi les ouvrages présentés par M. le professeur Neumann, il convient de citer un traité des maladies parasitaires non microbiennes des animaux domestiques et de nombreuses études de mécanique animale, de médecine, d'hygiène et de zootechnie.

Chaire d'hygiène et de zootechnie. (M. MALLET, professeur, membre du Jury, hors concours.) — Le vétérinaire, juré dans les concours d'animaux, juge dans les visites d'achat, expert dans les contestations, doit connaître les races et savoir apprécier les individus considérés en tant que machines vivantes industrielles.

Fig. 239. — École vétérinaire de Toulouse.
(Service d'histoire naturelle; salle d'études pour les travaux pratiques.)

La zootechnie spéciale satisfait à ce double desideratum, elle comprend deux parties : 1° l'ethnologie qui groupe systématiquement les animaux d'après leur convergence morphologique et fait connaître les caractères, mœurs et aptitudes des races animales domestiques : elle peut être considérée comme une suite naturelle du cours de zoologie professé en 2e année; 2° l'extérieur ou étude particulière des animaux, dont l'objectif est d'amener l'élève à déterminer, sur l'examen rapide de la conformation d'un animal, sa valeur commerciale ou le service qu'on en peut tirer.

Le vétérinaire-médecin doit connaître les effets de l'action cultivatrice de l'homme sur les animaux, pour balancer les exigences économiques avec les lois et les préceptes de l'hygiène. Il est, à cause de ses connaissances spéciales, le conseiller naturel de l'éleveur. Il a la mission d'examiner les procédés qu'emploient les praticiens, pour en fournir l'explication scientifique et les débarrasser des coutumes empiriques et irrationnelles; il doit inspirer et diriger l'élevage, contribuer à l'amélioration des races animales dont il a la surveillance sanitaire, combattre les effets stérilisants de la routine et, par la vulgarisation de pratiques rationelles, devenir un des principaux agents du progrès.

Dans les leçons orales qui ont pour objet l'enseignement de la zootechnie spéciale, le professeur choisit, dans chaque espèce, un type pris parmi les plus fréquents ou les mieux connus, auquel il consacre des développements très étendus. Pour les démonstrations techniques, nécessairement très abstraites, on fait une large part à l'enseignement par les yeux. Chaque description est immédiatement vérifiée par la figuration. Cette dernière est aujourd'hui assurée à la 8e chaire de l'École de Toulouse par les quatre moyens suivants qui sont indépendants de la présentation d'animaux vivants lorsqu'elle est possible :

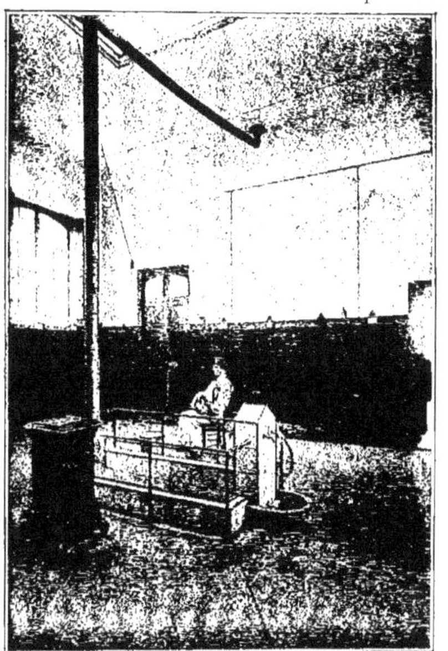

Fig. 240. — École vétérinaire de Toulouse. (Service de médecine; chenil.)

1° Les pièces naturalisées, durcies ou conservées; 2° les moulages peints; 3° les photographies; 4° les dessins, aquarelles et peintures.

Le professeur accorde une grande importance aux pièces naturalisées et tous ses efforts tendent à former une collection complète des petites espèces domestiques : pigeons, poules, faisans, pintades, paons, dindons, oies et canards, lapins et cobayes, chats et chiens. Pour les grandes ou moyennes espèces, il donne la préférence à la photographie, parce que seule elle donne à la figuration un cachet de véracité auquel ne peuvent prétendre ni le dessin ni la peinture. La photographie ordinaire ne renseigne pas suffisamment sur les reliefs de face et encore moins sur les proportions des parties présentées en obliquité. A l'école vétérinaire de Toulouse, elle est heureusement complétée par une collection de photographies stéréoscopiques, prises au véroscope Richard, qui permettent aux élèves de saisir jusqu'aux moindres détails de conformation sur les animaux figurés.

Les mêmes errements président à l'enseignement de l'hygiène et de la zootechnie générale. Le professeur s'attache à montrer aux élèves tout ce qu'il décrit, éloignant systématiquement de son cours les théories insuffisamment assises pour mettre les faits seuls en relief avec l'importance de leur application. Il dégage les axiomes de biologie générale qui président à la production et à l'amélioration des races animales domestiques, puis par des exemples connus, tirés de la zootechnie spéciale, en fait saisir toute l'importance. L'enseignement oral est toujours accompagné ou suivi de démonstrations figuratives à l'aide des objets eux-mêmes ou de dessins, photographies et pièces naturalisées. Le laboratoire de zootechnie possède des spécimens des diverses denrées alimentaires, des dessins et photographies d'habitations, les diverses pièces du harnachement, des spécimens réduits du matériel agricole, etc., une collection de lapins empaillés, faisant l'histoire du croisemant et de la réversion.

Les travaux pratiques d'hygiène et de zootechnie qui se font au laboratoire ou à l'étable sont parfois remplacés par des excursions (visites aux foires, concours ou domaines importants de la région). Pour la commodité de la démonstration et surtout pour l'efficacité de l'enseignement, les élèves, hors le cas des conférences préparatoires, ne sont qu'exceptionnellement appelés tous à la fois. Ils viennent par groupes, aussi peu nombreux que possible, et sont initiés individuellement à la pratique des méthodes.

Les travaux pratiques de zootechnie comportent trois ordres d'exercices : la diagnose des races animales, l'appréciation méthodique et raisonnée des animaux, l'application analytique des produits de la ferme. Diagnose des races animales. — Des animaux en nombre variable, d'espèces, races et variétés différentes, sont présentés aux élèves. Une séance est consacrée à la démonstration des caractères propres au groupe présenté pour la première fois. Dans les séances qui suivent, les élèves sont invités à déterminer eux-mêmes la race des animaux qui leur sont présentés.

Appréciation méthodique et raisonnée des animaux. — Ces exercices ont lieu pendant toute la durée du deuxième trimestre (1er janvier à Pâques). Ils ont pour but d'amener les élèves à déterminer exactement la valeur industrielle ou commerciale des animaux domestiques. Ils comportent des conférences pratiques et des exercices d'application, par lesquels les élèves sont appelés à se prononcer sur la valeur des animaux reproducteurs, de travail ou de vente.

Les travaux pratiques d'hygiène comportent des exercices qui correspondent à peu près à chacun des trois trimestres scolaires : 1° critique de l'habitation; 2° étude du harnachement; 3° étude des instruments de pansage; 4° étude des instruments de sondage; 5° étude des matières alimentaires; 6° étude du matériel pour la préparation des aliments.

Frais du cours. — Une somme de 2,000 francs est mise à la disposition du professeur pour les achats de sujets d'expériences et leur nourriture, les frais de laboratoire, les collections et excursions.

Travaux et objets exposés. — La chaire de zootechnie avait fait exposer une quantité importante de photographies et de graphiques; des groupes de lapins naturalisés pour l'étude du croisement du lapin angora blanc avec le lapin commun gris.

Chaire de pathologie bovine, ovine, caprine, porcine, et d'obstétrique vétérinaire. (Médaille d'argent : M. Besnoit, professeur; médaille de bronze : M. Cuillé, répétiteur.) — L'enseignement théorique de la chaire comprend la pathologie bovine et l'obstétrique. Dans la première partie, on n'étudie que les maladies spéciales aux ruminants et aux porcs et celles dont l'étiologie ou les manifestations symptomatiques sont nettement différentes dans ces espèces de ce qu'elles sont chez le cheval. Les maladies communes au cheval, aux ruminants et au porc, sont simplement l'objet d'une courte mention ayant pour but d'indiquer, à grands traits, les principaux caractères distinctifs de ces affections dans les différentes espèces. On évite ainsi de surcharger le cours de descriptions déjà faites par les professeurs de pathologie médicale et de pathologie chirurgicale.

Toute la partie de la physiologie obstétricale relative à la fécondation et à l'évolution intra-utérine, professée il y a quelques années au début du cours d'obstétrique, est aujourd'hui supprimée. Les différents chapitres qui la composent : chaleurs, ovulation, copulation, fécondation, évolution embryonnaire et fœtale, annexes du fœtus, physiologie du fœtus, etc., ont déjà, du reste, fait antérieurement l'objet de descriptions complètes dans les cours d'embryologie, d'anatomie, de physiologie et d'hygiène générale. A leur place dans un traité d'obstétrique qui vise à être complet, ces données scientifiques paraissent inutiles au professeur dans le cours d'obstétrique des écoles vétérinaires. Par leur suppression on peut consacrer un plus grand nombre de leçons à la pathologie obstétricale dont l'importance pratique est évidente et ne peut être mise en parallèle avec celle, beaucoup moindre, des considérations purement théoriques qui caractérisent la physiologie obstétricale.

Fig. 241. — Ecole vétérinaire de Toulouse.
(Service de chirurgie; salle de manuel opératoire et de démonstration.)

L'enseignement pratique de la chaire comprend : des leçons et exercices de clinique; des exercices de chirurgie; des exercices de pratique obstétricale.

Dans le cours de pathologie bovine, ovine, caprine et porcine, l'enseignement théorique est complété par de nombreuses leçons cliniques. Chaque jour, à 10 heures et demie, a lieu une consultation gratuite pour les animaux des espèces bovine, ovine, caprine et porcine. Les élèves de 3e et de 4e année, non retenus à la clinique du cheval, assistent à cette consultation. La visite des hôpitaux a également lieu chaque jour quelques instants avant la consultation gratuite. Les élèves chargés de donner des soins aux animaux en traitement sont seuls tenus d'y assister.

Deux fois par semaine, de 10 heures et demie à 11 heures et demie, ont lieu deux importantes séances de clinique générale auxquelles tous les élèves de 3e et 4e année sont obligés d'assister. A ces séances semi-hebdomadaires, les sujets intéressants sont l'objet d'une leçon clinique dans laquelle on expose l'ensemble des symptômes constatés en faisant ressortir les principaux, le diagnostic différentiel, le pronostic, l'étiologie probable ou certaine, les modifications qui ont pu se produire dans l'état du malade depuis sa dernière présentation, enfin les indications générales ou spéciales qui se présentent.

Toutes les lésions externes, toutes les déformations intéressantes sont photographiées, puis agrandies. En présentant un malade aux élèves, on leur montre les agrandissements de maladies analogues ou voisines; des comparaisons peuvent ainsi être établies, rendant les éléments du diagnostic plus saisissables.

La collection d'agrandissements s'enrichit tous les jours. Elle est actuellement de plus de 100 épreuves choisies parmi plus de 600 clichés photographiques. Des agrandissements de bonnes gravures photographiées dans les ouvrages spéciaux ou dans les journaux périodiques sont également faits en grand nombre pour être utilisés, concurremment avec les agrandissements de photographies directes, dans les leçons magistrales, soit du cours de pathologie bovine, soit du cours d'obstétrique.

Enfin, dans les séances semi-hebdomadaires du mercredi et du samedi, les animaux morts dans les hôpitaux sont également l'objet d'une dissertation, faite à l'amphithéâtre d'autopsie, dans laquelle on présente les lésions et on expose les rapports existant entre celles-ci et les symptômes notés du vivant de l'animal.

Les exercices de chirurgie sont de deux ordres : les exercices de manuel opératoire sur les grands ruminants et les exercices de castration. Les premiers se pratiquent sur des vaches ou sur des bœufs qui sont ensuite utilisés, soit pour le service d'anatomie pour les dissections, soit pour le service d'anatomie pathologique pour la technique des autopsies. Ils ont lieu, en moyenne, deux fois par mois, le mardi de midi à 4 heures. Les élèves de 4e année seuls y prennent part. Pendant l'exécution des opérations, la plus grande surveillance est exercée par le professeur ou le chef de travaux. Les élèves sont interrogés sur le manuel opératoire ou sur l'anatomie topographique. On observe attentivement les procédés opératoires employés; on veille à ce qu'il ne soit exécuté aucune fausse manœuvre; on exige, enfin, que les plus grands soins soient apportés dans l'exécution des pansements.

Quatre ou cinq séances sont consacrées à l'étude pratique des modes d'intervention et du diagnostic dans les positions vicieuses du fœtus, au moyen d'un mannequin *ad hoc*.

Frais du cours. — La somme mise à la disposition du professeur pour achat et location d'animaux et leur nourriture, frais de laboratoire, excursions, est de 6,500 francs.

Travaux et objets exposés. — Indépendamment des ouvrages du professeur, la neuvième chaire avait fait présenter des tableaux de microphotographies et estampages représentant la région de la jugulaire chez le bœuf, etc.

Chaire d'anatomie pathologique et d'histologie normale. — La chaire, créée en octobre 1899, a pour objet l'enseignement de l'embryologie, de l'histologie et de l'anatomie pathologique. Son titulaire est M. le professeur Bimes.

Si cette chaire est de création récente, l'enseignement qui lui incombe était depuis longtemps donné dans les écoles vétérinaires et avec une ampleur presque suffisante; il était seulement réparti entre trois ou quatre chaires.

Mais pour que le nouvel enseignement porte ses fruits, il est indispensable qu'il soit résolument orienté vers les choses de la pratique et que le professeur s'efforce de lui donner un caractère essentiellement professionnel. Le but à viser et à atteindre est ici de mettre les élèves en état de faire méthodiquement une autopsie et de reconnaître, par un double examen macroscopique et microscopique, la nature exacte des lésions présentées par les organes malades, leur degré, le stade de leur évolution et leurs rapports avec les symptômes observés du vivant de l'animal.

Fig. 242. — École vétérinaire de Toulouse. (Service de médecine; salle d'autopsie.)

La préoccupation professionnelle dont il vient d'être question n'exclut pas la préoccupation scientifique et les deux tendances sont aisément satisfaites grâce à l'étroite parenté des matières réunies dans la dixième chaire. Tout, ici, se ramène, en effet, à une seule notion générale : la notion de la cellule, ses procédés de nutrition, les phénomènes qui trahissent son activité, ses modes de reproduction et ses diverses altérations; anatomie cellulaire, physiologie cellulaire, pathologie cellulaire, sont les trois aspects d'une même science, la science de la cellule qui embrasse l'anatomie générale, la physiologie générale, l'anatomie et la physiologie pathologiques générales.

L'enseignement théorique n'aurait qu'une médiocre valeur s'il n'était fécondé et complété par un enseignement pratique bien ordonné. Celui-ci ne comporte pas seulement l'apprentissage des opérations diverses qui constituent la technique micrographique et la technique des autopsies; il doit aussi viser à discipliner l'esprit des élèves.

Le professeur s'efforce d'habituer l'élève à discerner ce qui est essentiel de ce qui est accessoire, à lui donner le sens du relatif, à développer chez lui l'idée critique, c'est-à-dire l'idée scientifique.

IMPRIMERIE NATIONALE.

En histologie, plusieurs leçons sont consacrées à une étude complète de la cellule : constitution, propriétés physiques, chimiques et physiologiques, fonctions, modes de reproduction, etc. La cellule étant dès lors bien connue, l'étude des divers tissus et organes est singulièrement facilitée, car, dans chaque cas, il n'y a à insister que sur les particularités que présentent, dans leur arrangement, leurs propriétés, les cellules caractéristiques du tissu ou de l'organe considéré.

En anatomie pathologique, une large place est réservée à l'étude des grands processus morbides : l'inflammation, les dégénérescences et les tumeurs, c'est-à-dire à l'anatomie pathologique générale. L'anatomie pathologique spéciale se réduit dès lors à une simple application aux divers tissus et organes des notions précédemment étudiées.

Le professeur s'aide, dans ses démonstrations, de dessins, de schémas nombreux reproduisant les faits exposés; toutes les fois qu'il le peut, il montre aux élèves des pièces naturelles fraîches ou conservées dans ses collections.

L'enseignement pratique comporte des exercices pratiques d'autopsie et des séances de technique histologique.

Les autopsies sont suivies d'une conférence où les lésions rencontrées sont décrites, interprétées et résumées dans la forme d'un procès-verbal d'autopsie.

Pour les exercices pratiques d'histologie normale et pathologique, il a fallu, en raison du temps très mesuré qui leur est attribué, renoncer à enseigner la confection des coupes microscopiques. Par contre, les élèves sont initiés à la technique des diverses colorations. A cet effet, on leur remet, au début de chaque séance, cinq à huit coupes collées sur lames. Ils colorent ces coupes et les étudient. Tous les élèves reçoivent les mêmes coupes et chacune peut être ainsi l'objet d'une démonstration orale. Par ce procédé, les élèves arrivent rapidement à connaître pratiquement tous les tissus et les principales altérations morbides qu'ils peuvent présenter.

Frais du cours. — La somme mise à la disposition du professeur pour frais divers, achat d'instruments et d'animaux, est de 2,000 francs.

Considérations générales sur les écoles nationales vétérinaires.

Les écoles nationales vétérinaires n'avaient pas adopté le même mode d'organisation de leur exposition qu'en 1889, où chacune d'elles avait exposé séparément, ce qui amenait la double ou la triple présentation de certaines pièces ou des objets servant à l'enseignement, les collections des différentes écoles se ressemblant dans une certaine mesure. L'exposition collective des trois écoles avait permis de procéder à un triage et de déterminer la contribution de chacune des chaires à la mise en relief de l'enseignement vétérinaire. On pouvait ainsi apprécier à sa juste valeur l'exposition des méthodes et des multiples procédés de l'enseignement scientifique moderne comprenant des pièces anatomiques aux couleurs vives, des animaux naturalisés et de nombreux moulages coloriés qui, depuis une quinzaine d'années, ont été introduits à côté des pièces naturelles dans les écoles vétérinaires françaises comme documents complémentaires, comme modèles destinés à guider l'élève dans ses travaux pratiques. Le moulage a, en effet, sur la pièce naturelle, le grand avantage de pouvoir conserver presque indéfiniment le volume, la forme, les rapports et surtout la couleur des organes.

Le Comité d'organisation de l'exposition vétérinaire, composé de représentants des trois écoles d'Alfort, de Lyon et de Toulouse, s'était proposé surtout de montrer comment fonctionne le mécanisme des écoles, quel but elles poursuivent, comment elles contribuent au progrès scientifique. Cette façon de procéder avait permis de n'exposer que des objets originaux. Il en était résulté une exposition d'ensemble des trois écoles donnant l'impression de l'homogénéité la plus complète et formant comme un répertoire de l'enseignement vétérinaire.

Les écoles nationales vétérinaires de France forment un groupe particulièrement homogène : l'enseignement, dans les trois écoles, est organisé sur un plan uniforme, d'après des procédés identiques, et confié à un nombre égal de professeurs et de chefs de travaux.

Il n'en fût pas toujours ainsi. De 1766 à 1813, l'École vétérinaire d'Alfort disposait de moyens d'enseignement plus importants que l'École de Lyon. D'après le décret de 1813, l'École de Lyon devait donner une instruction essentiellement pratique; celle d'Alfort était autorisée à ajouter un complément d'instruction théorique. Les cours complémentaires comprenaient : l'économie rurale, les haras, l'éducation des animaux domestiques, la zoologie, la physique et la chimie appliquées aux maladies des animaux. Des diplômes différents consacraient ces deux ordres d'enseignement.

On aperçut bientôt les inconvénients de l'instruction à deux degrés. La création de l'École de Toulouse, décidée en 1825, fournit l'occasion de revenir à un diplôme unique et à un enseignement uniforme. Pourtant l'École d'Alfort possédait une chaire de plus que les Écoles de Lyon et de Toulouse, mais cette inégalité ne subsista pas en fait. Selon les moments, selon les circonstances, le nombre des professeurs était le même partout.

L'égalité fut définitivement consacrée par un décret de 1861. Depuis cette époque, toutes les réformes, toutes les améliorations atteignirent simultanément Alfort, Lyon et Toulouse.

En 1861, on compte six professeurs et trois auxiliaires de l'enseignement désignés sous le nom de chefs de service. Un décret de 1873 permet d'augmenter le nombre de ces auxiliaires. Enfin un autre décret, rendu en 1881, porte le nombre des chaires à huit. Il est décidé en principe que chaque professeur sera assisté d'un chef de service, désigné désormais par le nom de répétiteur ou de répétiteur chef des travaux.

L'Exposition de 1889 trouve les écoles vétérinaires avec cette organisation. L'Expotion de 1900 nous permet de constater de nouveaux progrès.

Malgré l'augmentation assez récente du nombre de chaires, certaines branches de l'enseignement étaient ralenties dans leur essor faute d'une spécialisation des personnes à qui elles étaient confiées. Afin de permettre aux écoles françaises de cultiver fructueusement et utilement tout le domaine scientifique dont elles sont chargées, on les a dotées successivement de deux chaires nouvelles : une chaire de *pathologie bovine, ovine, caprine* et *porcine*, fondée en 1893, une chaire d'*histologie normale*, d'*embryologie* et d'*anatomie pathologique*, créée en 1898.

L'École d'Alfort possède un manège à l'intérieur de l'école. A l'École vétérinaire de Lyon, les élèves étudient la zootechnie pratique dans une ferme, indépendamment des visites faites dans les marchés et dans certaines exploitations.

Les écoles nationales vétérinaires, admettant les jeunes gens qui ont achevé leurs études secondaires comme en témoigne le diplôme de bachelier dont ils sont pourvus, distribuant un enseignement spécial, en vue de l'exercice d'une profession libérale, délivrant un diplôme auquel sont attachés certains privilèges, viennent se placer dans le groupe des établissements d'enseignement supérieur. Elles ont la double mission d'instruire les élèves sur toutes les branches de la médecine des animaux et sur la zootechnie, et de travailler au progrès de la science. Elles sont à la fois sources et dispensatrices des connaissances vétérinaires; elles n'ont jamais failli à ces deux grandes tâches.

Le professeur Magne, ancien directeur de l'École d'Alfort, chargé d'un rapport sur les progrès de la médecine vétérinaire au moment de l'Exposition de 1867, a montré le rôle scientifique joué par les écoles et la part qu'elles ont prise dans l'évolution des sciences naturelles, médicales et agronomiques.

Depuis, leur situation n'a fait que grandir. Les travaux qu'elles ont produits dans toutes les branches qui les intéressent, dans toutes les questions nouvelles, font marcher leurs maîtres de pair avec ceux de l'enseignement supérieur. Au surplus, un grand nombre de leurs professeurs appartiennent à la Société nationale d'agriculture et à l'Académie de médecine au titre de membres titulaires, d'associés ou de correspondants nationaux. Depuis Bourgelat, les Écoles ont toujours été représentées à l'Institut par des correspondants ou des titulaires. Enfin, il n'est peut-être pas de corps savant aussi restreint que le corps enseignant vétérinaire qui ait remporté un aussi grand nombre de récompenses académiques dans ces trente dernières années.

Le corps enseignant a si bien compris son rôle scientifique qu'il a créé des publications périodiques spéciales pour susciter le zèle de ses membres et celui des vétérinaires praticiens dans la voie de la recherche et de l'observation et pour continuer son influence éducatrice sur les membres épars de la profession vétérinaire.

Les professeurs d'Alfort fondaient le *Recueil de médecine vétérinaire*, en 1824; ceux de Toulouse créaient le *Journal des vétérinaires du Midi*, en 1838; ceux de Lyon faisaient paraître le *Journal de médecine vétérinaire*, en 1845.

Ces trois publications sont encore aujourd'hui en pleine prospérité. Cependant, après la perturbation causée par la guerre franco-allemande de 1870, les journaux de Lyon et de Toulouse subirent une interruption. Ils reparurent en 1876 sous des titres un peu différents. Le *Journal des vétérinaires du Midi* reçut le nom de *Revue vétérinaire*; le *Journal de médecine vétérinaire* s'appela *Journal de médecine vétérinaire et de zootechnie*.

Il s'en faut que ces trois périodiques renferment toutes les productions du corps enseignant. Une partie est publiée par les organes particuliers de la Société centrale de médecine vétérinaire et de la Société de médecine vétérinaire pratique, siégeant à Paris, et de la Société des sciences vétérinaires, établie à Lyon. Une autre, ayant un caractère général ou d'un ordre exclusivement scientifique, est adressée aux académies ou aux journaux de sciences naturelles pures, de physiologie ou de médecine.

Par leur côté pédagogique, les écoles vétérinaires sont non moins intéressantes.

Leur enseignement embrasse un grand nombre de connaissances, car le vétérinaire est plus qu'un médecin des animaux, il est encore zootechnicien, il est le conseiller de l'administration dans la lutte contre les maladies contagieuses dont quelques-unes sont transmissibles à l'homme, le guide de la justice dans les cas de litige soulevés par l'usage ou le commerce des animaux domestiques.

Pour donner un enseignement si étendu et si varié, on accorde seulement quatre années de scolarité. Les écoles vétérinaires en disposent avec une stricte économie et conduisent l'élève d'une manière méthodique en lui évitant le moindre gaspillage et de son temps et de son activité intellectuelle.

Le régime adopté et maintenu dans les écoles françaises est un puissant auxiliaire de l'enseignement. La grande majorité des élèves accepte le régime de l'internat. Une faible minorité opte pour le régime de la demi-pension. Les effectifs sont présents dans l'enceinte de l'école du matin au soir. Les exercices peuvent donc se succéder presque sans interruption, et l'on est sûr qu'ils sont suivis avec régularité.

La faiblesse relative des effectifs permet, en outre, aux membres des corps enseignants de connaître les élèves, de s'intéresser à leur instruction, de les suivre dans leurs progrès, de leur imprimer une impulsion salutaire.

Un élément de succès procède de la parfaite coordination et de la subordination des cours maintenus par l'administration centrale secondée par un inspecteur général, lui-même ancien professeur, qui veille à l'unité de l'enseignement dans les trois écoles, sans étouffer l'originalité propre à chacun des maîtres.

L'élève n'est jamais appelé à entendre un cours nouveau avant d'y avoir été préparé par un enseignement antérieur. On s'efforce de se débarrasser des *impedimenta*, d'éviter les répétitions fastidieuses, par la discussion des programmes en conseil des professeurs et sous la présidence de l'inspecteur général.

Le programme de chaque cours représente la somme de connaissances nécessaires à l'exercice de la profession vétérinaire. Si toutes les questions qu'il comprend ne sont pas traitées avec l'ampleur que l'on trouve parfois dans l'enseignement de la médecine, il ne présente pas des lacunes regrettables. L'élève n'ignorera rien d'important.

Dans l'énumération des chaires figurent des enseignements que l'étudiant a déjà suivis dans ses études préparatoires. Mais s'ils sont conservés dans les études vétérinaires, ils reçoivent une adaptation spéciale : on suppose les principes connus; on insiste sur les applications aux sciences biologiques.

L'enseignement des Écoles vétérinaires est particulièrement fructueux, aujourd'hui surtout qu'il s'adresse à des intelligences mieux préparées à le recevoir par de bonnes études secondaires. On en juge par le nombre des élèves admis comparé à celui des élèves diplômés. Ces deux nombres sont moins éloignés que dans beaucoup d'établissements analogues. Il est permis d'attribuer ce résultat aux procédés auxquels on s'est arrêté depuis longtemps.

Les leçons dogmatiques du professeur que l'élève recueille aussi fidèlement que possible sont complétées par des démonstrations faites au courant des leçons ou dans des séances particulières dirigées par des chefs de travaux. Quand les chaires le comportent, des laboratoires leur sont annexés où les étudiants se livrent à des travaux pratiques, c'est-à-dire reproduisent eux-mêmes les démonstrations qui leur ont été faites par les membres du corps enseignant. Les manipulations de tous genres forment avec les leçons théoriques les bases de l'enseignement. L'élève est tenu de s'assimiler les connaissances qu'on veut lui inculquer au fur et à mesure des leçons, car il est soumis à des examens oraux et écrits plusieurs fois au cours des semestres, en attendant les examens généraux de fin d'année.

La sévérité avec laquelle on traite les élèves dont l'instruction n'est pas satisfaisante préserve l'agriculture des vétérinaires incapables. Les règlements permettent à un élève de recommencer l'année au bout de laquelle il a passé des examens insuffisants. Mais cette faculté ne peut s'exercer qu'une seule fois dans le courant des études. De plus, l'élève doit avoir des connaissances convenables sur tous les cours qu'il a suivis, car les bonnes notes obtenues sur certaines matières ne sont pas admises à compenser entièrement une note insuffisante sur une autre matière. Les paresseux ou les incapables ne parviennent donc pas au diplôme, au moins dans la plupart des cas.

Cet aperçu général sur les procédés pédagogiques des Écoles vétérinaires doit être complété par une remarque très importante. On se tromperait si l'on pensait que l'utilitarisme est le principe exclusif de l'enseignement. Il est d'usage dans les écoles françaises de ne jamais laisser passer l'occasion d'élever l'esprit de l'auditoire aux hauteurs des généralisations scientifiques, par quelques notes placées à propos dans le corps des leçons.

Les travaux originaux poursuivis par les maîtres ou par des savants étrangers dans les laboratoires, sous les yeux des élèves, complètent l'influence éducatrice de l'enseignement.

Aussi peut-on dire que les jeunes vétérinaires sont non seulement bien préparés dans l'art de guérir, mais encore qu'ils ont l'esprit ouvert et des vues générales sur un grand nombre de connaissances. Après leur sortie de l'école, ils savent se faire apprécier dans les sociétés scientifiques locales, dans les conseils d'hygiène, dans les comices ou sociétés agricoles où ils sont de véritables missionnaires du progrès.

Les bienfaits de cette éducation scientifique se sont particulièrement fait sentir aux premiers temps des découvertes pasteuriennes sur la vaccination contre les maladies virulentes. Loin d'opposer un esprit routinier, les vétérinaires ont accepté ces découvertes avec empressement et en sont devenus les propagateurs ardents et convaincus. Les écoles vétérinaires se sont écrit une belle page dans les futures annales des sciences agronomiques et sociales par le rôle qu'elles ont rempli dans la découverte ou l'application de la vaccination contre la rage, contre la fièvre charbonneuse, le charbon symptomatique, le rouget du porc, des procédés de diagnostic de la morve par la malléine, de la tuberculose par la tuberculine et l'agglutination du bacille de Koch.

Depuis longtemps, les noms de leurs physiologistes sont connus dans le monde entier, grâce à leurs travaux sur plusieurs questions, notamment sur la circulation, l'innervation, le travail musculaire, le travail physiologique en général.

Bourgelat, le fondateur des écoles vétérinaires, estimait qu'elles devaient ouvrir leurs portes à tous ceux qui étaient appelés, par leurs études, à interroger le grand livre de la nature. Elles sont restées fidèles à la pensée de leur créateur. Chacune est devenue un centre expérimental où sont venues travailler ou chercher des collaborateurs les personnalités les plus éminentes du corps médical. Aucune des grandes acquisitions scientifiques, depuis longtemps, n'a été faite sans le concours des écoles vétérinaires.

L'État s'est imposé, pour les écoles vétérinaires, des sacrifices toujours croissants, surtout à dater de 1870. Si on compare le crédit annuel alloué à ces établissemens, aujourd'hui et il y a cinquante ans, on s'assure qu'il a doublé ou à peu de chose près.

Ces sacrifices consentis pour maintenir nos Écoles à la tête ou au niveau des écoles étrangères, pour donner aux élèves l'instruction théorique et pratique que les progrès de la science étendaient de plus en plus, n'ont pas été consentis en vain ou légèrement.

La valeur du capital représenté par les animaux de ferme atteint actuellement près de 5 milliards 200 millions. C'est ce capital énorme qui est confié aux soins des vétérinaires. Partout, on se plaît à reconnaître qu'ils le protègent avec intelligence et sollicitude.

Dans l'armée, on a élevé à plusieurs reprises la situation des vétérinaires en récompense de leur valeur morale et professionnelle.

Dans la pratique civile, là où le vétérinaire doit appliquer ses connaissances en hygiène et en police sanitaire, il rend des services de plus en plus grands au point de vue économique et social. M. Tisserand, ancien directeur de l'agriculture, en portait témoignage, dès 1887, dans un rapport adressé au Ministre de l'agriculture sur le service des épizooties. Il s'exprimait ainsi : « Aujourd'hui le service sanitaire existe ; on le sent en possession de lui-même, et déjà le pays recueille les bénéfices de son intervention. Ce résultat est dû au zèle déployé par tous ; il est dû surtout au dévouement du corps vétérinaire, à son zèle éclairé, à son amour du bien public, et, je dois le dire, à son désintéressement, car dans un grand nombre de cas son concours a été jusqu'ici à peu près gratuit. »

En pleine possession de sa méthode et de ses procédés pédagogiques, l'enseignement vétérinaire est doué de tous les organes indispensables à son bon fonctionnement.

Dirigé dans la voie des recherches expérimentales pour élucider les points encore obscurs de la médecine des animaux, il est maintenu au niveau des nouvelles découvertes scientifiques. Les écoles vétérinaires peuvent même revendiquer une part des découvertes effectuées dans le domaine des sciences médicales par les nombreux travaux qui ont été effectués dans leurs laboratoires et par le concours qu'elles ont prêté à la médecine humaine, grâce aux procédés d'expérimentation dont elles disposent.

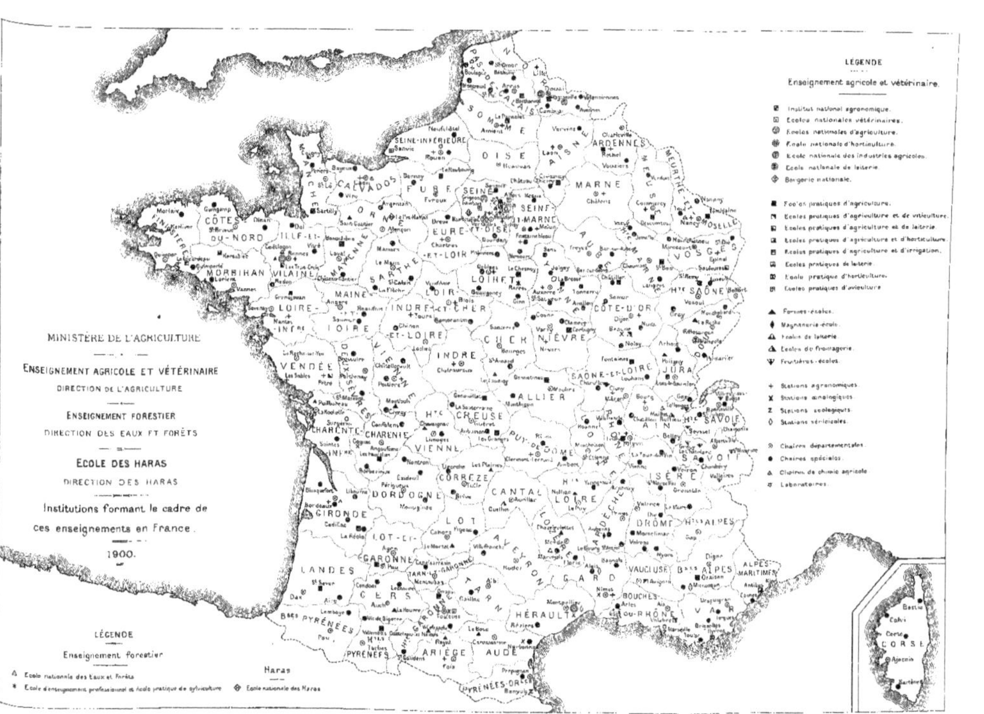

Fig. 243 — Carte des institutions d'enseignement agricole, vétérinaire, forestier et des Haras, en France.

CHAPITRE III.

EXPOSITIONS DE LA DIRECTION DE L'AGRICULTURE ET DE LA DIRECTION DES EAUX ET FORÊTS.

Exposition de la Direction de l'Agriculture.

(Grand prix.)

L'exposition de la Direction de l'agriculture consistait dans l'ensemble des expositions de toutes les écoles dont elle a la gestion qui avaient répondu à son appel. Nous avons analysé en détail chacune des expositions établies par l'Institut agronomique, les écoles nationales d'agriculture, les écoles nationales vétérinaires, les écoles spéciales, les écoles pratiques, les fermes-écoles, les travaux présentés par les professeurs départementaux et spéciaux. Nous nous bornerons donc à relever les nombreuses récompenses obtenues par ces écoles, par leurs collaborateurs et par les professeurs d'agriculture :

Écoles : 7 grands prix, 13 médailles d'or, 17 en argent, 5 en bronze.

Collaborateurs pour les écoles : 33 médailles d'or, 40 en argent, 50 en bronze, 19 mentions honorables.

Professeurs d'agriculture : 2 médailles d'or, 11 en argent, 10 en bronze, 3 mentions honorables.

Collaborateurs : 4 médailles de bronze, 1 mention honorable.

La Direction de l'agriculture ayant tenu à avoir sa place marquée au milieu des expositions de ses écoles, son très distingué directeur, M. Vassillière, avait présenté des cartes, plans, ouvrages, travaux statistiques préparés, d'après ses indications, par les agents de son service. Quelques ouvrages publiés depuis la dernière Exposition de 1889 avaient également été exposés. Nous citerons un plan en relief très intéressant, représentant les diverses méthodes d'irrigation, établi par M. Marchon.

Il convient de signaler le rapport sur l'enseignement agricole en France, publié en 1894 par ordre de M. Viger, Ministre de l'agriculture. Avant cette époque, les renseignements sur l'enseignement agricole étaient épars. Il fallait se reporter aux programmes-notices de chaque école pour avoir des indications précises, ou aux quelques rares brochures que des professeurs avaient publiées sur certains établissements. M. Viger, frappé de ce fait, confia à M. Grosjean, inspecteur général de l'enseignement agricole, la mission de faire un exposé de la situation de cet enseignement, une note sur chaque groupe d'institutions et la monographie de chaque établissement. M. Tisserand, alors directeur de l'agriculture, compléta cette œuvre déjà si nourrie, si consciencieuse et si bien présentée par M. Grosjean, en la faisant précéder d'une note tout à fait remarquable, embrassant l'ensemble de l'enseignement agricole en

France depuis son origine, faisant ressortir le rôle de chaque enseignement ainsi que sa valeur, enfin indiquant la voie qui lui paraissait devoir être suivie et les modifications à apporter dans l'ordre législatif et administratif. M. Viger rendit un grand service à l'agriculture en faisant grouper, dans l'ordre si méthodique qu'il avait indiqué, tous les renseignements relatifs à nos établissements et à nos institutions d'enseignement agricole. Nous devons déclarer que ce volume nous a été d'un secours précieux pour l'établissement de notre rapport et qu'il nous a souvent servi de guide.

Le Jury a remarqué une grande carte murale de France, qui portait l'indication de l'emplacement de tous les établissements d'enseignement agricole dépendant du Ministère de l'agriculture. Des signes de différentes grosseurs, de couleurs variées, surmontés de petits drapeaux, permettaient de distinguer toutes les catégories d'écoles ainsi que les chaires départementales et spéciales d'agriculture. Une médaille d'argent a été accordée par le Jury à l'auteur, M. Pradès, rédacteur au bureau de l'enseignement agricole.

Nous donnons ici une réduction de cette carte; les signes représentant les écoles ont été modifiés, afin de suppléer au manque de couleurs.

L'auteur de la carte, M. Pradès, a également établi, à l'occasion de l'Exposition, un graphique qui a été publié dans un rapport au Congrès international de l'enseignement agricole. Ce graphique, relatif à la progression de l'enseignement agricole en France durant la période qui s'étend de 1889 à 1900 exclusivement, permet de se rendre compte d'un coup d'œil de l'extension considérable donnée à cet enseignement. Nous donnons ci-contre ce graphique, avec les explications dont M. Pradès l'accompagne.

Le nombre d'écoles de chaque nature, de professeurs, de stations ou laboratoires, qui ont fonctionné pendant chacune des dix dernières années, s'obtiendra facilement pour le lecteur en se reportant aux lignes de la légende correspondant aux diverses institutions qui forment le cadre de l'enseignement agricole et en mesurant la hauteur de l'ordonnée au-dessus du millésime : le nombre de millimètres obtenu en donne le chiffre exact.

Mais, sans recourir aux mesures, la simple lecture du graphique permet de constater que, d'une façon générale, le nombre des établissements d'enseignement agricole est allé en progressant tous les ans, sauf en ce qui touche les fermes-écoles.

L'Institut agronomique, unique en France, présente une ligne horizontale.

Les écoles nationales, au nombre de quatre en 1889, se sont accrues de deux unités; l'une en 1891, par suite de l'organisation de l'École d'industrie laitière de Mamirolle (Doubs); l'autre, en 1893, par suite de la création de l'École des industries agricoles de Douai (Nord).

27 écoles pratiques ou similaires existaient en 1889; actuellement, on en compte 46; 2 ont été supprimées récemment. Toutes les régions de la France en sont à peu près pourvues et certains départements, comme la Côte-d'Or, la Creuse, le Finistère, l'Ille-et-Vilaine et la Manche, en possèdent jusqu'à deux chacun. Elles ont donc suivi une marche ascendante, ainsi d'ailleurs que les établissements divers, tels que frui-

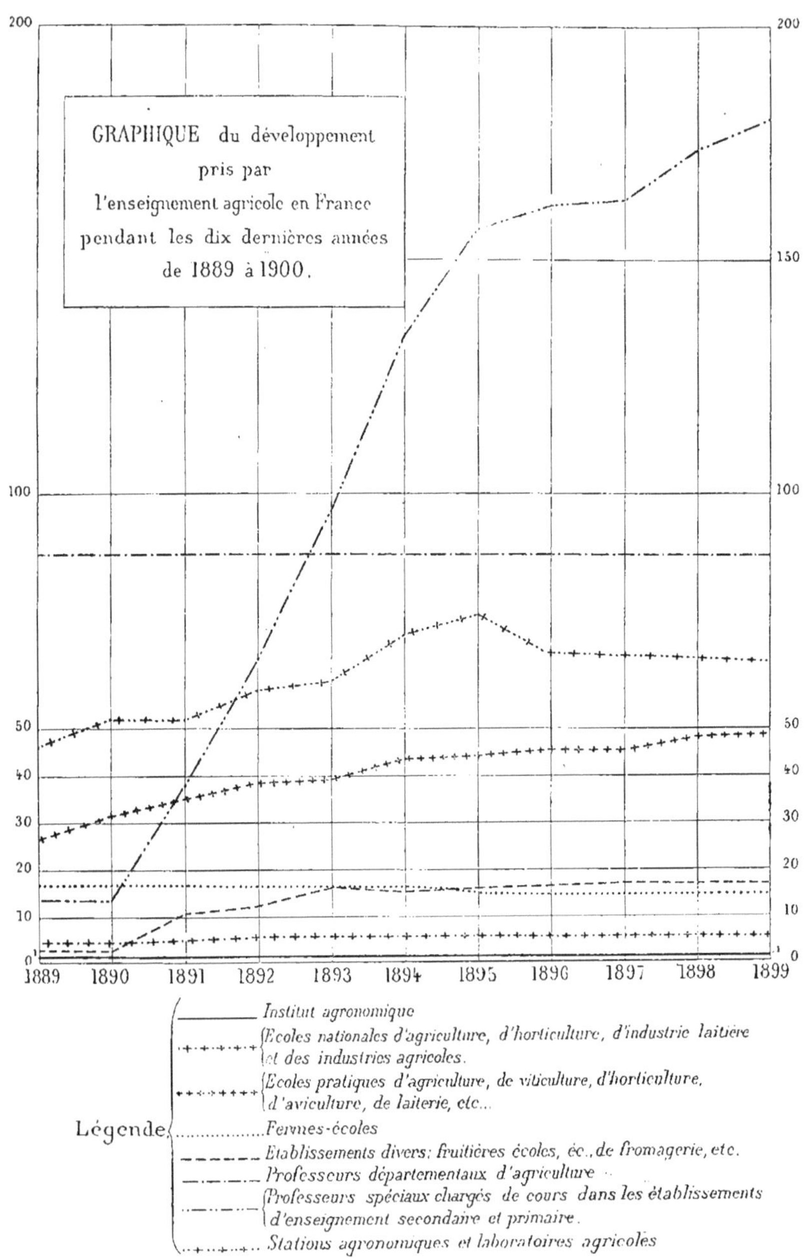

Fig. 244. — Graphique du développement pris par l'enseignement agricole en France de 1889 à 1900.

tières-écoles, écoles de fromagerie, de magnanerie, etc., qui, du chiffre de 2 en 1889, ont atteint celui de 16 dix ans plus tard.

Seules, les fermes-écoles, anciennes fermes-modèles, n'ont fait que décroître, dans une faible proportion, il est vrai. Au lieu de 16 en 1889, il n'en existe que 14 actuellement. On se trouve bien au-dessous du chiffre d'une par département et encore plus loin de celui d'une par arrondissement, que prévoyait la loi du 3 octobre 1848. Cette constatation avait déjà été faite par l'honorable M. Tisserand, quand il était directeur de l'agriculture, et il expliquait ainsi cette diminution : d'abord, par l'augmentation considérable des bonnes fermes propres à l'apprentissage des jeunes gens et que l'institution des primes d'honneur avait fait connaître; ensuite, par l'obligation de se conformer aux vœux formulés par plusieurs rapporteurs du budget de l'agriculture de voir diminuer le nombre des fermes-écoles.

Si, maintenant, de l'instruction donnée dans les écoles d'agriculture, d'horticulture, de viticulture, etc., nous passons à l'œuvre de propagande qui incombe aux professeurs départementaux et spéciaux, nous remarquons que, s'il existe depuis dix ans un professeur d'agriculture par département, et le graphique l'indique par une ligne horizontale au millimètre 87, le nombre des professeurs spéciaux chargés de cours dans les établissements d'enseignement secondaire et primaire s'est élevé d'une façon considérable. De 13 qu'il était en 1889, il atteignait en 1900 celui de 180. La ligne du graphique afférente à ce personnel est certainement celle qui indique la plus forte progression.

Quant aux laboratoires agricoles et stations agronomiques, qu'on peut regarder comme une forme d'enseignement, du chiffre de 46 qui existait en 1889, ils se sont élevés à un maximum de 74 en 1895, pour retomber et se maintenir, depuis quelques années, au nombre de 65. Là encore, l'augmentation est sensible. En somme, les lignes du dessin reproduisent aussi fidèlement que possible le mouvement accompli par les diverses institutions qui constituent le cadre de l'enseignement agricole en France.

La carte ci-dessus et le graphique font ressortir le grand développement pris par les institutions d'enseignement agricole dans la dernière période décennale du XIXe siècle. Les progrès accomplis par ces diverses institutions et par tous les groupes d'écoles, depuis 1889, étaient également établis d'une façon indiscutable par les nombreux documents et travaux présentés à l'Exposition universelle de 1900.

Le grand prix, attribué par le Jury à la Direction de l'agriculture, n'est que la reconnaissance de l'immense effort accompli par l'Administration de l'agriculture depuis dix ans pour multiplier les institutions d'enseignement agricole réparties à présent dans toutes les régions de la France.

La Direction a été puissamment aidée dans son œuvre par le Parlement qui lui a donné les moyens de développer l'enseignement en lui accordant des crédits importants. La troisième République n'a pas regardé à faire les plus grands sacrifices pour assurer de la façon la plus complète l'instruction professionnelle de nos cultivateurs; elle a suivi les traces des gouvernements de 1789 et de 1848, dont l'enseignement a été l'objet des constantes préoccupations ainsi que nous l'avons constaté dans l'historique que nous avons donné de l'enseignement agricole en France. Quelques chiffres permettront de se faire une idée précise de la progression des encouragements donnés par la République à l'enseignement de l'agriculture.

En 1806 il était alloué une somme de 200,000 francs pour les écoles vétérinaires, et 100,000 francs étaient inscrits au budget pour les encouragements à l'agriculture et aux bergeries, soit au total 300,000 francs.

En 1836 nous trouvons une légère augmentation. Il est réservé aux écoles vétérinaires 272,624 francs; aux bergeries, 15,726 francs; aux sociétés d'agriculture et aux comices agricoles, 115,813 francs; aux établissements d'enseignement agricole, 40,000 francs : total 444,163 francs.

En 1848, le budget est notablement augmenté. Les crédits votés sont les suivants: pour les écoles vétérinaires et les bergeries 750,500 francs; pour les encouragements à l'agriculture (sociétés, comices, écoles) 1,470,128 francs, soit un total de 2,220,628 fr. (Voir les tableaux des pages 574 et 575.)

BUDGET 1889[1].

Institut national agronomique	280,425f
Écoles nationales vétérinaires	991,657
Écoles nationales d'agriculture	781,190
École nationale d'horticulture de Versailles	107,317
Fermes-écoles et écoles pratiques	813,277
Établissements divers d'enseignement agricole	78,584
Colonies et orphelinats agricoles	38,200
Stations agronomiques et laboratoires	220,672
Champs d'expériences et de démonstration	96,904
Chaires départementales et cours nomades	169,324
Bergeries et vacheries	294.990
Total	3.873,460f

BUDGET 1900[1].

Institut national agronomique	321,376f
Écoles nationales vétérinaires (en comprenant le service des hôpitaux et de la clinique)	1,097,812
Écoles nationales d'agriculture	665,802
École nationale d'horticulture de Versailles	110,251
Fermes-écoles et écoles pratiques	1,210,731
Établissements divers d'enseignement agricole	164,017
Colonies et orphelinats agricoles	37,200
Stations agronomiques et laboratoires	267,124
Champs d'expériences et de démonstration	138,510
Chaires départementales	336,149
Chaires spéciales	306,571
Bergerie de Rambouillet	52,955
École de Douai	105,751
Total	4,814,249f

[1] Les chiffres de ces tableaux sont tirés des comptes définitifs des budgets de 1889 et 1900. Ils représentent donc les sommes réellement dépensées par les divers établissements et institutions agricoles, non compris les consommations en nature.

BUDGET DE L'ENSEIGNEMENT AGRIC

ANNÉES.	ÉCOLES VÉTÉRINAIRES.			ENSEIGNEM
	PERSONNEL des ÉCOLES VÉTÉRINAIRES.	MATÉRIEL des ÉCOLES VÉTÉRINAIRES.	SERVICE DES HÔPITAUX et DE LA CLINIQUE dans les écoles vétérinaires.	PERSONNEL de L'ENSEIGNEMENT AGR et des établissemen d'élevage.
	fr. c.	fr. c.	fr. c.	fr. c.
1864	641,936 00		//	//
1865	642,906 00		//	//
1866	655,225 00		//	//
1867	653,921 00		//	//
1868	564,917 00		//	//
1869	656,102 00		//	
1870	596,126 00		//	
1871	465,726 00		//	
1872	668,358 00		//	
1873	672,669 00		//	
1874	672,948 00		//	
1875	737,985 00		//	
1876	738.000 00		//	
1877	776,000 00		//	
1878	840,300 00		//	
1879	947,660 00		//	
1880	1,128,230 00		//	
1881	1,112,471 17		//	
1882	1,155,296 28		//	
1883	1,135,910 29		//	
1884	417,064 19	588,135 86	//	697.797 69
1885	418,805 00	581,000 00	//	741,570 00
1886	418,800 00	581,000 00	//	741,570 00
1887	436,000 00	581,000 00 (A)	//	741,570 00
1888	432,800 00	566,000 00 (A)	//	736,570 00
1889	432,800 00	565,500 00 (A)	//	736,070 00
1890	432,800 00	565,500 00 (A)	//	749,120 00
1891	425,000 00	560,000 00 (A)	//	689,560 00
1892	425,000 00	560,000 00 (A)	//	698,010 00
1893	437,000 00	564,000 00 (A)	//	698,010 00
1894	467,950 00	579,000 00 (A)	//	768,010 00
1895	467,950 00	579,000 00 (A)	//	1,058,010 00
1896	467,950 00	514,390 00 (A)	64,610 00	1,214,010 00
1897	467,950 00	489,390 00	64,610 00	1,264,490 00
1898	482,950 00	494,390 00	120,000 00	1,264,490 00
1899	497,050 00	499,390 00	120,000 00	1,268,000 00
1900	497,050 00	499,390 00	120,000 00	1,268,000 00

Ouvrages consultés : 1° Nicolas, *Les budgets de la France depuis le commencement du* XIX*e siècle;* 2° Félix Faure, *Les budgets com*

UIS 1864 JUSQU'EN 1900.

AGRICOLE PROPREMENT DIT.			CONSOMMATION EN NATURE dans LES ÉTABLISSEMENTS agricoles.	OBSERVATIONS.
MATÉRIEL de IGNEMENT AGRICOLE et établissements d'élevage.	SUBVENTIONS À DIVERSES institutions agricoles.	TOTAUX.		
fr. c.	fr. c.	fr. c.	fr. c.	
//	//	//	//	
//	//	//	//	
//	//	//	//	
//	//	//	//	
3,578,715 76		4,143,632 76	//	
3,397,305 66		4,053,407 66	//	
3,383,616 31		3,779,742 31	//	
2,871,723 29		3,337,449 29	//	
2,816,700 82		3,485,058 82	//	
3,113,143 09		3,785,812 09	//	
3,209,471 43		3,882,419 43	//	
3,112,664 85		3,850,649 85	//	
3,470,746 00		4,208,746 00	//	
2,015,772 06		2,791,772 06	//	
2,167,402 85		3,007,702 85	//	
29,322 44		3,076,982 44	//	
50,792 08		3,379,022 08	//	
55,581 11		3,368,052 28	//	
13,452 50		3,468,748 78	//	
16,382 16		3,652,292 45	//	
65,710 68	782,461 68	3,451,170 10	//	
82,705 00	817,400 00	3,541,480 00	//	
82,705 00	817,400 00	3,541,475 00	//	
82,705 00 (B)	1,168,400 00	3,909,675 00	//	
46,135 00 (B)	1,154,400 00	3,835,905 00	//	
15,635 00 (B)	1,254,400 00	3,904,405 00	//	
02,580 00 (B)	1,384,400 00	4,034,400 00	//	
11,000 00 (B)	1,347,900 00	3,833,460 00	//	
22,600 00 (B)	1,810,000 00	4,315,610 00	//	
22,600 00 (B)	2,010,000 00	4,531,610 00	//	
22,600 00 (B)	2,000,000 00	4,637,560 00	//	
32,600 00 (B)	1,710,000 00	4,647,560 00	//	
16,006 00 (B)	1,706,000 00	4,782,966 00	//	
57,876 00	1,807,300 00	4,751,616 00	75,900 00	
57,876 00	1,858,000 00	4,877,706 00	75,900 00	
57,876 00	1,858,000 00	4,900,316 00	75,900 00	
57,876 00	1,891,600 00	4,933,916 00	75,900 00	

(A) Dont 25,000 francs pour consommations en nature.

(B) Y compris les consommations en nature pour une somme de 236,900 fr.

En 1872 on comptait 10 chaires d'agriculture, 3 de chimie agricole, 3 cours nomades et 1 établissement agricole.

De 1848 à 1878, le budget de l'inspection de l'agriculture était compris dans celui de l'enseignement agricole et des établissements d'élevage. A partir de cette dernière date, l'inspection de l'agriculture fait l'objet d'un article général dont nous ne donnons pas le relevé.

De 1879 à 1883 le budget des subventions à diverses institutions agricoles était compris dans le budget de l'enseignement agricole et des établissements d'élevage.

s; 3° *Lois de finances*, années 1887, 1888, 1889, 1890, 1891, 1892, 1893, 1894, 1895, 1896, 1897, 1898, 1899, 1900.

Les tableaux qui précèdent font ressortir les dotations importantes allouées aux divers groupes d'établissements agricoles; elles ne feront qu'aller en augmentant, car il reste encore des améliorations à réaliser dans nos institutions d'enseignement.

Nous devons constater que, grâce aux sacrifices faits par l'État, les progrès de l'enseignement agricole ont été grands et rapides. Construit de toutes pièces avec des méthodes, des programmes, des plans d'études nouveaux, tout un système d'éducation moderne et d'enseignement pratique, cet enseignement, a pu suivre la rapide évolution scientifique et économique de la fin du XIXe siècle. Pour cultiver la terre il ne suffisait plus, en effet, de savoir exécuter tous les travaux manuels d'une exploitation rurale et d'attendre le reste de la nature, il fallait être initié aux choses nouvelles, posséder une instruction spéciale, être apte à utiliser les méthodes et les procédés scientifiques; il fallait enfin joindre à la patience des laboureurs l'esprit d'initiative et l'entregent du commerçant.

Le but de l'Administration a été de vulgariser cet enseignement professionnel dans toutes les classes de la population rurale en l'appropriant à l'état social des enfants, à leur intelligence, à leurs besoins.

L'ouvrier rural a pour son instruction la ferme-école; le petit cultivateur a l'école pratique; la moyenne et la grande culture ont les écoles nationales d'agriculture; enfin les jeunes gens qui veulent se destiner à l'étude des sciences agronomiques ont l'Institut.

Pour compléter cet ensemble, il ne reste plus qu'à organiser des écoles d'agriculture d'hiver, comme il en existe à l'étranger, afin de permettre aux cultivateurs, qui n'ont pas les ressources suffisantes pour envoyer leurs enfants à l'école pratique ou qui ne peuvent se priver de leur concours pendant la saison des travaux de la terre, de donner l'instruction agricole à leurs fils.

Les améliorations de détail qu'il convient de réaliser dans nos établissemants d'enseignement agricole sont encore nombreuses. Nous nous sommes efforcé de les signaler dans les considérations générales dont nous avons fait suivre chaque groupe d'écoles; aussi nous n'y reviendrons pas.

En 1898, M. Méline, Ministre de l'agriculture et président du Conseil des ministres, afin de corriger les imperfections de notre enseignement agricole, a institué par décret un Conseil supérieur chargé de donner son avis sur l'organisation et le fonctionnement de tous les établissements d'enseignement agricole et des chaires d'agriculture créés et subventionnés par le Ministre de l'agriculture. Dès l'année 1899 la Direction de l'agriculture, avec le concours des Inspecteurs de l'agriculture, a étudié les améliorations à apporter dans les divers ordres d'établissements agricoles. Pour les écoles pratiques des résultats ont déjà été obtenus, et certaines critiques faites en 1898 dans le rapport qui a précédé le décret instituant le conseil supérieur d'enseignement agricole ne s'appliquent plus aujourd'hui. Nous avons constaté, en effet, dans les écoles pratiques récompensées que la majorité des élèves se dirige vers l'agriculture et ne recherche pas, comme il avait été dit alors, des emplois de l'État ou des places de professeurs; d'autre part, le nombre des élèves de plusieurs écoles a sensiblement augmenté depuis cette époque.

L'Administration de l'agriculture poursuit sa tâche laborieusement, apportant d'année en année à son œuvre les réformes et les améliorations réclamées par le changement des choses. Il y aura toujours à faire à une époque où les conditions économiques et culturales changent plus en dix ans que pendant un siècle autrefois. La concurrence des autres peuples nous oblige non seulement à produire beaucoup, mais à bien produire et à bien vendre. Dans certaines régions et dans le voisinage des grandes villes, l'agriculture a déjà pris des allures industrielles. Nous devons favoriser ce mouvement et encourager toute industrie nouvelle qui offre des débouchés à l'agriculture, qui lui permet, par une invention quelconque ou par des procédés nouveaux, de réaliser des bénéfices plus considérables.

Notre enseignement doit être assez souple, assez divers, pour répondre aux besoins du pays et du moment.

Point de méthode unique : de la variété, de la nouveauté jusque dans les moindres détails, en vue de préparer l'avenir, de montrer à l'agriculture française la voie à suivre au xxe siècle, voilà le but visé.

L'Administration de l'agriculture, ouverte aux idées nouvelles, étudie et recherche tout ce qui peut favoriser l'évolution agricole et accroître la fortune de la France.

Exposition de la Direction des eaux et forêts[1].

(Grand prix.)

L'exposition de la Direction des eaux et forêts occupait une partie du palais spécial des forêts construit sur la rive gauche de la Seine, en aval du pont d'Iéna. Elle avait été préparée par l'ensemble du personnel, sous la direction de M. Daubrée, conseiller d'État, directeur des eaux et forêts.

Les travaux et les objets mis sous les yeux du public étaient répartis en cinq groupes :

1° La gestion des forêts domaniales et des bois communaux soumis au régime forestier ou gestion forestière proprement dite;

2° La fixation et l'entretien des dunes;

3° La restauration et l'entretien des terrains en montagne;

4° La pêche fluviale;

5° La chasse.

Objets et travaux exposés. — Une carte forestière de la France établie sur les feuilles au 1/500000 du service géographique de l'armée. Une carte des forêts et des périmètres de restauration de la région des Alpes, établie sur les feuilles au

[1] Cette Direction a été érigée en Direction générale en 1903.

1/200000 du service géographique de l'armée. Une peinture à l'huile «Clairière forestière». Un fusain représentant un peuplement de hêtres et de sapins dans la forêt des Chambons (Ardèche). Un certain nombre de photographies représentant des futaies de différentes essences, des peuplements et des arbres. Trois atlas renfermant les plans et les feuilles signalétiques des forêts domaniales des 7e, 9e et 12e conservations. — Une collection complète des essences indigènes et des essences exotiques cultivées en France, avec l'indication de la provenance et de la densité de chaque échantillon; elle comprenait pour les feuillus : 597 échantillons se rapportant à 116 espèces indigènes, 119 échantillons se rapportant à 57 espèces exotiques cultivées en France; pour les résineux : 306 échantillons provenant de 18 espèces indigènes, 45 échantillons provenant de 27 espèces exotiques cultivées en France.

Dans le même groupe, on voyait encore une collection de graines des diverses essences et de cônes résineux. Une série de sections des principales essences indigènes se composant de trois coupes (transversale, radiale, tangentielle) qui permettaient de reconnaître exactement les différents détails anatomiques de chaque espèce au travers de minces lames de bois dont l'épaisseur varie de 1/30 à 1/50 de millimètre. Un album contenant les sections transversales de cent espèces de bois indigènes avec description sommaire de chacune. Une vitrine contenait des échantillons se rapportant aux massifs peuplés d'essences feuillues. Six panneaux sur lesquels étaient fixés un grand nombre d'objets montrant le travail du bois en France : 1° bois de tour; 2° bois sciés et courbés; 3° bois de menue fente et tressés; 4° bois de grosse fente; 5° sculpture rustique; 6° bois sculptés et décorés. L'outillage forestier était représenté par huit panneaux dont les outils provenaient des écoles d'enseignement forestier : 1° outils de martelage; 2° outils de sabotage; 3° outils de plantation; 4° outils de fente; 5° outils d'abatage et de façonnage en forêt; 6° serpes d'élagage; 7° outils de résinage; 8° émondoirs divers.

Les documents relatifs aux moyens de transport comprenaient : Une gouache représentant l'entrée des tunnels n°s 4 et 5 de la route de Combe-Laval à l'Écharrasson, forêt domaniale de Lente (Drôme). Une autre gouache représentant un tournant en encorbellement de la même route. Une notice avec photographies sur la construction de cette route. Un plan en relief, modèle réduit, de transport par câble métallique et une notice, avec photographies, sur ce mode de transport. Un plan en relief, modèle réduit d'un chemin de schlitte, dans les Vosges. Des modèles de maisons forestières. Deux notices, avec photographies, sur les écoles primaires créées par l'Administration forestière d'accord avec le Ministère de l'instruction publique pour l'instruction des enfants de la population forestière d'une même forêt dont les maisons se trouvent trop éloignées des hameaux et, par suite, des écoles. Un modèle réduit d'une scierie perfectionnée dont l'Administration dispose pour l'exploitation.

L'exposition relative à la fixation et à l'entretien des dunes comprenait :

Une gouache représentant, dans les dunes de la Combe, une allée de peupliers et d'aulnes, avec pins maritimes à droite de la vue. Sept notices, avec photographies, donnant l'historique des dunes des côtes de France, expliquant leur formation, leur marche progressive vers les terres et faisant connaître les moyens employés pour les fixer. Des notices imprimées, avec photographies, sur les travaux de défense contre l'Océan (Charente-Inférieure et Vendée); sur la défense des forêts contre l'incendie; sur le gemmage du pin maritime. Une notice manuscrite, avec photographies, sur le transport des produits forestiers dans les dunes au moyen du chemin de fer à voie étroite. Deux notices sur la récolte des graines du pin maritime.

La restauration et la conservation des terrains en montagne comportaient un très grand nombre de documents, trop grand pour qu'il nous soit possible d'en donner l'énumération. On pouvait y voir : cartes, plans en relief, aquarelles, gouaches, albums de photographies, notices imprimées ou manuscrites; un compte rendu des travaux de restauration au 1er janvier 1900.

Il y a lieu de signaler deux dioramas qui ont été installés dans une construction rustique au milieu du local affecté à l'Administration des eaux et forêts. L'un d'eux représentait le torrent de la Grollaz, en Savoie, amélioré par les travaux entrepris en 1885; l'autre, l'amélioration complète obtenue en 1898.

Le groupe de la pêche fluviale était composé par des échantillons naturalisés des espèces de poissons les plus répandues en France. Des spécimens relatifs à l'anatomie des poissons; des objets se rapportant à la pêche et à la pisciculture qui comprenaient des plans en relief, un modèle réduit d'un établissement de pisciculture, des augettes à incubation, etc.; des engins de pêche, tels que embarcations préparées, cannes, hameçons, œillères, pinces, boîtes, manches, etc.

Le service de la chasse est rattaché depuis trop peu de temps au Ministère de l'agriculture (décret du 24 février 1897) pour que l'Administration des eaux et forêts ait pu présenter au public de nombreux objets ou documents sur l'exploitation de la chasse. Elle s'était bornée à rassembler des spécimens de la faune française et à donner quelques renseignements statistiques relatifs aux permis de chasse et à la distribution des différentes espèces de gibier sur l'ensemble du territoire. Cinq cartes murales indiquaient la répartition en France, par département, du faisan, de la perdrix, du lièvre, du cerf et du chevreuil. Une étude concernant les oiseaux utiles à l'agriculture, faisait connaître les mesures internationales de protection qu'il conviendrait de prendre à leur égard. Différents groupes d'animaux représentaient les espèces de gibier les plus répandues ainsi que leurs principaux destructeurs. Une collection d'œufs de toutes les espèces d'oiseaux avait été exposée.

L'Administration avait réuni les divers ouvrages publiés par les agents des eaux et forêts depuis une vingtaine d'années, publications relatives à des questions forestières. Ces publications, qui étaient en nombre considérable, complétaient la collection des notices manuscrites ou imprimées en vue de l'Exposition universelle.

Aux différents objets et travaux présentés par l'Administration des eaux et forêts, venaient s'ajouter la série des règlements et des programmes de l'École de Nancy, des collections provenant des musées de l'École, ainsi qu'un certain nombre de volumes d'enseignement forestier.

*
* *

Les quelques indications générales suivantes permettront de se rendre compte de la tâche importante qui incombe à l'Administration des eaux et forêts et des résultats obtenus par elle.

1° *Gestion forestière.* — Les forêts occupent en France une étendue de 9,550,000 hectares, soit un peu moins de 18 p. 100 de la superficie totale du territoire. Elles se répartissent comme suit :

Forêts de l'État	1,140,000 hectares.
Forêts des communes et des établissements publics soumises au régime forestier	1,930,000
Forêts des particuliers et forêts des communes non soumises au régime forestier	6,480,000
TOTAL	9,550,000

Les forêts de l'État et les forêts des communes et des établissements publics soumises au régime forestier (3,070,000 hectares) sont gérées par l'Administration des eaux et forêts. Les autres sont gérées sans contrôle par leurs propriétaires; la seule restriction mise à l'exercice de leur droit de propriété consiste dans l'interdiction de défricher les bois, lorsqu'ils se trouvent dans certaines conditions spéciales.

Bien que désignées, suivant l'usage, sous le nom de forêts, les propriétés qui composent le domaine géré par le service forestier ne sont pas entièrement boisées.

Les forêts de l'État comprennent des étendues considérables de terrains à peine peuplés, ou même complètement nus, que l'État détient dans un but d'intérêt général (périmètres en cours de reboisement, zone littorale de la région des dunes, vacants et pâturages de montagne, zone de protection, etc.). Ces surfaces improductives occupent 250,000 hectares; celles qui sont comprises dans les forêts communales et d'établissements publics soumises au régime forestier s'élèvent à 110,000 hectares.

La production ligneuse totale de la France s'élève annuellement, en nombre rond, à 26,000,000 de mètres cubes en grume, savoir :

I. Forêts de l'État	2,900,000 m. cubes.
II. Forêts des communes et des établissements publics soumis au régime forestier	4,800,000
III. Forêts des particuliers et forêts communales non soumises	18,300,000
TOTAL	26,000,000

Cette production se décompose comme suit :

Bois d'œuvre	6,000,000 m. cubes.
Bois de feu	20,000,000

Le revenu budgétaire des forêts de l'État est d'environ 30,500,000 francs; le rendement en argent des forêts des communes et des établissements publics soumises au régime forestier est approximativement de 34 millions.

L'exploitation des forêts domaniales est facilitée par un réseau de voies de communication aujourd'hui à peu près complet et dont la longueur, y compris les chemins de fer et tramways, était, au 1er janvier 1900, de 27,156 kilomètres, sur lesquels 21,289 kilomètres ont été construits et sont entretenus par l'Administration des eaux et forêts.

Également dans le but de faciliter cette exploitation, et afin de ne pas rester à la merci de certains adjudicataires et de ménager la concurrence, l'Administration a été conduite à établir des scieries domaniales. Elle dispose de soixante-huit établissements de cette nature qui sont presque exclusivement situés dans la chaîne des Vosges.

2° *Fixation et entretien des dunes.* — Le seul moyen d'arrêter les dunes que les vents d'ouest poussent du littoral de l'Océan vers l'intérieur des terres consiste à les fixer à l'aide d'un tapis permanent de végétaux vivaces abrités derrière une dune littorale.

La dune littorale, créée artificiellement, représente une sorte de digue de sable, parallèle au bord de la mer, élevée de 10 mètres environ au-dessus du niveau des plus hautes eaux et inclinée en pente douce vers les terres. Elle est plantée en *gourbet* qui s'oppose d'une façon absolue au déplacement du sable et l'empêche de former par son accumulation la première ride qui est le point de départ ordinaire des dunes mobiles.

La dune littorale s'étend sur une longueur de 336 kilomètres sur les départements de la Vendée, de la Charente-Inférieure, de la Gironde et des Landes. Son entretien en bon état est confié à l'Administration des eaux et forêts.

Immédiatement derrière elle se trouvent les dunes proprement dites dont l'étendue totale régie par l'Administration des eaux et forêts est de 65,260 hectares. Là-dessus, 59,412 hectares constituent des propriétés domaniales; le reste a été fixé par les soins de l'État qui le détient jusqu'à entier remboursement de ses avances. Ces dunes, autrefois déserts de sable, sont aujourd'hui transformées en forêts dans lesquelles le pin maritime occupe le premier rang.

3° *Restauration et conservation des terrains en montagne.* — La restauration et la conservation des terrains en montagne s'effectuent par une série de mesures prévues par l'importante loi du 4 avril 1882.

Ces mesures peuvent se répartir en trois grands groupes :

I. Les travaux d'utilité publique effectués directement par l'État;

II. Les travaux facultatifs de reboisement à la charge des communes et des particuliers, avec subvention de l'État;

III. Les améliorations pastorales réalisées par les communes ou les particuliers avec le concours de l'État.

I. Travaux d'utilité publique. — L'étendue des terrains sur lesquels, aux termes de l'article 2 de la loi du 4 avril 1882, les travaux de restauration doivent être déclarés d'utilité publique, et dont l'acquisition par l'État est nécessaire en exécution de l'article 4 de la même loi, est de 315,062 hectares. Au 1er janvier 1900, sur cette surface, 142,745 étaient déjà devenus la propriété de l'État. Il convient d'y ajouter 22,079 hectares de terrains nus ou boisés, dont le rattachement aux périmètres de restauration a paru présenter un véritable intérêt, et qui proviennent d'acquisitions amiables réalisées de 1860 à 1882.

Les dépenses effectuées pour la restauration de ces terrains se sont élevées, depuis l'origine des travaux, au chiffre global de 66,418,034 francs. Celle que l'on prévoit pour le complet achèvement de l'œuvre entreprise est de 112,270,453 francs.

Les travaux exécutés pour amener la restauration et la consolidation des terrains ainsi périmétrés consistent soit en *travaux de correction*, dont le but est de fixer les terrains en mouvement et de diminuer la vitesse et la force d'affouillement des eaux à l'aide de barrages, clayonnages, etc., soit en *travaux de reboisement proprement dits*, destinés à assurer la perpétuité de la consolidation des berges, à défendre la couche superficielle du sol contre le ruissellement des eaux et à éviter leur soudaine concentration au fond des vallées.

II. Reboisements facultatifs. — La surface définitivement reboisée, au 1er janvier 1899, s'élevait à 45,749 hectares pour les reboisements facultatifs communaux, et à 32,627 pour les reboisements facultatifs particuliers.

III. Améliorations pastorales. — Les efforts de l'Administration des forêts ont eu, ici, surtout pour objet la création de fruitières, et des travaux de débroussaillement, écobuage, constructions de chemins, de réservoirs, de baraques, etc. Le nombre de fruitières subventionnées, tant dans les Alpes que dans les Pyrénées, s'élève à 53, dont la plupart fonctionnent régulièrement.

4° *Pêche fluviale.* — Le service de la pêche et de la pisciculture est rattaché à l'Administration des forêts, à l'exception du service dans les canaux et rivières canalisées, qui ressortit au Ministère des travaux publics. C'est donc environ 268,000 kilomètres de cours d'eau, sur lesquels la police et la surveillance de la pêche sont confiées au Ministère de l'agriculture.

En ce qui concerne le repeuplement des cours d'eau, l'Administration a créé et favorisé par des subventions des établissements régionaux placés à proximité des cours d'eau à repeupler. Ces établissements appartiennent à l'État, à des départements, à des communes ou à des sociétés de pêche et de pisciculture.

5° *Chasse.* — L'application des lois et règlements sur la chasse et sur la destruction des animaux nuisibles a été placée dans les attributions de l'Administration des forêts par le décret du 24 février 1897. Cette Administration étudie d'importantes modifications à la réglementation en vigueur.

Telle est l'énumération rapide des objets et documents exposés par l'Administration des eaux et forêts, avec le résumé succinct de ses attributions, de ses travaux et des importants résultats obtenus par elle. Son exposition était parfaitement réussie et faisait honneur à ses organisateurs. Elle était installée avec goût et avec recherche, et le public ne se lassait pas d'admirer les tableaux, les groupes des animaux empaillés répartis dans le pavillon, les installations de pisciculture, les objets de pêche et de chasse, les dioramas dans lesquels on voyait les travaux exécutés en haute montagne.

Ainsi que nous l'avons dit en étudiant les écoles forestières, l'École nationale de Nancy a contribué pour une large part à l'organisation de l'exposition; le directeur et les professeurs avaient apporté leur précieux concours à l'Administration.

Le Jury a été heureux de récompenser l'ensemble des travaux de la Direction des eaux et forêts et de reconnaître l'effort considérable représenté par son exposition, en lui accordant un grand prix.

CHAPITRE IV.

ÉTABLISSEMENTS D'ENSEIGNEMENT LIBRE AGRICOLE.

Dans l'historique général de l'enseignement agricole en France, nous avons indiqué l'origine et l'organisation des principaux établissements d'enseignement libre agricole fondés par l'initiative privée, par des agronomes et par des sociétés d'agriculture. Nous nous bornerons à signaler ici les efforts tentés dans les périodes récentes.

Les grandes sociétés d'agriculture ont favorisé l'expansion de l'enseignement libre par l'allocation de subventions et par une active propagande. L'effort des comices et des sociétés agricoles se manifesta notamment dans les départements de l'Oise, de l'Ille-et-Vilaine, de la Meurthe, de l'Isère, de la Mayenne, et, à Saint-Quentin, Saint-Omer, le Puy, Joigny, Maubeuge. L'Administration, les conseils généraux et de grands propriétaires secondèrent le mouvement, créé par ces associations, par des encouragements et des subventions. Ce que les sociétés d'agriculture réalisèrent pour la culture en général, les sociétés d'horticulture le firent en faveur de l'enseignement des cultures maraîchère et potagère, de l'arboriculture et de la floriculture.

C'est la Société d'agriculture de Compiègne qui contribua le plus au mouvement d'enseignement agricole qui eut lieu en 1847 dans le département de l'Oise, où des cours dans les séminaires et des conférences nombreuses dans tous les cantons furent donnés par le professeur Gossin; c'est cette société qui poussa à la création de l'Institut agricole de Beauvais que voulaient tenter les frères des Écoles chrétiennes.

La fondation de la Société des agriculteurs de France, en 1868, vint exercer une grande influence sur le développement de l'enseignement libre agricole. Parmi les douze sections permanentes d'études spéciales créées par la Société des agriculteurs de France, la dixième fut chargée de suivre tout ce qui avait trait à l'enseignement. Elle eut pour président le vicomte de Tocqueville, le promoteur de l'enseignement agricole à Beauvais. La section de l'enseignement encouragea l'extension des conférences agricoles et la création de cercles agricoles.

D'après le rapport présenté à la Classe 5 de l'enseignement, à l'Exposition de 1900, par M. Blanchemain, vice-président de la Société des agriculteurs de France, la 10e section des agriculteurs de France étudia, en 1874, l'organisation d'un vaste système d'encouragements à tous les instituteurs des écoles rurales du pays. Elle divisa la France en un certain nombre de régions (comprenant sept à huit départements), analogues au groupement adopté par l'État pour les concours régionaux. Chaque année, la Société des agriculteurs de France appelait les instituteurs qui s'étaient appliqués à donner à leurs élèves des notions d'agriculture et d'horticulture à faire connaître les résultats de leur enseignement.

«Mais les écoles primaires dirigées par les congrégations étaient restées, ainsi que le rapporte M. Blanchemain, sauf quelques exceptions, indifférentes à l'introduction de l'enseignement agricole. La Société des agriculteurs de France, sous l'impulsion du comte de Salvandy, président de la 10e section, fit appel aux chefs des Ordres enseignants pour les inviter à combler cette lacune. »

L'appel fut entendu. Dans certaines régions, comme la Bretagne, l'élan a été remarquable grâce aux initiatives combinées des cinq sociétés qui forment l'association bretonne et du Frère Abel, supérieur général des frères de Ploërmel.

La Société des agriculteurs de France décida, en 1884, d'accorder son patronage à l'Institut agricole de Beauvais, et elle désigne depuis, chaque année, dans son Conseil un certain nombre de membres pour faire passer les examens de l'école. La délégation doit consacrer souvent deux ou trois journées à l'examen des 20 ou 25 élèves de troisième année qui présentent leurs thèses et se disputent les brevets de capacité et les diplômes. Des médailles de la Société sont la sanction des épreuves subies. Le patronage de l'Institut de Beauvais, qui compte 100 élèves et une école préparatoire de 30 jeunes gens, est une des principales œuvres soutenues par cette Société.

Sur la proposition du marquis de Dampierre qui la présidait, la Société accorda également son approbation et des subsides à l'École des hautes études agricoles fondée par l'Université catholique de Lille. Cette école, créée vers 1888, a momentanément suspendu ses cours. La Société a aussi contribué à la création d'une Faculté agricole près de l'Université catholique de Lyon. Quelques membres de cette Société font des conférences sur l'agriculture à l'Institut catholique de Paris.

Les fondateurs de l'École supérieure d'Angers sont également venus, d'après M. Blanchemain, chercher l'appui et l'inspiration près des Agriculteurs de France. L'école d'Angers veut atteindre surtout les fils des grands propriétaires de la région de l'Ouest et des départements limitrophes; elle veut leur donner l'enseignement scientifique et agronomique nécessaire pour qu'à leur tour ils répandent, dans leurs exploitations et autour d'eux, la science pratique et raisonnée des améliorations rurales.

La Société des agriculteurs de France s'est occupé très activement de la création des orphelinats agricoles.

Parmi les propagateurs de l'enseignement agricole libre, il y a lieu de citer les frères des Écoles chrétiennes et les frères Maristes. Les frères des Écoles chrétiennes ont établi des chaires d'agriculture dans leurs pensionnats de Béziers, Bordeaux, la Roche-sur-Yon, le Puy, Dijon, Saint-Omer, Reims, Longuyon. Puis, peu à peu, suivant la progression indiquée par M. Blanchemain, ils ont créé des écoles d'horticulture à Igny, Vaujours, Clermont, et des sections spéciales d'agriculture à Quimper, à Laurac, aux Choisinets dans la Lozère, à Limoux, Cahors, etc. Des membres de la Société des agriculteurs de France font passer les examens, décernent des médailles et signent des diplômes dans ces établissements congréganistes. Les mêmes encouragements ont été accordés, d'après M. Blanchemain, aux établissements des frères Maristes, à Saint-Genis-Laval, à Beaucamps, à Saint-Pol-sur-Ternoise, aux Andelys et à Aubenas.

Avec la loi de 1884, sur les syndicats professionnels agricoles, une nouvelle source de propagande pour l'enseignement agricole libre fut créée. Les syndicats s'organisèrent tout d'abord de tous côtés exclusivement pour la défense des intérêts agricoles, la vente en commun des produits de la terre et l'achat des semences, des engrais, des instruments d'agriculture. Ils ne s'occupèrent d'enseignement que plus tard, lorsque ces premiers besoins furent satisfaits. La Société des agriculteurs de France contribua beaucoup à développer le mouvement des syndicats vers l'enseignement, mouvement qui commençait déjà à se produire sur divers points du territoire notamment en Bretagne et en Normandie, par la création, à Paris, du Syndicat central des agriculteurs de France, auquel s'affilièrent un nombre très considérable de syndicats établis d'après ses conseils sur tous les points de la France. Ce mouvement s'accentua lorsqu'elle compléta son œuvre de propagande et de centralisation en organisant l'Union générale des agriculteurs de France qui réunit en un faisceau compact les diverses unions de syndicats créées, sous son impulsion, dans toutes les régions de la France. Vers 1897, d'après l'enquête de M. Blanchemain, l'Union générale, dont le siège est à Paris, rue d'Athènes, dans l'hôtel même de la Société des agriculteurs de France, était répartie en 10 unions régionales comprenant 72 départements et groupant, dans plus de 700 syndicats, 226,000 agriculteurs.

L'Union des syndicats de Bretagne poursuivit avec activité l'œuvre entreprise par les congrégations et par les syndicats dans chaque région et groupa les efforts épars.

En 1897, 124 écoles libres présentaient 1,684 élèves dont 1,249 obtinrent le certificat d'études agricoles aux concours-examens organisés par les syndicats, et 32 écoles présentaient 268 élèves, dont 199 obtinrent un diplôme agricole dit de deuxième degré; en 1899, 134 écoles présentaient aux concours-examens 1,702 élèves, dont 1,301 furent reçus au certificat et 314 élèves, dont 253 obtinrent le diplôme de deuxième degré. La même année, 62 écoles de filles présentaient 413 élèves, dont 344 obtinrent le certificat d'études agricoles.

L'Union de Normandie a surtout porté son effort sur les deux écoles de Ducey et de Montebourg, fondées par le syndicat de la Manche. Les membres du syndicat sont partis de ce point de vue que l'enseignement agricole donné dans les écoles primaires ne suffisait pas pour retenir les fils de fermiers sur le sol normand et pour former de bons cultivateurs. En 1897, les cours de Ducey étaient suivis par 60 élèves. Le syndicat créa pour les encourager des bourses de 250 francs chacune, qui furent mises au concours entre les fils des syndiqués. La Société des agriculteurs de France donna son appui à cette œuvre en accordant une médaille d'or au corps professoral de Ducey et en désignant, tous les ans, parmi les membres de la région, deux ou trois personnes chargées de faire passer les examens de fin d'année.

L'Union du Nord a organisé l'enseignement agricole dans les établissements libres d'enseignement primaire et principalement dans les écoles d'enseignement secondaire.

Dans l'Union de l'Ouest, le syndicat de la Vendée a organisé en 1899 son deuxième concours, auquel ont pris part 255 élèves des écoles primaires. Dans l'Anjou, le comte de la Bouillerie avait appelé à concourir toutes les écoles libres de chaque section du syndicat de l'Anjou. L'œuvre principale de cette région est la création de l'école supérieure d'Angers, dont nous avons indiqué le but précédemment.

Les Unions du Centre, du Sud-Ouest, du Midi, des Alpes et de Provence, de Bourgogne et de Franche-Comté, de l'Est, se sont efforcées de développer la propagande faite en faveur de l'enseignement agricole libre, mais elles obtinrent de moins bons résultats; il n'y avait guère que des tentatives isolées. Dans la région du Sud-Est la propagande a été active et, d'après M. Blanchemain, de toutes les unions régionales de syndicats c'est la plus florissante et celle qui a donné les résultats les plus féconds, grâce à l'habileté et à l'énergie de M. Duport, vice-président des agriculteurs de France. L'une des premières préoccupations de l'Union du Sud-Est a été l'enseignement agricole.

Elle a constitué en 1897, pour étendre son action sur l'enseignement agricole à tous les degrés, une commission supérieure qui a organisé des comités départementaux avec sous-comités syndicaux lorsqu'ils étaient nécessaires.

Au point de vue de l'enseignement supérieur, la commission a provoqué en 1898 la fondation d'une véritable faculté d'agriculture, dépendante de l'Université catholique de Lyon, destinée à former des professeurs pour l'enseignement secondaire et primaire agricole et aussi à préparer des ingénieurs agronomes.

Mais c'est dans l'enseignement primaire que l'effort a été le plus énergique, grâce à l'impulsion donnée par l'Union, secondée par ses comités départementaux et syndicaux. Les membres organisateurs des syndicats du Sud-Est avaient fait appel à toutes les écoles, à celles de l'État comme aux maîtres libres, pour obtenir le certificat agricole décerné par les commissions libres.

Ainsi que cela résulte des indications que nous avons données dans l'histoire générale de l'enseignement agricole, l'initiative privée, les agronomes et les grandes sociétés d'agriculture ont joué un rôle prépondérant pour l'organisation des établissements d'enseignement agricole, jusqu'au jour où l'État, en 1848, prit en mains la direction de l'enseignement agricole. A partir de cette époque, l'enseignement libre de l'agriculture n'est plus qu'un faible complément de l'enseignement officiel.

Comme on peut s'en rendre compte, par l'exposé d'ordre général que nous venons de faire pour les périodes postérieures, les efforts tentés en vue du développement de l'enseignement libre agricole par les congrégations religieuses et par les syndicats professionnels agricoles, et notamment par ceux qui sont affiliés à la Société des agriculteurs de France, ont été assez considérables. Les résultats sont appréciables et méritent d'attirer l'attention. Le nombre des écoles créées est évidemment très minime par rapport au réseau très étendu des établissements organisés par l'État, mais les efforts qui ont été faits doivent être signalés.

En dehors des grandes sociétés d'agriculture, des syndicats professionnels agricoles, des unions de syndicats et des congrégations religieuses, d'autres groupements se sont occupés d'enseignement agricole, tels que les associations qui ont institué des orphelinats agricoles, des écoles de maréchalerie, des cours libres d'agriculture et d'horticulture. Nous avons déjà donné des indications précises à ce sujet dans l'historique de l'enseignement au chapitre relatif à l'enseignement libre agricole[1]; nous n'y reviendrons pas ici, nous réservant d'en dire un mot dans les considérations générales qui vont suivre.

INSTITUT AGRICOLE DE BEAUVAIS.

(Médaille d'or.)

A la tête des institutions libres d'enseignement agricole, on doit placer l'Institut agricole de Beauvais, fondé en 1854 par les frères des Écoles chrétiennes qui dirigeaient, à cette époque, l'école normale du département. Le professeur d'agriculture du collège de Compiègne, Gossin, en même temps professeur d'agriculture pour le département de l'Oise où il faisait de nombreuses conférences agricoles, contribua activement à la fondation de l'Institut de Beauvais.

Fig. 245. — Institut agricole de Beauvais. (Vue d'ensemble.)

Le but de cet établissement d'enseignement professionnel est de former des agriculteurs qui joignent aux connaissances théoriques de l'agronomie moderne les notions pratiques qui en règlent la sage utilisation. D'après le niveau de son enseignement et le programme des cours, l'Institut agricole de Beauvais se place au rang de nos écoles nationales d'agriculture.

Presque tous les anciens élèves de l'Institut font valoir des domaines ou des industries agricoles, un grand nombre à titre de propriétaires, quelques-uns comme fermiers, d'autres comme régisseurs. Le nombre d'hectares cultivés par les anciens élèves de l'Institut atteint le chiffre de 160,000. L'enseignement théorique se donne dans les cours professés à l'établissement de Beauvais. L'enseignement pratique a lieu dans les fermes annexes qui comprennent une étendue de 200 hectares : Ferme-du-Bois, Beauséjour, la Mie-au-Roi et le Marais. La durée des études complètes est de trois années, dans lesquelles sont répartis les 104 élèves de l'Institut. L'enseignement est

[1] Voir pages 57 à 62.

donné par des professeurs religieux et séculiers. Les cours, déterminés pour chaque année d'études, les examens, les exercices pratiques d'agriculture et d'horticulture sont obligatoires pour tous les élèves.

Une commission nommée par les membres du bureau de la Société des agriculteurs de France délivre les diplômes de fin d'études aux élèves de troisième année qui en sont jugés dignes après l'examen. Elle accorde des récompenses honorifiques aux candidats les plus méritants.

Enseignement. — L'enseignement théorique comprend les cours suivants :

Cours de religion. – Agriculture générale. – Agriculture comparée et histoire de l'agriculture. – Économie rurale. – Statistique agricole et comptabilité. – Zootechnie. – Physiologie animale et hygiène vétérinaire. – Économie du bétail. – Botanique et physiologie végétale. – Zoologie et entomologie. – Minéralogie. – Géologie. – Mécanique et machines. – Physique et météorologie. – Chimie générale. – Chimie agricole et chimie analytique. – Technologie. – Génie rural et constructions agricoles. – Législation rurale. – Sylviculture. – Viticulture. – Arboriculture. – Horticulture et culture maraîchère. – Apiculture. – Dessin industriel. – Architecture. – Mathématiques. – Arpentage. – Nivellement. – Levé des plans.

L'enseignement pratique comprend tous les travaux de l'agriculture et de l'horticulture, les soins et la conduite des animaux domestiques. Ces travaux sont exécutés à tour de rôle par tous les élèves sous la direction du chef de pratique. Les élèves vont une après-midi sur deux dans l'une des exploitations de l'Institut, fermes-annexes, où ils reçoivent une leçon pratique. Les exercices pratiques d'horticulture et d'arboriculture ont lieu spécialement au parc de Beauséjour, planté de nombreux arbres des principales espèces et variétés.

Les manipulations dans les laboratoires, le levé des plans, les opérations de nivellement, les déterminations des plantes, des insectes, des roches, des minéraux. sont rendus familiers aux élèves.

De fréquentes excursions agricoles, géologiques et botaniques, la visite des meilleures exploitations, des principales usines agricoles, des marchés de bestiaux, des concours régionaux, complètent l'ensemble des études pratiques. Des notes et des rapports sur ces excursions sont exigés de tous les élèves. Les professeurs attachent une très grande importance à ce genre de travail.

L'Institut possède une bibliothèque, des cabinets de physique, de chimie, d'histoire naturelle, et des collections de produits et instruments agricoles.

Les élèves sont divisés en trois années ou cours.

Les nouveaux élèves sont placés en première année, sauf les cas prévus aux conditions d'admission.

Les élèves de première année suivent les cours d'agriculture, de zootechnie, de génie rural, de zoologie générale, de droit rural, d'arboriculture et d'horticulture, de physique, de chimie élémentaire, de dessin linéaire, de français, de mathématiques élémentaires (arithmétique, géométrie et algèbre).

Les élèves de deuxième année suivent les cours d'agriculture, de zootechnie, d'économie et de comptabilité, de botanique, de droit rural, de géologie, de mathématiques (géométrie, algèbre, arpentage, levé des plans, nivellement), de physique, de chimie générale et analytique, de génie rural, de technologie, de dessin, d'arboriculture et d'horticulture, de sylviculture, de viticulture.

Les élèves de troisième année suivent les cours d'agriculture, d'arboriculture, de viticulture, d'horticulture, d'économie et de comptabilité agricole, de droit rural, de chimie analytique et agricole, de zootechnie, de génie rural, de mécanique agricole, de botanique, de mathématiques appliquées, de géologie, d'entomologie, d'apiculture, de dessin linéaire et d'architecture, de technologie agricole, de météorologie agricole.

Indépendamment des cours ci-dessus, tous les élèves suivent un cours d'instruction religieuse.

Fig. 246. — Institut agricole de Beauvais. (La Mie-au-Roy.)

Les élèves font la rédaction ou l'analyse de chaque cours. Ces travaux sont visités et corrigés chaque semaine. Des notes leur sont attribuées. Les élèves subissent, chaque trimestre, un examen qui a pour but de constater le résultat de leurs études. A la suite de ces examens, il leur est décerné des mentions honorables ou très honorables.

Les élèves subissent, à la fin de l'année scolaire, un examen général sur toutes les spécialités enseignées. Il consiste en trois sortes d'épreuves : épreuves écrites, orales et pratiques. Celles-ci ont lieu à la ferme.

Tout élève de première ou seconde année qui n'obtient pas au moins les deux tiers du maximum des points, redouble sa classe; toutefois il peut, sur sa demande, à l'époque de la rentrée des vacances, être admis à subir de nouveau son examen, devant la commission des études.

Les élèves de troisième année qui réunissent les deux tiers du maximum des points obtiennent le brevet de capacité agricole. Ceux qui n'ont pas obtenu ce chiffre peuvent être admis à redoubler leurs cours. A la fin de l'année, il est décerné des médailles de vermeil, d'argent et de bronze, aux élèves qui s'en sont rendus dignes par leur conduite et leur travail. Des médailles sont aussi décernées aux élèves qui ont montré des aptitudes et de la constance dans les travaux pratiques, à la ferme.

L'emploi du temps est donné par les tableaux des pages 592 et 593.

Résumé du programme des cours professés à l'Institut agricole.

I. Cours de religion. — *Première année.* — I. Origine de l'homme : Dieu. — II. L'homme. — III. Fin de l'homme. — *Deuxième année.* — Apologie scientifique; cosmologie; biologie. — *Troisième année.* — Anthropologie; origine, histoire et destinée de l'homme.

Appendice. — I. Complément de la deuxième année : notions sur la grâce et sur le mérite; étude sur le Concordat. — II. Complément de la troisième année : notions sur les sacrements.

II. Agriculture générale. — Préambule : histoire raisonnée de l'agriculture, son objet, son importance, ses progrès.

Végétation : le sol; culture du sol et instruments qui y sont employés; choix et préparation des semences; substances fertilisantes; des plantes agricoles; plantes industrielles; plantes fourragères; récoltes des plantes; plantes nuisibles; théorie des assolements; cultures arbustives.

III. Économie rurale. — Préliminaires : importance de l'économie rurale; les fondateurs et propagateurs de cette science en France et à l'étranger. Des richesses; du capital; accroissement des capitaux; du travail en agriculture; des salaires; le faire-valoir; systèmes de culture; assolement, rotation; spéculations végétales; économie du bétail; engrais et amendements; bâtiments ruraux; débouchés et moyens de transport; commerce.

IV. Comptabilité agricole. — Livres de comptabilité; nombreux exercices.

V. Génie rural. — Préliminaires : géométrie agricole appliquée à l'arpentage, au lever des plans, au nivellement; description et usage des instruments; report des opérations et dessin des plans; travaux de terrassement et de transport.

Première partie. — Notions d'hydraulique et des machines qui s'y rapportent; drainage; dessèchements avec machines, par atterrissements, par écoulement; des siphons pour dessèchements; irrigations en Italie et en Belgique.

Deuxième partie. — Constructions rurales : matériaux de construction; qualités et défauts de ces matériaux; devis des bâtiments simples; emplacement des bâtiments d'une ferme; plan de quelques exploitations modèles; des chemins agricoles.

Troisième partie. — Machinerie agricole; instruments aratoires.

VI. Zoologie et zootechnie. — *Première année.* — Définition, but et utilité de la zoologie; anatomie : organes, appareils, fonctions, tissus; organes préparateurs; organes essentiels. — *Deuxième année.* — Zootechnie générale. — *Troisième année.* — Zootechnie spéciale.

VII. Géologie agricole. — Le cours comprend trois parties : 1° L'étude des minéraux; 2° L'étude des roches; 3° La géologie proprement dite. Il dure deux ans. En deuxième année, on étudie les minéraux et les roches et en troisième année on étudie la géologie proprement dite.

VIII. Cours de botanique. — *Première année.* — Anatomie; étude des organes élémentaires des végétaux : cellules, fibres et vaisseaux; organographie et physiologie; fonctions de nutrition. — *Deuxième année.* — Fonctions de reproduction. — *Troisième année.* — Taxonomie et botanique descriptive.

IX. Mathématiques. — *Première année.* — Arithmétique. Chaque leçon est suivie d'applications se rapportant à l'agriculture. — Algèbre : problèmes du premier degré. — Géométrie : la ligne droite et les angles; circonférence; figures semblables, surfaces. — *Deuxième et troisième années.* — Algèbre : équations du deuxième degré. — Géométrie : polyèdres; évaluation d'objets usuels. — Arpentage : instruments d'arpentage; lever des plans; instruments; nivellement. — Trigonométrie.

EMPLOI DU TEMPS (PREMIÈRE ANNÉE).

DIMANCHE.	LUNDI.	MARDI.	MERCREDI.	JEUDI.	VENDREDI.	SAMEDI.
5 h. 1/2. Lever, toilette. 6 h. 1/4. Prière, réflexion. 6 h. 1/2. Étude. 8 h. Petit déjeuner. Récréation. 9 h. Grand'messe. 10 h. 1/2. Orthographe, étude. 12 h. Déjeuner. 1 h. 1/2 (hiver). Promenade[1]. 4 h. 1/2. Goûter. 5 h. 1/2 (hiver). Vêpres et salut. 6 h. 1/2. Étude. 7 h. 1/4. Dîner, soirée. 10 h. Coucher.	5 h. 1/2. Lever, toilette. 6 h. Prière, réflexion. 6 h. 1/2. Étude. 7 h. 1/2. Petit déjeuner. 8 h. Géométrie. 9 h. Français. 10 h. Zoologie. 11 h. 1/2. Déjeuner. 1 h. Dessin. 3 h. Physique. 4 h. Goûter. 4 h. 1/2. Arithmétique. 5 h. 1/2. Étude. 6 h. 1/2. Rapports. 7 h. 1/2. Prière, dîner et récréation. 9 h. Coucher.	5 h. 1/2. Lever, toilette. 6 h. Prière, réflexion, étude. 7 h. 1/2. Déjeuner. 8 h. Étude. 9 h. Droit. 10 h. Répétition de génie rural. 11 h. 1/2. Déjeuner, récréation. 12 h 3/4. Départ pour la ferme. 5 h. 1/2. Étude. 7 h. 1/2. Prière, dîner et récréation. 9 h. Coucher.	5 h. 1/2. Lever, toilette. 6 h. Prière, réflexion, étude. 7 h. 1/2. Petit déjeuner. 8 h. Conférence religieuse. 9 h. Algèbre. 10 h. Chimie. 11 h. 1/2. Déjeuner, récréation. 1 h. Étude. 2 h. Répétition de zoologie. 3 h. Arithmétique. 4 h. Goûter. 4 h. 1/2. Conférence agricole. 5 h. 1/2. Étude. 6 h. 1/2. Étude. 7 h. 1/2. Prière, dîner. 9 h. Coucher.	5 h. 1/2. Lever, toilette. 6 h. Prière, réflexion, étude. 7 h. Sainte messe. 7 h. 1/2. Petit déjeuner. 8 h. Répétition de botanique. 9 h. Français. 10 h. Agriculture. 11 h. Conférence de Saint-Vincent-de-Paul ou étude. 11 h. 1/2. Déjeuner. 12 h. 3/4. Excursion ou ferme; au retour, étude. 7 h. 1/4. Dîner, soirée. 9 h. Coucher.	5 h. 1/2. Lever, toilette. 6 h. Prière, réflexion, étude. 7 h. 1/2. Petit déjeuner. 8 h. Géométrie. 9 h. Rédaction. 10 h. Répétition d'agriculture. 11 h. 1/2. Déjeuner. 12 h. 3/4. Départ pour la ferme. 5 h. 1/2. Étude. 6 h. 1/2. Étude. 7 h. 1/2. Dîner. 9 h. Coucher.	5 h. 1/2. Lever, toilette. 6 h. Prière, réflexion, étude. 7 h. 1/2. Petit déjeuner. 8 h. Répétition de physique. 9 h. Horticulture. 10 h. Génie rural. 11 h. 1/2. Déjeuner. 1 h. Étude. 2 h. Botanique. 3 h. Répétition de chimie. 4 h. Arithmétique. 5 h. 1/2. Étude. 6 h. 1/2. Étude. 7 h. 1/2. Dîner. 9 h. Coucher.

(1) Pendant la saison d'été, les vêpres ont lieu à 2 heures; à 3 heures, goûter; à 4 heures, promenade ou excursion botanique, géologique.

EMPLOI DU TEMPS (DEUXIÈME ET TROISIÈME ANNÉES).

DIMANCHE.	LUNDI.	MARDI.	MERCREDI.	JEUDI.	VENDREDI.	SAMEDI.
5 h. 1/2. Lever, toilette. 6 h. 1/4. Prière, réflexion. 6 h. 1/2. Étude. 8 h. Petit déjeuner, récréation. 9 h. Grand'messe. 10 h. 1/2. Orthographe, étude. 12 h. Déjeuner. 1 h. 1/2 (hiver). Promenade [1]. 4 h. 1/2. Goûter. 5 h. 1/2 (hiver). Vêpres et salut. 6 h. 1/2. Étude. 7 h. 1/4. Dîner, soirée. 10 h. Coucher.	5 h. 1/2. Lever, toilette. 6 h. Prière, réflexion. 6 h. 1/2. Étude. 7 h. 1/2. Petit déjeuner. 8 h. { Apiculture, 3e année. Dessin, 2e année. 9 h. Étude. 10 h. { 3e année, mathématiques, 2e année, chimie analytique. 11 h. 1/2. Déjeuner. 12 h. 3/4. Départ pour la ferme, 3e et 2e années. 4 h. Goûter. 5 h. 1/2. Étude. 6 h. 1/2. Étude. 7 h. 1/2. Prière, dîner et récréation. 9 h. Coucher.	5 h. 1/2. Lever, toilette. 6 h. Prière, réflexion, étude. 7 h. 1/2. Petit déjeuner. 8 h. Conférence religieuse. 9 h. Zootechnie. 10 h. Viticulture. 11 h. 1/2. Déjeuner, récréation. 1 h. { Chimie analytique (3e an.). Étude pour la 2e année. 2 h. 2e Algèbre. 3 h. Animaux de basse-cour. 4 h. Goûter. 4 h. 1/2. Étude. 5 h. 1/2. Répétition de chimie et chimie agricole. 6 h. 1/2. Étude. 7 h. 1/2. Prière, dîner. 9 h. Coucher.	5 h. 1/2. Lever, toilette. 6 h. Prière, réflexion, étude. 7 h. 1/2. Petit déjeuner. 8 h. { 3e Géologie. 2e Botanique. 9 h. Droit rural. 10 h. { Météorologie (3e année). Chimie analytique (2e année) 11 h. 1/2. Déjeuner, récréation. 12 h. 3/4. Départ pour la ferme ou Beauséjour (3e et 2e années). 5 h. 1/2. Étude. 6 h. Lecture des rapports. 6 h. 1/2. Prière, dîner. 9 h. Coucher.	5 h. 1/2. Lever, toilette. 6 h. Prière, réflexion, étude. 7 h. Sainte messe. 7 h. 1/2. Petit déjeuner. 8 h. Étude. 9 h. 3e, botanique. 10 h. Agriculture (cours général). 11 h. Conférence de Saint-Vincent-de-Paul. 11 h. 1/2. Déjeuner. 12 h. 3/4. Excursion ou ferme; au retour, étude. 7 h. 1/4. Dîner, soirée. 9 h. Coucher.	5 h. 1/2. Lever, toilette. 6 h. Prière, réflexion, étude. 7 h. 1/2. Petit déjeuner. 8 h. { Conférence agricole (3e année). minéralogique (2e année). 9 h. Génie rural. 10 h. Chimie générale. 11 h. 1/2. Déjeuner. 1 h. { Étude (2e année) Dessin (3e année) 2 h. Arpentage (2e année). 3 h. Étude. 4 h. Goûter. 4 h. 1/2. Comptabilité. 5 h. 1/2. Répétition d'agriculture. 6 h. 1/2. Conférences par MM. les élèves. 7 h. 1/2. Dîner. 9 h. Coucher.	5 h. 1/2. Lever, toilette. 6 h. Prière, réflexion, étude. 7 h. 1/2. Petit déjeuner. 8 h. { Mécanique (3e année). Géométrie (2e année). 9 h. Technologie. 10 h. Horticulture. 11 h. Pratique (au jardin). 11 h. 1/2. Déjeuner. 12 h. 3/4. Départ pour la ferme (3e et 2e années). 5 h. 1/2. Étude. 6 h. 1/2. Étude. 7 h. 1/2. Dîner. 9 h. Coucher.

(1) Pendant la saison d'été, les vêpres ont lieu à 2 heures; à 3 heures, goûter; à 4 heures, promenade ou excursion botanique, géologique.

IMPRIMERIE NATIONALE.

Troisième année. — Mécanique; statique; cinématique.

X. Physique. — *Première année.* — Hydrostatique; gaz; chaleur; vapeur; électricité statique; effets chimiques des courants; effets physiques; effets mécaniques; les aimants; lumière électrique; optique.

XI. Météorologie. — *Troisième année.* — Atmosphère: sources de chaleur; température de l'air; circulation de l'atmosphère et des mers. 1° Météores aqueux : orages; pluies; 2° Physique agricole : effets des vents, de la chaleur, de la lumière, de l'eau sur la végétation: régime des eaux courantes; régions agricoles; instruments de météorologie: 3° Météorognosie : pronostics du temps.

XII. Chimie. — *Première année.* — Chimie générale. — *Deuxième et troisième années.* — Métaux: chimie organique.

XIII. Chimie agricole. — *Troisième année.* — Composition et propriétés des plantes: germination; nature des sols; diversité des engrais minéraux et organiques: les fumiers, le parcage, les composts, la sidération; alimentation des animaux.

Deuxième et troisième années. — Chimie analytique : analyse qualitative; analyse quantitative; réactifs.

On donne une très grande importance à la chimie, et les élèves de troisième et de deuxième année ont plusieurs heures par semaine pour s'exercer aux manipulations, aux analyses, dans les laboratoires de l'établissement.

XIV. Technologie. — *Deuxième et troisième années.* — Industries agricoles; leur importance. 1° Fabrication des produits tirés des végétaux : sucrerie; distillerie; huilerie; vinification; brasserie; vinaigreries; féculerie et amidonnerie; meunerie; 2° Produits retirés des animaux : laiterie; fromagerie; beurrerie; tannerie; conserves alimentaires; fabrication industrielle et pratique des engrais.

XV. Entomologie. — *Première année.* — Résumé de l'histoire naturelle des insectes : leur classification; dégâts causés à l'agriculture par les insectes. Histoire des insectes utiles et nuisibles; parasites divers.

XVI. Apiculture. — *Troisième année.* — Histoire naturelle de l'abeille; distinction entre abeilles; établissement d'une ruche; méthode pour peupler les ruches à cadres; récolte du miel; extraction et usage de la cire; ennemis des abeilles; maladies des abeilles,

XVII Animaux de basse-cour. — *Deuxième et troisième années.* — Porcs; la chèvre; poules; dindons; pintades; paons; faisans; canards; oies; cygnes; pigeons; lapins; lièvres et léporides.

XVIII. Horticulture. — Première partie : arboriculture fruitière. — Deuxième partie : culture potagère. — Troisième partie : floriculture.

XIX. Sylviculture. — *Deuxième et troisième années.* — Choix du terrain à boiser et des essences qui doivent l'occuper; remises d'impôts sur les terres à boiser; travaux préalables et dispositions générales. Essences forestières; plantations; aménagement; produits forestiers.

XX. Viticulture. — *Deuxième et troisième années.* — Résumé de l'histoire de la vigne; plantation de la vigne; résumé des divers modes de fabrication du vin, de leur conservation, de leur vente.

XXI. Législation rurale. — *Première, deuxième et troisième années.* — Droit administratif; pouvoir exécutif; impôts; voirie. Éléments de droit civil. Éléments de procédure civile.

XXII. Dessin. — *Première, deuxième et troisième années.* — Topographie; constructions; mécanique.

XXIII. Français. — Les élèves des trois années font, au moins, une dictée par semaine; les élèves de première année reçoivent plus souvent des leçons orthographiques.

Les études de français consistent surtout en travaux pratiques :

1° Des rédactions soignées de tous les cours; ces rédactions sont visitées fréquemment dans le courant de l'année et présentées aux professeurs spéciaux au moment des examens;

2° Des rapports sur les excursions agricoles et industrielles faites par les élèves. Chaque semaine, ces rapports sont lus et critiqués en séance publique, en présence du directeur et des professeurs.

XXIV. Conférences. — Indépendamment des leçons régulières sur les cours ci-dessus désignés, tous les élèves assistent, au moins une fois par semaine, à une conférence sur des sujets variés, se rapportant aux travaux de l'époque, ou ayant pour objet des détails pratiques qui ne peuvent guère trouver place dans les cours.

Les élèves de troisième année qui réunissent les deux tiers du maximum des points reçoivent le brevet de capacité agricole. S'ils veulent obtenir le diplôme supérieur, ils sont appelés à subir un nouvel examen et à donner une leçon orale; ils doivent, de plus, soutenir une thèse agricole, dont le sujet leur a été donné au commencement de l'année scolaire. C'est le couronnement de leurs études.

Ces thèses permettent aux élèves d'orienter leurs études vers un but précis, déterminé, de faire dans leur esprit l'application immédiate des leçons de leurs maîtres; elles développent ainsi, chez eux, par la mise en contact avec la réalité, l'esprit d'initiative.

Parmi les thèses des élèves présentées à la Classe 5, nous avons remarqué celles de M. Chauvenet de Lesdins, sur le domaine de Lesdins (Aisne), et de M. Paul de Vibraye, sur la ferme de la Roussière (Deux-Sèvres).

Un essai sur l'agriculture de la Trinidad, par M. Joseph de Verteuil, est un véritable cours d'agriculture coloniale.

En même temps qu'un établissement d'instruction, l'Institut de Beauvais est un centre de recherches et d'études. Son directeur est également directeur de la Station agronomique de l'Oise, fondée à Beauvais, en 1873, avec le concours des sociétés d'agriculture du département, de la Société des agriculteurs de France, du Conseil général du département.

La direction de l'Institut de Beauvais avait groupé dans son exposition, très bien présentée, quelques-uns des éléments qui pouvaient montrer les résultats acquis :

- Cahiers de rédaction de cours.
- Séries de rapports sur les excursions par les élèves.
- Collections : botanique, géologie, sylviculture, etc.
- Monographies présentées et récompensées par la Société amicale.
- Brevets, diplômes, thèses et rapports afférents.
- Plan type d'un domaine établi par un élève.
- Carte des étendues cultivées par les anciens élèves.
- Album des assolements de la ferme du Bois.
- Rapports sur la ferme du Bois et ses dépendances.
- Relief des environs de Beauvais et des fermes de l'Institut.
- Albums de dessins.
- Photographies des domaines de l'Institut.
- Collection du Bulletin des anciens élèves.
- Album des tableaux d'expériences.
- Travaux des maîtres, annales, ouvrages, rapports.
- Le Livre d'or de l'Institut.

Il y avait là un ensemble de moyens d'enseignement qui attirait l'attention des spécialistes et des agronomes.

Le frère Paulin, directeur de l'Institut, avait présenté un rapport sur l'électro-culture. On a essayé, à Beauvais et à la ferme du Bois, les différentes applications de l'électricité à la culture, même aux travaux intérieurs de la ferme. Dans son rapport, publié dans les Annales de la Station agronomique, le frère Paulin étudiait l'électricité dans la végétation; la théorie du géomagnétifère, les expériences d'électro-culture.

Le Jury de la Classe 5 a attribué une médaille d'or à l'Institut agricole de Beauvais.

Fig. 247. — Institut agricole de Beauvais. La Mie au Roy (petite chute).

Il a accordé une médaille de bronze, au frère Antonis (Jean Hibertie), pour ses brochures, rapports et articles relatifs au pain dans l'alimentation du bétail, au rôle économique du porc dans la ferme, à des travaux d'agriculture et d'horticulture. Une médaille d'argent a été attribuée au frère Bellot, professeur de dessin, pour les reliefs des diverses propriétés de l'Institut. Le frère Alcindor (Evraud) a également obtenu une médaille de bronze pour l'organisation de l'exposition, ainsi que M. Mercier, auteur d'un ouvrage sur les maladies contagieuses des animaux domestiques.

INSTITUT DES FRÈRES DES ÉCOLES CHRÉTIENNES.

(Médaille d'or.)

L'Institut des frères des Écoles chrétiennes, s'inspirant des mêmes considérations qui avaient présidé à la fondation de l'École d'agriculture de Beauvais, mais visant une catégorie différente de jeunes gens, a ouvert sur les divers points de la France et même à l'étranger un certain nombre d'établissements destinés à recevoir les élèves sortis des classes primaires élémentaires, susceptibles de recevoir un enseignement spécialement agricole et de devenir de bons cultivateurs praticiens.

L'Institut des frères des Écoles chrétiennes, qui a obtenu une médaille d'or, avait bien organisé et installé son exposition; il avait adopté le programme suivant pour la classification des objets et des travaux des diverses écoles :

Installation et organisation des établissements agricoles; cours théoriques et exercices pratiques; viticulture; collections entomologiques; herbiers agricoles; livres classiques pour l'enseignement de l'agriculture; travaux d'élèves; travaux de maîtres.

Nous consacrons une notice particulière à chacun des établissements des frères des Écoles chrétiennes qui ont participé à l'exposition de l'enseignement agricole et obtenu des récompenses pour leur collaboration à l'exposition d'ensemble de leur institut : école d'agriculture de Longuyon; établissement des Likès, à Quimper; institut agricole Saint-Joseph, à Limoux; établissement horticole Saint-André, à Clermont; école Fénélon à Vaujours; institution Michel-Perret, à Limonest: institut agricole de Laurac; institution agricole des sourds-muets, à Bourg-en-Bresse; école d'horticulture d'Igny; institution agricole des Choisinets.

École d'agriculture de Longuyon. (Directeur : Arnaud [frère Marie], médaille d'argent.) — Les élèves de l'École d'agriculture forment une section spéciale, indépendante.

Une ferme de 35 hectares est annexée à l'école pour les travaux pratiques d'agriculture.

L'enseignement, théorique et pratique, est donné d'après un programme appliqué spécialement aux besoins de la région. La durée complète des études est de deux années.

L'enseignement religieux comporte des leçons et conférences sur le dogme, la morale et le culte.

L'enseignement théorique agricole comprend les cours suivants :

Agriculture générale; cultures spéciales: économie rurale; zootechnie: physiologie animale et hygiène vétérinaire; économie du bétail; notions de physique, de zoologie et de botanique; chimie générale et chimie agricole; notions de génie rural; comptabilité agricole; notions de législation rurale et de droit administratif; arboriculture; horticulture; aviculture; laiterie. — Français; mathématiques (arithmétique, algèbre, géométrie), arpentage, levé des plans, nivellement, dessin géométrique et d'imitation.

L'enseignement pratique comprend tous les travaux de l'agriculture et du jardinage, les soins et la conduite des animaux domestiques et des machines agricoles dont l'école est pourvue. Ces derniers exercices ont lieu à la ferme située dans les dépendances du pensionnat et à la propriété des Boussieux, d'une contenance de 30 hectares, située à 800 mètres de l'école.

Les exercices d'arboriculture et d'horticulture se font dans les vastes jardins de l'établissement. Un rucher-école, bien aménagé, sert aux leçons d'apiculture.

L'École d'agriculture possède un laboratoire de chimie et des collections de produits agricoles et d'histoire naturelle.

Les jeunes gens qui sollicitent leur admission à l'école d'agriculture subissent un examen à l'entrée; cet examen porte sur le français, l'arithmétique, l'histoire et la géographie. L'examen écrit se compose : d'une dictée, d'une composition française, description, narration ou lettre, et de quelques problèmes sur les quatre règles, le système métrique, les fractions, les règles de trois, d'intérêts et d'escompte commercial. Les épreuves orales suivent immédiatement l'examen écrit. Elles correspondent à l'examen d'entrée en 4e moderne. Pour être admis, il faut être âgé de 14 ans.

Les travaux pratiques ont lieu pendant deux après-midi par semaine sous la conduite de deux chefs de pratique.

Établissement Sainte-Marie ou établissement des Likès, à Quimper. (Directeur : frère Duvian, médaille d'argent.) — Par arrêté ministériel de 1843, une chaire d'agriculture fut fondée à Quimper dans l'établissement dirigé par les frères des Écoles chrétiennes. Cette fondation détermina les frères à créer l'École d'agriculture des Likès. En 1847, le préfet du Finistère adressait au directeur le règlement du cours d'agriculture fait à l'école des Likès. «Les leçons pratiques, dit ce document, auront lieu à la ferme pendant toute l'année, le mardi de chaque semaine... Des conférences pratiques ou les explications nécessaires à la complète connaissance de l'assolement et des diverses opérations culturales seront faites sur les lieux. Tous les jeunes gens suivant le cours d'agriculture seront successivement chargés de l'inspection et de la surveillance des différents services ci-après : 1° inspection générale des cultures; 2° prairies naturelles et irrigations; 3° prairies artificielles; 4° céréales d'hiver et de printemps; 5° plantes sarclées; 6° racines et fourrages en magasin; 7° fumiers et engrais divers; 8° vacherie; 9° chevaux et porcherie; 10° instruments aratoires; 11° comptabilité; 12° jardins et vergers. Les élèves chargés de ces services devront s'enquérir de tous les renseignements relatifs à leur spécialité et faire des rapports écrits.»

Depuis 1886, la chaire officielle d'agriculture est devenue libre et l'établissement des Likès, laissé à sa propre initiative, continue son œuvre d'éducation agricole. La Société des agriculteurs de France l'a pris sous son patronage; elle délègue depuis deux ans une commission pour procéder à l'examen des élèves agriculteurs et pour distribuer des récompenses aux plus méritants.

Les cours de l'École d'agriculture sont répartis en trois années.

On comptait, en 1899, au pensionnat : 49 élèves en 1re année, 34 en 2e année et 33 en 3e année.

La plupart des élèves, originaires de la région, parlent encore breton; ce qui rend leur instruction plus difficile pour les frères.

Deux fermes servent de champ d'application pour tous les exercices pratiques et pour les cultures spéciales qui font l'objet des cours.

Institution agricole Saint-Joseph, à Limoux. (Directeur : Sénateur [frère Isidore], médaille d'argent.) — Les frères des Écoles chrétiennes possèdent à Limoux (Aude) un important domaine rural, désigné sous le nom d'Institution agricole Saint-Joseph, où ils reçoivent comme pensionnaires des jeunes gens âgés de plus de 14 ans, auxquels ils enseignent la théorie et la pratique de l'agriculture et de la viticulture.

L'enseignement théorique comprend : 1° des notions sur la viticulture, l'arboriculture, l'horticulture, le labourage et le fauchage; 2° la connaissance des terrains, des engrais, des amendements et des céréales; 3° l'étude des maladies de la vigne et des moyens de les combattre; 4° la connaissance des animaux utiles à la ferme.

Le vignoble a une étendue de 26 hectares. L'enseignement de la viticulture est développé d'une façon spéciale, et les élèves ont obtenu des récompenses dans les concours pour le greffage et la taille de la vigne.

Établissement horticole Saint-André, à Clermont-Ferrand. (Frère Généalis, médaille de bronze.) — La fondation de l'École d'horticulture à l'Orphelinat Saint-André remonte au mois d'octobre 1851. De 1857 jusqu'à 1883, cet établissement a reçu des subventions du Conseil général du Puy-de-Dôme, et une Commission de surveillance, nommée par le préfet, faisait subir les examens aux aspirants aux bourses ainsi qu'aux autres jeunes gens de l'école.

Les cours théoriques et pratiques d'horticulture se divisent en trois années : 1re année, culture maraîchère; 2e année, floriculture; 3e année, arboriculture et reprise du cours pratique de culture maraîchère.

A la fin des cours, le directeur de l'école place lui-même les jeunes gens qui ont obtenu un certificat d'aptitude professionnelle.

La moyenne des élèves, depuis dix ans, qui suivent les cours d'horticulture, est de cinquante.

L'École met à la disposition de ses élèves : 1° l'enclos dit de Saint-André comprenant des serres, un parterre, un potager, deux pièces d'eau, le tout d'une contenance de 2 hectares; 2° un autre enclos, d'une superficie de 4 hectares, planté et exploité comme pépinière d'arbres fruitiers.

École Fénélon, à Vaujours (Seine-et-Oise). [Frère Hermyle-Marie, médaille de bronze.] — L'établissement appartient à la Société Fénélon, qui en a confié la direction aux frères des Écoles chrétiennes. L'enseignement agricole est théorique et pratique, mais l'enseignement de l'horticulture est plus développé.

Les élèves jardiniers sont admis à l'âge de 14 ans; ils doivent être pourvus du certificat d'études primaires ou posséder une instruction équivalente. Il en est reçu une quinzaine chaque année, les uns gratuitement à titre d'orphelins, les autres moyennant une rétribution annuelle de 360 francs.

L'École d'horticulture et d'agriculture de Vaujours, dont la fondation remonte à 1849, est particulièrement destinée aux jeunes gens de Paris appartenant à la classe laborieuse, comme l'école d'Igny.

24 hectares sont exploités par les élèves; 6 hectares sont consacrés au jardinage.

Les élèves y acquièrent, par la pratique raisonnée, l'habileté manuelle indispensable au bon jardinier.

Voici le programme sommaire de l'enseignement :

Chimie et géologie horticoles. Botanique : flore indigène. Zoologie horticole : animaux, insectes nuisibles et utiles. Culture potagère et maraîchère. Arboriculture fruitière et pomologie. Floriculture :

architecture des serres et chauffage: culture des plantes de serre; plantations florales; création et entretien des pelouses; arboriculture d'ornement; décoration des appartements; confection des corbeilles et bouquets. Architecture paysagiste, dessin.

Institution agricole Michel Perret, à Limonest (Rhône). [Frère Onésime, médaille de bronze.] — L'École de Limonest se trouve près de Lyon, au château de Sandard.

Indépendamment des terres servant aux applications variées de la grande culture, des parcelles notables de terrain sont réservées aux expériences spéciales à l'agriculture, à la viticulture et à l'arboriculture.

La durée normale des études est de trois années. Elles comprennent :

Études primaires supérieures complémentaires; sciences accessoires de l'agriculture; agriculture proprement dite; zootechnie; hygiène vétérinaire; économie rurale agricole; notions de droit civil et de droit rural; associations et syndicats; mutualité; coopération; crédit; assurances; comptabilité agricole.

Les élèves, au nombre d'une trentaine, sont en général recrutés dans la région. Il y a une certaine analogie dans les programmes entre cette école et l'école pratique d'Ecully, sa voisine.

Institut agricole de Laurac (Ardèche). [Directeur : Sabien (frère Marcel), mention honorable.] — Une école primaire supérieure des frères des Écoles chrétiennes est établie depuis 1855 à Laurac. L'enseignement agricole s'y est développé depuis sept ou huit ans. Mais c'est plutôt une section d'enseignement agricole qu'un institut agricole.

Les leçons théoriques d'agriculture sont données les mardi, mercredi, jeudi et samedi de chaque semaine, de 5 à 7 heures du soir. La première heure est consacrée à la leçon proprement dite et la deuxième à la rédaction, sur un cahier spécial, de la leçon théorique en résumé. Les élèves font, plusieurs fois la semaine, une rédaction dont le sujet est une question d'agriculture ou le compte rendu d'une excursion agricole. Divers champs d'expériences, ayant dans leur ensemble une étendue de 4 hectares, permettent de donner l'enseignement pratique sous ses différentes formes, spécialement en ce qui concerne la viticulture, la sériciculture, la culture des céréales, l'analyse des terrains.

Comme sanction de leurs études agricoles, les élèves subissent un examen spécial devant une commission nommée par l'Union des Syndicats agricoles du Sud-Est. Cet examen comprend deux degrés : le degré élémentaire dont l'examen est simplement oral avec une épreuve pratique de greffage et la présentation du cahier de cours; le deuxième degré, ou degré supérieur, dont l'examen comprend trois rédactions sur des sujets agricoles et deux problèmes d'arithmétique.

Les copies sont corrigées à Lyon. Les lauréats du degré supérieur reçoivent un diplôme de deuxième degré.

Institution agricole des Sourds-Muets, à Bourg-en-Bresse (Ain). [Frère Roger, mention honorable.] — D'organisation récente, cette institution agricole permet aux sourds-muets de devenir des cultivateurs praticiens.

Le programme de l'enseignement comprend : l'agriculture générale, la zootechnie, l'horticulture, la viticulture, l'arboriculture fruitière, le droit rural et la comptabilité agricole.

On consacre neuf heures par semaine à l'enseignement pratique.

Les élèves reçoivent, après l'examen de sortie, un certificat d'études agricoles.

Le syndicat agricole de Bresse livre gratuitement à l'école les engrais chimiques employés dans le champ d'expériences de la ferme.

École d'horticulture d'Igny. (Médaille d'argent.) — L'École d'horticulture d'Igny (Seine-et-Oise) dépend de l'œuvre de Saint-Nicolas et, sous le nom de Section des horticulteurs, elle est dirigée par les Frères des écoles chrétiennes.

Fig. 248. — École d'horticulture d'Igny. (Vue d'ensemble.)

Fondée en 1860, elle se recrute parmi les fils d'ouvriers, de jardiniers et de petits cultivateurs; elle reçoit aussi un certain nombre d'orphelins. Ces derniers bénéficient de la gratuité soit partielle, soit entière; les autres élèves versent une rétribution. Les classes préparatoires à l'internat normal comptent de nombreux élèves.

Les candidats à la section d'horticulture doivent être âgés d'au moins 13 ans. Il en est admis une quarantaine chaque année.

L'enseignement est théorique et pratique. En outre des cours techniques, les élèves suivent ceux qui leur sont nécessaires pour compléter leur instruction primaire.

L'enseignement théorique qui leur est donné embrasse :

1° Des notions générales de zoologie, de botanique, de géologie et de minéralogie appliquées à l'horticulture; 2° l'arboriculture fruitière et d'ornement; 3° la culture potagère des primeurs de pleine terre; 4° le dessin de plantes et d'instruments, le tracé des jardins.

L'enseignement pratique s'applique à tous les travaux que comporte l'horticulture. Les élèves exécutent ces travaux dans le jardin, sous la direction de leurs professeurs.

La durée de l'apprentissage est d'au moins trois ans.

Le temps est ainsi distribué dans la journée :

Hiver. — Lever à 5 h. 3/4. Les élèves, après la toilette et la prière du matin, reçoivent une leçon d'instruction morale et religieuse jusqu'à 6 h. 1/2. Puis un cours théorique jusqu'à 7 h. 1/2, ensuite déjeuner. A 8 h. 1/4, travail au jardin jusqu'à 11 h. 3/4; dîner et musique instrumentale.

Fig. 249. — École d'horticulture d'Igny.
(Établissement de Saint-Nicolas. Ferme.)

A 1 h. 1/2, travail au jardin jusqu'à 4 ou 5 heures, goûter et classe jusqu'à 7 h. 1/2.

Été. — Le règlement du soir subit seul une modification : de 1 h. 1/2 à 2 h. 1/2, classe, puis travail jusqu'à 4 heures, goûter, et de nouveau travail jusqu'à 7 h. 1/2, prière et souper. Dans la semaine les cours théoriques sont distribués de la manière suivante :

Arboriculture. — Mardi, de 11 h. 1/4 à 11 3/4, au jardin, leçons de taille, soins à donner aux arbres fruitiers, culture des plantes de serre.

Horticulture. — Mercredi, de 4 h. 1/2 à 5 h. 1/2, description des plantes de plein air et leur culture, par M. S. Mottet, chef de culture à la maison Vilmorin.

Botanique. — Samedi, de 6 h. 1/2 à 7 h. 1/2, par un professeur de l'établissement.

Culture maraîchère. — Mardi, de 6 h. 1/2 à 7 h. 1/2, par un professeur de l'établissement.

Arboriculture, par un professeur de l'établissement.

Dessin. — Lundi, mercredi et vendredi, de 6 h. 1/2 à 7 h. 1/2.

Le temps supplémentaire de classe occasionné par le mauvais temps, en hiver surtout, est employé soit à l'instruction primaire, soit aux divers cours.

L'après-midi du dimanche est consacrée à une promenade dans les environs; les élèves profitent généralement de cette sortie pour herboriser ou collectionner, sous la direction du professeur qui les accompagne.

L'exploitation comprend environ 7 hectares. La culture légumière et l'arboriculture s'y pratiquent en grand. L'établissement dispose de cinq serres. Les élèves jardiniers fournissent en moyenne huit heures de travail manuel par jour; ils exécutent tous les travaux de jardinage de plein air et de serres.

Un diplôme de fin d'études est délivré à ceux qui satisfont aux examens de sortie.

L'école d'horticulture d'Igny, qui a mérité une médaille d'argent pour son exposition spéciale, avait présenté comme travaux d'élèves : un herbier en 17 volumes avec plantes classées par familles: des collections de bois, essences fruitières et d'ornement, de fougères et d'orchidées, de graines pour jardins potager, fruitier et d'agrément; des cours de botanique, de floriculture, de culture maraîchère et d'arboriculture; des exercices de dessin au net et à main levée; des études de constructions rurales et des tracés de parcs et jardins.

Institution agricole des Choisinets. — Le Frère Népotien a obtenu une mention honorable pour l'exposition de cette école.

UNION DE FRÈRES ENSEIGNANTS.

(Médaille d'argent.)

Plusieurs congrégations s'étaient réunies sous la dénomination d'Union de frères enseignants pour une exposition d'ensemble. Cette Union se composait des congrégations suivantes : frères de la Croix de Jésus, frères de la Doctrine chrétienne, frères de Lamennais ou frères de l'Instruction chrétienne, frères de la Miséricorde, petits-frères de Marie, frères du Sacré-Cœur, frères de Saint-Gabriel, frères de la Sainte-Famille. L'Union comprenait 14,567 membres, 1,658 établissements et 228,525 élèves.

Les travaux présentés par les petits frères de Marie ou frères Maristes et par les frères de Lamennais avaient attiré l'attention du Jury. Une médaille d'argent a été accordée à l'exposition de l'Union de Frères enseignants.

L'Institut des frères Maristes, qui possédait 738 établissements en France et l'étranger, et dont la maison principale de Paris était connue sous le nom de pensionnat de Plaisance, était représenté à la Classe 5 par les écoles de Saint-Genis-Laval, Marseille, Ambérieux, Livron, qui avaient exposé une collection de plantes fourragères du canton de Saint-Genis-Laval, des herbiers scolaires, des cartes viticoles; le greffage de la vigne avec spécimens, en nature, des différents modes de greffage; des cahiers d'élèves. Les cours d'agriculture faits à Saint-Genis-Laval remontaient à une date déjà ancienne.

Les frères de Lamennais, ou frères de l'Instruction chrétienne, étaient représentés par les maisons de Ploërmel et de Ducey. Le Jury a accordé une médaille de bronze au frère Abel qui représentait l'école de Ducey. L'œuvre des établissements de Saint-Nicolas a été récompensée par des médailles de bronze dans la personne de MM. Alloiteau et Mottet.

Nous donnons ci-dessous une petite monographie sur l'école de Ducey qui avait fait une exposition assez complète.

École d'agriculture de Ducey (Manche). — L'École de Ducey, fondée par M. Garnot, ancien président du syndicat des agriculteurs de la Manche, se trouve dans l'Avranchin.

Des propriétaires voisins (agronomes, docteurs en droit et en médecine, ingénieurs, vétérinaires,) font à l'école de Ducey des conférences sur l'économie rurale, la zootechnie, les industries agricoles, l'agriculture, la chimie agricole, l'hygiène. La réputation de conférenciers comme M. de Gibon, vice-président du syndicat des agriculteurs de la Manche, MM. Mauduit et Foisil, conseillers généraux de la Manche, le Dr Tizon, M. Turquet, ingénieur civil, a attiré de nombreux élèves à Ducey.

L'enseignement agricole comprend :

A. — Des notions de géologie, de botanique, de zoologie, de physique et de chimie.

B. — Des études plus développées, ordinairement dictées, sur :

1° Les diverses sortes de sols, sous-sols, amendements, engrais : animaux, mixtes, chimiques : proportions à employer;

2° Les divers instruments agricoles, les labours, les assolements;

3° Les cultures du pays, spécialement du froment, orge, seigle, avoine, sarrasin. – Préparation du sol; ensemencement; soins à donner à la récolte:

4° Les prairies naturelles, artificielles, les plantes sarclées;

5° Les animaux domestiques : élevage, alimentation, rationnement, engraissement. – Vaches : races diverses; laiterie. – Chevaux : qualités, défauts, etc.; marques pour les distinguer; anatomie des animaux, leurs maladies ordinaires et les moyens de les reconnaître;

6° L'arboriculture, spécialement le pommier, la taille des arbres, les soins à leur donner;

7° Les industries rurales, spécialement la fabrication du cidre, sa conservation, les eaux-de-vie, etc.;

8° La comptabilité agricole, les constructions rurales;

9° L'hygiène, spécialement à la campagne;

10° Le droit rural;

11° La rédaction des actes sous seing privé les plus usuels : baux, billets à ordre, etc.

Tous les quinze jours et à tour de rôle, chaque élève fait une conférence, en présence de ses condisciples, sur un sujet choisi à l'avance.

Le caractère particulièrement pratique de l'enseignement a été signalé par M. de la Bouillerie, président de la section de l'enseignement agricole à la Société des agriculteurs de France. Tous les jours, pendant la matinée, les élèves travaillent aux champs, où ils apprennent à conduire les animaux et à diriger les instruments agricoles. Une ferme de 66 hectares, située dans le voisinage, est mise à la disposition de l'École pour les travaux pratiques.

Bien que l'âge habituel des élèves soit de 14 à 16 ans, des jeunes gens de 20 à 25 ans suivent les cours d'agriculture pour se perfectionnner dans leur métier. Ils y viennent en raison de l'intérêt exceptionnel des conférences dont nous avons parlé. Presque tous les anciens élèves de Ducey sont propriétaires-cultivateurs, ou dirigent, comme fermiers, de grandes exploitations, dans la Manche et dans les départements voisins.

Les cours durent deux ou trois ans, suivant l'âge et la préparation des élèves. A la fin de l'année scolaire, les élèves subissent un examen écrit et oral et un examen pratique devant une commission composée des maîtres de conférences de l'École et de délégués nommés par le Conseil de la Société des agriculteurs de France; à la fin de leurs études, ils reçoivent le diplôme d'agriculteur.

En 1897, les cours de Ducey étaient suivis par 60 élèves. Le syndicat des agriculteurs de la Manche créa, pour les encourager, des bourses de 250 francs chacune, qui furent mises au concours entre les fils des syndiqués.

Fig. 250. — École d'agriculture de Ducey.

Objets et travaux exposés. — Herbiers des principales graminées, des plantes parasites, des plantes officinales. Album de cahiers de devoirs agricoles. — Monographie de l'établissement. Programme du cours secondaire d'agriculture professé à l'École.

Considérations générales sur les établissements d'enseignement libre agricole.

L'Institut agricole de Beauvais, dirigé par les frères des Écoles chrétiennes et placé sous le patronage de la Société des agriculteurs de France, a pour but d'initier les jeunes gens, fils de famille ou de propriétaires aisés, qui se destinent à l'agriculture, aux notions scientifiques et pratiques nécessaires à l'exploitation et à la direction d'une ferme, d'un domaine rural ou d'une industrie agricole.

« Prendre pour base de l'éducation la connaissance et l'observation des lois de l'Évangile, éclairer et fortifier la foi dans l'âme de leurs élèves, y développer l'amour de Dieu, du devoir, de la famille et de la patrie; former des hommes de savoir et de conscience, capables, par l'étendue de leurs connaissances et la fermeté de leurs convictions, de soutenir la cause et de défendre les intérêts si intimement unis de la religion et de l'agriculture : telle est, d'après le programme de l'Institut de Beauvais, l'œuvre chrétienne et sociale à laquelle se sont voués les frères des Écoles chrétiennes. »

Le prix de la pension, 1,800 francs, est plus élevé à Beauvais que dans nos écoles nationales d'agriculture; mais si les études se font dans des salles communes, chaque élève de Beauvais a une chambre meublée. Le régime de l'École, qui ne reçoit pas de boursiers, est l'internat. Pour le niveau et le programme des études agronomiques, l'Institut de Beauvais peut être considéré comme analogue aux écoles nationales de l'État, bien que le programme d'admission pour les candidats qui ne sont pas bacheliers soit moins difficile. L'examen d'entrée comprend des épreuves écrites et des épreuves orales.

Les épreuves écrites, qui sont éliminatoires, comprennent : 1° une dictée; 2° une composition française; 3° quelques problèmes sur les quatre règles, le système métrique, les fractions, les applications des proportions, les règles de trois, d'intérêt et d'escompte, les surfaces et les volumes.

Les épreuves orales comprennent : les éléments de l'arithmétique, de la géométrie plane, de l'algèbre (non compris le second degré), de la géographie, de l'histoire.

Les élèves dont l'examen a justifié d'un acquis scientifique sérieux et suffisant peuvent entrer directement, au concours, en deuxième année.

Nous avons étudié précédemment le programme de l'enseignement donné à Beauvais. Les méthodes et les procédés pédagogiques sont ceux de l'enseignement congréganiste, d'une manière générale. Mais ce qui constitue la caractéristique de l'enseignement de l'Institut de Beauvais, c'est le développement de la partie technique, pratique. Tous les élèves y exécutent les travaux les plus variés sous la direction des chefs de pratique. Les fermes annexes de l'Institut ont une étendue de 280 hectares. Les exercices pratiques ont lieu, suivant leur nature, à la ferme du Bois, à Beauséjour, à la Mie-au-Roy et à la ferme du Marais. Une installation électrique permet d'éclairer l'exploitation principale et d'exécuter les travaux intérieurs à l'aide de cette force. L'application en est faite à tous les usages de la ferme. Les exercices d'horticulture et d'arboriculture ont lieu dans les jardins et les vergers de la propriété dite Beauséjour, d'une contenance de 12 hectares.

De fréquentes excursions agricoles, géologiques et botaniques, la visite des meilleures exploitations agricoles de la région, des principales usines agricoles, des marchés de bestiaux, des concours agricoles, complètent l'ensemble des études pratiques. Des notes et des rapports sur ces excursions sont exigés de tous les élèves.

A la fin de leurs études, les élèves de troisième année sont appelés à présenter et à soutenir une thèse agricole, sorte de monographie sur l'exploitation d'une ferme ou d'un domaine familial. C'est là une des particularités de l'enseignement donné à l'Institut de Beauvais. Le jeune homme est appelé ainsi à concentrer les connaissances acquises par lui au cours de ses études et à en faire l'application. C'est une excellente conclusion à l'enseignement agricole. L'élève de Beauvais choisit le plus souvent, pour son étude, une propriété de famille, et il dédie son travail, sa thèse, à des parents propriétaires du domaine qui peuvent apprécier le mérite, au point de vue pratique, des idées émises par lui. Cette tradition, excellente en elle-même et par ses résultats, a dû contribuer au succès de l'Institut de Beauvais et favoriser le recrutement des élèves. Nous avons indiqué précédemment les titres de plusieurs de ces thèses présentées à la Classe 5.

Groupés, depuis 1867, dans une société amicale, les anciens élèves de Beauvais, au nombre de près de 500, sont, pour la plupart, à la tête de domaines ou d'industries agricoles importantes. Le plus grand nombre sont des propriétaires; quelques-uns, cependant, sont fermiers ou régisseurs.

Mais le choix de la profession agricole ne dépend pas seulement de la nature de l'enseignement que reçoit l'élève de Beauvais, il dépend de ses origines, de sa situation de fortune, de ses ambiances, en un mot de sa famille.

L'enseignement pédagogique donné à Beauvais, pendant les vacances, aux élèves-maîtres, c'est-à-dire aux frères des Écoles chrétiennes, a concouru au développement de l'enseignement agricole dans les écoles des frères. Pendant les vacances de l'Institut de Beauvais, l'école étant libre, le supérieur convoque une quarantaine de frères destinés à enseigner l'agriculture, et il leur est donné, pendant deux mois, une direction pédagogique et un enseignement spécial. Ces élèves-maîtres sont susceptibles de s'assimiler assez vite les principes généraux de la science agronomique. On leur en fait ressortir les points essentiels, ceux qu'il est indispensable de développer près de leurs élèves. Ils vont aussi dans les fermes annexes de l'établissement où ils apprennent les notions pratiques, la technique du métier.

L'Institut des frères des Écoles chrétiennes ne borne point son action, au point de vue de l'enseignement agricole, à quelques établissements spéciaux et professionnels, il s'applique à organiser des cours réguliers d'agriculture dans ses écoles primaires et primaires supérieures, ainsi que dans ses pensionnats d'enseignement secondaire moderne. Son but consiste, d'après M. Blanchemain, à viser une catégorie de jeunes gens, que l'on peut appeler les sous-officiers de l'agriculture, les auxiliaires des agronomes et des grands propriétaires ruraux. C'est ainsi qu'il a ouvert, dans les diverses régions de la France, et aussi à l'étranger, un certain nombre d'établissements pourvus d'une section spéciale où se donne, à la sortie des classes élémentaires et concurremment avec les cours de l'enseignement secondaire moderne, un enseignement théorique et pratique de l'agriculture. Les frères des Écoles chrétiennes suivent d'une manière invariable le programme qui leur a été tracé à l'Institut de Beauvais; c'est ce qui fait l'uniformité de leur enseignement. Les méthodes d'instruction, les livres, les traités spéciaux ont été élaborés par les frères.

Parmi les congrégations qui avaient fait une exposition d'ensemble à la Classe 5, sous la dénomination d'Union de frères enseignants, figurait celle des Maristes, comprenant un grand nombre d'écoles. Dans les établissements des Maristes, les classes étaient organisées d'après les *programmes officiels* de l'enseignement primaire et de l'enseignement secondaire moderne, mais avec adjonction de l'enseignement religieux. Les Maristes eurent l'idée de créer des institutions intermédiaires entre les écoles primaires et les collèges classiques et spécialement destinées aux jeunes gens qui voulaient se vouer au commerce, à l'industrie, à l'agriculture, et qui n'étaient pas aptes à faire des études classiques. L'idée était pratique. Leur établissement central, le pensionnat de Plaisance, prit une certaine importance par le nombre des pensionnaires et des demi-pensionnaires qui suivaient les différents cours. En province, des sections ou des classes pour l'enseignement agricole existaient dans les établissements de Beaucamps, Saint-Pol-sur-Ternoise, Saint-Pourçaint, Saint-Amand, Charolles, Chagny, Marcigny, Saint-Genis-Laval, Livron, Marseille, Ambérieux. Que valait cet enseignement et quels résultats pratiques donnait-il? De l'aveu des frères, eux-mêmes, il n'avait pas donné les mêmes résultats que l'enseignement primaire professionnel. Les maîtres, aptes à l'enseignement primaire, n'avaient pas fait les études spéciales nécessaires à l'enseignement agricole et ils ne possédaient que des notions techniques insuffisantes, bien inférieures en ce qui concerne la théorie et la pratique de l'agriculture aux frères de l'Instruction chrétienne ou de la Miséricorde, qui avaient également participé à l'exposition. Parmi les écoles des Maristes ou Petits-Frères de Marie, celle de Saint-Genis-Laval paraissait seule avoir des cours assez complets sur la viticulture.

L'enseignement donné dans d'autres écoles classées parmi l'Union de frères enseignants offrait peu de variété. Sa valeur ou son insuffisance dépendait le plus souvent du directeur de l'école, de ses idées personnelles sur l'utilité de cet enseignement ou de celles de ses supérieurs. En ce qui concerne les frères de Lamennais, le frère Abel, supérieur général, s'occupait très activement de l'enseignement agricole.

Parmi les établissements spéciaux d'enseignement libre agricole qui ont obtenu des récompenses à la Classe 5, deux écoles méritent une mention par le caractère plus spécialement professionnel de leur enseignement et par les progrès réalisés depuis leur fondation : l'école d'agriculture de Ducey, dans le département de la Manche, et l'école d'horticulture d'Igny, dans le département de Seine-et-Oise. L'exposition de ces deux écoles, bien comprise, était intéressante pour les visiteurs.

Nous avons dit que le rapide succès de l'École de Ducey était dû à la participation à l'enseignement, comme conférenciers, de propriétaires voisins, d'ingénieurs, de vétérinaires, etc., dont les conférences élevaient le niveau des études, les rendaient plus attrayantes et plus utiles pour les cultivateurs de l'Avranchin et du Cotentin.

L'école d'horticulture d'Igny a obtenu les encouragements de la Société nationale d'horticulture de France; elle est affiliée au Syndicat de Saint-Fiacre de Paris. Grâce aux dons de Mme Boucicaut, l'établissement horticole d'Igny paraît bien approprié aux besoins de l'enseignement professionnel de l'horticulture.

Les élèves qui passent successivement et par roulement, suivant leurs aptitudes, les époques et les besoins de la culture, aux différents travaux de jardinage, d'arboriculture et de floriculture, forment de bons praticiens. Le prix de la pension est de 38 francs par mois, plus 50 francs d'entrée.

M. de La Bouillerie, rapporteur de la section de l'enseignement agricole à la Société des agriculteurs de France, a adressé aux expositions des frères enseignants le reproche suivant, dont nous avons constaté le bien-fondé :

« Chez aucune congrégation l'on ne trouve l'usage de ces graphiques fort à la mode et fort précieux, dont les échelons multicolores eussent accusé, au premier coup d'œil, la force du principe, la persistance de l'effort, la progression des résultats d'une méthode d'enseignement agricole essentiellement juste, où les maîtres savent d'abord ce qu'ils montrent et où l'éducation rurale sert de base à l'instruction scientifique. »

En résumé, l'enseignement congréganiste, dont les rouages étaient multiples, ainsi que les règlements et les programmes, comptait de nombreuses sections agricoles, des classes spéciales annexées aux pensionnats, mais peu d'écoles professionnelles d'agriculture, rien de semblable à nos écoles pratiques d'agriculture et à nos fermes-écoles. Il y avait quelque chose d'inachevé, d'éphémère, dans la plupart de ces tentatives d'enseignement des rudiments de l'agriculture. Les frères avaient voulu suivre le mouvement, mais sans grande conviction dans le succès de leurs tentatives d'enseignement agricole; leur but était d'accroître le nombre de leurs élèves.

D'après une décision du Comité de groupe de l'enseignement, le Jury de la Classe 5 n'a pas eu à s'occuper de l'enseignement agricole dans les écoles rurales primaires libres. Nous n'en dirons donc qu'un mot. Dans l'historique nous avons indiqué quel a été le rôle des syndicats professionnels agricoles; ce rôle, qui a été très actif, a porté surtout sur les écoles primaires. Les Unions suivantes ont surtout participé à ce mouvement : Union du Nord, de Normandie, de Bretagne, du Centre, de Bourgogne et de Franche-Comté, de l'Ouest, du Sud-Est, du Sud-Ouest, du Midi, des Alpes et de Provence. Voici l'organisation de l'Union du Sud-Est qui comprend dix départements : Commission supérieure de l'enseignement agricole, comités départementaux composés de tous les présidents des syndicats affiliés à l'Union du Sud-Est et de notabilités syndicales, sous-comités syndicaux et locaux formés par chaque syndicat. La Commission supérieure de l'Union du Sud-Est a organisé des programmes et des règlements qui ont été adoptés par plusieurs Unions de France. Les études sont divisées en deux années, l'une conduisant au certificat délivré par les syndicats d'accord avec les comités départementaux; la deuxième conduisant au diplôme agricole décerné par la Commission supérieure de l'Union. En 1899, sur les 247 écoles primaires qui ont pris part à ces examens, on comptait 218 écoles libres et seulement 29 écoles de l'État.

*
* *

Pour compléter les renseignements sur l'enseignement libre agricole nous rappellerons brièvement les institutions que nous avons signalées dans l'historique général de l'enseignement agricole et qui n'ont pas pris part à l'exposition de la Classe 5.

Les orphelinats agricoles dus ordinairement à l'initiative privée et dont un grand nombre reçoivent des subventions de l'État sont répartis dans les départements; ils enseignent à leurs pensionnaires l'agriculture et l'horticulture.

La maréchalerie est enseignée principalement dans une école libre assez importante créée rue Saint-Jacques à Paris par la Chambre syndicale et la Fédération des patrons maréchaux. Cette association a l'intention de créer des écoles de ce genre dans les principales villes de France, notamment dans les chefs-lieux de corps d'armée, où les cours de maréchalerie pourraient être très utiles, en raison du peu de durée du service militaire actuel, les maréchaux ne pouvant à la fois dans un temps aussi court se perfectionner dans leur art et acquérir l'instruction militaire obligatoire.

Des cours libres d'agriculture pour les adultes sont donnés par divers groupements de professeurs ou de spécialistes; ils se trouvent surtout dans les grandes villes et sont

IMPRIMERIE NATIONALE.

le plus ordinairement gratuits. Paris compte plusieurs associations dont le but est de faire des cours gratuits aux adultes; de ce nombre se trouvent l'Union française de la jeunesse, l'Association philotechnique, l'Association polytechnique. Ces associations ont, en plus de l'enseignement général, ouvert des sections où sont données des notions d'agriculture et d'horticulture. L'Association philomathique, fondée en 1895 par M. L. Dariac, a organisé des cours d'agriculture qui sont faits dans la banlieue parisienne; elle vient, en outre, d'organiser, sous les auspices du Ministère de la guerre, des conférences agricoles et horticoles dans plusieurs régiments du gouvernement militaire de Paris, conférences qui doivent être étendues et généralisées dans les corps d'armée.

L'horticulture et l'arboriculture fruitière sont enseignées dans plusieurs cours, à Paris, au Jardin du Luxembourg, qui dépend du Sénat; à Saint-Mandé, au siège de la Société nationale d'horticulture de France, et dans les mairies, par les soins de la Ville et du département de la Seine; d'autres cours ayant le même objet sont organisés par la Chambre syndicale des ouvriers jardiniers, l'Association de Saint-Fiacre, et des cours analogues ont lieu dans les grandes villes de province.

On voit que l'enseignement horticole libre est fort bien partagé en France et notamment dans tous les grands centres où l'industrie des fleurs a pris une importante extension.

Le plus grand nombre des comices agricoles, des sociétés d'agriculture et d'horticulture qui sont répandus dans toute la France, au nombre de 2,000 environ, donnent des encouragements pour l'enseignement agricole, sous forme de primes en argent ou de diplômes. Le Ministère de l'agriculture, dans les subventions qu'il accorde chaque année à ces associations pour encouragements à l'agriculture, conseille de réserver des allocations en vue de la diffusion de l'enseignement agricole.

Quelques particuliers dans les environs de Paris et en province s'occupent de créer des écoles et des cours d'agriculture. Parmi les institutions qui nous ont été signalées nous citerons, comme dignes d'attention, l'école pratique agricole pour les jeunes filles créée récemment à Houilles (Seine-et-Oise), par Mlle Fresnois, c'est une véritable école ménagère agricole. Un cours d'hiver a été ouvert en 1901, à Lunéville, par M. Genay.

CHAPITRE V.

EXPOSITIONS PARTICULIÈRES.

M. DE LAPPARENT, inspecteur général de l'agriculture, a procédé à un intéressant essai de répartition des races et variétés de l'espèce bovine en France. Dans la carte présentée par lui à la Classe 5, chaque race ou variété de l'espèce bovine était indiquée par une teinte différente. Pour les races qui ont un centre d'élevage plus intense et plus perfectionné, M. de Lapparent avait délimité ce centre en fonçant davantage la teinte adoptée, puis il avait marqué, par des lignes parallèles tracées dans la même teinte, les contrées où ces centres envoient des reproducteurs. Dans certaines régions, telles que celles de l'Est, où il n'y a pas eu de programme bien déterminé pour l'amélioration du bétail, l'entrecroisement de lignes parallèles de différentes nuances indiquait à quelles diverses races amélioratrices on avait fait appel. Enfin, dans les régions où l'élevage a peu d'importance et où la population bovine se renouvelle en majeure partie par des importations constantes, ainsi que dans celles où cette population est composée de bœufs de travail importés, les lettres V (vaches) et B (bœufs), juxtaposées et teintées différemment, indiquaient la provenance de ces animaux.

Un essai de ce genre avait été précédemment tenté par M. Demôle, lauréat de la prime d'honneur de la Haute-Savoie, qui avait publié, en 1881, une carte intitulée « Berceau des races bovines de France », dans laquelle il déterminait l'habitat de 38 races. Mais cette carte paraissait à un moment où des modifications importantes se produisaient dans la répartition, ainsi que dans le développement ou la diminution des diverses races.

Les transformations économiques, qui se traduisaient par une grande extension des diverses industries laitières et par un notable accroissement de la consommation de la viande de boucherie, avaient pour conséquences : l'expansion des races ou variétés ayant des aptitudes spéciales et le refoulement de celles qui ne répondaient plus aux conditions nouvelles, ou leur transformation, soit par l'infusion d'un sang améliorateur, soit par la sélection.

C'est ce que M. de Lapparent a parfaitement mis en évidence dans son étude de zootechnie, jointe à la carte dont elle constituait le complément. De 1882 à 1892, l'augmentation du nombre des animaux de l'espèce bovine a dépassé 711,000 têtes. La science zootechnique, la sélection intelligemment pratiquée, une bonne alimentation réalisée par l'augmentation des prairies naturelles et artificielles, la facilité des transports par les chemins de fer ont permis aux éleveurs d'obtenir des animaux précoces dont le rendement en viande nette est plus considérable.

Une semblable évolution ne se fait pas sans de longs tâtonnements, sans variations sur les moyens à employer pour atteindre le résultat cherché. Cette évolution a paru actuellement assez avancée à M. de Lapparent pour entreprendre ses études de zootechnie et pour chercher à définir les types dont il y avait intérêt à multiplier la production, en précisant les caractères propres à chaque groupe.

Pour ses études de zootechnie, M. de Lapparent avait fait appel à la coopération d'un grand nombre de professeurs d'agriculture et d'éleveurs qui, avec les indications géographiques, lui avaient fourni des renseignements détaillés sur tout ce qui concerne les caractères de race, l'élevage, l'engraissement, la production laitière, etc. M. de Lapparent avait commencé son travail de répartition par le nord de la France, en descendant successivement vers le sud, afin de relier ensemble les différentes régions agricoles, et de faire comprendre le rôle que les systèmes de culture, le climat, les conditions économiques ont eu dans l'expansion ou le refoulement, la sélection ou le croisement, la localisation ou l'entremêlement des diverses races ou variétés de l'espèce bovine en France.

L'attention avec laquelle les professeurs de zootechnie et les agronomes étrangers ont suivi, sur la carte exposée, les phases de l'évolution étudiée par M. de Lapparent, montre tout l'intérêt de ses recherches sur notre population bovine, qui constitue une des principales richesses agricoles de la France. La médaille d'or, attribuée par le Jury de la Classe 5 à M. de Lapparent, a été la juste récompense de son travail.

Le Jury a attribué également une médaille d'or à M. Th. Schlœsing fils, professeur de chimie agricole et analyse chimique au Conservatoire des arts et métiers, qui avait présenté les résultats de ses savantes recherches. Dans la pavillon des Manufactures des tabacs de l'État, une salle lui avait été réservée; il y avait installé une série d'expériences de démonstrations, afin que le public pût se rendre compte des méthodes employées et des appareils imaginés pour ses principales études.

Parmi les travaux scientifiques présentés par M. Schlœsing, nous citerons les suivants qui donnent une idée de leur importance et de leur intérêt :

1° *Recherches sur la fixation de l'azote libre par les végétaux* : légumineuses, plantes de diverses familles, algues. Travaux entrepris en 1890-1892 avec le concours de M. E. Laurent.

2° *Recherches sur l'argon* : 1° dosages dans l'atmosphère (argon dans 100 volumes d'air); 2° l'argon et la végétation; 3° l'argon dans le grisou et autres milieux.

3° *Échanges d'acide carbonique et d'oxygène entre les plantes entières et l'atmosphère pendant une longue période de la végétation.* — On a pu conclure de ces expériences que les plantes contribuent, mieux encore qu'on ne le pensait, à maintenir constante la composition de notre atmosphère, que tend incessamment à troubler la décomposition des matières organiques. Il a été démontré, en même temps, qu'une notable partie de l'oxygène entrant dans la matière organique végétale ne provient ni de l'air, ni de l'eau, mais des sels minéraux oxygénés tirés du sol.

4° *Recherches concernant la décomposition de diverses matières végétales.* — 1° Combustions lentes : étude des deux combustions simultanées, l'une purement chimique, l'autre microbienne, qui s'accomplissent dans les matières végétales humides; 2° fermentation anaérobie; 3° influence du brassage dans les fermentations en milieux composés de particules solides. Cette influence a été mise en évidence pour le fumier, fermentant avec ou sans air, et pour le tabac (fermentation dite en cases). Chaque brassage a entraîné une recrudescence de la fermentation.

5° *Recherches sur l'atmosphère contenue dans les sols agricoles.* — Des appareils spéciaux ont permis de prélever des échantillons fidèles des gaz du sol à des profondeurs bien déterminées et de les analyser avec précision. Les résultats obtenus ont été les suivants : d'une manière générale, l'oxygène est largement répandu dans les sols agricoles (vérification des résultats de Boussingault et Léwy et de M. E. Risler) et même dans les sols qui ne sont jamais retournés.

Toutes choses égales, d'ailleurs, la proportion d'acide carbonique dans l'atmosphère des sols agricoles croît avec la température et par les temps calmes; elle varie avec la cote sur les terrains en pente. Elle croît, d'ordinaire, en un même point, avec la profondeur; mais le contraire s'observe nettement dans certaines circonstances et s'explique fort bien.

L'ensemble des résultats a conduit à cette notion que les nappes gazeuses répandues dans les sols agricoles y sont, non pas confinées et immobiles, mais susceptibles de se déplacer, tantôt dans un sens, tantôt dans un autre, sous l'influence des causes multiples qui produisent leurs variations de densité.

6° *L'acide phosphorique dans les eaux du sol et son utilisation par les plantes.* — L'acide phosphorique dissous dans les eaux qui imprègnent le sol, quoique s'y trouvant en très minimes proportions, n'est pas à négliger comme source de phosphore pour les végétaux. Il peut, en effet, s'y renouveler incessamment, à mesure que la végétation le consomme, en vertu d'équilibres qui tendent à maintenir constamment en dissolution une proportion donnée d'acide phosphorique dans l'eau imbibant un sol donné. Dès lors, on conçoit qu'il puisse, malgré son extrême rareté, à chaque instant intervenir utilement dans la végétation.

L'eau peut servir de véhicule à des aliments extrêmement peu solubles, réputés insolubles, des plantes; de ces aliments, elle ne transporte à la fois qu'une infime quantité; mais, étant incessant, le transport est capable de concourir très efficacement à la nutrition.

Librairie Colin (médaille d'argent). — Parmi les maisons d'édition qui ont contribué à vulgariser l'enseignement agricole depuis une dizaine d'années figure la librairie Colin, avec ses publications établies d'après les circulaires et les programmes officiels. Elle avait présenté les cours d'agriculture et d'horticulture établis en collaboration par MM. Raquet et Franc, professeurs départementaux d'agriculture, et M. Gassend, directeur de station agronomique; ces cours, qui comprennent l'année préparatoire, la première et la deuxième année, sont simples, clairs et conviennent à merveille pour l'instruction des enfants des écoles primaires. On trouvait également exposé un cours de M. Raquet à l'usage des écoles de filles intitulé *La première année de ménage rural;* c'est un livre appelé à rendre de réels services aux jeunes ménagères.

Le Jury a remarqué deux séries de livrets du plus haut intérêt qui sont connus sous le nom de *Collection Charles Dupuy*. La première série s'applique à l'année du certificat d'études, la deuxième à l'instruction populaire de l'école au régiment. Ces livrets embrassent l'ensemble des connaissances usuelles indispensables à l'homme et au citoyen. Ils traitent chacun un point spécial; illustrés de nombreuses figures, ils sont établis par questions et réponses et contiennent, en outre, un résumé. Nous avons examiné avec intérêt deux spécimens relatifs à l'agriculture : le livret de mécanique agricole et celui de botanique; ces petits fascicules ne se composant chacun que de cinquante pages environ sont très pratiques.

La deuxième série complète la première : l'une s'adresse à l'enfant qui est à l'école, l'autre s'applique à la période qui va de la sortie de l'école primaire à l'entrée au régiment. Les promoteurs du livret ont pensé, avec raison, que cette période ne devait pas rester sans instruction pour le paysan et qu'il fallait, pendant cette longue étape, que l'adolescent complète le bagage de l'enfant. On ne peut que les féliciter de cette conception si juste.

Ces livrets qui ont déjà rendu de si grands services ont été publiés sous la direction de M. Charles Dupuy, ancien président du Conseil des ministres et de la Chambre des députés, et ancien Ministre de l'instruction publique. C'est un bonheur pour l'enseignement qu'un homme tel que M. Charles Dupuy ait bien voulu se consacrer à cette œuvre si importante d'instruction populaire et qui est appelée à donner de féconds résultats.

La librairie Colin avait exposé des livres de lecture ayant pour but de développer le goût de l'agriculture. Nous citerons l'ouvrage intitulé « *Tu seras agriculteur* », de M. Marchand, chef de bureau au Ministère de l'agriculture. Ce livre, qui a obtenu le prix Montyon, est agréable à lire et vous donne vraiment le désir de devenir agriculteur.

Cet ensemble d'ouvrages était complété par un album agricole, publié sous la direction de M. Zolla, professeur à l'École de Grignon. Avec cet album où l'image vient toujours à l'appui de la description de l'objet, la méthode si profitable de l'enseignement par les yeux peut être appliquée à l'étude complète de l'agriculture dans toutes ses branches.

L'enseignement de l'apiculture était représenté à la Classe 5 par l'abbé Delaigues, directeur de l'Union apicole du Centre, auteur de nombreuses publications apicoles, qui avait exposé tout ce qui constitue le cadre de cet enseignement, théorique et pratique. — Cours d'apiculture. Indicateur apicole illustré. Notices et conférences sur le miel et ses usages multiples. Échantillons de miel. Ruche scolaire avec abeilles.

L'apiculture a bien perdu de son importance depuis que le miel n'est plus la seule substance sucrée en usage. Les remarquables travaux de l'abbé Delaigues tendent à lui rendre son antique renommée. L'abbé Delaigues avait exposé des échantillons excellents de miel et, à ce titre, il aurait mérité une récompense importante. Mais le Jury n'avait à apprécier les mérites des exposants qu'au point de vue de l'enseignement professionnel agricole, et il a dû se borner à lui accorder une médaille de bronze.

La Maison Bajac, de Liancourt, avait exposé dans une vitrine de la Classe 5 des maquettes représentant des champs minuscules sur lesquels paraissaient évoluer divers instruments aratoires en miniature. Ces petits outils, exécutés avec soin, étaient la reproduction exacte, à une échelle déterminée, des machines et des instruments fabriqués dans les ateliers de M. Bajac; tous les organes soit mécaniques, soit travaillants, étaient fidèlement reproduits, et on pouvait faire exécuter à ces spécimens réduits tous les mouvements des machines proprement dites.

Cette exposition constituait une leçon de choses; l'ensemble donnait une image complète du travail des champs. On fabrique, à Liancourt, tous les types d'instruments destinés au travail du sol, depuis la charrue légère pour un cheval jusqu'aux puissants appareils servant aux grands labours de défoncement et de déboisement par la traction mécanique.

Parmi les fabricants d'instruments aratoires qui ont prêté leur concours à l'enseignement agricole, nous avons encore à citer: M. Mourier-Sipeyre à Calvisson (Gard), mention honorable, pour sa collection de modèles scolaires de charrues réduites au 1/15, et M. Beltoise, à Saint-Denis-de-l'Hôtel (Loiret), auquel le Jury de la Classe 5 a attribué une médaille de bronze, pour ses charrues vigneronnes se transformant en houe, bineuse, herse et extirpateur. Il est à peine utile d'insister sur les avantages qu'offre pour les enfants et les jeunes gens ce mode d'enseignement par l'aspect. Les démonstrations, par la représentation exacte des objets, par la vue et le toucher, donnent des impressions précises, définitives.

Continuant l'œuvre de vulgarisation scientifique de M. Salleron, M. Dujardin, fabricant à Paris, avait exposé de nombreux instruments de précision, appliqués à l'étude des raisins, à la vinification, à l'œnologie des vins, à la recherche de leurs falsifications. Ces appareils simples, pratiques, accompagnés d'instructions rédigées de façon à être comprises aisément aussi bien des chimistes des stations agronomiques que des vignerons, ont été remarqués par le Jury de la Classe 5 qui a accordé à cette exposition une médaille d'argent. Nous citerons parmi ces instruments : le *sulfimètre Bouffard* pour l'application de l'acide sulfureux ou des sulfites à l'épreuve et au traitement des vins cassants; les *aréomètres Baumé*, divisés en degrés et en dixièmes de degré; le *gleuco-œnomètre* ou pèse-moût; le *mustimètre Salleron*, avec ses tables, pour déterminer la quantité de sucre contenu dans le moût du raisin; une *trousse densimétrique* portative, des *thermomètres* pour cuves de fermentation; un *acidimètre* portatif, etc.

M. Dujardin a publié une série d'ouvrages et des notices intéressantes sur l'essai commercial des vins et des vinaigres, l'analyse du cidre et l'essai des pommes, l'œnologie, le dosage officiel de l'alcool. Son dernier ouvrage, publié en 1900, a pour titre : *Recherches rétrospectives sur l'art de la distillation, sur l'alcool, l'alambic et l'alcoométrie.*

M. Pavette, inspecteur primaire à Senlis, a su trouver dans ses ouvrages de pédagogie pratique la manière d'intéresser les enfants des écoles primaires à l'enseignement agricole et de leur apprendre, en quelques leçons, les applications les plus communes des sciences à l'agriculture et à l'hygiène. M. Pavette, membre de la commission chargée de l'attribution des prix spéciaux pour l'enseignement de l'agriculture dans les écoles primaires publiques, s'occupe depuis trente ans de la vulgarisation de cet enseignement. Dans ses conférences pédagogiques aux instituteurs et aux institutrices, il a toujours insisté sur la nécessité de donner une instruction agricole à leurs élèves et d'apprendre les notions élémentaires d'économie domestique aux jeunes filles. Dans le département de l'Oise, il a contribué à la création de nombreux cours d'adultes et à l'organisation de conférences avec projections lumineuses. Par la médaille d'argent qui lui a été donnée, le Jury a tenu à reconnaître le zèle de cet infatigable pionnier de l'enseignement agricole élémentaire. Le principal ouvrage que M. Pavette a publié est un excellent petit livre de vulgarisation agricole intitulé : *Notions élémentaires de sciences avec leurs applications à l'agriculture.* M. G. Compayré, recteur de l'Académie de Lyon, avait honoré ce livre d'une introduction.

L'exposition de M. le professeur Zipcy était très intéressante au point de vue de l'enseignement piscicole et de la vulgarisation des procédés de pisciculture artificielle. M. Zipcy a obtenu une médaille d'argent pour son enseignement. — Objets et travaux exposés: tableaux de poissons indiquant pour chaque espèce les conditions d'existence, la reproduction, l'élevage, la culture; cartes de la France piscicole, carte du repeuplement des bassins de la Vienne et de la Vire; plans des établissements piscicoles de Chavaignac (Haute-Vienne), de Coigny (Manche) et de Pontivy dans le Morbihan.

M. Zipcy avait exposé, en plus, des tableaux d'insectes nuisibles et utiles, de maladies des plantes, d'engrais et d'amendements, des sols, des cultures, etc., destinés à l'enseignement agricole.

M. Lefèvre, qui avait exposé la carte agronomique de l'arrondissement de Meaux, a obtenu une médaille de bronze. Une récompense de même ordre a été également décernée à M. Vermorel pour son exposition qui comprenait des tableaux d'enseignement agricole et de maladies de la vigne.

MM. Ménard frères ont obtenu une mention honorable pour leurs quatre tableaux de collections de graines et engrais, un herbier agricole et deux ouvages élémentaires d'agriculture.

Pour leur exposition d'ouvrages concernant l'agriculture, M. Pagès a obtenu une médaille de bronze et M. Calmé (Théophile), une mention honorable.

DEUXIÈME PARTIE.

COLONIES FRANÇAISES ET PAYS DE PROTECTORAT.

ALGÉRIE.

L'histoire de la colonisation de l'Algérie, de sa mise en valeur après la conquête, est intimement liée au développement de l'agriculture algérienne. Après la bataille de l'Isly et malgré la lutte à soutenir contre Abd-el-Kader, le maréchal Bugeaud, gouverneur général, s'occupa activement de la colonisation agricole. Dans la seconde moitié du XIXe siècle, les colons français ont mené à bien l'œuvre de défrichement et d'amélioration agricole commencée par les terres du littoral et de la Kabylie.

La ténacité des *vieux Algériens* a fini par faire produire de magnifiques récoltes et des primeurs à un sol où l'insuffisance des pluies ne permettait aux indigènes de récolter que les céréales nécessaires à leur alimentation.

L'agriculture est soumise en Algérie à la même législation qu'en France. Des sociétés libres et des comices agricoles fonctionnent dans les trois départements.

Les chambres d'agriculture réclamées par les agriculteurs algériens ne peuvent tarder à être créées [1].

Des primes sont allouées aux communes pour encouragements aux travaux de reboisement, créations de pépinières, greffages d'oliviers, etc.

Une station agronomique fonctionne à Alger pour l'analyse du sol et des produits, indépendamment des champs de démonstration. L'Algérie a un inspecteur d'agriculture, et des chaires départementales d'agriculture existent à Alger, Oran et Constantine. Sidi-Bel-Abbès possède une chaire spéciale d'agriculture.

L'enseignement agricole est actuellement donné dans deux écoles spéciales : l'école pratique d'agriculture et de viticulture de Rouïba, dans le département d'Alger, et l'école pratique de viticulture et de culture maraîchère de Philippeville. Il existait encore il y a quelques années une importante bergerie à Moudjebeur, où l'on formait des bergers. Nous croyons utile de dire quelques mots de chacun de ces établissements, bien qu'ils n'aient pas exposé à la Classe 5.

L'Algérie avait fait une exposition complète de tous ses produits dans la série de Pavillons qu'elle avait installés au Trocadéro. Les écoles spéciales d'agriculture n'avaient pas envoyé de spécimens de leurs travaux, et le Jury s'est trouvé seulement en présence de l'école de Sidi-bel-Abbès, qui consistait en un musée agricole très bien présenté.

[1] Cette création a été réalisée par M. Revoil, gouverneur général, en 1902, à l'aide d'un décret, par extension anticipée à l'Algérie d'un projet de loi déposé le 20 décembre 1900, à la Chambre des députés, par M. Jean Dupuy, en vue de l'institution des Chambres d'agriculture dans la métropole.

ÉTABLISSEMENTS D'ENSEIGNEMENT AGRICOLE.

École pratique d'agriculture et de viticulture de Rouïba. — Cette école, fondée depuis 1882, présente une particularité au point de vue de la pratique agricole qui doit être signalée. Sur les 225 hectares du domaine, 30 hectares de terres arables, 2 hectares de vigne et 2 hectares de jardin sont exploités par les élèves avec l'aide de quelques journaliers, sous la direction immédiate des chefs de pratique.

Les bâtiments de l'école de Rouïba sont vastes et bien agencés; on y trouve un laboratoire de physique et de chimie et une petite station météorologique, correspondant avec le service météorologique d'Alger. Les bâtiments d'exploitation comprennent une immense cave qui peut contenir près de 6.000 hectolitres de vin, une forge, un atelier de charronnage et de menuiserie.

L'école a toujours été dirigée depuis sa fondation par le propriétaire du domaine, M. Decaillet, et par ses fils. Ils ont créé à Rouïba un champ d'expérimentation et de démonstration pour l'étude des plantes nouvelles et les essais d'engrais, ainsi qu'un petit jardin botanique. L'enseignement donné à Rouïba a une durée de trois ans.

Plusieurs élèves diplômés ont complété leurs études dans les écoles nationales d'agriculture de la métropole avant de se mettre à la tête d'exploitations en Algérie.

École pratique de viticulture et de culture maraîchère de Philippeville. — L'établissement a été installé dans les propriétés de Mme Vve Jeannot et de M. Piollenc, dont l'acquisition avait été faite dans ce but par le département de Constantine, au cours de l'année 1899. Ces propriétés ont une superficie de 173 hectares environ.

L'organisation et le fonctionnement de l'école furent réglés par un arrêté en date du 5 avril 1900.

Le but de l'École est de former des chefs de culture et de donner une bonne instruction professionnelle aux fils de cultivateurs, propriétaires et fermiers, à tous les jeunes gens qui se destinent à la carrière agricole.

Le programme des études, tout en étant conforme à celui qui est suivi dans les écoles d'agriculture, a été adapté à la région de Philippeville et au double but visé, à la reconstitution du vignoble par le plant américain et au développement de la culture maraîchère. La durée des études est de trois ans.

L'enseignement est à la fois théorique et pratique.

L'enseignement théorique comprend des cours d'agriculture, de physique et de chimie, de sciences naturelles et d'horticulture, de français et de mathématiques; des exercices militaires.

L'enseignement pratique comprend l'exécution de tous les travaux de l'exploitation agricole, du jardin, de la laiterie, de la vendange et des industries annexes. Il est complété au moyen de promenades et visites aux marchés et aux meilleures exploitations du pays.

Le personnel administratif et enseignant est composé du directeur, de trois professeurs, d'un instituteur, d'un chef de pratique agricole et d'un jardinier chef de pratique horticole

Les élèves sont reçus après un examen. Les candidats doivent avoir 13 ans au moins et 18 au plus dans l'année de leur admission.

L'école reçoit des élèves internes, des demi-pensionnaires et des externes. Le prix de la pension est de 400 francs par an, celui de la demi-pension de 250 francs. Les externes payent 50 francs par an.

Bergerie de Moudjebeur. — Le Ministère de l'agriculture avait créé, par décision du 24 septembre 1880, une bergerie à Moudjebeur, dans le département d'Alger, à laquelle était annexée une école ayant pour but de former des bergers expérimentés. L'enseignement comprenait toutes les opérations relatives à la conduite et à la reproduction des troupeaux de bêtes à laine; on admettait des élèves européens et indigènes.

La bergerie de Moudjebeur ayant donné des résultats insuffisants a été supprimée par arrêté du 28 octobre 1892.

*
* *

L'agriculture est encore enseignée, en Algérie, dans des établissements d'instruction de différentes catégories, sous la forme de cours spéciaux; quelques écoles ont même des sections agricoles indépendantes.

Dans l'enseignement supérieur, l'École des sciences d'Alger donne des cours publics de botanique agricole et de chimie agricole.

Dans l'enseignement secondaire, les lycées, collèges et institutions libres préparent aux écoles vétérinaires et aux Écoles d'agriculture.

Dans l'enseignement primaire supérieur, des sections agricoles existent à Constantine et à Sidi-Bel-Abbès. Cette dernière école, la seule qui ait exposé à la Classe 5, a été récompensée par le Jury.

École de Sidi-Bel-Abbès. [Médaille d'argent. — Collaborateur : M. Isman, médaille de bronze.]

La situation de l'école de Sidi-bel-Abbès est excellente au point de vue de l'enseignement et du recrutement des élèves pour lesquels les parents ne demandent pas un enseignement trop technique, mais seulement la connaissance des notions essentielles à l'industrie agricole.

La région de Bel-Abbès est le pays de la culture des céréales, le grand centre de la production des blés algériens. En dehors des céréales et de la vigne, l'élevage du bétail, la culture de l'olivier, les arbres fruitiers et l'industrie de l'alfa sont les principales ressources de la région, où l'on trouve encore l'oranger, le palmier-dattier et le figuier.

L'enseignement de l'école, à la fois théorique et pratique, répond bien à son but. Un professeur spécial d'agriculture, rétribué par l'État, et un chef de travaux pratiques, rétribué par le département et la commune, donnent aux élèves dont les parents en font la demande un enseignement approprié à l'agriculture algérienne. Un champ de démonstration, où les élèves exécutent eux-mêmes les travaux pratiques, est annexé à l'école primaire supérieure de Sidi-bel-Abbès.

Considérations générales.

Ainsi que nous l'avons fait remarquer ci-dessus, l'organisation des services de l'agriculture en Algérie est analogue à celle de la métropole. Il en est de même pour l'enseignement spécial de l'agriculture. Le Gouverneur général tend à créer des écoles pratiques dans chaque département. Jusqu'à présent, les écoles d'ordre supérieur n'ont pas paru indispensables, beaucoup d'élèves allant compléter leurs études dans la métropole; toutefois il est question d'organiser un enseignement supérieur agricole à l'École des sciences d'Alger[1].

En attendant que les écoles spéciales d'agriculture puissent être créées en nombre suffisant et en même temps pour diffuser l'enseignement agricole et donner le goût de l'agriculture aux fils de colons, l'Algérie a développé les cours spéciaux dans les écoles d'enseignement général et les sections spéciales dans les écoles primaires. C'est ainsi que nous avons eu à signaler l'école de Sidi-bel-Abbès récompensée par le Jury.

Cette organisation économique a donné de si bons résultats pour la préparation des jeunes gens aux travaux agricoles qu'on se propose de créer à l'école de Boufarik une section agricole analogue à celle de Sidi-bel-Abbès. En Algérie, plus encore peut-être que dans la métropole, il est nécessaire de rechercher et d'employer les moyens d'attacher les jeunes gens à la carrière agricole, surtout ceux qui sont acclimatés dans le pays.

Les préfets des départements algériens ont adressé en 1899 une circulaire aux

[1] Il vient d'être créé à l'École des sciences d'Alger un enseignement agronomique appliqué à l'Algérie. Son but est de donner aux étudiants une instruction supérieure préparant, d'une façon générale, à la profession d'*agriculteur en Algérie*. Cette création a été approuvée par le Ministre de l'instruction publique qui a institué un diplôme spécial pour la section agricole.

Cet enseignement comporte deux années d'études. La première année comprend l'étude générale des sciences utiles à l'agriculture; la deuxième année est tout entière consacrée aux applications agricoles : étude des plantes cultivées en Algérie, chimie du sol et des engrais, vinifications diverses, élevage algérien. — Cet enseignement est complété par des cours de géologie, d'hydrologie, de météorologie agricole, d'hydraulique et de mécanique agricole; par des exercices pratiques dans tous les laboratoires et par des visites dans les fermes, au Jardin d'essai, à l'Institut Pasteur, à la Station d'expériences de Rouïba.

Aucun grade ni diplôme n'est exigé pour être admis à suivre les cours.

Après un examen où il est tenu compte des notes obtenues pendant la scolarité, il est délivré aux étudiants un *certificat d'études appliquées aux industries agricoles d'Algérie*.

L'école a organisé un office agricole qui fournit gratuitement aux colons, par correspondance, les renseignements sur les questions suivantes : maladies des plantes cultivées en Algérie; engrais, vinification et maladies des vins; animaux nuisibles aux plantes et au bétail; nature des terrains, recherches des nappes aquifères.

A propos de cet enseignement donné par une école de sciences relevant du Ministère de l'instruction publique et pour lequel un diplôme spécial est prévu, il nous paraît qu'il y a lieu de faire des réserves au point de vue des résultats. Nous renvoyons aux passages dans lesquels nous avons examiné cette question. (Voir p. 55.)

maires des communes pour inviter l'administration municipale à mettre à la disposition des instituteurs et des élèves un champ de démonstration ou d'expériences destiné à compléter l'enseignement théorique agricole par de véritables leçons de choses.

« Dans la colonie même surgiraient ainsi les éléments nécessaires au développement de la colonisation, écrivait M. de Galland, délégué commercial du département d'Alger à l'Exposition universelle. Parmi ces jeunes gens, on trouverait de solides colons, habitués au climat, initiés à des procédés spéciaux de culture et d'élevage. Autour d'eux, viendraient se grouper les émigrants venus de France, sûrs de trouver dans cette pépinière des aides actifs et des collaborateurs éclairés. »

L'Administration ne se désintéresse pas non plus de la question de l'enseignement agricole élémentaire aux indigènes.

Voici un extrait du plan d'études et des programmes de l'enseignement primaire des indigènes en Algérie :

« Mettre l'indigène en état d'améliorer sa situation matérielle par une culture plus intelligente de son jardin et de sa terre. Le maître n'enseigne pas pour que les élèves sachent, mais pour qu'ils fassent, et c'est dans les jardins et les champs des indigènes que se constateront les résultats de ses leçons.

« Tout pour la pratique, tout par la pratique, voilà le principe de la méthode. Le maître n'émet aucune affirmation qu'il n'appuie d'une expérience ou d'une constatation. Le jardin de l'école, le champ de démonstration, les excursions agricoles, tout doit lui fournir matière à dire : Voyez et imitez.

« Les élèves doivent travailler fréquemment au jardin ; chaque notion d'un caractère théorique doit se matérialiser dans un fait. »

MADAGASCAR.

HISTORIQUE ET CONSIDÉRATIONS GÉNÉRALES.

Madagascar possède sous une même latitude trois climats différents qui constituent trois grandes zones de productions végétales : les plateaux, les côtes et une région intermédiaire. Cette situation permet de pratiquer les riches cultures des pays tropicaux et presque toutes celles de nos climats tempérés.

Quand le général Galliéni prit en mains l'administration de la grande île, l'organisation de l'agriculture fut une de ses principales préoccupations.

Il divisa le pays en trois circonscriptions agricoles qui correspondaient aux différents climats : le centre, l'est et l'ouest. Dans chacune de ces circonscriptions des stations agronomiques furent créées, avec un service de cession de graines et de plants aux particuliers. Voici les stations qui existent actuellement :

1° Circonscription agricole du centre :

Station de *Nanisana*, créée par arrêté du 12 février 1897, située à 3 kilomètres au nord de Tananarive;

Station d'*Ihakamisy*, créée par arrêté du 8 février 1901.

A cette station est adjointe une ferme hippique.

2° Circonscription de l'est :

Station d'essais de l'*Ivoloina*, créée par arrêté du 11 décembre 1897;

Cocoterie de *Vohidrotra*, créée par arrêté du 21 décembre 1900;

Pépinière agricole de *Mananjary*, créée par arrêté du 21 avril 1899 et réorganisée le 6 septembre 1901;

Station d'essais de *Nahimpoana*, près Fort-Dauphin, créée par arrêté du 21 avril 1899.

3° Circonscription de l'ouest :

(Cette circonscription n'est pas encore organisée.)

A Madagascar, l'enseignement était exclusivement entre les mains des missions protestantes et catholiques. Elles s'en servaient comme de leur principal moyen de propagande.

Le général Galliéni se servit de ces auxiliaires de la conquête et il s'attacha d'abord à encourager, par l'enseignement, la diffusion de la langue et des idées françaises. Une des premières mesures prises à cet effet fut de prescrire que dans toute école, quelle que fût la nationalité des professeurs, la moitié du temps serait consacrée à l'enseignement du français (circulaires des 5 octobre et 21 novembre 1896). Un arrêté du 18 janvier 1897 rendit, en outre, la connaissance du français obligatoire pour tout fonctionnaire ou candidat à un emploi public. Des facilités furent en même temps données aux missions françaises, protestantes aussi bien que catholiques, pour leur permettre d'étendre leur rayon d'action. En 1897, le sud de l'île, érigé en vicariat apostolique distinct, fut attribué aux pères Lazaristes qui y installèrent quelques écoles. Dans la partie septentrionale, la création du vicariat apostolique de Madagascar-Nord fit passer entre les mains des pères du Saint-Esprit l'évangélisation et l'enseignement congréganiste de ces régions.

Dans les Sociétés protestantes une heureuse transformation est en voie de se produire par la substitution progressive de la mission protestante française, branche de la Société des missions évangéliques, à la Société des missions de Londres. Le personnel de l'enseignement libre tend de plus en plus à se franciser.

Là ne s'arrêta pas l'activité du général Galliéni dans cette question spéciale de l'enseignement; il voulut l'organiser d'une façon plus rationnelle et créer des écoles officielles, un enseignement purement laïque. Le premier de ces établissements fut l'école *Le Myre de Villers* installée dans l'ancien palais de la reine et qui débuta, en 1897, avec une centaine d'élèves; elle en compte aujourd'hui plus de cinq cents. D'autres créations suivirent et aboutirent à l'organisation actuelle que nous allons résumer dans ses lignes générales.

L'ensemble de l'enseignement comprend des écoles de deux sortes : écoles officielles et écoles privées.

Les écoles officielles sont divisées en 3 catégories : écoles supérieures, écoles régionales d'apprentissage, écoles primaires rurales.

1° Les écoles supérieures sont :

L'école Le Myre de Villers, à Tananarive;

L'école François de Mahy, à Fianarantsoa, école qui possède une section agricole;

L'école professionnelle de Tananarive.

2° Les écoles régionales d'apprentissage sont presque toutes en voie de création. Il convient de citer néanmoins l'école régionale d'Antsirabe, créée en janvier 1902, dont la section agricole prévue n'est pas encore fondée. Cette section comprendra un jardin d'essais, une ferme, une laiterie, une fromagerie. Les écoles régionales de Mahanaro et d'Analalava comprendront des sections agricoles.

3° Les écoles primaires rurales sont au nombre de près de 300.

L'enseignement officiel comprend encore pour les enfants d'origine européenne ou assimilés : à Tananarive, une école laïque de garçons et une de filles; à Tamatave, une école laïque de garçons; à Antsirana, une école laïque primaire de garçons.

L'enseignement privé, dirigé par les missions religieuses, comprend beaucoup d'écoles et un grand nombre d'élèves. Les écoles sont placées sous l'inspection des autorités scolaires et administratives. On les divise en trois catégories :

1° Écoles avec atelier et jardin d'essais donnant, outre le français, un enseignement industriel, agricole et commercial;

2° Écoles donnant seulement un enseignement agricole et commercial;

3° Écoles n'enseignant que le français.

Des avantages sont accordés aux élèves qui suivent ces divers enseignements. Ceux qui fréquentent les écoles de la 1re catégorie sont dispensés du service militaire; pour ceux de la 2e catégorie, ils sont dispensés des corvées de *fokon'olona* ou d'intérêt local. De plus, l'État prend à sa charge une partie des traitements des professeurs enseignant dans les écoles de 1re et 2e catégorie.

Établissements de la Mission catholique des Frères de Tananarive. (Médaille de bronze.) — En 1900, à la Classe 5, un seul établissement avait participé à l'Exposition, celui de la Mission catholique des Frères de Tananarive. Cet établissement avait exposé dans le Pavillon de Madagascar; il obtint une médaille de bronze pour son exposition qui comprenait des dessins linéaires à main levée et des cartes géographiques et topographiques.

TONKIN.

HISTORIQUE ET CONSIDÉRATIONS GÉNÉRALES.

Par la nature et la disposition de son sol, par la diversité des climats, ainsi que par l'abondance des cours d'eau, l'Indo-Chine française est un des pays agricoles les plus riches du monde au point de vue de la variété des caractères dans les espèces végétales et animales. La flore comprend même la plupart des plantes de l'Algérie et de l'Europe méridionale; la faune, particulièrement la faune sauvage, n'est pas moins riche par la diversité des genres.

Au Tonkin et en Annam, la forme dominante de l'exploitation européenne est la grande concession. Il y a peu de petites propriétés. Le mode de tenure des terres le plus favorable à l'Européen, qui ne peut se livrer personnellement au travail de la terre, vivre comme l'indigène les pieds dans l'eau et dans la vase des rizières, est le métayage. La main-d'œuvre est parfois difficile à trouver, les indigènes des districts surpeuplés des deltas éprouvant une certaine répugnance à abandonner leur village pour aller travailler dans les régions moyennes de l'Annam et du Tonkin. Mais la construction des voies ferrées, qui favorise le courant d'immigration asiatique, et les progrès réalisés par l'enseignement franco-annamite permettront aux Européens de trouver plus facilement des auxiliaires, des travailleurs indigènes.

Dès son arrivée au Tonkin, en 1886, Paul Bert se préoccupa de l'enseignement public et voulut lui donner toute l'importance d'une institution d'État. L'enseignement chinois, qui est l'enseignement du pays depuis les origines de la nation annamite, constitue la base fondamentale du système sociologique et gouvernemental du pays. Chaque village possédant au moins une école, on peut évaluer dans l'Annam et le Tonkin le nombre des écoles de Chinois à 20,000[1]. Paul Bert ne heurta pas une civilisation et des coutumes séculaires, il résolut de procéder par une infiltration lente et continue de conseils et de pensées, d'agir par une sorte de suggestion incessante. Ce qu'il avait en vue, ce n'était pas l'assimilation, la *francisation* des Annamites; cette pensée eût été en contradiction avec ses principes scientifiques. Il voulait seulement l'évolution rationnelle de leur mentalité, l'amélioration de leurs qualités natives et la culture de leurs aptitudes par une éducation appropriée. Il prépara tout un ensemble de mesures en vue d'obtenir ce résultat, créa une inspection de l'enseignement franco-annamite et chargea le titulaire de cette fonction de l'organisation des écoles et des cours. D'accord avec le roi d'Annam, il décida de créer à Hué un collège spécial pour l'enseignement du français aux enfants de la famille royale et à ceux des mandarins de

[1] *L'Enseignement franco-annamite*, par M. Dumoutier, directeur de l'enseignement du Protectorat.

IMPRIMERIE NATIONALE.

la cour. Deux mois après, il instituait à Hanoï, sous le nom d'*Académie tonkinoise*, un corps savant, destiné à réunir, dans une action commune, quarante des principaux lettrés du pays et dix Français. Afin de préparer la diffusion du système de romanisation de l'écriture annamite sans créer pour cela d'établissements spéciaux, on réunit dans un cours, à Hanoï, les maîtres d'école indigènes de la capitale, auxquels se joignirent bientôt ceux des environs.

La mort de Paul Bert et les événements administratifs et militaires qui suivirent amenèrent un temps d'arrêt assez long dans le développement de l'enseignement français; un certain nombre des conceptions premières furent abandonnées, entre autres l'Académie tonkinoise et le Collège royal de Hué. Les diverses écoles confessionnelles des Pères des Missions étrangères et le séminaire, fondés avant la domination française, continuèrent à apprendre aux indigènes catholiques à lire et à écrire la langue annamite en caractères latins.

Pendant l'année 1886, on avait aussi créé, à Hanoï, des écoles mixtes, recevant des enfants français et des métis, puis cinq écoles de français dans les provinces les plus importantes du Delta et des cours de couture pour les jeunes filles annamites à Haïphong, Hanoï et Nam-Dinh. Les Missions étrangères instituèrent à Hanoï une école franco-annamite, et les Sœurs de Saint-Paul de Chartres un orphelinat à Haïphong. En 1887 et 1888, on ouvrit de nouvelles écoles, à Mông-Phu, près de Son-Tay; à Thanh-Ba et Tuan-Quan, sur le haut fleuve Rouge.

Les écoles du Protectorat obtinrent à l'Exposition universelle de 1889, du Jury de l'enseignement primaire colonial, des récompenses qui leur furent de précieux encouragements. Bien que la somme inscrite au budget du Tonkin fût restée la même, la langue française se propagea rapidement dans le pays. Les commandants de cercles dans les territoires militaires contribuèrent à l'organisation de cours et d'écoles jusque sur les frontières de la Chine. Ces écoles sont fréquentées par les enfants des peuplades primitives qui habitent les montagnes : les Tho, les Man, les Thaï, les Cao-Lan. Un indigène sert d'interprète et la leçon est faite par un soldat. Les principales de ces écoles sont celles de Lao-Kay, Cao-Bang, Yen-Bay, Bao-Lac, Lang-Son, Mon-Cay, Na-Cham, Dong-Dang, That-Klé.

M. Doumer prit, en 1897, tout un ensemble de mesures en vue de perfectionner, sous l'influence d'un enseignement français, les arts industriels annamites. Il créa, à Hanoï, une exposition annuelle des arts indigènes et organisa une école de dessin, qui fut placée sous le patronage de la Chambre de commerce. Cette école a pour but l'éducation du sens esthétique national en vue de perfectionner le travail indigène.

Par les arrêtés des 6 et 7 juin 1898, le Gouverneur général décida que la connaissance de la langue française serait inscrite au programme du concours triennal pour les grades universitaires annamites. Les mandarins seront choisis de préférence parmi les bacheliers et les licenciés ayant subi avec succès les épreuves prescrites sur la langue française et sur la transcription latine de l'annamite. A partir de 1903, ces connaissances seront obligatoires pour l'accès aux emplois publics. Cette dernière mesure est la plus importante qui, en matière d'enseignement français, ait été prise au Tonkin depuis l'origine de notre intervention.

Les études confucianiques officielles réunissent un nombre considérable d'étudiants qui, tous, ont en vue les emplois publics ou tout au moins l'obtention d'un grade universitaire. Les seuls examens de Nam-Dinh reçoivent parfois, aux épreuves éliminatoires, 10,000 candidats; or, pour un qui se présente, trois au moins se sont préparés, et puisque cette préparation exige l'étude de la langue française, on peut dire qu'en y comprenant l'Annam l'arrêté de M. Doumer a suscité d'emblée dans le pays annamite, sans frais pour le budget, 40,000 étudiants de français et assuré la propagation de notre langue dans les classes supérieures de la nation.

La diffusion, dans les classes inférieures, se fait progressivement. Au début, les élèves des écoles de français n'avaient en vue qu'une place d'interprète dans l'administration, à la fin de leurs études; mais le développement agricole, industriel et commercial de la colonie a ouvert de nombreux débouchés aux indigènes parlant le français. Les grandes administrations, les services publics nécessitent un personnel indigène nombreux qui sort des écoles du Tonkin : Résidences, tribunaux, travaux publics, postes et télégraphes, douanes et régie, agriculture, enseignement public, services administratifs, bureaux et postes militaires. Les écoles du Tonkin ont en outre fourni des commis et des ouvriers aux maisons de commerce, aux entreprises industrielles, aux exploitations agricoles.

Une école primaire française est ouverte à Phu-Lang-Thuong, tête de ligne du chemin de fer du Delta à la frontière de Chine. L'enseignement français va pénétrer ainsi jusqu'à la région voisine du Laos. Les chefs des populations Thaï, de la haute rivière Noire, ont envoyé leurs enfants à Hanoï pour les y faire instruire.

A côté des écoles publiques ou privées, il y a lieu de mentionner les institutions suivantes, créées par M. Doumer, qui peuvent être considérées comme des établissements d'enseignement supérieur : l'Institut bactériologique de Nha-Trang, les laboratoires de chimie organique et d'analyses du service de santé, le jardin botanique et les champs d'essais agricoles de la Direction de l'agriculture, les établissements zootechniques de Hanoï et l'observatoire météorologique et magnétique de Phu-Lien.

Société d'encouragement mutuel du Tonkin. (Médaille d'argent.) — Le Tonkin paraît être le pays par excellence de l'enseignement mutuel; chaque élève des premières divisions s'institue aisément répétiteur dans sa famille ou dans son quartier et enseigne à d'autres ce qu'il a pu apprendre à l'école. Les élèves du Collège des interprètes jouissent à Hanoï d'une renommée particulière et donnent à d'autres élèves des répétitions dont le produit vient grossir leur petite allocation de boursiers et les aide à vivre pendant la durée de leurs études.

En 1892, sur l'initiative d'un professeur français du Collège des interprètes de Hanoï, les employés indigènes des diverses administrations se réunirent et fondèrent une association amicale des anciens élèves des écoles françaises. Chaque soir, ils se réunissaient dans un local loué en commun, et là, sous la direction du professeur, leur président, ils se livraient à des études complémentaires en vue d'accroître leur instruction. Ils fondèrent une bibliothèque, et chacun apporta à l'œuvre commune l'appoint des connaissances particulières qu'il avait pu acquérir dans le milieu spécial où il était employé. Un comité de patronage, formé de notabilités administratives, donna une forme définitive à la Société d'enseignement et l'encouragea par des subsides; le Gouvernement lui accorda aussi des subventions qui lui permirent de créer des écoles du soir à Hanoï et dans les sections provinciales.

Cette Société d'enseignement mutuel est aujourd'hui un actif instrument de diffusion de la langue française au Tonkin et des différentes branches de l'enseignement. Les travaux scolaires exposés par les élèves, qui consistaient dans le groupement méthodique de graines et d'échantillons de divers produits agricoles, lui ont valu l'attribution d'une médaille d'argent par le Jury de la Classe 5 à l'Exposition. Si l'enseignement donné dans ces écoles n'a encore rien de spécialement agricole, il comporte néanmoins la connaissance des principales notions de l'agriculture.

Le Comité tonkinois de l'Alliance française possède également à Hanoï une école du soir, deux écoles à Nha-Ba-Tha et Van-Yen et une quatrième dans la ville chinoise de Tong-Hinh.

TUNISIE.

La Tunisie possède près de Tunis une grande école coloniale d'agriculture à laquelle sont annexés une ferme expérimentale et un jardin d'essais. C'est la seule école spéciale officielle d'enseignement agricole qui existe dans ce pays. Elle est située dans le jardin d'essais qui couvre près de 50 hectares; elle a comme annexes des stations agronomique, météorologique et viticole, ainsi qu'une huilerie d'essai qui servent à l'enseignement pratique des élèves.

Il faut signaler l'Institut Pasteur de Tunis dépendant de la Direction de l'agriculture et du commerce qui, en dehors de ses recherches bactériologiques et des préparations des sérums et vaccins, donne un précieux concours aux services de cette direction; il contribue, en effet, à l'enseignement de l'école d'agriculture, procède aux analyses des vins, fournit des levures pendant les vendanges et donne de précieuses indications aux viticulteurs sur la vinification.

L'agriculture fait l'objet de l'attention des professeurs dans les établissements scolaires; ces derniers sont en assez grand nombre, car on comptait, en 1900, 135 établissements d'enseignement comprenant les écoles primaires, les pensionnats, collèges et lycée. Dans les écoles primaires le maître donne des notions d'agriculture pratique; le plus souvent à l'école est annexé un jardin où les élèves peuvent mettre en pratique les leçons qui leur sont données. Dans les collèges, les jeunes gens sont exercés aux travaux manuels, principalement à ceux du jardinage, et sont encouragés à chercher dans l'agriculture l'emploi de leurs connaissances.

L'École coloniale d'agriculture de Tunis, la ferme expérimentale et l'Institut Pasteur avaient groupé leurs expositions dans l'un des élégants pavillons construits au Trocadéro dans la section tunisienne. Ces expositions, bien présentées, étaient très complètes et comprenaient des gerbes ornementales, des spécimens des produits du sol, des tableaux, des photographies, des travaux d'élèves.

L'enseignement en Tunisie a reçu comme récompenses : 1 médaille d'or et 2 médailles d'argent.

École coloniale d'agriculture de Tunis et ferme expérimentale.

(Médaille d'or.)

L'École coloniale d'agriculture est installée à moins de 2 kilomètres de la ville, sur la route de Tunis à l'Ariana; elle est reliée au centre de la ville par un tramway.

Elle a été fondée en 1898 par M. J. Dybowski, alors directeur de l'agriculture et du commerce, qui a pris la précaution de l'installer dans le jardin d'essais auquel fait suite la ferme d'expériences; autour de l'École se groupent divers établissements tels que station agronomique, station météorologique, huilerie d'essai, station viticole, qui, en même temps qu'ils fournissent les données précises sur les conditions de l'agriculture dans l'Afrique du Nord, forment des champs d'expériences où les élèves de l'École apprennent les notions qu'ils mettront plus tard en œuvre dans leurs exploitations.

Le jardin d'essais de Tunis, créé en 1892, produit chaque année de très nombreuses plantes qu'il met à la disposition des colons à des prix très faibles. Il renferme les collections botaniques les plus variées. Les principaux arbres fruitiers, forestiers ou d'ornement des pays tempérés et des pays chauds y sont l'objet d'une étude attentive dans le but de déterminer les meilleures variétés à propager. De nombreuses recherches y sont entreprises sur les plantes dont l'introduction dans les colonies peut présenter des avantages, suivant la méthode adoptée par les Hollandais dans le célèbre jardin d'essai de Buitenzorg, près de Batavia.

Fig. 251. — Vue générale de l'École coloniale d'agriculture de Tunis.

La culture maraîchère et la floriculture sont étudiées en vue de déterminer les meilleures variétés à cultiver, soit pour la production des primeurs, soit pour la consommation locale. Des serres à multiplication et des serres à forcer sont annexées au jardin.

La ferme d'expériences comprend une vacherie, une bergerie, une porcherie. Un rucher existe également auprès de la ferme.

Des expériences sur la sélection des races animales du pays, sur leur croisement avec des races étrangères, sur l'alimentation des animaux domestiques y sont entreprises. On y cultive les plantes fourragères les plus variées; celles qui peuvent fournir une nourriture verte pendant l'été sont l'objet de recherches spéciales. De nombreux essais de culture de céréales et de plantes diverses sont exécutés en vue de montrer la valeur des variétés, l'influence des divers écartements, celle des binages répétés et celle du mélange des variétés sur les rendements.

Les champs d'expériences de la station agronomique, voisins de ceux de la ferme, comprennent des collections importantes des principales variétés de céréales indigènes et exotiques les plus recommandables. La culture de diverses plantes industrielles : canaigre, tabac, etc., y est étudiée.

Une station viticole en voie de création comprendra, en même temps que la plantation d'une collection de cépages aussi complète que possible, la culture sur une surface de plusieurs hectares des cépages présentant le plus d'intérêt pour les viticulteurs tunisiens.

La Direction de l'agriculture et du commerce (service de la Ghaba), chargée de l'administration et de la surveillance de la presque totalité des forêts d'oliviers du nord de la Régence, gère en cette qualité, près de l'école, de vastes olivettes où les élèves sont initiés pratiquement à la culture de l'olivier.

Enseignement. — L'École coloniale d'agriculture de Tunis a pour but de donner à ses élèves les connaissances théoriques et pratiques nécessaires pour leur permettre de se livrer, soit pour leur propre compte, soit pour le compte d'autrui, à la culture raisonnée du sol dans les colonies et plus spécialement en Tunisie et en Algérie.

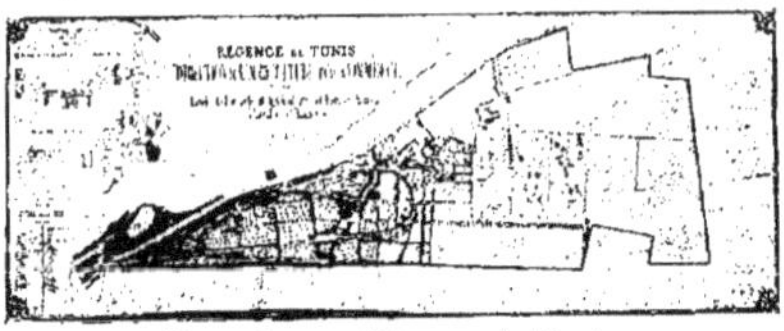

L'enseignement est à la fois théorique et pratique.

Fig. 252. — Régence de Tunis.
(École coloniale d'agriculture de Tunis et ferme annexe. Jardin d'essais.)

Enseignement théorique. — A une époque où l'agriculture est une science dont les découvertes modifient sans cesse les conditions économiques de la production et de la richesse publique, le côté théorique doit avoir un large développement.

L'enseignement théorique est donné dans des cours réguliers et des conférences. Les professeurs insistent sur l'application de leurs leçons aux conditions spéciales de la Tunisie et des colonies françaises. Leur enseignement comprend :

1° La revision des sciences dont la connaissance générale est exigée pour l'admission à l'école : mathémathiques, chimie générale, physique, histoire naturelle, en insistant surtout sur les questions qui intéressent spécialement l'agriculture;

2° L'étude approfondie de toutes les branches de la science agricole : agriculture (agriculture générale, cultures spéciales de l'Afrique du Nord, etc.); viticulture; culture de l'olivier, du caroubier, etc.; sylviculture (essences de l'Afrique du Nord, fixation des dunes); arboriculture fruitière et culture potagère; cultures coloniales (coton, riz, canne à sucre, dattier, bananier, indigotier, etc., notions générales sur les diverses cultures des colonies intertropicales); botanique (revision de la botanique générale, botanique descriptive); économie rurale; droit rural (droit usuel immobilier, particularités de la législation tunisienne, constitution de la propriété aux colonies); zootechnie (procédés d'élevage, d'exploitation et d'amélioration appliqués spécialement aux populations animales locales, notions sur la production animale aux colonies); hippologie et hygiène vétérinaire (équidés du nord de l'Afrique, camélidés, etc.): pêches maritimes; génie rural (machines agricoles, constructions rurales); hydraulique agricole (aménagement des eaux dans l'Afrique du Nord, irrigations, dessalage des terres); chimie agricole, technologie agricole (œnologie, huilerie, essences, etc.); météorologie agricole; géologie; hygiène coloniale; bactériologie agricole; pathologie végétale (maladies de la vigne, de l'olivier, de l'oranger, du dattier, etc.); dessin, arpentage et nivellement; comptabilité agricole;

3° Étude de l'arabe parlé.

En zootechnie, le professeur insiste spécialement sur les notions d'hygiène du bétail, la détermination de l'âge, les principes de sélection des reproducteurs, les lois de la gymnastique fonctionnelle et la description des races tunisiennes.

Fig. 253. — École d'agriculture de Tunis. (Une serre du jardin d'essais.)

En botanique, le professeur donne la description détaillée des végétaux de l'Afrique du Nord, des climats locaux qui conviennent à chacun d'eux.

Le directeur de l'Institut Pasteur de Tunis a été nommé professeur de bactériologie et d'hygiène coloniale à l'école. Les élèves suivent les applications pratiques à l'Institut Pasteur.

Voici le programme du *cours de technologie*, très développé à l'école de Tunis :

Définition et but de la technologie.

1° *Œnologie.* — Vignobles tunisiens et algériens; le raisin; la vendange.

Fermentation alcoolique; réfrigération; bâtiments et vaisselle vinaire; cuvaison; sucrage; plâtrage, phosphatage; tartrage; tannisage; décuvaison; pressurage; vin de presse.

Procédés spéciaux de vinification; levures sélectionnées; vins blancs secs; vins divers : mousseux, de liqueur, mutés, sucrés; travaux des caves; soins à donner aux vins; composition comparée des moûts et des vins; maladies et altérations des vins; falsifications; résidus de la vinification; distillation des vins.

Vinaigre: procédés de fabrication; composition; falsification, maladies et altérations; conservation du vinaigre.

2° *Huilerie.* — Origine des huiles végétales.

Huile d'olive : étendue des olivettes; production algérienne et tunisienne; variétés d'olives: maturation, cueillette des olives; extraction de l'huile; diverses catégories d'huiles; propriétés physiques et chimiques de l'huile d'olive; classification; conservation et maladies; huile tournante; huile oxydée; déchets de l'huilerie.

Huiles de graines : extraction de l'huile; épuration; composition physique et chimique; falsification; conservation; utilisation des tourteaux.

Huile de palme.

3° *Essences.* — Matières premières : caractères physiques et chimiques des essences; extraction des essences; distillation fractionnée; essences artificielles; falsifications; conditions économiques de la production des parfums naturels en Algérie et en Tunisie.

4° *Laiterie.* — Le lait : laiteries; conservation du lait; maladies et altérations; lait concentré; analyse du lait; falsifications.

Beurre : crème; écrémage; barattage; délaitage; coloration; conservation; falsifications; beurre artificiel; margarine.

Fromages : principes de fabrication; variétés de fromages; fromages frais, fromages à pâte molle fermentée, à pâte pressée et fermentée, à pâte cuite et fermentée, résidus de la fromagerie.

5° *Sucrerie.* — Sucre de canne : statistique; composition de la canne à sucre; extraction du sucre de canne; utilisation des résidus; fabrication du rhum.

Sucre de betterave : extraction; procédés d'épuration; concentration des jus; turbinage; mélasses; affinage; analyse des sucres.

6° *Féculerie et amidonnerie.* — Généralités; matières premières; extraction de la fécule; drèches; épuration de la fécule brute, dégraissage, égouttage, dessiccation; amidons de blé, de riz, de maïs, de manioc; amidons de commerce; usages; falsifications.

7° *Meunerie.* — Grain de blé; nettoyage; mouture; blutage; composition des différentes farines; moyens de les reconnaître; semoule; son.

8° *Boulangerie.* — Préparation de la pâte; four; fermentation; cuisson; rendement en pain; composition du pain.

9° *Brasserie.* — Matières premières; maltage; préparation du moût : décoction, infusion; cuisson; houblonnage; refroidissement; fermentations : haute, basse; composition; falsifications de la bière; conservations et maladies; résidus de brasserie.

10° *Distillerie.* — Distillation et déflegmation; appareils de distillation, de déflegmation.

Fabrication des alcools de betterave, de mélasse, de grains; résidus de distillerie; alcool de pommes de terre.

11° *Tannerie.* — Conservation des cuirs et des peaux à la ferme; matières tannantes; qualité des eaux employées en tannerie; préparation de la peau; tannage du cuirot; procédés de tannage; corroyage des peaux tannées; teinture des peaux; mégisserie; chamoiserie; résidus de tannerie.

12° *Textiles.* — Textiles; statistique; fibre textile végétale; lin; chanvre; coton; ramie; jute; agave; palmier, etc.; distinction des fibres textiles d'origines diverses; blanchiment.

Fabrication de la pâte à papier; pâte d'alfa.

13° *Conserves alimentaires.* — Principes de conservation des substances alimentaires : dessiccation, antisepsie, stérilisation, réfrigération, reverdissage des légumes; conservation des viandes : dessiccation, salage, réfrigération, procédé Appert, viandes concentrées et comprimées.

14° *Fabrication des engrais.* — Généralités; engrais azotés minéraux; engrais azotés d'origine organique; engrais phosphatés; mélanges d'engrais.

Exercices et applications pratiques. — Les diverses industries sont groupées de façon à faire coïncider leur étude avec l'époque pendant laquelle les exploitations et les usines sont en marche. De la sorte, l'enseignement est complété par des démonstrations pratiques. Les élèves assistent, en outre, à de nombreuses applications du cours faites dans les laboratoires et dans les annexes de l'école : huilerie modèle, laiterie, ferme d'expériences.

Dans le cours d'administration domaniale et législation rurale, on étudie spécialement la constitution de la propriété aux colonies : concession du sol; législations hollandaise, australienne, canadienne; législation foncière musulmane; lois algériennes; loi foncière tunisienne de 1885; tribunaux immobiliers; terres *melk*, domaniales, *habous;* contrats d'acquisition; régime hypothécaire; inscription des conventions; législation domaniale en vigueur dans les diverses colonies françaises; compagnies à charte aux différentes époques; législation en projet; théories actuelles.

Les applications pratiques consistent en rédactions de contrats usuels, tels que : vente ou achat de terrains, acte d'association pour l'élevage du bétail, acte d'affectation hypothécaire, etc.; en discussion orale de ces contrats et en explications sur la suite des diverses opérations que comportent leur conclusion et leur mise à exécution.

Enseignement pratique. — Les élèves consacrent à la pratique agricole une part importante de leur temps. Deux fois par semaine, ils font, par groupes, la visite de la ferme et reçoivent, au cours de cette visite, les explications les plus détaillées. Ils sont exercés, à tour de rôle, à soigner, à harnacher et à conduire les animaux domestiques, en même temps qu'à en apprécier l'âge et les aptitudes. Ils apprennent l'emploi des instruments agricoles : montage, réglage, maniement, dans les conditions diverses de leur fonctionnement, en assurent l'entretien et font eux-mêmes les petites réparations. Ils prennent part aux divers travaux de la ferme d'expériences : semailles à la volée et au semoir, labourage, fauchaison, moisson, etc., et ont ainsi l'occasion de se pénétrer des détails de la surveillance, de l'exécution et de la direction des travaux d'une ferme, et d'acquérir par expérience le savoir-faire indispensable à tout chef d'exploitation.

Le jardin d'essais fournit les sujets des travaux pratiques les plus multiples; les élèves de l'école lui consacrent chacun un après-midi par semaine, et, pour qu'ils puissent y travailler manuellement, ils sont répartis par groupes de trois ou quatre dans chacun des services du jardin.

Ils suivent les diverses opérations de la station oléicole, établissement qui jusqu'à ce jour est le seul où ont été étudiés d'une façon complète tous les problèmes relatifs à la fabrication, la conservation et le transport des huiles d'olive; ils recueillent les observations météorologiques et sont exercés, à la station viticole, aux diverses opérations que comporte la culture de la vigne.

Les olivettes qui avoisinent l'école constituent de vastes champs d'expériences où les élèves sont initiés à la culture de l'olivier : un diplôme de greffeur d'olivier peut être délivré à ceux qui s'en montrent dignes.

Pendant quinze jours par mois, les élèves sont chargés à tour de rôle des divers services que comportent la ferme et le jardin d'essais. A la fin de la quinzaine, ils remettent un rapport contenant leurs observations sur les travaux qui ont été faits pendant ce temps dans chacun de ces services. Ces rapports font l'objet d'une note spéciale et sont remis aux élèves après correction.

Des excursions agricoles, botaniques, géologiques, etc., complètent l'enseignement donné à l'école de Tunis.

Les élèves suivent aussi des exercices pratiques relevant de certains corps de métiers : charron, bourrelier, forgeron, maréchal, charpentier, maçon, etc., afin de pouvoir, s'ils se trouvent loin des centres où résident ces ouvriers, les suppléer momentanément dans une infinité de cas.

L'emploi du temps de la journée est réparti comme suit :

MATIN.		SOIR.	
HEURES.	EMPLOI DU TEMPS.	HEURES.	EMPLOI DU TEMPS.
	SERVICE D'HIVER (*1er octobre-1er mai*).		
5 1/2.	Lever.	1 1/4.	Rapport.
6 à 7 1/2.	Étude.	1 1/2 à 4 1/2.	Applications. Travaux pratiques et de laboratoire.
7 1/2.	Premier déjeuner.		
7 3/4 à 9 1/2.	Visite aux cultures et services de la ferme.	4 1/2 à 6.	Conférence.
		6 à 6 1/2.	Dîner.
9 1/2 à 11.	Cours.	7 1/2 à 9.	Étude.
11.	Déjeuner.	9.	Coucher.
	SERVICE D'ÉTÉ (*1er mai-1er juillet*).		
5	Lever.	1 3/4.	Rapport.
5 1/2 à 7.	Étude.	2 à 5.	Travaux pratiques et de laboratoire. Applications.
7	Premier déjeuner.		
7 1/4 à 9 1/2.	Visite aux cultures et services de la ferme.	5 à 6 1/2.	Conférence.
		6 1/2 à 7.	Dîner.
9 1/2 à 11.	Cours.	8 à 9.	Étude.
11.	Déjeuner.	9.	Coucher.

Régime de l'école. — L'école coloniale d'agriculture de Tunis reçoit des élèves internes, des élèves demi-internes, des élèves externes et des auditeurs libres.

Les places d'internat, de demi-internat et d'externat, sont attribuées d'après le classement au concours d'admission.

Les élèves internes, demi-internes et externes suivent toutes les leçons et participent à tous les travaux, applications et exercices pratiques.

Admission des élèves. — Les candidats doivent être âgés de 17 ans accomplis au moment de leur entrée à l'école. L'admission a lieu par voie de concours.

Le concours d'admission ne comporte que des épreuves écrites qui portent sur le français, les mathématiques, la physique et la chimie, les sciences naturelles. Les sujets des compositions de physique, de chimie, de sciences naturelles et de mathématiques peuvent être aussi bien des questions de cours que des applications.

Le total des points obtenus par les divers candidats est augmenté, s'il y a lieu, de la note attribuée aux titres. Ces derniers comprennent notamment les diplômes des baccalauréats français et des écoles pratiques de France.

Les anciens élèves diplômés de l'Institut agronomique, des écoles nationales d'agriculture et vétérinaires, les licenciés ès sciences sont admis sans examen à titre de demi-internes, ou d'externes, mais ils doivent subir le concours s'ils veulent être admis en qualité d'internes.

Le nombre des places mises au concours est de vingt places d'élèves internes, attribuées aux vingt premiers candidats admis qui ont demandé à être internes, et de vingt places d'élèves demi-internes ou externes.

L'école a débuté, le 17 octobre 1898, avec 41 élèves.

La durée des études est fixée à deux ans.

Le Gouvernement du protectorat n'attribue pas, en principe, de bourses aux élèves de l'école; mais la ville de Paris et quelques départements tenant à orienter la jeunesse des écoles vers nos colonies accordent quelques bourses ou fractions de bourse à des jeunes gens admis à l'école et qui ne possèdent pas les ressources suffisantes pour subvenir aux frais qu'entraîne leur présence dans cet établissement.

Fig. 254. — École d'agriculture de Tunis. (Travaux de sondage.)

Après deux années d'études, les élèves qui ont satisfait à toutes les épreuves exigées par le règlement reçoivent le diplôme de l'école coloniale d'agriculture de Tunis. Ce diplôme est délivré par le Directeur de l'agriculture et du commerce.

Les élèves qui, sans avoir obtenu le diplôme, ont fait preuve de connaissances suffisantes et d'un travail régulier, peuvent obtenir un certificat d'études.

Les dix premiers élèves diplômés peuvent être admis à leur sortie à faire une troisième année d'études dans les laboratoires de l'école, à la ferme d'expériences et au jardin d'essai, ou dans les exploitations de l'intérieur, en vue de se spécialiser sur certaines questions de culture, d'industrie agricole ou d'élevage.

Auditeurs libres. — Des auditeurs libres peuvent être admis à toute époque de l'année à l'école de Tunis, sans examen, sur l'autorisation du Directeur de l'agriculture et du commerce.

Moyennant le payement d'un droit de 200 francs par an, ils peuvent assister aux cours qui sont à leur convenance. Le directeur de l'école peut les autoriser à suivre les exercices pratiques et les travaux de laboratoire moyennant l'acquittement d'un droit supplémentaire de 10 francs par mois.

Stages agricoles. — Par ses rapports avec les propriétaires tunisiens, l'école facilite à ses élèves, soit leur établissement, soit des stages fructueux. Un contrat permet à l'administration de placer des stagiaires dans deux importants domaines de la Régence. Le montant des frais occasionnés par leur présence sur ces deux exploitations est de 500 francs par an; des bourses de stage peuvent être accordées, à titre de récompense, aux élèves les mieux notés choisis parmi les 10 premiers élèves sortant de l'École coloniale d'agriculture.

La Société Franco-Africaine reçoit sur ses domaines de Sidi-Tabet et de l'Enfida des stagiaires désignés par le Directeur de l'agriculture et du commerce. Le nombre des stagiaires ne peut excéder quinze, soit dix à Sidi-Tabet et cinq à l'Enfida. Les stagiaires sont placés sous la direction du régisseur du domaine et sous la haute surveillance du Directeur de l'agriculture et du commerce, auquel le régisseur fait parvenir un rapport mensuel indiquant les mutations survenues parmi les stagiaires et la façon dont ces jeunes gens accomplissent leur stage. Le régisseur du domaine rend compte au Directeur de l'agriculture et du commerce de toute faute grave commise par les stagiaires; ce dernier prononce, s'il y a lieu, le renvoi.

Les stagiaires suivent toutes les opérations du domaine, et le régisseur peut utiliser leurs services pour tous les travaux autres que les travaux manuels. Ils prennent part à ces derniers s'ils le désirent. Pendant le cours de l'année agricole, les stagiaires sont répartis sur les chantiers et dans les bureaux de façon à suivre toute la série des opérations faites sur l'exploitation :

Défrichement et labour de défoncement, fumure et nettoyage des terres, préparation du sol, ensemencement, plantations; taille de la vigne, de l'olivier; traitement des maladies de la vigne; fenaison, moisson, battage; vendange, vinification; récolte des olives; irrigations, cultures irriguées, jardinage; élevage et alimentation du bétail; location de terrains aux indigènes, utilisation de la main-d'œuvre locale; comptabilité générale et spéciale, contrôle des ouvriers; travaux divers de forge, de charronnage, etc.

Les stagiaires sont logés et nourris par la Société Franco-Africaine, moyennant une indemnité annuelle de 500 francs, payable par mois et d'avance entre les mains du régisseur du domaine.

Un mois avant la fin de leur séjour sur le domaine, les stagiaires élèves de l'École coloniale d'agriculture produisent un travail, soit sur l'ensemble des études faites par eux pendant leur stage, soit sur une question spéciale concernant l'agriculture tunisienne. Chaque stagiaire élève de l'École peut recevoir, s'il a fait preuve d'une application et d'un travail suffisants, un certificat de stage délivré par le Directeur de l'agriculture et du commerce.

L'École coloniale d'agriculture de Tunis avait fait une importante exposition dans le palais oriental de la Tunisie, au Trocadéro; elle avait garni l'une des galeries de ce palais de magnifiques gerbes de céréales et de plantes textiles provenant de la ferme expérimentale. Plusieurs tableaux contenaient des photographies de l'école, des laboratoires, des champs d'expériences; les plans du jardin d'essais et de la ferme complétaient l'ensemble. On y voyait également des échantillons de graines et de céréales. Les élèves avaient participé à l'exposition par des résumés de cours. Les programmes et notices relatifs à l'École, publiés par les soins de la Direction de l'agriculture et du commerce, figuraient également dans cette section.

L'Institut Pasteur de Tunis, en rapport avec l'École pour l'enseignement, avait exposé, à côté de cette dernière, une carte agronomique et hydrologique de la Tunisie et une intéressante notice sur les travaux de ses laboratoires.

Considérations générales.

L'école de Tunis a l'avantage sur les écoles du même genre de la métropole d'habituer les jeunes gens à vivre éloignés de leur famille et les familles à se séparer de leurs enfants. Telle famille consentira à laisser aller son fils à l'école de Tunis, alors qu'elle ne se ferait jamais à l'idée de le voir partir, directement tout au moins, pour les colonies de l'Asie ou de l'Océanie. Pendant les deux années qu'il passe à cette école, le jeune homme s'habitue de son côté à vivre en dehors de la mère-patrie, et le jour où il aura besoin de se créer une situation, sa famille fera moins d'objections à son éloignement. En fournissant aux jeunes gens qui veulent s'établir aux colonies et qui ont des ressources personnelles les connaissances indispensables au colon, l'école leur évite les erreurs et les mécomptes qui attendaient naguère leurs devanciers. D'autre part, les connaissances acquises à l'École coloniale par les jeunes gens qui n'ont pas de fortune leur fournissent une chance sérieuse de réussite auprès des grands propriétaires et des sociétés qui, pour leurs entreprises agricoles, pourront choisir, parmi eux, des agents instruits et capables comme régisseurs.

L'enseignement de l'École d'agriculture coloniale de Tunis est essentiellement adapté aux besoins de l'agriculture en Tunisie et en Algérie. Un examen sommaire du programme des cours l'indique : culture de la vigne, de l'olivier, du caroubier, production et conservation des fourrages; exploitation du chêne-liège; fixation des dunes et reboisement; constitution de la propriété, biens habous; pêches maritimes; apiculture; production animale en Tunisie et en Algérie; hydraulique agricole; vinification, huilerie; fabrication des essences; hygiène dans les pays chauds. Mais on y étudie aussi l'agriculture des colonies françaises éloignées.

Le futur colon africain, pour lequel une exploitation en Tunisie ou en Algérie peut n'être qu'une étape vers des régions plus lointaines, utilisera mieux que quiconque des notions sur la culture du dattier, du bananier, du henné, sur celle du coton, du manioc, de l'arachide, de la canne à sucre, ou même sur la culture du café et du thé. Toutes ces cultures tiennent dans le programme la place qu'elles comportent.

L'enseignement théorique et l'enseignement pratique de l'École sont bien équilibrés. Le côté théorique reçoit tout le développement nécessaire à une époque où l'agriculture s'appuie sur la science et doit suivre les découvertes qui viennent constamment modifier les conditions de la production. Ainsi que l'indique le programme de l'École, les divers cours tendent à donner aux élèves une solide instruction qui leur facilitera la pratique raisonnée de la culture.

Les exercices pratiques sont très développés; les élèves prennent part individuellement ou par groupes de trois ou quatre au plus aux opérations de grande culture. Des ateliers de forge et de menuiserie installés dans la ferme annexée à l'École permettent aux élèves d'apprendre à travailler le fer et le bois. Les élèves peuvent ainsi être à même d'exécuter des outils simples ou de faire des réparations qui sont coûteuses lorsqu'il faut avoir recours à un homme de métier et qui souvent sont difficiles quand on exploite une propriété éloignée de tout centre important. M. Hugon, le distingué directeur de l'agriculture et du commerce de Tunisie, qui s'occupe avec tant de soin, tant de zèle et tant d'habileté du développement à donner à l'École, est d'avis que le temps consacré à la pratique des travaux agricoles est suffisant pour permettre aux élèves d'acquérir le savoir-faire indispensable à un chef d'exploitation et il estime que, à ce point de vue, cette école devance les écoles similaires de la métropole. Nous ne sommes pas à même de contrôler ce dire, mais il est bien certain que l'école de Tunis se trouve placée dans des conditions toutes spéciales pour obtenir de bons résultats. Une importante ferme lui est annexée; l'établissement est situé au milieu du jardin d'essais. Les stations agronomique, météorologique, l'huilerie d'essai, la station viticole, les laboratoires de l'Institut Pasteur sont réunis autour de l'école. Il y a là un groupement d'établissements au milieu desquels se trouve l'école qui facilite beaucoup l'enseignement pratique des élèves. Ce groupement si heureux, nous devons le rappeler, est dû à M. J. Dybowski qui, après avoir sucessivement organisé les diverses stations, a tenu à placer l'école au milieu de ces établissements de façon qu'ils devinssent des annexes pour les diverses chaires d'enseignement.

Une institution spéciale à la Tunisie mérite d'être signalée, c'est l'organisation des stages agricoles. De la façon dont sont compris ces stages, c'est le prolongement de l'effort de l'école en faveur des élèves après leur sortie de l'établissement. Ainsi que nous l'avons exposé, les élèves sont placés dans d'importants domaines exploités par la Société franco-africaine; un contrat passé entre la Direction de l'agriculture et du commerce et cette société règle les stages dans tous leurs détails. Les futurs colons trouvent dans ces études pratiques complémentaires de sérieux avantages; ils voient l'application de ce qu'ils ont appris à l'École et s'habituent à la direction du personnel et de l'ensemble d'une exploitation coloniale. Cette institution méthodique des stages est, croyons-nous, appelée à donner d'excellents résultats.

L'École coloniale de Tunis répondait à un besoin, car dès la première année les candidats ont été nombreux. Sont but n'était pas de préparer des fonctionnaires, mais de former des colons. Quelques élèves pourront évidemment utiliser leurs aptitudes dans des établissements agricoles publics tels, par exemple, que les jardins coloniaux créés dans la plupart de nos possessions par le Ministre des colonies, sur l'heureuse initiative de M. Dybowski[1].

Le but général visé a été atteint si l'on se reporte aux situations occupées par les élèves et les auditeurs libres des deux premières promotions.

Élèves sortis de l'École (deux premières promotions)	56
Élèves présents en Tunisie et en Algérie	45
Élèves installés pour leur compte en Tunisie et en Algérie	20
Élèves ayant des situations rétribuées dans les exploitations agricoles	17
Auditeurs libres sortis de l'École	32
Auditeurs libres installés pour leur compte en Tunisie et en Algérie	15
Auditeurs libres ayant des situations rétribuées	2

Indépendamment de son heureuse situation au milieu d'une ferme et d'établissements de recherches et d'enseignement de toutes sortes, l'École a à sa disposition d'excellents professeurs; le directeur de l'Institut Pasteur de Tunis, M. le Dr A. Loir, professe à l'École la bactériologie et l'hygiène coloniale. Ce directeur avait fait une importante exposition faisant ressortir les travaux de l'Institut et des applications en vue de l'enseignement. Le Jury lui a attribué une médaille d'argent à titre de collaborateur de l'École; il a également accordé une récompense de même ordre à M. Mallet, chimiste à la station agronomique.

Le Jury a accordé une médaille d'or à l'École coloniale d'agriculture de Tunis afin de reconnaître la perfection de ses méthodes d'enseignement théorique et pratique et de ses programmes, ainsi que l'excellence de son organisation. Nous pensons que cette école est appelée à influer de la façon la plus heureuse sur la prospérité de l'agriculture dans la Régence et en Algérie.

[1] Récemment le Ministre des colonies a ouvert un nouveau débouché aux élèves de l'École de Tunis. Sur la proposition de M. Dybowski, directeur de l'École supérieure d'agriculture coloniale, créée en 1902 à Nogent-sur-Marne, près de Paris, le Ministre a décidé que les élèves diplômés de l'École de Tunis pourraient, à l'égal des élèves de l'Institut agronomique et des écoles nationales d'agriculture, se destiner à la carrière coloniale en venant suivre les cours de l'École de Nogent.

TABLE DES FIGURES.

PREMIÈRE ET DEUXIÈME PARTIES.

FRANCE, COLONIES FRANÇAISES ET PAYS DE PROTECTORAT.

IMPRIMERIE NATIONALE.

TABLE DES MATIÈRES

DU TOME PREMIER.

CHAPITRE II. — Établissements et institutions d'enseignement récompensés dépendant du Ministère de l'agriculture. (Suite.)

CHAPITRE II. — Établissements et institutions d'enseignement récompensés dépendant du Ministère de l'agriculture. (Suite.)

CHAPITRE II. — Établissements d'enseignement libre agricole. (Suite.)

Imprimerie nationale. — 7197-1903.

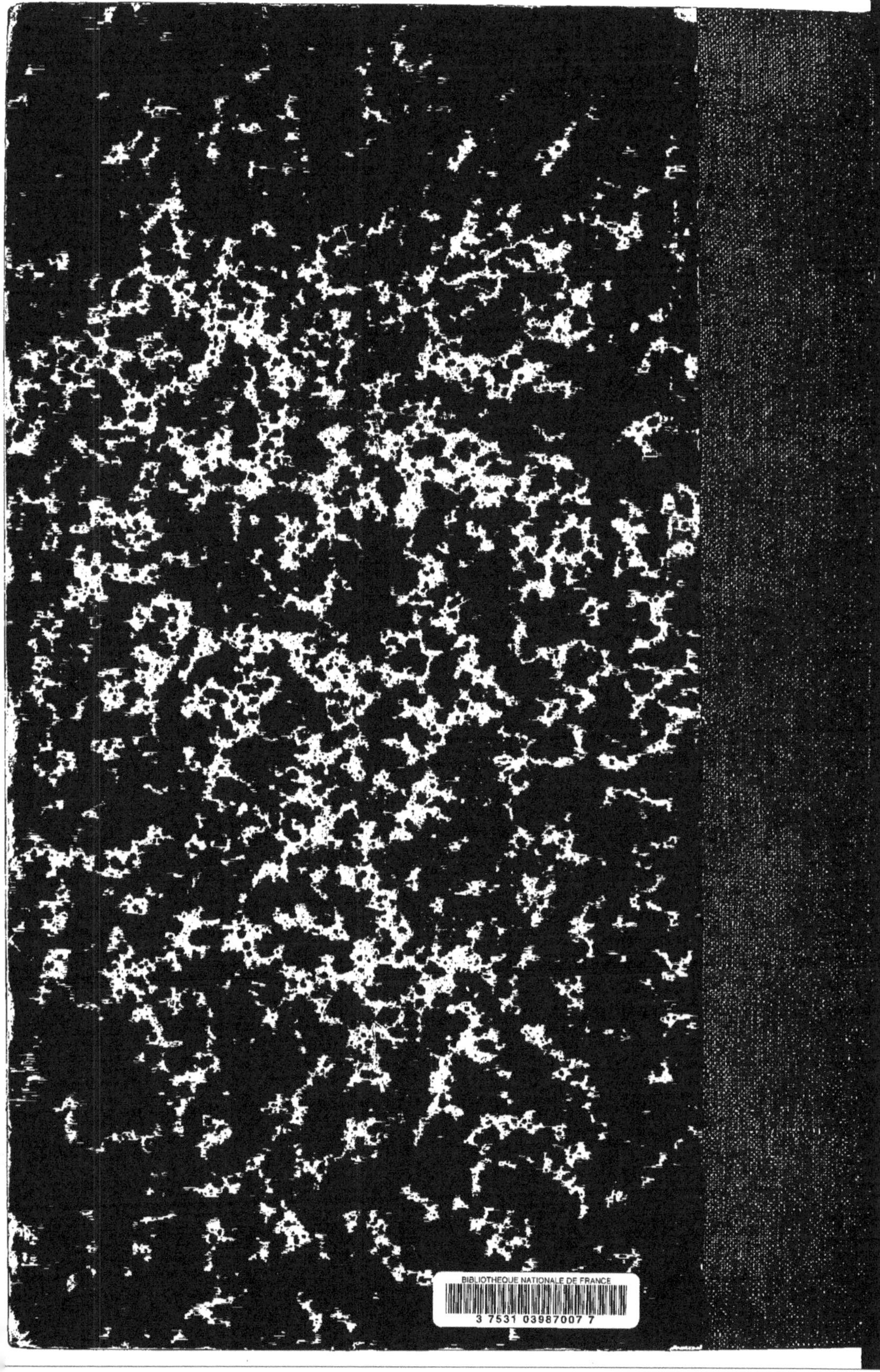

BIBLIOTHEQUE NATIONALE DE FRANCE
3 7531 03987007 7

www.ingramcontent.com/pod-product-compliance
Lightning Source LLC
LaVergne TN
LVHW010115230826
846091LV00001BA/52

* 9 7 8 2 0 1 4 4 4 0 3 4 8 *